海水健康养殖与质量控制

主编　李　健　赵法箴

中国海洋大学出版社
·青岛·

图书在版编目(CIP)数据

海水健康养殖与质量控制 / 李健，赵法箴主编. —
青岛：中国海洋大学出版社，2012.2
ISBN 978-7-81125-951-3

Ⅰ. ①海… Ⅱ. ①李… ②赵… Ⅲ. ①海水养殖—研
究 Ⅳ. ①S967

中国版本图书馆 CIP 数据核字(2011)第 267154 号

出版发行	中国海洋大学出版社			
社　　址	青岛市香港东路 23 号		邮政编码	266071
出版人	杨立敏			
网　　址	http://www.ouc-press.com			
电子信箱	dengzhike@sohu.com			
订购电话	0532—82032573(传真)			
责任编辑	邓志科		电　话	0532—85901040
印　　制	青岛益昕印务有限公司			
版　　次	2012 年 11 月第 1 版			
印　　次	2012 年 11 月第 1 次印刷			
成品尺寸	185 mm×260 mm			
印　　张	34.375			
字　　数	836 千字			
定　　价	68.00 元			

编 委 会

主　编　李　健　赵法箴

编著者　刘　萍　何玉英　王　群　陈　萍　刘　淇
　　　　　常志强　李吉涛　高保全　刘德月　吕建建

前　言

我国已成为举世瞩目的渔业大国,养殖规模不断扩大,养殖品种增多,产量迅猛增加。2009年全国水产品总产量5120万吨,连续17年位居世界首位。其中,养殖产量超过3635万吨,占水产品总量的71%,占全球水产养殖产量的70%。水产品出口额达107亿美元,占农产品出口总额的27.3%。水产品不仅可以为国民提供优质的食物蛋白,而且还是出口创汇的重要产品,为改善我国人民饮食结构、提高生活质量和健康水平作出了巨大贡献,对提高我国和区域性的经济地位发挥着重要作用。

随着养殖产品数量增加,质量问题特别是安全卫生问题已成为制约我国水产养殖业进一步发展的瓶颈。我国的养殖水产品是劳动密集型产品,在价格上有一定的比较优势,是传统的出口创汇产品。我国是世界水产养殖大国,也是重要的水产全球贸易强国,有义务对海水健康养殖和质量控制作出贡献。我国目前水产品的质量安全问题突出表现在以下几个方面:一是环境状况日益恶化,有毒有害物质对水产品安全卫生造成严重隐患;二是养殖疾病未得到有效控制,违规用药影响水产品食用安全;三是水产品中的危害物质对消费者的身体健康和生命安全造成威胁。众所周知,养殖模式的不规范和渔用药物的滥用不但造成养殖环境的恶化,而且严重影响到水产品的食用安全性。而在目前注重食品安全的大背景下,直接影响到水产业的健康可持续发展。

虽然我国食品安全也开展了较系统的研究工作,并在检验监控、标准体系、风险评价和溯源预警等方面取得了重要成果。但和发达国家相比还存在较大差距和不足,主要体现在研究基础薄弱、创新能力较差、成果转化不足等,导致在制定国家相关政策及维护国家权益时不能及时提供有效的科学依据和技术支持,成为影响我国农业实现可持续发展目标的主要瓶颈之一。现有的传统养殖模式和技术,已经不能适应我国加入WTO后对水产养殖发展的要求,必须从根本上解决。因此,健康的养殖技术和食品安全发展战略将成为我国21世纪水产养殖研究的重要领域,进行基础和应用基础研究,提出有效控制措施,是保障水产养殖产业可持续发展的迫切需求。

本实验室"九五"以来,在30多项国家和地方科技计划的支持下,致力于海水健康养殖和质量控制理论、技术与标准研究,在安全风险评估、源头治理、过程控制及安全利用等领域取得了一系列成果,为提高我国海水养殖质量安全水平、支撑渔业产业可持续发展作出了贡献。针对我国海水养殖优势品种对虾、鲆鲽鱼和贝类等在养殖过程迫切需要解决的影响质量安全关键技术问题,综合运用药物分析学、药理学、微生态学、病害学及质量安全管理学等多学科交叉手段,较系统进行药物残留检测方法、药物代谢动力学及残留监控、清洁生产环境保障、病害生态防控、养殖质量安全管理等方面研究,为建立我国海水养殖质量安全监控体系提供技术支持。为集成病害生态防治及免疫增强技术、环境因子调控及水处理技术、药物安全使用技术等多项质量安全控制技术进行鱼虾清洁生产,采用危害分析与关键控制点(HACCP)方法识别、评价和控制食品安全危害,针对我国海水养殖方式和特点,提出养殖各环节的潜在危害和缺陷,建立海水养殖鱼虾质量安全控制体系,提供科学技术依据。

"十二五"期间我国将强化农产品质量安全监管,深入开展农产品质量安全专项整治,努力确保不发生重大农产品质量安全事件。进一步完善农产品质量安全例行监测制度,对渔药和饲料生产、经营、使用实行全过程监管,全面开展风险隐患排查和评估,加快相关标准制修订步伐,加紧转化一批国际食品法典标准,大力开展水产健康养殖标准化示范场活动,完善农产品质量安全风险评估体系,加快农产品质检和质量追溯体系建设。今后海水养殖质量安全控制研究重点是进行质量安全危害物质甄别及其环境效应、危害机制分析,开展危害物质在主要养殖水产品体内的代谢过程研究,查清养殖水产品中有害物质的危害作用及其机理,阐明有害物质在养殖系统中的富集、迁移、转化规律,提出相关安全限量标准,建立养殖水产品中有害物质的残留控制技术,推动水产养殖产业结构调整,由"产量型"向"质量效益型"的现代水产养殖业转移,为保障人民生命安全并提高生活质量提供技术支撑。

本书选录了本实验室近年来有关海水健康养殖与质量控制方面的研究论文,很多工作是由作者与研究生共同完成的。为了使本书的内容更充实,实用性更强,作者引用了许多科学家的研究成果和发表的论著资料。本书的出版得到了国家虾产业技术体系(CARS-47)的资助。在此一并致谢。

由于作者的学术水平和实践经验所限,书中难免有错误之处,敬请读者批评指正。

编著者

2011 年 11 月 28 日

目　次

第一章 综 述

第一节 中国水产健康养殖的关键技术研究

水产品不仅可以作为国民优质的食物营养,而且还是出口创汇的重要产品,对提高我国世界性和区域性的经济地位发挥着重要作用。20世纪80年代以来,我国的海水养殖业也经历了4次大的发展过程,堪称为海水养殖业发展的4次浪潮。第1次浪潮是以藻类养殖为代表,第2次浪潮是以对虾养殖为代表,第3次浪潮是以扇贝养殖为代表。近年来以海水鱼类养殖为代表的第4次浪潮正在兴起。海水养殖业正朝着多品种、多模式、工厂化、集约化的方向发展。在中国,人工养殖的种类包括鱼、虾、贝、藻、参等,已达上百种(赵法箴,2001)。2002年,我国水产养殖产量超过2 900万t,占水产品总量的64%,占全球水产养殖产量的70%。水产品出口额连续3年在农产品中居首位,贸易顺差占全国对外贸易顺差的10%。

我国水产养殖业的发展速度和取得的成就是举世瞩目的,但水产养殖业在养殖产品数量增加的同时,水产品的质量问题,特别是安全卫生问题已成为制约我国水产养殖业进一步发展的瓶颈。水产品的质量安全得不到保障,不仅对食用者产生不同程度的危害,而且严重影响了我国水产品的出口贸易。现有的传统养殖模式和技术,已经不能适应我国加入WTO后对水产养殖发展的要求,必须从根本上解决。因此,健康的养殖技术和食品安全发展战略将成为我国21世纪水产养殖研究的重要领域。

1. 水产养殖业的可持续发展面临的生态环境和技术问题

1.1 养殖水域污染和生态环境污染持续加剧

随着我国社会经济的迅速发展和城市化进程的加快,大量的工业废水、农业废水和城市生活污水等不经处理或不按标准处理即排入江河湖泊和海区,其中还含有未充分利用或未降解的农药、化肥等,使其水域受到严重污染,并导致赤潮灾害频发,直接威胁着水产养殖业的生存和发展。海区大面积污染的直接后果就是赤潮的频繁发生以及天然和养殖生物的大批死亡,比如渤海区的莱州湾曾发生过大批文蛤死亡,黄海区的乳山湾曾发生过大批杂色蛤死亡。又如1997年珠江口海域发生的特大赤潮,1998年在渤海辽东湾和1999年发生的渤海湾赤潮(农业部渔业局,2001),都说明我国的海洋环境污染已到了相当严重的程度。2002年,全海域未达到清洁海域水质标准的面积约17.4×10^4 km²,近岸海域海水污染范围略有扩大,长江口、珠江口、辽河口等局部海域污染严重。渤海未达到清洁海域水质标准的面积已占渤海总面积的41.3%。海洋赤潮发生较频繁(2001年全国海域共发现79次),有毒赤潮增加(国家海洋局,2003)。

1.2 养殖生物的病害不断发生

近几年来,由于种种原因,较大规模的水产养殖病害不断发生,每年给国家造成几十亿元的经济损失,尤其以1993年以来的对虾病害损失最为严重。另外,人工养殖的鱼类、扇贝、海带、鲍的病害等也不断发生。据有关资料显示,目前我国已发现包括病毒、细菌、寄生虫、霉菌等病源性和非生物因子引起的病害达100余种。大多数常见的细菌性疾病已能基本控制,但病毒性疾病的防治仍有很大的困难。水产养殖病害的研究和防治工作也取得了很大成绩,但总体上讲,目前对大部分水产养殖品种疾病的发病原因、病原、病理、流行病学等还有待进一步研究,不仅缺少行之有效的早期快速检测技术,更缺少行之有效、无毒副作用的防治药物(赵法箴等,1997),往往在发病后,不能迅速找出原因,无法对症下药,制约了我国水产养殖业的发展。

1.3 缺乏优良的养殖品种

目前,美国、日本以及欧洲的水产养殖品种大多是经过遗传改良的优良品种。在我国,虽然在淡水鱼的遗传育种方面取得了较大的突破,培育出了建鲤、兴国红鲤等优良品种,但总体看来,我国的水产养殖,尤其是海水养殖的重要种类,如栉孔扇贝、牡蛎、牙鲆、蛤仔等基本上是未经选育的野生种。特别是经过累代养殖,出现了遗传力减弱、抗逆性差、性状退化等严重问题。品种问题已成为制约我国水产养殖业稳定、健康和持续发展的瓶颈问题之一。没有大量的优良品种及其生产技术,我们就无法掌握发展水产、发展农业、发展国民经济的主动权(李思发,2000)。此外,有些重要种类如鲻鱼等苗种培育尚未突破技术难关,育苗技术不稳定,远不能满足产业需求。我国多数育苗场的设施设备比较简陋,苗种培育期间各种要素的可控程度差,一旦发生变故,实施应急措施的能力受到极大限制,也制约了新技术的开发和利用,从而影响苗种培育的质量和数量。

1.4 营养与饲料研究滞后于产业发展

研究表明,在影响生态系统和鱼虾抗病力的诸多因素中,饲料的营养和质量是关键因素之一,可以说营养全面的优质配合饲料的使用和普及是水产养殖业技术进步的关键性标志。近年来,水产饲料业方兴未艾,但仍存在不少问题。与水产养殖业的规模化需求相比,渔用饲料的开发和利用技术仍比较落后,甚至比国内畜禽饲料的技术开发水平落后至少5年,许多水产种类的养殖主要依赖天然动物性饵料,导致饵料的成本高、效率低和卫生质量差,且容易造成养殖水域污染(游金明等,2001)。与国外相比,我们的水产饲料研究又存在资金不足、设备落后以及研究手段不完善等缺陷(雷茂良等,1999)。我国拥有知识产权的优质配合饲料品种较少,特别是适于不同生物不同生长阶段的系列配套饲料多数依靠进口,成套配方技术和产业化工程与生产实际要求相差较远,直接影响海水养殖业的健康和可持续发展。

1.5 养殖水域开发利用布局不合理

目前,我国水产养殖水域的开发利用主要存在两大问题,一是内湾近海水域增养殖资源开发过度,二是20 m深线以外水域增养殖资源利用不足。此外,许多地方的养殖密度和布局也不够合理,局部水域开发过度,超过其养殖容纳量,结果导致部分养殖水域出现了养殖个体小型化、死亡率上升、产品质量下降、病害频繁发生等严重问题,无形中增加了养殖成本,降低了养殖业的经济效益。不仅如此,一些地区由于养殖品种的特殊需要,养殖户盲目、大量地开采地下水,致使地下水水位严重下降,海水倒灌。这一状况不仅使养殖业本身受到影响，也危及到临近居民的生产和生活。

1.6 养殖设施与装备落后

我国陆基工厂化海水养殖已达到相当大的规模，但由于设施与技术的原因，平均单位面积产量与发达国家相比差距很大。同时，由于我们的设施和技术落后，自动化水平低，不仅耗费人力物力，而且导致生产过程可控程度差，影响生产力水平的提高（雷茂良等，1999）。近年来发展迅速的工厂化鱼类养殖、鲍鱼养殖，急需通过设施的更新换代和技术进步实现产业真正意义上的跨越式发展；大幅度提高生产效率、增加水资源的循环利用率、降低生产废水对环境的污染是当务之急。国外在深水抗风浪网箱研究方面已经取得了巨大突破，经济效益显著。我国在20 m水深等深线以外的海水增养殖资源开发利用程度远远落后于海水养殖先进的国家。近年来，我国虽引进和自行研制开发了深水抗风浪网箱，但发展速度较慢，其总体性能和自动化水平还有待提高。

2. 中国水产健康养殖的可持续发展需要解决的科技问题

健康养殖包括养殖设施、苗种培育、放养密度、水质处理、饵料质量、药物使用、养殖管理等诸多方面。它是采用合理的、科学的、先进的养殖手段，获得质量好、产量高、无污染的产品，并且不对其环境造成污染，创造经济、社会、生态的综合效益，并能保持自身稳定、可持续的发展。水产健康养殖应满足下列要求：

（1）合理利用资源（包括水、土、苗种、饲料）。

（2）人为控制养殖生态环境条件，使养殖环境能尽量满足养殖对象的生长、发育需要。

（3）各种养殖模式和防疫手段能使养殖对象保持正常的活动和生理机能，并通过养殖对象的免疫系统抵御病原的入侵以及环境的突然变化。

（4）投喂适当的且能完全满足动物营养需求的饲料。

（5）有效预防疾病的大规模发生，最大可能地减少疾病的危害。

（6）养殖产品无污染、无药物残留，安全、优质。

（7）养殖环境无污染，养殖用水应经过处理后再排放。

2.1 优化养殖条件，保护生态环境

近年来，由于经济利益的驱使，水产养殖出现了盲目发展的现象，养殖规模出现了无度、无序的局面，比如育苗场和养鱼大棚的滥建，浮筏和网箱分布过于密集等。针对这一症结，我们有必要开展环境容纳量和渔业开发布局方面的研究，主要包括：养殖水域初级生产力及其动态变化的研究；养殖水域食物链与营养动力学的研究；生态系统对养殖对象的支持能力、养殖对象对生态系统的影响、养殖区水交换特征以及养殖种类摄食生理及生长过程能量收支的研究；养殖开发对水域生物多样性的影响；渔业开发合理布局以及调控模式的研究；网箱养殖对环境影响效应综合评价的研究；养殖附着物清除及贝类养殖环境污染防治技术的研究；养殖水域清洁生产环境保障技术的研究；养殖环境生态修复技术的研究；工厂化养殖水质调控与水质处理技术的研究；环境监测技术与环境质量指标体系的研究。此外，在可能的条件下，还应建立水域养殖容量估算和预测模型，并最终建立起养殖容量数据库和信息系统。

2.2 加强病害综合防治，规范渔用药物使用

（1）病虫害的早期快速诊断技术。

进一步加强导致水产养殖严重致病的病原体的发病规律、传染途径、致病机理及传染原等的基础研究,如水产养殖动物主要疾病的病原生物学、流行病学研究;开发病原的商品化快速诊断和检测技术,如单克隆检测、DNA 探针、PCR 诊断试剂盒,建立养殖动物重大病害监测系统,逐步实现对重大病害的预测和跟踪。

(2)病害的生态防治技术。

水产养殖中的许多病害,不仅与病原生物的存在有关,而且和养殖水体的微生物生态平衡有着密切的关系。换言之,水体微生物群落的组成直接决定着病原生物是否会最终导致病害的发生。因此,通过对水体理化因子与微生物群落的组成关系的深入研究,维持水体的微生态平衡来消除某些病害发生的环境条件,是协调人与自然的关系,促进水产养殖业发展的安全有效途径,不言而喻,将会产生显著的经济效益和社会效益。

(3)药物合理使用。

目前养殖生产中使用的渔药大多由人药、兽药配制而成,针对性不强。不少渔药的残留严重,长期使用对水体生态环境和人类的健康都将带来严重的威胁。为了人类的健康,尽快研究出针对性强、无毒或低毒、无残留、无公害渔药已成为当务之急。同时加强渔用药物药效、代谢及残留等方面的基础研究,为合理用药提供理论依据,使药物充分发挥疗效而又避免或减少副作用的发生,对保护养殖生态环境,保证水产品的质量,对我国养殖业的健康持续发展具有直接的促进作用。规定处方药和非处方药名单,对处方药实行规范管理,严格执行休药期的规定,禁止药物的滥用现象。

(4)开展水产养殖动物免疫学及免疫防治技术研究。

如口服免疫增强剂或接种疫苗,通过直接或间接途径刺激养殖动物本身的免疫系统,使动物产生免疫力来达到预防疾病的目的,这样一来可达到一种自我保护。使用免疫增强剂或接种疫苗克服了使用药物后的残留造成对人体潜在威胁,不会使病原菌产生耐药性,同时大大减少了对环境的破坏和污染。所以口服免疫增强剂或接种疫苗是一种及时的、符合环境的、良好的方法,是一种可持续发展的、经济有效的疾病控制策略和手段,所以,应针对常见的、危害大的鱼类疾病开发研制相应的疫苗并推广。

2.3 以获得抗病、抗逆新品种为目的的遗传育种

具有较强的抗病害及抵御不良环境能力的养殖品种,不但能减少病害发生,降低养殖风险,增加养殖效益,同时也可避免大量用药对水体可能造成的危害以及对人类健康的影响。目前,要在这方面取得突破性的进展,必须依靠现代生物技术与传统育种技术相结合的策略。应该加强以下几个方面的工作:

(1)开展主要水产养殖品种的遗传背景研究。

(2)开展水产生物种质资源多样性及生物多样性保护研究。建立水产种质资源的胚胎库、细胞库和基因库。

(3)开展水产生物杂种优势的遗传基础及利用途径的研究。采用现代生物技术、转基因技术、克隆技术、多倍体技术、雌(雄)核发育技术、选择育种、杂交育种、细胞工程育种、分子标记辅助育种及胚胎干细胞介导的基因定点突变育种技术为手段培养优良新品种。

(4)开展无特定病原(SPF)和抗特定病原(SPR)苗种生产技术和高健康养殖苗种的培育技术研究。

(5)开展特定性别苗种的培育技术研究。

(6)开展国外优良品种引进、驯化及其种质利用的研究。

2.4 开发优质高效饲料,合理使用饲料

使用优质高效饲料对于提高养殖产品的质量、降低成本、减少疾病的发生、防止环境污染、提高经济效益等具有决定性作用。营养全面的优质配合饲料的使用和普及将是水产养殖业技术进步的标志。我国科技工作者近年来对多种重要水产养殖动物的营养需要和饲料配方开展了系统的研究,但与产业发展的需求相比,渔用饲料技术水平仍然较低。主要表现在配方差,加工工艺落后,导致饵料成本高、效率低和卫生质量差,且容易造成养殖水域污染。系统研究主要养殖种类的营养要求,为其饲料配方设计和筛选提供科学依据,大力开发和研制质量高,稳定性、诱食性和吸收性好并有助于提高免疫功能和抗逆能力,饲料系数低的绿色环保型饲料,加强饲料添加剂的开发与管理,利用高新技术开发具有诱食、促生长、抗菌防病功能的添加剂,将成为水产健康养殖可持续发展的重要保证。

2.5 加快研究和推广健康养殖技术,提高经济和生态效益

可持续的健康养殖要求健康苗种培育、放养密度合理,投入和产量水平适中,通过养殖系统内部的废弃物的循环再利用,达到对各种资源的最佳利用,最大限度地减少养殖过程中废弃物的产生,在取得理想的养殖效果和经济效益的同时,达到最佳的环境生态效益。

养殖设施是开展健康养殖的重要基础,养殖设施的结构,在很大程度上影响水产养殖的效果和环境生态效益。要开展健康养殖,必须以无公害养殖为前提,对现行的养殖设施结构进行改造。开展环保清洁型设施和养殖技术研究,开展生态型立体综合养殖技术研究,开展浅海生态优化养殖技术研究,开展滩涂清洁养殖技术研究,开展池塘优质高效无公害养殖模式的研究,开展深水抗风浪网箱、台筏养殖技术的研究,开展工厂化养殖水质调控与处理技术研究。

2.6 制定有关标准,加强水产品质量监督监测体系建设和质量认证

重点围绕名、特、优水产品,尽快制定和完善现有水产养殖和与食品安全有关的各种标准,建立和完善与国际接轨的水产养殖和食品安全标准体系,加快无公害水产品生产示范园区和绿色食品生产基地的建设。为建立符合我国国情的食品安全科技支撑创新体系,应研究开发我国食品安全中的关键检测、控制和监测技术。

食品安全关键技术可行性报告中认为应从 4 个方面开展行动,包括研究开发食品安全检测技术与相关设备(把关)、建立食品安全监测与评价体系(溯源)、积累食品安全标准的技术基础数据(设限)和发展生产与流通过程中的控制技术(布控)(宋怿等,2000)。构建共享的食品安全监控网络系统,包括环境和食源性疾病与危害的监测、危险性分析和评估体系。加强水产技术推广和水产品质检队伍建设,充实专业人员,加强技术培训,加快知识更新,尽快适应推行渔业标准化工作的需要。尽快建立健全认证机构,完善认证管理办法,加强水产品质量认证。突出抓好无公害水产品质量认证,搞好绿色食品、有机食品质量认证,推行以 HACCP 体系等为基础的质量认证,推进农产品原产地域标记注册工作。

赵法箴.中国水产科学研究院黄海水产研究所 山东青岛 266071

第二节 国内外对虾养殖模式研究进展

对虾养殖历史悠久,期间产生了多种养殖模式,如我国的深池高坝养殖、高位池养殖、室内工厂化养殖及生态养殖,国外的跑道式养殖等。这些养殖模式的出现在一定程度上推动了对虾养殖业的发展。因此,了解国内外的对虾养殖模式概况对于进一步改善对虾养殖模式,更好地促进对虾养殖业健康快速发展具有重要意义。

1. 国内养殖模式

1.1 深池高坝养殖模式

此模式是对原建在潮间带的对虾养殖池进行改造,使堤坝高 3.5 m,养殖池水深 2.5 m,池一端设阀门 1 座用于养殖池首次进水和对虾收获,另设单独的蓄水池。虾池进水前将蓄水池、养殖池的池底和堤坝进行彻底冲刷,然后用农药全池泼洒浸泡,以杀灭越冬蟹类、白虾、美人虾等穴类甲壳动物。首次进水通过阀门,使虾池水深达到 2 m 后将阀门用泥土封闭,然后池水用 80 mg/L 的漂白液消毒。养殖过程中通过蓄水池进行水的添加,蓄水池中的海水同样经 80 mg/L 的漂白液消毒并存放 2 d 后使用。前期各养殖池每 15 d 补水 15 cm,中期每 10 d 补水 15 cm,后期根据水质变化,平均日换水量 5% 左右。该养殖模式放苗密度为 30~45 尾/m²,每 1 334 m² 配 1 台 1.5 kW 的增氧机,养殖前期主要在阴天和加水施药后开机 2 h;养殖中期每天 12:00~15:00 和 22:00~次日 07:30 开机,下雨天和阴天全天开机;养殖后期全天开机。利用此养殖模式放养 2 cm 左右的中国对虾,养殖 145 d 左右,成活率为 33%~67%,平均体长 12.1~14.5 cm,产量为 0.33~0.69 kg/m²(李健等,2003)。

1.2 围隔养殖

围隔对虾养殖模式是建立在生态学基础上的环保、高效养殖模式,其池塘的四面采用地膜护坡,四周用围网防蟹,隔离细菌、病毒等。在养殖过程中,池塘只添加少量经蓄水池消毒处理过的水,基本做到养殖期间不向外界排水,以有效保护外界生态环境,做到无公害养殖,且提高了单位水体的对虾产量,是传统养殖模式向现代化养殖模式转变的一个方向。

养殖池塘水深一般为 1.5~2.0 m 之间,并设有一个阀门。设蓄水池,其进水阀门用 80 目筛绢网过滤所进海水。蓄水池的海水及放苗前养殖池的海水均经消毒处理。每亩养殖池配备 0.75 kW 的增氧机。放苗密度为 5 万尾/亩[①]左右。下面介绍一种池塘陆基实验围隔的基本制作方法(李德尚等,1998)。

围隔由围隔幔和支架组成,正方形,面积为 25 m²(5 m×5 m),高 2.0 m,水深 1.5~1.8 m,容积 37.5~45 m³。围隔幔为涂塑高密度聚乙烯编织布,将编织布合成高 2.5 m,长 22 m(包括 2 m 接头)的长方形。在两端总长(以 20 m 计)的 1/4 处各垂直缝上一条 1

---

① 亩为非法定单位,考虑到生产实际,本书保留亩作为计量单位,1 亩=667 m²。

m 长的尼龙拉链。一条在上半部,上端从围隔幔的上缘向下 0.5 m 处(即最高水位处)开始,另一条在下半部,其下端从围隔幔的下缘向上 0.5 m(即地面)处开始,两条拉链都从下向上拉。拉链内侧缝有一片聚乙烯衬网,以防止拉链被拉开时养殖生物逃逸;支架为木桩(直径 10 cm,长 3～4 m),青竹(直径 5 cm,长 4 m)和竹竿(直径 2 cm,长 2 m 左右)。

安装时首先将池水排干,平整池底,每个围隔共用 8 根木桩,间隔 2.5 m,将木桩定位打入池底。当池塘为软泥底时,需打入池底 1 m 深,而当池底较硬时,则可相应浅些。木桩打好后,在两桩间连接线上挖 0.5 m 深、直而窄的沟;将围隔幔沿木桩外侧包围在支架上,上缘包住青竹,并用聚乙烯线缝牢;下缘包上砖或泥块,埋入挖好的沟内,埋直压实;围隔幔两端有 1 m 重叠,拉链缝合,此后每个木桩外侧加一根 2 m 长的竹竿,夹住围隔幔,用聚乙烯线上下扎紧。此时围隔便制作成功了。进水时将上下拉链都拉开,向池塘注水,进水速度要慢,以免围隔内外水压力差过大而损坏围隔,当水深超过下部拉链时,将此拉链拉上,继续进水,直到达到需要的水位,然后拉上部的拉链;排水时首先拉开围隔上部的拉链,对池塘排水,直到水位下降到下部拉链时,拉开下部拉链,直到水全部排出。围隔内的水受风力影响较小,有时为了防止围隔内水分层,往往在围隔中设一台 90 W 的微型电动搅水机搅水。

1.3 高位池养殖

所谓高位池就是潮上带提水对虾精养池,与之对应的是传统的纳潮式对虾池,称之为低位池。高位池养殖主要存在于我国南方地区,如广东及海南等省。其虾池面积一般 2～10 亩,池深 2.8～3.5 m,最大纳水深度 2.5～3.0 m,方形结构,不设进排水阀门。池底中央低,四周略高,坡度为 1%～3%,养成率在 70% 以上,亩产量 800～1 000 kg,最高可达 1 500 kg 以上(张文强等,2003)。高位池系统一般由 4 个部分组成,即进水系统、排水系统、养虾池和增氧系统(何建国等,1998)。

进水系统由引水管道、蓄水井(池)、提水动力装备、进水管(渠)组成。由引水管道将海水引入蓄水井(池)中,海水再由提水动力装备抽到进水管(渠)中,进水管和虾池进水口一般安装 60 目过滤网,滤去部分生物。

排水系统由虾池排水口、排水渠或埋于地下的排水管组成,进水系统与排水系统完全分开。有些养殖池排水口在池中央,多数养殖池排水口在虾池一侧。排水管埋于低于虾池底的位置。

高位池一般有三种类型:

(1)水泥边坡沙底池。此类高位池的水泥边坡厚度为 5 cm,水泥护坡至池底,池底为硬质,保水性能好,池底铺一层厚度为 10 cm 左右的细沙。优点是安全可靠,牢固耐用,使用周期长;缺点是投资较大,每亩建设成本为 1.5 万～2.0 万元。

(2)地膜池。池底铺设厚度为 0.05 cm 的 HDPE 人工塑料布膜,且地膜在池坝顶端平行延伸 0.5 m 再深埋压好。地膜池易清洗、可隔离池底病毒、不漏水,建设成本为每亩 7000 元左右,可使用 5～8 年。

(3)多级高位池。这种高位池利用地势差建造而成。如张道栋等(2005)的三级高位池,一级池面积 1 亩,长方形,平均深度 2.2 m;二级池 2.5 亩,正方形,平均深度 2.6 m。以上两级池设有中央排污及虾苗排放管;三级池 5.5 亩,正方形,平均深度 3.0 m,设有边排污管。各池全部铺设塑料地膜,各级池落差为 1.2 m。

增氧系统主要是由增氧机和电力系统组成,增氧机为水浮式,一般为每亩水面设置 0.75～1.5 kW 的增氧机。增氧机不但可增加水中的氧气,还可以使池水循环流动,以改善水质。

因此,高位池具有以下特点:

(1)具有提水和蓄水设施,摆脱了低位池受潮涨潮落以及海区水质的影响,可以随时提水排水以调节水质。

(2)排污彻底。排水系统低于虾池底,高于海平面,因此能够彻底排污,虾池不会积水,有利于清淤、消毒和晒池,从而减少病害发生。

(3)虾池生物种类少。由于有引水、提水、过滤等多道程序,以及虾池本身结构致使养虾池生物种类明显少于传统养虾池,有些 WSSV 媒介生物,如蟹类等,在虾池中不能寄居生存,从而减少了对虾发病的机会。

1.4 室内工厂化养殖

我国对虾工厂化养殖始于 1999 年的北海试养,当时用对虾育苗池及废旧的珍珠育苗池养殖南美白对虾,产量较高,经济效益好。2000～2001 年发展有相当规模,新建的水泥池面积 20～400 平方米/个,多数 100 平方米/个左右,产量一般 2 500 千克/亩。林琼武等(2001)报道室内工厂化养殖日本对虾 87 d,产量达 0.818 kg/m³,平均存活率为 50.1%。陈弘成(2000)报道工厂化养殖凡纳滨对虾的最高产量可达到 20 kg/m² 左右。工厂化养殖位于塑料或玻璃温室内,其池塘、增氧设施及排换水系统都有别于露天池塘养殖。

(1)池塘。对虾工厂化养殖池一般建于具有透明屋顶的温室内或池顶部设拱形梁,其形式多种多样,包括圆形池、长方形池、环道式池、椭圆形池、近长方形池及正方形池等,均为水泥构建,多弧形池角,池深 2.0～2.5 m。其中使用效果较好的为圆形或近圆形池及环道式池,其共同特点是池水可做环形流动,使池内水质条件均一,同时又便于将虾的粪便等废物及时排至池外,保持池内清洁。池塘面积多为 100～1 000 m²,水深 1.2～1.8 m,池底以小坡度(0.5%)顺向排水口。圆形池中央排水口周围约 2 m 半径范围内建成锅底形,利于聚集污物。同时虾池大多设有排水闸门,以利于换水和收捕对虾。

池塘的结构对于产量具有重要影响。李仁伟等(2002)对室外围塘与室内池养殖南美白对虾进行了比较,室外围塘放养密度 83.3 尾/平方米,室内池放养密度 571.4 尾/平方米,分别管理,结果室外围塘产量为 0.58 kg/m²,室内池产量为 2.1 kg/m²;李健等(2003b)在对虾工厂化养殖试验中放养密度为 200～400 尾/平方米,养殖面积 4 000 m²,对虾成活率为 55%～65%,平均产量达到 3～4 kg/m²,其中一个 800 m² 养殖车间产量高达 5 kg/m²;陈弘成(2000)报道室内长条式立体养殖小白虾,其产量最高可达 20 kg/m²。可见良好的池塘结构是进行高密度养殖和获得高产量的基础。与传统池相比,工厂化养殖池优点在于:①养殖环境为独立封闭体系,进排水受到严格的控制,能有效阻止疾病的传播;②多位于室内或具拱顶,受外环境的影响小,可进行反季节生产;③便于利用机械化设备及微生态制剂等,可进行高密度养殖。

(2)进水及排污设备。进排水设备的研究以减少能量消耗和降低噪音为重点。现有的进水设备包括离心泵、真空吸泵、潜水泵、柴油机泵等;也有通过渠道借助于水位自流入塘的,这多用于外源水位较高,池塘较低的地区。方向以垂直于圆形池塘半径,或沿池塘的切线方向进水,便于推动水体的流动;养殖用水的排放多采用池底的中央排污管排出,国内外大都采用这种方式;也有的利用吸污泵或虹吸管将池底的污泥和废水一起泵出的。最近 Millanetal(2003)研究发现,离心泵能够将水体中较大的颗粒($>100\ \mu m$)打碎为中等大小的颗粒,对微型颗粒($5\sim10\ \mu m$)的数量没有影响,且泵水过程中能在一定程度上把对水生动物有害的小颗粒泵出。因此,我们在进排水设备的选择时还要考虑池塘的水质状况,以使其在最佳的设计参数下发挥最高效率。

(3)增氧设备。高溶氧量是养虾成功的关键,它不仅直接提供对虾呼吸用氧,同时还可调节其他水质因子,使水质保持在较好的水平,被认为是水产养殖中最关键的限制因子(Foss et al.,2003)。传统方式养殖密度低一般不需要增氧,而工厂化养殖密度高,及时进行增氧是非常重要的。增氧方式大致有三种,一是借助于空气增氧机或制氧机进行的机械增氧。空气增氧机如叶轮式、水车式、涡旋式、喷水式、涌水式、斜射式、充气式、射流式等。它们又可以分为两类:水面搅拌式和重力跌水式。但是它们都存在不同的缺点,水面搅拌式不提水或提水能力差,造成底部缺氧;重力跌水式增氧是溅起的水与空气接触增氧,效率低且噪音大;而使用制氧机的增氧效果好于空气增氧机,Ilya-Gelfand 等(2003)在罗非鱼和乌颊鱼的工厂化养殖中前期利用充气式增氧机,溶氧量徘徊在 $4.0\sim7.5\ mg/L$ 之间,后期改用制氧机,溶氧量稳定在 $6.0\ mg/L$ 以上;工厂化养殖的增氧动力在 $15\sim20\ kW/ha$,一般每千瓦可以增产约 500 kg(Boyd,1988);二是纯氧和富氧增氧,纯氧是指液态氧,其含氧量为 99.9%;富氧是指含氧量 90% 左右的分子筛氧,它是由 5Å 分子筛或膜分离获得。利用纯氧和富氧增氧具有效果好,无噪音,无污染等优点,国外大规模的工厂化养殖厂大都采用纯氧或富氧法增氧。但其缺点是动水能力差、制氧设备投资较大且运输和储存需要专门的设备,在我国养殖业中应用较少;三是超级氧化增氧,它源于美国的超临界水氧化技术,是集水处理和增氧于一体的新技术。它为美国国家关键技术,除美国外其他国家尚无法利用。

1.5 综合养殖

对虾综合养殖是指在半精养和接近半精养的粗放养殖(投苗不投饵)对虾池中,利用各品种的生物学特性,合理利用季节、空间、层间差,进行多品种混养或轮养的生态养殖业(丁天喜等,1996)。它采用生态平衡、物种共生互利和对物质多层次利用等生态学原理,人为地将相互有利的虾、鱼、贝、藻等多种养殖种类按一定数量关系综合在同一对虾池中进行养殖。它使虾池中各生态位和营养位均有养殖对象与之相对应,可起到增强养殖生态系统生物群落的空间结构和层次、优化虾池生态结构、加强虾池生物多样性等作用;养殖系统中各种生物通过各级食物链网络相互衔接,能充分利用养殖水体中各种天然饵料资源或人工饲料,提高虾池物质和能量的利用率,同时,养殖生物的代谢产物又可被细菌分解、光合生物吸收同化,既提高了虾池的初级生产力,又促进了虾池水体环境的自我净化,防止自身污染,有利于提高对虾等养殖生物的生长速度和抗病能力;系统内各组分通过相互制约、转化、反馈等机制使能量和物质的代谢保持相对的动态平衡,并具有较强的自我调节能力和抵御外来干扰的能力,这样无需通过大量换水等生产措施就可使虾池生态系统保持稳定,可以实行半封闭或全封闭式养殖,从而有效阻断虾池与外界环境的水体交换,对保护生态环境、防止病源传入虾池、控制养殖生物流行性疾病的暴发和蔓延具有积极意义(黄鹤忠,1998)。

早在 20 世纪 60 年代,我国就开始进行对虾与贝类混养的生产试验(项福亭等,1994)。

随后北方地区尝试对虾与梭鱼、对虾与文蛤、对虾与罗非鱼及对虾与江蓠等的混养,南方进行了对虾与鲻鱼、对虾与梭鱼、对虾与脊尾白虾、对虾与青蟹等的混养试验。因当时对虾养殖面积尚小,加之许多问题未能及时解决,综合养殖一直未能大面积推广。20 世纪 80 年代末至 90 年代初,虽然对虾养殖面积大幅增加,但由于生产资料大幅提价,资金、物资短缺,国内外市场疲软,对虾价格下跌,池塘老化,病害蔓延,产量降低,虾农负担加重等一系列原因,造成虾农亏损严重,致使对虾养殖业一度陷入困境,尤其是 1993 年全国发生暴发性虾病,造成巨大损失(丁天喜,1996)。上述种种原因迫使人们重新思索增产增收的各种养殖途径和生产模式,综合养殖的研究和实践被提到十分重要的位置。经多年的研究与实践,各地积累了不少成功的经验,混养的品种也逐渐增多,养殖技术更加科学,取得了明显的经济、社会和生态效益。目前,生产和试验上已经开展的对虾综合养殖模式有:

(1)虾鱼混养。

对鱼的种类选择的原则一般为其食性和生境与对虾不同,如鲻鱼、梭鱼和遮目鱼等,它们能以虾池底栖硅藻、有机碎屑、对虾残饵、甚至对虾粪便等为食,能有效清洁养殖环境。再如经海水驯化的罗非鱼,不仅能有效利用虾池中的浮游生物,抑制原甲藻等较大藻类的过度繁殖,促进较小型金藻、硅藻等有益藻类的繁殖,而且能吞食对虾残饵、腐屑和细菌等(王展鹏等,1987;田相利等,1997;杨红生等,1998)。迄今对虾至少已经与 20 多种鱼进行了混养试验(Eldani,1979;Eldani and Primavera,1981;Gonzales-corre,1988;高立宝等,1982;吴剑锋等,1983;乔振国等,1986;王展鹏等,1987;陈毕生等,1992;田相利等,1997;杨红生等,1998;邢佐平等,2004)。

(2)虾蟹混养。

虽然蟹类是肉食性种类,但它栖息于底层,主要摄食底栖动物和小型甲壳类,还可以清除患病对虾及动物尸体。目前对虾池综合养殖的蟹类主要有三疣梭子蟹和锯缘青蟹两种。另外,宋长太(2003)进行了凡纳滨对虾与河蟹的混养试验,并取得了较好的经济效益。但考虑到蟹类与对虾的生境部分重叠,因此以对虾为主的综合养殖中,应当适当少放蟹类。

(3)虾贝混养。

虾贝混养中选择与对虾混养的主要是滤食性贝类,如牡蛎(苏跃朋等,2003)、扇贝(王吉桥等,1999;李德尚等,2002)、毛蚶(刘洪文,2005)、蛤仔(王岩等,1999;宋宗岩等,2003)、缢蛏等(王吉桥等,1999b;李德尚等,2002)。贝类多以小型浮游植物和悬浮有机颗粒物质为食,能防止虾池有机污染,控制浮游生物数量,提高虾池能量转化效率(吴桂汉等,2001)。埋栖性贝类还能利用沉入水底的有机碎屑、减少底质中的有机物含量,降低底质污染,并且通过其掘足的埋栖运动和水管的进出运动,可以增强虾池底泥河泥水界面的氧气通量,促进底泥有机物质的氧化和无机盐的释放,提高虾池氮、磷的利用率(黄鹤忠,1998)。

(4)虾参(蜇)混养。

海参摄食池底的有机碎屑及底栖微小动植物,摄食时连同泥沙一起吞食。虾池混养海参可以充分利用对虾残饵,改善底质环境,提高虾池的物质利用率;海蜇营浮游生活,以桡足类、纤毛虫类、微型藻等浮游性动植物为食,可以充分利用养殖空间,有效控制藻类过度繁殖。对虾参混养(徐广远等,2002)、对虾蜇混养(席文秋等,2004;刘声波等,2003)进行的相关试验,效果较好。

(5)虾藻混养。

虾藻混养主要是利用它们之间的互利共生关系,即对虾排泄物所分解出来的大量氨氮等无机盐正是藻类光合作用所需要的,通过光合作用将无机废物转化为具有较高经济价值的海藻(Jones et al.,2001)。虾池中混养藻类可增加水体溶解氧,净化水质,调节 pH值,促进物质良性循环。而且,藻类附着的大量小型生物又可作为对虾很好的天然饵料,有利于对虾生长(毛玉泽等,2005)。因此,虾藻混养时两者生长都较快,产量和经济效益也较高。目前,虾藻混养中的藻类一般以大型经济藻为主,如石莼(王吉桥等,2001)、江蓠(王焕明等,1993)、石花菜、鼠尾藻等。

(6)多元混养。

此养殖方式主要根据不同类群生物品种的栖息、摄食和生长等特性的差异,使肉食者、杂食者、滤食者按一定比例混养于同一池塘中,使其分别分布于上、中、下、底层不同的空间,从而多层次利用养殖水体的栖息位、营养位,达到物质、能量、空间的有效利用。生产和试验中已经存在的多元混养绝大多数为三元混养,目前报道有虾鱼贝混养(田相利等,1999)、虾蟹鱼混养(许洪玉,2003)、虾蟹藻混养(王焕明,1994;张万隆等,1996)和虾贝混养等(刘端炜等,2002)。

(7)轮养。

轮养是根据品种间生长适温的差异,充分利用对虾塘季节位、生态位和市场位,进行不同品种的交替轮养,以最大限度地延长养殖水体的可养殖时间,达到养殖的时间补偿、价位补偿和效益补偿。目前报道有虾鱼轮养(沈伟芳等,2004)、虾虾轮养(刘贤东等,1999;朱爱奇等,2003)、虾蚶轮养等(唐兴本,2004)。

1.6 其他

(1)稻田养虾。

稻田养虾是在稻田内施以人为措施,既种稻又养虾,使稻田内水资源、杂草资源、水生动物资源、昆虫以及其他物质能源被虾类充分利用,并通过虾的生命活动起到除草、除虫、疏土、增肥等作用,从而达到稻虾互作、互利的目的(张兰德等,2003)。对于养虾的稻田一般都需要进行一定工程改造,包括开掘边沟、设置遮掩物等,创造适合对虾栖息的环境。张兰德等(2003)报道稻田养殖凡纳滨对虾每亩可收虾 80 kg,成活率达 60%~80%,饵料系数 0.5~0.7,纯收入 1 000 元。另外,对稻田养虾技术进行了大量的实验研究(汪长友等,2002;寿国成,2005;徐承旭,2000)。

(2)凡纳滨对虾淡化养殖。

凡纳滨对虾经过人工驯化可以适应淡水环境。因此,凡纳滨对虾的养殖打破了地域界限。有条件的内陆地区、低盐度地区均可以进行对虾养殖,且养殖效果及经济、社会效益较好。此养殖方式也越来越多地受到青睐(柳富荣,2003;郭泽雄,2002;肖国强等,2002;闫升华,2002)。

2.国外养殖模式

2.1 日本圆形水泥池工业化养殖

圆形水泥池直径 23 m,深 2.5 m,容水量 1 000 m³,双层底结构,在池底上面 20 cm 处放置的筛网上铺 15 cm 厚的沙床,将 124 根充气气泡管等距离插入池壁内,管的出气口向池中开口,沙床下面的水通过气泡管充气带动提升,进入池内的带气泡的水由于离心作用促使池水循环流动,装在池底中心的排水管用筛网罩起来,防止对虾排出(吴琴瑟,1995)。此养殖系统放养体重 0.068 g/尾的日本对虾 80 000 尾,在放苗的第 16～105 d 每天在夜间换水 300～460 m³,106～116 d 日换水量增至 890 m³,以后每天换水 1 300 m³。此种模式养殖 170 d,养殖的成活率达到 93%,产量为 2.65 kg/m²,较日本池塘养虾产量(0.3 kg/m²)高出 8.8 倍。此养殖模式的缺点是风险较大,一旦发病损失严重。

2.2 泰国的地膜养殖

在底质污染较严重的虾池内铺上厚的塑料薄膜,然后用封口机封口使之不漏水,与底质隔绝。放苗前薄膜经冲刷后,进水施肥使薄膜生长附着性藻类,水的透明度控制在 30～50 cm,然后放苗。放苗后的管养工作按精养虾池操作。同样安装增氧机,使脏物及对虾排泄物集中在池底,吸出池外,养殖效果好。养成收获后,将地膜清理后可再次使用(吴琴瑟,1995)。

2.3 美国的跑道式(Race way)养殖

对虾跑道式养殖分室内和室外两种(Olguin *et al.*,1997)。Davis 等(1998)设计了一种室内循环水跑道式对虾养殖系统。此系统由跑道式对虾养殖池(25 m³,35 m³ 和 72 m³ 三种)系统、旋转微筛、泡沫分离器、沉淀池、生物过滤池、具臭氧注射器的沉淀池等几部分组成。养殖过程中,跑道式养殖池按一定比例排出废水,依次经上述废水处理单元处理后,返回跑道式养殖池重新利用。Davis 等(1998)利用此系统采用三阶段养成策略养殖凡纳滨对虾,放养密度从 582 尾/立方米到 8 300 尾/立方米,经 77 d 的养殖试验,平均存活率达到 84.4%,饵料系数为 1.21,产量可达到 11.23 kg/m³。跑道式具有放养密度高、产量高、技术含量高、投入高、产值高、人工调控性强等特点。目前,已经在 *L. vannamei*、*P. japonicus*、*F. azetcus* 等品种上获得成功(Reid *et al.*,1992)。但是中国对虾及 *P. monodon* 等对虾种由于 SPF 及 SPR 苗种的技术不成熟等原因,进行跑道式养殖的困难可能较大。

纵观我国对虾养殖的历史,其实是新养殖模式不断涌现的历史。每种新养殖模式的出现都在一定程度上反应了当时实际生产的需要。总的来看,我国对虾养殖模式的演变延续了由粗放式养殖到集约化养殖、由简单管理甚至不管理到精细管理、由潮汐换水到机械换水到水循环利用、由对周围环境的不关心到保护沿海湿地、由开放式养殖到封闭式养殖的发展趋势。随着社会经济的发展和人民生活水平的提高,不断增长的市场需求和对虾养殖产生的高额利润将推动对虾养殖业不断向前发展。但目前养虾业依然面临着环境污染、病害泛滥等问题。因此,结合我国现状,发展安全防病、高产高效的工厂化养殖是推动我国对虾养殖业可持续发展的必然趋势。

李玉全,李健.中国水产科学研究院黄海水产研究所　山东青岛　266071

第三节　对虾节能减排养殖模式

进入 21 世纪以来,我国海水养殖业的发展形势总体良好,产量继续增长,发展态势平稳,同时社会需求继续呈刚性增长,前景看好。但也面临着前所未有的挑战,如出口市场和国内市场对水产品质量安全的要求空前严格,良种短缺、疾病暴发、环境恶化等问题依然存在。因此,产业发展需要新理念、新技术、新模式的不断创新。其中"如何保证海洋渔业的可持续产出"和"如何保证产出质量"是根本关键,摆脱"依靠扩大规模和大量投入"来提高养殖产量的被动态势,构建我国海水养殖业可持续发展的全新局面是一项具有战略意义的重大举措。

对虾是我国主要的水产养殖品种之一,近年来广大科技工作者就对虾的养殖方式进行了广泛研究。据统计我国海水对虾养殖产量达80万吨,中国对虾、斑节对虾、凡纳滨对虾(南美白对虾)、日本囊对虾等是我国海水养殖主导品种。对虾养殖模式主要有:潮间带综合生态养虾,高位池养虾,陆基循环水工厂化高密度养虾等。这些养殖模式对全国对虾养殖业的复苏和发展起到了重要的推动作用。传统的对虾养殖是以开放式水系统、单品种、粗放式、池塘养殖模式为主,具有病害难以控制、有机污染严重、产品质量存在安全隐患、对沿海生态环境破坏严重等弊病。可持续对虾养殖需要由粗放式养殖向集约化养殖、由开放式养殖向封闭式养殖、由大排大放向水循环利用、由环境污染向保护沿海湿地、由简单管理向精细管理的模式发展。

1.传统养殖模式存在以下几方面的不足

1.1 养殖结构和水域利用不合理

由于缺乏科学系统的规划,导致沿岸带开发不合理,部分海域污染严重,生物的多样性遭到破坏,优势种群栖息环境被改变,生态和社会效益受到较大的负面影响。对虾养殖大部分集中在近岸水域,特别是集中在港湾内,使得养殖水域布局不合理。从全国的情形看,滩涂和港湾养殖面积已达可养殖总面积的79.95%,山东的滩涂利用率达50%,港湾利用率高达90%以上。片面追求高产量、高产值,忽视长远生态和环境效益的做法,使局部海区开发过度,超出养殖容纳量,导致养殖品种出现个体小型化、死亡率高、产品品质下降、病害频发等问题。我国现行养殖模式形成于20世纪80年代末,缺点是养殖总体布局大多不合理,虾池建筑标准低,开放式进排水系统不利于病害传播控制、能源消耗偏高、不利于病害的控制与预防,养殖池的有机污染积累日趋严重、对沿海湿地破坏严重。

1.2 养殖自污染严重

一般认为养殖对虾饵料系数在1.2～1.5之间,即养成1 kg对虾需要投喂1.2～1.5 kg配合饲料。以干物质计算对虾对饲料有机物质的转化利用率在20%左右,约有80%的饲料干物质进入养殖环境中。这些物质以对虾排泄物、残饵等形式进入养殖池塘。与一般养殖鱼类不同,由于对虾通常在游动中抱食啃咬饲料,饲料颗粒因破碎、溶散及丢弃产生很高的浪费率。而对虾肠道短,消化排出快,所以饲料的消化和吸收率也偏低。实验表明对虾养殖投喂饵料只有75%被对虾摄食,其余以残饵(约占15%)、溶解(约占10%)等形式散失在养殖池。对虾摄食的饲料中85%的氮被虾同化,15%通过粪便排放,其中有5%的氮以氨氮形式直接排放,8%以有机氮形式排放。对虾每摄食1 kg饲料大约产生0.27 kg(干重)粪便、0.25 kg悬浮颗粒物和6.12 g氨态氮。杨逸萍等在研究人工投饵虾池固体废弃物代谢负荷时发现,30%的饲料不能被虾利用而沉淀于池底。因此,我国沿海地区养虾产量为80万吨,排入海洋环境中的残饵数量是相当可观的。这些有机污染物一部分转化成浮游植物、原生动物、浮游动物、微生物等生物体进入再循环,一部分以溶解态和固态物质存留水体和底质中。

1.3 养殖池底泥沉积、分解溶出

养殖过程中产生的残饵和粪便等在海底堆积、分解,使沉积物中有机质和硫化物等含量增加,养殖自身污染问题加重。人工投饵虾池的淤泥中含有 62%～68% 的 N,残饵溶出的 N、P 营养盐是对虾养殖水环境及其邻近海域的主要污染源。有研究发现在鲑鱼网箱养殖区下部沉积物的 C 和 N 的通量很小,每年只有约 10% 的有机物可得到分解,79% 的 C 和 88% 的 N 沉积(相当于饲料输入 C 的 23%,N 的 21%)将积累于底部,无法被生物利用。养殖产生的有机和无机废物可直接引起养殖池塘底质中有机物负荷增加、富营养化现象,如 BOD 增加、缺氧等。其他的影响还有池塘土壤的酸化、生物多样性降低、病原体增加、水华发生等,最终可能导致对虾养殖失败。

1.4 对近岸环境的影响

河口与沿海滩涂的养殖池塘通常是开放养殖系统,而开放式的进排水方式加速了疫病的传播,生产不稳定,池塘(土池)养殖对虾成功率低,一般北方地区低于 30%;同时浮游生物过量繁殖时,氨浓度增加伴随溶氧降低;老化池塘植物碎屑和残饵累积致池底恶化,水中有机质偏高,病菌增殖。而对虾养殖过程中大量换出水以及养殖结束排放水富含大量有机物、营养盐和其他有害物质,直接排放到近海水域,远远超过了海水的自净能力,导致海水质量逐年下降、养殖环境急剧恶化、病害大面积暴发与流行,形成污染、发病、滥用药、再污染、再发病的恶性循环。据李卓佳等研究结果,每公顷虾池每年养殖废水污染物质 COD 的排放量为 245.03 kg,氮的排放量 2.41 kg,磷的排放量 4.84 kg。

2. 对虾节能减排养殖新模式

针对污染严重、病害频发的养殖现状,要保护生态环境、实现健康养殖,就要改变养殖模式。因此,探索新的养虾模式,研究有效的养殖环境修复技术、废水处理技术,保证养虾废水达到排放标准,实现养殖废弃物"零排放",是对虾养殖业可持续发展的重要举措。

2.1 对虾节能减排养殖原理

集约化养殖通过高密度集中饲养和高强度饲料投喂实现高产出。养殖过程自身污染物的输出,主要包括残饵、粪便和排泄物等,这些污染物或者导致养殖系统本身水质恶化,或者通过养殖废水的排放对沿岸水域产生污染效益,甚至导致富营养化。养殖过程的健康与养殖产品的健康同样重要,这已经得到了广泛的认可。

研究表明通过生物净化方式处理养殖废水可获得较好的效果,如利用浮游植物或大型海藻可回收废水中的营养盐;利用滤食性贝类如菲律宾蛤和牡蛎等可降低养殖废水中颗粒有机质的含量;利用贝类与大型海藻组合构成的贝、藻系统来处理海水养鱼池排出的废水,贝、藻组合可去除废水中 95% 以上的氮。印尼生物絮团高效健康养殖,产量 18～22 t/ha,平均体重 16～18 g,饲料系数 1.1～1.3,生产成本下降 15%～20%。通过微生物的生态功能,构成生态营养链,实现生态营养循环,增强养殖生物消化及免疫机能,改善动物营养,零水交换消除环境污染。Summerfelt 等研究发现用人工湿地可去除养殖水体中 95% 的总悬浮固体和 80%～90% 的 N 和 P;例如,人工湿地对总悬浮固体含量为 7 800 mg/L 的鲑鱼养殖废水的净化效率为 30 kg/(m² · y),湿地植物对 N、P 营养盐的去除率分

别为 225 kg/(hm² · y)和 35 kg/(hm² · y)。

池塘底部最容易缺氧,而虾蟹主要生活在池底。养殖池塘中的粪便和残饵都在池底,产生氧气的浮游植物主要在水的上层。由于上下温差的影响,表层水很难对流到池底,这就产生了底部耗氧没有氧气来源,表层造氧却不能有效地供给底部水体,使养殖池底常常出现溶解氧含量在凌晨低于 2 mg/L 现象。水车式增氧对水面以下的水体搅水能力很弱,而且它是将水输入空气中增氧,溶氧能力就低,而微孔增氧是将气体输入水中进行增氧,而且阻力小(节省动力),产生的气泡也小,上升缓慢,气泡在水中和水的接触时间长,溶氧就充分。由实验数据和科学计算我们可以知道:微孔增氧装置在淡水中是水车式增氧机的 3 倍,在海水中是水车式增氧机的 4 倍多。

因此根据养殖现状和发展趋势,我们提出的对虾节能减排养殖新模式是采用先进的充氧、水体净化、消毒技术和综合生态养殖技术,切断对虾病毒传播途径,建立以工厂化设施养殖、多营养层次池塘养殖和利用沿海湿地封闭循环水的一种综合生态养殖模式。此养殖模式可解决传统开放式养虾水体自身污染问题,维持良好的海洋生态环境,实现对虾高密度健康可持续养殖。

2.2 对虾节能减排养殖新模式技术路线

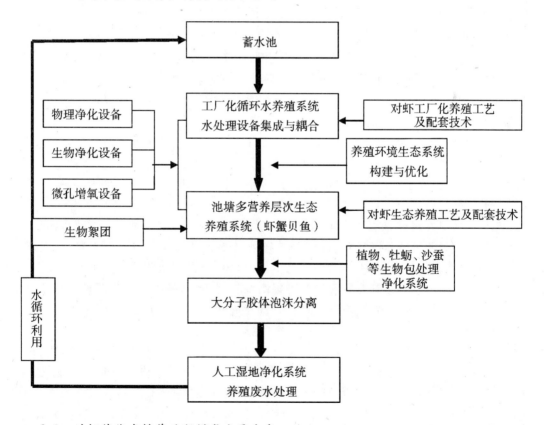

2.3 对虾节能减排养殖新模式主要内容

(1)利用过滤、沉淀、泡沫分离、臭氧、微生物絮团、微藻及人工湿地等措施调控水质,消解废水中氨氮、亚硝酸盐、硝酸盐及磷酸盐等有害物,使排放水符合国家标准,废弃物"零排放"。

（2）利用微孔增氧和微气泡射流增氧等新型增氧技术（具节能、高效优点），减少养殖用水、节约能源。

（3）利用互利共生、污染物生态控制、营养分级利用等原理建立"对虾—梭子蟹—贝类—鱼类—生物絮团—沿海湿地"等基于生态水平的对虾健康养殖模式，实现节能减排的目的。

（4）根据主要水产质量安全危害因素（农渔药残留、环境污染物及鱼贝毒素等）在对虾养殖体系中的形成机制和转归途径，探索调整集约化养殖体系中对虾产品质量安全危害因素转归途径的关键控制点（水域环境、水域水质、饲料接受及养殖生产），建立相应控制技术与模式。

2.4 对虾节能减排养殖新模式主要特点

（1）防病：

养殖区是一个与外界海水环境隔离的封闭性循环系统，可有效地防止病原进入，并阻止病害传播。另设有应急排水系统，当个别养殖池塘有病害发生时，将该池塘（病源）从循环系统中隔离，以改善水质环境，防治病害。此外，对虾养殖过程中虾塘始终能保持良好的水质和底质，在良好的水质环境下，养殖对虾对疾病（包括病毒病和细菌病）抵抗力增强。

（2）环保：

有研究发现，鱼类、贝类和海藻可分别利用饲料氮源的 26%、14.5% 和 22.44%，并沉淀了投喂氮源的 32.8%，而排入海域中的氮只有 4.25%，氮总利用率比单养对虾（20% 左右）高出 2 倍以上，生态效益显著。养殖用水经生物净化和物理处理得以循环利用，实现养殖用水与海区间的零交换，减少对临近海区环境污染，提高海水的利用率，节约水资源。养殖结束时，排放水不处于富营养化状态，体现了环境友好的健康养殖新观点，有利于临近海环境的保护及对虾养殖业的可持续发展。同时该养殖模式更加优化了虾池的生物群落结构，进一步提高了虾池的物质和能量的转化率，更利于虾池生态环境的稳定。

（3）高效：

整个系统只在对虾养殖区投饵，投入的饲料由全系统各养殖区利用、分解、再循环、再利用。这种通过不同营养级和生态位上各种养殖生物对投入饲料的多层次利用，使饲料利用率得以大幅度提高。在生产对虾产品的同时，还生产出鱼、蟹、贝、藻等产品，增加了经济效益。有研究发现多营养层次养殖可提高饲料利用率，同时显著降低投入与产出比值：由单纯对虾养殖的 0.709，降低为生态养殖的综合投入与产出比值 0.239。

（4）经济：

根据青岛、日照地区试验结果，工厂化养殖单产 4 kg/m²，1 000 m² 车间产量 4 000 kg，商品虾价格 40 元/千克，实现产值 16 万元，利税 10 万元。池塘生态养殖对虾产量 80 千克/亩，梭子蟹产量 70 千克/亩，贝类产量 250 千克/亩，实现产值 1 万元/亩，利税 5 000 元/亩。工厂化养殖日换水量由传统养殖模式的 50% 减少到 20% 以内，池塘养殖日换水量由传统养殖模式的 30% 减少到 10% 以内。养殖排放水达到国家标准，循环利用，实现养殖废弃物的"零排放"，新型增氧技术节约能源 40%，每生产 1 kg 商品虾耗电少于 2 kW。

3.展望

联合国粮农组织将可持续农业定义为"管理和保护自然资源,实行技术变革和体制改革,以确保当代人及其后代对农产品的需求得到满足,是一种能保护土地、水和动植物资源,不会导致环境退化,在技术上适当可行、经济上有活力、被社会广泛接受的农业"(FAO,1991)。1998年 *Science* 刊发了 Naylor 等10位水产和水域生态学家联合署名的文章,认为鲑鱼和对虾养殖业大量消耗鱼粉,破坏沿岸生物多样性,养殖废水污染浅海,引发了人们更多地思考包括饲料对自然资源过多消耗、养殖自身污染、病害威胁持续、养殖产品质量低下等负面效应问题(Pauly,2002),对当前的养殖方式的可持续性产生了质疑。由此可见,水产养殖产业的发展,必须面对可持续性的问题,即在保证经济需求得到满足的同时,必须考虑到对资源和环境的持续性作用。

李健,黄倢,孙耀.中国水产科学研究院黄海水产研究所　山东青岛　266071

第四节　海水养殖动物质量控制技术研究现状与展望

改革开放以来,我国水产养殖业发展迅速,养殖规模不断扩大,养殖品种增多,产量迅猛增加。到2003年全国海水养殖面积664.9万公顷,养殖产量1 250多万吨,占水产品总产量4 700多万吨的26.6%。21世纪我国将面临更大的人口压力,水产养殖业的可持续发展对于解决我国人民的食物保障问题将起到至关重要的作用。

近20多年来,我国水产养殖业发展迅速。其特点仅是规模化、产业化,重视产品数量,忽视产品质量。在增养殖对环境的影响、生物多样性保护、生态结构优化、病害防治等关系到可持续发展方面的基础理论研究则相对薄弱,缺乏完整系统的质量标准和控制体系,结果导致养殖业近年出现了养殖环境恶化或老化、养殖生物大规模死亡等问题,产品质量达不到国际标准要求,每年给国家和养殖业者造成数十亿元的经济损失,严重影响了我国海水增养殖业的健康持续发展。

1.加强海水养殖动物质量控制技术研究的意义

随着人们生活水平的提高,食品的质量已经成为人们购买食品的重要原则和取舍标准。世界卫生组织(WHO)、联合国粮农组织(FAO)及其他国际组织近年都加强了食品安全工作,包括科学研究、政策法规、标准、机构设置和监督管理等。世界范围内对食品安全卫生的管理和要求也由狭义的检验上升到从环境保护和人类的可持续发展的战略角度审视,要求在食品生产、加工、储存和运输过程中按科学的监测程序运作,把食品安全风险降低到最低。近年我国水产养殖业在养殖产品数量增加的同时,水产品的质量问题,特别是安全卫生问题已成为制约水产养殖业进一步发展的瓶颈。

据调查,目前我国养殖水产品质量安全性涉及的危害因素主要有:①生物性污染,包括有害微生物、寄生虫污染;②化学物质污染,包括药物残留、重金属、石油烃、洗涤剂、酚类;③天然有毒物质,包括鱼类毒素,如河豚毒素、组胺等;贝类毒素,如麻痹性毒素(PSP)、腹泻性毒素(DSP)、失忆性毒素(ASP)及神经性毒素(NSP)等。人们食用了含有这些有毒有害物质的鱼、虾、贝、藻类等水产品,会出现诸如"水俣病"、"骨痛病"、"白细胞减少"等疾病。

对虾养殖是我国海水养殖最有代表性的产业,2003年全国产量50万吨,占世界总产量的1/3多。但我国大多数对虾养殖池已有15年以上的池龄,池底有机物积累形成污染,传统的机械清池,不能从根本上消除污染。1993年开始发生的对虾暴发病,到现在还没有完全解决,病害防治药物残留问题较突出。20世纪80年代末,上海食用不洁毛蚶导致甲型肝炎暴发,致使大量毛蚶资源得不到开发利用;大连等沿海地区夏季禁食贝类;沿海地区夏、秋季节肠道疾病和食物中毒,都与致病菌的存在密切相关。我国海产贝类进欧盟市场曾受阻多年,关键因素就是没有建立完善的水产品质量安全控制体系,有毒有害物质多次被检出。养殖鳗鱼向日本等国家出口,养殖牙鲆向韩国等国家出口,均因抗生素残留超标而受阻,经济损失严重。特别是欧盟因我国对虾等水产品氯霉素残留超标,于2002年2月1日禁止我国动物源产品进入欧盟市场,美国、日本等也做出了相似反应,给我国水产养殖业造成严重影响。由于养殖环境恶化,主要养殖品种疫病严重,滥用药物,加工保鲜使用禁用化学物质等问题严重,导致养殖水产品质量下降,从而影响经济效益,如美国同样数量的出口产品,价值相当于我国的两倍。水产品的质量安全得不到保障,不仅容易对食用者产生长期慢性危害,而且严重影响了我国水产品的出口贸易。现有的传统养殖模式技术,已经不能适应我国加入WTO后对水产养殖发展的要求,必须从根本上解决。

2.国内外研究进展与概况

随着世界工业化进程的加速,进入环境的有害有毒物质越来越多,对人类的食用安全构成了严重威胁。近几年,世界先后发生了诸多有关食品卫生安全事件,如英国的"疯牛病",我国香港的"禽流感",欧洲的"二噁英"等。食品卫生安全问题引起国际社会广泛关注和高度重视,各国均采取了相应的对策,制定了严格的法规予以限制,标准不断提高,而且食品卫生安全也成为国际贸易中最重要的非关税壁垒(WTO框架下的SPS协定)。

有关食品安全性的研究和管理,发达国家有一套比较健全的体系和制度。如美国、欧盟、日本等国家对水产品公害有明确的法规限制,特别是对重金属、洗涤剂、环境激素等公害物质残留、渔用药物的使用严加限制,对进口水产品的致病菌严格检验。日本在1984年就对以往国家所确认的水产抗菌剂的药量、使用方法与效果等再次进行全面的调查、审议、评价与修改,发布了新的用药基准,走上了法制化的轨道,定期发布渔药使用准则。美国FDA的海湾水产品实验室(GCSL)将研究兽药残留及其检测方法作为主要工作,发表了许多论文,有的被列为AOAC方法。1956年WHO和FAO组成的食品添加剂专家委员会,进行添加剂的毒性评价;1961年美国FDA对膳食中残留的农药、化工产品、有毒元素和营养成分等开展研究;1976年WHO、FAO与联合国环境规划署共同努力设立了全球环境监测系统/食物项目(GEMS/Food);1983年5月FAO/WHO明确提出了在原料、生产、加工、贮存、分配、消费等系列过程中存在的食品安全性问题;1996年提出水产养殖的常用抗生素残留量的安全水平;1997年6月日内瓦召开的食品法典会议进一步明确了食品添加剂、农药残留、兽药残留等化学污染物的污染问题。1995年、1997年、1999年FAO/WHO连续召开有关危险性分析与食品安全方面的国际会议,提出了危险性分析的定义、框架及两个要素的应用原则和应用模式,从而奠定了一整套完整的危险分析理论体系;促进了有关食品安全措施的协调一致。

在食品安全控制方面,美国率先使用了 HACCP 的概念,FDA 于 1973 年决定在低酸罐头食品中采用美国于 1997 年 12 月 18 日实施的海产品法规《水产品加工与进口的安全卫生的规定》明确规定了未实行 HACCP 的企业的产品不准进入美国市场。美国早在1991 年就制定了水产养殖品的 HACCP 操作模式;加拿大贝类的控制工程应用了 HAC-CP,形成了养殖 HACCP 体系。欧盟《对投放市场和生产水产品的卫生规定》(其中包括水产养殖)(EEC91/493)是强制性欧洲议会法规;泰国渔业局制定了《质量管理程序》,用来控制养殖用药物和化学残留以及微生物污染,HACCP 概念已引入虾养殖场的生产和处理各环节,并见到成效;爱尔兰渔业署的 BIM 机构,近 5 年来为保障生产出高质量的养殖鱼类和贝壳类产品,在养殖场大力实施 HACCP,建立了操作程序,制定了有关指南和规范。迄今为止,HACCP 已被许多国际组织如 FAO/WHO、CAC 等认可为世界范围内保证食品安全卫生的准则;我国最早开始应用和实施 HACCP 体系的企业是出口水产及畜禽肉类食品加工出口企业。这方面的工作起始于 20 世纪的 90 年代中期,由当时的国家商检局组织推动。近年来,我国对水产品源头的安全给予极大的关注,2003 年农业部第 18 次常务会议审议通过《水产养殖质量安全管理规定》,进行了水产养殖 HACCP 示范区计划。

国外学者先后展开了抗微生物药物和杀虫驱虫药在水产动物体内的药动学、安全性和检测方法的研究。涉及的抗微生物药物中磺胺类药物较多,其次是呋喃类药物、喹诺酮类药物等。所涉及的水生动物主要有虹鳟、大西洋鲑、大麻哈鱼、鲤鱼等十几种。重金属污染早在 20 世纪 50 年代就引起了高度的重视,近 10 年来,重金属对鱼类的影响研究已发展到对鱼卵、稚鱼、仔鱼和成鱼的存活率,对仔鱼、成鱼生长发育及对血液功能、激素分泌等的影响,重金属离子在鱼体内的蓄积和分布等多方位的定量研究。杀虫剂、消毒剂对海洋生物毒性的研究亦成为生态毒理学研究的热点之一,日本学者就甲壳类的对虾对有机磷农药敏感性进行了报道。日本和我国台湾科学家于 1992 年报道了有关对虾卵子对消毒剂的耐受性。

许多国家在养殖模式上率先走上健康养殖的道路。如日本、韩国、欧洲和美国等对养殖对象的营养生理、新品种开发、防病技术、水处理技术等已有较高的水平,人工调控手段强,养殖生态环境保护有力,对水产品质量控制严格,因此水产品质量较高,养殖效益较好。目前国外普遍采用的自动控制系统,可控制溶氧、pH、温度、室内湿度、光照、能耗、电导率、混浊度,又可控制投饵、泵、阀门、增养机、空气压缩机等,使整个系统自动化。

在水产养殖的过程中,这些发达国家和地区主要运用 HACCP 体系(危害分析与关键控制点)来确保养殖产品达到无公害的水平。挪威大西洋鲑的养殖在政府《水产养殖条例》等一系列管理措施的规范下,取得了良好效果,养殖产量每年达到 50 万吨,产品销往世界各地。泰国将 HACCP 体系的理念引入水产养殖,在对虾养殖的全过程实行"良好行为守则",从养殖场地的选择、养殖过程的苗种、饲料、药物、环境、养成的运输等等都有一系列的保障措施,如病原的检测、无特定病原苗种的培育、禁止使用违禁化学药物、严格执行休药期制度,同时,泰国对养虾场实行产品认证和产地认定,只有通过认证的养殖对虾才能允许出口和上市。通过采取以上措施,泰国的对虾养殖产量多年稳居世界前列。韩国在水产养殖上比较重视有益微生物及免疫刺激剂的使用,对产品质量起到了良好的保障作用。

我国政府对食品安全性也十分重视,2001年农业部启动了"无公害食品行动计划",为开展水产品质量安全保障技术研究提供了良好的机遇。我国"八五"期间由黄海水产研究所承担的农业部重点研究项目"几种新农药对海产贝类生长影响的评价及其快速测定方法的研究",着重研究了有机磷(甲基异硫磷、水胺硫磷)和菊酯类(氰戊菊酯、胺菊酯)杀虫剂对紫贻贝生长的影响,并研究了对栉孔扇贝、海湾扇贝、紫贻贝的急性毒性效应和对海洋浮游藻类生长的影响。国内黄海水产研究所、上海海洋大学等单位从20世纪90年代中期开始研究海水养殖对虾、牙鲆、鲈鱼、黑鲷等的常用药物代谢动力学,初步建立了药物含量在以上动物组织中的高效液相色谱分析方法,对部分药物的代谢动力学模型进行了研究,取得了重要的成果,为无公害渔用药物在水产养殖中的使用技术规范的制定奠定了基础。但研究所涉及的药物和养殖动物种类还比较有限,对一些影响因子的研究还有待进一步加强。国家水产品质检中心从1992年就开展了药物残留检测方法的研究,1999年开始进行全国渔药残留的控制工作,曾检测到有些水产品中磺胺类药物和抗生素超标,2001年第四季度冻虾仁产品质量国家抽检时同时考察了水产品甲醛情况,所抽样品甲醛的检出率达68%。综观全国,"九五"期间因药物和激素的滥用,在一定程度上既影响了国内市场,同时也在国际贸易中遭受了严重损失。

3. 近期研究重点及方向

针对对虾、大菱鲆等国内主要水产品养殖与加工迫切需要控制食源性危害(渔药、重金属、农药、化学危害成分)及其检测与快速评定技术进行系统研究,积累养殖产品安全标准的技术基础数据,建立安全限量标准、快速检测评定技术和养殖、加工过程中的控制技术。以用于制定养殖水产品安全标准、过程控制技术规程、有关检测技术和方法等;满足对养殖水产品安全保障、入世后我国渔业结构调整和水产品进出口贸易需求是目前研究的重点和方向。

3.1 海水养殖环境监测与质量分析评价

(1)养殖环境状况调查。

进行微生物环境调查(细菌总数、异养菌、弧菌、人类致病菌)、生物环境调查(叶绿素a、有害藻类、赤潮毒素)、水化学环境调查(COD,pH,DO,硝酸盐氮、亚硝酸盐氮、氨氮、活性磷酸盐)等,研究与水产品质量的相关性。

(2)环境污染对水生生物的毒性毒理研究。

以保护水域生态和渔业生物为目的,研究常见渔药和化学品对水生生物的毒性毒理作用,特别是对养殖渔业生物早期生命阶段的作用,为制定渔业水质标准和基准做好基础性工作。通过毒性毒理学研究,提出降毒或解毒措施,以尽量减少已经发生的污染带来的危害与损失。

(3)养殖环境质量分析与评价。

进行环境质量与卫生安全水平分级与区划。研究养殖过程中水质环境重金属的浓度、养殖时间与鱼体富集量之间的规律,提出Pb,Hg,As等重金属的安全限量、检测技术和石油烃的限量标准、检测技术等。

3.2 渔药药代动力学及残留控制技术研究

(1)药物体内含量测定方法的研究。

主要研究使用高效液相色谱仪、气相色谱等测定药物在水生动物组织中含量的标准方法,包括色谱条件、样品预处理方法、回收率测定等内容;利用酶联免疫技术进行现场快速检测试剂盒的研制与开发。

(2)药物代谢动力学参数的测定及分析。

主要研究药物在动物体内主要组织(血液、肌肉、肝脏、肾脏等)的吸收、分布、代谢规律,建立数学模型,主要参数包括 C-T 曲线(C-T 曲线的拟合及 C-T 曲线的数学表达式),$t_{1/2\alpha}$、$t_{1/2\beta}$、T_{max}、AUC、CL 等。

(3)药物残留检测与安全使用技术的研究。

研究药物使用后不同时间间隔在动物体内的残留情况,根据药物代谢及药物残留的研究结果,结合药效学和卫生标准等要求建立药物安全使用技术(用药剂量、周期等),确定渔用药物的合理给药方案、休药期等。

3.3 重金属对海水养殖动物生长危害及食品安全的影响研究

(1)养殖环境中有害重金属的调查。

进行水化学环境、底质环境、饲料及生物体残毒中有害重金属铜、锌、铅、镉等的调查,研究与水产品质量的相关性。

(2)饲料中重金属对养殖动物生长危害及食品安全的影响。

研究重金属对养殖动物生长安全的影响,有关毒理学以及向生物体传递和蓄积机理,对养殖水产品安全卫生影响的危险评估和标准的限量形式及限量标准。

3.4 水产养殖质量控制关键技术与养殖示范

(1)清洁生产环境保障技术。

研究养殖环境生物调节、微生物调节和理化调节等环境综合调控技术的环境效应与生态效应,养殖场与池塘排放水净化、循环利用技术等。

(2)病害生态防治技术研究。

病害预防和生态综合防治措施的研究,包括养殖环境中病原生物量的微生态调节技术、降低宿主应激反应及增强宿主抵抗力的免疫增强和生态环境调控技术等。

3.5 海水养殖质量安全控制体系与控制标准研究

(1)海水养殖质量安全控制技术的研究。

水产品质量安全指标检测(包括化学、微生物指标)及快速评定技术研究。

(2)海水养殖技术与质量管理规范的研究和制定。

进行养殖技术与质量管理规范的研究,提出产品安全限量和产品质量标准。

(3)海水养殖危害分析技术与风险评估模式的研究。

引进海水养殖危害分析和风险评估技术,建立国家、区域、地方水产品质量安全监控网络,及时掌握水产品质量安全状况并进行预警。

4. 展望

健康养殖技术和食品安全发展战略将成为我国 21 世纪水产养殖研究的重要领域。开展海水养殖水产品质量安全保障技术和控制体系研究,主要包括健康养殖环境(海水养殖生态调控与环境保障)、渔用药物残留及药代动力学、海水养殖质量安全控制体系等关键技术的研究与开发,对于建立我国水产品质量安全监控体系,使我国养殖水产品质量安全、质量保障技术达到国际先进水平、确保水产品质量安全具有重要作用。

赵法箴,李健.中国水产科学研究院黄海水产研究所　山东青岛　266071

第五节　微生态制剂在水产养殖中的应用

随着养殖业的迅猛发展和集约化经营模式的不断提高,在渔业养殖过程中因残存饵料的腐烂、生物代谢物及生物残体的沉积、有害藻类及病菌的大量繁殖,导致养殖水体的理化环境和生态环境恶化,工业废水和生活污水的排放也使养殖水域环境质量日益下降,这些直接危害到养殖对象的生长、发育、产品质量。而抗生素的过度使用使致病细菌的耐药性增加,破坏和干扰养殖环境中的正常微生物区系的生态平衡,且抗生素经过食物链进入人体,危害到人类健康。利用微生态制剂不仅能降低水体的有机污染,净化水体,还可抑制、杀死病源微生物,并可作为食料添加剂,补充营养成分,改善养殖动物胃肠道的有益菌群,达到生态防治的目的。因此,微生态制剂在水产养殖中倍受研究者的关注。

1. 水产微生态制剂的定义

对于水生动物而言,动物与其周围的水环境不断地进行相互作用,有证据表明,水环境中的细菌对鱼体肠道的微生物组成有影响。肠道中出现的微生物似乎是来自环境和饵料并能在肠道生存和繁殖的那些属(Cahill,1990)。Gatesoupe(1999)给微生态制剂下的定义为"有助于增进动物健康进入其胃肠道并保存活力的微生物细胞"。而在某种程度上水环境中的微生物还可生活于养殖动物的鳃或皮肤上。Gram(1999)去掉对肠道的限制,将微生态制剂的定义扩展为"一种活的微生物添加剂,通过改善动物的微生物平衡而对其产生有利的影响"。水生动物往往于水中产卵,使其周围水中的细菌能在卵表面定居,而且刚孵化的幼体或新出生的动物肠道系统发育并不完全,其肠道、皮肤和鳃上没有微生物群落。由于水生幼体早期阶段的主要微生物群落部分地取决于饲育它们的水,故水中细菌的性质尤为重要。因此,Verschure 等(2000)将微生态制剂的定义进一步扩展为"一种活的微生物添加剂,通过改善与动物相关的或其周围的微生物群落,确保增加饲料的利用或增加其营养价值,增强动物对疾病的应答或改善其周围环境的水质而有益于动物"。

Kozasa(1986)首次将微生态制剂应用于水产养殖,用 1 株从土壤中分离的芽孢杆菌(Bacillustoyoi)处理日本鳗鲡,降低了由爱德华氏菌引起的死亡后,微生态制剂的研究便得到迅速发展,同时微生态制剂的概念也相应得到了发展。水生生物与水环境密切相关,许多情况下可直接添加有益微生物于养殖水体中,通过拮抗病原、降解多余有机质等而对养殖动物产生有益的影响。因此 Moriarty(1998)把微生态制剂的含义扩展为一类添加到养殖水体中的有益微生物。可以看出,微生态制剂的概念已经完成了由只是微生态环境中的生理性菌群到生态环境中微生物优势菌群的变迁。

2.微生态制剂的特点

理想的微生态制剂菌株一般应该具有如下特征：

（1）具有良好的安全性。所用菌种不会使人和动物致病，不与病原微生物在自然条件下产生杂交种。

（2）易于培养，繁殖速度快。

（3）能在养殖水体中存活，有利于降低排泄物及残饵对水质环境的污染。

（4）在发酵过程中能产生酸和过氧化氢等物质。

（5）能合成对大肠杆菌、弧菌、气单孢菌等水产动物致病菌的抑制物而不影响自己的活性。

（6）应该是宿主某个部位的"土著菌"，最好来自水产动物肠道中。

（7）感染试验中能提高养殖动物对病原体的抵抗力，促进动物生长。

（8）具有良好的定植能力，在低 pH 值和胆汁中可以存活并能植入肠黏膜。

（9）在整个制备和保存过程中能保持生命活力，经加工后存活率高，混入饲料后稳定性好。

3.微生态制剂的作用机理

3.1 抑制有害微生物

微生态制剂进入消化道后，大量繁殖并与消化道有益菌形成强有力的优势菌群，抑制有害菌的增殖。其作用机理主要有：一是分泌抑菌物质抑制病原菌增长，如乳酸菌通过分泌细菌素、过氧化氢、有机酸等物质抑制微生物生长（Ring et al.，1998）；二是与病原菌争夺营养物质。当胃肠道中任何营养素的供应受到限制时，可能会由于益生素对营养素的竞争而抑制病原菌的增殖。研究表明，在正常小鼠的盲肠中，艰难梭菌在肠道内的抑制作用部分是由于肠道菌群对特定碳水化合物的竞争所致。荧光假单孢菌 AH2 通过分泌铁载体与鳗弧菌争夺游离铁离子（Gram et al.，1999）。

3.2 对黏附位点的争夺

动物肠道上皮表面存在着细菌黏附的位点，益生菌通过磷脂附着在肠黏膜上，与致病菌竞争附着点，与其他厌氧菌一起共同占据肠黏膜表面，形成生物学屏障，阻止致病微生物定植和侵入，改变肠道菌群构成并保持动态平衡，保护肠黏膜。阻止病原菌定植的机理可能是对于肠道或其他组织表面黏附位点的争夺。众所周知，细胞必须具有黏附于肠黏液和细胞壁表面的能力才能完成在鱼肠内的定植。因为病原菌侵染宿主的重要步骤是首先黏附于宿主的组织表面，因而与病原菌争夺黏附受体就成为最先的益生作用（Montes et al.，1993）。

通过对鱼的病原菌如鳗弧菌和气单孢菌，候选益生菌如肉杆菌（Camobacterium K1）菌株和其他几种对鳗弧菌有抑制力的分离菌进行的体外实验，证实了肠或外界黏液囊中细菌的黏附力和生长。其中的一项研究对体外菌株在大菱鲆肠黏液中的黏附力和生长进行了测量，目的是研究它们定植于养殖大菱鲆的潜力，从而作为预防宿主感染鳗弧菌的一种方法。肠分离菌一般比鳗弧菌更易于黏附于大菱鲆肠黏膜、皮肤黏液、似牛白蛋白，这说明了分离菌在肠黏膜表面可与病原菌有效地争夺黏附位点。

3.3 补充营养,改善机体代谢

作为饵料添加剂的许多微生态制剂,其菌体本身就含有大量的营养物质,如光合细菌富含蛋白质,粗蛋白质含量高达 65%,还含有多种维生素、钙、磷和多种微量元素、辅酶 Q 等。随着有益菌在动物消化道内的繁衍、代谢,可产生动物生长所必需的营养物质,如氨基酸、维生素等。此外,微生态制剂还可产生淀粉酶、脂肪酶和蛋白酶等消化酶类,促进动物消化饵料。仲维仁等(1992)在对虾饲料中用酵母替代部分鱼粉养殖对虾,结果表明该饲料使对虾的成活率和产量有所提高,饵料系数有所下降。

3.4 刺激免疫系统,增强免疫力

饲料添加剂中的微生态制剂是良好的免疫激活剂,能有效提高干扰素和巨噬细胞的活性,通过产生非特异性免疫调节因子等激发机体免疫功能,增强机体免疫力和抗病力。孙舰军等(1999)把光合细菌拌入饵料投喂中国对虾 22 d 后发现,虾体 SOD、溶菌和抗菌活力分别比对照组高 22.1%、53.4%和 14.0%。Rengpipat 等(2005)分两组进行了 90 d 的投喂芽孢杆菌 S11 培养斑节对虾的试验,测定了其血淋巴的吞噬作用和吞噬指数,结果表明,S11 菌株能有效地激活吞噬作用,增加吞噬活力,S11 处理组的酚氧化酶和抗菌活性更高。第二组是 90 d 试验之后,接着将虾感染致病发光弧菌哈氏弧菌,感染 10 d 后处理组的存活率高于未处理组,且处理组的免疫应答更显著,吞噬指数显著增加,表明 S11 能通过激活虾的细胞和体液免疫以及通过肠道中的竞争排斥而防御疾病。

3.5 改善水质

水质的恶化是影响水产养殖生物存活率和产量的主要障碍,水生生物在生长过程中产生的代谢排泄物、有机物的分解物及水中其他有害物质,对鱼类有毒害作用。水体中的溶解氧量的多少也与鱼类的健康有直接的关系,氧气的含量少时,有害菌的含量就多。众多的学者已认识到水产疾病同水体环境关系非常密切,如不改善水质,水产健康就得不到保证,水体生态就会被破坏,病害会越来越多,产品质量会大大受到制约,同时人类的健康也会因食用不安全的水产品而受到威胁。因此,水产养殖环境的净化已成为养殖业生产持续的关键技术和研究热点。

在水产养殖中应用微生态制剂改善水质的研究报道很多,所涉及的微生物类群由光合细菌、硝化细菌和以芽孢杆菌为主的复合微生物(Perfettini and Bianchi,1990;张庆等,1999)。从 1965 年起,日本就开展光合细菌在水产养殖中的应用研究,并取得了很大成功,研究成果已在日本、东南亚和我国台湾等地得到了普遍应用(史家梁,1995)。随着研究的深入,发现已有的光合细菌菌种过于单一,对进入水体中大量大分子有机物质(如养殖动物排泄物、残存饵料、浮游生物残体等)不能很好地分解利用。李卓佳等(1998)应用以芽孢杆菌为主的微生物复合菌剂进行分解养鱼池有机污泥的试验,经 1 个月,池底原有厚 3~5 cm 的有机污泥被分解,鱼类促生长作用明显。复合微生物由多种能分解有机物、净化水质的有益活性微生物组成,能有效地将水中的有机质转化为无机物。

4. 饲用微生态制剂的应用

针对抗生素、激素和兴奋剂类残留问题和对人类健康造成的威胁,科学家们将动物药物添加剂的研究方向投向具有生长促进作用和保健效果的饲用微生态制剂,试图改变对抗生素的依赖。而饲用微生态制剂作为饲料添加剂使用在动物体内是具有生活力的微生

物制剂。其使用的目的是维持动物肠道内微生物的良好平衡,提高饲料利用率,防治动物疾病,最终提高动物的生产力。

4.1 饲用益生菌

(1)乳酸菌。

乳酸菌是动物肠道内的正常菌群,它的数量与营养环境有关。如不饱和脂肪酸、盐分、氧化铬摄入量及紧张程度等均影响肠道乳酸菌的产生。乳酸菌在肠道定植,可以抵抗革兰氏阴性致病菌,增强机体抗感染能力,增强肠黏膜的免疫调节活性,促进生长。据李有志等(2000)报道,微胶囊包被耐药芽孢杆菌在日粮中添加量以 0.1% 最好,微胶囊包被耐药乳酸菌和酵母菌在日粮中的添加比例以 0.05% 和 0.1% 效果最好。在复合微生态制剂中芽孢杆菌、乳酸菌、酵母菌最佳组方比为 2:1:2。

(2)芽孢杆菌。

用于饲料添加剂的芽孢杆菌是一种需氧的非致病菌,它以内孢子的形式零星存在于肠道微生物群落中。目前主要应用的有地衣芽孢杆菌、枯草杆菌、蜡样芽孢杆菌、东洋杆菌等。芽孢杆菌能使肠道 pH 下降,氨浓度降低,促进淀粉、维生素等分解。芽孢杆菌耐酸、耐盐、耐高温(100℃)和挤压,是一种比较稳定的益生菌。李桂杰(2000)研究认为,日粮中添加 0.1% 和 0.2% 的加酶益生素(含有杆菌、双歧杆菌、乳酸杆菌、酵母菌、光合菌和辅酶 Q、淀粉酶、糖化酶、蛋白酶等)平均增重分别比对照组提高 6.44% 和 8.82%;耗料增重比分别降低 6.34% 和 8.78%。

由于芽孢杆菌在不利的生长环境能够形成芽孢。与常用的乳酸菌、肠球菌等益生菌相比,用芽孢杆菌生产的微生态制剂具有较多的优点:

①因为该菌在不利环境条件下能够以芽孢形式存在,所以具有耐高温(100℃),耐酸碱、耐挤压和耐温度变化等特点,能够经受颗粒饲料加工的影响,在饲料制粒过程中及通过酸性胃环境中能够保持高度的活性,能够满足饲料加工的要求。

②在贮藏过程以芽孢形式存在,处于休眠期,不消耗饲料的营养成分,不影响饲料品质,使饲料的质量得到保证。

③芽孢杆菌能够产生多种酶类如蛋白酶、淀粉酶、脂肪酶和营养物质如多种氨基酸和维生素类物质。更重要的是,芽孢进入肠道后,在肠道上部能够迅速复活,复活率接近100%。这是该菌发挥正常作用的前提。

(3)酵母菌。

酵母菌是生长在偏酸环境的需氧菌,在肠道内能大量繁殖,是维生素和蛋白质的来源,可以增强消化酶和非特异性免疫系统的活性。在饲料中添加量不应超过 10%。

(4)光合细菌。

光合细菌是具有光合作用的异氧微生物,它利用小分子有机物而不是 CO_2 来合成自身生长繁殖所需的养分(刘如林,1992)。光合细菌不仅是安全的能量来源,为机体提供额外的蛋白质、维生素、矿物质、核酸等,而且可以产生 Q 抗活性病毒因子等活性物质。

(5)双歧杆菌、弧菌、产丁酸细菌。

双歧杆菌利用短链分支糖类物质大量增殖,形成微生态竞争优势,同时产生短链脂肪酸和一些抗菌物质,直接抑制了外源致病菌和肠内固有腐败细菌的生长繁殖。使动物从亚健康或疾病状态恢复到健康状态,致病菌和腐败菌受到抑制的同时其代谢产物胺、氨、吲哚等有毒、有害物质大量减少,疾病的发生也随之受到控制。

4.2 益生协同剂

益生协同剂是指具有协同作用的有生命和无生命的物质。包括体内自身的益生菌和从体外分离进入体内的益生菌,如益生细菌、益生真菌等非特异免疫增强剂以及酶制剂、氨基酸、寡聚糖等都可以作为益生协同剂,协同益生菌发挥多功能效应。

(1)酶制剂。

酶制剂是通过各种特殊微生物发酵获得的生物制品。益生菌不仅是酶制剂的重要来源,且对提高酶制剂活性有重要意义。同时,酶制剂保证了益生菌生长所需的营养物质,它们之间的协同作用为微生物制剂和酶制剂的进一步开发利用提供了广阔的前景。顾宪红(2000)研究发现,在0~3周龄肉仔鸡饲料中添加1%复合酶可提高日增重25.41%,降低料肉比17.37%;4~6周龄添加0.5%复合酶可提高日增重8.34%,降低料肉比7.89%。

(2)寡聚糖。

寡糖可以改善肠道微生物区系,阻止病原菌在动物肠道细胞表面的吸附,消除某些霉菌毒素的作用,支持有益菌的增殖。大量的研究证明,益生菌与寡糖联合使用可产生一定的协同作用。一方面,寡糖作为某些益生菌的增殖因子,能增强有益菌的竞争优势;另一方面,益生菌分泌的消化酶,可使寡糖进一步消化为单糖,被益生菌或机体直接利用。

5. 微生态制剂生产中存在的问题

微生态制剂的发展比较迅速,也在养殖业上作出了很大的贡献。但是,目前微生态制剂的发展也存在一些问题,主要表现在以下几个方面(Gatesoupe,1999;潘康成等,1997;黄永春等,1999;Rengpipat *et al.*,1998;薛恒平等,1997)。

(1)菌种的稳定性差:①产品中的活菌稳定性差,在产品的贮存过程中活菌数降低快,产品的保质期短;②益生菌耐酸碱能力差,不能够耐受动物体胃肠道的极端环境,难以以活菌状态到达肠道并定植而发挥其应有的生理生化功能;③菌体对高温、高压以及温度变化的耐受能力低,在饲料的制粒过程中容易死亡。

(2)对微生态制剂的研究多集中于产品和效果的研究,而对其作用机理的研究较少。

(3)畜禽饲用微生态制剂研究较多,关于水产养殖上的微生态制剂研究少。目前,国内外对饲用微生态饲料添加剂的研究主要以畜禽为对象,而在水产动物方面的研究则相对较少。

(4)宿主因素对微生态制剂的影响较大。应该根据动物生理状态的改变,研制不同生长时期及不同目的的微生态制剂产品。

(5)目前的微生态制剂的产品形式主要以液体形态为主,液体产品中益生菌的代谢活跃,容易因为自身的新陈代谢而死亡,产品的货架期短。

6. 展望

微生态制剂近年来已在国内外迅速崛起,方兴未艾,这是社会发展的必然,科技进步的结果。微生态制剂的出现,给养殖业带来了又一次革命。而今微生态学还是一门年轻的学科,故应用其理论研制的微生态制剂也只是处于"初级阶段",对微生态制剂的研究应用还需要更深入细致的工作。微生态制剂发展的关键在于提高其质量,通过研究影响产品质量的各种因素,利用各种先进技术,从管理和技术方面来提高产品的质量。只要产品的质量能够得到保证,能够正常发挥其生理功能,产品的推广应用前景是可观的,也必将带来可观的经济效益和社会效益。

黄建飞,李健.中国水产科学研究院黄海水产研究所　山东青岛　266071

第六节　中草药添加剂在海水养殖中的研究概述

甲壳动物是具有很高经济价值的养殖动物,每年全世界甲壳动物的产量超过8 000 000吨(FAO,2000),此产量的一多半来自对虾,所以对虾在世界水产中占据十分重要的地位。对虾养殖业是我国海水养殖的支柱产业,但是近几十年来,由于养殖密度过大,分布不合理,尤其是1993年我国受到大规模暴发性对虾流行病的影响,中国对虾养殖业的损失评估达到10亿美元(Valerie *et al.*,2003),我国的对虾养殖业蒙受了如此巨大的损失,这严重阻碍了对虾养殖业的进一步发展。所以为了控制疾病的发生,同时减少化学药物在水产养殖中的使用,寻找更加绿色环保的免疫调节剂,提高动物自身对疾病的抵抗力具有重要的意义。中草药是祖国医学中的瑰宝,它分布广泛,种类丰富,毒副作用小,对环境不易造成污染,而且含有多种免疫调节成分。由于中草药是天然药物,可以解决食品的安全性、人类的健康和环境保护的问题,符合可持续发展的需要,是协调人与自然的关系,促进水产养殖业健康发展的有效途径。

中草药是中药和草药的总称,取自自然界中的药用植物、矿物及其他副产品的天然物质,具有多种营养成分和生物活性,兼有营养物质和药物的双重作用,既可防治疾病又能提高生产性能,不但能直接抑菌、杀菌,而且能调节机体的免疫功能,具有增强非特异性免疫功能及抗菌作用。中草药作为一种饲料添加剂,在20世纪70年代就逐步开始使用。我国20世纪80年代以来以天然中草药的中国传统理论为主导,辅以饲养和饲料工业等学科理论制成的纯天然饲料添加剂,将它加于饲料中供饲养动物饲用,以期预防疾病、加速生长、提高生产性能和改善产品质量,从而确保人体食用安全、健康为最终目的。

中草药作为饲料添加剂具有补充营养,提高机体的特异性和非特异性免疫力的功能。近年来中草药由于其成本低、加工方便、天然性、多功能性、无抗药性和药物残留、毒副作用小、效果显著、资源丰富等优点,更加受到人们的关注。一般认为,中草药饲料添加剂无化学合成药物的有关弊端,且兼有营养性和药物性的双重作用,因此中草药添加剂已成为替代化学合成药物和激素的新一代添加剂。

1. 中草药添加剂的功能

中草药具有数种甚至上百种的组成成分,除已测出的常规有效成分外,还有尚未测出的未知因素和生物活性成分。天然物含有机体所需的营养成分,当作为全方位饲料添加剂时,它的协同作用和对机体有利因子的整体调节作用表现明显,这是化合物作为添加剂所不可比拟的。

中草药具有多功能性。首先是中草药的营养作用,中草药一般都含有蛋白质、糖、脂肪、淀粉、维生素、矿物质和微量元素等营养物质,这些成分可以增强食欲,促进机体代谢和消化酶的分泌,加速水产动物的生长发育;其次是中草药的免疫调节功能,中草药中含有生物碱、多糖、甙类、有机酸、挥发油等,能够调节动物机体的免疫功能(程志斌,2002);再次是中草药的抗菌作用,许多中草药具有广谱的抗病毒和杀菌作用,例如中草药中的生物碱、黄酮、香豆精等能抑制或杀灭多种病原微生物;最后是中草药的激素样作用,中草药本身不是激素,但可起到与激素相似的作用,并能减轻或防止、消除外激素的毒副作用,而被认为有胜似激素的激素样作用。所以中草药作为添加剂饲喂水产养殖经济动物,它所起的作用是上述四种作用综合后的复合作用,多种成分之间相辅相成,取长补短,消食导滞,促进动物的消化、吸收和生长,使其作用大大增强。当生物机体处于疾病状态时,中草药作用于免疫系统,对机体进行双向的免疫调节,对病灶进行相应调节治疗,使机体处于健康平衡状态(徐延震,1995)。

中草药的毒副残留性比较小。但是如果使用不当,一样会引起不良反应。"是药三分毒",完全无毒性的药物是很少的,中草药亦不例外。当然,中草药作为天然物所含的有效成分是生物有机体,即便含有毒性成分的中草药,也可经传统的中草药加工方法和科学的配伍,使毒性降低和消除。中草药的加工废物回归自然,可被微生物、酶等分解,重新参与生物圈的物质循环。因此,长期使用中草药饲料添加剂对动物体一般毒副作用及药物残留性小,而且不会造成环境污染等(阮国良等,2004)。

中草药的抗药性小。在水产养殖上中草药作为添加剂其使用剂量要低于治疗疾病的剂量,目的是为了调节水产养殖动物的免疫功能或提高生产性能。天然中草药以其独特的抗微生物和寄生虫的抗菌、驱虫的作用机理,不易使水产养殖动物产生抗药性。

2.中草药添加剂研究现状及在水产养殖中的应用

2.1 中草药有效成分及药理作用的研究

中草药的有效成分极为复杂,研究者对一些常用的单味中草药的有效成分和药理作用进行了研究。已经知道的中草药有效成分主要包括蛋白质、氨基酸、维生素、油脂、树脂、糖类、有机酸、生物碱、挥发油、甙类、多糖、蜡、鞣质等物质(张兆华,1997)。研究结果证明了大黄的有效成分是蒽醌衍生物,它不仅对鱼类白头白嘴病和烂鳃病有显著疗效,而且对草鱼出血病也有一定防治效果。乌柏的药理作用研究结果表明,其有效成分是含酚的有机酸物质,该物质对革兰氏阳性和阴性杆菌均有抑制作用,可以用于防治水产动物的细菌性疾病。五倍子的抗菌有效成分存在于皮部,而其心部的煮液无抗菌作用,将五倍子用于防治水生动物的黏细菌病、气单孢菌病和假单孢菌病,均有比较好的效果。

2.2 中草药的诱食作用

动物学家研究表明,许多动物的嗅觉神经蕾在脑部占据了较大的比重,它们的嗅觉和味觉在通常情况下比人类灵敏。水产动物同其他动物一样,对食物的色、香、味等都有感官上的要求。因此,水产动物养殖中,为了促进水产动物对饲料的摄食水平,减少对水体的污染,缩短养殖周期,会在饲料中添加诱食剂。日本、美国、前苏联等国家都对鱼类诱食剂有过研究,Hidaka 和 Katsuhiko 等(1992)认为有机酸会对鲍产生诱食作用。我国 20 世纪 90 年代开始研究中草药作为水产动物的诱食剂,陈振昆等(1996)研究表明在基础饲料中加入不同剂量的陈皮后,用记录仪记录草鱼吃饲料球的频率,结果表明陈皮有非常显著的引诱草鱼摄食的作用。曾虹等(1996)发现 50 mg/kg 的大蒜素对罗非鱼有强烈的诱食作用,且试验组增重率、成活率均高于对照组。童圣英等(1998)研究发现将 10 种中草药分别粉碎后用筛绢包裹放入水族箱固定的位置,结果发现这 10 种中草药均没有对皱纹盘鲍产生驱避效应,其中山楂(*Fructuscrataeqi*)还表现出诱食活性。

2.3 中草药作为免疫调节剂

"免疫"首见于明朝《免疫类方》,即免除疫疠,具有免疫促进作用的中草药不仅作用于免疫系统,而且通过对机体各功能系统的调节作用来恢复机体的健康。中医的这种动态平衡的观点得到现代医学研究的支持(刘红柏,2006)。

国内有一些学者研究了中草药添加入饲料当中对中国对虾、罗氏沼虾、异育银鲫等水产动物的非特异性免疫的影响。罗日祥(1997)把复方中草药制剂(黄芪、杜仲、枸杞子、鱼腥草、黄连、陈皮等 9 种)添加到中国对虾饲料中,刺激提高机体的免疫系统功能;罗琳等(2001)利用体外试管法测定摄食穿心莲药饵的草鱼在不同时刻血液吞噬细胞的吞噬活性,结果表明,穿心莲水煎剂对草鱼血液吞噬细胞的吞噬活性没有显著性影响。杜爱芳等(1997)将大蒜油配以多种中草药中提取的皂甙天然活性物质组成复方制剂添加于饲料当中,可以提高中国对虾体液免疫功能和防病能力;李义等(2002)将复方中草药添加剂(黄芪、党参、大黄、板蓝根等)添加于罗氏沼虾饲料中可提高其免疫系统的功能;陈孝煊等(2003)研究了不同中草药对鲫鱼免疫机能的影响,均可使异育银鲫血液白细胞的吞噬活性有明显提高。同时研究发现,将多糖作为免疫增强剂添加于饲料中可以明显增强中国对虾和日本沼虾的特异性免疫能力(昌鸣先,2001;江晓路,1999)。另外,余秀英等(2006)使用上述同样配方的复方中草药添加到饲料当中,可以降低南美白对虾桃拉病毒病。Hironobu 等(2006)研究了将螺旋藻作为免疫增强剂添加到饲料当中饲喂鲤鱼,能够激活鲤鱼的非特异性免疫系统。Jang 等(1995)报道用甘草酸体外处理虹鳟能加强巨噬细胞呼吸爆炸活性。Campa-Cordova 等(2002)研究了 β-葡聚糖对凡纳滨对虾仔虾的非特异性免疫的影响,试验仔虾浸泡在含有 β-葡聚糖的溶液中 6 个小时后检测血细胞和肌肉的 SOD 酶活力及血细胞的数量,结果证明 β-葡聚糖能够增强凡纳滨对虾抗氧化能力。Ji 等(2003)用黄芪根与当归根 5:1 混合添加到鱼肉中,投喂大黄鱼,可以增强大黄鱼非特异性免疫功能和抗病力。

2.4 中草药防治鱼病

(1)病毒病的防治。

感染水生动物的病毒种类较多,现已发现 70 余种鱼类的病毒。病毒性疾病在养殖中虽不常见,但危害十分严重,目前尚无有效治疗药物。淡水鱼类中主要有草鱼出血病(Hemorrhage disease of grass carp)、传染性胰脏坏死病(Infectious pancreatic necrosis,IPN)、鲤春病毒血症(Spring viremia of carp,SVC)等;海水鱼类主要有牙鲆弹状病毒病(Hirame rhabdovirus disease,HRV)、斑点叉尾鮰病毒病(Channel catfish virus disease,CCVD)等(战文斌,2004)。据黄琪琰(1993)记载,用大黄等中草药拌饲投喂,对草鱼出血病有防治作用;每 100 kg 鱼每天用 0.5 kg 大黄、黄芩、黄柏、板蓝根(单用或合用均可),再加 0.5 kg 食盐拌饲投喂,连喂 7 d,对草鱼出血病有一定的防治效果。童裳亮等(1990)用牛繁缕、双花凤仙、夜来香、艾草和忍冬 5 种植物提取液防治鱼病,用作试验的病毒为传染性胰脏坏死病毒(IPNV)、传染性造血组织坏死病毒(IHNV)。试验结果表明,忍冬、艾草、牛繁缕都有抵抗鱼类病毒的作用,其中以忍冬效果最好,它能抑制 IHNV 和 IPNV,而艾草和牛繁缕只能抑制 IHNV。何文辉(1996)以大黄粉拌饲投喂,有效防治了鲤鱼痘疮病。宋学宏(1999)、汪铭铭(1997)指出板蓝根、金银花、连翘、贯众等中药煎汁添加到饲料中可治愈鳖鳃腺炎,此法用于生产,疗效明显。

(2)细菌病的防治。

细菌性疾病是养殖中常见疾病,我国目前已确定的水产动物细菌性病有 30 多种,查获病原 26 种,主要有气单胞菌、假单胞菌、屈挠杆菌、弧菌等。大黄、五倍子、黄芩等药物对嗜水气单胞菌有明显抑制作用。高汉娇(1996)和杨向江(1997)分别在试管内测定了中草药对嗜水气单胞菌的 MIC 和 MBC,结果表明大黄、五倍子、黄芩、乌梅有较强抑菌作用;黄柏、菖蒲、金银花、龙胆草有一定抑菌效果。喻运珍等(1999)证实大黄、连翘、诃子对嗜水气单胞菌有一定的抑菌作用。连翘、板蓝根、金银花等单味药对嗜水气单胞菌抑菌作用不明显,但是组成复方后表现较强抑菌作用。在鳖饲料中添加由连翘、板蓝根、金银花等10 种中草药组成的复方中草药添加剂,临床治疗鳖白点病、红脖子病等效果显著(张兆华,1999;吴德峰等,2000)。Harikrishnan 等(2003)利用印度楝(Azadirachta indica)叶子的水浸提液(1 g/L)浸泡用嗜水气单胞菌感染过的鲤鱼,每天浸泡 10 min,浸泡 30 天可以使感染后的发病症状完全消失。并在第 10,20,30 天检测鱼的血液指标,结果发现第 30 天鱼的血液指标基本上达到正常水平。

(3)真菌病的防治。

真菌是一类单细胞或多细胞的微生物,对水产动物的成体、幼体及卵都构成危害。已报道的真菌病主要有水霉病、鳃霉病、虹鳟内脏真菌病等。石菖蒲、五倍子、芭蕉心、梧桐叶等单味中草药对真菌有一定抑杀效果。

(4)寄生虫病的防治。

已报道的水产动物寄生虫现有 2 000 多种,其中常见的主要有原生动物、蠕虫和甲壳动物三大类。常用抗寄生虫中草药有苦楝树叶及树皮、槟榔、南瓜子等。多方试验证实苦楝皮煮水遍洒或拌饵饲喂可防治锚头蚤病、中华蚤病、车轮虫病和九江头槽绦虫病。与樟树、毛茛、辣蓼、雷公藤、马尾松、食盐等配伍使用亦有杀虫作用。

3. 中草药作为免疫调节剂的作用机理

中草药产生免疫效果的有效成分主要是多糖、甙类、生物碱、有机酸、萜类以及醇类等一些挥发性成分,不同的成分对生物体免疫系统的调节方式是不同的,所以为了能够反映中草药的作用机理,有必要对中草药的有效成分进行研究。

多糖是中草药主要的免疫活性物质。王雷(1994)分别以口服、腹腔注射等方式研究了多种天然免疫多糖对对虾的免疫系统的影响,结果均证实能显著提高对虾血淋巴中的免疫因子活力,增强机体的非特异性免疫功能。王景华(1998)报道添加茯苓多糖有助于降低养殖过程中鲤鱼的死亡率。曹振杰等(1999)首次在草鱼饲料中添加不同剂量的免疫多糖,测定血清溶菌酶活力及超氧化物歧化酶活力,结果表明免疫多糖对草鱼免疫系统有明显的激活作用。

生物碱指一类来源于中草药的含氮有机物,多数生物碱含杂环结构,具有特殊的生物活性。在水产上研究较多的生物碱是莨菪碱,其药理作用体现在改善微循环,调节机体免疫功能,增强吞噬细胞功能等,可作为免疫增强剂单用或作为免疫佐剂配合疫苗使用。黄克安等(1985)用莨菪类药物治疗草鱼出血病,攻毒试验平均治愈率 69.5%,养殖生产防治试验平均成活率为 61.3%。

中草药中的有机酸以游离形式存在的不多,多数与钾、钠、钙等金属离子或生物碱结合成盐的形式存在。近年来的研究发现了许多有生物活性的有机酸,甘草中的有机酸已被证实能增强水产动物机体的免疫功能,甘草酸是甘草甜味的主要成分,所以又称为甘草甜素。

中草药免疫增强剂对水产动物免疫器官的影响可表现在增加鱼类肾脏、脾脏和胸腺的重量。卢彤岩等(2001)在饲料中按 1% 添加黄芪、板蓝根投喂鲤鱼 45 天后,鱼体免疫器官(胸腺、头肾和脾脏)的重量明显增加。王海华(2004)研究了 3 个复方中草药方剂对彭泽鲫的免疫系统的影响,结果表明复方中草药免疫增强剂促进彭泽鲫头肾及脾脏的生长,可显著增大彭泽鲫的头肾指数与脾指数。谢麟等(2002)报道黄连、黄芩、黄柏、猪苓、大蒜等能提高免疫细胞吞噬作用,鱼腥草、黄连、穿心莲、大青叶、野菊花、丹皮、大黄、一枝黄花、金银花等可提高白细胞吞噬功能,刺五加、黄芪、党参、杜仲、黄连、黄柏、甘草、灵芝、茯苓、青蒿、丹参等可提高单核细胞吞噬作用,黄芪、丹参、刺五加、龙胆草等能诱生干扰素及免疫球蛋白。

王芸,李健.中国水产科学研究院黄海水产研究所　山东青岛　266071

第七节　环境因子对对虾生长及非特异性免疫的研究

对虾养殖的成功是诸多因素综合作用的结果。温度、盐度、溶解氧含量及氮磷等无机离子浓度等环境因子对养殖对虾生长、摄食及抗病力等的影响是不容忽视的。研究环境因子对养殖对虾生长、存活、摄食及非特异性免疫因子的影响是预防疾病、提高养殖成功率的重要对策之一。

1. 水温

水温是影响对虾生长和存活最为重要的环境因子之一。它可以直接影响对虾新陈代谢、生长、摄食、蜕皮和存活等,还可以通过影响其他水质因子,如盐度、溶解氧含量、浮游生物等间接地影响养殖对虾(LeMoullac and Haffner.,2000)。

水柏年(2004)报道,凡纳滨对虾虾苗适温范围为 17℃～23℃,最适温度范围为 20℃～23℃,适于温度较高的环境。人工养殖凡纳滨对虾的适宜水温范围为 15℃～40℃,最适水温为 20℃～30℃。相比之下,虾苗最适温度范围和适宜温度范围相对狭窄,因此虾苗养殖初期对环境的要求相对比较严格,在虾苗培育过程中应该特别注意环境温度的变化,应该基本保持在 17℃～23℃,从育苗池到池塘人工放养的过程中,温度要逐渐变化,让虾苗有一个适应的过程。王吉桥等(2004)报道,凡纳滨对虾在较高温度下生长较快,其原因是增加了对虾的摄食量,提高了饵料的吸收率,减少了粪便的排泄量,且相同温度下变温可以提高对虾的摄食量。凡纳滨对虾可忍受的高温极限为 41℃,低温极限为 4℃。水温低于

18℃时,摄食量减少,存活率降低,水温 9℃时开始侧卧(陈昌生等,2001);日本对虾虾苗(体长 9～11 mm)的最适温度范围为 25℃～28℃,适宜温度范围为 21℃～29℃,可忍耐的温度范围为 15℃～30℃。养殖放苗时池水温度应在 18℃以上,且与育苗池的水温差异不要超过 2℃(水柏年,2004);中国对虾的适温范围为 20℃～30℃,最佳生长温度在 31℃左右(Miao and Tu,1993;Zhang,1990)。当水温降到 13℃以下时,中国对虾开始变得不活跃,温度降低至 3℃～4℃时,对虾开始死亡。在 20℃～30℃范围内,温度越高生长越快(王克行等,1984),水温超过 33℃时,生长明显减缓(Liao and Chien,1990)。

水温的重要作用还在于可以影响亲虾的性腺发育、控制产卵期及胚胎发育(张伟权等,1989;高学兴,1991;彭昌迪等,2002)。李明云(1995)报道,中国对虾亲虾性腺发育的起点温度为 7.9℃±0.3℃,性腺发育成熟的有效积温为 25.4±33.6 日度。升高或降低越冬期间的基础水温可以控制亲虾产卵时间,并且产卵期间间歇升降温或连续升温可以控制亲虾集中产卵的次数和亲虾产卵的持续时间。越冬期间,水温控制在 8.0℃～13.0℃,不超过 13.5℃,升降温的幅度不超过 1.5℃,有利于提高越冬亲虾的成活率。彭昌迪等(2002)报道,凡纳滨对虾的最适孵化水温为 28℃～30℃,水温从 29.5℃降低到 26.8℃,孵化时间从 11.3 h 增加到 15 h。

水温的作用还表现在对养殖对虾免疫系统的影响上。Cheng＆Chen(2000)报道,当水温为 30℃～31℃时 M. rosenbergii 血细胞酚氧化酶活力最高;Vargas-Albores 等(1998)报道,当水温从 18℃升至 32℃时,加州对虾(Penaeus californienses)酚氧化酶活力下降;Gomez-Jimernez 等(2000)报道,在水温由 19℃降低到 4℃的过程中,龙虾(Panulirus interruptus)血细胞酚氧化酶活力逐渐降低。同时,水温还会影响养殖对虾的血细胞密度及血细胞的吞噬活力(Gomez-Jimenez et al.,2000;Steenbergen et al.,1978)。

2. 盐度

盐度也是对虾养殖中一个非常重要的环境因子,它与渗透压密切相关。养殖对虾可以根据养殖水体的盐度调节体内的渗透压,使其与外界的渗透压一致。但是这种调节是有一定限制的。当内外渗透压差过大时,对虾会消耗大量的能量来调节渗透压。这势必会影响对虾的生理功能,造成生长发育缓慢、抵抗力减弱、生理紊乱等,严重时会造成对虾的死亡(Allan and Maguire,1992;Brito et al.,2000;McCoid et al.,1984;McNanara et al.,1986)。不同种类、不同发育时期的对虾表现出不同的盐度耐受能力,同时不同的盐度及盐度的变化也会对养殖对虾造成一定的影响。

一般对虾稚虾对盐度的耐受力低于成虾,如滑背新对虾(Marsupenaeus japonicus)、食用对虾(Penaeus esculentus)和墨吉明对虾(Fenneropenaeus bennettae)等(Dall,1981)。罗氏沼虾的适宜盐度范围为 0～10,低盐度下蜕皮周期较短,生长较快(徐桂荣等,1997)。日本对虾较其他养殖对虾品种适宜高盐水体,虾苗的耐受盐度为 18～36,适盐范围为 18～30,亲虾的适盐范围为 21～38,在 9～19 之间摄食量差别不大,9 以下显著下降,6 不摄食。因此,日本对虾对低盐的抵抗力差,且对盐度的突变反应灵敏,盐度骤变往往会造成对虾大批死亡(水柏年,2004;邱俊峰,1992)。凡纳滨对虾的耐盐范围较广,虾苗的适盐范围为 15～35,最适范围为 24～26;并且养殖过程中还可以通过人为的淡化使其适应更低的盐度,甚至完全实现淡水养殖,诸多研究也证明低盐度可以促进凡纳滨对虾的蜕皮和生长,育苗和养殖中也常常利用加淡水降低盐度,以达到促进蜕皮、加速生长的目的(Bray *et al.*,1994;黄加琪等,2003)。然而,高盐度则会抑制其生长(徐国方,2000)。中国对虾对盐度的适应能力较强,属广盐性虾种。其可在2~40盐度范围内生存(Maink *et al.*,1990),最适盐度为16~39(Wang,1983),经过短期盐度驯化的仔虾对盐度的适应范围可增至1~46(于鸿仙等,1986),但对盐度急剧变化的适应能力较差(王克行,1997),盐度波动会影响中国对虾的蜕皮周期、特定生长率和摄食量(穆迎春等,2005)。

诸多研究报道,盐度会影响养殖对虾的非特异性免疫系统。Gilles等(2000)报道,圣保罗对虾(*Farfantepenaeus paulensis*)血淋巴中血细胞的数量随着盐度的降低而减少,抗菌活力下降;Vargas-Albore等(1998)研究发现,加利福尼亚对虾(*Farfantepenaeus caltforneiensis*)幼虾血细胞中酚氧化酶原随着盐度的下降而减少,酚氧化酶活力升高;加州对虾(*Penaeus californiensis*)在不同盐度梯度下生活20 d后血细胞酚氧化酶活力随盐度升高而升高。罗氏沼虾在盐度为0~15范围内,血细胞酚氧化酶活力随盐度升高而升高;过高的盐度(>15)会显著刺激提高酚氧化酶的活力(Cheng and Chen,2000)。潘鲁青等(2002)报道,盐度突变对中国对虾和凡纳滨对虾血淋巴中抗菌活力、溶菌活力及酚氧化酶活力存在显著影响,且随着盐度突变范围的增加,两种养殖对虾的抗菌活力和溶菌活力逐渐减少,而酚氧化酶活力则逐渐增大;随着突变后时间的增加,两种养殖对虾的抗菌活力和溶菌活力呈下降趋势,酚氧化酶活力呈上升趋势,且同一试验梯度中,中国对虾的抗菌活力和溶菌活力要比凡纳滨对虾的低,而酚氧化酶活力在突变试验中比凡纳滨对虾的高。

3. pH

pH值作为水环境生态平衡的指标,是水体中化学性状和生命活动的综合反映。pH变化不仅可以直接影响对虾的代谢机能,还可以影响氨氮、硫化氢等环境因子浓度。对虾一般适应于弱碱性的水环境,过高或过低都会对养殖对虾造成不利影响。王方国等(1992)认为,中国对虾生长在pH为7.6~9.0的海水中最适宜。Tsai(1989)报道,pH低于4.8或高于10.5对中国对虾是致命的。

pH下降意味着水体中二氧化碳增多,酸性变强。酸性过低的养殖环境会造成对虾血液pH值下降,削弱血液的载氧能力,造成缺氧症,增加铁离子、硫离子等物质的毒性。pH值为9时,水体中99%的硫化氢以毒性较小的氢硫离子状态存在;pH值为7时,氢硫离子和硫化氢各占50%;当pH值降低到5时,99%的硫化氢以剧毒性的硫化氢状态存在(陈宗尧等,1987)。王方国等(1992)研究表明,水体中硫化氢含量达到0.1 mg/L时对虾身体失去平衡,4 mg/L时对虾会立即死亡。因此,pH低于5对于养殖对虾是非常危险的。同时,过低的pH值还会大大降低对虾对饵料的吸收率、对低氧的耐受能力,影响性成熟和繁殖。Allan等(1992)报道,斑节对虾养殖水体的pH值降低到5.9时,对虾生长率会降低;pH降低到4.9时,对虾的干物质含量明显减少,蜕皮频率显著增加;中国对虾养殖水体的pH值从7.9降低到6.4时,对虾的生长和蜕皮率显著降低,甲壳干重增加(Wickins *et al.*,1984)。

pH过高对对虾也是不利的,同时还会使水环境中氨氮的毒性增强(Noor-Hamid *et al.*,1994)。Chen和Sheu(1989)报道,每增加一个pH值单位,水体中无机氨的百分浓度就增加十倍,并造成养殖对虾抗病力降低。

对于 pH 对养殖对虾免疫系统的影响,潘鲁青等(2002)研究认为 pH 突变对中国对虾和凡纳滨对虾血淋巴中抗菌活力、酚氧化酶活力的影响达到显著水平,表现为随着突变增加,两种养殖对虾的抗菌活力逐渐减小,酚氧化酶活力则逐渐增大,而溶菌活力则随着低 pH 突变梯度的增加逐渐下降。随着突变后时间的增加,两种养殖对虾的抗菌活力基本上呈下降趋势,酚氧化酶活力呈上升趋势;同一试验梯度下,中国对虾的抗菌活力和溶菌活力要比凡纳滨对虾的低,而酚氧化酶活力在突变试验中比凡纳滨对虾的高。

4. 溶解氧

空气中氧的含量是 20.95%。空气中的氧在大气压的作用下通过水面进入水中直到空气中与水中的氧压力达到平衡,此时水中溶解氧达到饱和状态。同时,水中溶解氧饱和度的高低还受到水温、盐度和大气压的影响。饱和度随水温、盐度的升高而降低,给定水温条件下,饱和度随大气压的升高而升高(Boyd,1998)。水生植物通过光合作用产生氧气,因此白天水中溶解氧含量会出现过饱和状态,此时水中的氧压力要大于空气中的氧压力,会有部分氧从水中逃逸。在晚上由于光合作用停止,养殖生物和其他水生生物的呼吸作用使溶解氧含量降低。暖水季节,未进行人工增氧的养殖池塘中夜间溶解氧含量能降低 5~10 mg/L,在黎明时会出现溶解氧含量低于 2 mg/L 的情况(Boyd,1990),如此低的溶解氧含量对于养殖生物是非常危险的。冷水季节,由于水生生物数量降低,呼吸作用减弱,同时溶解氧的饱和度升高,因此夜间溶解氧含量要高于暖水季节,养殖风险相对较低。

溶解氧是养殖虾类赖以生存的首要条件,是促进池塘物质循环和能量流动的重要动力。溶解氧含量在池塘中的分布存在水平和垂直方向上的差异,一般底层的溶解氧含量较低。大多数虾类为底栖生活,池塘溶解氧含量的垂直分布对养殖对虾的生长和存活是极为不利的。水体中过低的溶解氧含量可能会阻碍对虾的新陈代谢,降低代谢率,减少摄食量,增加投喂饵料的剩余量等;溶解氧对于虾类的耗氧、氨分泌和血清渗透压也存在一定的影响(Rosas et al.,1999);过低的溶解氧含量还会影响对虾非特异性免疫因子的活力,降低对虾的抗病力。Cheng 等(2002)报道,罗氏沼虾(*Macrobrachium rosenbengii*)缺氧后 THC 下降、酚氧化酶活力下降、活性氧的产生水平、抗菌和溶菌活力均出现一定程度的下降。斑节对虾(*Penaeus monodon*)(Direkbunsarakom and Danayadol,1998)、红额角对虾(*Penaeus stylristris*)(LeMoullac et al.,1998)、凡纳滨对虾(*Penaeus Litevannmei*)(Mikulski et al.,2000)及中国对虾(*Fenneropenaeus chinensis*)(Jiang et al.,2005)等对虾种在缺氧条件下均表现出相同的现象;另外,养殖水体中溶解氧含量过低,大量的有机物会被厌氧微生物还原,产生大量的有毒中间产物,如有毒有机酸等又对养殖对虾产生不利影响。因此,溶解氧过低不仅能对养殖对虾产生直接的危害,也可以通过影响养殖水体间接威胁对虾的生存。因此,对虾养殖实践中应尽可能采取增氧措施,以确保养殖水体中具有一定水平的溶解氧,避免由于溶解氧含量不足而造成的不利影响。

纯氧增氧是一种高效的增氧方式。它可以使养殖水体中的溶解氧含量达到很高的水平。王光荣等(2003)分析了一种超微米级纯氧增氧石的增氧效果和工作状态,指出液态氧的增氧浓度为 17~20 mg/L。我们在对虾养殖生产中,利用一种纳米增氧石向工厂化对虾养殖系统中充液态纯氧,其溶解氧含量可以达到 20 mg/L 以上。这样的溶解氧含量远高于饱和状态。目前,纯氧增氧在对虾养殖中的应用越来越广泛,然而,如此高的溶解氧含量是否会对养殖虾类造成影响,目前国内外均未见报道。因此,探讨高溶解氧含量对对虾的生长、存活和非特异性免疫等的影响具有重要意义。

5. 浮游藻类

浮游藻类在虾池中占有重要位置。它对于维持池塘生态系统的正常功能,稳定池塘环境是非常重要的。诸多报道提出环境因子的突变,特别是藻相的突变,是虾病暴发的诱因(蔡生力等,1995),因此对虾养殖体系中维持稳定的藻相是十分重要的。同时,浮游藻类可以通过光合作用降低并消除养殖水体中的部分有机污染物和其他有害物质,增强对虾的抗病力,可以增加养殖水体的溶解氧含量,保持养殖生态系统的良性循环,达到改善水质的作用(黄翔鹄等,2002)。张振华等(2000)报道,虾池中接种小球藻(*Chlorella pyrenoidosa*)可以明显改变水体浮游植物、浮游动物的组成、数量、比例及生物量等,为对虾提供藻类及动物性食物;同时,还可以降低水体的氮、磷浓度,增加溶解氧含量,从而调节养殖水体的化学环境条件。黄翔鹄等(2002)通过在养殖水体中引入波吉卵囊藻(*Oocystisborgei*)与微绿球藻(*Nannochlorisoculata*)可以有效的改善水质,并提高各项抗病力指标。

浮游藻类通过光合作用,吸收水体中的氮磷等物质促进自身的生长,同时改善水质。这势必会改变养殖系统的能量流动过程。然而,目前对浮游藻类浓度变化或藻相改变对养殖池塘物质收支及能量流动的影响缺乏研究。此方面的工作有必要加强。

6. 氨氮

氨氮是对虾养殖环境中最主要的污染物质。它会渗入到对虾的血液,导致血淋巴氨氮浓度升高,氧合血蓝蛋白浓度降低,削弱对虾的呼吸机能和血液的载氧能力,造成对虾组织缺氧,严重时会造成养殖对虾大量死亡。氨氮是指离子氨和非离子氨的总和,主要来源是对虾的排泄物和含氮有机物(饵料及粪便)的氨化作用。其中,非离子氨的毒性较大,它本身不带电荷,不受细胞膜电荷的排斥,很容易穿透细胞膜进入细胞中直接发生毒害,而离子氨只有在高浓度下才有毒性(Armstrong *et al*.,1978)。两种状态的氨氮在水体中的比例与环境的 pH 值、温度和盐度有关(孙舰军等,1999;王克行,1997;Armstrong *et al*.,1978)。氨氮对养殖对虾的毒性表现在影响对虾的生长、蜕皮、耗氧量、氨氮排泄、渗透压调节、非特异性免疫因子活性及抗病力等多个方面(姜令绪等,2004)。当水体中氨氮浓度过高时对虾体内氨氮的排泄受到抑制,体内氨积累,造成血淋巴中氨氮浓度升高(Chen and Nan,1992),影响蛋白质的代谢,使血淋巴中的血蓝蛋白和血清中的蛋白质含量降低,游离氨基酸浓度增加(Chen *et al*.,1994)。血蓝蛋白含量降低造成血液的载氧能力降低,致使组织缺氧,对虾为维持肌体对氧的需要大量耗氧,从而造成对虾耗氧量增加,肌体生理代谢紊乱,抗病力降低。孙舰军等(1999)报道,中国对虾处于氨氮浓度为 2.5 mg/L 的水环境中生活 20 d 会造成血细胞数量减少,溶菌(Ua)、抗菌(Ul)及超氧化物歧化酶(SOD)活力降低,对病原菌的易感性提高;LeMoullac 和 Haffner(2000)研究发现,氨氮浓度升高,红额角对虾(*Penaeus stylirostris*)血细胞数量降低约 50%,血淋巴酚氧化酶(PO)活力明显降低。

7. 亚硝态氮

亚硝态氮是氨氮转化为硝态氮的不稳定中间产物,对养殖对虾具有很强的毒性。对虾养殖池塘中亚硝态氮主要有两个来源:一是水体中溶解氧含量高时,氨氮经硝化反应氧化为亚硝态氮;二是溶解氧含量不足时,硝态氮经反硝化过程还原为亚硝态氮。亚硝态氮中毒后,养殖对虾血液对氧的亲和性下降,载氧能力降低,对虾会出现类似于缺氧的症状,对肌体产生毒性作用(Cheng and Chen,1999)。亚硝态氮中毒分为慢性中毒和急性中毒两种。吴中华(1999)报道,水体中亚硝态氮浓度过高会导致中国对虾 PO、SOD 和 Ua 活力下降。Cheng 等(2002)报道,养殖水体中亚硝态氮浓度为 1.68 mg/L 时,罗氏沼虾的血细胞吞噬活力及对细菌的清除效率降低,活性氧的产生增加,体内活性氧的浓度升高,对虾抗病力显著降低,同时对病原体的易感性显著增加。

8. 磷酸盐

养殖池塘中磷酸盐不会对对虾造成直接危害。它的作用主要在于促进水体中浮游植物的丰度,影响养殖环境的藻相,从而间接的影响对虾的生长及存活等。池塘中磷酸盐浓度过高会造成养殖水体的水华(宋春雷等,2004;徐永建等,2000)。孙耀等(1998)根据蒋国昌等(1987)和邹景忠等(1983)浅海氮磷营养盐富营养化临界值把对虾养殖环境中无机磷的富营养阈值定为 0.015~0.02 mg/L。刘晖等(1998)报道,虾病暴发前对虾养殖池中的无机磷含量超过阈值。然而,高磷酸盐含量是否会影响对虾的抗病力及与对虾发病的关系如何还有待于进一步研究。同时,养殖废水的排放会造成养殖海域磷酸盐升高,海水营养化程度加重,严重时会造成富营养化。一般认为,富营养化程度不断加剧是引发近海海域有害赤潮的营养物质基础和首要条件(梁松等,2000;张正斌等,2003)。近年来中国近海海域富营养化程度不断加剧,赤潮发生的频率逐年提高,发生规模也逐年扩大,进一步说明了富营养化与赤潮的关系密切(谷颖等,2002;李红山等,2002)。因此,对养殖池塘中磷酸盐的监测及控制是十分有必要的。

9. 悬浮性颗粒物

悬浮物包括无机粒子、浮游植物、浮游动物、浮游细菌和腐屑等,其中部分浮游植物、浮游动物、浮游细菌及腐屑为对虾的天然饵料(赵文等,2002)。对养殖对虾和水体造成污染的主要是无机粒子和腐屑。固体污染物通过直接和间接两种方式影响养殖生物。直接影响,如刺激养殖生物的鳃丝,影响呼吸;间接影响,如导致环境水质因子恶化,进而对养殖生物的生长、存活等造成威胁(Rosenthal et al.,1982;Klontz et al.,1985),形成适合病原菌生存的环境,使养殖生物感病几率增加(Braaten et al.,1986;Liltved and Cripps,1999),或固体污染物分解过程中消耗水体中的溶解氧,造成养殖生物缺氧等(Welch and Lindell,1992)。

水产养殖是发展最为迅速的行业之一,然而,人工集约化养殖导致疾病的暴发已严重制约了水产养殖产量的增长和健康养殖。使用抗生素和其他化学药物等传统的防治措施已经引发了水体污染、食品安全、贸易壁垒等诸多问题。益生菌作为一种生物防治手段,以其安全、健康、环保等优势,已受到广泛关注。目前,关于益生菌对水产动物和水体环境的作用已经进行了许多研究,主要集中在免疫、抑制病原菌和改良水质等方面。但是受到作用对象的年龄、健康状况、维持时间等因素的影响,以及产品质量差异较大,又无统一的质量标准等行业发展现状的制约,导致益生菌应用效果很不显著。因此,对益生菌制剂的作用机理急需强有力的理论支持。益生菌菌株必须具有黏附性才能在肠道中生存并发挥作用,因此,对菌株的黏附性应给予足够重视。

探讨益生菌的黏附,目前主要采用体外黏附方法,包括细胞黏附模型和黏液黏附模型。前者主要应用在人及陆生动物,后者在水产动物方面应用较多。在研究方法上,国外主要采用同位素标记目标细菌,近年来又发展了荧光定量 PCR 法,国内多用荧光标记然后进行显微计数;在研究内容方面,主要还是分析单一菌种的黏附性能及对病原菌的黏附影响,对参与益生菌黏附的黏附素的鉴定、分离、纯化研究报道较少,方法不很成熟,而且主要集中在乳酸菌方面。

黏液覆盖在消化道上皮细胞的绒毛外侧,执行多种生物学功能,例如通过阻止病原菌与黏膜表面的接近从而阻止病原菌的入侵等。同时,黏液也为肠道内定植的细菌提供了栖息环境,而且不可避免的为某些微生物包括病原微生物提供了生态位点。目前就肠道黏液在病原菌和益生菌在肠道内定植过程中发挥的生物学功能还知之甚少,具体机制尚不明确,对参与黏附的黏液成分的研究也相对较少。

通过上述内容的研究,可初步阐明一种益生菌在鱼类肠道中黏附机理,分析环境因子对益生菌的影响效应,为益生菌的广泛应用提供理论基础。为将来利用黏附素和黏附素受体研制出具有特殊结合能力的菌种,合成具有辅助黏附功能的化学物质,提高益生菌的黏附效果提供依据,从而真正达到抗病、提高免疫、保健的效果。

赵先银,李健.中国水产科学研究院黄海水产研究所 山东青岛 266071

第八节 海洋动物 CYP450 研究进展

细胞色素 P450 酶系(cytochrome P450 monooxygenases,CYP,简称 P450)又称微粒体多功能氧化酶(microsomal multisubstrate mixed function monooxyenase,MFO)、细胞色素 P450 单加氧酶系、血红素硫蛋白等,是广泛分布于生物有机体中的一类代谢酶系(冷欣夫,2001),是一簇结构、性质相似而又有差异,由超基因家族编码的含血红素和硫羟基的结合蛋白,因其与 CO 结合形成的复合物在波长 450 nm 处有最大特征吸收峰而得名。它不仅可以代谢诸多外源物质(如药物、毒物等),还参与生物体内源物质(如激素、脂肪酸等)的代谢,在生物体中起着十分重要的作用。

1. 细胞色素 P450 酶系介绍

细胞色素 P450 酶系作为功能单位由多种成分组成,目前已知的主要组分包括 2 种细胞色素(细胞色素 P450 和细胞色素 b5)、2 种黄素蛋白(NADPH-细胞色素 P450 还原酶和

NADH-细胞色素 b5 还原酶)以及磷脂等(冷欣夫等,2001),它们共同构成了一个电子传递体系,对药物等内外源物质进行氧化。其中黄素蛋白起电子载体作用,将 NADPH 传来的电子传递给 CYP450,而磷脂可以加速电子的传递以提高 P450 氧化作用的速度,P450 蛋白则是 CYP450 酶系的末端氧化酶,是酶系的关键组分,负责与氧的结合,活化氧分子,同时也负责与底物结合,决定底物和产物的特异性(葛兵等,1987)。P450 酶系具有多样的催化机制,对多种底物表现出催化活性,参与的反应包括过氧化、环氧化、羟基化等数十种类型。

细胞色素 P450 酶系已成为世界范围内医药界研究的重要课题,目前欧美各国已经把肝细胞色素 P450 酶及其亚型测定用于新药的筛选和代谢研究,并将它列为新药申报必须进行的一项实验,我国在该领域的研究还处于探索阶段。目前,国内外对食品性动物特别是水产养殖动物 P450 的研究非常有限,然而随着人们对动物性食品需求量的增加,对其安全和卫生问题也更加关注。

细胞色素 P450(Cytochrome P450,CYP450)是生物体内微粒体多功能氧化酶的重要组成部分,起着与底物结合以及末端氧化酶的作用(Nelson *et al*.,1993),它通过催化底物的加氧或脱氢反应,使得底物具有亲水性,从而加速其代谢(Guengerich *et al*.,1991)。

该单加氧反应的催化循环机制主要是通过 CYP450 酶系电子传递系统,由 NADPH 提供电子,经过黄素蛋白(即 NADPH-P450 还原酶)传递给与其紧密相邻的 CYP450 酶,后者激活氧分子,使底物氧化,被氧化的底物释放出后,游离的 CYP450 酶又可重复循环进行催化作用,此外由细胞色素 b5 和 NADH-b5 还原酶组成的一个电子传递支路也可作为提供第二个电子的来源。

细胞色素 P450 在酶系中参与传递电子,即与底物结合后,从 NADPH-细胞色素 P450 或细胞色素 b5 得到传递来的电子,使本身结合的三价铁还原为二价铁,二价铁与分子氧结合,形成一个复杂的底物复合物,此复合物极易失去一分子水而生成底物,由于细胞色素 P450 与三价氧的复合物上的氧原子传递到底物上,细胞色素 P450 又重新游离出来,参与之后的生化反应(冷欣夫等,2001)。

事实上,由于整个催化反应的复杂性,随着生物所处环境的不同,CYP450 还存在除了上述单加氧机制外的其他催化机制(Coon *et al*.,1992),主要包括:

(1)无氧情况下,存在过氧化物支路,即底物通过过氧化物提供的氧原子而形成羟基化产物;

(2)氧不加入底物中形成羟基化产物,而是通过氧化还原机制,形成超氧化物或过氧化氢;

(3)CYP450 不完全是氧化催化剂,它还起到还原催化作用,即由亚铁 CYP450 提供电子,在无氧条件下进行分布反应,许多化合物如染料、N-氧化物等都可接受 2 个电子而被还原。

CYP450 的催化机制图解(图 1)表示如下:

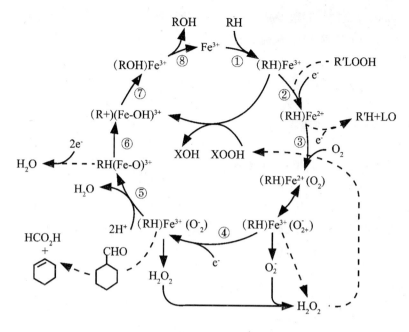

图 1　CYP450 的催化机制①

　　通过这些催化机制,CYP450 对包括药物在内的多种外源物质的代谢进行催化,主要有两种反应类型:一种是氧化型反应,涉及氧化性的 C=N 或 C-C 等键的断开,具体主要包括 N-氧化、S-氧化、环氧化、O-脱烷基、N-脱烷基、S-脱烷基、脱氢、脱硫、脱胺、脱卤、芳香族羟化等反应;另一种是非氧化型反应,涉及脱氢、脱水和异构化等,具体主要包括肽键、酯键和酯胺键的水解、硝基还原、偶氮还原、环氧化物水合等反应。

2.在海洋生物的研究

　　有关细胞色素 P450,海洋生物中研究较早、较多的要属于海洋鱼类,包括鳗鱼(Mitsuo R *et al*.,2001)、舌鳎(Miller *et al*.,2003)、虹鳟(Moutou *et al*.,1998)、青鳉(Oleksiak *et al*.,2000)、大西洋鲑(Goksoyr *et al*.,1991;Larsen *et al*.,1992)等等。在海洋鱼类方面,国外研究大多针对虹鳟,主要涉及环境污染物毒理学和环境污染的监测。其中 CYP1A 基因被发现普遍存在于所检测的鱼类中(Simon *et al*.,1999),且已证明多环芳香烃类化合物(polynuclear aromatic hydrocarbons,PAHs)、多氯联苯同系物(polychlorinated biphenyls congeners,PCBs)等均是该基因的有效诱导剂,由于该基因编码的蛋白质对外源物质敏感性较高,只要低浓度的外源化合物就可以有效地诱导其表达,因此 CYP1A 可作为海洋鱼类芳香族碳氢化合物及其他相关化合物暴露的可靠生物标记物(Kleinow *et al*.,1987;Torisi *et al*.,1997)。Kashiwada 等(2007)应用原位杂交的方法研究了不同发育阶段青鳉鱼(Oryzias latipes)EROD 活性,发现 40ug/L3-甲胆蒽对 EROD 活性有显著的诱导作用。

---

　　① 注:Fe 表示 CYP450 酶活性部位中血红素的铁离子,RH 表示底物,ROH 表示羟化产物,XOH 表示羟化副产物,R′ LOOH 表示过氧化物,R′H 表示还原产物,XOOH 代表过氧化物作为交替的氧供体。

Hahn 等(1998)研究了鳐(*Raja erinacea*)、七鳃鳗(*Petromyzon marinus*)和大西洋盲鳗(*Myxine glutinosa*)芳香烃受体的功能,发现 β-萘黄酮可以诱导鳐鱼 EROD 活性和 CYP1A 表达量。

对甲壳类而言,上述结果还存在争议。James 和 Bolye(1998)提出芳香族类化合物及多氯联苯同系物可以诱导甲壳类产生不同于鱼类的 CYP450 酶,如 CYP2、CYP3 和 CYP4。有关甲壳类这方面的研究大部分以蓝蟹(*Calinectes sapidus*)、多刺龙虾(*Panulirus argus*)和美国螯虾(*Homarus americanus*)等为材料,例如 Ishizuka 等的研究便发现 PAHs 污染能诱导日本绒螯蟹肝胰腺细胞色素 P450 酶系中乙氧基香豆素-O-脱乙基酶(ECOD)、苯并芘-3-羟化酶和丙咪嗪-2-羟化酶的活性增加(Ishizuka *et al*.,1996),但有关外源物质刺激对虾类并致使其 P450 酶含量产生变化的相关报道几乎没有。除了与环境污染物相关的 P450 酶的研究之外,Moutou 等还研究了噁喹酸和氟甲喹等渔药口服给药后对虹鳟微粒体 P450 酶活性的影响(Moutou *et al*.,1998),但与渔药直接相关的药物代谢酶的研究目前还不是很多,尚存在许多空白领域。

20 世纪 60 年代,细胞色素 P450 的研究工作主要集中在其生物化学、生物物理学特征的鉴定及酶学功能研究上。20 世纪 70 年代,P450 酶系在致癌物代谢中的功能得到证实,纯化 P450 酶及重组 P450 酶系活性的研究使得人们对 P450 的化学反应机制有了更深入的了解。但部分 P450 酶含量较低,单纯通过分离纯化的方法对其进行研究遇到很大的障碍。随着分子生物学技术的发展,通过克隆 P450 基因,分析其序列进行研究成为较为可行的方法。1982 年,第一个 P450 基因被克隆、测序。进入 20 世纪 90 年代,P450 研究重点转向其基因表达机制和结构功能的关系上(Wong,1998),目前在动物中分离的 P450 基因分属于 110 个家族,已经发布的基因数目达到 2 872 条[1](图 2)。对 P450 酶系及其基因进行深入研究,有助于我们不断认识目标生物体内的各种生理、生化反应过程以及生物体的各种特性。鉴于其在生物转化、毒物及内源物质代谢方面所扮演的重要角色,海洋动物细胞色素 P450 功能、分布及其进化研究也越来越受到人们的重视(Stegeman *et al*.,1998)。

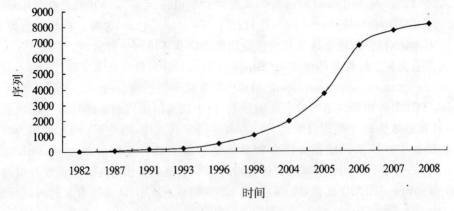

图 2　目前发表的 P450 基因序列数量

---

① http://drnelson.utmem.edu/CytochromeP450.html

　　与海洋鱼类相比,海洋无脊椎动物 P450 基因的研究要滞后很多,其中大部分研究主要是针对软体动物,它们的细胞色素可作为生物标记物监测海洋环境的污染情况(Livingstone et al.,1989;Livingstone,1991;Baturo and Lagadic,1996;Livingstone and Goldfarb,1998)。最近几年,有关海洋无脊椎动物细胞色素 P450 基因方面的研究大多集中在其对污染物的监测(Peters et al.,1999;Sole et al.,2000;Sole and Livingstone,2005)及新的 CYP 基因的发现(James and Boyle,1998;Snyder,2000)方面。

　　有关海洋甲壳类 P450 基因的研究报道十分有限,主要见于国外的一些报道。1996年,James 等首次从甲壳动物(Panulirus argus)中克隆出了 CYP2L1 基因,虽然该基因编码的蛋白质序列与其他物种的 CYP2 序列相似性不到 40%,但根据其功能预测还是将其归为 CYP2 家族。随后,Boyle 等(Boyle et al.,1998)在 P. argus 肝胰腺中又克隆出多条 CYP2L 基因,预示海洋甲壳动物 CYP2 基因具有多态性。2003 年,同样属于第二家族的 CYP330A1 序列从岸蟹(C. Maenas)肝胰腺中分离出来(Rewitz et al.,2003),试验中挑取不同的克隆进行测序。结果发现,该组织中存在多条 P450 相似序列,表明甲壳动物 CYP2 家族基因具有很高的多态性。在哺乳动物中,CYP2 家族是多态性最高的一族,例如,人的 CYP2D6 可以代谢 75 种以上的药物(Nebert and Russell,2002)。然而人们发现在昆虫中,CYP3 与 CYP4 的多态性甚至要大于 CYP2。CYP2L1 也是目前海洋甲壳动物 P450 中唯一功能被研究过的基因,当该基因在酵母中表达时,可以催化睾酮和孕酮的 16-α-羟基化(Boyle et al.,1998b),而睾酮和孕酮是脊椎动物 CYP2 家族酶作用的底物(Gonzalez,1989)。有关甲壳动物细胞色素 P450 的研究还处于初级阶段,甲壳动物 CYP 基因数据库亟待充实,其功能方面的研究工作也正得以逐渐开展。

　　CYP4 是细胞色素 P450 中最古老的家族之一,大约起源于 12.5 亿年以前(Simpson,1997),早于脊椎动物和无脊椎动物的分化(Bardfield et al.,1991;Carbone et al.,2007)。脊椎动物 CYP4A 家族酶主要参与脂肪酸及前列腺素的 ω-羟基化。目前已在小鼠、兔和大鼠中克隆得到了多条 CYP4A 基因(Nelson et al.,1996)。诸多文献都支持了 CYP4 基因在脂肪酸羟基化中的作用(Johnson et al.,1996)。然而,同为 CYP4 基因,其在不同物种上的功能存在差异,Lundell 等(2002)在猪肾脏中克隆得到两条 CYP4A 基因,发现该基因与脂肪酸的羟基化并没有关系,而主要参与胆汁酸的生物合成。有关无脊椎动物 CYP4 基因的研究在昆虫中取得了较好进展,目前昆虫中已鉴定的细胞色素 P450 分属于 CYP4、CYP6、CYP9、CYP12、CYP18 和 CYP28 等 27 个家族,其中除了 CYP4 家族外全是昆虫特异性的家族(Feyereisen et al.,1999)。在已测序的黑腹果蝇(Dorsophila melanogaster)基因组中,90 个 P450 基因中有超过一半属于 CYP4 家族(Nathalie et al.,2004)。

　　在昆虫中,CYP4 基因可被一些外源物质诱导,例如植物碱、烟碱、杀虫剂等等。有研究表明,溴氰菊酯对家蝇细胞色素 P450 具有诱导作用,且该诱导作用随着溴氰菊酯浓度的增加、作用时间的增长而呈现加强的趋势。我国学者也先后由致倦库蚊溴氰菊酯抗性株及淡色库蚊抗溴氰菊酯品系内克隆得到的细胞色素 P450,经比对均属于 CYP4 家族(黄炯烈等,1998;腾达,2004;李秀兰等,2005),说明细胞色素 CYP4 家族可能与动物体内溴氰菊酯代谢有关。王燕红等(2009)克隆了野桑蚕 CYP4M5 基因,发现该基因在野桑蚕脂肪体中表达水平最高,且可受到溴氰菊酯的诱导。王九辉等(2007)研究发现绿僵菌(Metarhizium anisopliae)侵染椰心叶甲后可诱导其体内 CYP4 mRNA 的表达。与此同时,研究发现 CYP4 基因在昆虫体内也具有很高的多态性,目前在白足按蚊(*Anopheles al-bimanus*)中克隆并鉴定出了 17 个 CYP4 基因,在冈比亚按蚊(*A. gambiae*)中克隆出的 CYP4 基因达到 18 个(Ranson *et al.*,2002)。截止到 2001 年,人们就已经从 23 种昆虫中分离并鉴定了 216 个 CYP4 家族的基因或变异体,提示 CYP4 家族可能是昆虫细胞色素 P450 最大的家族之一(Tijet *et al.*,2001)。

与脊椎动物及昆虫相比,海洋无脊椎动物中有关 CYP4 功能方面的研究十分有限,CYP4 基因在许多海洋无脊椎动物中都有发现(Snyder,1998),且在海洋软体动物(*Mytilus edulis*)微粒体中检测到了其在蛋白质水平的表达(Peters *et al.*,1998)。就海洋无脊椎动物而言,目前有关细胞色素 P450 的研究主要集中在基因克隆及其功能分析方面。表 1 列出了目前国外研究的海洋无脊椎动物 CYP4 基因组织表达情况及外源物质对其表达的影响。由表 1 中可以看出,CYP4 基因的表达受到多种外源物质的影响,这些外源物质包括降血压药物、多环芳烃类物质等等。我国学者也克隆了翡翠贻贝 CYP4 基因部分序列,发现多氯联苯(PCB)对该基因具有显著的诱导作用,且这种诱导作用对 CYP4 表达水平的影响与 PCB 暴露处理的时间及浓度有相关性(周驰等,2008)。

表 1 海洋无脊椎动物 CYP4 基因研究进展[①]

物种	P450	组织	外源物质	效果	参考文献
环节动物门					
Nereis virens	CYP4BB1	肠	CO,BA,CF	↑	Rewitz et al. (2004)
Capitella caoitata	CYP4AT1	整只动物	3-MC	↑	Li et al. (2004)
软体动物门					
Haliotis rufescens	CYP4C17	消化器官			Snyder(1998)
Mytilus galloprovincialis	CYP4Y1	消化器官	BNF	↓	Snyder(1998)
节肢动物门					
Carcinus maenas	CYP4C39	肝胰腺	PB,BaP	—	Rewitz et al. (2003)
Orconectes limosus	CYP4C15	Y-器官			Chantal et al. (1999)
Penaeus setiferus	CYP4C16	肝胰腺			Snyder(1998)
Homarus americanus	CYP4C18	肝胰腺			Snyder(1998)
棘皮动物门					
Lytechinus anamesis	CYP4C19	幽门盲肠			Snyder(1998)
Lytechinus anamesis	CYP4C20	幽门盲肠			Snyder(1998)

除了参与外源物质的代谢以外,CYP4 基因在节肢动物荷尔蒙代谢中也起着重要作用(Simpson,1997)。Aragon 等(2002)发现 CYP4C15 基因在小龙虾 Y-器官中显著表达,提

---

① 注:CO:原油(crude oil);BA:苯并(α)蒽(Benz(α)anthracene);CF:氯贝丁酯(clofibrate);3-MC:3-甲胆蒽(3-methyl cholanthrene);BNF:β-萘黄酮(β-naphthoflavone);PB:苯巴比妥(phenobarbital);BaP:苯并芘(benzo(α)pyrene);"—":代表该基因表达含量不受试验中外源物质影响。

示该基因可能参与了蜕皮激素的生物合成。而同为CYP4C家族基因，在岸蟹(*Carcinus maenas*)体内发现的CYP4C39基因的表达却并未受到蜕皮激素的影响，表明该基因在*C. maenas*中可能与蜕皮激素的生物合成并无关系(Rewitz *et al*.，2003)。与此同时，由*C. maenas*体内分离的CYP4C39基因表达也并未受到脊椎动物CYP4基因诱导物的影响，这一结果与在昆虫中的研究结果并不一致(Danielson *et al*.，1998)。

3. 展望

细胞色素P450酶系自20世纪50年代被发现以来就受到了极大的关注，一直是药理学和毒理学研究的热点。遗传、年龄、机体状态、营养、疾病、吸烟、饮酒等多种因素都能够影响该酶的活性；许多药物还可以对细胞色素P450酶产生诱导或抑制作用，从而影响相应的药物在机体内的代谢，导致药物残留量的增加或减少。在动物养殖过程中，联合用药所产生的药物之间的相互作用是兽药残留的众多影响因素之一。因此开展药物对细胞色素P450影响机制的研究将有助于揭示外源化合物与机体的相互作用和有害残留的产生机制，同时也为畜牧、兽医水产和医学领域从事内外源化合物代谢、酶及蛋白质研究提供重要参考。此外对细胞色素P450酶系的深入研究本身就是对目标生物进行深入认识的过程，将有助于我们不断深入地认识目标生物体内的各种生理生化反应过程以及生物体的各种特性。

张喆，李健. 中国水产科学研究院黄海水产研究所　山东青岛　266071

第九节　水产动物药物代谢和残留的研究进展

改革开放以来，在以养为主的渔业发展方针指导下，我国的水产养殖业得到了持续快速发展。目前，世界水产养殖产量约占食用水产品供应量的1/4，其中我国水产养殖产量占1/3以上，2008年我国水产品总量为4 890万吨，连续20年位居世界的首位，成为世界水产品生产和贸易大国。近年来，由于养殖环境的不断恶化及养殖密度过高，各种水产病害呈现出频发和日益严重的趋势。在水产养殖病害防治中，人们最常使用的仍然是具有抗菌杀虫作用的化学药物(包括中草药)，虽然也在探索使用疫苗，以及改善水质的有益微生物和营养性添加剂，但由于其质量和效果不稳定，尚未全面推广，短时期内还无法取代化学药物。然而，部分养殖户在使用渔药过程中，由于缺乏用药常识，经常滥用、误用抗生素，甚至违规使用禁用药物，一方面容易引起致病菌产生耐药性，增加用药的选择压力，另一方面容易发生药物残留超标，严重威胁人类健康。

药物代谢动力学(Pharmaco kinetics)，简称药代动力学或药动学，它从速度论观点出发，应用动力学原理来研究药物及其代谢物在机体内的吸收、分布、生物转化(代谢)及排泄过程，并通过数学公式描述药物在上述过程中的数量(浓度)、存在位置随时间变化的规律，以及这些规律对药物效应的影响，而其本身又如何受药物输入方式(如剂型、剂量、给药途径等)和机体条件(如年龄、健康状况等)的影响。药代动力学是药理学新发展的一门边缘学科，开展这项研究，对于新药的研发、制订给药方案和休药期、以及制定药物的最高残留限量,保证用药安全具有重要的理论指导意义。

1. 国内外研究现状

相对于人和畜禽动物,水产动物的药代动力学研究起步较晚,自 20 世纪 50 年代起,国外主要在经济价值高的鱼类和甲壳类上进行了研究,包括虹鳟(*Oncorhynchus mykiss*)、大西洋鲑(*Salmo salar*)、大鳞大麻哈鱼(*Oncorhynchus tshawytscha*)、斑点叉尾鲴(*Ictalurus punctatus*)、五条鰤(*Seriolaquin queradiata*)、大西洋庸鲽(*Hippoglossus hippoglossus*)、美洲拟庸鲽(*Hippoglossoides platessoide*)、舌齿鲈(*Dicentrarchus labrax*)、大菱鲆(*Scophthalmusmaximus*)、金头鲷(*Sparus aurata*)、非洲鲇(*Clarias gariepinus*)、黄鲈(*Perca flavescens*)等海水鱼,以及鲤(*Cyprinus carpio*)、欧洲鳗鲡(*Anguilla Anguilla*)、日本鳗鲡(*Anguilla japonica*)、香鱼(*Plecoglossus altivelis*)、尼罗罗非鱼(*Oreochromis niloticus*)等淡水鱼类;甲壳动物包括美洲螯龙虾(*Homarus americanus*)、凡纳滨对虾(*Penaeus vannamei*)、克氏原螯虾(*Procambarus clarki*)和雪蟹(*Chionoecetes opilio*)等。所涉及的药物主要是抗菌素和杀虫驱虫药,包括土霉素(oxytetracycline),阿莫西林(amoxicillin),氟苯尼考(florfenicol),磺胺类药物如磺胺间二甲氧嘧啶(SDM)、磺胺二甲基嘧啶(SDD)、磺胺嘧啶(SD)、磺胺甲基异噁唑(SMZ)、磺胺间甲氧嘧啶(SMM)、磺胺胍(SGD)、磺胺增效剂嘧啶二胺(OMP)和甲氧苄啶(TMP),呋喃类药物如呋喃唑酮(furazolidone)、呋喃妥因(nitrofurantoin)和苯并呋喃(tetrachlorodibenzofuran)等,喹诺酮类药物如萘啶酸(nalidixicacid)、噁喹酸(oxolinicacid)、氟甲喹(flumequine)、恩诺沙星(enrofloxacin)、沙拉沙星(sarafloxacin)、环丙沙星(ciprofloxacin)和米诺沙星(miloxacin)等,驱虫药如苯硫哒唑(fenbendazole)、毒死蜱(chlorpyrifos)、吖啶黄(acriflavine)、三丁锡(tributyltin)和甲基汞(methylmercury)等;此外,部分学者还对磺胺药物的代谢产物——乙酰化磺胺在水产动物体内的代谢动力学进行了研究。从这类研究发表的时间上来看,大多数报道集中在 20 世纪 90 年代,但 2006 年 1 月欧洲全面禁止抗生素使用之后,相关报道明显减少。

我国水产动物药代动力学的研究始于 20 世纪 90 年代末,主要针对一些养殖规模较大的经济水产动物和常用药物开展了研究,包括鲤(*C. carpio*)、草鱼(*Ctenopharyngodon idellus*)、日本鳗鲡(*Anguilla japonica*)、异育银鲫(*Carassiusauratus auratus*)、鲈(*Lateolabrax janopicus*)、黑鲷(*Sparus macrocephalus*)、大黄鱼(*Pseudesciaena polyactis*)、大菱鲆(*Scophthal musmaximus*)、牙鲆(*paralichthy solivaceus*)等鱼类,中国对虾(*P. chinensis*)、凡纳滨对虾(*P. vannamei*)、斑节对虾(*P. monodon*)和中华绒螯蟹(*Eriocheir sinensis*)等甲壳动物,以及菲律宾蛤仔和中华鳖等。研究的药物主要是抗生素类,包括土霉素、氯霉素、红霉素、噁喹酸、呋喃唑酮、喹乙醇、氟苯尼考、以及复方新诺明、磺胺二甲基嘧啶、磺胺间甲氧嘧啶等磺胺药和恩诺沙星、诺氟沙星、环丙沙星、达氟沙星等喹诺酮类药物。总体看来,我国水产养殖动物的种类较多,而且不断有新品种出现,为了保证养殖生产中的安全用药,对药代动力学等基础药理学理论的需求还很大。另一方面,目前研究的药物种类还仅仅局限在部分抗菌药物上,而且对药物代谢产物的研究报道也很少,缺乏对养殖生产中大量使用的各种消毒杀虫、水体净化等药物的研究。

2.主要的研究内容

2.1 代谢动力学模型

药代动力学通过"速率类型"和"数学模型与隔室"这两大要素来分析药物在体内的动态变化。房室模型是按药物在体内组织间转运速度不同将机体分成若干个隔室,用非线性的最小二乘法所建立的模型方程进行描述,从而得到药物在动物体内的分布和处置的量变规律,得出较齐全的参数,目前是人、大多数畜禽动物和水产动物药代动力学研究中最常用的方法。以土霉素为例,王群等(2001)用HPLC法研究了土霉素在黑鲷体内的药代动力学,经口服给药后,对血药浓度—时间数据的分析表明,土霉素在鱼体内符合一室开放动力学模型,药动学参数表明土霉素的吸收、消除速度缓慢。Rigos等(2005)给舌齿鲈尾静脉注射土霉素后,其在体内的血浆药物浓度—时间数据符合二室模型。而Haug等(2007)研究土霉素在淡水北极红点鲑(*Salvelinusalpinus*)体内的药代动力学时,则通过拟合三室模型来计算代谢动力学参数。总体而言,一室或二室模型适用于描述大多数药物的代谢情况,而且被用于评定环境因子和个体大小等对水产动物药动学的影响,房室模型是个虚拟的概念,无生理学意义,选择带有一定的不确定性,不能描述组织间浓度差异较大的生理系统。

近年来,基于统计矩理论的非室分析被应用于药动学研究,该方法较为简便,不需要进行隔室设定和对数据的模型拟合,同样可以描述药物在体内的过程,但其提供的药动学参数较为有限。国内也有部分学者将其应用于水产动物的研究,岳刚毅等(2011年)利用非室分析获得了氟苯尼考及氟苯尼考胺在克氏原螯虾体内药物代谢动力学,周帅等(2011)研究了恩诺沙星及其代谢产物环丙沙星在拟穴青蟹体内药代动力学特征和组织分布。而基于生理学的药代动力学(physiologically-based pharmaco kinetics,PBPK)模型将生理学过程和参与药物处置的重要组织一体化,是描述动物药动学较为理想的模型,已应用于人体药动学,未来有望在水产动物中得到越来越多的运用。

2.2 影响药物在水产动物体内代谢和残留的因素

水产动物包括的对象十分广泛,常见的有甲壳动物如虾和蟹、鱼类以及部分爬行类等,种属差异显著,生理状态也各不相同,药物在不同水产动物体内的代谢和残留特征也相差很大。Uno等(1997)比较了SMM在虹鳟和鰤鱼体内的药代动力学参数,其中表观分布容积、消除半衰期和总体消除率差异显著。另有研究表明,养殖的虹鳟和玫瑰大麻哈鱼口服土霉素(100 mg/kg)后,AUC分别为32.1 μg·h/mL和58.7 μg·h/mL,平均残留时间分别为50.3 h和24.6 h,半衰期分别为23 h和16 h。Samuelsen等(2003)研究了恶喹酸在鳕鱼体内的药动学特征,与前人的研究相比得出,药物的消除半衰期和生物利用度在不同物种之间差异很大。

给药途径是影响药物在体内代谢和残留的一个重要因素。注射法给药剂量准确,吸收快,生物利用度高,药物浪费少,主要包括静脉注射、肌肉注射及血窦内注射等。口服法给药直接、快速、方便,加之与生产实际给药比较接近,也是被大量采用的一种给药方式。其次,药浴给药因操作简单,也是水产动物研究上普遍采用的一种方法,特别是对水产动物体外杀菌消毒剂等的研究。Abedini等(1998)通过动脉注射法研究了土霉素在虹鳟和大鳞大马哈鱼体内的比较药代动力学。Samuelsen等(1997)比较了静脉注射、腹腔注射和口服给药方式下氟甲喹在大西洋鳙鲽体内的药动学。李静云等(2006)比较了静注、肌注和口服条件下,氟苯尼考在中国对虾体内的药代动力学。张雅斌等(2000)的研究表明,肌注、口服、混饲给药条件下,诺氟沙星在鲤体内的消除半衰期分别为 3.4,77.12 和 2.02 h,差异显著。

温度和盐度等水体环境对药物代谢和残留的影响也十分明显。一般说来,在一定温度范围内,药物的代谢强度与水温成正比,不同温度下恩诺沙星在大菱鲆体内的比较代谢动力学研究表明,16℃条件下,药物在鱼体内的吸收、分布和消除速率均快于 10℃。但盐度的影响则因动物的种类不同而有所差异,Noriko 等(1992)研究发现海水中虹鳟对于恶喹酸的消除明显较淡水中快。而 Abedini 等(1998)研究得出盐度相差 24 并未对土霉素的吸收与消除造成较大影响。

此外,水产动物的性别、健康状况以及药物和饵料的理化性质等都对药物代谢有影响。

2.3 药物代谢酶

药物及环境毒素等外源物进入生物体之后,与体内的细胞色素 P450 等药物代谢酶发生相互作用,成为具有活性的代谢物或非活性代谢物,从而改变了药物的药理与毒理性质,进而引起相应的药效学反应变化。因此,药物代谢酶对药物药效的实现及在体内药代动力学特征的改变具有直接影响,它是药物在体内发生非预见性相互作用的一个关键因素。韩华等(2009)报道,喹诺酮类药物恩诺沙星、诺氟沙星和氟甲喹对牙鲆肝组织中氨基比林 N-脱甲基酶(AND)、红霉素 N-脱甲基酶(ERND)和 7-乙氧基异吩唑酮-脱乙基酶(EROD)均具有抑制作用,而且这种抑制作用具有选择性,例如恩诺沙星对 ERND 的抑制作用最强,其次为 EROD,对 APND 的抑制作用则相对较弱。Yu 等(2010)的研究发现,使用 CYP1A 的诱导剂 β-萘黄酮(β-naphtho flavone,BNF)处理草鱼,能够明显促进二氟沙星转化成其代谢物沙拉沙星,而 CYP1A 抑制剂 α-萘黄酮(α-naphtho flavone,ANF)则明显抑制这一转化过程。

探针药物法是目前药物代谢酶研究领域较新且应用较多的一种方法,它通过特异性的探针药物药动学参数的变化来揭示代谢酶活性的变化,是代谢酶基因变异和环境因素影响的综合体现。探针药物应用于人类 CYP450 酶方面的研究比较深入,确立了咖啡因(CYP1A2)、氯唑沙宗(CYP2E1)、异喹胍(CYP2D6)、咪达唑仑(CYP3A4)等一大批探针药物,为研究药物相互作用、建立个性化临床合理给药方案提供了有力的支持。在水产药物研究领域,相关的研究工作才刚刚开始,国内的个别学者对此进行了探索。陈大建等(2007)利用探针药物氯唑沙宗,发现氟苯尼考和乙醇均对鲫鱼 CYP2E1 具有显著的抑制作用;而王翔凌等(2008)以体外草鱼传代肝细胞为反应体系,同样选取 CYP2E1 探针药物氯唑沙宗,并采用该酶特异性诱导剂乙醇对其进行诱导,发现乙醇能够诱导草鱼肝细胞 CYP2E1,而且诱导的 CYP2E1 与底物的亲和力较高,酶促反应强度较大。

3. 展望

近年来,食品安全日益成为人们关心的热点问题,如何提高水产养殖领域安全合理用药水平,保障水产品质量安全是摆在科技工作者面前的重要课题。随着现代分析检测技术、计算机信息处理技术、细胞和分子生物学技术的不断发展,及其在水产动物药物代谢和残留研究领域应用水平的逐渐提高,水产动物药物代谢和残留的研究将逐渐趋于精准化,并由表观水平向细胞水平和分子水平过渡,着重于对代谢、残留控制技术及其生理机制的探索。

常志强,李健.中国水产科学研究院黄海水产研究所　山东青岛　266071

第二章 疾病预防、控制与免疫

第一节 养殖环境及水产动物中副溶血弧菌快速检测方法的建立

副溶血弧菌(*Vibrio parahaemolyticus*,*V. P*)为革兰氏阴性多形态杆菌或稍弯曲弧菌。其广泛存在于养殖水域、底泥、沉积物中(Jiang *et al.*,1996)。能引起牡蛎肠炎(Spite *et al.*,1978),对虾红腿病(翟秀梅等,2007),蟹大规模死亡(Krantz *et al.*,1969),大黄鱼疾病(鄢庆枇等,2001)等,是海水养殖主要的病原菌之一。由副溶血弧菌引起的疾病,因发病率高、流行范围广、危害严重,每年都给养殖业者造成极大的经济损失。此外,副溶血弧菌也广泛存在于海洋食品中,可引起腹泻等肠道疾病及食物中毒(Joseph *et al.*,1982),是国家规定的水产品质量检测中的必检项目。

传统的副溶血弧菌生化鉴定方法操作繁杂、检验周期长,需要 7 d 以上才能获得结果(寇运同等,2002)。为提高检测效率和准确率,近些年来出现了基于免疫学的 ELISA(Honda *et al.*,1995),基于核酸杂交技术的斑点杂交、Southern 杂交、夹心杂交(Suthienkul *et al.*,1996),基于 PCR 技术的常规 PCR、多重 PCR、荧光定量 PCR(Bej *et al.*,1999),众多快速检测方法。根据副溶血弧菌特异基因序列,设计引物,进行 PCR 检测,是现阶段检测副溶血弧菌的最快速准确的方法,已越来越被科研和商检等部门认可,成为流行的副溶血弧菌检测方法。但 PCR 技术针对反应体系中的模板 DNA 进行扩增,无法鉴别死活菌体,不能满足监测活菌需求。PC 法(Plate count for bacterial colonies,平板菌落计数法)该方法的最大优点就是可获得活菌数量。本文根据不耐热溶血毒素(Thermolabile hermolysin.)TL 基因基因设计引物,用菌落 PCR 法检测靶基因,结合平板菌落计数法,以期建立一种副溶血弧菌的半定量、快速检测方法,用于养殖环境及水产动物中可培养的副溶血弧菌的监测。

1. 材料与方法

1.1   材料

(1)菌株。

实验菌株的来源和菌株号如表 1 所示。

表 1　菌株来源及编号

实验菌株	菌株代号	来源
副溶血弧菌	CGMCC1.1614	中国科学院微生物研究所菌种保藏中心
	CGMCC1.1997	
	CGMCC1.2164	
溶藻弧菌	CMGCC1.1833	中国科学院微生物研究所菌种保藏中心
	PX25	本实验室提供
鳗弧菌	W-1,L-18	中国科学院微生物研究所菌种保藏中心
	DLP18	本实验室提供
嗜水气单孢菌	927	本实验室提供
灿烂弧菌	HS-21	本实验室提供
	HS-19	

（2）工具酶与试剂。

Taq DNA 聚合酶,dNTPs,D2000 DNA Ladder Marker,Solarbio 公司;Gene Finder, 百维信生物有限公司;Trisbase、SDS、EDTA,Sigma 公司;琼脂糖,华美公司;TCBS 琼脂, TSB 培养基,青岛高科园生物技术有限公司。

1.2　方法

1.2.1　常规 PCR 法建立

（1）引物设计。

参照王华丽（2006）的方法加以改进,根据 NCBI 上报道的序列 M36437,用 Primer 5.0 设计引物,由上海生物技术有限公司合成。序列如下:

5-TTGAATGTGCTTGGGTCA-3;

5-CGTTAAAGATGTTGCCTGT-3。

（2）细菌培养。

将实验菌株接种于 TSB 液体培养基中 30℃振荡培养过夜,获得处于对数生长期的菌体。

（3）血平板检测。

将处于对数生长期的菌液用接种环点至兔血平板中,共点四环,平均分布于平板表面,并在点种处做记号。置 30℃培养箱培养 24～30 h,点种处出现溶血圈者为阳性,用"+"表示,可初步判断该菌株具有溶血活性;未出现溶血现象的则为阴性,用"-"表示。

（4）细菌染色体 DNA 的提取。

参照快速盐抽提法（Salah *et al.*,1997）,提取实验菌株的基因组 DNA。

（5）目的基因的 PCR 扩增。

PCR 采用 25 μL 反应体系:模板 DNA 1 μL,10 mmol/L 的不耐热溶血毒素（Thermolabile hermolysin.）TL 上下游引物各 2 μL,10 mmol/L dNTP Mixture 2 μL,Taq 酶终浓度 1.25U,5 mmol/L MgCl$_2$ 1.5 μL,10×PCR buffer 2 μL,加灭菌 dH$_2$O 补足至 25 μL。 PCR 程序参数:94℃变性 4 min;94℃1 min,57℃30 s,72℃,3 min,30 个循环;72℃延伸 10 min;4℃保存。

（6）电泳检测。

PCR 扩增产物经 1.5％的琼脂糖凝胶电泳进行分离,用紫外透射检测仪检测电泳结果。

1.2.2 菌落 PCR 退火温度和体系优化

参照徐丽(2004)的方法加以改进,建立菌落 PCR 方法。将不添加模板的 PCR 体系预先分装到各 0.2 μL PCR 管中。用灭菌牙签挑取少许标准株的单菌落,在 0.2 μL PCR 管中轻轻搅动,使牙签上沾黏的菌体在反应体系中充分混匀。而后用 3 种不同的方法处理,分别是经过先煮沸 10 min,冷却后进行 PCR 反应;先在 −80℃冷藏 10 min,再进行 PCR 反应;不做任何处理,直接进行 PCR。在常规 PCR 基础上,将退火温度(T_m)在 47℃~57℃间设置梯度,用 PCR 仪的梯度功能自动分成 12 个温度,找到最佳退火温度;改变常规 PCR 体系中 Taq 酶量,使菌落 PCR 达到最佳的扩增结果。设立产生溶血现象的标准株 CGMCC1.1997 DNA 为模板的阳性对照,不加模板的空白对照。

1.3 敏感性实验

(1)菌落 PCR 的敏感性。

用麦氏比浊法将分别挑取的 CGMCC1.1997、CGMCC1.1614、CGMCC1.2164 单菌落,配成 10^8 cfu/mL 稀释液,使每个 PCR 反应体系中菌液的终浓度分别为 10^8,10^7,10^6,10^5,10^4,10^3,10^2,10 cfu/mL(共 8 个梯度,每个梯度设 3 个平行管),灭菌 dH₂O 用量相应改变,其余成分不变。同时取相应的菌液 0.1 mL 涂布 TCBS 平板,每个稀释度设 3 个平行。

(2)PC-PCR 法的敏感性。

将处于对数生长期的菌液,用灭菌生理盐水洗菌数次,而后用麦氏比浊法配成 108 cfu/mL 细菌悬浊液。按上述方法倍比稀释,依次添加到对虾肌肉、对虾肝胰腺、对虾血液、海水、底泥中,固体样品每组称取 10 g 匀浆,液体样品每组量取 10 mL,分别加入 90 mL 灭菌生理盐水中,各取菌液 0.1 mL 涂布 TCBS 平板,每个稀释度设 3 个平行。取未添加菌株的同批样品,按上述方法涂布 TSBS 平板,设为空白对照。

1.4 特异性实验

用建立的 PC-PCR 方法检测培养的副溶血弧菌及其他菌株。

1.5 人工感染养殖体系,检测副溶血弧菌的数量及分布状态

在实验室内模拟养殖环境,将副溶血弧菌标注株投放到养殖水体中,感染 12 h 虾体出现红腿症状后,取对虾肌肉、对虾肝胰腺、对虾血液、海水、底泥,用 TCBS 培养基测定弧菌总数;挑取用于计数的两个稀释度平板上的每个单菌落,进行菌落 PCR,显阳性的菌落即为一个菌体,对照其稀释倍数、取样和每个平板接种量换算出样品中的副溶血弧菌量。

2.结果与分析

2.1 方法建立

(1)PCR 扩增。

选择 tlh 基因作为靶基因,用设计引物成功扩增出了特异目的片段,该片段大小介于 750bp 与 500bp 片段之间,经测序其大小为 673bp,用 Blast 与 NCBI 收录的副溶血弧菌进行同源性比对,同源性为 99％,此对引物可供副溶血弧菌的特异性扩增使用。

(2)菌落处理方法对 PCR 结果比较。

实验中比较了 3 种不同的 PCR 前菌落处理方法,扩增结果表明,将菌落挑入装有 PCR 体系的 0.2 μL 薄壁管后,先在 −80℃冷藏 10 min 再进行 PCR 的结果比先煮沸 10 min 再进行 PCR 或直接进行 PCR 要好,先加热再进行 PCR 与直接进行 PCR 无明显差别,因此以下实验均采用先在 −80℃冷藏 10 min,再进行 PCR 扩增。

(3)菌落 PCR 退火温度及体系确定。

与常规 PCR 不同,菌落 PCR 中 Tap 酶用量较大。当每个 25 μL 体系中酶量小于 0.5 μL 时,菌落 PCR 扩增不出目的片段;当酶量在 0.5 μL 到 1.5 μL 之间时,可扩增出目的片段,但不稳定;当酶量在 1.5 μL 到 2 μL 之间时,均可稳定地扩增出清晰的目的片段;基于扩增结果和节省试剂的考虑,将酶量定在每 25 μL 体系中 1.5 μL。最终菌落 PCR 体系为:引物各 2 μL,10 mmol/L dNTP Mixture 2 μL,2.5 mol/(L·U)Taq 酶 1.5 μL,5 mmol/L MgCl$_2$ 1.5 μL,10×PCR buffer 2 μL,加灭菌 dH$_2$O 补足至 25 μL。

梯度 PCR 的扩增结果见图 1,47.3℃扩增效果最好,47℃次之,为便于实验,最终确定 PCR 条件为:95℃变性 5 min;95℃30 min,47℃30 s,72℃,1 min,25 个循环;72℃延伸 10 min;4℃保存。

用常规 PCR 和菌落 PCR 同时扩增副溶血弧菌毒力株,结果一致,见图 1、图 2。

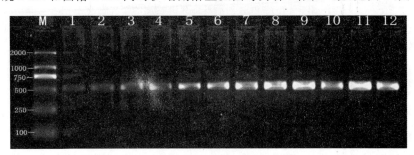

图 1 副溶血弧菌标准株梯度 PCR 扩增结果

M. DL2000;Lanes1:T_m=57℃;Lane2:T_m=56.8℃;Lane3:T_m=56.3℃Lane4:T_m=55.5℃;Lane5:T_m=54.4℃;Lane6:T_m=53.0℃;Lane7:T_m=51.3℃;Lane8:T_m=49.8℃;Lane9:T_m=48.7℃;Lane10:T_m=47.9℃;Lane11:T_m=47.3℃;Lane12:T_m=47℃

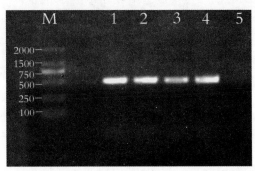

图 2 副溶血弧菌用常规 PCR 和菌落 PCR 扩增结果

M. DL2000;Lanes1:Product of conventional PCR of CGMCC

Lanel:1997;Lane2:Product of conventional PCR of CGMCC1. 2164;Lane3:Product of colony PCR of CGMCC1. 1997;Lane4:Product of colony PCR of CGMCC1. 2164;Lane5:Negative control

2.2 方法验证

(1)菌落 PCR 方法对致病性副溶血弧菌特异性。对不同副溶血弧菌的标准株及其他菌株进行菌落 PCR 检测和溶血性实验,电泳图谱如图 3 所示。该方法对能产生溶血现象的从食物中分离的 CGMCC1.1997 和从患病鱼体中 CGMCC1.2164 都能检出,电泳图谱上有特征性的 673bp 片段出现,而对不是副溶血弧菌的菌株或不产生溶血现象的副溶血弧菌环境分离株 CMGCC1.1614,都不能检出。

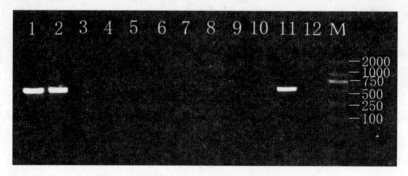

图 3 菌落 PCR 对副溶血弧菌检测的特异性

M. DL2000;Lanes1:*Vibrio parahaemolyticus* CGMCC1.1997;Lane2:*Vibrio parahaemolyticus* CGM-CC1.2641;Lane3:*Vibrio parahaemolyticus* CMGCC1.614;Lane4:*Vibrio anguillarum*,W-1;Lane5:*Vibrio anguillarum*,DLP18;Lane6:*Vibrio alginolyticus*,PX25;Lane7:*Vibrio splendidus*,HS-17;Lane8:*Vibrio fluvialis*,927;Lane9:*Vibrio alginolyticus*,CMGCC1.1833;Lane10:*Vibrio splendidus*,HS-17;Lane11:*Positive control*;Lane12:*Negative control*

(2)菌落 PCR 法灵敏度检测。菌落 PCR 中,每个体系只要 9.0×10 cfu 菌体量就能扩增出目的片段。结果见图 4。菌落 PCR 的灵敏性很高,完全可以满足实验需求。

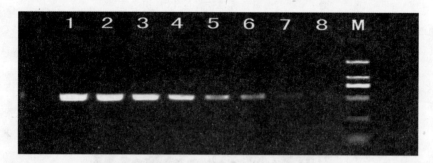

图 4 菌落 PCR 检测副溶血弧菌的灵敏度评价

CGMCC1.1997M;marker;Lane1～8;colony at9.6 $\times 10^8$ cfu/mL,5.0 $\times 10^7$ cfu/mL,2.3 $\times 10^6$ cfu/mL,3.3 $\times 10^5$ cfu/mL,1.2 $\times 10^4$ cfu/mL,4.5 $\times 10^3$ cfu/mL,2.3 $\times 10^2$ cfu/mL and 9.0 $\times 10$ cfu/mL.

用 PC-PCR 法,对感染样品进行检测,其不同样品的检测低限如表 2 所示,该方法的检测低限在 3.3×10^2 cfu/g 或 1.3×10^2 cfu/mL,能够满足检测需求。

表2　PCR方法检测样品中不同浓度的副溶血弧菌的灵敏度

样品种类	PCR 低限(cfu/g,cfu/mL) 副溶血弧菌 CGMCC1.1997
对虾肌肉	4.9×10^2
对虾肝胰腺	3.3×10^2
对虾血液	2.4×10^2
池塘底泥	3.1×10^2
池塘水样	1.3×10^2

2.3　人工感染养殖体系,检测副溶血弧菌的数量及分布状态

当养殖对虾出现明显症状时,对虾肝胰腺中的副溶血弧菌量最大,平均在 7.50×10^7 cfu/g 水平,血液次之,肌肉中最少平均为 3.6×10^4 cfu/g。在养殖环境中,底泥中副溶血弧菌数量最高为 4.0×10^7 cfu/g,环境养殖水体中平均为 5.7×10^8 cfu/mL。副溶血弧菌共占对虾体内总弧菌的 73.2%,占养殖水体中弧菌的 58.3%,占底泥中的 46.7%。

3. 讨论

在传统的检验规程中,常用琼脂来观察神奈川现象(Miyamoto et al.,1969)来评价副溶血弧菌的致病性(即溶血性验)(Tison et al.,2005),但溶血性试验费时费力,远不如用 PCR 方法检测菌株的毒力基因直接快速。目前 PCR 研究的靶基因多为热稳定直接溶血素(Thermostable direct hemolysin,TDH)基因 tdh 和类热稳定溶血素(TDH-related hemolysin,TRH)基因 trh,除这两种基因外,不耐热溶血毒素(Thermolabile hermolysin,TL)基因 tl,也被越来越多的 PCR 检测所应用。编码 TL 的基因 tl 位于染色体上,长约 1.3kb。据报道无论是临床分离株,还是环境分离株都含有 tl 基因(Ellison et al.,2001),且 tl 基因具有种的特异性,可以作为检测和监测副溶血弧菌的依据(Mccarthy et al.,1999)。菌落 PCR,要求在进行 PCR 扩增前,菌体裂解完全,使基因组 DNA 充分释放出来。目前,菌落 PCR 技术多应用于重组质粒筛选与鉴定中,其 PCR 反应的模板是电转后的大肠杆菌感受态细胞,比较容易破壁释放 DNA,只需在 PCR 扩增前将菌体煮沸 5~10 min 或直接在冰上操作即可。副溶血弧菌要比电转后的大肠杆菌感受态细胞难破壁,只有在极冷极热条件下,破坏细菌胞内平衡,才能释放出大量 DNA,满足 PCR 扩增的模板需求。菌落 PCR 模板量要远少于以纯 DNA 为模板的常规 PCR,因此,菌落 PCR 反应中 Taq 酶用量要较常规 PCR 反应多出 3~4 倍才能满足扩增条件。本实验最终确定,在 PCR 扩增前模板菌体−80℃冷冻 10 min,25 μL 的 PCR 反应体系中 Taq 酶含量为 1.5 μL,用菌落 PCR 法能够成功地扩增出目的片段。

常规 PCR 方法虽然快速,但不能检测活菌信息。传统的副溶血弧菌的鉴定虽然能对活菌定量检测,但耗时耗力,需要 7 个工作日才能完成;当前流行的常规 PCR 方法,虽然检测快速,但只能满足定性检测的要求,不能对样品进行定量检测;荧光定量 PCR 的方法能对检测的模板进行精确定量,但不能对样品中的活菌进行定量研究。栾晓燕等副溶血弧菌检测 MPN-PCR 法,是采用常规 PCR 方法对样品进行定性检测,再用 MPN(最大释然数)法对样品中的活菌进行定量检测,且结果比真实值偏高易出现假阳性,整个过程需要 16 h 才能完成;而本方法从样品准备再到检测出结果只要 14 h,且要比 MPN 法定量更精确。常规 PCR 方法,需要先提取样品中的 DNA 作为模板,才能进行定性、定量检测,而本方法省去了样品中 DNA 的抽提的过程,直接挑取平板上的菌落进行扩增,使操作更加简单、大大降低了检测时间和成本。而且还能得到相应的细菌总数、弧菌总数、副溶血弧菌的百分比等相关信息,适用于对养殖环境及水产动物中细菌进行动态监测。本文建立的副溶血弧菌快速、半定量的 PC-PCR 检测方法,为进一步开展水产养殖过程中副溶血弧菌的检测和污染源的追踪、监控打下了一定的技术基础。

参考文献(略)

马妍,李健.中国水产科学研究院黄海水产研究所　山东青岛　266071

第二节　梭子蟹牙膏病病原菌——溶藻弧菌的鉴定及其系统发育分析

三疣梭子蟹(*Portunus trituberculatus*)属于梭子蟹科,梭子蟹属,分布于中国、日本及朝鲜等海域,是一种大型海产经济蟹类,因其生长快,肉质鲜美,营养丰富,经济价值高,而深受国内外消费者喜爱,是我国海水养殖的主要品种之一(杨辉等,2006)。随着梭子蟹养殖业的进一步发展,养殖规模快速扩大,养殖面积和密度不断增加,加上日趋严重的养殖环境污染,使得梭子蟹病害亦呈现逐年上升趋势,成为制约该产业持续发展的一个重要因素(吴友吕等,1998)。其中近几年被养殖户称为"牙膏病"的病害给梭子蟹养殖业带来了重大损失,该病通常发生在每年 7～9 月的高水温期,病蟹主要症状是肌肉白浊、无弹性、呈不透明的乳白色。从患病的梭子蟹中分离到 1 株经回接感染证实为病原菌的弧菌,经生理生化特征测定和 16S rRNA 基因序列相似性分析将该病原菌鉴定为溶藻弧菌(*Vibrio alginolyticus*),为梭子蟹牙膏病病原研究和疾病控制提供了理论依据。

1. 材料和方法

1.1　菌株及培养基

菌株 PX25,分离自山东潍坊池塘养殖的患有牙膏病的三疣梭子蟹,经回接感染证实为病原菌。培养基为海水 2216E 和 TCBS 培养基。海水 2216E 配置方法为蛋白胨 5.0 g,酵母膏 1.0 g,磷酸高铁 0.1 g,陈海水 1000 mL,加热完全溶解后,用 1 mol/L NaOH 调节 pH 为 7.6,10^5 kPa 灭菌 20 min。TCBS 培养基购自北京陆桥生物技术有限公司。

1.2　形态观察及生理生化特征测定

PX25 株的形态观察和生理生化特征实验参照《常见细菌系统鉴定手册》(东秀珠等,2001)进行,快速鉴定采用法国生物梅里埃公司 API20E 和 API20NE 自动鉴定系统进行。

1.3　16S rRNA 序列测定和分析

(1)PCR 模板的制备。

将细菌接种在 2216E 平板上,28℃培养 24 h。用接种环挑取单一菌落悬浮于 50 μL 无菌去离子水中,100℃水浴 5 min,4℃ 12 000 r/min 离心 10 min,上清液即为 PCR 反应的模板。

（2）PCR 扩增和序列测定。

扩增 16S rRNA 的正向引物为 27F：5′2AGAGTTTGATC（C/A）TGGCTCAG23′（对应于 *E. coli* 16S rRNA 序列的第 8～27 个碱基位置）；反向引物 1492R：5′2TACGG（C/T）TACCTTGTTACGACTT23′（对应于 *E. coli* 16S rRNA 序列的第 1492～1510 个碱基位置）。PCR 反应体系（100 μL）：10 μL 10×PCR 缓冲液（含 Mg^{2+}），2 μL 10 mmol/L 4×dNTP，10 μmol/L 正向和反向引物各 5 μL，1 μL TaqDNA 聚合酶（5U），10 μL 模板。PCR 反应条件：94℃ 4 min；94℃ 30 s，55℃ 30 s，72℃ 1 min 40 s，30 个循环；72℃ 6 min。PCR 产物由上海博亚公司纯化和测序，测序所用仪器为 ABI PRISM 3730 DNA 测序仪。

1.4 系统发育学分析

将所获得的菌株 PX25 的 16S rRNA 基因序列与 GenBank 中的核酸序列进行 BLAST 分析，选取与菌株 PX25 相似性最高的细菌 16S rRNA 序列，用 OMIGA 对菌株 PX25 菌和 GenBank 中 20 株细菌的 16S rRNA 序列进行对比分析，采用邻接法（Neighbor joining）获得系统发育树，通过自展分析（Boot strapping）进行系统发育树的评估，自展数据集为 1 000 次。

2.结果与分析

2.1 形态特征及运动性

PX25 菌在 TCBS 培养基上 28℃培养 24 h 后，生长良好并使培养基变黄，菌落圆形，边缘整齐，表面隆起光滑；革兰氏阴性，菌体呈短杆状，直或稍弯曲，两端钝圆；固体培养基上培养后进行染色具有周生侧毛，液体培养基中培养后进行鞭毛染色具有 1 根极生单鞭毛；悬滴法观察 PX25 菌株具有很强的运动性。

2.2 生理生化特征

API20E 和 API20NE 系统鉴定结果（表 1 和表 2）显示 PX25 菌为溶藻弧菌，鉴定结果可信度分别为 92.8% 和 99.6%。传统生理生化试验结果（表 3）表明 PX25 菌株氧化酶反应阳性，生长需要钠离子，对弧菌抑制剂 O/129（150 μg）敏感，代谢葡萄糖产酸能使 TCBS 培养基变黄。根据这些特征并结合形态特征，将 PX25 鉴定为溶藻弧菌。

表 1 菌株 PX25 的 API20E 生化试验结果

项目 Items	结果 Results	项目 Items	结果 Results
β-半乳糖甙酶 ONPG	−	葡萄糖 Glucose	+
精氨酸双水解酶 Arginine dihydrolase	−	甘露醇 Mannitol	+
赖氨酸脱羧酶 Lysine decarboxylase	+	肌醇 Inositol	−
鸟氨酸脱羧酶 Ornithine decarboxylase	−	山梨醇 Sorbierite	−
柠檬酸 Citrate	−	鼠李糖 Rhamnose	−
产生 H_2S H_2S production	−	蔗糖 Saccharose	+
尿素酶 Urease	−	密二糖 Meilibiose	−
色氨酸脱氨酶 Tryptophan deaminase	−	淀粉 Amylum	+
吲哚产生 Indole production	+	阿拉伯糖 Arabinose	−
V-P 反应 Voges-Proskauer test	+	细胞色素氧化酶	
明胶液化 Gelatinase	+	Oxidation/fermentation sucrose	+

表2 菌株PX25的API20NE生化试验结果

项目 Items	结果 Results	项目 Items	结果 Results
还原硝酸盐 Nitrate reduction	+	甘露醇 Mannitol	+
吲哚产生 Indole production	+	N-乙酰-葡萄糖胺 N-acetyl glucosamine	+
葡萄糖产酸 Acid from glucose	+	麦芽糖 Maltose	+
精氨酸双水解酶 Arginine dihydrolase	−	葡萄糖酸盐 Gulcoheptonate	+
尿素酶 Urease	−	癸酸 Decanoate	−
β-葡萄糖甙酶 Polychlrom dihydrolase	−	己二酸 Adipate	−
明胶液化 Gelatinase	+	苹果酸 Malate	+
β-半乳糖甙酶 PNPG	−	柠檬酸 Citrate	−
葡萄糖 Glucose	−	苯乙酸 Phenylacetic acid	−
阿拉伯糖 Arabinose	−	氧化酶 Oxidase	+
甘露糖 Mannose	−		

表3 菌株PX25的传统生理生化试验结果

项目 Items	结果 Results	项目 Items	结果 Results
革兰氏染色 Gram stain	−	TCBS生长 TCBS agar	Yellow
明胶水解 Gelatinase	+	运动性 motility	+
淀粉水解 Amylum	+	4℃生长 Growth at 4℃	−
V-P反应 Voges-Proskauer test	+	28℃生长 Growth at 28℃	+
尿素酶 urease	−	35℃生长 Growth at 35℃	+
还原硝酸盐 Nitrate reduction	+	40℃生长 Growth at 40℃	+
柠檬酸盐 Citrate	−	pH5生长 Growth at pH5	−
0% NaCl生长 Growth:NaCl 0%	−	pH6生长 Growth at pH6	+
1% NaCl生长 Growth:NaCl 1%	+	pH7生长 Growth at pH7	+
2% NaCl生长 Growth:NaCl 2%	+	pH8生长 Growth at pH8	+
3% NaCl生长 Growth:NaCl 3%	+	pH9生长 Growth at pH9	+
6% NaCl生长 Growth:NaCl 6%	+	pH10生长 Growth at pH10	−
8% NaCl生长 Growth:NaCl 8%	+	O/129(10μg)	−
10% NaCl生长 Growth:NaCl 10%	+	O/129(150μg)	+

2.3 16S rRNA序列系统发育分析

在GenBank中进行同源序列检索,结果显示所检索的100个相似性很高的菌株的16S rRNA序列中,88个为弧菌属细菌,其余的为不可培养的细菌或未鉴定到种属。图1是根据菌株PX25的16S rRNA序列与相关属种16S rRNA序列构建的系统发育树,从图1中可以看出菌株PX25与溶藻弧菌自然聚为一支,经过同源性比较发现菌株PX25的16S rRNA与溶藻弧菌的16S rRNA序列同源性高达99.35%,说明菌株PX25与溶藻弧菌亲缘关系最近,结合其生理生化特征反应,可将其鉴定为溶藻弧菌(*Vibrio alginolyticus*)。

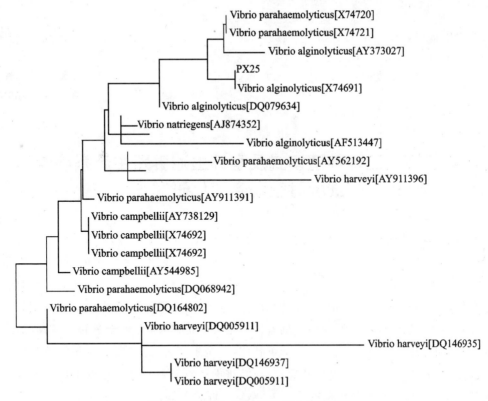

图1 基于 16S rRNA 序列的系统发育树

3. 讨论

本实验采用传统的生理生化、API 20NE 与 API 20E 自动鉴定系统和 16S rRNA 系统发育学分析技术等多种方法,对从患牙膏病的梭子蟹体内分离出的菌株 PX25 进行了综合鉴定,结果显示 PX25 菌株为溶藻弧菌。菌株 PX25 在对柠檬酸盐利用生化指标上与文献报道的不同(东秀珠等,2001),文献报道溶藻弧菌能利用柠檬酸盐,而分离菌株却不能利用柠檬酸盐,推测其原因为同一种菌内不同菌株之间存在差异。按照细菌学分类原理,这种微小差异并不影响其分类地位的确立,因此可将分离菌株鉴定为溶藻弧菌。弧菌是海水环境中的常在菌群,广泛分布在自然海区,一般情况不会引起养殖动物发生病害,其暴发受海水中细菌的数量、养殖动物的抵抗力和海水理化因子等条件的影响。溶藻弧菌感染海水养殖动物的报道较多(朱传华等,2000),其感染发病的水温大多是高水温期,本研究溶藻弧菌感染梭子蟹导致牙膏病发生在每年 7~9 月池塘养殖高水温期与上述报道相一致,表明溶藻弧菌容易在高温环境下生长并导致海水养殖动物的弧菌病。

许文军等(2003)报道梭子蟹乳化病是假丝酵母引起的,赵青松等(2005)报道梭子蟹乳化病是由溶藻弧菌和葡萄牙假丝酵母共同作用引起的;主要症状是血淋巴液变为乳白色,折断步足可流出大量白色液体。本研究中梭子蟹牙膏病的主要症状是肌肉白浊、无弹性、呈不透明的乳白色,未见肌肉液化现象,经回接感染证实其致病菌为溶藻弧菌(刘淇等,2007)。因此溶藻弧菌单一感染引起的症状与假丝酵母菌引起的乳化病或溶藻弧菌、假丝酵母共同作用引起的乳化病症状有所不同,说明溶藻弧菌单一感染可导致梭子蟹牙膏病的发生。

参考文献(略)

刘淇,李海燕,王群,刘萍,戴芳钰,李健.中国水产科学研究院黄海水产研究所
山东青岛　266071

第三节　三种养殖模式及室外土池养殖生态系统中细菌时空动态变化研究

　　对虾养殖业是我国近30年来发展起来的以外向型为主的产业。20世纪90年代初,由于病害频繁发生,我国的对虾养殖业跌至低谷。对虾养成期发生病害的原因很多,养殖体系及投入物中的细菌是引起疾病暴发的主要原因之一,因此,研究对虾养殖体系中细菌的存在状况,监测其动态变化情况,才能从根本上控制由于细菌性因素引起的疾病暴发。

　　异养菌在对虾养殖生态系统中占据着极其重要的地位,既是系统中的分解者,将养殖过程中产生的残饵、粪便、死亡个体等降解转化,又是生产者,通过微食物环与经典食物链衔接,从而影响虾池中的物质循环和能量流动,进而影响到养殖环境中的水质状况(David et al.,1997),弧菌是对虾肠道内的正常菌群之一(许美美等,1992)。但部分异养菌和弧菌又是海洋环境中的条件致病菌(王文兴等,1983),弧菌不仅作为致病因素存在,同时也是水质有机污染和环境恶化的一个标志(王晓影等,2006)。副溶血弧菌是对虾养殖中常见的条件致病菌,在我国许多地区都发生过副溶血弧菌暴发,为对虾养殖业主带来巨大的经济损失。本文对室外土池养殖模式、室外水泥池养殖模式和大棚水泥池养殖模式下异养菌、弧菌、副溶血弧菌进行监测,初步研究了不同养殖模式下细菌的时空动态变化;又通过室外土池养殖体系中对虾、养殖水体、饵料、底泥等因子中细菌的监测,进一步探讨了组成水产养殖生态系统的各因子中细菌的动态变化及相关性。

1. 材料与方法

1.1　材料

　　不同养殖模式下,养成期对虾样品分别于2007年5月末到10月初采自山东潍坊昌邑、山东胶州、山东青岛崂山沙子口等地区,养殖基本情况如表1所示。

表1　取样虾池概况

采样地点	养殖类型	水池面积(m²)	水深(m)	饵料	养殖对象
昌邑海丰养殖厂	室外土池	2000	1.5	配合饲料 蓝蛤、小杂鱼	中国对虾
青岛宝荣水产科技发展有限公司	大棚水泥池	300	2.0	配合饲料	南美白对虾
青岛崂山区东海湾对虾养殖厂	室外水泥池	250	2.0	配合饲料	南美白对虾

1.2　方法

(1)采样方法。

跟踪三种不同对虾养殖模式,从 5 月 29 日开始采样,至 10 月 11 日结束。室外土池采用撒网方法,打捞对虾样品;室外水泥池和大棚水泥池采用装有饵料的捞网诱捕对虾样品。水样在生产池塘中随机抽取 3 点,无菌容器收集混合水样 200 mL,加入终浓度 5% 的甲醇固定,而后将对虾样品及水样快速运回实验室进行检测。

(2)弧菌和异养菌检测。

对虾称取 1.0 g 研磨后放入 9.0 mL 的无菌海水,对应水样取 1.0 mL 放入 9.0 mL 的无菌海水,制备成 10^{-1} 稀释样而后倍比稀释。取合适稀释度的菌液 0.1 mL 涂布平板,每个稀释度设 3 个平行,弧菌总数采用 TCBS 平板法,30℃恒温,培育 18 h 后计数,异养菌总数采用 2216E 平板法,37℃恒温培育 18 h 后计数(国家海洋局,2002)。

(3)副溶血弧菌检测。

挑取检测弧菌总数的 TCBS 平板上每个单菌落,进行特异性引物的菌落 PCR 扩增,出现目的片段即为一个副溶血弧菌,按稀释度换算出相应的副溶血弧菌的数量并计数。PCR 体系为:引物各 2 μL,10 mmol/L dNTP Mixture 2 μL,2.5M/U/ μL Taq 酶 0.5 μL,5 mmol/L $MgCl_2$ 1.5 μL,10×PCR buffer 2 μL,加灭菌 dH_2O 补足至 25 μL。PCR 条件为:95℃变性 5 min;95℃30 min,47℃30 s,72℃,1 min,25 个循环;72℃延伸 10 min;4℃保存。引物序列如下:

5-TTGAATGTGCTTGGGTCA-3;

5-CGTTAAAGATGTTGCCTGT-3。

(4)相关性分析。

用 SSPS 软件对数据进行二元定距相关分析。

(5)土池养殖模式下水温及 pH 值测量。

检测微生物的同时,还对相应的水温、pH 值进行同步检测。每天早晚各一次,取每日平均值。pH 值用便携式 pH 计测量。

2.结果与分析

2.1　不同养殖模式下养殖体系中细菌数量动态变化

(1)不同养殖模式下养殖对虾的细菌数量动态变化。

在对虾养成期,不同养殖模式下对虾中异养菌密度变化见图 1。大棚水泥池养殖模式下对虾中异养菌数量大于其他模式下的,最高值出现在 7 月末为 $5.37×10^5$ cfu/g,最低值在 5 月末为 $7.80×10^3$ cfu/g。室外土池养殖下次之,在 8 月末出现高峰为 $2.73×10^5$ cfu/g,最低值为刚放苗时 $1.70×10^3$ cfu/g。因崂山东海区沙子口的水质良好,养殖对虾体内的异养菌数量少,所以室外水泥池养殖模式下异养菌数量最少,其最高值也出现在 8 月末,异养菌数量的变化幅度为 $(1.12～5.43)×10^3$ cfu/g。

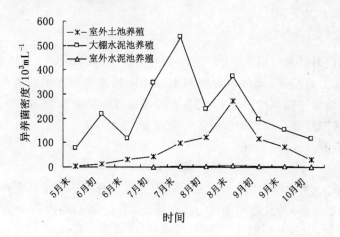

图1 不同养殖模式的养殖对虾中异养菌数量变化

不同养殖模式下对虾中弧菌变化趋势与异养菌的不同,结果见图2。室外土池养殖模式下,对虾中弧菌数量最大,最高值出现在8月初1.37×10^4 cfu/g,放苗初期弧菌数量最低为7.60×10^2 cfu/g。在大棚养殖模式下,对虾中弧菌数量次之,最高值出现在7月初为1.20×10^4 cfu/g,最低值出现在5月末为2.40×10^3 cfu/g。室外水泥池养殖模式下,对虾中弧菌的数量最低,变化幅度在0.57×10^2 cfu/g 到3.67×10^2 cfu/g 之间。

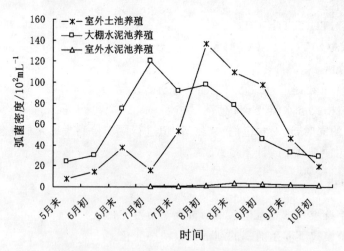

图2 不同养殖模式的养殖对虾中的弧菌数量变化

(2)不同养殖模式下养殖水体中细菌数量动态变化。

在不同养殖模式下,养殖水体中异养菌变化趋势见图3。室外土池养殖和室外水泥池养殖模式下,养殖水体中异养菌数量的最高值都出现在8月初,分别为5.73×10^5 cfu/mL 和7.60×10^4 cfu/mL;最低值出现在各自刚放苗不久的5月末和7月初,分别为7.00×10^3 cfu/mL 和5.70×10^3 cfu/mL。在大棚养殖模式下,养殖水体中异养菌最高值出现在7月末,为3.32×10^5 cfu/mL,最低值也在5月末为3.90×10^4 cfu/mL。土池养殖与露天水泥池养殖水体中的异养菌变化趋势基本相同。

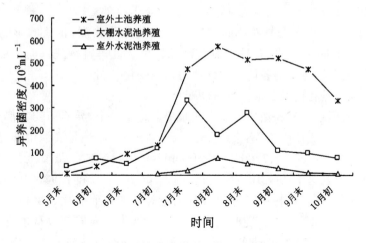

图3 不同养殖模式的养殖水体中异养菌数量变化

不同养殖模式的养殖水体中弧菌数量变化见图4。与异养菌不同,大棚水泥池养殖和室外土池养殖模式下养殖水体中弧菌数量最高值分别出现在7月末和8月末,为4.47×10^2 cfu/mL 和 2.66×10^4 cfu/mL,最低值分别为 1.12×10^3 cfu/mL 和 1.40×10^3 cfu/mL。在大棚水泥池养殖模式下,弧菌数量的变化幅度不大,在 $1.20\times10\sim2.67\times10^2$ cfu/mL 之间,最高值和最低值分别出现在9月初和7月初。

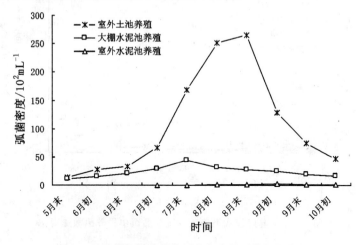

图4 不同养殖模式的养殖水体中的弧菌数量变化

(3)三种养殖模式下对虾与养殖水体中异养菌及弧菌的相关分析。

养殖对虾与养殖水体中异养菌密度及弧菌的相关系数见表2。在三种养殖模式下大棚水泥池养殖中异养菌的相关性最大,其他两种养殖模式下养殖对虾和养殖水体中异养菌无明显相关性。三种养殖模式下养殖对虾和养殖水体中的弧菌相关性都很大,说明养殖对虾和养殖水体中弧菌的关系密切。

表2 不同养殖模式下养殖对虾与养殖水体中异养菌和弧菌的相关系数

养殖模式	室外土池	大棚水泥池	室外水泥池
异养菌	0.349	0.907	0.467
弧菌	0.863	0.795	0.868

2.2 室外土池养殖体系及活饵中细菌的动态变化的研究

从以上结果可知,室外土池养殖的细菌动态变化最为剧烈,相关的影响因素多且复杂,因此选定养殖对虾、养殖水体、底泥、配合饲料、生物性饵料(蓝蛤、冻杂鱼)等因子,进一步研究室外土池养殖体系的各因子中细菌的动态变化及相互关系。

(1)室外土池养殖各因子中细菌数量的变化。

养殖体系中各因子的异养菌密度变化见图5。总体看来,异养菌变化都是前期低,后期高,而后再降低。养成期前期,不论是养殖对虾、养殖水体、还是底泥中的异养菌数量都很低,分别为 1.70×10^3 cfu/g、7.00×10^3 cfu/mL 和 1.13×10^5 cfu/g,8月初开始陆续达到养成期最高值,分别为 1.73×10^5 cfu/g、5.73×10^5 cfu/mL 和 2.93×10^7 cfu/g,基本都上升了两个数量级。配合饲料中异养菌数量也随时间变化而变化。生物性饵料中,蓝蛤是活饵,初期为 1.43×10^5 cfu/g,随时间的推移其所携带的异养菌数量也逐步升高,最高达到 4.47×10^6 cfu/g;冻杂鱼携带的细菌基数很大,即使经过冷冻解冻时仍含有大量的异养菌,但异养菌数量较稳定,在 $0.74 \sim 1.75 \times 10^6$ cfu/g 之间变动。各环境因子中,养成期后期底泥中异养菌数量比养殖对虾和养殖水体高出两个数量级,养殖水体中的异养菌数量是对虾中的 $2 \sim 3$ 倍。蓝蛤所携带的异养菌数量为各因子中的最大值。

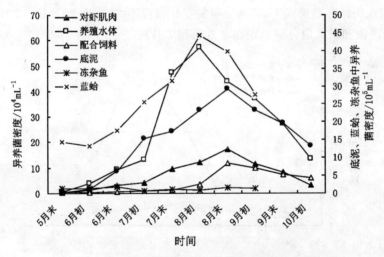

图5　土池养殖模式下养殖系统及活饵中异养菌数量变化

养成期各因子中的弧菌密度变化见图6,初期养殖对虾、养殖水体和底泥中的弧菌数量分别为 7.60×10^2 cfu/g、1.4×10^3 cfu/mL 和 1.07×10^4 cfu/g,对虾中弧菌数量的最高值在8月初为 1.37×10^4 cfu/g,养殖水体和底泥中弧菌数量的最高值在8月末为 2.66×10^4 cfu/mL 和 1.95×10^4 cfu/g。配合饲料中基本没有弧菌存在。冷冻处理后小杂鱼中的弧菌数量在 10^5 cfu/g 水平,基本不随时间发生改变。底泥中的弧菌数量在 $0.11 \times 10^4 \sim 1.95 \times 10^5$ cfu/g 间变动。蓝蛤中的弧菌数量在 $1.12 \times 10^4 \sim 11.83 \times 10^4$ cfu/g 之间。

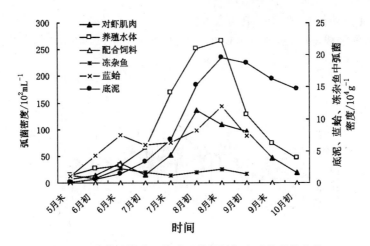

图6 土池养殖模式下养殖系统及活饵中弧菌数量变化

（2）土池养殖模式下各因子间相互的相关性分析。

用 SPSS 软件对室外土池养殖模式中不同因子中异养菌、弧菌进行相关性分析，各因子中异养菌的相关系数如表3所示，各因子中弧菌的相关系数见表4。蓝蛤中的异养菌、弧菌都与养殖对虾中的呈线性关系。底泥与养殖对虾，底泥与养殖水体，蓝蛤与养殖水体，养殖水体与养殖对虾的弧菌都具有很高的相关性，说明彼此间相互作用，相互影响。

表3 各因子中异养菌的相关系数

不同因子	养殖水体	配合饲料	兰蛤	冻杂鱼	底泥
养殖对虾	0.647	0.574	0.849	0.291	0.726
养殖水体	1.000	0.177	0.678	−0.168	0.245

表4 各因子中弧菌的相关系数

不同因子	养殖水体	配合饲料	兰蛤	冻杂鱼	底泥
养殖对虾	0.863	−0.463	0.819	0.478	0.843
养殖水体	1.000	−0.387	0.873	0.172	0.892

2.3 副溶血弧菌的检测

在整个实验过程中，检测出现副溶血弧菌无连续性。室外水泥池养殖模式下，副溶血弧菌数量很少，只在养殖水体中检测到两例，分别为 12 cfu/mL 和 21 cfu/mL；大棚水泥池养殖模式下，养殖水体中副溶血弧菌最高值出现在8月中旬，变化范围为 $(0.33～1.42)\times 10^4$ cfu/mL，对虾内的副溶血弧菌变化范围在 $(1.24～3.26)\times 10^2$ cfu/g 之间；室外土池养殖模式下，养殖水体中副溶血弧菌数量最高值出现在8月下旬，养殖水体和对虾中副溶血弧菌的变化范围分别为 $1.14\times 10^2～3.16\times 10^5$ cfu/mL 和 $1.02\times 10^2～1.42\times 10^4$ cfu/g。

土池养殖模式下，副溶血弧菌在8月份的蓝蛤和9月份的底泥中，分别出现最高值为 4.16×10^5 cfu/g 和 6.23×10^4 cfu/g，配合饲料中未检测出，冻杂鱼中检测出过一次，为 2.39×10^2 cfu/g。

2.4 土池养殖模式下养殖水体温度及 pH 值随时间的变化

土池养殖模式下，由于昌邑地区 2007 年夏季多雨，造成养殖初期的养殖水体温度比往年低,且温度波动频繁,在养殖中期进入高温阶段,最高值出现在8月的下旬为32.8℃,达到对虾养殖的警戒温度,最低值出现在10月的上旬,为16.4℃,具体水体温度变化情况见图7。

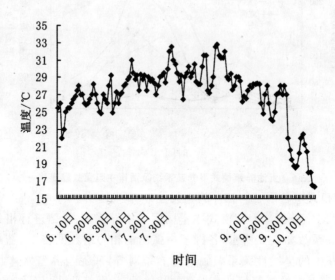

图7 养殖阶段水温及 pH 值变化

在土池养殖模式下,养殖水体的 pH 值呈现由高到低的变化趋势,在养殖前期,pH 值下降的速度快,到养殖中后期下降得慢,而后趋于稳定。pH 值的最高值出现在5月末,为8.62,最低值出现在10月初,为7.11。在养殖前期,pH 值的变化范围在8.0~8.6之间;养殖中期,pH 值的变化范围在7.5~8.0之间;养殖后期,pH 基本稳定在7.0~7.5之间。

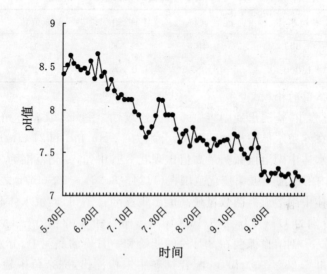

图8 养殖阶段 pH 值变化

3. 讨论

养殖对虾和养殖水体中的异养菌、弧菌都是前期低、中期高、后期又有所下降,但高于最初值,这与以前研究结果基本相同(廖思明等,2006)。室外土池养殖模式和室外水泥池养殖模式都为露天状态,皆受天气影响较大,因此养殖水体中的细菌变化趋势相同,但室外水泥池养殖模式下养殖水体和对虾中的细菌数量远低于室外土池养殖,主要是由于崂山东海区的养殖水源、细菌数量基数低。大棚养殖中,室内温度要远高于室外,异养菌总数也要较露天养殖先达到高峰。土池养殖模式中的养殖体系最为复杂,除了对虾、养殖水体外还包括了底泥,因此造成了细菌数量在养殖过程中波动最大,后期比前期上升了 23.5 倍,此结果与高尚德等(1994)的研究相同。

目前研究认为,副溶血弧菌的致病因子有溶血性毒素、尿素酶、黏附因子和侵袭力,其中副溶血弧菌产生的多种溶血素是其主要的致病因子(李志峰等,2003)。VP 的溶血素具有细胞毒性和溶血活性(Naim *et al*.,2001),由胺神经节苷脂-2(GM_2)介导的溶血活性,可使多种红细胞发生溶血,一旦副溶血弧菌暴发就能引起养殖对虾的大量死亡(雷爱莹,2005)。副溶血弧菌是一种条件致病菌,当未达到治病条件时,不能引发病害。其致病条件主要有三个,分别是温度、数量和宿主健康状态,只有各因素都满足时,才能对宿主造成危害。在三种养殖模式下,副溶血弧菌的数量远少于发病条件,所以都未发生副溶血弧菌的疾病暴发。

室外土池养殖模式下,由于大量的人工配合饲料和生物性饵料如蓝蛤、小杂鱼等外源有机质的加入,底质的有机污染速度比港湾、湖泊快得多,污染程度亦较严重,致使氨氮浓度越来越高,虾池底泥成了氨氮贮库(李文权等,1995)。池水中三态氮共存时,浮游植物优先吸收氨氮(李文权等,1993)。虾池底泥及间隙水中的氨氮通过浓度差和生物扰动以及进排水的底流作用不断地释放迁移至水池中,从而成为池水中浮游植物繁殖所需氮素的主要供给源(钟硕良等,1999)。若池水中的氨氮量少,被大量繁殖的浮游植物消耗殆尽,则会引起浮游植物大衰败进而诱发对虾病毒病。同时,若是水中氨氮浓度达到或超过 0.36 mmol/L,又会引起对虾的应激反应甚至造成死亡。微生物的数量变化,在这一系列的过程中有着密切的关系。藻类的大量繁殖能抑制弧菌的生长,异养菌的数量不受藻类繁殖的影响,当藻类数量达到平稳或开始减少时,养殖水体中的弧菌才出现最高值(李卓佳等,2003)。养殖体系各因子中细菌在直接或间接的作用于养殖生态系统,形成一个相互关联的复杂生态结构,其相互间的关系及作用途径还有待于进一步研究。

参考文献(略)

马妍,李健.中国水产科学研究院黄海水产研究所　山东青岛　266071

第四节 副溶血弧菌引发对虾养殖疾病暴发的定量风险评估

副溶血弧菌(*Vibrio parahaemoliticus*,VP)是一种嗜盐性细菌,主要存在于近海岸的海水、海水沉积物和鱼、虾、贝类等水产动物中,是威胁海水养殖业的主要病原菌之一,能够感染对虾,引起对虾败血症、红腿病等疾病(Joseph *et al.*,1983)。目前,养殖的热点,是说疾病暴发后的监管和补救为暴发前的预警评估,因此对对虾育苗和养成体系中由副溶血弧菌引发的疾病暴发的定量风险评估势在必行。风险评估体系,是由 FAO/WHO 在1995 年的联合专家委员会提出,多应用于食品安全领域。近年来,在水产品养殖领域(Sumner *et al.*,2004),风险评估的概念亦得到了广泛的应用。定量风险评估是对危害造成的风险的性质和程度所进行的技术性评估(Jaykus *et al.*,1996),不仅提供了评估风险的系统手段,也有助于推动风险管理和危害信息交流。实施定量微生物风险性评估(Quantitative microbial risk assessment,QMRA),其目的包括:研究育苗及养成体系中副溶血弧菌的风险;确定各个危害环节可以采用的风险控制措施;查补我国养殖风险评估资料存在的缺口,用于指导今后的工作。本研究参考国际食品法典委员会(CAC)提出的评估步骤和内容,包括:危害识别、危害特征描述、暴露评估及危险性特征描述(Codex *et al.*,1999),对育苗及养成过程中副溶血弧菌引发疾病暴发的风险进行风险评估,为今后水产养殖的风险评估研究提供了一个参照模型,也为我国制定健康养殖的相关法规及政策提供了理论依据。

1. 材料与方法

1.1 风险评估框架

评估包括:①危害识别,确定VP 引起对虾疾病暴发的风险;②危害特征描述,要对危害对虾养殖的副溶血弧菌进行定性、定量评估,即确定剂量反应关系;③暴露评估,收集对虾养殖中的必要数据,建立评估模型,找出关键危害因素;④危险性描述,评估对虾养殖中由副溶血弧菌引发疾病暴发的危险。详见副溶血弧菌引发对虾疾病暴发的定量风险评估流程图(图 1)。

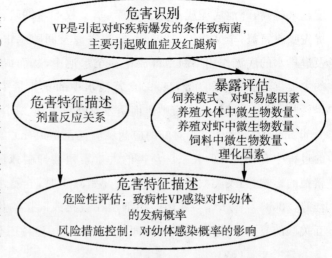

图 1 副溶血弧菌引发对虾疾病暴发的定量危险性评估流程图

1.2 剂量反应关系确定

本实验分别选取育苗平均温度 22℃ 和养成期发病高峰时平均温度 30℃,为育苗期幼体及养成期对虾的剂量—反应实验温度,每组投放副溶血弧菌使养殖水体中终浓度分别为 10^8 cfu/mL、10^7 cfu/mL、10^6 cfu/mL、10^5 cfu/mL、10^4 cfu/mL、10^3 cfu/mL、10^2 cfu/mL、10 cfu/mL(共 8 个梯度,每个梯度设 3 个平行组),每个平行 30 尾中国对虾幼体或中国对虾个体,记录各组死亡率,绘制剂量—反应关系图。

1.3 暴露评估方法建立

根据 FAO 发布的《有害生物风险分析准则》,参考陈述平(2003)的研究,确定风险的量化方法,建立副溶血弧菌引发对虾疾病暴发量化评估模型。

(1)对虾养殖过程中各个风险因子确立。

副溶血弧菌引起的对虾疾病暴发,不仅与养殖温度和副溶血弧菌数量有关,还与对虾品种及健康状况、养殖条件、养殖体系内的细菌数量等诸多因素有着密切的关系。控制放养密度,能有效地降低病害发生几率,合理的放养密度应根据虾池的条件、增氧水平、水源水质、技术管理水平及养殖生产季节等方面进行综合考虑(Franeesco et al.,2000),一般无供氧设备的半精养的密度在 3 万~5 万尾为宜。对虾的健康状态及其品种对疾病暴发也有影响,健康对虾抗病性强,不易发病;不同品种的对虾其抗逆性也不同,日本对虾(车虾)抗逆性强,南美白对虾次之,中国对虾的抗病能力较差,抗逆性越强的对虾也不易发病。养殖体系中异养菌数量是对虾发病的主要影响因素之一,养殖水体中异养菌数量过多会促使有机物分解,从而产生有害化学物质如硫化氢、氨等,使水质腐败引起对虾发病,吴新民等研究发现幼体养殖水体中异养菌数量在 $2.24 \times 10^5 \sim 6.90 \times 10^{17}$ cfu/mL 内变化(侯和菊,2008),对虾幼体不同阶段的细菌区系分布与组成不同,随着幼体生长弧菌逐渐成为优势菌(Jiravanichpaisal et al.,1994);养成期养殖水体中异养菌和弧菌的变化分别在 $10^5 \sim 10^8$ cfu/mL 和 $10^3 \sim 10^5$ cfu/mL 之间,对虾体内的异养菌和弧菌在 $10^4 \sim 10^7$ cfu/g 和 $10^3 \sim 10^5$ cfu/g 间变化(李秋芬等,2002)。在养殖过程中投入的活饵如卤虫、蓝蛤等,经漂白粉处理后异养菌和弧菌量一般分别为 $9.15 \times 10^5 \sim 4.80 \times 10^6$ cuf/g 和 $0.36 \times 10^2 \sim 3.19 \times 10^3$ cuf/g(吴新民等,2006)。水温及 pH 值等理化因素对发病的影响也很大,温度升高细菌更易生长繁殖,一般对虾发病高峰期都在温度最高的几个月间(阎冰等,2005);pH 值是海水池塘水质的重要指标,酸性过强的水可使鱼虾血液 pH 值下降,削弱它的载氧能力,造成缺氧症。碱性过强的水则腐蚀鳃组织,并使孵化中的卵膜早溶,引起胚胎过早出膜而大批死亡,养殖最适 pH 范围在 7.5~8.5 之间(陈剑锋等,2006)。

(2)评估模型建立。

A. 副溶血弧菌风险评估量化指标体系。

通过对副溶血弧菌在养殖对虾中传播影响因素的分析,提出副溶血弧菌风险评估量化指标体系,将副溶血弧菌风险评估作为目标层 A,把饲养模式、对虾易感因素、养殖水体中微生物数量、养殖对虾中微生物数量、饵料中微生物数量、理化因素作为准则层 B,各个详细的风险因子作为指标层 C,其结构见图 2。

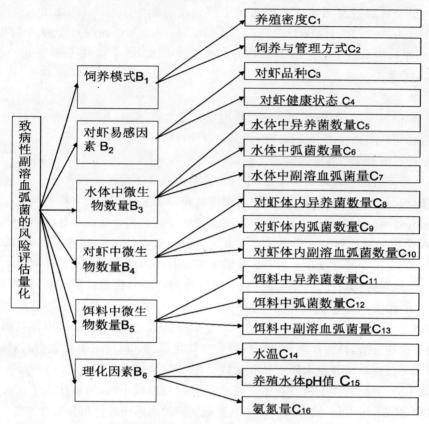

图2　由致病性副溶血弧菌引发对虾疾病暴发的风险评估量化指标体系

B. 确立各个风险因子的等级评估标准。

参照孙菊英等(孙菊英等,2006)的研究,将风险因子的风险程度设为三个等级,分别为高度风险、中度风险与低度风险,相对应的分别设定发生疾病暴发的概率为:$0.7 < P < 0.99$(取高风险发生概率平均值为 0.845),$0.3 < P < 0.7$(取中度风险发生概率平均值为0.5),$0.01 < P < 0.3$(取低度风险发生概率平均值为 0.155)。下面详细介绍各个风险因子的评估标准:

◎ **养殖密度**

育苗期

高度风险:受精卵密度≥8 颗/毫升;

中度风险:5 颗/毫升≤受精卵密度<8 颗/毫升;

低度风险:受精卵密度<5 颗/毫升。

养成期

高度风险:养殖密度≥5 万只/亩;

中度风险:3 万只/亩≤养殖密度<5 万只/亩;

低度风险:养殖密度<3 万只/亩。

◎ **饲养与管理方式**

育苗期

高度风险:个体小规模养殖;

中度风险:中、小规模养殖;

低度风险:工厂化大规模养殖。

养成期

高度风险:室外土池粗放养殖;

中度风险:以小规模养殖为主,半粗放养殖;

低度风险:集约化、规模化、封闭式养殖。

◎ **养殖对虾品种**

高度风险:中国对虾;

中度风险:南美白对虾;

低度风险:日本对虾(车虾)。

◎ **养殖对虾健康状态**

育苗期

高度风险:溞状幼体,糠虾幼体,仔虾幼体;

中度风险:无节幼体;

低度风险:受精卵阶段。

养成期

高度风险:对虾虾体带伤、发红、不正常进食,出现发病症状的占 20% 以上;

中度风险:10%～30% 部分对虾出现应激状态;

低度风险:10% 以下的对虾出现应激状态。

◎ **养殖水体中异养菌数量**

高度风险:异养菌数量 $\geqslant 10^7$ cfu/mL;

中度风险:10^4 cfu/mL $\leqslant$ 异养菌数量 $< 10^7$ cfu/mL;

低度风险:异养菌数量 $< 10^4$ cfu/mL。

◎ **养殖水体中弧菌数量**

高度风险:弧菌数量 $\geqslant 10^5$ cfu/mL;

中度风险:10^3 cfu/mL $\leqslant$ 弧菌数量 $< 10^5$ cfu/mL;

低度风险:弧菌数量 $< 10^3$ cfu/mL。

◎ **养殖水体中副溶血弧菌数量**

高度风险:副溶血弧菌数量 $\geqslant 10^6$ cfu/mL;

中度风险:10^3 cfu/mL $\leqslant$ 副溶血弧菌数量 $< 10^6$ cfu/mL;

低度风险:溶血弧菌数量 $< 10^3$ cfu/mL。

◎ **虾体中异养菌数量**

高度风险:异养菌数量 $\geqslant 10^6$ cfu/mL;

中度风险:10^3 cfu/mL $\leqslant$ 异养菌数量 $< 10^6$ cfu/mL;

低度风险:异养菌数量 $< 10^3$ cfu/mL。

◎ **虾体中弧菌数量**

高度风险:弧菌数量 $\geqslant 10^6$ cfu/mL;

中度风险:10^4 cfu/mL $\leqslant$ 弧菌数量 $< 10^6$ cfu/mL;

低度风险:弧菌数量 $< 10^4$ cfu/mL。

◎ **虾体中副溶血弧菌数量**

高度风险:副溶血弧菌数量$\geqslant 10^6$ cfu/mL;

中度风险:10^3 cfu/mL$\leqslant$副溶血弧菌数量$<10^6$ cfu/mL;

低度风险:副溶血弧菌数量$<10^3$ cfu/mL。

◎ **饵料中异养菌数量**

高度风险:异养菌数量$\geqslant 10^8$ cfu/mL;

中度风险:10^6 cfu/mL$\leqslant$异养菌数量$<10^8$ cfu/mL;

低度风险:异养菌数量$<10^6$ cfu/mL。

◎ **饵料中弧菌数量**

高度风险:弧菌数量$\geqslant 10^6$ cfu/mL;

中度风险:10^4 cfu/mL$\leqslant$弧菌数量$<10^6$ cfu/mL;

低度风险:弧菌数量$<10^4$ cfu/mL。

◎ **饵料中副溶血弧菌数量**

高度风险:副溶血弧菌数量$\geqslant 10^6$ cfu/mL;

中度风险:10^3 cfu/mL$\leqslant$副溶血弧菌数量$<10^6$ cfu/mL;

低度风险:副溶血弧菌数量$<10^3$ cfu/mL。

◎ **水温**

育苗期

高度风险:水温$\geqslant 25℃$;

中度风险:$22℃\leqslant$水温$<25℃$;

低度风险:水温$<22℃$。

养成期

高度风险:水温$\geqslant 28℃$;

中度风险:$22℃\leqslant$水温$<28℃$;

低度风险:水温$<22℃$。

◎ **养殖水体 pH 值**

育苗期

高度风险:pH 值$\geqslant 8.6$,pH 值<7.6;

中度风险:$8.0\leqslant$pH 值<8.5;

低度风险:$7.8\leqslant$pH 值<8.0。

养成期

高度风险:pH 值$\geqslant 8.5$;

中度风险:$7.5\leqslant$pH 值<8.5;

低度风险:$7\leqslant$pH 值<7.5。

(3)确立风险因子的权重。

权重也称权数或加权系数,它体现了各指标的相对重要程度,每种因素引发对虾疾病暴发的权重由实际检测情况及专家分析得出,各个风险因子的评估标准权重见表1。

表1 副溶血弧菌风险评估权重

A 目标层	B 准则层	C 指标层
致病性副溶血弧菌入侵风险因子	B1 饲养模式 $W_{B1}=0.05$	C1 养殖密度 $W_{C1}=0.40$ C2 饲养与管理方式 $W_{C2}=0.60$
	B2 对虾易感因素 $W_{B2}=0.10$	C3 对虾品种 $W_{C3}=0.35$ C4 对虾健康状态 $W_{C4}=0.65$
	B3 养殖水体中微生物数量 $W_{B3}=0.30$	C5 养殖水体中异养菌数量 $W_{C5}=0.15$ C6 养殖水体中弧菌数量 $W_{C6}=0.35$ C7 养殖水体中副溶血弧菌数量 $W_{C7}=0.50$
	B4 养殖对虾中微生物数量 $W_{B4}=0.35$	C8 对虾体内异养菌数量 $W_{C8}=0.15$ C9 对虾体内弧菌数量 $W_{C9}=0.35$ C10 对虾体内副溶血弧菌数量 $W_{C10}=0.50$
	B5 饵料中微生物数量 $W_{B5}=0.10$	C11 饵料中异养菌数量 $W_{C11}=0.15$ C12 饵料中弧菌数量 $W_{C12}=0.35$ C13 饵料中副溶血弧菌数量 $W_{C13}=0.50$
	B6 理化因素 $W_{B6}=0.10$	C14 水温 $W_{C14}=0.70$ C15 养殖水体 pH 值 $W_{C15}=0.30$

（4）副溶血弧菌风险评价值（R 值）的计算

风险评价值（R 值），是将上述准则层中副溶血弧菌引发虾病暴发的 6 个因素的概率相加得出所得。则 $0.5<R\leqslant0.845$ 为高风险，$0.155<R<0.5$ 中度风险，$0.01<R<0.155$ 低度风险。

$$R=W_{B1}\times(W_{C1}P_1+W_{C2}P_2)+W_{B2}(W_{C3}P_3+W_{C4}P_4)+W_{B3}(W_{C5}P_5+W_{C6}P_6+W_{C7}P_7)+W_{B4}(W_{C8}P_8+W_{C9}P_9+W_{C10}P_{10})+W_{B5}(W_{C11}P_{11}+W_{C12}P_{12}+W_{C13}P_{13})+W_{B6}(W_{C14}P_{14}+W_{C15}P_{15})$$

1.4 危险特性描述

用副溶血弧菌引发对虾疾病暴发量化评估模型，得出育苗期及养成期副溶血弧菌引发对虾疾病暴发的风险。

2. 结果与分析

2.1 危害识别

副溶血弧菌是革兰氏阴性嗜盐菌，终年存在于温带、亚热带和热带地区的海水、海底沉积物和水产动物中。致病性弧菌侵入对虾幼体后，主要发现在血淋巴中，引起菌血，所以叫做菌血病。患病幼体游动不活泼，趋光性差，病情严重者在静水中下沉于水底，不久就死亡；病情轻者，在体表和附肢上往往黏附许多单孢藻类、原生动物和有机碎屑等污物。但在急性感染中，体表一般没有污物附着。副溶血弧菌在对虾幼体中发病是世界性的，我国沿海各地的对虾育苗场，从无节幼体到仔虾幼体，特别是溞状幼体和糠虾幼体经常发生菌血病流行。对虾幼体的菌血病一般是急性型，发病 1～2 天内就可使全池幼体死亡（李亚晨等，2003）。其入侵途径主要有两条。一是垂直途径，二是水平途径。垂直途径是指致病菌存在于亲虾中，通过亲虾传递给子代。李亚晨等取亲虾血淋巴及卵巢进行细菌培养,发现其中的某细菌与其各期死亡幼体及相应养殖水体中分离的致病菌相同,但沉淀池水样未检测出该菌,表明该菌源致垂直传播(李亚晨等,2003)。副溶血弧菌对养成期对虾也能造成很大的危害,严重者会大量死亡;2001 年 7 月辽宁省盘锦市大洼对虾养殖厂由于副溶血弧菌侵袭引起大面积暴发红体病,对虾全身发红,活动减弱,食欲减退,壳变硬,死亡率高(樊景凤等,2006);雷爱莹在广西钦州南美白对虾自然发病池中检测出副溶血弧菌,确定是由副溶血弧菌引起疾病暴发(雷爱莹,2005);1999 年,南京市东海岛养殖场出现由副溶血弧菌引起的疾病暴发,养殖对虾大规模死亡(陶保华等,2001)。副溶血弧菌的致病因子有溶血性毒素、尿素酶、黏附因子和侵袭力(蔡潭溪等,2005)。其中副溶血弧菌产生的多种溶血素是其主要的致病因子,主要有耐热性直接溶血毒素(thermostatble direct hemolysin,TDH)(Gooch et al.,2001),不耐热溶血(thermolabile hemolysin,TLH)、相对耐热直接溶血毒素(Tdh-related hemolysin,TRH)等(李志峰等,2003)。其发病呈世界性分布,尤其在沿海地区发病较高,且呈上升趋势。临床分离株大多为 TDH[+] 株,TRH[+] 株占 10%～15%,少数副溶血弧菌 TDH 和 TRH 双阳性,环境分离株几乎无 TDH[+](Franeesco et al.,2000),TIH[+] 在发病水产动物及环境中均可检出。

2.2　危害特征描述(剂量—反应)

副溶血弧菌是条件致病菌,其发病与对虾自身健康状态、养殖水环境温度及致病菌数量紧密相关。对虾在 22℃ 及 30℃ 条件下,由不同浓度的副溶血弧菌感染,其死亡率的剂量—反应关系见图 3。

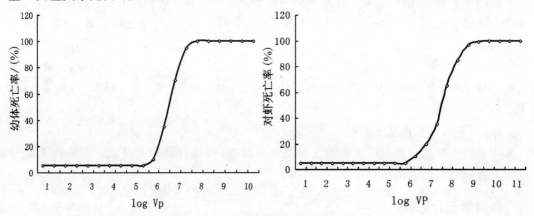

图 3　剂量—反应示意图

2.3　暴露评估

用建立的风险评估的量化方法,对跟踪监测的山东地区对虾育苗场和养殖场进行风险评估,具体的暴露评估计算过程见表 2～9。

表 2　受精卵阶段副溶血弧菌暴发的风险预警评估

风险因素	入侵因素权重	各部分权重	各部分发生概率
饲养模式	$W_{B1}=0.05$	$W_{C1}=0.40$ $W_{C2}=0.60$	$0.05\times(0.40\times0.5+0.6\times0.155)=0.0147$
对虾易感因素	$W_{B2}=0.10$	$W_{C3}=0.35$ $W_{C4}=0.65$	$0.10\times(0.35\times0.845+0.65\times0.155)=0.0397$
养殖水体中微生数量	$W_{B3}=0.30$	$W_{C5}=0.15$ $W_{C6}=0.35$ $W_{C7}=0.50$	$0.30\times(0.15\times0.5+0.35\times0.5+0.50\times0.155)$ $=0.0983$
养殖对虾中微生物数量	$W_{B4}=0.35$	$W_{C8}=0.15$ $W_{C9}=0.35$ $W_{C10}=0.50$	$0.35\times(0.15\times0.115+0.35\times0.115+0.50\times0.155)$ $=0.0543$
饵料中微生物数量	$W_{B5}=0.10$	$W_{C11}=0.15$ $W_{C12}=0.35$ $W_{C13}=0.50$	0
理化因素	$W_{B6}=0.10$	$W_{C14}=0.7$ $W_{C15}=0.3$	$0.10\times(0.7\times0.155+0.3\times0.5)=0.0259$
R 值			$0.0147+0.0397+0.0983+0.0543+0+0.0259=0.2329$

表 3　无节幼体阶段副溶血弧菌暴发的风险预警评估

风险因素	入侵因素权重	各部分权重	各部分发生概率
饲养模式	$W_{B1}=0.05$	$W_{C1}=0.40$ $W_{C2}=0.60$	$0.05\times(0.40\times0.5+0.6\times0.155)=0.0147$
对虾易感因素	$W_{B2}=0.10$	$W_{C3}=0.35$ $W_{C4}=0.65$	$0.10\times(0.35\times0.845+0.65\times0.5)=0.0621$
养殖水体中微生物数量	$W_{B3}=0.30$	$W_{C5}=0.15$ $W_{C6}=0.35$ $W_{C7}=0.50$	$0.30\times(0.15\times0.155+0.35\times0.155+0.50\times0)$ $=0.0233$
养殖对虾中微生物数量	$W_{B4}=0.35$	$W_{C8}=0.15$ $W_{C9}=0.35$ $W_{C10}=0.50$	$0.35\times(0.15\times0.155+0.35\times0.155+0.50\times0)$ $=0.0271$
饵料中微生物数量	$W_{B5}=0.10$	$W_{C11}=0.15$ $W_{C12}=0.35$ $W_{C13}=0.50$	$0.10\times(0.15\times0.155+0.35\times0.155+0.50\times0)$ $=0.0078$
理化因素	$W_{B6}=0.10$	$W_{C14}=0.7$ $W_{C15}=0.3$	$0.10\times(0.7\times0.155+0.3\times0.115)=0.0155$
R 值			$0.0147+0.0621+0.0233+0.0271+0.0078+0.0155=0.1505$

表 4　溞状幼体阶段副溶血弧菌暴发的风险预警评估

风险因素	入侵因素权重	各部分权重	各部分发生概率
饲养模式	$W_{B1}=0.05$	$W_{C1}=0.40$ $W_{C2}=0.60$	$0.05\times(0.40\times0.5+0.6\times0.155)=0.0147$
对虾易感因素	$W_{B2}=0.10$	$W_{C3}=0.35$ $W_{C4}=0.65$	$0.10\times(0.35\times0.845+0.65\times0.845)=0.0845$
养殖水体中微生物数量	$W_{B3}=0.30$	$W_{C5}=0.15$ $W_{C6}=0.35$ $W_{C7}=0.50$	$0.30\times(0.15\times0.5+0.35\times0.5+0.50\times0.155)=$ 0.0983
养殖对虾中微生物数量	$W_{B4}=0.35$	$W_{C8}=0.15$ $W_{C9}=0.35$ $W_{C10}=0.50$	$0.35\times(0.15\times0.5+0.35\times0.5+0.50\times0.155)=$ 0.1146
饵料中微生物数量	$W_{B5}=0.10$	$W_{C11}=0.15$ $W_{C12}=0.35$ $W_{C13}=0.50$	$0.10\times(0.15\times0.5+0.35\times0.5+0.50\times0.155)=$ 0.0328
理化因素	$W_{B6}=0.10$	$W_{C14}=0.7$ $W_{C15}=0.3$	$0.10\times(0.7\times0.155+0.3\times0.115)=0.0155$
R 值			$0.0147+0.0845+0.0983+0.1146+0.0328+0.0155=0.3604$

表 5　糠虾幼体阶段的副溶血弧菌暴发风险预警评估

风险因素	入侵因素权重	各部分权重	各部分发生概率
饲养模式	$W_{B1}=0.05$	$W_{C1}=0.40$ $W_{C2}=0.60$	$0.05\times(0.40\times0.5+0.6\times0.155)=0.0147$
对虾易感因素	$W_{B2}=0.10$	$W_{C3}=0.35$ $W_{C4}=0.65$	$0.10\times(0.35\times0.845+0.65\times0.845)=0.0845$
养殖水体中微生物数量	$W_{B3}=0.30$	$W_{C5}=0.15$ $W_{C6}=0.35$ $W_{C7}=0.50$	$0.30\times(0.15\times0.5+0.35\times0.5+0.50\times0.155)=$ 0.0983
养殖对虾中微生物数量	$W_{B4}=0.35$	$W_{C8}=0.15$ $W_{C9}=0.35$ $W_{C10}=0.50$	$0.35\times(0.15\times0.5+0.35\times0.5+0.50\times0.155)=$ 0.1146
饵料中微生物数量	$W_{B5}=0.10$	$W_{C11}=0.15$ $W_{C12}=0.35$ $W_{C13}=0.50$	$0.10\times(0.15\times0.5+0.35\times0.5+0.50\times1.155)=$ 0.0328
理化因素	$W_{B6}=0.10$	$W_{C14}=0.7$ $W_{C15}=0.3$	$0.10\times(0.7\times0.155+0.3\times0.5)=0.0259$
R 值			$0.0147+0.0845+0.0983+0.1146+0.0328+0.0259=0.3708$

表6 仔虾幼体阶段副溶血弧菌暴发的风险预警评估

风险因素	入侵因素权重	各部分权重	各部分发生概率
饲养模式	$W_{B1}=0.05$	$W_{C1}=0.40$ $W_{C2}=0.60$	$0.05 \times (0.40 \times 0.5 + 0.6 \times 0.155) = 0.0147$
对虾易感因素	$W_{B2}=0.10$	$W_{C3}=0.35$ $W_{C4}=0.65$	$0.10 \times (0.35 \times 0.845 + 0.65 \times 0.845) = 0.0397$
养殖水体中微生物数量	$W_{B3}=0.30$	$W_{C5}=0.15$ $W_{C6}=0.35$ $W_{C7}=0.50$	$0.30 \times (0.15 \times 0.5 + 0.35 \times 0.5 + 0.50 \times 0.155) = 0.0983$
养殖对虾中微生物数量	$W_{B4}=0.35$	$W_{C8}=0.15$ $W_{C9}=0.35$ $W_{C10}=0.50$	$0.35 \times (0.15 \times 0.5 + 0.35 \times 0.5 + 0.50 \times 0.155) = 0.1146$
饵料中微生物数量	$W_{B5}=0.10$	$W_{C11}=0.15$ $W_{C12}=0.35$ $W_{C13}=0.50$	$0.10 \times (0.15 \times 0.845 + 0.35 \times 0.5 + 0.50 \times 0.155) = 0.0500$
理化因素	$W_{B6}=0.10$	$W_{C14}=0.7$ $W_{C15}=0.3$	$0.20 \times (0.7 \times 0.155 + 0.3 \times 0.5) = 0.0259$
R 值			$0.0147 + 0.0845 + 0.0984 + 0.1146 + 0.0500 + 0.0259 = 0.3880$

表7 室外土池养殖模式下副溶血弧菌暴发的风险评估

养殖阶段	风险因素	各部分发生概率	总发生概率(R)
养殖前期	饲养模式	$0.05 \times (0.40 \times 0.155 + 0.6 \times 0.854) = 0.02845$	$0.0285 + 0.0397 + 0.0465 + 0.0543 + 0.0155 + 0.0362 = 0.2207$
	对虾易感因素	$0.10 \times (0.35 \times 0.845 + 0.65 \times 0.155) = 0.0397$	
	养殖水体中微生物数量	$0.30 \times (0.15 \times 0.155 + 0.35 \times 0.155 + 0.50 \times 0.155) = 0.0465$	
	养殖对虾中微生物数量	$0.35 \times (0.15 \times 0.155 + 0.35 \times 0.155 + 0.50 \times 0.155) = 0.0543$	
	饵料中微生物数量	$0.10 \times (0.15 \times 0.155 + 0.35 \times 0.155 + 0.50 \times 0.155) = 0.155$	
	理化因素	$0.10 \times (0.7 \times 0.155 + 0.3 \times 0.845) = 0.0362$	
养殖中期	饲养模式	$0.05 \times (0.40 \times 0.155 + 0.6 \times 0.854) = 0.0285$	$0.0285 + 0.0620 + 0.0983 + 0.1146 + 0.0328 + 0.0500 = 0.3862$
	对虾易感因素	$0.10 \times (0.35 \times 0.845 + 0.65 \times 0.5) = 0.0620$	
	养殖水体中微生物数量	$0.30 \times (0.15 \times 0.5 + 0.35 \times 0.5 + 0.50 \times 0.155) = 0.0983$	
	养殖对虾中微生物数量	$0.35 \times (0.15 \times 0.5 + 0.35 \times 0.5 + 0.50 \times 0.155) = 0.1146$	
	饵料中微生物数量	$0.10 \times (0.15 \times 0.5 + 0.35 \times 0.5 + 0.50 \times 0.155) = 0.0328$	
	理化因素	$0.10 \times (0.7 \times 0.5 + 0.3 \times 0.5) = 0.0500$	

（续表）

养殖阶段	风险因素	各部分发生概率	总发生概率（R）
养殖后期	饲养模式	$0.05\times(0.40\times0.155+0.6\times0.854)=0.0285$	$0.0285+0.0620+$ $0.0819+0.0983+$ $0.0328+0.1276=$ 0.4311
	对虾易感因素	$0.10\times(0.35\times0.845+0.65\times0.155)=0.0620$	
	养殖水体中微生物数量	$0.30\times(0.15\times0.5+0.35\times0.5+0.50\times0.5)$ $=0.0819$	
	养殖对虾中微生物数量	$0.35\times(0.15\times0.5+0.35\times0.5+0.50\times0.155)$ $=0.0983$	
	饵料中微生物数量	$0.10\times(0.15\times0.5+0.35\times0.5+0.50\times0.155)$ $=0.0328$	
	理化因素	$0.10\times(0.7\times0.845+0.3\times0.155)=0.1276$	

表8 大棚水泥池养殖模式下副溶血弧菌的风险预警评估

养殖阶段	风险因素	各部分发生概率	总发生概率（R）
养殖前期	饲养模式	$0.05\times(0.40\times0.5+0.6\times0.155)=0.0147$	$0.0147+0.0276+$ $0.0465+0.0543+$ $0.0078+0.0400=$ 0.1909
	对虾易感因素	$0.10\times(0.35\times0.5+0.65\times0.155)=0.0276$	
	养殖水体中微生物数量	$0.30\times(0.15\times0.155+0.35\times0.155+0.50\times0.155)$ $=0.0465$	
	养殖对虾中微生物数量	$0.35\times(0.15\times0.155+0.35\times0.155+0.50\times0.155)$ $=0.0543$	
	饵料中微生物数量	$0.10\times(0.15\times0.155+0.35\times0.155+0.50\times0)$ $=0.0078$	
	理化因素	$0.10\times(0.7\times0.5+0.3\times0.5)=0.0400$	
养殖中期	饲养模式	$0.05\times(0.40\times0.5+0.6\times0.155)=0.0147$	$0.0147+0.0276+$ $0.0819+0.1750+$ $0.0250+0.0500$ $=0.3742$
	对虾易感因素	$0.10\times(0.35\times0.5+0.65\times0.155)=0.0276$	
	养殖水体中微生物数量	$0.30\times(0.15\times0.5+0.35\times0.5+0.50\times0.5)$ $=0.0819$	
	养殖对虾中微生物数量	$0.35\times(0.15\times0.5+0.35\times0.5+0.50\times0.5)$ $=0.1750$	
	饵料中微生物数数量	$0.10\times(0.15\times0.5+0.35\times0.5+0.50\times0)$ $=0.0250$	
	理化因素	$0.10\times(0.7\times0.5+0.3\times0.5)=0.0500$	
养殖后期	饲养模式	$0.05\times(0.40\times0.5+0.6\times0.155)=0.0147$	$0.0147+0.0276+$ $0.1500+0.1750+$ $0.0250+0.0397$ $=0.4320$
	对虾易感因素	$0.10\times(0.35\times0.5+0.65\times0.155)=0.0276$	
	养殖水体中微生物数量	$0.30\times(0.15\times0.5+0.35\times0.5+0.50\times0.5)$ $=0.1500$	
	养殖对虾中微生物数量	$0.35\times(0.15\times0.5+0.35\times0.5+0.50\times0.155)$ $=0.1750$	
	饵料中微生物数量	$0.10\times(0.15\times0.5+0.35\times0.5+0.50\times0)$ $=0.0250$	
	理化因素	$0.10\times(0.7\times0.845+0.3\times0.155)=0.0397$	

表9 室外水泥池养殖模式下副溶血弧菌的风险预警评估

养殖阶段	风险因素	各部分发生概率	总发生概率(R)
养殖前期	饲养模式	$0.05×(0.40×0.155+0.6×0.5)=0.0181$	$0.0181+0.0276+$ $0.0465+0.0543+$ $0.0078+0.0258$ $=0.1801$
	对虾易感因素	$0.10×(0.35×0.5+0.65×0.155)=0.0276$	
	养殖水体中	$0.30×(0.15×0.155+0.35×0.155+0.50×0.155)$ $=0.0465$	
	养殖对虾中微生物数量	$0.35×(0.15×0.155+0.35×0.155+0.50×0.155)$ $=0.0543$	
	饵料中微生物数量	$0.10×(0.15×0.155+0.35×0.155+0.50×0)$ $=0.0078$	
	理化因素	$0.10×(0.7×0.155+0.3×0.5)=0.0258$	
养殖中期	饲养模式	$0.05×(0.40×0.155+0.6×0.5)=0.0181$	$0.0181+0.0276+$ $0.0465+0.0543+$ $0.0078+0.0155$ $=0.1388$
	对虾易感因素	$0.10×(0.35×0.5+0.65×0.155)=0.0276$	
	养殖水体中	$0.30×(0.15×0.155+0.35×0.155+0.50×0.155)$ $=0.0465$	
	养殖对虾中微生物数量	$0.35×(0.15×0.155+0.35×0.155+0.50×0.155)$ $=0.0543$	
	饵料中微生物数量	$0.10×(0.15×0.155+0.35×0.155+0.50×0)$ $=0.0078$	
	理化因素	$0.10×(0.7×0.155+0.3×0.155)=0.0155$	
养殖后期	饲养模式	$0.05×(0.40×0.155+0.6×0.5)=0.0181$	$0.0181+0.0276+$ $0.0465+0.0543+$ $0.0078+0.0155$ $=0.1388$
	对虾易感因素	$0.10×(0.35×0.5+0.65×0.155)=0.0276$	
	养殖水体中	$0.30×(0.15×0.155+0.35×0.155+0.50×0.155)$ $=0.0465$	
	养殖对虾中微生物数量	$0.35×(0.15×0.155+0.35×0.155+0.50×0.155)$ $=0.0543$	
	饵料中微生物数量	$0.10×(0.15×0.155+0.35×0.155+0.50×0)$ $=0.0078$	
	理化因素	$0.10×(0.7×0.155+0.3×0.155)=0.0155$	

2.4 危险性特征描述

对虾幼体各期育苗过程中的副溶血弧菌暴发的风险分析结果见表10。育苗各期总的风险概率都在$0.155<R<0.5$,表明被跟踪的对虾育苗场在整个育苗过程中,副溶血弧菌暴发的风险处于中度风险,育苗处于安全状态。

表10 育苗期各阶段中副溶血弧菌暴发的危险性评估

育苗各阶段	受精卵	无节幼体	溞状幼体	糠虾幼体	仔虾幼体
R值	0.3818	0.2884	0.4146	0.4147	0.4559

对虾养成期的副溶血弧菌暴发的风险分析结果见表11。结果表明,所用跟踪的对虾养殖场都处于中、低度风险中,养殖处于安全状态。室外水泥池养殖模式下,对虾养成各期的风险概率都在$0.01<R<0.155$,处于低度风险,对虾养殖处于高度安全状态;大棚水

泥池养殖前期风险低,中期急剧升高,到后期略有下降,中后期都处于中度风险中;室外土池养殖各期的风险,依次增加,到后期风险达到最高值 0.4167,但仍处于中度风险内。三种养殖模式相比较,大棚水泥池养殖副溶血弧菌暴发的风险性最高。

表 11　三种养殖模式下副溶血弧菌的风险评估

不同养殖模式	R 值		
	养殖前期	养殖中期	养殖后期
室外土池养殖	0.2207	0.3862	0.4167
大棚水泥池养殖	0.1909	0.4423	0.4320
室外水泥池养殖	0.1801	0.1388	0.1388

3. 讨论

3.1　风险评估体系的确定性

由风险性特征描述可知,育苗期各期风险性的高低各不相同,基本都处于疾病暴发的中度危险中;疾病暴发的风险在受精卵阶段高,到无节幼体阶段降至最低,到溞状幼体、糠虾幼体阶段升高,在仔虾幼体阶段达到最高值,与已知的育苗期对虾疾病暴发的规律相同(钟硕良等,2001)。在不同养殖模式下及不同养殖阶段中,副溶血弧菌暴发的风险都各不相同,监测的不同养殖模式中,平均整个养殖过程中的风险,大棚水泥池养殖的风险最高,室外水泥池养殖的风险次之,室外水泥池养殖的风险最低;在室外土池养殖和大棚水泥池养殖模式下,副溶血弧菌暴发的风险为养殖前期低,养殖中、后期高,其规律也与已知的疾病暴发规律相吻合(Campbell et al.,1983);室外水泥池养殖因为放苗时间晚,养殖中、后期已进入秋末,随着气温的降低病害暴发可能性也随之降低,这与室外水泥池养殖中风险的评估结果相同。综上可见,本研究建立的风险评估体系的评估结果与实际基本相符合,可作为对虾养殖中副溶血弧菌暴发的风险评估体系。

3.2　风险评估体系的不确定性

本文建立的模型及设定的参数仍存在大量的不确定性。对虾的疾病暴发由多种因素引起,如养殖体系正常菌群比例失调(李筠等,2004)、致病菌的侵袭,养殖水体中氨氮、亚硝酸盐、pH 值、水温等理化因素的变化,养殖水体中藻类的种类和数量等,都与疾病暴发密切相关,但到目前为止,上述因素协同作用导致对虾疾病暴发的量值关系还未见报道,缺乏相关的资料;再者,由于实验条件和时间的限制,本次风险评估选择的风险指标还不全面,不能完全涵盖可诱发对虾疾病暴发的因素;作为生物性危害,其本身很可能会随着不同环境、温度、时间等因素的改变而变化,致使结果具有一定的不确定性,因此可能导致预测结果产生一定的偏差。

3.3　风险管理的备选方案

风险管理可为对虾养殖过程中的安全管理提供科学的建议和管理方案,有助于减少对虾养殖过程中的疾病暴发。本研究显示,育苗期从溞状幼体开始,疾病暴发的风险明显升高达到高风险的边缘;养成期,一般都是在中后期,尤其是中期的疾病暴发风险最高。根据风险评估结果,本文提出如下备选方案:育苗期,控制育苗池温度不超过 25℃,换水前先用 EDTA 处理再放入育苗池,在幼体开口后投喂的饵料中添加 VC、葡聚糖等既能提高机体免疫力又有抑菌作用的免疫增强剂,在活饵投入前要先消毒;养成期,在养成中期阶段,适当泼洒抑菌药物,投喂益生菌,引导对养殖有益的微生物成为养殖水体中的优势种。

参考文献(略)

马妍,李健.中国水产科学研究院黄海水产研究所　山东青岛　266071

第五节　溶藻弧菌对三疣梭子蟹抗氧化及免疫酶活的影响

三疣梭子蟹(*Portunus trituberculatus*)广泛分布于中国、朝鲜、日本等海域,其中我国分布最广,主要在山东、浙江、广西、广东、福建沿海等水域,因其食用价值高、生长快、产量高,具有重要的经济价值,已经成为我国重要的渔业捕捞对象和海水养殖对象(戴爱云等,1986)。但近年来,由于养殖规模的不断扩大、养殖环境的污染等损害了三疣梭子蟹免疫防御系统,导致自身的抗病力下降,对病害的易感性增加,疾病频繁发生,例如近几年由弧菌引起的"乳化病"给三疣梭子蟹养殖业带来了巨大经济损失。目前,研究工作者已经对该病的流行病学、病原鉴定及防治进行了相关的研究(吴友吕等,1998),但是有关患病梭子蟹体内生化病理的报道尚不多见。弧菌在动物体内进行生物作用过程会产生过量的自由基,导致机体抗氧化酶活性发生变化,对机体造成氧化损伤,表现毒理症状(Sulochana *et al.*,1999),因此抗氧化酶活性的变化可以作为弧菌对生物体所产生的毒性效应的生物标志物之一。本研究利用从患病的三疣梭子蟹组织内分离出病原菌——溶藻弧菌(刘淇等,2007),对健康三疣梭子蟹进行溶藻弧菌人工感染,测定感染后不同时相体组织中超氧化物歧化酶(Superoxidedimutase,SOD)、谷胱甘肽过氧化物酶(Glutathioneperoxidase,GSH-px)以及丙二醛(Malondialdehyde,MDA)含量、溶菌酶和磷酸酶的变化,以探讨三疣梭子蟹感染溶藻弧菌后不同体组织抗氧化酶活性和免疫效应的影响,为三疣梭子蟹疾病的防治提供参考依据。

1. 材料与方法

1.1　材料

三疣梭子蟹饲养于黄海水产研究所小麦岛试验基地,平均体质量 176 ± 21.3 g,每只蟹单笼饲养,每 5 只蟹置于一个 200L PVC 桶中饲养,持续充气,水温 $25\,^{\circ}\mathrm{C}$ 左右,暂养 2 周后进行试验,每天喂料换水一次。

1.2　方法

(1)病原菌的分离。

菌株 PX25,本实验室分离自山东潍坊池塘养殖的患有"乳化病"的三疣梭子蟹的体组织,经回接感染证实为该病的病原菌,经生理生化特征测定和 16S rRNA 基因序列相似性分析将该病原菌鉴定为溶藻弧菌(*Vibrioalginolyticus*)(刘淇等,2007)。

(2)感染实验设计。

将溶藻弧菌接种于 TSA 琼脂固体培养基上扩大培养 24 h 后,用无菌生理盐水清洗,配制成 2×10^{8} cell/mL 浓度梯度。从三疣梭子蟹第三对步足基部注射 $300\,\mu\mathrm{L}$ 作为感染组;对照组注射等体积无菌生理盐水,在梭子蟹注射感染后 0、24、48、72 h 分别采集对照组和感染组样品用于酶活测定,每个采样时间点每个处理各取 10 只三疣梭子蟹用于试验。

(3)样品制备。

血淋巴制备。用注射器从三疣梭子蟹第三或第四步足基部插入取血淋巴,置于 Eppendorf 管中 4℃过夜,经冷冻高速离心吸出血清待测。

肌肉、肝胰腺匀浆。分别迅速取三疣梭子蟹的肌肉和肝胰腺于 −80℃冷冻保存,测定时肌肉和肝胰腺样品分别加入 3.5 倍和 10 倍的 0.1 mol/L 磷酸钾盐缓冲液(pH6.4),低温匀浆、离心(4℃,5×10 r/min,10 min),分别取上清液用于酶活测定。

1.3 样品分析

SOD 酶活测定。采用黄嘌呤氧化法的改进——羟胺法(王珉等,2003);以每毫升反应液中 SOD 抑制率达 50%时所对应的 SOD 量为一个酶活力单位(U/mL)。试剂购自南京建成生物工程研究所。

GSH-px 酶活测定。采用 5,5′-二硫代硝基苯甲酸(DTNB)比色法(Sulochana 等,1999);以每毫克组织蛋白每分钟扣除酶促反应作用,使反应体系中 GSH 降低 1 μmol/L 为 1 个酶活力单位(U/mg prot/min)。试剂购自南京建成生物工程研究所。

MDA 的测定。采用硫代巴比妥酸(TBA)法(Ohkawa $et\ al.$,1979);试剂购自南京建成生物工程研究所。

溶菌酶(LSZ)活性用 Hultmark(1980)改进方法进行。以溶壁微球菌冻干粉为底物,用 0.1 mol/L(pH 值 6.4)的磷酸钾盐缓冲液配制成一定浓度的底物悬液(OD$_{570}$=0.3),在此法规定条件下,溶菌活性(U/mL)=(A$_0$−A)/A。

酸性磷酸酶(ACP)活性采用 Kruzel(1982)磷酸苯二钠法,以每 100 mL 血清在 37℃与底物作用 60 min,产生 1 mg 酚者定义为一个酶活力单位。试剂购自南京建成生物工程研究所。

碱性磷酸酶(ALP)活性采用 Kruzel(1982)磷酸苯二钠法,以每 100 mL 血清在 37℃与底物作用 15 min,产生 1 mg 酚者定义为一个酶活力单位。试剂购自南京建成生物工程研究所。

组织匀浆粗提液中蛋白含量采用考马斯亮蓝 G-250 比色法进行蛋白定量,参照 Bradford(Bradford $et\ al.$,1976)方法稍加改进后进行测定。牛血清白蛋白(Bovineserumalbumin,BSA,购于 AMRESCO 公司)作为标准蛋白。

1.4 数据处理

数据统计与分析采用 SPSS11.0 软件,结果以平均数±标准误差表示,感染组和对照组间的差异性分析采用 Student′st-test 检验,$P<0.05$ 表示差异显著。

2. 结果与分析

三疣梭子蟹感染溶藻弧菌 24 h 以后采食量开始减少,感染 48 h 开始出现死亡,感染 96 h 后梭子蟹死亡率达到 100%,因此 72 h 后没有进行采样;而对照组三疣梭子蟹的采食量在整个试验期没有变化,并且试验期间没有死亡。这表明溶藻弧菌感染试验是有效的。

2.1 溶藻弧菌对三疣梭子蟹体组织 SOD 活性的影响(图 1)

a.

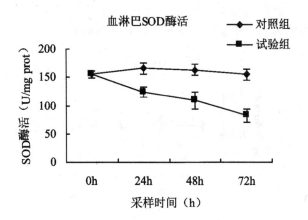

b.

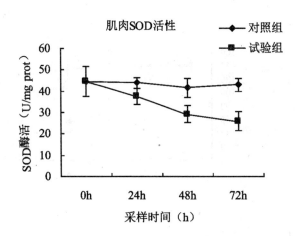

c.

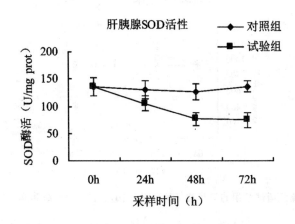

图 1 对照组和感染溶藻弧菌试验组的三疣梭子蟹血淋巴(a)、肌肉(b)和肝胰腺(c)中 SOD 活性的变化

由图 1 可以看出:血淋巴、肌肉、肝胰腺中 SOD 活性在各组织中分布不相同,从大到小依次为血淋巴>肝胰腺>肌肉。感染溶藻弧菌后三疣梭子蟹血淋巴、肌肉和肝脏组织中 SOD 活性随着感染时间的延长均显著下降($P < 0.05$),且在感染 48 h 内降低速度最快。

注射生理盐水的对照组三疣梭子蟹各组织器官中 SOD 活性在感染后不同时相没有显著差异（$P > 0.05$）。

2.2 溶藻弧菌对三疣梭子蟹体组织 GSH-px 活性的影响（图 2）

d.

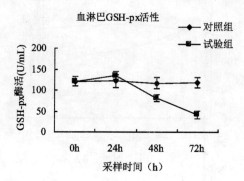

e.

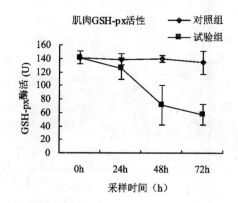

f.

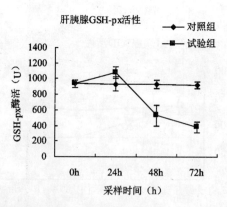

图 2 对照组和感染溶藻弧菌试验组的三疣梭子蟹血淋巴（d）、肌肉（e）和肝胰腺（f）中 GSH-px 活性的变化

从三疣梭子蟹不同体组织中 GSH-px 酶活的测定结果（图 2）来看,三疣梭子蟹不同组织中 GSH-px 活性各异,从大到小依次为肝胰腺＞肌肉＞血淋巴,注射生理盐水的对照组各组织 GSH-px 活性在不同的采样时间没有显著变化（$P > 0.05$）。感染溶藻弧菌的三疣梭子蟹血淋巴和肝胰腺组织 GSH-px 酶活在感染 24 h 时分别稍微或显著高于对照组,而在感染 48 h 后 GSH-px 酶活在这两种组织中均迅速降低,且显著低于对照组（$P < 0.05$）;

感染组三疣梭子蟹肌肉组织中 GSH-px 酶活在感染 24 h 开始出现下降的趋势,并且随着感染时间的延长显著下降($P<0.05$)。

2.3　溶藻弧菌对三疣梭子蟹体组织 MDA 含量的影响(图 3)

g.

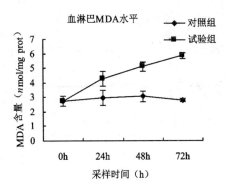

h.

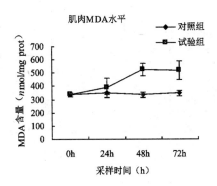

i.

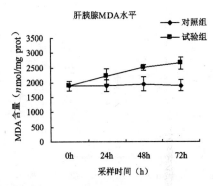

图 3　对照组和感染溶藻弧菌试验组的三疣梭子蟹血淋巴(g)、肌肉(h)和肝胰腺(i)中 MDA 含量的变化

三疣梭子蟹血淋巴、肝胰腺和肌肉中脂质过氧化物(MDA)含量不同时间点的变化见图 3。由图 3 可以看出,不同组织中 MDA 含量不同,肝胰腺中最高,血淋巴中含量最低;对照组各组织的 MDA 含量在不同的采样时间没有显著差异($P>0.05$);试验组三疣梭子蟹肝胰腺和肌肉组织中 MDA 含量在感染 24 h 与对照组差异不显著($P>0.05$),而后随着感染时间的延长显著升高($P<0.05$);血淋巴中 MDA 的含量在感染溶藻弧菌后显著升高($P<0.05$),感染 72 h 时的含量比对照组增加了 1 倍多。

2.4 溶藻弧菌对三疣梭子蟹溶菌酶(LSZ)活性的影响(图 4)

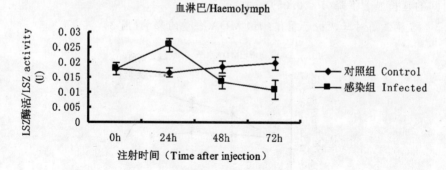

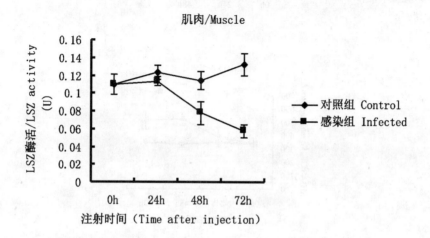

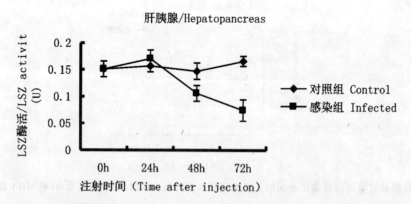

图 4 对照组和感染溶藻弧菌试验组的三疣梭子蟹血淋巴、肌肉和肝胰腺中 LSZ 活性的变化

由图 4 可见,感染组三疣梭子蟹血淋巴中 LSZ 活性在感染 24 h 时显著高于对照组(P<0.05),而在感染 48 h 和 72 h 活性显著下降,并且低于对照组的正常水平(P<0.05);肌肉和肝胰腺组织 LSZ 活性在感染 24 h 时有升高的趋势,但与对照组比差异不显著(P>0.05),随着感染时间的延长,酶活性又显著下降且低于对照组(P>0.05);注射生理盐水的对照组各组织器官中 LSZ 活性在不同的采样时间没有显著的变化(P>0.05)。

2.5 溶藻弧菌对三疣梭子蟹酸性磷酸酶（ACP）活性的影响（图5）

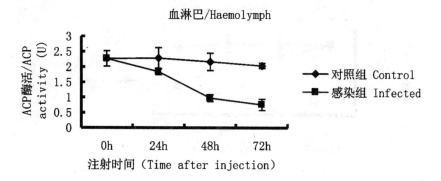

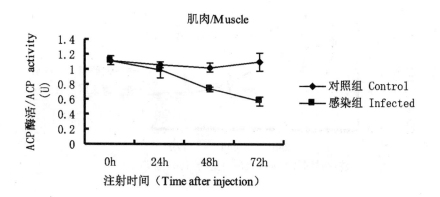

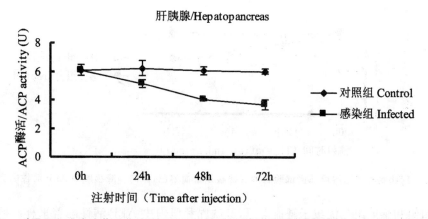

图5 对照组和感染溶藻弧菌试验组的三疣梭子蟹血淋巴、肌肉和肝胰腺中 ACP 活性的变化

　　三疣梭子蟹注射生理盐水和溶藻弧菌后，不同免疫时间三疣梭子蟹体内 ACP 酶活变化见图5，不同组织中 ACP 活性分布不同，从大到小依次为肝胰腺＞血淋巴＞肌肉，对照组蟹各组织 ACP 活性不同的采样时间变化不大（$P > 0.05$）；而溶藻弧菌感染的三疣梭子蟹各组织中 ACP 活性随着感染时间的延长而降低，其中肝胰腺组织 ACP 活性在感染 24 h 开始显著低于对照组（$P < 0.05$），而血淋巴和肌肉组织 ACP 活性在感染 48 h 以后与对照组差异显著（$P < 0.05$）。

2.6 溶藻弧菌对三疣梭子蟹碱性磷酸酶(ALP)活性的影响(图6)

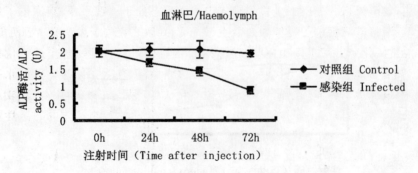

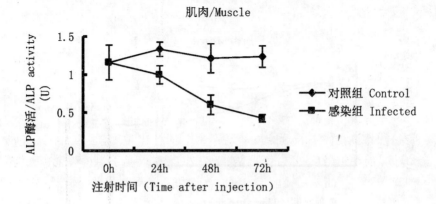

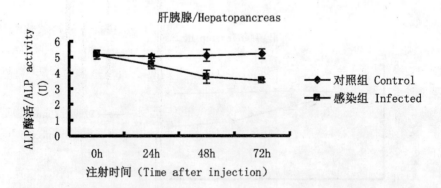

图6 对照组和感染溶藻弧菌试验组的三疣梭子蟹血淋巴、肌肉和肝胰腺中 ALP 活性的变化

　　对照组和感染组三疣梭子蟹血淋巴、肝胰腺和肌肉中 ALP 活性随着采样时间的变化见图 6,不同组织中 ALP 活性不同,肝胰腺中最高,肌肉组织中活性最低;与 ACP 在体组织中的分布状况一致;感染试验组三疣梭子蟹血淋巴、肌肉和肝胰腺组织中 ALP 活性随着感染时间的延长而显著降低($P<0.05$),与感染后三疣梭子蟹各组织中 ACP 的变化趋势相似。对照组各组织的 ALP 活性在不同的采样时间没有显著差异($P>0.05$)。

3. 讨论

　　弧菌是海水环境中的常在菌群,广泛分布在自然海区,是一种条件致病菌,当养殖动物受伤、体弱、抗病力降低、环境条件恶化时,弧菌会乘虚而入,引起蟹、虾等各种水产动物的严重疾病,甚至死亡。健康三疣梭子蟹体内的微生态处于动态平衡,当注射了病原体溶藻弧菌后,逐渐打破三疣梭子蟹体内的微生态平衡,导致三疣梭子蟹免疫防御机能下降。

机体的抗氧化防御系统作为需氧生物体内活性氧自由基清除、防止过氧化损伤的主要保护机制,负责清除组织细胞代谢产生的活性氧自由基,使之始终维持较低水平而不致在体内聚积,以保护生物体内功能大分子不被氧化破坏,保持机体正常的生理功能。SOD和 GSH-px 是动物机体的主要抗氧化酶,它们的含量和活性影响机体内的活性氧自由基水平以及脂质过氧化终末代谢产物 MDA 含量。

本研究中,SOD 活性在不同的组织中含量不同,说明 SOD 存在明显的组织差异性,这是由于肝胰腺是三疣梭子蟹的脂类代谢中心,该组织积累了较多的脂肪酸,需要较强的抗氧化酶体系,以保证肝胰腺的正常生理功能(Sulochana et al.,1999)。感染组蟹体组织SOD 酶活显著降低,可能是由于感染溶藻弧菌后产生有害的游离自由基的作用,使得机体抗氧化系统机能紊乱,代谢失调,酶活性下降。本试验结果与翟秀梅等(2007)用副溶血弧菌感染南美白对虾对体组织 SOD 活性降低的变化趋势一致。溶藻弧菌感染后,产生的较多的自由基,机体需要增加抗氧化酶活来消除这些自由基,但是这时机体组织的抗氧化状态反而较差,使得抗氧化系统失败。

与对照组比,感染溶藻弧菌初期三疣梭子蟹血淋巴和肝胰腺组织中 GSH-px 活性显著高于正常水平,而在感染后期其活性显著降低。GSH-px 是细胞内清除过氧化物的关键酶,酶活性的高低反映了细胞过氧化物的多少及膜脂质过氧化程度。Mathew 等(2007)用白斑病毒感染斑节对虾发现,体组织 GSH-px 酶活显著降低,而本试验三疣梭子蟹在溶藻弧菌感染后血淋巴和肝胰腺酶活在感染初期先升高,而感染后期显著降低。这可能是三疣梭子蟹在弧菌感染后产生大量的自由基,为中和这些自由基而发生过氧化反应,使得GSH-px 活性上升;而在感染的后期,由于溶藻弧菌的作用 GSH-px 酶活受到抑制,产生的自由基不能及时清除,导致过氧化物的生成过多,降低机体的抗氧化防御能力(Dandapat et al.,2003)。

MDA 是细胞脂质过氧化的代谢产物,其含量的高低反映了机体细胞受自由基攻击的程度。抗氧化系统失败与脂质过氧化和由此引发的组织损害有着密切的关系(Sulochana et al.,1999),本试验感染组三疣梭子蟹体组织脂质过氧化产物 MDA 含量增加与组织中抗氧化酶活性降低而导致的免疫防御损害相适应,这也与陈寅儿等(2006)报道三疣梭子蟹患"乳化病"后体组织 MDA 含量增加的结果一致。感染溶藻弧菌后体内自由基积累,加剧了膜脂质过氧化,使膜的结构和功能遭受破坏,进而引起一系列生理生化代谢紊乱,导致机体抗氧化机能的损害(Winston et al.,1991)。

LSZ 是吞噬细胞杀菌的物质基础,在甲壳动物的免疫防御中起重要作用。它能够水解革兰氏阳性细菌的细胞壁,破坏入侵体内的异物,从而担负起机体防御的功能。翟秀梅等(2007)用副溶血弧菌对南美白对虾进行感染试验发现对虾死亡率与感染时间、浓度呈正相关,且肝脏、肌肉溶菌酶(LSZ)酶活性随弧菌浓度的增加呈下降的趋势;黄旭雄等(2007)报道,弧菌感染的幼虾 LSZ 活性极显著的降低。而本试验中,三疣梭子蟹在注射溶藻弧菌 24 h 后,其血淋巴 LSZ 活性显著高于对照组,这种现象可能与 LSZ 在体内的作用和机体免疫反应有关。当弧菌进入对虾体内,触发了对虾的免疫系统并产生免疫反应,促进抗菌蛋白和溶菌蛋白的生物合成,从而提高了机体的溶菌酶活力。而在溶藻弧菌感染后期,可能由于三疣梭子蟹血淋巴中的某些合成机制被破坏或血细胞自溶后某些细胞组分可能变成异物,需要消耗大量免疫因子,导致血细胞数量减少,溶菌活力下降。

磷酸酶又称磷酸单酯水解酶,是可以催化各种含磷化合物水解的酶类,根据它们催化作用的最适 pH 特性,可分为酸性磷酸酶(ACP)和碱性磷酸酶(ALP)。酸性磷酸酶是吞噬溶酶体的重要组成部分,在血细胞进行吞噬和包囊反应中,会伴随有酸性磷酸酶的释放,在体内直接参与磷酸基团的转移和代谢,主要存在于动物的肝脏、脾脏、红细胞、骨髓等部位。本试验发现,三疣梭子蟹肝胰腺中 ACP 活性最高,其次是血淋巴和肌肉,这与高等动物体内 ACP 在各组织中的分布情况基本一致。ACP 在体内直接参与磷酸基团的转移和代谢,有利于其参与机体细胞中的物质代谢,为 ADP 磷酸化提供更多所需的无机磷酸,促进其生长,从而提高其免疫力。试验中在受到溶藻弧菌感染后,三疣梭子蟹各组织器官的 ACP 活性随着感染时间延长持续降低,可能是由于感染溶藻弧菌后导致机体细胞的物质代谢过程紊乱,影响三疣梭子蟹的免疫机能。

ALP 是生物体内的一种重要的代谢调控酶,直接参与磷代谢,亦与 DNA、RNA、蛋白质和脂质等的代谢有关;它对钙质的吸取、磷酸钙沉积、骨骼形成、甲壳素分泌与形成都发挥着重要的作用,对虾、蟹类生存、生长有特别重要的意义(孙虎山等,1999);同时也作为溶酶体酶的重要组成部分,在免疫反应中发挥作用。本研究发现三疣梭子蟹肝胰腺、血淋巴和肌肉组织提取液中均具有碱性磷酸酶,且在肝胰腺中活性最高,血淋巴次之,肌肉组织的活性最低,与 ACP 活性的组织分布较为相似;同时本试验发现三疣梭子蟹经感染溶藻弧菌后,各组织中 ALP 活性降低,且在感染后期降低显著,试验结果与陈寅儿等(陈寅儿等,2006)测定的患"牙膏病"的三疣梭子蟹的 ALP 酶活显著降低的结果一致,并且弧菌感染其他水产动物如大黄鱼(鄢庆枇等,2007)、扇贝的试验结果也基本一致,分析原因可能是由于本试验中三疣梭子蟹在感染溶藻弧菌后对机体有一定的诱导免疫作用,但是时间很短,随着感染时间的延长,溶藻弧菌迅速扩繁,机体的免疫防御机能受损,致使酶活显著的降低;这与感染组三疣梭子蟹的采食量减少,死亡率高的结果一致。

抗氧化相关酶、LSZ、ACP、ALP 是衡量机体免疫机能和健康状况的重要指标,在甲壳类机体防御方面担负着重要功能,本研究结果表明,随着溶藻弧菌感染时间的延长会引起三疣梭子蟹这些免疫相关酶活的大幅度下降,使得非特异性免疫系统遭到损伤,进而引起三疣梭子蟹出现死亡,这一结果有助于我们了解溶藻弧菌对三疣梭子蟹机体生理生化方面的影响,为其免疫机制及疾病防治的进一步研究提供重要的参考依据。

参考文献(略)

陈萍,李吉涛,李健,刘淇,刘萍. 中国水产科学研究院黄海水产研究所　山东青岛　266071

第六节　MTT 比色法测定微生物黏附能力的条件优化

微生物黏附是一种普遍存在和十分重要的生物现象,黏附能力是致病菌的一个重要致病因子,黏附也是益生菌定植肠道发挥益生作用的关键步骤。因此,对微生物黏附特性及作用机理的研究具有重要的理论及实践意义。根据微生物黏附底物类型,可分为黏液黏附和细胞黏附,目前的研究以细胞黏附居多。但考虑到黏液层覆盖在上皮细胞之上,是微生物进入宿主消化道后首先接触和直接生活的环境,因此微生物的黏液黏附能力也是一个非常重要的评价指标,自 1978 年 Clark 创立体外黏液黏附模型以来,黏附微生态学研究的重要性也逐渐被学术界所认识。在微生物黏附试验中,一个重要的环节就是计算单位细胞或单位黏液表面黏附的微生物数量,从而评价各种微生物的黏附能力。目前应用的方法主要有显微镜直接计数法、平板菌落活菌计数法、同位素或荧光素标记法以及比浊法等。显微计数法和平板菌落计数法,虽然简单、直观,但工作量过于巨大,特别是同时检测多种微生物的黏附特性时,其缺点尤为明显,因此此类方法的应用受到了一定的限制。同位素标记法具有灵敏度高,重复性好等优点,仍是目前测定微生物黏附能力的标准方法,国外研究者多采用此方法,但是该方法存在放射性危险,需要特殊的仪器设备和专业人员,其应用范围也受到了一定的限制。荧光素标记法和比浊法存在检测背景高的缺点。因此在研究微生物的黏附特性,特别是从大量的微生物中筛选具有高黏附性能的菌株时,建立一种快速、简单的检测方法尤为重要。MTT 比色法是一种定量检测活细胞数量的方法,具有快速、简单、重复性好,没有放射性污染等优点,目前已广泛应用于细胞生长特性及药物敏感性的大规模实验。MTT 比色法的原理是基于活细胞内线粒体中的脱氢酶能将黄色的 MTT(噻唑蓝)还原成蓝紫色的不溶性结晶颗粒 FMZ(甲膳),FMZ 生成量与活细胞数量成正比,因而可通过比色来间接反映细胞数量。

　　MTT 最初用于真核细胞研究,后来研究者又将其应用于细菌细胞计数、耐药性研究。微生物黏附试验,其本质也是测定微生物数量,而 MTT 比色法就是一种快速的微生物活体计数方法,因此理论上完全可以采用 MTT 法来评价微生物黏附能力。许多学者对 MTT 比色法一些影响因子进行了研究,并做了些改进,进一步提高了准确性。但要获得更加可靠的 MTT 比色实验结果,还必须充分了解不同受试微生物数量与 MTT 还原产物吸光值之间的线性关系范围,选择合适的 FMZ 溶剂及培养时间。本试验针对 MTT 方法中检测波长、溶剂及孵育时间进行了优化,并对酵母、乳酸菌及芽孢杆菌的检测范围进行了探讨,从而为后续益生菌对牙鲆及大菱鲆肠黏液的黏附能力的评价提供试验技术。

1. 材料和方法

1.1　材料

(1)试剂。

MTT:5 mg 溶于 100 mL 0.01 mol/L PBS(pH7.4),0.22 μm 滤膜过滤器除菌,保存于棕色试剂瓶;

十二烷基硫酸钠(SDS)-DMF 溶液:20 mg SDS 溶于 50 mL 蒸馏水及 50 mL DMF;

二甲基亚砜(DMSO)-SDS 溶液:20 mg SDS 溶于 50 mL 蒸馏水及 50 mL DMSO;

0.4 mol/L 盐酸异丙醇溶液;

二甲基亚砜(DMSO);

所购试剂均为分析纯(特殊说明除外)。

(2)菌株及培养条件。黏红酵母(*Rhodotorulaglutinis*),购自中国科学院微生物研究所菌种保藏中心。鼠李糖乳杆菌(*Lactobacillusrhamnosus*),纳豆芽孢杆菌(*BacillusNat-*

to),本试验室分离、保藏。黏红酵母、纳豆芽孢杆菌分别采用马铃薯葡萄糖培养基(PDA)、营养琼脂(LB)培养基,摇床振荡培养 24 h,培养温度为 30℃。鼠李糖乳杆菌采用 MRS 液体培养基密闭静置培养 24 h,培养温度为 30℃。纳豆芽孢杆菌和鼠李糖乳杆菌采用平板菌落计数法、黏红酵母采用显微镜直接计数法测定上述三种菌的浓度。

1.2 甲臢颗粒(FMZ)溶剂的选择

取已知浓度的酵母菌悬液,加入 96 孔板,每孔 100 μL,然后加 MTT(5 mg/mL)溶液,每孔 20 μL,置恒温培养箱孵育 2 h。按 50 微升/孔分别加入 DMSO、SDS-DMSO、SDS-DMF 及 0.4 mol/L 盐酸异丙醇溶解 MTT 还原产物,微型震荡器震荡 5 min,室温放置 30 min,用全自动酶标仪对溶解产物在 450~650 nm 波长进行扫描。同时对培养基＋MTT＋溶剂在上述波长范围内扫描。

1.3 孵育时间的选择

取已知浓度的酵母、乳酸菌及芽孢杆菌悬液 100 μL 与 MTT 20 μL 分别作用 0.5,1.5,2,3,4 h,然后加入 50 μL SDS-DMF,微型震荡器震荡 5 min,室温放置 30 min,测定溶液在 570 nm 处的吸光度值(A)。

1.4 菌体数量与甲形成量之间的关系

取一系列已知浓度的酵母、乳酸菌及纳豆芽孢杆菌加入 96 孔板,每孔 100 μL,然后在反应板中加入 MTT 溶液(5 mg/mL),每孔 20 μL,置恒温培养箱孵育 2 h。取出酶标板,每孔加入 50 μL SDS－DMF,微型震荡器震荡 5 min,室温放置 30 min,用全自动酶标仪测定溶液在 570 nm 处的吸光度值(A)。

2. 结果与分析

2.1 甲颗粒溶剂及检测波长的选择

MTT 在活细胞脱氢酶作用下转变成 FMZ,失去一个共轭双键,导致吸收光谱发生了很大变化,根据此生化反应可以检测活细胞的数量。分别用 DMSO、SDS-DMSO、SDS-DMF 及 0.4 mol/L 盐酸异丙醇溶解甲臢,然后在 450~650 nm 范围内每隔 0.5 nm,分别扫描 MTT、培养基及四种甲臢溶液吸收光谱,结果表明(图 1),溶于 SDS-DMSO、SDS-DMF 两种溶剂的 FMZ 在 550~590 nm 有较大吸收值,吸收峰大且平,在 570 nm 处有最大吸收值;MTT 吸收峰在 450 nm 附近,对产物 FMZ 的检测所产生的影响很少;而培养基在上述检测波长范围内吸收值均很低,可以忽略不计。DMSO 及盐酸异丙醇组的 FMZ 吸收峰出现在 490 nm 附近,570 nm 也有吸收值,但均比 SDS-DMSO、SDS-DMF 组小,从检测的灵敏度考虑,SDS-DMSO、SDS-DMF 作为甲臢溶剂在 570 nm 都有较高的灵敏度,但由于 SDS-DMSO 溶解后的溶液颜色随时间变化较快,需要样品在较短的时间里进行测定,而 SDS-DMF 溶解产物其颜色在 3 h 内相对稳定,因此本试验中选用 570 nm 作为 FMZ 的检测波长,SDS-DMF 作为甲臢溶解剂比较合适。

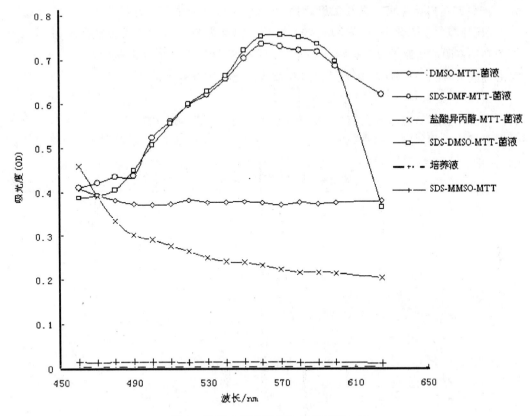

图 1　FMZ 在不同溶剂中吸收光谱曲线

2.2　孵育时间对吸光度值的影响

如图 2 所示，当细胞数量固定后，甲臜形成量随着时间的变化呈现先增加然后趋于平稳的变化趋势，说明在后期的孵育过程中，MTT 的还原产量趋于饱和。2～4 h 孵育后吸光度值变化幅度较小，结合已有的研究结果，选取 2 h 作为 MTT 与菌悬液的孵育时间。

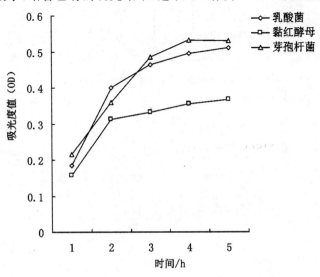

图 2　孵育时间对 MTT 检测 OD 值的影响

2.3 菌体数量与甲形成量之间的关系

以菌体数量为横坐标,吸光度值(A)为纵坐标,建立浓度—吸光度曲线,在一定浓度范围内菌体数量与 A 值呈良好的线性关系(图 3)。其中纳豆芽孢杆菌浓度在 $6.30 \times 10^6 \sim 2.02 \times 10^8$ cfu/mL 范围内,菌体数量与吸光度值呈良好相关性($R_2 = 0.9981$ $P < 0.01$),鼠李糖乳杆菌的和黏红酵母的线性范围分别为 $5.40 \times 10^6 \sim 1.73 \times 10^8$ cfu/mL($R_2 = 0.9899$ $P < 0.01$)、$1.51 \times 10^6 \sim 0.98 \times 10^8$ cfu/mL($R_2 = 0.9921$ $P < 0.01$)。说明在上述三种浓度范围内,吸光度值可以客观地反映三种微生物的数量,故将上述范围定为 MTT 比色法的线性范围。

表 1　菌体数量与 MTT 检测 OD 值之间的线性关系

菌株	线性方程	相关系数(R^2)
黏红酵母	$y = 0.0659x + 0.0038$	0.9921
鼠李糖乳杆菌	$y = 0.3355x + 0.0104$	0.9899
纳豆芽孢杆菌	$y = 0.2737x + 0.0028$	0.9981

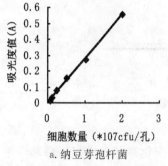 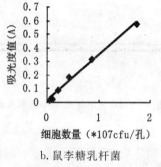 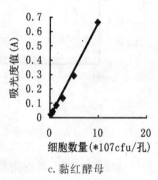

a. 纳豆芽孢杆菌　　　　　b. 鼠李糖乳杆菌　　　　　c. 黏红酵母

图 3　细胞量与 MTT 检测吸光度值之间的关系

3. 讨论

生物学研究中有多种统计细胞数量的方法,大致可分为直接显微镜计数法、电子细胞计数法、同位素掺入法、细胞蛋白质含量法、比色法等五类。MTT 比色法是比色法中一种比较准确的方法。该方法由 Mosmann 等建立,并被用于研究 IL-2 等细胞因子对鼠淋巴瘤细胞存活和增殖的影响(Mosmann et al.,1983)。由于该方法比血球计数法准确,费用较细胞电子计数方法低,且不存在放射性问题,加上其灵敏、简便的优点,以至于它一诞生便在医学和生物学领域得到广泛应用(沈慧等,2004)。林锋强等(2005)建立了番鸭淋巴细胞转化检测的 MTT 法,确定了该方法的最佳试验条件。于宏波等(于宏波等,2006)利用 MTT 法测定了乳腺癌对 10 种常用化疗药物的敏感性,认为该法可作为临床上指导乳腺癌个体化疗的有效方法。MTT 法最初是利用真核细胞的线粒体脱氢酶可将 MTT 转化为紫色甲臜的原理来评价细胞活性,虽然原核生物没有线粒体结构,但也具有 MTT 转化能力,据此原理科研人员也将 MTT 法应用于微生物研究。Abate 和 Lemus 等人利用 MTT 比色法评价分支杆菌对利福平的抗性,用该法得到的试验结果与标准方法所测结果基本一致,但检测时间大为缩短(Abate et al.,2004)。国内学者则将 MTT 用于细菌、真菌的快速计数(王栩,2002)。

多种因素可影响 MTT 比色法的测定结果。主要有甲䐵颗粒的溶解剂、MTT 与细胞的作用时间以及检测波长,而上述参数在不同文献中存在较大差异,因此有必要对上述参数进行优化。首先是甲䐵溶解问题,甲䐵若溶解不充分,将直接影响 OD 值的读取。目前溶解甲䐵的溶剂主要有异丙醇、DMSO 或 SDS 等。武明花等(2003)比较了酸化异丙醇、二甲基亚砜、无水乙醇及 SDS-盐酸四种有机溶剂甲䐵颗粒的溶解效果,认为无水乙醇效果最好,酸化异丙醇不能完全溶解甲䐵颗粒,并且导致培养基中牛血清蛋白形成沉淀,影响检测。而赵承彦等(2000)在用 MTT 法检测 K-562 细胞和人淋巴细胞数量时则认为正丙醇、异丙醇及乙二醇乙醚效果都较好。我们在试验中也发现酸化异丙醇溶解效果较差,DMSO 及 DMSO-SDS 溶解效果都比较好,但 DMSO 溶解甲䐵后形成的溶液颜色不很稳定,会随着时间延长而加深,因此必须在短时间内完成对样品的测定。SDS-DMF 混合溶液对 FMZ 的溶解效果也很好,并且溶液的颜色稳定性也较好。此外,FMZ 溶液的检测波长也非常重要。一些研究认为甲䐵溶液在 $540 \sim 580$ nm 范围有较大吸收值,也有研究认为甲䐵溶液吸收峰在 $560 \sim 608$ nm,这种差异可能是由于培养基不同以及所用的甲䐵溶解剂不同所致。研究者在进行 MTT 试验时都会根据试验条件选择最合适的检测波长。芳蓉等(2003)在测定 SK-BR-3 细胞的增殖时,通过对 FMZ 溶液的波长扫描结果的分析,认为吸光度值过高或过低都会影响检测结果,当最大吸收峰的峰型比较尖锐时,应选用吸收稍低,峰型平坦的次强峰和肩峰进行测定,因此他们选择了 492 nm 的检测波长。我们对 SDS-DMF 溶解的甲䐵溶液进行扫描,结果表明它在 $550 \sim 590$ nm 范围内存在吸收峰,吸收峰大且平,并且在 570 nm 处 FMZ 的吸收值相比 DMSO 和酸化异丙醇组大,说明其检测的灵敏度较高。综合考虑,本试验选取 570 nm 作为 FMZ 的检测波长。MTT 与细胞的孵育时间对检测结果也有重要影响。孵育的时间不宜过长或过短,因为甲䐵结晶的产生和时间有关,时间过长则各孔颜色都偏深,差别不明显;而时间过短则甲䐵生成量过少。在我们的试验体系中,经综合考虑认为 MTT 与菌体孵育 2 h 后进行检测比较合适。这与魏鸿刚等(2002)等的研究结果是一致的,他们利用 MTT 法测定微生物肥料制作过程中细菌 PBW1 的数量变化,认为孵育 2 h 基本能够满足试验需要。而 MTT 法用于动物细胞数量测定时孵育时间一般为设定为 4 h。这可能与微生物代谢活动比动物细胞活跃有关。

MTT 试验最初用于分析具有代谢活性的哺乳动物细胞的活力,Leviz 等最早将此法用于真菌细胞的活力分析(Levi et al.,1985)。张敬东等(2000)建立了白色念珠菌细胞活力的 MTT 比色法,其最优基本反应条件为:MTT1.2 g·L^{-1}、反应时间为 6 h,检测波长为 570 nm,该方法可以快速灵敏定量分析白色念珠菌及某些致病性酵菌和酵母样真菌的活力。在 $1.0 \times 10^2 \sim 1.0 \times 10^6$/mL 范围内,白色念珠菌细胞活力与甲䐵形成量之间存在正相关($r=0.916$,$P<0.01$)。高伟等(2002)应用 MTT 法快速检测大肠杆菌、根瘤农杆菌,酵母和木霉及棉花黄萎菌的生长和繁殖,认为在一定浓度范围内,甲䐵形成量与微生物细胞数量之间存在良好的线性相关。本试验也用 MTT 法对三种微生物的数量进行了测量,发现在一定浓度范围内,活菌数量与甲䐵形成量存在很好的相关性,这与上述研究者的结果是一致的。本试验通过对 MTT 法影响因素的探讨,确定了 MTT 法的优化反应体系:5 mg·mL^{-1} MTT 溶液 20 μL,孵育时间 2 h,FMZ 溶剂为 20% SDS-DMF 50 μL,微量震荡器震荡 5 min,室温放置 30 min,检测波长为 570 nm。以该优化体系对黏红酵

母、鼠李糖乳杆菌、纳豆芽孢杆菌的活菌数量进行检测,上述各菌分别在一定的浓度范围内与 FMZ 溶液的 OD 存在显著的线性关系,说明 MTT 法完全能够用于微生物活体数量的测定,这也为 MTT 法应用于后续的益生菌黏附研究提供了有力的技术手段。

参考文献(略)

李正,李健.中国水产科学研究院黄海水产研究所　山东青岛　266071

第七节　不同益生菌株对牙鲆及大菱鲆肠黏液黏附能力的比较及影响因子的研究

黏附是指微生物与黏液或细胞通过生物化学作用产生的黏连作用,根据其作用特点,可分为特异性黏附和非特异性黏附。非特异性黏附通过疏水作用、静电作用使微生物附着在宿主表面,特异性黏附通过微生物的表面黏附素与宿主表面受体的相互结合(陈臣等,2007)。益生菌定植于宿主肠道后,对维持肠道微生物区系平衡,调节机体免疫功能具有重要作用。而黏附又是益生菌定植宿主肠道的关键步骤,因此黏附性能作为益生菌的重要特性之一,已引起许多研究人员的关注,明确益生菌的黏附机制对认识微生态学基本规律及提高黏附能力都有重要意义(魏银萍等,2006)。在人和其他陆生动物中,关于益生菌的黏附特性已开展了较为深入的研究,鉴定了部分双歧杆菌、乳酸菌菌株的黏附素及相应受体的分子(高巍等,2002)。在水产动物方面,仅见乳酸菌对牙鲆肠黏液的黏附报道(高巍等,2002)。水产动物种类繁多,对不同菌种在不同水产动物肠道黏附能力的比较研究还不多。牙鲆、大菱鲆是我国北方重要的海水养殖品种,鼠李糖乳杆菌、嗜酸乳杆菌、纳豆芽孢杆菌、枯草芽孢杆菌、黏红酵母和假丝酵母则是水产养殖中常用的益生菌株,这些菌株对牙鲆、大菱鲆肠黏液的黏附特性还没有研究报道。因此本试验以牙鲆、大菱鲆为研究对象,采用 MTT 比色法比较上述 6 株益生菌对两种鱼肠黏液的黏附能力,筛选对牙鲆和大菱鲆具有较强黏附能力的菌株,为后续的试验提供目标菌株。同时采用碳烃化合物黏着法测定各菌株的表面疏水性,探讨益生菌的黏附能力与表面疏水性之间的相关性。

1. 材料与方法

1.1　菌株及培养条件

黏红酵母(*Rhodotorula glutinis* ACCC2125),假丝酵母(*Candidasp.* ACCC2121),购自中国科学院微生物研究所菌种保藏中心。鼠李糖乳杆菌(*Lactobacillus rhamnosus*)、枯草芽孢杆菌(*Bacillus subtilis*)、纳豆芽孢杆菌(*Bacillus Natto*)、嗜酸乳杆菌(*Lactonbacillus Acidophilus*),本实验室保存。酵母、芽孢杆菌分别采用马铃薯葡萄糖培养基(PDA)、营养琼脂(LB)培养基,摇床振荡培养 24 h,培养温度为 30℃。鼠李糖乳杆菌、嗜酸乳杆菌采用 MRS 液体培养基密闭静置培养 24 h,培养温度为 30℃。

1.2　试验用鱼

体重 400～500 g 的健康牙鲆、大菱鲆,分别购自中国水产科学研究院黄海水产研究所麦岛及海阳试验基地。水温 20±2℃,按常规的养殖程序管理。

1.3 肠黏液的制备

参考鄢庆枇等(2006)方法:大菱鲆或牙鲆解剖取肠,无菌生理盐水冲洗 3 次,放入无菌培养皿中,剪开肠壁,用无菌生理盐水冲洗两次,将肠道转入另一无菌培养皿,用钝塑料片轻轻刮取肠黏液,放入 0.01 mol/L 无菌 PBS(pH7.4)中混匀,离心 2 次(4℃、12 000 g),每次 15 min。取上清液依次用 0.45 μm、0.22 μm 滤膜过滤除菌。利用 Bradford 法(汪家政等,2000)测定蛋白含量,用 0.01 mol/L PBS(pH7.4)调整蛋白浓度 1.0 mg/mL 后置 -20℃冰箱保存备用。

1.4 益生菌对肠黏液的黏附

参考 Prunier 等(2005)的方法,具体操作过程如下:肠黏液(1 mg/mL)按 100 微升/孔加入 96 孔培养板,4℃固定过夜。200 μL 无菌 PBS 洗涤两次,除去未黏附黏液;加 100 μL 益生菌悬液(10^8 cell/mL),25℃孵育 2 h。PBS 洗涤两次,除去未黏附的益生菌。

MTT 法测定黏附能力:加 50 μL 无菌 PBS 及 20 μL MTT 溶液(5 mg/mL),25℃孵育 2 h 后,加裂解液(20% SDS-50% DMSO)振荡 30 min。酶标仪测定各孔吸光度值(570 nm)。每个试验设 3 个重复。益生菌相对黏附率$=(A_t-A_空)/(A_0-A_空)\times 100\%$,其中 A_t、A_0、$A_空$ 分别是试验组、益生菌原液、空白对照组吸光度值。

1.5 表面疏水性测定

采用碳烃化合物黏着法(Vinderola et $al.$,2003)测定菌体表面疏水性。具体操作如下:将培养物以 6 000 g 离心 5 min 收集菌体,用缓冲液洗涤菌体两次,每次 5 mL,离心 2 min(6 000 g,4℃)。以缓冲液为空白对照,用缓冲液调整受试菌株浓度,使其在 600 nm 波长下 A 值约为 0.6000($A_{600}=0.6000$)。取 3 mL 调整浓度后的菌液加入 600 μL 二甲苯,对照组不加二甲苯,振荡 30 s,停顿 10 s 后再振荡 30 s,静置 5 min 分层。取水相,以缓冲液为空白对照,在 600 nm 下测量 A 值并记录,每株菌平行作 3 管重复。疏水率 H%$=$ $[(A_0-A)/A_0]\times 100$,其中 A_0 和 A 分别是与二甲苯混匀前、后菌液在 600 nm 下测量得到的 A 值。

1.6 黏附试验

(1)基本方法。

肠黏液(1 mg/mL)100 μL 加入 96 孔培养板,4℃固定过夜。200 μL 灭菌 PBS 洗涤两次,除去未黏附黏液;加 100 μL 黏红酵母菌悬液(10^8 cell/mL),25℃孵育 2 h。灭菌 PBS 洗涤两次,除去未黏附的酵母菌;加 50 μL 灭菌 PBS 及 20 μL MTT 溶液(5 mg/mL),25℃孵育 2 h 后,加裂解液(20% SDS-50% DMF)振荡 30 min。酶标仪测定各孔吸光度值($\lambda=$570 nm)。每个试验设 3 个重复。酵母菌相对黏附率$=(A_1-A_空)/(A_0-A_空)\times 100\%$,其中 A_1、A_0、$A_空$ 分别是试验组、酵母菌原液、空白对照组吸光度值。

(2)温度对其黏附的影响。

将孵育温度设定为 10、15、20、25、30℃,首先将菌液放入设定好的温度下预温,然后按照上述方法进行黏附试验,孵育时间为 2 h。

(3)pH 值对其黏附的影响。

分别配制 pH 值为 5、6、7、8、9 的 0.1 mol/mL PBS 溶液,灭菌后用于清洗、制备菌液,黏附试验孵育时间为 2 h、黏附温度为 25℃。

(4)生长阶段对其黏附的影响。

分别取延滞期、对数生长期、稳定期和衰亡期的黏红酵母按照黏附试验基本方法进行黏附试验,孵育时间 2 h、温度 25℃。

(5)钙、镁离子对其黏附的影响。

用生理盐水分别配制 0.015 mol/mL 的 $CaCl_2$ 和 $MgCl_2$ 溶液,制备酵母菌悬液,以生理盐水作对照,按上述方法测定 Ca^{2+}、Mg^{2+} 对酵母黏附作用的影响

1.7 数据处理

数据以 X±S 来表示疏水率参考值范围,以 q 检验方法进行不同菌株间比较,所有的统计分析采用 SPSS11.0 完成。

2. 结果与分析

2.1 不同菌株对肠黏液的黏附

如图 1 所示,测试的 6 株益生菌均可黏附在牙鲆及大菱鲆肠黏液,但菌株之间的黏附能力差异较大,黏附能力最强的为黏红酵母,黏附百分率为 25%;而两株芽孢杆菌对牙鲆肠黏液的黏附能力相对较弱,黏附百分率约为 10%;鼠李糖乳杆菌比嗜酸乳杆菌对牙鲆肠黏液具有更强的黏附能力,其黏附能力仅次于黏红酵母。假丝酵母对牙鲆肠黏液的黏附能力在所测试的 6 株益生菌中处于中间水平,低于黏红酵母和鼠李糖乳杆菌,但高于两种芽孢杆菌和嗜酸乳杆菌。

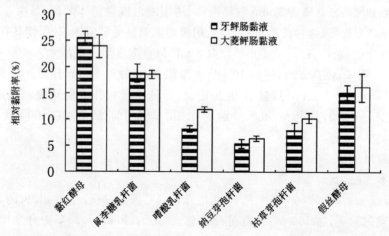

图1 6株益生菌对牙鲆及大菱鲆肠黏液的黏附百分率

2.2 菌株的表面疏水性

为进一步探讨菌株表面疏水性与黏附能力之间的关系,我们采用碳烃化合物黏着法测定了上述 6 株益生菌的表面疏水性。结果表明(表 1),各菌株表面疏水性存在很大差异,其中黏红酵母表面疏水性最强,两种芽孢杆菌及鼠李糖乳杆菌也具有较强的疏水性,嗜酸乳杆菌的表面疏水性最弱。

表1 6株益生菌表面疏水性

菌株	表面疏水性(%)
黏红酵母	36.66±4.20
假丝酵母	14.24±0.71
鼠李糖乳杆菌	25.06±3.57
嗜酸乳杆菌	7.72±1.33
纳豆芽孢杆菌	24.18±2.08
枯草芽孢杆菌	26.72±5.20

2.3 环境因素对黏红酵母黏附的影响。

(1)温度对黏红酵母黏附的影响。

孵育温度对黏红酵母的黏附有一定影响,结果见图2。孵育温度在10℃～20℃时,黏红酵母对牙鲆肠黏液的黏附随孵育温度的升高而增加,20℃～30℃时黏红酵母对牙鲆黏液都有较强的黏附作用,温度过低(10℃)则黏附作用明显减弱。

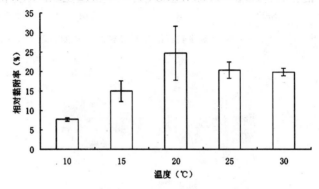

图2 温度对黏红酵母黏附的影响

(2)pH对黏红酵母黏附作用的影响。

pH对黏红酵母黏附的影响比较明显,结果见图3。在酸性(pH4.0～6.0)及中性环境中黏红酵母对牙鲆肠黏液的黏附作用显著高于碱性环境(pH8.0～9.0),在弱酸性(pH6.0)时黏附能力最强,而在pH9.0时黏附能力最差。由此可见,中性偏酸的环境有利于黏红酵母对牙鲆肠黏液的黏附。

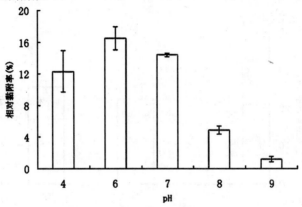

图3 pH对黏红酵母黏附的影响

(3)不同生长阶段酵母的黏附。

处于不同生长阶段的黏红酵母,其对牙鲆肠黏液的黏附能力也存在较大差异(图4)。对数期的酵母黏附能力最强,其次为延滞期酵母,而稳定期和衰亡期的黏红酵母黏附能力明显下降。分别提取不同生长阶段的黏红酵母表面蛋白,进行变性凝胶电泳,发现延滞期和对数期的酵母表面蛋白种类明显比稳定期和衰亡期多(图5)。

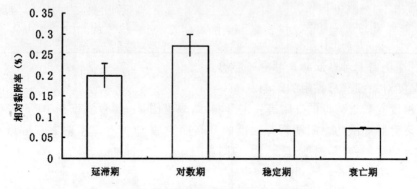

图 4　不同生长阶段黏红酵母对牙鲆肠黏液的黏附

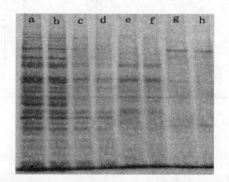

a/b 对数生长期;c/d 延滞期;e/f 稳定期;g/h 衰亡期

图 5　不同生长阶段黏红酵母表面蛋白

(4)钙、镁离子对黏红酵母黏附的影响。

二价阳离子对黏红酵母黏附作用的影响情况如图6所示。Ca^{2+}能促进黏红酵母的黏附,而 Mg^{2+} 则无明显的作用。

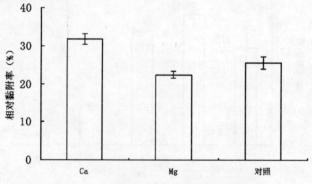

图 6　钙、镁离子对黏红酵母黏附的影响

3.讨论

益生菌是一类通过改善动物胃肠道微生物区系平衡而促进动物健康和生长的活菌制剂(苏勇等,2006)。黏附能力是益生菌发挥其有益功能的先决条件,也是益生菌筛选的一个重要指标(Ouwehand *et al*.,1999)。研究益生菌的黏附特性及作用机制对认识微生态学的基本规律、开发新型益生菌制剂有重要意义。由于直接研究体内的黏附情况存在一定的难度,现普遍采用体外模型进行益生菌的黏附试验(王斌等,2007)。其中体外培养的细胞黏附模型应用比较广泛,但该模型忽略了黏液层在黏附中的作用。黏液是胃肠道细胞分泌的一种胶体物质,主要成分是黏蛋白,覆盖在黏膜上皮细胞形成一层胶体屏障,封闭了上皮细胞表面的受体,肠道内的大多数微生物直接与此物质发生联系,而不是上皮细胞(Meng *et al*.,1998)。因此体外黏液黏附模型也被众多研究者所采用。Jin 等(2000)以猪肠黏液作为研究对象测定粪肠球菌的黏附性能;马玉龙(2004)用肉鸡肠黏液测定了双歧杆菌和嗜酸乳杆菌的黏附能力及这两株菌对几种致病菌的抗黏附作用。本试验以牙鲆和大菱鲆的肠黏液为黏附基质,对比研究 6 株益生菌的黏附性能。结果表明,乳酸菌、芽孢杆菌和酵母菌均可黏附于牙鲆和大菱鲆肠黏液,其中黏红酵母和鼠李糖乳杆菌对两种肠黏液的黏附能力高于其他 4 株益生菌,两种芽孢杆菌的黏附能力相对较弱。同一菌株对两种肠黏液的黏附能力差异不明显;但对同一种黏液,各菌株的黏附能力却存在较大差异,例如鼠李糖乳杆菌对两种肠黏液的黏附能力明显强于嗜酸乳杆菌的黏附。这与Laukova 等(2004)的研究结果是一致的。他们分别从不同动物肠道及食品中分离到 30 株肠球菌,然后比较这些肠球菌对人、猪等不同宿主肠黏液的黏附能力,结果发现同一菌株对不同的宿主其黏附能力无明显差别,但是不同菌株对同一宿主黏液的黏附能力存在明显的差异,因此他们认为益生菌的黏附能力主要取决于菌株的自身属性,而宿主的影响比较小。Chabrillon 等(2005)和 Ouwenhand 等(1999)的研究结果也证实了上述观点。但亦有研究结果表明益生菌的黏附不仅具有菌种的特异性,同时也存在宿主特异性。因为从人粪便中分离的双歧杆菌对人肠黏膜的黏附能力显著强于其对牛肠黏膜的黏附能力(He *et al*.,2001)。根据本试验的结果,我们认为所测试的上述菌株的黏附能力具有明显的菌种特异性。

本试验选用的黏红酵母并非分离自牙鲆或大菱鲆肠道,但是结果显示黏红酵母对两种肠黏液均具有较强的黏附性能。王斌等(2007)在研究干酪乳杆菌和乳酸菌对牙鲆体表及消化道黏液的黏附特性时也发现:干酪乳杆菌对体表及肠黏液的黏附能力要强于乳酸菌,其中乳酸菌分离自牙鲆肠道,而干酪乳杆菌则是牙鲆肠道的非原籍菌。这提示外源益生菌完全有可能在牙鲆消化道定植及重建消化道微生态环境。如果从黏附性能角度考虑,益生菌的来源不应局限于宿主肠道的原籍微生物,也可从其他动物、植物、环境中筛选高黏附性能菌株,拓宽益生菌的来源。

有研究表明,微生物的黏附与其表面性质存在很大的相关性(Re *et al*.,2000)。研究黏附与表面性质的关系不仅可以通过表面性质快速筛选具有黏附能力的益生菌,还可以判断黏附机制。疏水性是表面性质之一,它是指非极性溶液或溶质在极性水中所呈现的不稳定状态,从而引起一系列热能和分子重新分布及排列的变化(周智等,2005)。微生物表面疏水性被认为是影响微生物与宿主间反应的因素之一,与多种黏附现象如组织表面的黏附、塑料表面的黏附、细菌间的集聚等均有关（Jones et al.,1991）。Perez(1998)检测了从婴儿粪便及市售发酵乳制品中分离的双歧杆菌菌株的表面性质,发现疏水性对双歧杆菌的黏附和自凝集有重要影响,疏水性高的菌株对肠上皮细胞黏附能力也强,表面疏水性与黏附力成正比。由此,首次肯定了检测菌株的表面疏水性可作为筛选高黏附力的菌株的一项初筛指标。Wadstrom 等(1987)也发现分离自猪小肠的乳杆菌菌株对猪源肠上皮细胞的黏附力与乳杆菌的表面疏水性呈正相关,具有亲水性的菌株的黏附能力相对较弱。但 Savage 等(1992)认为表面疏水性的高低并不能代表菌株黏附能力的强弱,因为他们对多株乳酸菌与小鼠肠黏液的黏附能力及对应的菌株的表面疏水性进行了分析,发现菌株的黏附能力与疏水性之间不存在明显相关性。我们的试验结果也证实了这一点,因为黏附能力相对较弱的两种芽孢杆菌其表面疏水性却比较高。造成这些研究结果之间截然相反的原因,可能与不同的研究者所采用的疏水性检测方法有关。目前测定疏水性的方法有微生物黏着碳烃化合物法（MATH）、接触角测定法（CAM）、盐凝集法（SAT）和疏水作用层析测定法（HIC）,这些方法各有特色,用不同方法所得的结果往往不一致。因此为全面准确地评价细菌表面疏水性应考虑多种方法联合使用。关于黏附能力与表面疏水性之间研究结论的不一致性,也提示微生物的黏附可能是一个非常复杂的过程,通过测定细菌表面的疏水性来判断细菌黏附能力有待商榷。

黏液覆盖在鱼类体表、鳃丝及消化道表面,构成鱼类与外界环境的第一道物理屏障,同时也为各种微生物的黏附定植提供了生态位点。一方面,致病菌通过与肠黏液的黏附而在肠道大量繁殖、分泌水解酶破坏肠黏膜及肠道微生物平衡,导致宿主发病;另一方面,肠黏液层也为肠道生理性菌群或外源益生菌的黏附定植提供锚定位点。通过黏附作用,益生菌及生理性菌群形成一道微生物屏障,通过占位或空间位阻方式抑制致病菌的黏附,降低致病菌诱发动物感染的几率。益生菌对肠黏液的黏附是其在宿主肠道定植所必须的,益生菌对黏液的黏附作用也是研究益生菌作用机理的重要组成部分。

宿主、环境及微生物本身的结构特点都会影响益生菌在宿主体内的黏附定植。其中温度、pH 是重要的水环境因子,这些因子的改变对益生菌及宿主有重要的影响。鱼类为变温动物,其体温随着外界水温的变化而发生变化,环境水温直接反映鱼体温度。Borlas 等(1996)认为温度对弧菌与黄鳍鲷皮肤黏液的黏附有明显的影响,在 22℃时弧菌的黏附能力最强,温度过高或过低都使其黏附能力下降。本试验结果表明黏红酵母在低温时对牙鲆肠黏液的黏附量较少,但在 20～30℃范围内均有较强黏附作用。20～30℃的温度比较适合于黏红酵母的生长,这也可能是黏红酵母在上述温度范围内具有较好黏附能力的原因之一。此外,我们也注意到低温对黏红酵母黏附产生了明显的抑制作用。这提示在温度比较高的养殖季节黏红酵母更容易在牙鲆肠道黏附定植,而在低温季节应用黏红酵母饲喂牙鲆时,为了保证黏红酵母在肠道定植的数量,应该注意加大黏红酵母在饲料中的添加量。

pH 值对细菌的黏附作用具有举足轻重的影响（Gordon et al.,1981）。Chugh 等(1990)发现环境 pH 影响双歧杆菌 DM9227 与大肠杆菌细胞系 CCL-187 细胞的黏附,当 pH6.0～7.0 左右时,双歧杆菌在 CCL-187 细胞上的黏附量最大,而当 pH 高于 7.0 或低于 6.0 时,细胞的黏附数量明显下降。类似的现象也在霍乱弧菌的黏附试验中观察到,酸性条件下霍乱弧菌在硅胶上的黏附数量明显多于中性、碱性环境（Hood et al.,1997）。这可能是由于低 pH 改变了细菌表面电荷(例如排斥力降低),从而使细菌与细胞之间的相互接触更加容易(Juarez,2005)。当然并非所有细菌在低 pH 环境中的黏附能力都增强。在 pH5.0 的培养基中,单核李斯特菌对细胞的黏附能力显著下降。我们的试验结果也表明 pH 值对黏红酵母与牙鲆肠黏液的黏附有显著影响,在中性或偏酸环境中黏红酵母黏附能力较强,这说明酸性环境能增强黏红酵母对牙鲆肠黏液的亲和力从而加强黏红酵母的黏附作用。这也可能与黏红酵母对生长环境 pH 的特殊要求有关,因为酵母适宜在含糖量高、偏酸性的环境中生长。

本试验表明钙离子能促进黏红酵母对牙鲆肠黏液的黏附,这与前人的研究结果是一致的。Larsen 等(2007)发现 10 mmol/L 钙离子能显著增加鼠李糖乳杆菌、植物乳杆菌 Q47 对 IPEC-J2 细胞的黏附,并且钙离子的这种促黏附作用对活菌及死菌都起作用,而其他两种二价阳离子(Mg^{2+}、Zn^{2+})则对上述菌株的黏附无明显影响。二价阳离子(如钙离子)能够促进微生物的黏附(Enriquez-Verdugo,2004),其原因可能是钙离子通过中和细胞之间的双电子层促进非特异性黏附,或者是促进细胞表面的蛋白质和脂多糖黏附素之间的特异性黏附有关。试验结果也提示我们,或许通过在培养基或饲料中添加钙离子的方法能够提高相应益生菌在特定宿主的黏附定植潜力。

本试验也发现处于不同生长阶段的黏红酵母对牙鲆肠黏液的黏附存在明显差异,对数生长期的酵母的黏附能力显著高于稳定期及衰亡期的酵母,延滞期的黏红酵母也具有很强的黏附能力,仅次于对数期黏红酵母。出现这种现象的原因可能与不同生长时期的黏红酵母表面蛋白有关。分析不同生长阶段黏红酵母表面蛋白的 SDS-PAGE 的图谱,可以看出延滞期及对数生长期的黏红酵母表面蛋白种类明显多于稳定期和衰亡期。表明用对数生长期的黏红酵母饲喂牙鲆,黏红酵母可能在牙鲆肠道具有更好的定植潜能。

参考文献(略)

李正,李健.中国水产科学研究院黄海水产研究所　山东青岛　266071

第八节　黏红酵母和乳酸菌在牙鲆肠道的定植及肠黏液受体的初步研究

抗生素及化学药物在水产动物病害防治中曾发挥重要作用,但因其引起的细菌耐药性,药物残留等负面作用也日益明显。同时由于人们对水产品质量安全的高度关注,生态养殖日益受到重视。益生菌在促进水产动物生长、增强抗病能力、改善养殖环境方面已发现有明显效果(陈营等,2006)。黏附及肠道定植能力是筛选益生菌的重要指标,是益生菌发挥有益作用的前提条件(Gatesoupe *et al*.,1999)。鉴于体内研究益生菌黏附能力尚存在方法限制,因此常采用体外黏附模型评价益生菌的黏附能力。但体外黏附试验结果并不能完全说明益生菌在体内的定植情况,因此在筛选益生菌时,通过体外初步筛选的高黏附菌株,仍需对其肠道定植潜力进行评价。乳酸菌目前已广泛应用于畜牧及水产养殖业;黏红酵母除作为生防菌应用于植物病害防治外(孙萍等,2003),也作为益生菌应用于对虾的养殖(徐琴等,2007)。前期的试验结果表明鼠李糖乳杆菌和黏红酵母对牙鲆肠黏液具有较强的黏附能力,为进一步研究它们在牙鲆肠道的定植能力及对弧菌总数的影响,探讨体外黏附能力与体内定植潜能之间的相关性,为黏红酵母和鼠李糖乳杆菌应用于水产养殖提供试验依据。我们将黏附能力较强的黏红酵母和鼠李糖乳杆菌喷涂在饲料表面,投喂牙鲆,然后定期采样测定牙鲆肠道酵母、乳酸菌及弧菌总数。

1. 材料与方法

1.1 试验材料

(1)试验菌株及培养条件。

黏红酵母(*Rhodotorula glutinis*),购自中国科学院微生物研究所菌种保藏中心。鼠李糖乳杆菌(*Lactobacillus rhamnosus*),本实验室保存。黏红酵母采用马铃薯淀粉液体培养基,摇床振荡培养(30℃、24 h);鼠李糖乳杆菌采用 MRS 液体培养基密封静置培养(30℃、24 h)。

(2)试验用牙鲆。

200 尾健康牙鲆,平均体重为(56.4±1.5)g,购自中国水产科学研究院黄海水产研究所麦岛实验基地。试验前暂养 7 d,流水养殖,水温 20℃～22℃,盐度 32。每天分早、晚各投饵一次,投喂量以饱食为标准。

1.2 试验方法

(1)实验分组及投喂方法。

试验牙鲆暂养后随机分为 2 组(对照组和试验组),每组 4 个重复,每个重复 25 尾牙鲆放入一塑料桶。对照组投喂基础饲料(购自金海力水产科技有限公司),试验组投喂添加了鼠李糖乳杆菌和黏红酵母的基础饲料,每克饲料含鼠李糖乳杆菌和黏红酵母的数量分别约为 1.0×10^9、$1.0 \times 10^6 \mathrm{cfu \cdot g^{-1}}$。

(2)牙鲆肠道微生物的检测。

取样。在试验开始后的第 0、7、14、21、28、35 d 分别取样,测定牙鲆肠道中的弧菌、乳酸菌和酵母总数:肠道排空后每个重复随机取 1 尾牙鲆,每组 4 尾,无菌打开腹腔,分离肠道。肠道样品经称重后加无菌生理盐水匀浆,然后进行倍比稀释。

微生物计数。用 TCBS 培养基测定弧菌总数,MRS 测定乳酸菌总数,马铃薯淀粉培养基(PDA)检测酵母菌总数。取适当稀释的待测样品 100 μL 加入 TCBS、MRS 及 PDA 平板,均匀涂布,每个稀释度设 2 个平行,置生化培养箱中 30℃培养 24 h 后计数 TCBS 平板上菌落数,48 h 后计数 MRS 平板及 PDA 平板上的乳酸菌和酵母菌数。肠道样品的微生物含量以每克肠道组织中微生物数量(N)的对数($\lg N$)表示。

(3)鼠李糖乳杆菌及黏红酵母的鉴定。

挑取 MRS 及 PDA 平板上的单菌落分离纯化 3 次后,对单菌落进行生理生化鉴定。方法参考《伯杰氏细菌鉴定手册》。

(4)牙鲆成活率的测定。

整个试验期间,每天观察死亡情况,记录死亡数,最后计算对照组及试验组牙鲆的累积死亡率。

(5)黏红酵母表面蛋白质的提取。

采用 Casanova 等(1992)方法稍加调整:将活化两次的黏红酵母按 50 mL/L 的比例接

株于新鲜的麦氏液体培养基中。30℃振荡培养 18 h,离心(5 000 r/min、4℃、15 min)收集菌体,并用冷的 PB(0.01 mol/L,pH7.4)缓冲液洗涤 2 次,加 10 倍菌体湿重的 PB 悬浮菌体。菌悬液添加 β-巯基乙醇(1% v/v)、甘露醇(0.1 mol/L),37℃振荡 30 min 后,离心 20 min(4℃、12 000 r/min),收集上清液,上清液在 0.01 mol/LPBS 中 4℃透析过夜,收集样品,冷冻干燥后－20℃保存备用。

(6)肠黏液和酵母表面蛋白的辣根过氧化物酶(HRP)标记。

根据 Rojas 等(2002)的方法稍加改动:将经过醛化处理的 HRP 用 0.2 mol/L 碳酸盐缓冲液(pH 9.5)调节至 pH 9.0～9.5。取 1 mL 浓缩的黏液蛋白或表面蛋白(2 mg/mL)与 1 mLHRP(2 mg/mL)混合,室温下搅拌 2 h,然后加入新鲜配制的硼氢化钠振荡 2 h,混合液 4℃对硼酸缓冲液充分透析,标记好的黏液蛋白及酵母表面蛋白等体积加入 800 mL/L 甘油,－20℃保存备用。

(7)益生菌与大菱鲆肠黏液的黏附。

MTT 法测定黏附能力:加 50 μL 无菌 PBS 及 20 μL MTT 溶液(5 mg/mL),25℃孵育 2 h 后,加裂解液(20%SDS－50%DMSO)振荡 30 min。酶标仪测定各孔吸光度值(570 nm)。每个试验设 3 个重复。益生菌相对黏附率＝$(A_t－A_空)/(A_0－A_空)×100\%$,其中 A_t、A_0、$A_空$ 分别是试验组、益生菌原液、空白对照组吸光度值。

(8)酵母表面蛋白与肠黏液蛋白的凝胶电泳和 Western blot。

表面蛋白与肠黏液蛋白的 SDS－PAGE 参数:5%浓缩胶,12%分离胶,恒压:浓缩胶 70V 30 min;分离胶 130V 120 min。电泳完毕,一部分胶用考马斯亮蓝 R-250 进行染色,另一部分胶采用湿式电转法,130V 恒压 3 h,将蛋白转移至 PVDF 膜上,5%脱脂奶粉室温封闭 2 h,然后将 HRP 标记的黏液蛋白或表面蛋白分别与 PVDF 膜上的蛋白 30℃孵育 2 h,洗涤后加入 DAB 显色试剂,棕色条带即为目的蛋白。黏液蛋白非变性凝胶电泳,浓缩胶和分离胶浓度改为 3.6%、9%,其他与上述步骤相同。

(9)表面蛋白与黏液蛋白的糖原染色。

按照 SPA 试剂盒说明书进行染色。

1.3 数据分析

用 SPSS11.0 统计软件进行方差分析。当 $P<0.05$ 时表示差异显著。

2.结果与分析

2.1 牙鲆肠道酵母菌数量变化

正式试验之前,取样测定对照组及试验组牙鲆小肠酵母菌总数,结果发现所有牙鲆肠道均未检测到酵母菌。试验进行 7 d 后,试验组牙鲆肠道黏红酵母数量达到 $2.0×10^4$ cfu/g,在对照组牙鲆肠道仍未检测到酵母菌。继续投喂含黏红酵母和鼠李糖乳杆菌的基础饲料 14 d 后,试验组牙鲆肠道中酵母数量并没有随投喂时间延长而显著增加,仍保持在 10^4 cfu/g 数量级。21 d 后,所有牙鲆均投喂基础饲料,并于第 28 d 和第 35 d 再检测各组牙鲆肠道酵母菌数量,结果发现试验组牙鲆肠道酵母数量在改投基础饲料后呈下降趋势,在试验结束的第 35 d 酵母总数降为 $1.0×10^3$ cfu/g 左右。从试验开始至试验结束,对照组牙鲆肠道均未检测到酵母菌(图 1)。

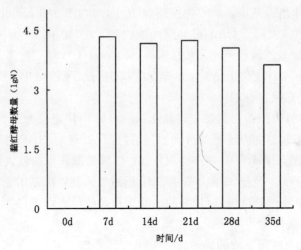

图1 试验组牙鲆肠道酵母菌数量变化

2.2 牙鲆肠道乳酸菌数量变化

整个试验期间,牙鲆肠道乳酸菌数量变化如图2所示。投喂鼠李糖乳杆菌和黏红酵母后,牙鲆肠道乳酸菌数量呈增加趋势,连续投喂21 d后,试验组牙鲆肠道乳酸菌总数达到 2.2×10^6 cfu/g;在第7 d~21 d期间,试验组牙鲆肠道的乳酸菌总数在 $1.5 \times 10^5 \sim 2.2 \times 10^6$ cfu/g范围内波动,对照组牙鲆肠道的乳酸菌总数维持在 $5.1 \times 10^2 \sim 1.7 \times 10^3$ cfu/g,显著低于试验组。但改投基础饲料后,试验组牙鲆肠道的乳酸菌数量呈下降趋势,至试验结束时,乳酸菌数量较前期明显减少,但仍高于对照组。对照组牙鲆肠道中的乳酸菌数量在整个试验期间变化不大,维持在较低水平。

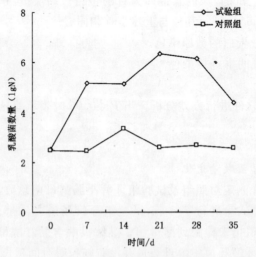

图2 牙鲆肠道乳酸菌数量变化

2.3 牙鲆肠道弧菌总数的变化

试验开始阶段,对照组和试验组牙鲆肠道弧菌总数相差不大,但随着试验时间的推移,对照组牙鲆肠道弧菌总数一直呈增加趋势,至试验结束时达到了 10^7 cfu/g数量级,而试验组牙鲆肠道弧菌总数维持在 $6.3 \times 10^4 \sim 3.2 \times 10^5$ cfu/g 水平,虽然改投基础饲料后,牙鲆肠道弧菌数量呈增加趋势,但其总数仍明显低于对照组。

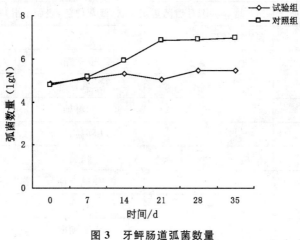

图3 牙鲆肠道弧菌数量

2.4 鼠李糖乳杆菌及黏红酵母的初步鉴定

从 MRS 平板挑取纯化的单菌落,初步确定 MRS 平板上的单菌落为鼠李糖乳杆菌,而 PDA 平板的菌落为黏红酵母。鉴定结果分别见表1,2。

表1 鼠李糖乳杆菌生理生化鉴定结果

固体形态特征		革兰氏阳性,规则杆状伴有弯曲杆状细胞		
接触酶		阴性		
发酵葡萄糖		产酸但不产气		
石蕊牛奶		产酸、凝固		
pH4.5		+	精氨酸产氨	−
碳水化合物产酸	苦杏仁苷	+	鼠李糖	+
	阿拉伯糖	−	核糖	+
	纤维二糖	+	水扬苷	+
	七叶灵水解	+	山梨醇	−
	果糖	+	山梨糖	+
	半乳糖	+	海藻糖	−
	葡萄糖酸盐	+	木糖	−
	乳糖	+	蔗糖	+
	麦芽糖	+	松三糖	+
	甘露糖	+	密二糖	−
	甘露醇	+	棉籽糖	−

表2 黏红酵母生理生化鉴定结果

麦芽汁液体培养基中培养	25℃培养三天后,细胞卵形至椭圆形,细胞大小(5.0～7.0)μm×(5.5～9.2)μm		
麦芽汁琼脂斜面上培养	25℃培养一个月后菌落奶酪状,浅灰白色,表面平滑,不反光,边缘流苏状		
玉米粉琼脂平板培养	有假菌丝形成		
糖类发酵	葡萄糖	－	麦芽糖	－
	半乳糖	－	乳糖	－
	蔗糖	－	棉籽糖	－
碳源同化	葡萄糖	－	D-阿拉伯糖	－
	半乳糖	－	核糖	－
	山梨糖	－	L-鼠李糖	－
	蔗糖	－	甘油	－
	麦芽糖	－	赤藓糖醇	－
	纤二糖	＋	核糖醇	－
	海藻糖	－	半乳糖醇	－
	乳糖	－	D-甘露醇	＋
	蜜二糖	－	D-山梨醇	－
	棉籽糖	－	杨梅苷	－
	松三糖	－	D,L-乳酸	－
	可溶性淀粉	－	琥珀酸	＋
	D-木糖	－	柠檬酸	－
	L-阿拉伯糖	－	肌醇	－

2.5 牙鲆死亡率

在整个试验期间,虽然没有用致病性弧菌进行直接攻毒,但这段时间是牙鲆发病的敏感时期(6～7月),而且整个试验期间所用海水均未进行沙滤,相当于进行了自然攻毒。整个试验周期内对照组和试验组牙鲆累计死亡率见表3,结果显示,对照组牙鲆的累计死亡率达到了73%左右,而益生菌组的牙鲆累计死亡率为41%。对照组的累计死亡率显著高于益生菌组,说明投喂含黏红酵母及乳酸菌的饲料能明显提高牙鲆的成活率。

表3 牙鲆平均累计死亡率(X±SD)%

组别	平均累计死亡率(%)
对照组	73.49±17.67
试验组	41.09±5.21＊

＊表示与对照差异显著

2.6 黏红酵母等四株益生菌与肠黏液的黏附

由表4可以看出,黏红酵母等四株益生菌均可黏附于大菱鲆肠黏液,且黏附率明显高于脱脂奶粉组;但各菌株的黏附能力差异较大,其中黏红酵母黏附率最高,鼠李糖乳杆菌次之,假丝酵母和枯草芽孢杆菌的黏附率都较低,与黏红酵母及鼠李糖乳杆菌相比差异显著($P<0.05$)(表4)。用黏红酵母表面蛋白预先与肠黏液孵育2 h后,显著抑制了黏红酵母与肠黏液的结合,其黏附率下降了83.6%;但表面蛋白与肠黏液的预处理对其他三株益生菌的黏附没有明显影响。

表4 黏红酵母等四株益生菌对脱脂奶粉及大菱鲆肠黏液的黏附率(X±SD%)

	脱脂奶粉	大菱鲆肠黏液	表面蛋白预处理大菱鲆肠黏液
黏红酵母	3.3±0.3	22.5±2.5a	3.7±0.6
假丝酵母	2.8±0.1	8.1±1.1b	7.8±0.9
鼠李糖乳杆菌	5.2±0.5	18.±1.7a	17.8±2.1
枯草芽孢杆菌	1.1±0.1	6.9±1.3b	5.3±0.8

注:a,b表示同一栏内具不同字母者差异显著($P<0.05$)

2.7 黏红酵母表面黏附相关蛋白的鉴定

黏红酵母经β-巯基乙醇和甘露醇处理30 min后,经染色观察仍保持活性,说明提取的蛋白是酵母表面蛋白成分。SDS-PAGE显示,表面蛋白成分非常丰富;转至PVDF膜后,用HRP标记的黏液蛋白与之进行杂交,发现相对分子质量为$38.5×10^3$和$28.6×10^3$的两条蛋白带呈阳性(图4)。

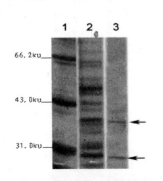 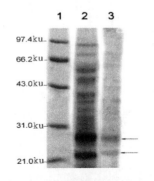 

图4 黏红酵母表面蛋白SDS-PAGE及与肠黏液的免疫印迹

1. Maker;2. 表面蛋白;3. 表面蛋白与HRP标记肠黏液的印迹

图5 肠黏液蛋白SDS-PAGE及与表面蛋白的免疫印迹

1. Maker;2. 肠黏液;3. 肠黏液与HRP标记表面蛋白的印迹

图6 肠黏液蛋白非变性凝胶电泳及与表面蛋白的免疫印迹

1. 肠黏液;2. 肠黏液与HRP标记表面蛋白的印迹

2.8 肠黏液参与黏附的蛋白成分鉴定

用HRP标记的酵母表面蛋白与转至PVDF膜的肠黏液进行杂交,相对分子质量为$27.3×10^3$及$22.3×10^3$的两条蛋白带呈阳性(图5)。为进一步确定酵母表面蛋白与天然状态的肠黏液的黏附,利用非变性不连续梯度凝胶电泳对肠黏液进行分离,然后用HRP标记的酵母表面蛋白进行免疫印迹,结果有一条黏液蛋白主带与表面蛋白呈阳性(图6)。

2.9 黏液蛋白和表面蛋白的糖基鉴定

PAS染色结果说明表面蛋白和黏液蛋白均为糖蛋白。

3.讨论

黏红酵母已被应用于果蔬采摘后的病害防治。水产方面,徐琴等(2009)报道黏红酵母能够增强对虾的非特异性免疫功能,提高对虾抗病能力。本试验发现,黏红酵母对牙鲆肠黏液具有很强的黏附能力,为进一步研究黏红酵母在牙鲆肠道的定植情况,将黏红酵母喷涂在饲料表面,投喂牙鲆,并定期取样测定牙鲆肠道酵母菌的数量。结果显示,在连续投喂期间,黏红酵母在牙鲆肠道内的数量维持在$(1.0\sim2.0)\times10^4$ cfu/g,说明黏红酵母具有一定的肠道定植能力;改投基础饲料14 d后,牙鲆肠道内的酵母数量虽然仍高于对照组,但相对于前期的连续投喂期间,黏红酵母明显减少并呈逐渐减少趋势,这与前人的研究结果是一致的。Joborn等(1997)将肉杆菌拌饲投喂虹鳟6 d后,虹鳟肠道内的肉杆菌数量迅速增加至9.2×10^7 cfu/g,但是改投基础饲料继续饲喂4 d再检测肠道的肉杆菌,发现其数量急剧下降,仅为2.9×10^5 cfu/g,说明肉杆菌虽然能在虹鳟肠道内大量增殖并定植下来,但定植效果不佳。与Joborn的结果相比,黏红酵母在牙鲆肠道停留的时间比肉杆菌在虹鳟肠道的存留时间更长一些,这与黏红酵母在体外的高黏附能力是一致的。试验组改投基础饲料后导致黏红酵母在牙鲆肠道数量减少,也说明微生物在肠道内黏附定植的复杂性,体外试验能够简单快速地评价各种益生菌的黏附能力,但要全面评价益生菌功效还必须考虑其体内的定植潜力,要维持肠道中黏红酵母数量,需要间断补充外源黏红酵母。

虽然乳酸菌不是牙鲆肠道内的优势菌群,即使在大量投喂鼠李糖乳杆菌后,其在肠道菌群中的构成数量也并不多。但在肠道内稳定定植的乳酸菌可通过分泌乳酸,降低局部环境的pH及其他方式抑制了肠道内弧菌数量的增加。王福强(2005)等的研究结果表明分离自牙鲆肠道的鼠李糖乳杆菌和干酪乳杆菌均可以在牙鲆的消化道定植,并能显著抑制肠道中弧菌生长。本试验结果也表明,试验组牙鲆肠道乳酸菌的数量在整个试验期间明显增加,乳酸菌的数量由最初的10^2 cfu/g增加到10^6 cfu/g,显著高于对照组($P<0.05$);并且在试验组牙鲆肠道乳酸菌数量增加的同时,肠道中弧菌的数量则明显下降。说明鼠李糖乳杆菌可以在牙鲆肠道中定植,并能抑制肠道中的弧菌增殖,控制弧菌数量。这与其他研究者的结果类似。Panigrahi等(2004)的研究结果表明,鼠李糖乳杆菌JCM1136株能在虹鳟肠定植,当向饲料中添加10^9 cfu/g乳酸菌投喂虹鳟10 d、20 d、30 d后,虹鳟肠道内的乳酸菌数量到达$10^6\sim10^8$ cfu/g,显著高于对照组。Byun等(1997)研究了从牙鲆肠道分离的乳杆菌DS212对牙鲆肠道菌群的影响,也得到了相似的结果。由于海水环境更适合弧菌的生长而不利于乳酸菌的生长,使得乳酸菌在海水中存活的稳定性较差,再加上牙鲆养殖或采用流水养殖方式或每天大量换水,水中乳酸菌的数量不是很高,因而对水中弧菌的控制作用不明显。

提高宿主抗病能力,是益生菌功效最直接的体现。本试验发现鼠李糖乳杆菌和黏红酵母能够增强牙鲆的抗病能力,降低了牙鲆死亡率。益生菌能够促进鱼类生长及降低鱼类经病原菌攻毒后的死亡率,目前已有较多的报道(Gatesoupe $et\ al.$,1994)。Kim等(2006)从虹鳟肠道分离到两种肉食杆菌,然后添加至饲料(10^7 cfu/g饲料)中投喂虹鳟,发现这两种细菌能够在虹鳟肠道内长期存活,并显著降低了嗜水气单胞菌和耶尔森氏杆菌攻毒后的虹鳟死亡率,对照组死亡率达到80%,而投喂上述两种益生菌的虹鳟其死亡率仅为20%左右。本试验中,对照组的死亡率为70%,而试验组牙鲆的死亡率仅为40%,这可能与鼠李糖乳杆菌定殖牙鲆肠道分泌的大量乳酸抑制了肠道弧菌的生长以及乳杆菌和黏红酵母增强了机体的免疫功能有关(刘雯霞等,2005)。通过向饲料中添加鼠李糖乳杆菌和黏红酵母能降低养殖牙鲆的死亡率,与特定的疫苗相比,虽然其保护效果相对特定的弧菌疫苗稍低(朱开玲等,2004)。但在实际生长中可操作性比疫苗更好,因此在牙鲆养殖中添加黏红酵母对提高牙鲆成活率,提高养殖效益大有裨益。

黏液层覆盖在黏膜上皮表面形成胶体屏障,保护机体免受病原微生物侵袭,同时为肠道微生物提供黏附位点(Uchida,2006)。黏液黏附能力被认为是致病菌一个重要的致病因子。Louis等(2000)对白假丝酵母等九株致病酵母的黏液黏附能力与致病性的相关性研究发现,上述酵母的毒力与其黏附能力直接相关。益生菌则通过在消化道黏膜的黏附,以占位排斥或其他方式抑制病原菌与上皮细胞的接触(钟世顺等,2004)。黏液黏附能力与益生菌的体内定植的相关性已被一些实验证实。王福强等(2005)从牙鲆肠道分离到一株乳酸菌L15,该菌株具有较强的黏液黏附能力,体内试验也表明其能很好地定植于牙鲆肠道,并显著降低了肠道弧菌的数量,进而提高牙鲆稚鱼的成活率和生产性能。Byun等对乳杆菌DS-12在牙鲆肠道黏附定植及对肠道菌群的影响,也得到了相似的结果。本试验发现黏红酵母和鼠李糖乳杆菌对大菱鲆肠黏液具有较强的黏附能力,推测其在大菱鲆肠道可能具有较好的定植潜能,结合体外弧菌抑菌试验,这两株益生菌在大菱鲆养殖中可能具有较好的应用前景。

黏红酵母与大菱鲆肠黏液的黏附能被其表面蛋白明显抑制,说明其表面蛋白在黏附中起重要作用。这与表面蛋白介导微生物黏附的结论一致(王斌等,2005)。Western-blot结果显示黏红酵母表面蛋白中相对分子质量为38.5×10^3和28.6×10^3的蛋白可特异性与肠黏液结合。SPA染色结果显示这两种蛋白为糖蛋白。有研究表明,糖蛋白的糖基成分在介导对微生物的黏附过程中起关键作用,通过添加糖类或高碘酸处理可显著抑制微生物的黏附能力。孙进等(2006)研究发现甘露糖对植物乳杆菌(L. plantarum)Lp6的黏附有浓度依赖性的抑制作用,高碘酸处理也显著降低了其黏附能力。黏红酵母表面蛋白含有的糖基成分,在黏附过程中的作用将是下一步研究的内容。Louis等(2000)鉴定了白假丝酵母与兔肠黏液结合的表面黏附蛋白为相对分子质量66.0×10^3的糖蛋白,这与本研究得到的两种黏附蛋白相对分子质量差异较大,可能与菌种及宿主动物不同有关。类似的差异也存在乳酸菌之间。A1eljung等(1994)认为参与罗伊氏乳杆菌NCIB11951黏附的两个表面黏附蛋白属于I型胶原结合蛋白,其中相对分子质量29.0×10^3的蛋白其氨基酸序列含有两个典型的胞外受体连接的基序,上游一个开放阅读框与ATP连接组分有高度同源性;而Chen等(2007)研究发现相对分子质量为42.0×10^3的S层蛋白在唾液乳杆菌黏附过程中起关键作用。本试验鉴定的相对分子质量28.6×10^3的黏红酵母表面蛋白属于何种蛋白,还有待于蛋白测序后的深入分析。黏红酵母表面蛋白能明显抑制其对肠黏液的黏附,但对假丝酵母及其他两株益生菌的黏附没有影响,这可能与各菌株参与黏附的表面黏附素结构不同而导致大菱鲆肠黏液上的黏液受体不一致有关。

黏附是黏附素与其受体之间的特异性结合。黏红酵母与大菱鲆肠黏液具有较强黏附能力,可能与参与黏附的肠黏液受体蛋白含量有关。用Gel-pro Analyzer软件对大菱鲆肠黏液蛋白成分的半定量分析结果表明,相对分子质量为27.3×10^3和22.3×10^3的两种蛋白含量约占肠黏液蛋白总量的 38.0%，也是肠黏液蛋白中的两条主要蛋白条带(图 2)。陈营等(2006)利用 westernblot 技术发现牙鲆肠黏液中相对分子质量为 29.7×10^3 和 30.3×10^3、鲤鱼肠黏液中相对分子质量 26.2×10^3 的蛋白分别能与乳杆菌 L15、嗜酸乳酸菌发生特异性结合。对比分析发现，这几种鱼类的黏液受体的相对分子质量大小很接近，此外本试验也发现黏红酵母对大菱鲆和牙鲆黏液的黏附率相近，推测这些肠黏液蛋白之间可能存在一些共同的结构特点，Carlstedt 等也认为虽然不同动物肠黏液成分存在差异，但是主要大分子性质及结构存在相似性。为观察非变性黏液蛋白与酵母表面蛋白的相互作用情况，本试验采用非变性凝胶电泳对肠黏液蛋白进行分离及免疫印迹，结果证实存在一条主要蛋白带能与酵母表面蛋白结合，说明黏红酵母可黏附于天然条件下黏液蛋白。采用 PAGE、SDS-PAGE 分离的乳酸菌表面蛋白的印迹结果进行了比较分析，发现 SDS-PAGE 所得阳性蛋白条带为非变性蛋白的一个亚基，两株方法所得结果是一致的。本试验得到的非变性及变性蛋白质之间的相互关系，尚需要进一步确认。

参考文献(略)

李正，李健　中国水产科学研究院黄海水产研究所　山东　青岛　266071

第九节　噬菌蛭弧菌和黏红酵母对中国对虾生长及非特异免疫因子的影响

免疫系统是机体的防御系统，其防御能力的高低，直接影响到机体的抗病能力和生产能力。目前国内外有许多报道(江晓路等,1999)，采用给对虾直接口服、肌注或在饲料中添加富含多糖、生物碱及氨基酸等成分的药物(化学药剂、微生物类衍生物、动植物提取物、维生素类、激素及细胞类因子等)的方法来刺激免疫系统，增强防御能力，达到防治疾病的目的。

噬菌蛭弧菌(*Bdellovbrio bacteriovorus*)具有独特的"寄生"和"噬菌"特性(Shilo *et al.*,1984)，其应用侧重于水体的净化和污染状况评价(王丽娜等,1994)两方面。黏红酵母(*Rhodotorulaglutinis*)在水体和动物体内外数量始终低于深红酵母，大概占红酵母属的 30%左右(周与良等,1999)，但是后者有转化为致病菌的可能(刘钢等,1999)。黏红酵母的研究集中在产 L-苯丙氨酸解氨酶或其突变株产生虾青素及果蔬采后的人病害防治(施安辉等,1999)。目前鲜见将噬菌蛭弧菌和黏红酵母用于饲料中的报道。本试验通过在配合饲料中添加噬菌蛭弧菌、黏红酵母及二者混合饲喂对虾，测定中国对虾的非特异性免疫因子水平及免疫保护作用，为对虾健康养殖的应用提供理论依据。

1. 材料和方法

1.1　材料

中国对虾(*Fenneropenaeus chinensis*)购自青岛卓越科技有限公司，体长 1.5~1.6 cm。

噬菌蛭弧菌(*Bdellovbrio bacteriovorus*)由南京恒生科技有限公司提供；黏红酵母

（*Rhodotorula glutinis*）由中国科学院微生物研究所菌种中心提供。

1.2 方法

（1）试验分组及管理。

将不同配伍微生态制剂以 1% 的比例（*W/W*，菌液浓度 10^9 cells/mL）添加到基础饲料中，对照组只饲喂基础饲料。试验在 100 L 的 PVC 桶中进行，24 h 连续充气；每天投喂 4 次，均为略过剩给量；水温维持在 24℃～26℃；每天吸污换水 1 次，每次换水 1/2。

试验前将中国对虾暂养 3 d 后选取大小均匀、健康活泼个体随机分为 3 个试验组和 1 个对照组，每组设 2 个平行试验，每组 100 尾对虾，试验共进行 30 d。

试验分组：第 1 组：添加噬菌蛭弧菌（Bd）；第 2 组：添加黏红酵母（Rh）；第 3 组：添加噬菌蛭弧菌和黏红酵母（Bd＋Rh）；第 4 组：对照组（只投喂基础饲料）。

（2）生长量和存活率的测定。

试验开始时，随机取 30 尾对虾测量体长体重，饲养试验结束后，再分别称取每组对虾体长、体重，分别计算增长率和相对增重率，计算公式如下：

体长增长率（%）＝[（试验末体长－试验初体长）/试验初体长]×100

相对增重率（%）＝[（试验末体重－试验初体重）/试验初体重]×100

（3）酶活测定方法。

超氧化物歧化酶（SOD）活力的测定：用改进的邻苯三酚自氧化法（邓碧玉等，1991）进行测定。酚氧化酶（PO）活力的测定：以 L-多巴为底物，采用改进的 Ashida 等（1971）方法在 96 孔酶标板中进行。溶菌（UL）活力的测定：按 Hultmark 等（1982）改进的方法进行。

1.3 攻毒试验

为验证所用微生态制剂的免疫保护效果，在试验结束后第 7 d 用鳗弧菌（本实验室分离，保种）进行攻毒。鳗弧菌经对虾体内传代 3 次，预试验结果表明，攻毒浓度为 10^8 cell/mL，注射剂量 50 μL/尾（肌注），攻毒后 5 d 左右对虾的死亡趋于稳定，本试验记录攻毒后 8 d 内各组的累计死亡率，并计算相对免疫保护率（Relative Percent Survival，RPS）：

$$RPS = (1 - \frac{免疫组死亡率}{对照组死亡率}) \times 100\%$$

1.4 统计分析

采用 SPSS11.0 对数据进行单因数方差分析，当差异显著（$P < 0.05$）时，用 Tukey's 检验法进行均值间多重比较。

2. 结果与分析

2.1 生长与成活率

表 1 微生态制剂对中国对虾增长率、增重率、存活率的影响（平均值±标准差，$n=2$）

组别	增长率（%）	增重率（%）	存活率（%）
Bd 组	77.92±1.25[a]	409.94±2.56[a]	45±0.04[a]
Rh 组	88.64±0.04[b]	554.99±4.85[b]	63±0.06[b]
Bd＋Rh 组	72.73±0.13[a]	385.64±1.82[a]	40±0.02[a]
对照组	52.27±0.03	234.77±1.27	30±0.01

同一列不同字母表示经多重检验相互之间的差异显著，$P<0.05$。

从表1可以发现，饲喂添加微生态制剂的饲料，促进了对虾生长，试验组均显著（$P<$ 0.05）高于对照组。其中以 Rh 组的生长最为明显，显著（$P<0.05$）高于另外两个试验组。试验组中 Rh 组存活率达到 63％，Bd 组和 Bd＋Rh 组分别为 45％、40％，后二者间无显著差异（$P>0.05$）。投喂 Rh 组的增长率、增重率至少高于其他组 10.72％、105.05％，比对照组高出 36.37％、320.22％。

2.2 酚氧化酶活力的测定结果（图1）

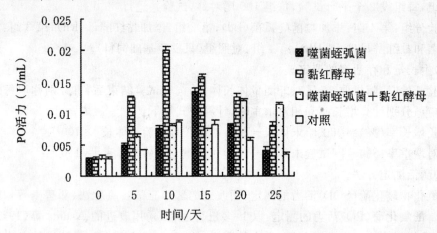

图1 微生态制剂对中国对虾酚氧化酶活力的影响

从图1中可以看出，在饲料中加入微生态制剂后，随着时间的延长，各试验组酚氧化酶活力较对照组有不同程度的提高。Bd 组从整体看来与对照组间没有显著差异（$P>$ 0.05）；Rh 组的酚氧化酶活力第 5 d 即有显著提高（$P<0.05$），第 10 d 极显著（$P<0.01$）高于其余各组；而 Bd＋Rh 组在前 20 d 酚氧化酶活力一直不及 Rh 组，到第 25 d 则与其余试验组有显著差异（$P<0.05$）。

2.3 溶菌活力的测定结果（图2）

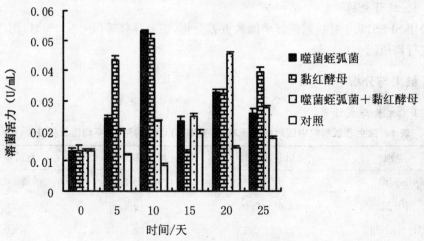

图2 微生态制剂对中国对虾溶菌活力的影响

从图 2 中可以看出,在饲料中加入微生态制剂后,随着时间的延长,各试验组溶菌活力较对照组有不同程度的提高。Bd 组在第 10 d 达到了极显著差异($P<0.01$),之后活力开始下降,在第 20 d 有了短暂的回升;Rh 组除了在第 15 d 值达到最低外,其余时间一直维持高活力值($P<0.01$);Bd+Rh 组在第 10 d 也达到显著差异($P<0.05$),在 20 d 时有了一个新的增长高峰。总体看来 Rh 组促进幅度最为显著,但 Bd+Rh 组能维持较稳定的活力值。

2.4　超氧化物歧化酶活力的测定结果(图 3)

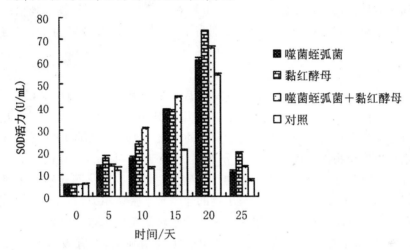

图 3　微生态制剂对中国对虾超氧化物歧化酶活力的影响

从图 3 中可以看出,试验组酶活力都有显著的提高。试验组在第 15 d 较对照组达到了极显著差异($P<0.01$),高活力一直维持到第 20 d,在第 25 d 有较大的回落($P<0.01$);Rh 组从第 5 d 至第 25 d 始终维持其显著差异($P<0.05$)。总的来说,试验组均在 20 d 时达到高峰,之后开始下降。Rh 组对超氧化物歧化酶活力促进效果最为显著,而 Bd 组和 Bd+Rh 组间差异不显著($P>0.05$)。

2.5　攻毒试验结果(表 2)

表 2　感染鳗弧菌对虾的免疫保护率(%)

组别	噬菌蛭弧菌	黏红酵母	噬菌蛭弧菌＋黏红酵母	对照组
相对免疫保护率	52.9±1.25a	63.4±0.08b	49.8±1.65a	0.0±0.00

同一列不同字母表示经多重检验相互之间的差异显著,$P<0.05$。

攻毒试验结果见表 2,注射鳗弧菌后 8 d,对照组全部死亡,而试验组成活率较高。添加微生态制剂后,中国对虾免疫保护率在 50%~65% 之间,但 Bd 组和 Bd+Rh 组间差异不显著($P>0.05$)。

3.讨论

本试验选取 3 种具有免疫增强作用的微生态制剂添加入饲料中,结果表明,在饲料中添加微生态制剂,不仅能够促进中国对虾的生长,而且可以提高免疫能力和抵抗疾病的能力,其中以 Rh 组的各项指标最佳,而 Bd 组和 Bd+Rh 组间差异不显著。

3.1　生长指标

微生态制剂内含多种营养成分,能协助动物消化饵料,已被证实有促生长作用。如:张淑华等(1994)将益生菌加入中国对虾混合饵料中饲喂对虾,结果表明饲料中添加 0.1% 益生菌能使对虾个体增重增加 4.6%～6.35%,成活率提高 5.03%～6.18%。吕玉华等 (1999)、金征宇等(1999)在罗氏沼虾饲料中添加法夫酵母后发现能显著提高罗氏沼虾的增重率 14.48%,提高存活率 21.66%。本次试验发现,投喂添加微生态制剂后试验组对虾在生长方面较对照组都有明显提高。其中 Rh 组在促进对虾的生长,提高成活率方面最为显著,增长率、增重率和成活率比对照组分别高出 36.37%、320.22% 和 33%,与本试验结果一致。

3.2　免疫指标

对虾属低等无脊椎动物,免疫能力主要来自于非特异性的防御机能,如血细胞的吞噬、包封以及血淋巴中一些因子的杀菌、抗菌作用。其中酚氧化酶系统(proPO)、溶菌酶、超氧化物歧化酶三者在对虾的防御系统中起着重要的异物识别和防御功能。proPO 激活系统对于维持甲壳动物体液的无菌性十分重要(丁秀云等,1996)。溶菌酶是一种碱性蛋白,具有的溶菌作用,是吞噬细胞杀菌的物质基础。超氧化物歧化酶能够催化超氧阴离子的歧化作用,是一种重要的抗氧化酶,与生物的免疫水平密切相关(Tonya *et al.*,2000),其活性变化可以作为反映对虾的机能健康状况及衡量对虾免疫状态的指标。

本试验发现,微生态制剂是良好的非特异性免疫增强剂,能有效地增强机体的免疫力,提高其抗逆能力,使中国对虾表现出最佳的生长状态。在饲料中添加 Bd、Rh 及 Bd+Rh 后显著增强了中国对虾的酚氧化酶活力、溶菌活力及超氧化物歧化酶活力。

从第 5 d 起,PO 活力与对照组相比提高 2 倍以上,说明微生态制剂也可通过激活 pro-PO 系统发挥其免疫增强作用,这对于提高对虾的防御能力有着重要的意义。溶菌活力在第 5 d 时 Rh 组与对照组相比提高 4 倍以上,在第 10 d 时试验组与对照组相比溶菌活力提高 2～5 倍,说明微生态制剂可以显著增强中国对虾的溶菌酶活力,对于表现溶菌活力的是哪种体液免疫因子以及它与细胞免疫之间的关系,还需要深入探讨。超氧化物歧化酶活力整体稳步上升到第 20 d,然后在第 25 d 时均大幅度下降。这表明微生态制剂能够促进机体的抗氧化能力,SOD 先升后降的规律与孟凡伦等(1999)的报道一致。由于血清超氧化物歧化酶活力测定方法简便易行,建议将其作为对虾病害防治与监测的首选免疫检测指标。

攻毒试验结果显示,这 3 种微生态制剂对中国对虾抵抗疾病的能力有不同程度的提高,经过 8 d 的攻毒,试验组免疫保护率达到了 50%～65%,说明微生态制剂可以在延缓对虾死亡时间的同时,降低死亡率。

3.3　菌株选取方面

试验发现噬菌蛭弧菌单独用作饲料添加剂,效果不及黏红酵母,这可能与黏红酵母的适口性好(细胞大小多在 4～6 μm 之间),在海水中稳定性、分散性好、利用率高(陈福杰,2000)等优点有关,况且国内外主要将噬菌蛭弧菌用于水体净化,从这个试验看出,噬菌蛭弧菌可能更适合作为净水剂。

　　Bd＋Rh组没有体现菌种配伍的优势，此组在生长、酶活力及免疫保护率等指标均不及其余两个单独使用的试验组，表明二者之间有拮抗作用，可能是这两种菌体发生了沉淀作用，菌体只发挥了部分作用。Bd＋Rh组延缓了增强PO和溶菌酶免疫活力的时间，一般在第20 d左右酶活力才开始大幅度增加，而在第25 d左右又很快下降，这样维持高酶活力的时间很短，起不到太大的免疫保护作用。

　　建议不联合使用噬菌蛭弧菌和黏红酵母，从提高促生长、提高免疫力和经济角度三方面考虑，建议单独使用黏红酵母，添加剂量为1‰左右为宜。

　　参考文献(略)

徐琴，李健，刘淇，王群．中国水产科学研究院黄海水产研究所　　山东青岛　　266071

第十节　微生态制剂对中国对虾幼体生长和非特异性免疫的影响

　　近年来对虾养殖疾病的发生频繁、危害严重。截至1992年，查明在我国发生的虾病已有40多种(吴友吕等，1992)。对虾病原体主要包括病毒、细菌、真菌、原虫、藻类等，虽然某些疾病可以用抗生素控制，但是大量使用抗生素能使病菌产生抗药性，抑制对虾自身免疫力，还会通过食物链对人类健康构成威胁。因此，"以防为主"成为养殖的首选。

　　球形红假单孢菌(*RhodopseudomLonas sphaeroides*)菌体含有丰富的蛋白质，多种维生素和某些生长因子，能在无氧黑暗条件下对水体中的有害物质进行转化，是作为净水剂和饲料添加剂的理想菌体。噬菌蛭弧菌(*Bdellovibrio bacteriovorus*)有独特的"寄生"和"噬菌"生物特性(Shilo，1984)，其应用研究侧重于对环境水体的净化和作为水体污染状况评价的指示菌两方面。黏红酵母(*Rhodotorulaglutinis*)在水体及动物体内外数量始终次于深红酵母，大概占红酵母属的30％左右(周与良等，1984)，但是后者有转化为致病菌的可能。黏红酵母(刘刚等，1999)具有适口性好(细胞大小多在4～6 μm间)，适于工业化大规模生产，能长期保存，在海水中稳定性、分散性好、利用率高等优点。然而单菌种使用有其劣势，且鲜见使用噬菌蛭弧菌和黏红酵母育苗的报道。为了更好发挥优势菌的作用，寻求更佳的菌种配伍，本文将这3株微生态制剂联合使用，初步研究了对中国对虾幼体生长及酶活力的影响，以期为生产实践作一些指导。

1. 材料和方法

1.1　材料

　　试验用的中国对虾无节幼体(N_4，平均体长0.38～0.42 mm)购自日照涛雒小海育苗场，基础饲料选用日本株式会社0号(Z_1～M_3)和1号(P_1～P_5)规格的车元饲料。

　　噬菌蛭弧菌(以下简称"Z")由南京恒生科技有限公司提供，球形红假单孢菌(以下简称"Q")和黏红酵母(以下简称"JM")均由中国科学院微生物研究所菌种中心提供。

1.2　试验分组及投喂方案

　　将中国对虾无节幼体暂养1 d后，随机分到装有50 L海水的PVC桶里，密度为20万尾/立方米。从蚤状幼体开始投喂车元饲料,每天投喂 8 次。另外在蚤状幼体加投单孢藻和轮虫;糠虾期幼体投单孢藻,后期投卤虫无节幼体;仔虾 $P_1 \sim P_5$ 期投卤虫无节幼体。共设 4 个试验组和 1 个对照组,每个组 3 个重复。各试验组投喂微生态制剂的方案见表 1。在喂养前 5 天加入菌液,试验组水体内加入终浓度为 2×10^5 cells/mL 的复合菌液,以后每隔 5 天加一次,换水之后补足菌量。

表 1　试验分组

试验组	Z+Q	Z+JM	Q+JM	Z+Q+JM	对照组
添加比例	1:1	1:1	1:1	1:1:1	—

1.3　试验条件及管理

试验用的新鲜海水经沉淀、砂滤,加入 4×10^{-6} EDTA-2Na 和 2×10^{-6} 土霉素,充气并预热。在整个实验过程中育苗水体充气,充气量大小随幼体大小进行调整。试验期间水温根据变态发育的需要从 19℃ 逐渐升温到 25℃。自糠虾幼体Ⅲ期开始换水,每次换水 1/2。

1.4　中国对虾幼体变态指数、存活率和体长的计量

(1)变态指数。

定期在桶里随机取水样,镜检幼体发育阶段并计算变态指数 DI(development index)。变态指数根据 Malecha 描述进行鉴定:DI=(sumA)/N。

式中,A 为每个时期的数值,设 $Z_1=1$,$Z_2=2$,$Z_3=3$,$M_1=4$,$M_2=5$,$M_3=6$,PL=7(Z_1,Z_2,Z_3 分别为蚤状幼体Ⅰ,Ⅱ,Ⅲ期;M_1,M_2,M_3 为糠虾幼体Ⅰ,Ⅱ,Ⅲ期;PL 为仔虾期);N 为每次取样的总个体数目。重复两次取平均值。

(2)存活率和体长。

分别在 Z_1 期、P_5 期计数幼体存活尾数,计算 $Z_1 \sim P_5$ 期的存活率。

分别在 M_1 期、P_5 期从每组里随机取 15×2 尾,测量其体长,并计算 $M_1 \sim P_5$ 期幼体体长平均增长率。计算公式如下:

体长平均增长率(%)=[(P_5 期平均体长-M_1 期平均体长)/M_1 期平均体长]×100

1.5　免疫指标的测定

(1)酚氧化酶(Phenoloxidase,PO)。

以 L-DOPA 为底物,参照 Ashida (1971)的方法进行。

(2)超氧化物歧化酶(Superoxidedismutase,SOD)。

按邓碧玉等(1991)改进的连苯三酚自氧化法进行。

1.6　数理统计方法

用 SPSS11.0 统计软件进行方差分析,当差异显著($P < 0.05$)时,用 Tukey′s 检验法进行均值间多重比较。

1.7　中国对虾免疫保护率的测定

P_1 期幼体经过 7 d 投喂后,每个组随机取 100 尾仔虾(P_5),平均分成两组。一组加入鳗弧菌(Vibrioanguillarum),使终浓度达到 5×10^7 cells/mL,另一组不加鳗弧菌作为对照,均正常投饵,攻毒 5 d 后试验结束。考虑到仔虾有一定自然死亡率,因此采用相对存活率(Relative Percent Survival,RPS)计算式:

$$RPS = \left(1 - \frac{\text{免疫组死亡率}}{\text{对照组死亡率}}\right) \times 100\%$$

2. 结果与分析

这4种微生态制剂对中国对虾幼体生长及非特异性免疫指标影响的结果如下。

2.1 生长指标

(1)变态指数(表2)。

表 2 微生态制剂对中国对虾变态指数的影响(平均值±标准差,$n=2$)

发育期	组别	变态指数
$Z_3 \sim M_1$	Z+Q	3.813 ± 0.09^a
	Z+JM	3.444 ± 0.04^b
	Q+JM	3.793 ± 0.07^a
	Z+Q+JM	3.547 ± 0.05^c
	对照组	3.341 ± 0.12
$M_3 \sim P_1$	Z+Q	6.839 ± 0.067^a
	Z+JM	6.347 ± 0.09^b
	Q+JM	6.422 ± 0.087^c
	Z+Q+JM	$6.387 \pm 0.03b^c$
	对照组	6.253 ± 0.07

同一列不同字母表示经多重检验相互之间的差异显著,$P<0.05$。

幼体的变态指数的显著性分析见表2。从表中可以看出,4个试验组在 $Z_3 \sim M_1$ 和 $M_3 \sim P_1$ 时变态指数极显著($P<0.01$)高于对照组;而 Z+Q 组的变态指数极显著($P<0.01$)高于 Z+JM 组和 Z+Q+JM 组。

(2)存活率和体长(表3)。

表 3 微生态制剂对中国对虾存活率、体长平均增长率的影响(平均值±标准差,$n=2$)

组别	$Z_1 \sim P_5$ 期存活率 (%)	M_1 期的平均体长 (mm)	P_5 期的平均体长 (mm)	$M_1 \sim P_5$ 期的体长平均增长率 (%)
Z+Q	56.12 ± 0.01^a	2.70 ± 0.10^a	6.38 ± 0.15^a	136 ± 0.10^a
Z+JM	38.76 ± 0.02^b	2.60 ± 0.15^b	5.53 ± 0.30^b	113 ± 0.25^b
Q+JM	43.72 ± 0.01^c	2.68 ± 0.10^a	6.31 ± 0.20^a	135 ± 0.15^a
Z+Q+JM	44.61 ± 0.01^c	2.59 ± 0.15^b	5.85 ± 0.20^b	126 ± 0.15^c
对照组	21.90 ± 0.03	2.56 ± 0.10^b	4.89 ± 1.20^c	96 ± 0.10^c

同一列不同字母表示经多重检验相互之间的差异显著,$P<0.05$。

4 种微生态制剂对中国对虾幼体存活率和体长的影响见表3。结果表明,Z+Q 组的 $Z_1 \sim P_5$ 期存活率比对照组高出 34.22%,P_5 期平均体长比对照组长 1.29 mm,$M_1 \sim P_5$ 期的体长平均增长率比对照组高出 40%。而试验组中最差的 Z+JM 组 $Z_1 \sim P_5$ 期存活率也比对照组高出 16.86%，P_5 期平均体长比对照组长 0.64 mm，$M_1 \sim P_5$ 期的体长平均增长率也高出 17%。

2.2 免疫指标

(1)酚氧化酶(图1)。

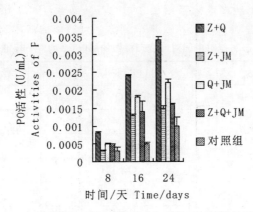

图1 4种微生态制剂对中国对虾幼体 PO 活性的影响

结果见图1。从图中可以看出，在水体中加入微生态制剂后，随着时间的延长，各试验组酚氧化酶活力较对照组有不同程度的提高。Z+Q 组的酚氧化酶活力极显著($P < 0.01$)高于其余各组；除了第 24 d 对照组与 Z+JM 组和 Z+Q+JM 组差异不显著($P > 0.05$)外，第 8 天和第 16 d 试验组酚氧化酶活力均极显著($P < 0.01$)高于对照组。

(2)超氧化物歧化酶(图2)。

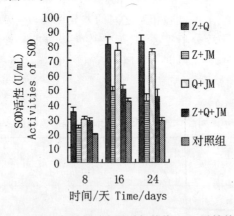

图2 4种微生态制剂对中国对虾幼体 SOD 活性的影响

结果见图2。从图中可以看出，加入微生态制剂后各试验组超氧化物歧化酶活力较对照组均有不同程度的提高。在第 8 天时试验组中除了 Z+JM 组外，SOD 均极显著($P < 0.01$)高于对照组。第 16 d 时，各试验组都极显著($P < 0.01$)高于对照组，并且 Z+Q 组和 Q+JM 组也极显著($P < 0.01$)高于 Q+JM 组和 Z+Q+JM 组。到了第 24 天，各试验组都极显著($P < 0.01$)高于对照组，Z+Q 组也极显著($P < 0.01$)高于其他试验组，而 Q+JM 组和 Z+Q+JM 组间差异不显著($P > 0.05$)。从图中还可以发现 SOD 的活力在第 16 d 时达到了顶峰，在第 24 d 时开始略有下降，而以对照组下降速度最快。

2.3 免疫保护率的测定结果(表4)

表4 感染鳗弧菌中国仔虾的相对成活率(%)

组别	Z+Q	Z+JM	Q+JM	Z+Q+JM	对照组
相对成活率	58.5 ± 1.05^a	29.4 ± 2.53^b	38.9 ± 0.54^c	34.2 ± 2.36^c	12.5 ± 3.42

同一行不同字母表示经多重检验相互之间的差异显著,$P<0.05$。

结果见表4,攻毒结束时各试验组成活率均高于对照组成活率为,12.5%。Z+Q组的成活率最高,表明噬菌蛭弧菌和球形红假单胞菌组的免疫保护能力最好,其次是添加Q+JM的试验组,最差的是Z+JM组,这表明这两种微生态制剂之间有拮抗作用。

3.讨论

试验结果表明,施用不同配伍的4种微生态制剂后,试验组的中国对虾在生长,酶活力等方面均较对照组都有明显提高,尤其是Z+Q组。

本试验将4种微生态制剂混合添加到中国对虾幼体培育水中,与对照相比均能明显提高变态速度,从而加速蜕皮、促进生长。这可能是因为微生态制剂有效抑制对虾幼体培育水体中其他杂藻、杂菌的生长和繁殖,改善了养殖水体的生态系统。田维熙等(1995)和马寅斗等(1997)分别用光合细菌、海洋酵母培育中国对虾幼体,成活率比对照组最多高出20%和25.7%,而本试验中球形红假单胞菌和噬菌蛭弧菌联合使用则比对照组高出34.22%,这体现了菌种配伍的优势。在养殖中还发现试验组的虾苗个体大、均匀、健壮,而对照组幼体个体大小不一,存在残食现象。

对虾的免疫反应属于非特异性免疫。PO系统在对虾的防御系统中起着重要的异物识别和防御功能,酚氧化酶催化生成的黑色素及黑化反应的中间产物都具有细胞毒性或抗微生物功能,所以酚氧化酶激活系统对于维持甲壳动物体液的无菌性十分重要(孟凡伦等,1999)。在本次试验中,Z+Q组的酚氧化酶活力一直极显著高于其余各组,并且酶活力增加的持续时间长,这样可以增加菌种投喂的间隔时间,节约养殖成本;而Z+JM组和Z+Q+JM组到了第24 d时已经与对照组差异不显著,后两者与国内的报道(王雷等,1995;莫照兰等,2000)除了时间上的变化有所差异外,表现出的趋势都是在试验初期酶活力增加速度快,到后期增加缓慢,且与对照组间差异不显著。

超氧化物歧化酶能够催化超氧阴离子的歧化作用,产生过氧化氢和氧,是一种重要的抗氧化酶(Tonya $et\ al.$,2000),与生物的免疫水平密切相关(丁美丽等,1997),其活性变化可以作为反映对虾的机能健康状况及衡量对虾免疫状态的指标。本试验加入微生态制剂后,对虾血清的超氧化物歧化酶活力有不同程度的提高,到第16 d达到顶峰,在第24 d时开始略有下降,而以对照组下降速度最快。这表明微生态制剂能够促进机体的抗氧化能力。在此次试验中,在超氧化物歧化酶活力下降的时候,酚氧化酶却一直在增加。关于酚氧化酶活力一直处于上升状态的现象,可能是由于中国对虾幼体的免疫系统处于健全阶段,而此次试验所测的时间可能正好处于酚氧化酶活力迅速增加阶段,从有两个试验组到第24 d时与对照组差异不显著这个变化应该可以得到部分解释。莫照兰等(2000)发现气味黄杆菌的胞外糖蛋白对克氏原螯虾成虾的SOD没有影响,而能增强PO活力。幼体这种现象的具体原因有待进一步研究。

这 4 种不同配伍的微生态制剂对中国对虾的作用效果不尽相同,添加噬菌蛭弧菌和黏红酵母的试验组在生长、酶活力及免疫保护率等指标均不及其余试验组,表明二者之间有拮抗作用,比如这两种菌体发生了沉淀作用。Z+Q+JM 组效果不及 Z+Q 组的原因也许就是噬菌蛭弧菌和黏红酵母之间有拮抗作用,菌体只发挥了部分作用。而 Q+JM 组的各项指标均高于 Z+JM 组和 Z+Q+JM 组,只是稍逊于 Z+Q 组。

噬菌蛭弧菌和球形红假单胞菌联合使用在各方面都表现出协同作用,显示出优良的前景。此组中球形红假单胞菌菌体含有 60% 以上的蛋白质,富含多种维生素,特别是 VB_{12}、叶酸和生物素,是酵母的几千倍,此外还有抗病毒的生长因子辅酶 Q,含量是酵母的 13 倍,是幼体适口的饵料。噬菌蛭弧菌则对病原菌有很强的裂解作用,二者联合能有效地吸收氨氮、硫化物等有害物质,这在营养、水质和防治病害上都有力保障了此组在各项指标上处于优势。陈家长等(2004)将噬菌蛭弧菌和球形红假单胞菌结合使用于暗纹东方鲀的养殖后改善了水环境,并提高其成活率和生长速度,本试验中此组的结论与之相一致,同时也表明这两株菌的搭配使用是安全有效的。建议联合使用噬菌蛭弧菌和球形红假单胞菌,从促进生长、提高免疫力和经济角度三方面考虑,混合浓度定为 $2×10^5$ cells/mL。

参考文献(略)

徐琴,李健,刘淇,王群. 中国水产科学研究院黄海水产研究所　山东青岛　266071
徐琴. 上海水产大学生命科学与技术学院　上海　200090

第十一节　微生态制剂对牙鲆非特异性免疫因子影响的研究

工厂化养殖的迅速发展导致了牙鲆养殖环境的急剧恶化,至今已经发现了 30 余种病害。传统的抗生素和消毒剂引起耐药性菌株增加、养殖动物药源性器官损害、药物残留等许多不良后果。健康意识的提高以及加入 WTO 对我国水产养殖产品的品质提出了更高的要求。因此,探索一种新的养殖模式,使水产养殖从增量型向质量型转变,已经成为当前研究的热点。微生态制剂是近些年发展起来的新型活菌饲料添加剂,作为生物控制剂在对养殖动物促生长、改善水质等方面的进展国内外已有报道,主要集中在对虾的养殖过程中,而对于鱼类尤其是非特异性免疫力的研究还不多。鱼类属于低等脊椎动物,虽具有免疫球蛋白,但其组成和功能都很不完善,仅有 IgM,且抗体形成期较长,特异性免疫机制还不完善,主要是通过非特异性免疫因子,即体液因子和吞噬细胞来发挥免疫功能。本试验给牙鲆饲喂几种不同配伍的微生态制剂,定期测定牙鲆血细胞的吞噬活性及血清中抗菌活力、溶菌活力、超氧化物歧化酶活力等非特异性免疫因子活性,来评价所用微生态制剂,目的是筛选出适合水产动物的专一有效的微生态制剂,为生产提供试验基础和理论依据。

1. 材料与方法

1.1　试验材料

本试验在山东青岛麦岛试验基地进行。健康牙鲆(*Paralichthys olivaceus*)购自麦岛实验基地,平均体重 103.0 g±4.1 g。试验前驯养 2 周,投喂基础饲料(麦岛试验基地生产)。试验用微生态制剂菌株 N3、E5、纳豆芽孢杆菌、乳杆菌为本实验室自健康鱼虾体表、体内及养殖水体中分离筛选获得并鉴定到种,其中 N3、E5 具有较强的拮抗多种病原性弧菌作用,4 株菌都有较高的消化酶活性。枯草芽孢杆菌(CICC10073)购自中国工业微生物菌种保藏中心,具有蛋白酶活性。溶壁微球菌(*Micrococcus lysodeikticus*)冻干粉购自 Sigma 公司。鳗弧菌 H-2(*Vibrio anguillarum*)由本实验室从山东海阳海珍品养殖场发病牙鲆体内分离筛选并鉴定。大肠杆菌(*E. coli* D31 抗链霉素)、金黄色葡萄球菌(*Staphylococcus aureus*)为本试验室保存菌种。

1.2　试验分组及饲养管理

试验随机分为 5 个试验组和 1 个对照组,每组 3 个平行,每桶 10 尾牙鲆。试验分组如下:对照组,只投喂基础饲料;配伍 1,添加微生态制剂 N3;配伍 2,添加微生态制剂 E5;配伍 3,添加微生态制剂 N3+E5;配伍 4,添加微生态制剂枯草芽孢杆菌(CICC10073);配伍 5,添加微生态制剂 N3+E5+枯草芽孢杆菌+纳豆芽孢杆菌+乳杆菌。将不同配伍微生态制剂以 0.4 的比例(湿重重量比,菌液浓度 10 个/mL)添加到基础饲料里,对照组只饲喂基础饲料。试验在 100L PVC 桶中进行,连续充气,微流水养殖(日换水量约为 300),水温维持在 20±3℃,盐度 31,pH7.5±0.2。每天投喂 2 次(9:00 和 16:00)。

1.3　牙鲆血清及抗凝血的获取

在试验开始后的第 10 d、20 d、30 d、40 d、50 d 和第 60 d 分别取血。用 1 mL 无菌注射器自牙鲆尾部静脉抽取血液,置于无菌 Eppendorf 管中,全血室温静置 2 h 后,于 4℃ 静置 4~6 h,5 000 r/min 离心 10 min 即得血清,每 3 尾鱼的血清合并在一起,于 -20℃ 保存。另有 3 尾抽取抗凝血,每尾单独放入一个 Eppendorf 管中,用于血细胞吞噬活力的测定。

1.4　非特异性免疫因子的测定

(1)血细胞吞噬活力。

参照范秀荣等(1996)方法略做修改,吞噬菌株为金黄色葡萄球菌,37℃ 孵育 30 min,制成血涂片后,甲醇固定 3 min;碱性美蓝染色 1~2 min,晾干,油镜下观察计数。计算公式如下:

吞噬细胞%=吞噬了细菌的血细胞数/血细胞总数。

吞噬指数=血细胞吞噬细菌的总数/吞噬了细菌的血细胞数。

(2)血清抗菌活力(Ua)。

采用 Boman 等 (1974)及 Hultmark 等 (1982)改进的方法进行。将大肠杆菌(*E. coli* D31 抗链霉素)用 0.1 mol/L 的 pH6.4 的磷酸钾盐缓冲液配成一定浓度的悬液(OD$_{570\,nm}$=0.4),作为底物。取 3 mL 该悬液于试管内置冰浴中,再加入 50 mL 待测血清,混匀,立即于 570 nm 下测其 A_0 值,然后将试管移入 37℃ 水浴中作用 30 min,取出后立即置冰浴中终止反应,测其 A 值。抗菌活力按 $[(A_0-A)/A]1/2$ 式计算。

(3)血清溶菌活力(U)。

血清溶菌活力的测定按 Hultmark 等(1982)改进的方法进行。以溶壁微球菌(*Micrococus lysoleeikticus*,Sigma)冻干粉为底物,溶于 0.1 mol/L,pH6.4 的磷酸钾盐缓冲液中,调整菌悬液的 OD 值(OD$_{570\,nm}$=0.3),取 3 mL 该悬液于小试管内置冰浴中,再加入 50 L 待测血清混匀,立即于 570 nm 下测其 A_0 值,然后将试管移入 37℃ 水浴中作用 30 min,取出后立即置冰浴中终止反应,测其 A 值。溶菌活力按 $(A_0-A)/A$ 式计算。

(4)超氧化物歧化酶(SOD)活力。

按邓碧玉等(1991)改进的连苯三酚自氧化法进行。

1.5 攻毒试验

为测定各配伍微生态制剂的免疫保护效果,60 d 后,用鳗弧菌对试验所用牙鲆进行攻毒。攻毒前鳗弧菌在牙鲆体内分别传代 3 次,经预试验确定鳗弧菌的攻毒浓度为 10 个/mL,注射剂量 0.2 mE/尾,预实验证明,攻毒后 14 d 牙鲆的死亡趋于稳定,记录攻毒后 17 d 内各组的累计死亡率,并计算相对免疫保护率(Relative Percent Survival,RPS):

RPS=(1-免疫组死亡率/对照组死亡率)×100%

1.6 数据分析方法

应用单因素方差分析处理试验数据,q 检验法对平均数进行多重比较。

2. 结果与分析

2.1 微生态制剂对牙鲆非特异性免疫因子的影响

(1)血细胞吞噬活力。

投喂不同配伍的微生态制剂后,各试验组牙鲆血细胞吞噬百分率和吞噬指数高于对照组,随着时间的延长,陆续达到显著差异(图2)。第20 d,配伍3与对照组间差异极显著($P<0.01$),这种高活力值一直延续到第40 d,直至第50 d 仍维持显著差异($P<0.05$),表现出了较其他组更为显著的活力值;第30 d 和第40 d,配伍2与对照组间达到极显著差异($P<0.01$);第30 d,配伍1和5与对照组间达到显著差异($P<0.05$);第40 d 和第60 d,配伍4与对照组间达到显著差异($P<0.05$)。吞噬指数的测定结果与吞噬百分率大体趋势相同,各试验组也都表现出了比对照组更显著的活力值。结果表明,5个配伍的微生态制剂均可以显著提高血细胞的吞噬活性,但作用效果和作用时间有所不同。

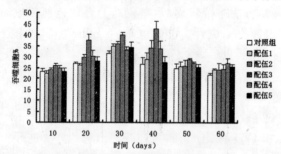

图 1 不同配伍微生态制剂对牙鲆血细胞吞噬百分率的影响

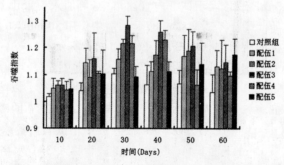

图 2 不同配伍微生态制剂对牙鲆血细胞吞噬指数的影响

（2）抗菌活力（Ua）。

投喂不同配伍的微生态制剂后，从第 10 d 开始，各试验组抗菌活力值较对照组就有不同程度的提高，一直持续到第 50 d。经统计学分析，第 10 d 到第 40 d，配伍 3 和 5 与对照组间均达到显著差异（$P<0.05$），其中第 30 d 配伍 3 达到极显著差异（$P<0.01$）；第 20 d、第 40 d，配伍 1 与对照组间差异极显著（$P<0.01$）；第 20 d，配伍 2 和 4 与对照组间差异显著（$P<0.05$）；第 40 d，配伍 2 达到极显著差异（$P<0.01$）。结果表明，添加的 5 种微生态制剂对牙鲆血清中抗菌活力有显著的促进作用，依不同配伍而表现出不同的作用效果（图 3）。

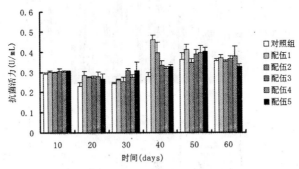

图 3 不同配伍微生态制剂对牙鲆血清抗菌活力的影响

（3）溶菌活力（UI）。

从图 4 中可以看出，投喂微生态制剂后第 10 d 开始，各试验组血清的溶菌活力就比对照组表现出了更高的活力值。配伍 1 从第 10 d 开始就显著增强了牙鲆血清中的溶菌活力，直到第 40 d，一直保持着高活力值，经统计学分析，与对照组间差异极显著（$P<0.01$）；配伍 2 从第 20 d 开始显著增强了受试牙鲆血清中的溶菌活力，这种高活力值一直保持到第 50 d，也达到了极显著差异（$P<0.01$）；配伍 3 从第 30 d 至第 50 d 对溶菌活力值的促进作用极为显著（$P<0.01$）；配伍 4 从第 10 d 至第 40 d 与对照组间差异极显著（$P<0.01$），第 60 d 差异仍显著（$P<0.05$）；配伍 5 在第 10 d 达到极显著差异（$P<0.01$），到第 50 d 时达到显著差异（$P<0.05$）。结果表明，所添加的微生态制剂可以显著提高牙鲆的溶菌活力。

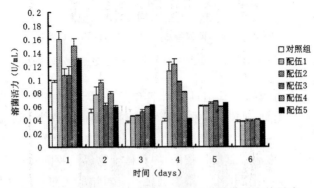

图 4 不同配伍微生态制剂对牙鲆血清溶菌活力的影响

（4）超氧化物歧化酶（SOD）活力。

试验结果表明，投喂微生态制剂后，各试验组 SOD 活性较对照组有显著的提高，表现出不同的变化规律(图5)。配伍3自第10 d起SOD活性与对照组达到极显著差异($P<$ 0.01),这种高活力值一直维持到第60 d($P<0.05$);配伍1在第10 d和第40 d达到极显著差异($P<O.01$),配伍2对牙鲆血清中SOD活力也有极显著的促进作用,表现为从第20 d至第50 d的高活力值($P<0.01$);第40 d,各试验组均较对照组呈现出显著性差异($P<0.05$),其中配伍1,3,4达到了极显著差异($P<0.01$);到试验结束时配伍2及配伍3仍较对照组有显著性差异($P<0.05$)。

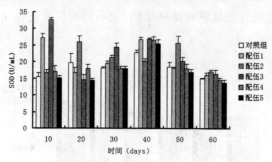

图5 试验牙鲆血清超氧化物歧化酶(SOD)活力比较

2.2 攻毒试验

从图6可以看出,鳗弧菌攻毒后,在第14 d时,对照组牙鲆死亡率达到52.9％,试验组死亡率较低,分别为33.3％,16.7％,35.3％,22.2％,47.3％,试验组免疫保护率依次达到43.4％,71.6％,40％,62.2％,20％。结果表明,5个配伍的微生态制剂对鳗弧菌攻毒有一定的免疫保护作用,配伍2最为显著。

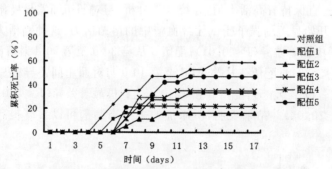

图6 用鳗弧菌攻毒后试验牙鲆的累积死亡率

3.讨论

微生态制剂的生命力依赖于其菌种的组成和配比,恰当的配伍可以利用有益微生物间的相互作用弥补单一菌剂的不足。本试验中饲喂不同微生态制剂后,对牙鲆血淋巴中非特异性免疫因子的作用效果有所不同,总体来看,恰当的配伍效果好于单一菌剂。枯草芽孢杆菌是美国FDA批准用于直接饲喂的43种微生物以及我国农业部1999年6月公布的12种可以直接饲喂的饲料级微生物添加剂之一。本试验通过添加枯草芽孢杆菌,来比较其他微生态制剂与之的作用效果,结果表明:配伍1,2,3在对几种免疫因子的促进方面都优于枯草芽孢杆菌组。吞噬细胞担负捕捉和消化侵入到机体的微生物及其他异物的任务,粒细胞、单核细胞及巨噬细胞在鱼类非特异性防御的细胞免疫中起重要作用。鱼类吞噬细胞的吞噬活性不仅受温度的影响,而且还受到饵料、免疫激活剂的影响。许多研究表明鱼类的吞噬细胞有潜在的杀菌和杀幼虫的活力,但其杀伤机制还不太清楚。鱼类吞噬细胞的活性可以作为判定其个体抗病力的一种指标。因此,吞噬活性高低与机体的免疫水平密切相关。Chen 等(1992)研究了 *Mycobacterium* spp. 胞外产物免疫虹鳟,血细胞吞噬百分率有显著的提高;本试验中添加的几种微生态制剂,对牙鲆血细胞吞噬活性(吞噬指数和吞噬百分率)有显著提高。原因可能是微生态制剂中细菌细胞壁成分 LPS 等起到了免疫刺激的作用。

溶菌酶是一种碱性蛋白,是鱼类非特异性免疫系统的重要组成部分,能水解革兰氏阳性细菌的细胞壁中黏肽的乙酰氨基多糖并使之裂解被释放出来,形成一个水解酶体系,破坏和消除侵入人体内的异物,从而担负起机体防御的机能。它广泛分布于鱼的黏液、血清和某些淋巴组织中,对于抵抗各种病原体的侵袭具有重要意义,对于增强对疾病的抵抗力可能发挥重要作用。抗菌活力和溶菌活力是细胞和体液免疫的综合体现,反映了机体对外源微生物侵染的防御能力,可以作为衡量免疫功能及机体状态的指标。孟凡伦等(1999)利用注射法研究乳链球菌 SB900 肽聚糖对中国对虾内环境的影响,结果表明,对虾体内细胞防御体系被激活,血淋巴中的抗菌、溶菌等几种免疫因子有不同程度的提高。本试验结果显示,饲喂微生态制剂后,试验组溶菌活力及抗菌活力与对照组差异极显著。原因可能是试验所用微生态制剂菌株大多为革兰氏阳性菌株,细胞壁中黏多糖含量较高,可以诱导出较高溶菌活力和吞噬活性。研究表明,机体在受到外来异物入侵时,吞噬细胞能够合成和释放出更多的溶菌酶。

超氧化物歧化酶(SOD)能够催化超氧阴离子(O_2^-)的歧化作用,产生过氧化氢(H_2O_2)和氧(O_2),是一种重要的抗氧化酶,在防治机体衰老及防止生物分子损伤等方面具有极为重要的作用。近年来研究发现,超氧化物歧化酶的活性与生物的免疫水平密切相关,对于增强吞噬细胞的防御能力和整个机体的免疫功能有重要作用。牟海津等分别用海藻多糖和虫草多糖注射栉孔扇贝,其血清中的 SOD 活性有显著提高;刘恒等朝对南美白对虾投喂免疫多糖后,发现除个别情况外,血中的 SOD 活力也有一定的提高。Chang 等(1998)用 β-1,3 葡聚糖饲喂草虾后,血清中 SOD 酶活力获得极显著提高,用 WSSV 攻毒后,试验组表现出了更高的免疫保护率。本试验结果表明,投喂微生态制剂后,牙鲆血清的 SOD 活力有显著的提高,表明它们能够促进机体的抗氧化能力,结果显示,试验所用几种微生态制剂对提高牙鲆的免疫水平有一定的意义。5 种不同配伍的微生态制剂对牙鲆非特异性免疫力都具有改善和提高作用。配伍 5 由多种有益微生物搭配而成,但其对几种免疫因子的改善作用不如另外几种明显,可能是因为配伍中几种有益微生物之间的相互反馈抑制作用,还可能是由于环境因子共同作用的结果。因此,对于微生态制剂对非特异性免疫因子的作用机制及产生机理,还需要进一步深入的研究。

参考文献(略)

郭文婷,李健,王群,刘淇.中国水产科学研究院黄海水产研究所　山东青岛　266071

郭文婷.南京信息工程大学大气科学系　江苏南京　210044

第十二节　5种中草药对凡纳滨对虾生长及非特异性免疫功能的影响

　　随着养殖密度的增加,凡纳滨对虾(*Litopenaeus vannamei*)的细菌和病毒性疾病日益严重,使用抗生素和化学消毒剂等传统的疾病控制方法,不仅治疗效果下降也致使病原体的抗药性与日俱增,严重影响了环境安全、野生动物保护和人类健康。因此,在发展对虾养殖业的同时,寻找更加绿色环保的免疫调节剂具有重要的意义。

　　中草药具有天然、高效、毒副作用小、抗药性不显著、资源丰富以及性能多样等优点,既能提高水产动物性能和饲料利用率,又能防治水产动物病害,是其他禁用抗菌素和化学药物的替代产品,在水产养殖应用中越来越受到人们的亲睐。关于中草药作为免疫调节剂应用于水产养殖已有报道(王吉桥等,2006;刘华忠等,2004),但是研究适合凡纳滨对虾的中草药免疫调节剂的报道并不多。本试验通过在配合饲料中添加相同浓度的五种中草药,对其生长及非特异性免疫指标进行测定,旨在筛选出促生长和调节凡纳滨对虾非特异性免疫功能的中草药。

1. 材料方法

1.1　药饵的配制

　　鱼腥草、黄芪、大黄、甘草和黄芩均购自青岛市同仁堂药店。称取干燥、切碎的鱼腥草100 g放入1 L的烧杯中,加水浸泡过夜,次日煎煮三次,集中三次药液定容至500 mL,取200 mL与2 kg全价配合饲料(基础饲料,金海力公司生产)混匀,后用小型颗粒饲料机分别制成药饵,相当于饲料中含鱼腥草2%,烘干备用。黄芪、大黄、甘草和黄芩的药饵均按此法制备。

1.2　试验材料及饲养管理

　　凡纳滨对虾购于青岛市崂山区东海湾对虾养殖厂。试验用虾选择健康、大小均匀,体长11.73 cm±0.03 cm,体重9.2 g±0.1 g。暂养3天后分成6组,分别是鱼腥草组、黄芪组、大黄组、甘草组、黄芩组和对照组,每组40尾,设3个平行。饲养于100 L海水的PVC桶中,24 h通气饲养;每天投喂3次,均为饱食投喂量;水温维持在20℃~22℃,每天换水1次,每次换水1/3。

1.3　对虾血清获取

　　在试验开始的第1、4、7、14、21、28 d取血。取血时用1 mL注射器自对虾头胸甲后插入心脏抽取血液,每桶取5尾虾的血液合并置于无菌Eppendorf管,4℃冰箱保存,待血液凝固后,5000 rpm离心10 min即得血清,−70℃保存。

1.4　生长测定

　　试验开始时,随机取50尾对虾测量体长体重,饲养试验结束后,每组对虾分别测量体长和称取体重,计算体长增长率、相对增重率,计算公式如下:

　　体长增长率(%)=[(试验末体长−试验初体长)/试验初体长]×100

　　相对增重率(%)=[(试验末体重−试验初体重)/试验初体重]×100

1.5 非特异性免疫因子的测定

溶壁微球菌(*Micrococus lysoleeikiticus*)购自于 Sigma 公司。血清溶菌酶(LSZ)活力、酚氧化酶(PO)活力按改进了的 Ashida 等(1971)和 Hulmark 等(1982)方法测定,血清蛋白含量采用 Boardford 法测定。超氧化物歧化酶(SOD)活力的测定采用试剂盒的测定方法,SOD 酶活力单位定义为每 mL 反应液中 SOD 抑制率达 50% 时所对应的 SOD 量为 1 个活力单位。

1.6 攻毒试验

试验结束后,每组取 15 尾对虾用鳗弧菌(*Vibrio anguillarum*)进行攻毒,攻毒前鳗弧菌在对虾体内分别传代 3 次,预试验确定鳗弧菌的攻毒浓度为 1×10^8 cells/mL,注射剂量 50 μL/尾,预试验证明,攻毒后 7 天左右对虾的死亡趋于稳定,故本试验记录攻毒后 7 天内各组的累计死亡率,并计算相对免疫保护率(Relative Percent Survival,RPS):

$$RPS = (1 - \frac{免疫组死亡率}{对照组死亡率}) \times 100\%$$

1.7 统计分析

以上非特异性免疫因子的数据用 SPSS13.0 统计软件进行处理,用 ANOVA 的方法进行分析。当差异显著($P < 0.05$),用 Tukey's 检测法进行均值间多重比较。

2. 结果与分析

2.1 五种中草药对凡纳滨对虾生长的影响

结果见表 1。投喂含有黄芪、大黄和甘草的饲料后,凡纳滨对虾的增长率和相对增重率均有明显提高。试验结束后对照组的增长率为 1.79%~1.95%,相对增重率为 18.5%~20.7%;而大黄组的增长率达 5.47%,相对增重率达 29.3%,与对照组相比差异显著($P < 0.05$);黄芪组也有类似的变化。而鱼腥草组则恰恰相反,增长率低于对照组,且与对照组之间差异显著($P < 0.05$)。黄芩组与对照组之间没有明显差异($P > 0.05$)。

表 1 五种中草药对凡纳滨对虾生长的影响

组别	初始体长(cm)	终末体长(cm)	增长率(%)	初始体重(g)	终末体重(g)	相对增重率(%)
对照	11.77±0.28	11.98±0.35	1.87±0.08	9.2±0.3	11.0±0.7	19.6±1.1
鱼腥草	11.71±0.30	11.83±0.23	1.00±0.21*	9.4±0.2	11.1±0.6	17.7±2.2
黄芪	11.69±0.32	12.23±0.30	4.90±0.36**	9.2±0.6	11.8±0.4	28.5±0.6*
大黄	11.71±0.29	12.31±0.31	5.47±0.23**	9.2±0.3	11.9±0.6	29.3±1.0*
甘草	11.71±0.29	12.10±0.35	3.24±0.45**	9.3±0.5	11.3±0.8	21.9±2.2
黄芩	11.76±0.19	11.94±0.31	1.79±0.82	9.1±0.7	11.1±0.8	22.0±1.1

注:** 表示试验组与对照组之间差异极显著($P < 0.01$);* 表示试验组与对照组之间差异显著($P < 0.05$)

2.2 五种中草药对凡纳滨对虾血清酚氧化酶活力的影响

结果见图 1。投喂 5 种中草药后,凡纳滨对虾血清酚氧化酶活力有明显提高。对照组血清酚氧化酶的活力为 0.0035～0.0060 U/mL,投喂 5 种中草药后,酚氧化酶的活力最高分别达到 0.0065、0.0063、0.0088、0.0087、0.0063 U/mL,且约在第 14 d 达到最高;而投喂 5 种中草药后第 4 d 到第 14 d,血清酚氧化酶的活性力与投药前相比均差异极显著($P<$0.01);在第 21 d 除鱼腥草组之外,各试验组与对照组之间差异极显著($P<0.01$),第 28 d 除鱼腥草组血清酚氧化酶明显低于对照组且差异极显著($P<0.01$),各试验组与对照组之间无显著差异($P>0.05$)。结果显示,黄芪、大黄、甘草和黄芩均能显著增强 PO 的活力,而在试验后期(第 21 d、第 28 d)鱼腥草抑制了 PO 的活力。

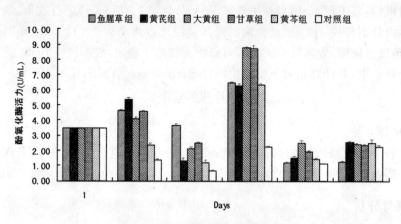

图 1　凡纳滨对虾血清酚氧酶活力

2.3　五种中草药对凡纳滨对虾血清溶菌酶活力的影响

结果见图 2。投喂 5 种中草药后,凡纳滨对虾的血清溶菌酶活力有明显提高。对照组血清溶菌酶活力 0.009～0.056 U/mL;投喂 5 种中草药后,溶菌酶的活性最高分别达到 0.080、0.112、0.166、0.124、0.037 U/mL;而投喂鱼腥草、大黄和甘草后 4 d,溶菌酶的活性与投药前相比就有了显著差异($P<0.05$),且投喂黄芪、大黄和甘草后 7 d 和 14 d 与对照组之间有极显著的差异($P<0.01$);但在试验后期各试验组溶菌酶活力均有大幅度下降且与对照组之间差异显著($P<0.05$)。

2.4　五种中草药对血清超氧化物歧化酶活力的影响

结果见图 3。投喂大黄、甘草和黄芩后,凡纳滨对虾的血清 SOD 酶活力明显提高。对照组血清 SOD 酶活力为 256.02～409.7 U/mL;投喂 5 种中草药后 SOD 酶的活力最高分别达到 501.5、420.1、475.6、431.7、458.1 U/mL;而投喂大黄、甘草和黄芩后 7 d 和 14 d,SOD 酶的活性与投药前相比差异显著($P<0.05$),但此期间黄芪组 SOD 酶活性低于对照组,且与投药前相比差异显著($P<0.05$);但在试验后期除甘草组仍与对照组之间差异显著之外($P<0.05$),各试验组与对照组之间无显著差异($P>0.05$)。

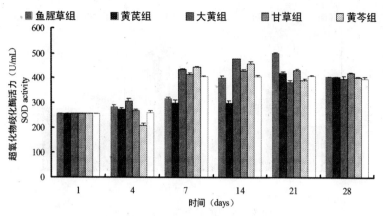

图 2　凡纳滨对虾血清溶菌酶活力

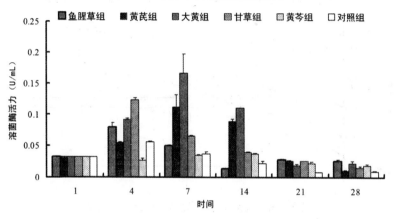

图 3　凡纳滨对虾血清超氧化物歧化酶活力

2.5　五种中草药对凡纳滨对虾血清蛋白含量的影响

结果见图 4。投喂 5 种中草药 4 d 后，凡纳滨对虾血清蛋白含量明显提高。对照组血清蛋白含量为 58.2～328.6 U/mL；投喂五种中草药后血清蛋白含量最高分别达到419.0、396.6、407.8、356.4、363.5 U/mL；而在投喂 5 种中草药后 7 d 和 14 d，血清蛋白含量与投药前相比差异极显著（$P<0.01$），但在试验后期除黄芪组与对照组之间差异显著之外，各试验组与对照组之间无明显差异（$P>0.05$）。

2.6　攻毒试验结果

结果见图 6。观察了 7 d 内各组累积死亡率，结果显示，注射鳗弧菌后 7 d，对照组对虾的累积死亡率为 73.7%，鱼腥草组和黄芩组的累积死亡率分别为 93.7% 和 73.7%，其中鱼腥草组的累积死亡率显著高于对照组，黄芩组在整个试验过程中的累积死亡率均高于对照组，到 7 d 累积死亡率与对照组相同；黄芪组、大黄组和甘草组在 3 d 内累积死亡率略高于对照组，4 d 后累积死亡率达到稳定，最终黄芪组和甘草组的累积死亡率为 40%，大黄组的累积死亡率为 46.7% 均低于对照组。结果表明投喂含黄芪、大黄和甘草的饲料能显著地提高南美白对虾抵抗疾病的能力，免疫保护率达到 37%～46%。

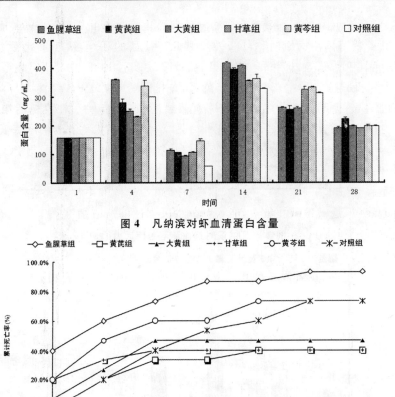

图 4　凡纳滨对虾血清蛋白含量

图 5　用鳗弧菌攻毒后试验对虾的累积死亡率

3. 讨论

本试验所用为鱼腥草、黄芪、大黄、甘草和黄芩 5 种中草药的水煎剂,以 2% 添加剂量加入饲料中饲喂凡纳滨对虾。结果表明,黄芪、大黄、甘草三种中草药有利于凡纳滨对虾生长,而鱼腥草则抑制其生长。究其原因可能是因为黄芪、甘草和大黄含有黄芪多糖、甘草多糖、黄酮类化合物、葡萄糖氨基酸等机体必需的营养成分,并已被证实有促生长作用。郭文婷等(2005)给凡纳滨对虾投喂含有黄芪的复方中草药饲料,生长明显增加。王丽荣等（2007）给小鼠腹腔注射甘草多糖,生长明显增加。鱼腥草抑制凡纳滨对虾生长的原因有待于进一步的研究。

对虾属无脊椎动物,且其体液不具有免疫球蛋白,但能以其自身的防御机能抵抗病原体的袭击,如物理屏障、血细胞的吞噬作用、溶菌酶和酚氧化酶、SOD 酶等。

酚氧化酶(phenoloxidase,PO)又称酪氨酸酶,是通过催化单酚羟成二酚(如多巴),并把二酚氧化成醌。它能参与无脊椎动物的防御反应,在甲壳动物的血细胞内 PO 一般以无活性的酶原形式——酚氧化酶原存在。proPO 系统是一个复杂的酶级联系统,即所谓的酚氧化酶原激活系统(prophenoloxidase-activatedsystem,proPO-AS),该系统由 PO、蛋白酶、模式识别蛋白和蛋白酶的抑制剂构成。ProPO-AS 能被微生物或寄生虫细胞壁中的 β-1,3 葡聚糖(C)、脂多糖(LPS)和肽聚糖(PG)等成分激活,将酚氧化酶原转变为有活性的酚氧化酶释放到血淋巴中,将酚氧化成醌,醌能自发形成最终产物黑色素(melanin)(李国荣等,2003),黑色素沉积到外来物上,通过包被和黑化将外来物限制和隔离,而且黑色素及其代谢中间产物可抑制病原菌胞外蛋白质和几丁质酶的活性,从而杀死微生物及寄生虫起到免疫作用(丁秀云等,1996;王雷等,1992;HUNG 等,1998)。本研究表明,凡纳滨对虾的 PO 活力与投喂这 5 种中草药有密切关系,在投药后 4～21 d,PO 活力与对照组相比均有极显著的差异,说明这 5 种中草药能够有效地提高 PO 活力。在投药后第 14 d 各组的 PO 活力均达最大值,但在试验后期(21～28 d)各组 PO 活力均有大幅度降低,这说明 5 种中草药不需要长期使用,尤其是鱼腥草不可以长期使用,在后期出现抑制 PO 活力,具体的用药剂量和用药时间还有待于进一步的研究。

溶菌酶是吞噬细胞杀菌的物质基础,体内许多组织和体液中都含有溶菌酶,血清溶菌酶主要来自血液中,是一种碱性蛋白,能水解革兰氏阳性细菌的细胞壁中黏肽的乙酰氨基多糖并使之裂解被释放出来,形成一个水解酶体系,破坏和消除侵入体内的异物,从而担负起机体防御的功能(陈竞春等,1996;王雷等,1995)。研究结果表明,投喂黄芪、大黄和甘草这 3 种中草药可以显著提高凡纳滨对虾的血清溶菌酶活力,在投药 4 d 或 7 d 后,溶菌酶的活力与对照组之间有极显著差异。而黄芩组在整个试验期间均保持在一个较低水平;鱼腥草组在投药后 14 d 出现最低水平。溶菌酶活性与许多环境因子有关,如水温。Grinde 等(1988)研究报道在大西洋比目鱼和大菱鲆体内血清溶菌酶活力与水温有密切关系;Tort 等(2004)研究表明乌颊鱼($Sparus$ $aurata$)的溶菌酶活力随着水温的降低而明显降低;A L Langston 等(2002)研究表明随着水温的增加溶菌酶活性相应稳定的增加。从图 2 可以看出,投药后 21～28 d 溶菌酶活性比试验前期要低很多,分析原因是因为试验后期天气的变化,水温下降,这可能造成溶菌酶活力大幅度下降。

超氧化物歧化酶,是一类广泛存在于生物体内的金属酶,通过催化超氧阴离子(O_2^-)发生歧化反应,产生过氧化氢(H_2O_2)和氧(O_2),平衡体内的氧自由基,是一种重要的抗氧化酶(林庆斌等,2006),在防止机体衰老及防生物分子损伤等方面具有极为重要的作用(牟海津,1999)。丁美丽等(1997)研究发现超氧化物歧化酶活性与生物的免疫水平密切相关。本试验结果表明,投喂大黄、甘草和黄芩这 3 种中草药可以提高凡纳滨对虾的血清 SOD 酶活力,在投药 7 d 或 14 d 后,SOD 酶活力与对照组相比差异极显著,且均在第 14 d 达到最高水平,这与 A I Campa-Cordova 等(2002)和刘恒等(1998)用免疫多糖如 β-葡聚糖和硫酸聚多糖免疫南美白对虾可显著提高其肌肉和血淋巴 SOD 酶的活性的结果相似,使虾体的免疫力升高。而黄芪组在投药后血清 SOD 酶低于对照组,且与对照组差异显著。艾春香等(2002)在饲料中添加 Vc 饲养河蟹后,发现血清和组织中的 SOD 较对照组显著降低,认为是由于 Vc 在河蟹体内能很好地发挥抗氧化作用,使自由基尚未发挥作用前就被消除了,导致诱导性酶 SOD 活性降低,从而维持动物自身自由基的产生和消除的动态平衡。中草药既可以抑制自由基的产生,又可直接消除自由基,还可以增强机体本身抗氧化系统的功能,从多个环节阻断自由基对机体的损伤作用(王晓东等,1990)。所以添加黄芪饲喂凡纳滨对虾后可以直接参与抑制和消除自由基,降低了 SOD 的活性,起到与 Vc 类似的作用,而且从后面的攻毒试验结果发现黄芪能够起到抵抗鳗弧菌的侵袭。

本试验结果表明,投喂这 5 种中草药后的 7～14 d,各组血清蛋白含量与对照组相比差异显著。这可能是机体代谢与合成系统受激活所致,体液反应的结果,合成了特异性的多肽;或者是血清蛋白含量的升高使血清中溶菌物质、杀菌物质等体液因子含量升高,从而提高虾的自身抵抗疾病的能力(刘树青等,1999)。第 7 d 血清蛋白含量突然降低,分析原因可能是外界环境温度突然变化所引起的。

攻毒试验结果表明,黄芪、大黄和甘草这 3 种中草药对凡纳滨对虾抵抗鳗弧菌的能力有不同程度的提高,经过 7 d 的攻毒,免疫保护率达到 37%～46%;鱼腥草、黄芩反而降低这种抵抗弧菌的能力,分析原因可能是鱼腥草和黄芩长时间使用后,对凡纳滨对虾产生"免疫疲劳"的结果。Chang 等(2000)认为在持续投喂免疫增强剂的情况下,对虾免疫指标由上升至高峰再转为下降的这种现象,是由于长期投喂免疫增强剂而导致的"免疫疲劳"的结果。所以在水质好、病原体少的环境下,过度的提高免疫力可能导致用于促生长的能量被消耗,从这一点考虑长期使用免疫增强剂并不可取(Xu et al.,2006)。这也说明了长期使用鱼腥草、黄芩不仅不能提高对虾的免疫能力,反而使其免疫能力受到抑制。

许多研究结果表明不同的复方中草药均可提高养殖动物的非特异性免疫能力和抵抗疾病的能力(罗日祥,1997;杜爱芳,1997;陈孝煊等,2002;陈孝煊等,2003),本试验也得出相似的结论。从促生长、提高免疫力这两方面考虑,黄芪、大黄和甘草是适合凡纳滨对虾的中草药免疫调节剂,且以 2%连续添加到第 14 d 明显增强凡纳滨对虾的非特异性免疫力。可见添加适合的免疫调节剂不仅有利于提高动物的生长特性,还能提高对病原体的抵抗能力。

参考文献(略)

王芸.上海水产大学生命科学与技术学院　上海　200090
王芸,李健,刘淇,王群.中国水产科学研究院黄海水产研究所　山东青岛　266071

第十三节　中草药制剂对凡纳滨对虾生长及血淋巴中免疫因子的影响

免疫系统是机体的防御系统,其防御能力的高低,直接影响到机体的抗病能力和生产能力。在对虾配合饲料中添加免疫增强剂,提高对虾自身的免疫机能,是一种行之有效的预防养殖对虾病害的方法。中草药富含多种营养物质及生物活性物质,具有价格低廉、来源丰富、不易污染环境等特性,因而成为水产养殖中非常适宜的免疫增强剂。中草药的免疫增强作用,大都是通过调动动物体内非特异性抗菌、抗病毒等积极因素来增强免疫功能而实现的,部分还显示了双向调节作用。因此,本试验通过在配合饲料中添加不同浓度的中草药制剂饲喂对虾,定期测定其对对虾血淋巴中非特异性免疫因子的影响,以及对对虾的免疫保护作用,以期开发适合水产动物的中草药制剂,为对虾健康养殖的应用提供理论依据及实验基础。

1. 材料与方法

1.1　材料

药饵以黄芪为主药,配以淫羊藿、党参、大黄、黄芩、甘草、当归、金银花、板蓝根、麦芽等 9 种中草药,其中黄芪以质量分数 30%比例添加,其余 9 种药材等比例添加,共占质量分数的 70%。称取干燥切碎的药材，放于烧杯中，每次加入 500 mL 水，每次煎煮 1 h，煎煮 3 次，集中 3 次药液进一步浓缩到 50 mL。采用单因子浓度梯度法，分别以质量分数 0.5%、1%、2% 量加入基础饲料中，混匀后用小型颗粒饲料机分别制成药饵Ⅰ、Ⅱ、Ⅲ和基础饲料，晒干备用。

凡纳滨对虾（*Penaeus vannamei*）购自青岛卓越科技有限公司，体长 7.0～8.0 cm。暂养驯化 3 d 后选取大小均匀、健康活泼对虾随机分为 3 个试验组和 1 个对照组，每组 40 尾，每组设 3 个平行。饲养于 100L PVC 桶中，24 h 通气培养；每天投喂 2 次，均为略过剩给量；水温维持在 24℃～26℃；每天吸污换水 1 次，每次换水 1/2。试验组分别饲喂药饵Ⅰ、Ⅱ和Ⅲ，对照组只饲喂基础饲料。

1.2 方法

（1）对虾血清的获取。

在试验开始的第 5、10、15、20、25、30 d 开始取血，每桶每次取 5～6 尾虾，用 1 mL 无菌注射器插入心脏取血，合并置于无菌 Eppendorf 管，4℃冰箱保存，待血液凝固后，5 000 r/min 离心 10 min 血清，-20℃保存。

（2）生长量和存活率的测定。

试验开始时，随机取 30 尾对虾测量体长体重，饲养试验结束后，分别称取每组对虾体长体重，分别计算体长增长率、相对增重率，计算公式如下：

体长增长率(%)=[(试验末体长-试验初体长)/试验初体长]×100

相对增重率(%)=[(试验末体重-试验初体重)/试验初体重]×100

（3）血清酚氧化酶（PO）活力的测定。

以 L-多巴为底物，采用改进的 Ashida 等方法在 96 孔酶标板中进行。把 10 μL 血清加入 96 孔酶标板中，然后向各孔中加入 200 μL 0.1 mol/L pH6.0 磷酸盐缓冲液，最后向各样品孔中加入 10 μL 的 L-多巴（Sigma 公司）液（0.01 mol/L），在酶标仪（550，Bio-Rad）中振荡 4 次，每隔 4 min 读取 490 nm 处的吸光值。酶活力以试验条件下，OD_{490} 每 min 增加 0.001 为 1 个酶活力单位。

（4）血清过氧化物酶（POD）相对活力的测定。

采用改进的史成银等（2004）方法在 96 孔酶标板中进行。在 96 孔酶标板中加入血清（20 μL/孔），然后加入 180 μL 显色缓冲液（7.3 g $C_6H_8O_7 \cdot H_2O$，11.86 g $Na_2HPO_4 \cdot 2H_2O$），双蒸水定容至 1 000 mL，置于酶标仪中，读取 490 nm 处的 OD 值（A_3）。向样品所在孔中加 20 μL 显色液（4 mg 邻苯二胺，4 μL 30% H_2O_2，10 mL 显色缓冲液），置酶标仪中摇匀后，避光显色 15 min，读取 490 nm 处的 OD 值（A_4）。血清中 POD 相对活力以 $A_{POD}=A_4-A_3$ 表示。

（5）血清抗菌活力的测定。

采用 Boman 等（1974）和 Hulmark 等（1982）改进的方法进行。将大肠杆菌（*E. coli* D31 抗链霉素）用 0.1 mol/L，pH6.4 的磷酸钾盐缓冲液配成一定浓度的悬液（$OD_{570 nm}=0.4$），作为底物。取 3 mL 该悬液于试管内置冰浴中，再加入 50 mL 待测血清，混匀，立即于 570 nm 下测其 A_0 值，然后将试管移入 37℃水浴中作用 30 min，取出后立即置冰浴中终止反应，测其 A 值。抗菌活力按 [(A_0-A)/A]1/2 式计算。

（6）血清蛋白含量的测定。

采用考马斯亮兰染色法(Broadford 法)对血清蛋白进行定量。配制牛血清白蛋白系列浓度梯度的标准溶液,各加考马斯亮兰(G-250)染料,振荡混匀,分别测定 OD_{595} 吸光值,以牛血清白蛋白浓度值和吸光值作图,绘制标准曲线。血清蛋白的定量是将血清适当稀释后,按以上方法与考马斯亮兰染液混合,测定在 595 nm 处的吸光值,从牛血清白蛋白系列梯度的标准曲线中确定血清蛋白浓度。

1.3 攻毒试验

为验证所用复方中草药的免疫保护效果,在试验结束后第 7 d 用副溶血弧菌进行攻毒。副溶血弧菌经对虾体内传代 3 次,预试验结果表明,攻毒浓度为 10^8 cells/mL,注射剂量 50 μL/尾,攻毒后 5 d 左右对虾的死亡趋于稳定,本试验记录攻毒后 8 d 内各组的累计死亡率,并计算相对免疫保护率(Relative Percent Survival,RPS):

$$RPS = (1 - \frac{免疫组死亡率}{对照组死亡率}) \times 100\%$$

1.4 统计分析

采用 SPSS11.0 对数据进行单因数方差分析,当差异显著($P < 0.05$)时,用 Tukey's 检验法进行均值间多重比较。

2. 结果与分析

2.1 生长与成活率

饲喂添加中草药的饲料,显著促进了对虾的生长,增重率随着中草药浓度增加而增加,30 d 的饲养试验期间,成活率都很高(95%～98%),各处理间差异不显著($P > 0.05$)。

表 1　中草药制剂对凡纳滨对虾增长率、增重率、存活率的影响(平均值±标准差,$n=3$)

组别	饲料增长率(%)	增重率(%)	存活率(%)
对照组	1.32±0.03ᵃ	20.92±1.27ᵃ	95±0.00
0.5%中草药组	1.44±0.03ᵃᵇ	22.81±0.88ᵃᵇ	96±0.01
1%中草药组	1.52±0.04ᵇ	31.78±0.60ᵇ	98±0.03
2%中草药组	1.56±0.04ᵇ	32.34±1.94ᵇ	97±0.01

a,b 同一列中各数据的右上角具有相同英文字母或同时没有任何英文字母的,表示差异不显著($P > 0.05$)。

2.2 血清中酚氧化酶和过氧化物酶活力的测定结果

从图 a 中可以看出,饲喂三种药饵后,对虾血清中酚氧化酶活力较对照组均有提高。饲喂 0.5%药饵组第 5、10 较对照组有显著提高($P < 0.05$);饲喂 1%药饵组第 5 d 即有显著提高($P < 0.05$),第 20 d 达到了极显著差异($P < 0.01$);饲喂 2%药饵组对酚氧化酶活力促进作用最为显著,在第 10、15 d 都达到了极显著差异($P < 0.01$),在第 20 d 略有回落后又逐渐上升。结果显示,三种药饵都促进了酚氧化酶活力,以 2%药饵组增强幅度最为显著。

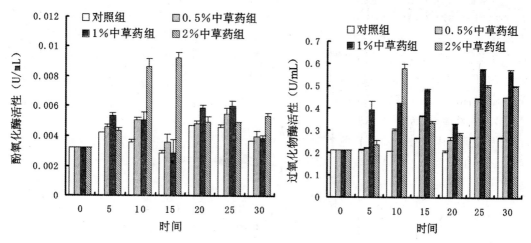

图 1　中草药对凡纳滨对虾血清中酚氧化酶(a)和过氧化酶(b)活力的影响

从图 b 中可以看出,饲喂三种药饵后,试验组酶活力都有显著的提高。饲喂 0.5% 药饵组在第 10 d 较对照组达到了极显著差异($P<0.01$),高活力一直维持到第 30 d,只有第 20 d 略有回落($P<0.05$);饲喂 1% 药饵组从第 5 d 至第 30 d 始终维持其极显著差异($P<0.01$);饲喂 2% 药饵组从第 10 d 至第 30 d 始终维持其极显著差异($P<0.01$)。总体看来,饲喂 1% 药饵组对过氧化物酶活力促进效果最为显著。

2.3　血清中抗菌活力的测定结果

从图 2 中可以看出,饲喂三种不同浓度的药饵后,血清抗菌活力有不同程度的提高。饲喂 0.5% 药饵组在第 15、25 d 达到了极显著差异($P<0.01$);饲喂 1% 药饵组在第 5~30 d 一直维持高活力值($P<0.01$);饲喂 2% 药饵组在第 5~30 d 也均达到极显著差异($P<0.01$)。总体看来 1% 药饵组促进幅度最为显著,但 2% 药饵组能维持较稳定的活力值。

2.4　血清中蛋白含量的测定结果

本试验还对对虾血清中蛋白含量进行了测定(图 3),结果显示,饲喂含中草药饲料后,对虾血清中蛋白含量较对照组有所提高,在第 10 d 提高最为显著,中草药组均达到极显著差异($P<0.01$),其中饲喂 2% 中草药组提高幅度最大,这项指标的测定结果与前述酚氧化酶、过氧化物酶、抗菌活力结果呈现相同的变化趋势。

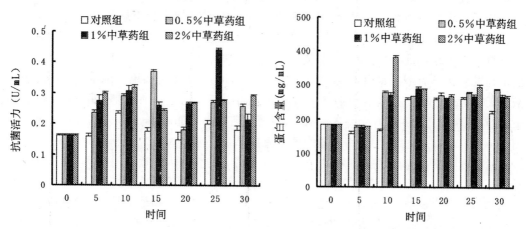

图 2　中草药对凡纳滨对虾血清抗菌活力的影响　　**图 3　中草药对凡纳滨对虾血清蛋白含量的影响**

2.5　攻毒试验结果(图 4)

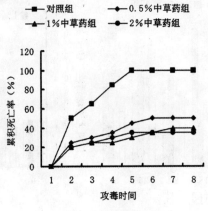

图 4　攻毒试验结果

图 4 显示,注射副溶血弧菌后 8 d,对照组全部死亡,而试验组死亡率较低。中草药制剂对凡纳滨对虾对副溶血弧菌攻毒的免疫保护率分别达到了 50%、60%、65%,但各试验组间差异不显著($P>0.05$)。

3.讨论

本试验根据中药配伍的相须、相使原则,选取多种具有免疫增强等作用的中草药添加入饲料中,结果表明,在饲料中添加 1%～2%中草药制剂,不仅能够促进凡纳滨对虾的生长,而且可以提高免疫能力和抵抗疾病的能力。

中草药内含多种营养成分,已被证实有促生长作用。本次试验发现,所饲喂的黄芪等富含黄酮类化合物的中草药制剂能够促进对虾的生长,与对照组相比差异显著,但试验组之间差别不大。

研究发现,许多中草药可以增强细胞的生理代谢作用,促进血液循环,提高机体免疫力。本试验中选用的主药黄芪是鸡、猪、兔等畜牧动物饲料添加剂中常见组成,属"扶本固正"类中草药,现代免疫学认为它所含的多糖类物质能激活免疫细胞,它丰富的营养成分保证了免疫机能的有效发挥,其余几种还分别具有清热解毒、促进消化等功用,将它们按一定比例组成复方制剂,可以更好地发挥药物的协同效应,起到相得益彰的功效。

对虾的免疫反应不同于脊椎动物,属于非特异性免疫。酚氧化酶系统(proPO)在对虾的防御系统中起着重要的异物识别和防御功能,酚氧化酶催化生成的黑色素及黑化反应的中间产物都具有细胞毒性或抗微生物功能,所以 proPO 激活系统对于维持甲壳动物体液的无菌性十分重要。本试验发现,中草药制剂可以显著增强凡纳对虾血淋巴中的 PO 活力,与对照组相比 PO 活力提高 2 倍以上,说明该药物也可通过 proPO 发挥其免疫增强作用,这对于提高对虾的防御能力有着重要的意义。

过氧化物酶普遍存在于动物、植物及微生物中,是生物体中重要的酶类之一,参与多种生理代谢反应。刘树青等(1999)的研究发现经免疫多糖刺激后,中国对虾血清中的过氧化物酶活性明显增高,认为可以通过提高动物血液中过氧化物酶活性,减少自由基对正常细胞的损伤,清除细胞生理代谢过程中产生的活性氧,提高机体的解毒免疫功能和防病抗病能力。本次试验结果表明,饲喂中草药制剂以后,凡纳滨对虾血淋巴中过氧化物酶活性较对照组提高了 2.8 倍,效果极为显著,说明该中草药制剂可以通过提高对虾血淋巴过氧化物酶活力这一途径增强杀菌能力,降低自由基对机体的损害。但对于过氧化物酶活性与免疫系统的相关性还不十分清楚,尚需深入的研究。

抗菌活力是细胞和体液免疫的综合体现,反映了机体对外源微生物侵染的防御能力。特别是在高密度的养殖环境中,对于增强对疾病的抵抗力可能发挥重要作用。王雷等(1995)利用由数种免疫药物制成的饵料投喂中国对虾,结果发现中国对虾的发病率和死亡率显著降低,体内的抗菌、溶菌活力及酚氧化酶的活力等免疫指标均有提高。对于表现溶菌活力的是哪种体液免疫因子以及它与细胞免疫之间的关系,还需要深入探讨。

本试验发现,饲喂中草药制剂后对虾血淋巴中蛋白含量有明显的提高,尤其是第 10 d 最为显著,与前述免疫因子活力变化规律有一些相似性。这可能是由于机体受刺激后体液反应的结果,合成了特异性的多肽,或者是血清蛋白含量的升高使得血清中溶菌物质、杀菌物质等体液因子含量升高,从而提高虾的自身抗病能力。但由于血清蛋白水平受很多因素的影响,比如季节、生境、温度、生理状况等,其与对虾的免疫功能的关系还需进一步的研究。

攻毒试验结果显示,3 种中草药制剂对凡纳滨对虾抵抗疾病的能力有不同程度的提高,经过 8 d 的攻毒,试验组免疫保护率达到了 50%~65%,说明中草药制剂可以在延缓对虾死亡时间,降低死亡率。从提高促生长、提高免疫力和经济角度三方面考虑,建议添加剂量为 1%~2%。

参考文献(略)

郭文婷.中国海洋大学生命科学与技术学院　山东青岛　266090
李健.中国水产科学研究院黄海水产研究所　山东青岛　266071

第十四节　黄芩苷对中国对虾免疫能力及 Toll 样受体基因表达的研究

中草药具有天然、高效、毒副作用少、资源丰富等优点,其含有丰富的调节水产动物免疫表达的有效成分,如有机酸类、生物碱、聚糖类、挥发油、蜡、苷、鞣质物质及一些未知免疫活性因子等,这些因子主要通过影响非特异性免疫系统,激活和诱生多种细胞因子等途径提高机体免疫力。1993 年对虾病毒性疾病(WSSV)暴发后,对虾养殖业出现苗种质量退化、抗病力差、虾病频发等现象。应用中草药免疫增强剂来提高对虾自身非特异性免疫力,增强对虾抗病力和提高对虾养殖成活率成为研究热点。

研究表明中草药能有效提高海水养殖动物的非特异性免疫力。王宜艳等(2005)以中草药复合免疫药物虾康素连续投喂中国对虾 7 d,证实能显著提高血淋巴的酚氧化酶(PO)、超氧化物歧化酶活力。杜爱芳等用 4 种复合中草药制剂对中国对虾进行投喂,发现对虾血细胞吞噬活性相对细菌的杀伤活性均显著高于对照组,免疫保护率也有提高,而一些中草药单一使用就可以出现良好的效果,如枳实可以提高凡纳滨对虾体内超氧化物歧化酶(SOD)、溶菌酶(LSZ)活力以及血淋巴细胞的吞噬能力。黄芩苷(baicalin)是从唇形科植物黄芩(*Scutellaria baicalensis Georigi*)中提取的一种黄酮类化合物,是黄芩的有效成分之一,具有抗菌消炎等多种药理作用。由于其低毒、低污染和不易产生耐药性等优点,已应用于多种水产动物(马爱敏等,2009;刘红柏等,2004),的疾病防治,但有关黄芩苷对中国对虾的抗病作用及其进入机体后生理生化指标变化的报道很少。

Toll 相关受体广泛存在于昆虫、植物和动物体内。Toll 样受体(Toll like receptors,TLRs)被发现后,研究天然免疫在免疫应答中的重要性重新受到关注。哺乳动物 Toll 样受体的发现是源于对果蝇 Toll(dToll)蛋白的研究,果蝇是无脊椎动物,不具备获得性免疫系统,而果蝇正是依赖这种 Toll 蛋白抵御细菌与真菌的感染。Toll 受体属于模式识别受体(pattern recognition receptor,PRR),在识别和抵御各种病原微生物及其产物中发挥重要作用。TLRs 识别病原微生物细胞壁上一类真核细胞所不具备的特殊结构,这类结构对表达 PRR 的细胞有强烈的刺激作用,称为病原相关分子模式(pathogen associated molecular patterns,PAMPs)。这些病原相关分子模式主要是微生物的特异性代谢产物,例如革兰氏阴性菌的脂多糖,革兰氏阳性菌的肽聚糖和脂磷壁酸及真菌的甘露聚糖,其他的配体则是一些特异性微生物的高度保守的特征,例如非甲基化的 CpGDNA 基序、dsRNA、细菌鞭毛蛋白。TLRs 如同天然免疫的"眼睛",监视与识别各种不同的 PAMPs,是机体抵抗感染性疾病的第一道屏障。

本研究通过给中国对虾口服不同剂量的黄芩苷制剂,测定其血淋巴、肝胰腺和肌肉组织中机体免疫及解毒代谢相关酶类活力在不同感染时间的变化规律,探讨了黄芩苷增强中国对虾免疫机能和解毒代谢能力的效果与影响途径。旨为建立评价黄芩苷使用效果的生物学指标,确定黄芩苷用于中国对虾饲料中的适宜添加剂量提供数据支持和理论指导。

1. 材料与方法

1.1 实验材料

所用健康中国对虾取自青岛胶州宝荣水产科技发展有限公司,体长 7.28 ± 0.46 cm,体重 3.5 ± 0.2 g,暂养驯化 5 d,海水盐度 29,pH 为 7.2 ± 0.2,溶解氧维持在 6.0 mg/L 以上,连续充气,并投喂对虾配合饲料(购自青岛金海力水产科技有限公司)。

1.2 实验饲料

黄芩苷药粉购自青岛胶南市科奥植物制品有限公司,含量≥85%。各组的试验日粮为:基础日粮分别添加含有 0 g/kg、50 mg/kg、100 mg/kg 和 150 mg/kg 四个水平的黄芩苷药粉,饲料制成直径为 1.6 mm 饲料颗粒,70℃下烘干,4℃冷藏保存。基础日粮配方见表1。

1.3 实验方法

选健康、大小均匀中国对虾随机分成 4 个处理组,每组 120 尾,各设 3 个平行,每个平行 40 尾饲养于 200 L 的聚乙烯桶,每天连续分别投喂不同浓度梯度(0 g/kg、50 mg/kg、100 mg/kg 和 150 mg/kg)黄芩苷的饲料,日投饵 4 次(6:00、11:00、16:00 和 21:00)。实验期间水温为 24℃~26℃,盐度 29,pH7.2±0.2,溶解氧维持在 6.0 mg。

表1 基础日粮配方

组成	含量(%)
鱼粉	45
鱼油	4
面粉	8
大豆粕	10
花生粕	25
菜籽粕	5
卵磷脂	1
胆固醇	0.5
矿物质添加剂[①]	1
维生素添加剂[①]	0.5
合计	100

注:①复合维生素、复合矿物质参照王兴强等(2005)。

1.4 样品制备

在实验的第1、3、5、7、9、11 d取样,每桶随机取6尾。用纱布吸干对虾头胸甲表面海水,然后用75%酒精棉球擦拭虾体,取血淋巴、肌肉、肝胰腺。

1.5 血淋巴的制备

用1 mL一次性注射器从对虾的心脏、胸足基部和腹节等处抽取0.5～1 mL血淋巴,注入洁净无菌预冷的1.5 mL离心管中,5 000 r/min,4℃离心10 min,析出血清,−20℃保存备用。

1.6 肌肉、肝胰腺匀浆的制备

分别迅速取中国对虾的肝胰腺、肌肉于灭菌的离心管中,放入−20℃冷冻保存。测定时取组织样称重,加入10倍的0.1 mol/L磷酸钾盐缓冲液(pH=7.4),低温匀浆、离心(4℃,5 000 r/min,10 min),分别取上清液用于酶活性测定。

1.7 样品分析

组织匀浆粗提液中蛋白含量采用考马斯亮蓝G-250比色法进行蛋白定量,参照Bradford等(1976)方法稍加改进后进行测定。牛血清蛋白(Bovineserumalbu min,BSA,购于AMRESCO公司)作为标准蛋白。

酸性磷酸酶(ACP)、过氧化氢酶(CAT)、超氧化物歧化酶(SOD)、一氧化氮合酶(INOS)活力测定使用南京建成生物工程研究所第一分所提供试剂盒进行测定并计算酶活。

溶菌酶活性(LSZ)活性用Hultmark等(1980)改进方法进行。以溶壁微球菌冻干粉为底物,用0.1 mol/L(pH=7.4)的磷酸钾盐缓冲液配制成一定浓度的底物悬液(OD_{570nm}=0.3),溶菌活性:(U/mL)=$(A_0-A)/A$。

1.8 中国对虾toll样受体基因表达

(1)提取总RNA。

按照 Trizol 试剂(InvitrogenTM)使用说明操作,提取血细胞总 RNA,经 RNase-FreeDNAse(TaKaRa)消化去除总 RNA 样品中的 DNA,用紫外可见光分光光度计(Ultrospec2100pro,Amersham,Swedan)进行定量检测,另取 1 μL 总 RNA 样品进行 1%琼脂糖凝胶电泳以鉴定其完整性,确认 RNA 完整后,−80℃保存。

(2)第一链 cDNA 的合成。

以总 RNA 为模板,oligodT 为引物合成 cDNA 第一链。采用 20 μL 反转录体系,取总 RNA 样品 2 μg、0.5 μg/μL oligodT 2 μL,加 DEPC 处理水补足至 13 μL,70℃ 变性 5 min,冰浴骤冷 5 min 后,加入 5×RT Buffer 4 μL、2.5 mmol/L dNTP Mixture 2 μL、M−MLV(Promega)1 μL,42℃逆转录 60 min,在 90℃下 10 min 使 M-MLV 失活终止反应。

(3)Toll 样受体基因和 NF-κB 基因荧光定量引物和 PCR 反应体系。

采用中国对虾 18 S rRNA 为内参基因。并由上海生工生物工程技术服务有限公司合成(表2)。以上述合成的 cDNA 为模板,优化退火温度、循环次数等,获得适宜的实验参数,最终确立 Toll 样受体基因、18 S rRNA 扩增反应体系为:

表2　Toll 样受体基因、NF-kB 基因和 18 S rRNA 基因的引物序列

基因	引物序列	产物长度(bp)
TLR	5-GCTTTCATCAGCTATTCTCACAAGGA-3 5-CCTGTGAGTGAGCCGCCTTGAA-3	244bp
18srRNA	5-TATACGCTAGTGGAGCTGGAA-3 5-GGGGAGGTAGTGACGAAAAAT-3	136bp

(4)利用 2-ΔΔct 法进行相对定量分析,公式如下:

$\Delta CT_{样本} = CT_{目的基因} - CT_{参照基因}$;$\Delta CT_{对照} = CT_{目的基因} - CT_{参照基因}$;

$\Delta\Delta CT = \Delta CT_{样本} - \Delta CT_{参照基因}$;目的基因的表达量 $= 2 - \Delta\Delta ct$

(5)攻毒试验。

实验虾饲养 15 d 后,随机捞取中国对虾做攻毒试验,每个处理组分 3 个平行,每个平行随机取 20 尾虾腹肌注射鳗弧菌,鳗弧菌来自中国水产科学研究院黄海水产研究所病害室,经过预试验确定鳗弧菌的攻毒浓度为 10^8 cell/mL,注射剂量 50 μL/尾,并放养在 200L 的聚乙烯桶中,于 0、12、24、48、72 及 96 h 统计死亡率和免疫保护率。

死亡率(%)=死亡虾数/受感染虾数×100;

免疫保护率(%)=(对照组死亡率−试验组死亡率)÷对照组死亡率×100

(6)数据处理。

采用 SPSS16.0,EXCEL 分析软件进行单因子方差分析和 Duncan's 多重检验。

2. 结果与分析

2.1 黄芩苷对中国对虾酸性磷酸酶(ACP)活性的影响

由图1可见,投喂含不同浓度黄芩苷的饲料后,中国对虾酸性磷酸酶(ACP)活性存在组织差异性,肝胰腺中最高,肌肉和血淋巴次之。中浓度组和高浓度组的肌肉 ACP 值于 7 d 达到最高并趋于稳定状态,且中浓度组和高浓度组相对于 0 d 显著升高($P<0.05$),同时

中、高浓度组于 7 d 后比同期对照组显著升高（$P<0.05$）。中浓度、高浓度处理组肝胰腺分别于 5 d、7 d 达到最高值并比 0 d 显著升高（$P<0.05$），同时比同期对照组亦显著提高（$P<0.05$）。中浓度组血清 ACP 活性于在 3 d 后呈升高趋势并处于稳定状态，比同期对照组略有提高但是差异不显著（$P>0.05$），高浓度组血清 ACP 活性含量持续升高，其中第 9、11 d 比同期对照组差异显著（$P<0.05$）。

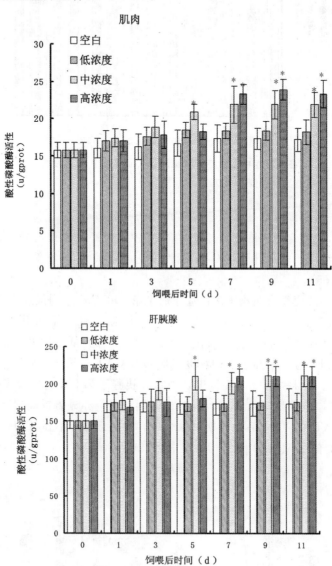

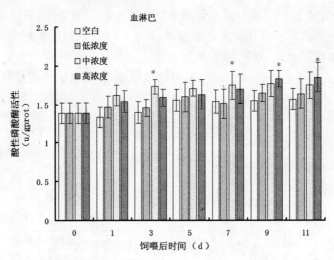

图1　各实验组中国对虾肝胰腺、肌肉、血淋巴中 ACP 活性的变化

注：*表示与空白组差异显著($P<0.05$）

2.2　黄芩苷对中国对虾过氧化氢酶(CAT)活性的影响

由图2可见,投喂含不同浓度黄芩苷饲料后,中国对虾过氧化氢酶(CAT)活性存在组织差异性,中、高浓度肌肉和肝胰腺 CAT 活性变化幅度最大,均在第3 d 后与同期对照组差异显著($P<0.05$）。

中浓度组和高浓度组的肌肉 CAT 值分别于第5 d、7 d 达到最高并趋于略下降的趋势,但是中浓度组和高浓度组肌肉 CAT 值第3 d 后相对于0 d 显著升高($P<0.05$）,同时中、高浓度组于第3 d 后比同期对照组显著升高($P<0.05$）,低浓度处理组第3 d 后比同期对照组略有升高但是差异不显著。中浓度组肝胰腺 CAT 值第3 d 后则呈升高趋势,均比同期对照组显著升高($P<0.05$）,高浓度处理组肝胰腺于第9 d 达到最高,第11 d 略有下降,但是均比0 d 显著升高($P<0.05$）,同时比同期对照组亦显著提高($P<0.05$）。低、中、高浓度组血清 CAT 值第3 d 后比同期对照组略有升高且差异不显著($P>0.05$）,但中、高浓度组血清 CAT 值第5 d 后相对于0 d 显著升高($P<0.05$）。

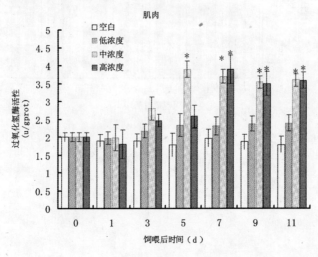

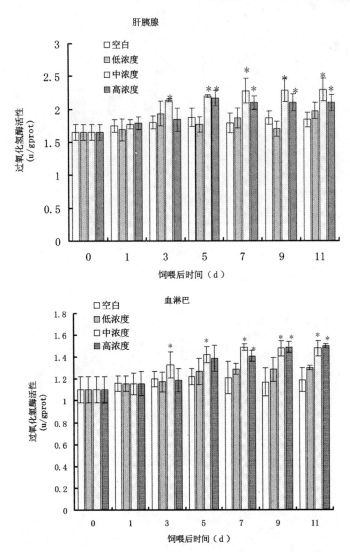

图 2　各实验组中国对虾肝胰腺、肌肉、血淋巴中 CAT 活性的变化

注：＊表示与空白组差异显著（$P<0.05$）

2.3　黄芩苷对中国对虾超氧化物歧化酶（SOD）活性的影响

由图 3 可见，投喂含不同浓度黄芩苷的饲料后，中浓度处理组肌肉第 3 d 后 SOD 活性值均比同期对照组活性值显著升高（$P<0.05$），亦比同期其他浓度略有升高，而与 0 d 相比三个浓度组 3 d 后均显著升高（$P<0.05$）。中、高浓度处理组肝胰腺第 3 d 后均与同期对照组活性值显著升高（$P<0.05$），而中浓度组与同期高浓度组相比略有升高。三个浓度处理组血淋巴 SOD 活性值均比 0 d 显著升高（$P<0.05$），而中、高浓度组 SOD 值第 7 d 后均比同期对照组显著升高（$P<0.05$）。

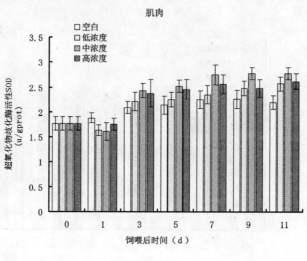

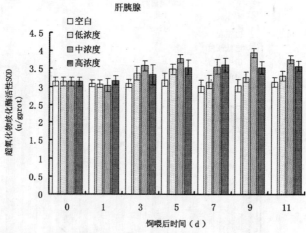

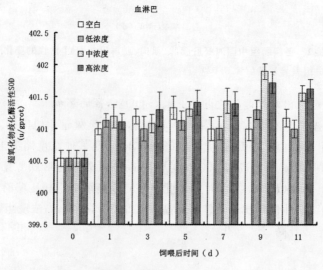

图 3　各实验组中国对虾肝胰腺、肌肉、血淋巴中 SOD 活性的变化

注：* 表示与空白组差异显著($P<0.05$)

2.4 黄芩苷对中国对虾一氧化氮合酶(INOS)活性的影响

由图 4 可见,投喂含不同浓度黄芩苷的饲料后,中国对虾中浓度处理组第 3 d 后肝胰腺 INOS 活性均比同期对照组显著升高($P<0.05$),亦相对于 0 d 显著升高($P<0.05$),高浓度组肝胰腺 INOS 呈缓慢上升趋势,第 7、9、11 d 均比同期对照组显著升高($P<0.05$),相对于 0 d 亦显著升高($P<0.05$),低浓度组第 3 d 相对于 0 d 亦显著升高($P<0.05$)。中、高浓度肌肉 INOS 活性值第 9、11 d 均比同期对照组显著升高($P<0.05$),相对于 0 d 亦显著升高($P<0.05$)。与同期对照组相比血淋巴 INOS 活性值,低浓度处理组于第 3 d,中浓度处理组于第 3 d、7 d、9 d、11 d,高浓度处理组于第 9 d、11 d 均比同期对照组显著升高($P<0.05$)。

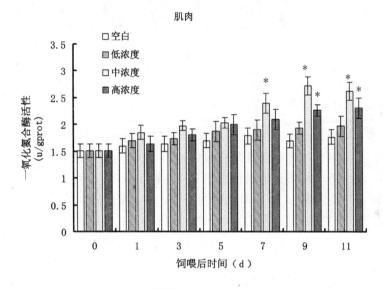

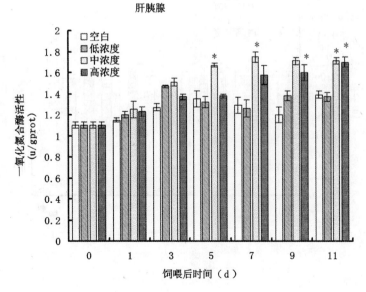

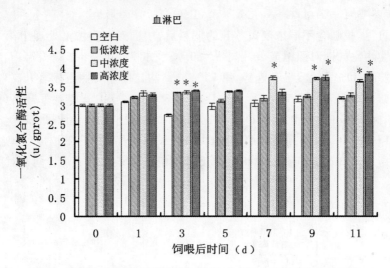

图 4　各实验组中国对虾肝胰腺、肌肉、血淋巴中 INOS 活性的变化

注：* 表示与空白组差异显著（$P < 0.05$）

2.5　黄芩苷对中国对虾溶菌酶（LSZ）活性的影响

由图 5 可见，投喂含不同浓度黄芩苷的饲料后，中国对虾溶菌酶（LSZ）活性在血清组织中变化幅度最大，低、中、高处理组血淋巴第 5 d 后 LSZ 活性值均比同期对照组极显著升高（$P < 0.01$）。中浓度组肌肉 LSZ 活性在第 7 d、9 d 均比同期对照组显著升高（$P < 0.05$）。中、高浓度组肝胰腺 LSZ 活性在第 7 d、9 d 均比同期对照组显著升高（$P < 0.05$），亦比 0 d 显著升高（$P < 0.05$），其中中浓度组第 9 d 比高浓度组显著升高（$P < 0.05$）。

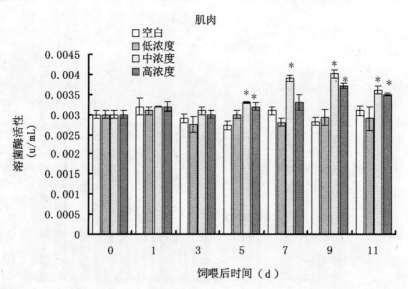

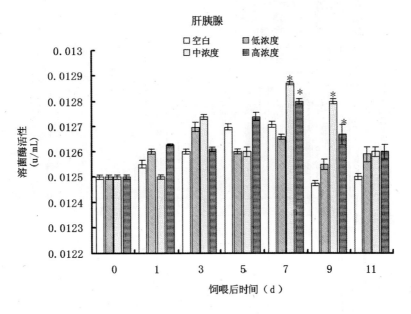

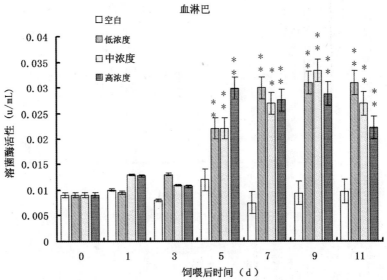

图5 各实验组中国对虾肝胰腺、肌肉、血淋巴中 LSZ 活性的变化

注：* 表示与空白组差异显著($P<0.05$）* * 表示表示与空白组差异极显著($P<0.01$）

2.6 中国对虾 toll 样受体基因表达

投喂含不同浓度黄芩苷的饲料后,低、中、高浓度组肌肉和血淋巴 toll 样受体 mRNA 表达均呈明显下降的趋势(图6,7,8),第 7 d 后均趋于稳定状态,其中血淋巴稳定后与黄芩苷浓度均呈明显负相关性($P<0.05$）。低、中浓度组肌肉第 3 d 后比同期对照组值显著降低($P<0.05$），中、高浓度组血淋巴第 1 d 后比同期对照组值显著降低($P<0.05$）。中、高浓度组肝胰腺 toll 样受体 mRNA 表达呈先升高后下降,中、高浓度组表达量 7 d 后亦趋于稳定状态,中浓度组第 7 d、9 d 比同期对照组值显著降低($P<0.05$），而高浓度组第 3 d、5 d 比同期对照组值显著降低($P<0.05$）。

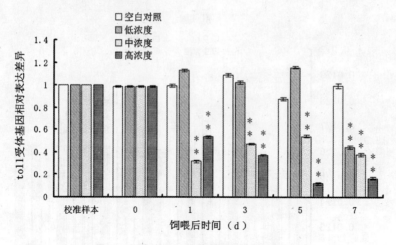

图6 血淋巴 Toll 受体基因相对表达分析

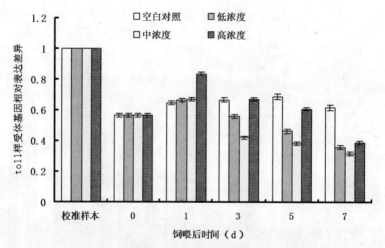

图7 肌肉组织 Toll 受体基因相对表达分析

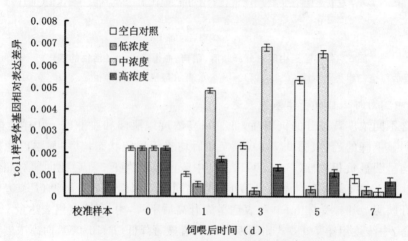

图8 肝胰腺 Toll 受体基因相对表达分析

2.7 攻毒实验结果

感染鳗弧菌后中浓度和高浓度处理组死亡率在 48、72 h 均比同期对照组显著降低(P<0.05),低浓度处理组于 48 h 亦比对照组显著降低(P<0.05)。对照组中国对虾死亡率在 48 h 时就达到 100%,低浓度处理组在 96 h 达到 100%,而中浓度组和高浓度组则在 96 h 之后才完全死亡。低浓度组在 24、36、48、72 h 的免疫保护率较中浓度和高浓度处理组差异显著(P<0.05),随着感染时间的推延,自 72 h 后,黄芩苷对中国对虾的免疫保护效果呈相对下降趋势,至 96 h 时低浓度处理组免疫保护率为 0。

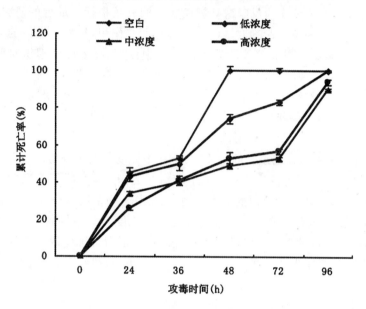

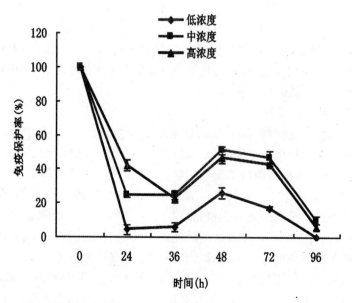

图 9 鳗弧菌攻毒后试验中国对虾的累计死亡率和免疫保护率

3. 讨论

3.1 黄芩苷对中国对虾免疫力的影响

甲壳动物属非特异性免疫,主要以血细胞免疫反应为主,由于甲壳动物为开放式循环系统,在各种组织中均能测定出免疫酶活性,一氧化氮合酶、溶菌酶活性主要为血细胞分泌产生的,其中一氧化氮合酶(INOS)是一种利用 NO 途径作为杀伤分子的杀菌机制。美国建等(2004)研究发现,白斑综合症病毒在人工感染中国对虾初期能诱导其血细胞中 INOS 表达。因此 INOS 能够作为反映对虾健康状况的有效指标。最近的研究 Yin Guo-jun 等(2004)也发现,一些中草药制剂对 NO 产生具有调节作用,从而对机体的非特异性免疫功能起调节作用。本试验添加黄芩苷后中国对虾中浓度、高浓度处理组对肝胰腺、肌肉、血淋巴 INOS 活性均呈现促进作用,而低浓度处理组与空白对照差异不显著。这与张家松等(2009)用金丝桃素投喂凡纳滨对虾后,肌肉、肝胰腺、血淋巴、INOS 酶活力得到大幅度提高的结果一致,说明黄芩苷有可能诱导机体产生 NO,从而增强虾的免疫力,但其作用机制还有待于深入研究。

溶菌酶(LSZ)是吞噬细胞杀菌的物质基础,在甲壳动物的免疫防御中起重要作用。其活力是反映动物非特异性免疫功能的重要生理指标之一。罗日祥等投喂中国对虾含中草药制剂的饲料,中国对虾体内溶菌酶活力升高,但是复合中草药哪一种单一成分对 LSZ 有影响尚未报道。郭美美等投喂 0.5%、1%、2% 三个浓度含黄芩饲料,凡纳滨对虾血淋巴 LSZ 活性均有不同幅度的提高,1% 药饵组一直维持高活力。陈萍等研究发现当弧菌进入三疣梭子蟹体内,触发了三疣梭子蟹免疫系统并产生免疫反应,促进抗菌蛋白和溶菌蛋白的生物合成,从而提高了机体的溶菌酶活力。本实验研究发现:中国对虾在投喂黄芩苷后,试验组血淋巴溶菌酶活性以及肝胰腺溶菌酶含量均比同期对照组提高,如血淋巴溶菌酶活性三个处理组第 5 d 后活性值均比同期对照组极显著升高($P < 0.01$),低、中、高浓度组血淋巴 LSZ 第 9 d 达到峰值均比对照组分别显著增高 329%,355%,306%,肝胰腺溶菌酶活性中、高浓度组第 9、11 d 组均比同期对照组显著提高。黄芩苷对 LPS 诱导的炎症具有一定的阻抑作用,刺激了中国对虾的免疫系统,诱导血凝素的活力,溶菌能力升高,提高了机体的非特异性免疫能力。

3.2 黄芩苷对中国对虾解毒代谢酶的影响

酸性磷酸酶、超氧化物歧化酶和过氧化氢酶主要由肝胰腺分泌的解毒代谢酶。其中酸性磷酸酶(ACP)是一种磷酸单酯酶,是可以催化各种含磷化合物水解的酶类,不仅能催化磷酸单酯水解,还直接参与磷酸基团的转移,是动物体内重要的解毒体系。何南海等把 ACP 作为检测甲壳动物免疫功能的指标酶。张明等(2008)研究发现,注射免疫低聚糖可显著增强中国对虾酸性磷酸酶血清免疫指标。王秀华等(2004)投喂含有质量分数 2.5×10^{-3} 肽聚糖的饲料后,南美白对虾血清中酸性磷酸酶活力显著升高,而饲料中肽聚糖制剂含量过高对对虾非特异免疫力的作用效果并不佳。这有可能是不同的外源物质作用于同一养殖种类或同物质作用不同种类,其对机体的 ACP 活力影响不同。本研究发现,投喂含不同浓度黄芩苷的饲料后,中浓度组、高浓度组肝胰腺和肌肉酸性磷酸酶(ACP)活性大幅增加,并有缓慢上升趋势,酸性磷酸酶上升可以认为颗粒细胞中的溶酶体酶正发挥防御和杀菌作用,这有可能是黄芩苷中的黄酮化合物能够促进 ACP 磷酸基团的转移和代谢,促进其参与机体细胞中的物质代谢,为 ADP 磷酸化提供更多所需的无机磷酸,促进生长,从而提高其免疫力。

过氧化氢酶(CAT)和超氧化物歧化酶(SOD)对机体内产生活性氧自由基的清除具有重要作用,清除生物体内的过氧化氢,当活性氧产生速度超出抗氧化酶防御系统的清除能力时,就会导致脂质过氧化(LPO)、DNA 损伤等毒性效应,抗氧化酶活力的变化反映了机体的解毒代谢过程和能力,其中 SOD 能将 O_2 转化成 H_2O_2,CAT 能进一步将 H_2O_2 转化成水(Thomas $et~al.$,1990),本实验中,肝胰腺、肌肉、血淋巴在中、高浓度处理下 SOD、CAT 活力在实验时间内都呈激活状态,这与许多学者的研究结果相似;这说明在中或高浓度处理组在实验时间内 SOD 活力升高增强消除活性氧自由基能力,而且和 CAT 活力变化有一致性,CAT 活力的提高可以清除代谢中产生的 H_2O_2,使生物体不受到较大的氧化损伤。这也预示着生物体抗氧化酶系统的增强,同时也能反映出对虾的免疫力和抗病能力差异。

Toll 样受体(Toll like receptor,TLR)是识别病原相关模式分子,当机体受到病原微生物的侵袭时,TLR 激活先天免疫系统产生炎症因子。hsTLR3 的 TIR 结构域中 Phe732 和 Leu742 氨基酸残基在激活 NF-kB 转录启动子的信号通路中发挥重要作用,而黄芩素可通过抑制 NF-KB 结合位的活性,抑制由鼠巨噬细胞产生 IL-12 产物,从而达到抗炎的目的。本实验研究结果表明:三个浓度组黄芩苷对中国对虾肌肉、血淋巴和肝胰腺 toll 样受体 mRNA 表达量有显著的抑制作用。黄芩苷有可能是抑制 NF-KB 的活性可阻断炎症的关键启动步骤及其次级炎症反应,由此可以大胆推测出黄芩苷能够通过 NF-KB 途径间接的抑制 TLR 基因 mRNA 的表达量,从而抑制先天免疫系统产生炎症因子,相对提高了吞噬细胞的吞噬能力,增强天然免疫细胞的杀伤能力。

TLRs 广泛分布于动物的血、肝、脾、肺、心、肾、脑及胸腺等多种组织内,在 20 余种细胞表面均有表达,功能结构域十分相似,其配体结合域并不相同,TLRs 功能结构域可分别与各自不同的配体识别、结合,进而激活特异的下游信号转导通路。本实验发现黄芩苷处理组对血淋巴的 TLR 基因表达有促进作用,而其他组织差异不显著,Shan B M 等研究表明一些中药的有效成分是通过 TLR4 发挥作用的,黄芩苷能与 TLR4 配体识别、结合,进而激活 TLR 基因 mRNA 表达。外界病原微生物也可作为外源性配体可以引起中国对虾 Toll 样受体的表达水平发生变化,引发免疫反应,鳗弧菌的脂多糖(LPS)可与 TLR 配体相结合从而促进中国对虾 TLR 基因表达,鳗弧菌攻毒后,肝胰腺、胃、心、肌肉均比对照组显著的升高,亦比同期的黄芩苷处理组显著升高,但是血淋巴只是比对照组高,与同期的黄芩苷处理组变化不显著,这有可能是黄芩苷和鳗弧菌作为外源性配体同时作用的结果,使血淋巴中的 TLR 并未大幅度上升。LPS 虽然具有强大的免疫刺激,促使 TLR 大量被激活,导致大量前炎性因子的表达,可以激活巨噬细胞、内皮细胞等,引起炎症介质的释放,而黄芩苷具有抗炎症的作用,能对 LPS 诱导的急性炎症因子 TNF、IL-1、NO 等具有一定的阻抑作用,控制炎症因子分泌,从而促进细胞因子的合成,还可以抑制 MAPK 信号通路,对细胞的增殖、转化和死亡产生影响,机体将减少 TLR 途径免疫水平;黄芩苷还有可能和鳗弧菌共同竞争 TLR 配体,黄芩苷与 TLR 的结合能力较鳗弧菌强,或者是说黄芩苷有可能引发血淋巴配体的数量及活化程度不同从而间接影响着 TLR 的表达水平。黄芩苷具有抗炎作用,并对多种炎症模型有效。炎症发生的机理涉及各个方面,而且互相交叉,形成一个错综复杂的网络。对于黄芩苷如何通过 TLR 途径抗炎作用的机理研究不够深入,需要我们作进一步的探讨。

3.3 攻毒结果分析

虾类在感染致病微生物初始阶段时,血淋巴和组织里的各种非特异性免疫因子的活力及含量在短时间内会急剧上升,促进机体抵抗病原微生物的侵袭,但随着感染时间的延长,由于病原微生物在虾类体内的大量增殖及其对血细胞的破坏而使得这些免疫因子的活力及含量下降。因此可以推测出,随着鳗弧菌在中国对虾体内的大量增殖及其对血淋巴等免疫系统的破坏,免疫指标将快速下降,然而本研究投喂含黄芩苷的饲料后,通过细菌感染实验可以发现在 36 h 后黄芩苷提取物各浓度组对中国对虾的死亡率迅速上升,但是中浓度组和高浓度组死亡率分别在 72 h、48 h 内有缓慢上升的趋势,比同期空白组显著的降低($P<0.05$),与此同时,中浓度组和高浓度组免疫保护率在 48 h 显著上升,亦比同期低浓度组显著升高($P<0.05$),48 h 后免疫保护率快速下降。因而证实了投喂含黄芩苷的饲料后,使得非特异性免疫力提高,增强了中国对虾的免疫力,充分说明黄芩苷能够提高中国对虾免疫力。从实验结果可以发现,中、高浓度组效果最为明显,但是药量过大亦会给对虾造成生长负担,因此建议黄芩苷作为饲料添加剂的浓度为 100 mg/kg。

付媛媛,李健. 中国水产科学研究院黄海水产研究所　山东青岛　266071

第十五节　不同浓度的虾青素和裂壶藻对中国对虾非特异性免疫酶活的影响

植物提取物有高效、天然、广泛、副作用少、资源丰富等优点,其含有丰富的调节水产动物免疫表达,很多植物如中草药,海水的、小球藻和绿球藻等微藻,可以影响非特异性免疫系统,从而激活多种细胞因子等途径,提高机体免疫力。对虾的免疫反应又受到非特异性免疫因子的调节,所以非特异性免疫因子的变化通常被用来衡量对虾免疫活性的大小。植物提取物对虾类免疫影响的研究较多,罗日祥等研究表明中草药可提高中国对虾(*Fenneropenaeus chinensis*)、红螯螯虾(*Cherax quadriearintus*)血液溶菌酶活性和白细胞吞噬作用。虾青素作为饲料添加剂,可通过增强免疫力、提高恶劣条件耐受力和对环境的适应力等提高养殖对象的存活率。Yamada 等(1990)的研究结果表明,在日常饲料中添加 $1×10^{-4}(M/M)$ 的虾青素,对虾存活率显著高于对照组。Amar 等(2001)在虹鳟鱼的饵料中添加虾青素等各种类胡萝卜素,实验研究表明,虾青素和 β-2 胡萝卜素既可改善血清防御素和溶菌酶活性等体液指标,又可提高噬菌作用和非特定细胞毒性等细胞指标。

虾青素具有很强的抗氧化能力,在国外已广泛应用于水产养殖业。本文通过向对虾配合饲料中单独添加不同浓度虾青素,同时在不同浓度的虾青素中混合添加另外一种植物裂壶藻的提取物,于不同时间点采集对虾组织样品,探讨单独投喂虾青素以及混合投喂含虾青素和裂壶藻后对中国对虾非特异性免疫酶的影响。

1. 材料和方法

1.1 试剂

L-DOPA：购自 Sigma 公司；超氧化物歧化酶（SOD）测试盒、过氧化氢酶（CAT）测试盒、微量丙二醛（MDA）、酚氧化酶（PO）测试盒均购自南京建成生物工程研究所；虾青素购自青岛森淼实业有限公司，含量≥1.5%；裂壶藻购自青岛森淼实业有限公司。

1.2 主要仪器设备

UNIC2100 型分光光度计、Eppendorf 5804R 型高速冷冻离心机、梅特勒 XS204 型电子天平、恒温水浴锅、玻璃匀浆器等。

1.3 实验动物

实验用中国对虾"黄海1号"购自山东青岛胶州宝荣水产有限公司，平均体重 5.8 g±0.4 g，平均体长 8.2 cm±0.6 cm，实验前于 200L PVC 桶中暂养 10 d，使其适应实验室养殖环境，期间每天换水 1 次（换水量约 90%），连续充气，水温 22±1℃，盐度 25±1，每天早晚各投喂对虾配合饲料一次，每次投喂量为对虾体重的 2%（对虾配合饲料购自青岛长生中科水产饲料有限公司）。

1.4 药饵配制

基础饲料中，使用 2% 褐藻酸钠作为黏合剂，成形后喷 2% 氯化钙溶液钙化。按照每千克虾体质量摄食量 20 g 计算，在基础日粮中分别添加 A 组 50 mg/kg 虾青素、B 组 100 mg/kg、C 组 150 mg/kg、D 组 50 mg/kg 虾青素＋10‰裂壶藻、E 组 100 mg/kg 虾青素＋10‰裂壶藻、F 组 150 mg/kg 虾青素＋10‰裂壶藻，空白组 A，空白组 B。即 A 组饲料中按照 1.667g 虾青素配制 0.5kg 饲料，B 组饲料中按照 3.333 g 虾青素配制 0.5kg 饲料，C 组饲料中按照 5 g 虾青素配制 0.5kg 饲料，D 组饲料中按照 1.667g 虾青素和 5 g 裂壶藻配制 0.5kg 饲料，E 组饲料中按照 3.333 g 虾青素和 5 g 裂壶藻配制 0.5kg 饲料，F 组饲料中按照 5 g 虾青素和 5 g 裂壶藻配制 0.5kg 饲料，空白组 A 即为基础饲料，空白组 B 按照 5 g 裂壶藻配制 0.5kg 饲料。

1.5 实验方法

选择健康、规格整齐的中国对虾，设 1 个对照组和 6 个实验组（A、B、C、D、E、F 剂量组），每组对虾 100 尾。每个实验组对虾分别养在 200L 白色塑料桶中，每桶 20 只。投喂及取样：实验前 1 天停止投喂配合饲料，试验组分别投喂含不同浓度组的基础饲料，对照组投喂不含添加剂的基础饲料，每天早晚各投喂两次，每次投喂量为对虾体重的 2%，连续投喂 7 d。分别于最后一次投喂饲料后的 1 d、5 d、10 d、15 d、20 d、25 d 取中国对虾肝胰腺、血液、肌肉和鳃组织样品，每个时间点随机取对虾 8 尾，样品保存于－70℃冰箱直至用于分析。

血淋巴抽取及处理：使用 2 mL 一次性注射器，先抽取 1 mL 抗凝剂后，于对虾围心腔取血样 1 mL，置于无菌 2 mL 离心管中，－80℃保存备用。血淋巴 5 000 rpm 离心 10 min 分离血清，取上清稀释 10 倍后用于非特异性免疫酶活性的测定。肝胰腺、肌肉及鳃组织采样及处理：分别取肝胰腺、肌肉及鳃组织样品，于－80℃保存备用。酶活测定时，加入 9 倍体积预冷的 PBS 缓冲液（pH7.2），于冰上研磨后 4℃，5 000 r/min 离心 10 min，取上清液稀释 10 倍后用于酶活分析。

1.6　非特异性免疫酶活的测定

(1)总蛋白含量的测定。

测定原理:考马斯亮蓝 G-250(Coomassie brilliant blue G-250)测定蛋白质含量属于染料结合法的一种。考马斯亮蓝 G-250 在游离状态下呈红色,最大光吸收在 488 nm;当它与蛋白质结合后变为青色,蛋白质—色素结合物在 595 nm 波长下有最大光吸收。其光吸收值与蛋白质含量成正比,因此可用于蛋白质的定量测定。蛋白质与考马斯亮蓝 G-250 结合在 2 min 左右的时间内达到平衡,完成反应十分迅速;其结合物在室温下 1 h 内保持稳定。

测定方法:蛋白含量采用 Board ford 法测定。配制牛血清白蛋白系列浓度梯度的标准溶液,各加考马斯亮蓝(G-250)染料,振荡混匀,分别测定 OD_{595} 吸光值,以牛血清白蛋白浓度值和吸光值作图,绘制标准曲线。样品蛋白的定量是将样品适当稀释后,按以上方法与考马斯亮蓝染液混合,测定在 595 nm 处的吸光值,从牛血清白蛋白系列梯度的标准曲线中确定血清蛋白浓度。计算公式:

$$蛋白含量(mg/mL)=\frac{测定管吸光度-空白管吸光度}{标准管吸光度-空白管吸光度}\times 蛋白标准浓度 \; mg/mL$$

(2)超氧化物歧化酶(Total superoxidedismutase,T-SOD)活性测定。

采用黄嘌呤氧化酶法(羟胺法)SOD 测定试剂盒。

测定原理:通过黄嘌呤及黄嘌呤氧化酶反应系统产生超氧阴离子自由基(O_2^-),后者氧化羟胺形成亚硝酸盐,在显色剂作用下呈现紫红色,可测定其 OD 值,当样品中有 SOD 时,则对超氧阴离子自由基有专一性的抑制作用,使形成的亚硝酸盐减少,比色时测定管的吸光值低于对照管的吸光值,通过测定 O_2^- 被抑制的多少来确定 SOD 值的大小。血清 T-SOD 单位定义:每毫升反应液中 SOD 抑制率达到 50% 时所对应的 SOD 量为一个 SOD 活力单位(U)。

计算公式:

$$\frac{组织匀浆中 \, T\text{-}SOD \, 活力}{(U/mg \, prot)}=\frac{对照管吸光度-测定管吸光度}{对照管吸光度}\div 50\% \times 反应体系的稀释倍数$$

$$\times 样本稀释倍数$$

组织匀浆中 T-SOD 单位定义:每 mg 组织蛋白在 1 mL 反应液中 SOD 抑制率达到 50% 时所对应的 SOD 量,为一个 SOD 活力单位(U)。

计算公式:

$$\frac{组织匀浆中 \, T\text{-}SOD \, 活力}{(U/mg \, prot)}=\frac{对照管孔光度-测定管吸光度}{对照管吸光度}\div 50\% \times$$

$$\frac{反应总体积}{取样量}\div \frac{匀浆蛋白含量}{mg \, prot/mL}$$

(3)过氧化氢酶(CAT)活性。

反应原理:CAT 分解 H_2O_2 的反应可以通过加入钼酸铵而迅速终止,剩余的 H_2O_2 与钼酸铵作用产生一种淡黄色的络合物,在 405 nm 处有吸收峰,通过比色测定其生成量可计算出 CAT 的活力。

血清 CAT 单位定义：每 mL 血清或血浆每秒钟分解 1 μmoL 的 H_2O_2 的量为一个活力单位。

计算公式：

$$\text{血清中 CAT 活力} \atop (\text{U/mL}) = (\text{对照管孔光度} - \text{测定管孔光度}) \times 271 \times$$

$$\frac{1}{60 \times \text{取样量}} \times \text{样本测试前稀释倍数}$$

组织样品 CAT 单位定义：每 mg 组织蛋白每秒钟分解 1 μmoL 的 H_2O_2 的量为一个活力单位。

计算公式：

$$\text{组织匀浆中 CAT 活力} \atop (\text{U/mg prot}) = (\text{对照管孔光度} - \text{测定管吸光度}) \times 271 \times$$

$$\frac{1}{60 \times \text{取样量}} \times \frac{\text{匀浆蛋白含量}}{(\text{mg prot/mL})}$$

(4)微量丙二醛(MDA)活性。

反应原理：过氧化脂质降解产物中的丙二醛(MDA)可与硫代巴比妥酸(TBA)缩合，形成红色产物，在 532 nm 处有最大吸收峰。测试 MDA 的量常常可反映机体内脂质过氧化的程度，间接地反映出细胞损伤的程度。

因底物为硫代巴比妥酸(Thibabituric Acid TBA)所以此法称 TBA 法。

计算公式：

$$\text{血清中 MDA 活力} \atop (\text{U/mg prot}) = \frac{\text{测定管吸光度} - \text{空白管吸光度}}{\text{标准管吸光度} - \text{空白管吸光度}} \times \text{标准品浓度}(10 \text{ nmol/mL})$$

$$\text{组织中 MDA 含量} \atop (\text{nmol/mL}) = \frac{\text{测定管吸光度} - \text{空白管吸光度}}{\text{标准管吸光度} - \text{空白管吸光度}} \times$$

$$\text{标准品浓度}(10 \text{ nmol/mL}) \div \frac{\text{组织匀浆蛋白含量}}{(\text{U/mg prot})}$$

1.7 数据处理

所有实验结果数据均为 8 个样品的平均值，结果用 SPSS 单因素方差分析 One-Way Assay 进行组间差异比较，$P < 0.05$ 表示差异显著，$P < 0.01$ 表示差异极显著。

2. 结果与分析

2.1 不同浓度虾青素对中国对虾各组织超氧化物歧化酶(T-SOD)活力的影响

(1)不同浓度虾青素对中国对虾血清 T-SOD 活力的影响。

由图 1 中可以看出，虾青素和裂壶藻对中国对虾血清 T-SOD 活力影响具有显著的剂量效应，单独投喂虾青素高浓度组 C 在第 5 d，15 d 和 20 d 均对 T-SOD 活力有显著促进作用($P < 0.05$)，而低剂量组 A、B 促进作用不显著；而混合投喂虾青素和裂壶藻 D、F 组随着时间推移则呈现逐渐升高的趋势，且在第 25 d 比同期单独投喂虾青素组 A、B、C 显著升高。

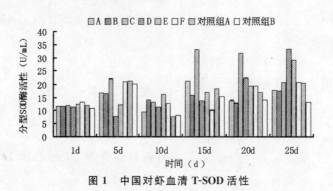

图 1　中国对虾血清 T-SOD 活性

（2）不同浓度虾青素对中国对虾肝胰腺 T-SOD 活力的影响。

由图可以看出无论是单独投喂虾青素处理组还是混合投喂的各个浓度组肝胰腺 Mn-SOD 活力均呈现显著上升的趋势，并且其影响具有显著的剂量效应，其中混合投喂组 F 对 Mn-SOD 活力影响最为显著，在各个时期亦比同期单独投喂虾青素的 C 差异显著（$P<$ 0.05），亦比单独投喂裂壶藻的对照组 B 差异显著。同时单独投喂虾青素的各个组在第 10,15,20,25 d 亦比同期对照组 A 差异性显著（$P<0.05$）。

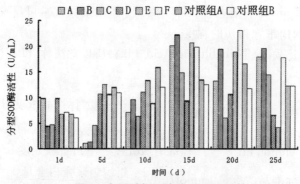

图 2　中国对虾肝胰腺 T-SOD 活性

（3）不同浓度虾青素对中国对虾肌肉 T-SOD 活力的影响。

混合投喂虾青素和裂壶藻 F 在第 10 d 后均比同期对照组 B 显著升高，亦比同期单独投喂虾青素的 C 差异性显著（$P<0.05$），并且呈现一定的剂量效应，虾青素的含量越高则促进作用越明显。

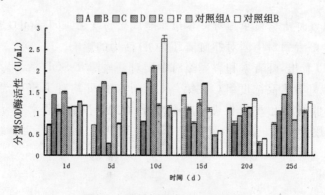

图 3　中国对虾肌肉 T-SOD 活性

(4)不同浓度虾青素对中国对虾鳃 T-SOD 活力的影响。

不同浓度组对中国对虾鳃 T-SOD 表现出不同的作用。总体来说,虾青素和裂壶藻对中国对虾鳃的 Mn-SOD 活力影响不大,只是混合投喂组 D 在第 5 d 出现峰值,是单独投喂组 A 的 1.93 倍,亦比同期单独投喂裂壶藻对照组 B 差异显著($P<0.05$);混合投喂组 E 在第 20 d 出现峰值,与单独投喂虾青素 B 组差异显著($P<0.05$),亦比同期对照 B 差异显著($P<0.05$)。

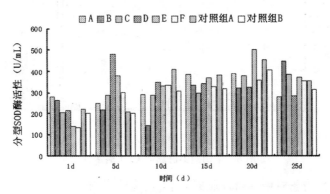

图 4 中国对虾鳃 T-SOD 活性

2.2 不同浓度虾青素和裂壶藻对中国对虾各组织过氧化氢酶(CAT)活力的影响

(1)不同浓度虾青素对中国对虾血清 CAT 活力的影响。

由图可以看出,混合投喂的各个浓度组血清 CAT 酶活力比单独投喂虾青素的处理组对虾血淋巴 CAT 酶活力差异性显著($P<0.05$),其中混合投喂 E 组在第 10 d 有峰值,并且是同期单独投喂虾青素 B 组 CAT 酶活的 6 倍,亦是同期单独投喂裂壶藻对照 B 组 CAT 酶活的 2.1 倍;混合投喂组 F 组在第 5 d 后均比同期单独投喂虾青素组 C 组 CAT 酶活力差异性显著($P<0.05$),亦比同期单独投喂裂壶藻对照 B 组 CAT 酶活差异性显著($P<0.05$)。单独投喂虾青素 B 浓度组 CAT 酶活在第 15 d、20 d、25 d 均比同期对照组 A 差异性显著($P<0.05$),而其他各组略有升高但是差异性不显著($P>0.05$)。

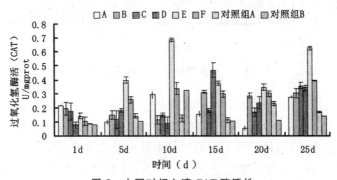

图 5 中国对虾血清 CAT 酶活性

(2)不同浓度虾青素对中国对虾肝胰腺 CAT 活力的影响。

由图中明显可知,混合投喂 F 组肝胰腺 CAT 活力在第 20 d 有峰值,并且是同期单独投喂虾青素 C 组 CAT 酶活的 27 倍,亦是同期单独投喂裂壶藻对照 B 组 CAT 酶活的16.6

倍,亦与对照组 A 差异极显著($P<0.01$),D、F 组在第 25 天比同期单独投喂虾青素 C 组 CAT 酶活的差异极显著($P<0.01$),亦比同期单独投喂裂壶藻对照 B 组 CAT 酶活差异极显著($P<0.01$),亦与对照组 A 差异极显著($P<0.01$);而单独投喂虾青素 ABC 组 CAT 酶第 25 d 比同期的对照组 A 差异显著($P<0.05$)。

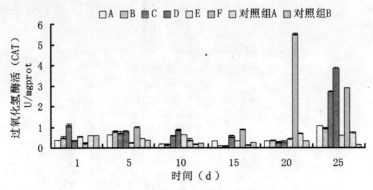

图 6　中国对虾肝胰腺 CAT 酶活性

(3)不同浓度虾青素对中国对虾肌肉 CAT 活力的影响。

由图可以看出,混合投喂组 D 组、F 组对肌肉 CAT 酶活力呈现促进作用,其中 D 组肌肉 CAT 活力在第 15 d 达到峰值,在第 15 d、20 d 均显著高于同期单独投喂虾青素组 A,亦与同期单独投喂裂壶藻对照组 B 差异显著($P<0.05$);单独投喂组 A、B、C 组在第 5、10、20、25 d 均对 CAT 酶活力呈现促进作用,且虾青素浓度越高促进作用越明显,呈现明显的剂量效应。

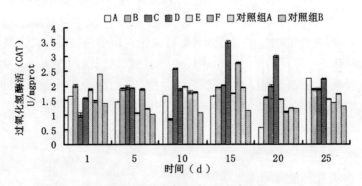

图 7　中国对虾肌肉 CAT 酶活性

(4)不同浓度虾青素对中国对虾鳃 CAT 活力的影响。

与对肌肉 CAT 活力的促进作用不同,混合投喂组和单独投喂组对中国对虾鳃 CAT 活力整体呈现促进作用,但是差异不显著。其中单独投喂组 C 组在第 15 d CAT 酶活达到最高 19.33 U/mg prot,混合投喂组 F 在第 15 d CAT 酶活达到最高 19.04 U/mg prot,均比同期对照组略有提高。而混合投喂组 D 于第 25 d 达到最高 18.9 U/mg prot,是同期单独投喂虾青素 A 组 14.95 U/mg prot 的 1.26 倍。

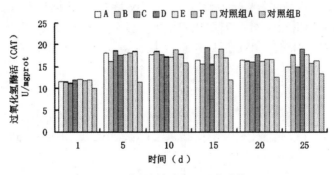

图 8　中国对虾鳃 CAT 酶活性

2.3　不同浓度虾青素对中国对虾各组织丙二醛酶(MDA)活力的影响

(1)不同浓度虾青素对中国对虾血淋巴 MDA 酶活力的影响。

不同浓度组对中国对虾血清 MDA 表现出不同的抑制作用。单独投喂虾青素 A、B 组整体呈现出对中国对虾血清 MDA 活力先上升后下降的的趋势，而混合投喂虾青素和裂壶藻 DF 组血清 MDA 活力一直呈下降的趋势。其中，单独投喂虾青素 C 组和混合投喂组 F 变化比较明显，分别在第 10 d、第 20 d 出现最低值，均比同期的对照组差异显著($P<0.05$)，其下降趋势不呈现一定的剂量关系，并且投喂虾青素和裂壶藻各浓度组没有明显的抑制优势。

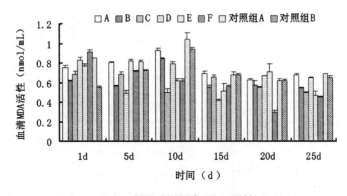

图 9　中国对虾血清 MDA 活性

(2)不同浓度虾青素对中国对虾肝胰腺 MDA 活力的影响。

由图可知，投喂混合各浓度组和单独投喂虾青素浓度组对肝胰腺 MDA 酶活性均表现出了显著的抑制作用，并且随着时间的推移则表现出逐渐降低的趋势。其中单独投喂虾青素 B 呈现先升高后降低的趋势，于第 10 d 后比同期对照组 A 显著下降，亦比同期的混合投喂浓度组 E 组差异性显著，截止到第 25 天仅为同期 E 组 MDA 酶活的 15.4%，为同期对照组 B 组 MDA 酶活的 10.4%，而投喂混合浓度组 F 组 MDA 酶活在第 20、25 d 最为显著，与同期对照组 A、B 组 MDA 酶活差异极其显著($P<0.01$)，亦比同期单独投喂虾青素 D 组降低得快。

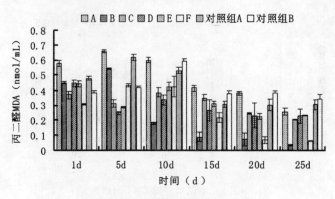

图 10　中国对虾肝胰腺 MDA 活性

(3)不同浓度虾青素对中国对虾肌肉 MDA 酶活力的影响。

反应不同时间段虾青素和裂壶藻对中国对虾肌肉 MDA 酶的影响情况,在整个过程中,随着时间的推移,各个浓度组对肌肉 MDA 酶都产生了一定的抑制作用。不同的是,在投喂后期,虾青素的浓度越高其抑制作用越大,其中 C 组、F 组在第 20 d、25 d 均有最低值,其 MDA 酶值分别为 0.013U/mg prot,0.0031U/mg prot,分别为同期对照 B 的 86%、25%。同时含裂壶藻 F 组肌肉 MDA 酶值总是低于不含裂壶藻 C 组的 MDA 酶值。

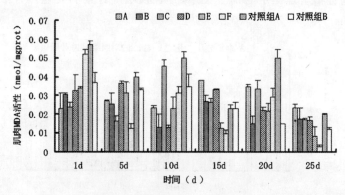

图 11　中国对虾肌肉 MDA 活性

(4)不同浓度虾青素对中国对虾鳃 MDA 活力的影响。

投喂混合各浓度组和单独投喂虾青素浓度组对鳃 MDA 活性均表现出了显著的抑制作用,并且随着时间的推移表现出逐渐降低的趋势。其中单独投喂虾青素 B 呈现逐渐升高的趋势,而投喂混合投喂组 D 组于第 20 d 后比同期对照组 A 显著下降,亦比同期的混合投喂浓度组 A 组差异性显著;混合投喂组 F 组于第 15 d 后与同期对照组 A、B 组 MDA 酶活差异极其显著($P < 0.01$),亦比同期单独投喂虾青素 C 组降低得快。

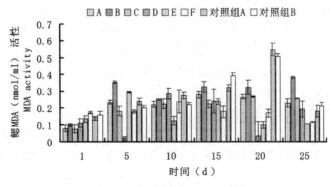

图 12 中国对虾鳃 MDA 活性

3.讨论

动物体内抗氧化防御系统是重要的活性氧清除系统,动物体中参与清除活性氧的防御系统可以分为酶系统(包括 CAT、SOD、GST 和 GSH-PX 等酶)和非酶体系。正常情况下,细胞内存在产生自由基、同时清除自由基的平衡能力,但是由于某种原因,例如生物因素、理化因素,使得体内产生的自由基过多、或清除和修复能力下降,机体就会产生氧自由基代谢的失衡,因此机体本身就无法维持自身自由基的平衡,从而可以导致疾病的发生。

超氧化物歧化酶(SOD)是广泛存在于生物体内的一类金属酶,并且能通过催化超氧阴离子(O_2^-)发生反应,产生过氧化氢(H_2O_2)和氧(O_2),从而能平衡体内的氧自由基,是一种抗氧化酶。在促进机体抗氧化及防生物分子损伤等方面具有重要的作用。丁美丽等(1997)研究发现 SOD 与生物的免疫水平密切相关。当生物体受到逆境胁迫时,SOD 活性往往升高,表现为抗应激反应,使机体积累过量的活性氧,导致生物体的损伤。SOD 与水生生物的免疫水平也密切相关。水生生物体内的 SOD 活性受到多种因素的影响,包括重金属污染、药物及环境有毒物质等。刘恒等(1997)等用免疫多糖投喂南美白对虾后,肌肉组织匀浆中的 SOD 活性有一定的提高,并认为经投喂该多糖后,可以提高南美白对虾的免疫机能,而免疫水平的提高又增强了对虾肌肉等部位的 SOD 活力。

CAT 是以铁为辅基的一类结合酶,它不仅可以清除体内的过氧化氢。CAT 同 SOD相同,对保护细胞膜结构和功能、清除自由基和活性氧起着重要的作用。CAT 存在于生物体的各个器官中,很多研究表明,在胁迫下对虾可以通过调节抗氧化酶水平大大加强清除活性氧的能力,从而减轻对机体本身的伤害,CAT 活性可以由于氧化污染的胁迫而发生改变。最近几年,在对甲壳动物的研究中,已把过氧化物酶看作一种具有免疫功能的酶,与其他一些酶共同作为检测甲壳动物免疫功能的指标酶。

本研究发现单独投喂虾青素和混合投喂虾青素和裂壶藻对中国对虾各组织 SOD 和CAT 活力均有不同程度的促进作用,混合投喂虾青素和裂壶藻的促进作用要比单独投喂效果要好;同时本研究还发现虾青素浓度越高,促进作用也越明显。不同组织中,肝胰腺在混合投喂高浓度虾青素和裂壶藻组后,SOD 和 CAT 活力显著高于对照组,这可能是虾青素和裂壶藻相互作用的结果。

McCond 和 Fridovich 在 1969 年研究出自由基伤害学说,广泛用于耗氧生物抗逆境伤害机理研究.氧的有些代谢产物和其衍生的有氧物质都是直接或者间接由氧转化而成的,因为它们都含有氧,并且是有较氧活泼的化学反应,因此称为活性氧(reactive oxygenic species,ROS)。活性氧包括过氧化氢(H_2O_2),超氧化物阴离子(O_2^-)等和其衍生物脂质过氧化产物与单线氧(O_2)。活性氧自由基可以攻击膜磷脂中不饱和脂肪酸而导致其过氧化反应,激活自由基的连锁反应,形成脂质自由基和其降解产物丙二醛(malon dimdehyde,MDA)。因此MDA含量间接反映活性氧自由基等,还可以间接反映组织细胞脂质过氧化的强度,过多的MDA可以使细胞蛋白质变性,酶失活,从而造成对机体的损害。本实验研究表明:本研究发现单独投喂虾青素和混合投喂虾青素和裂壶藻对中国对虾各组织MDA均有不同程度的抑制作用,混合投喂虾青素和裂壶藻的促进作用要比单独投喂时的抑制作用要显著;同时本研究还发现虾青素浓度越高,抑制作用越显著,不同组织中,肝胰腺在混合投喂高浓度虾青素和裂壶藻组MDA活力显著的低于对照组。

T-AOC、MDA、SOD均是用于衡量机体内抗氧化功能的代表性指标。MDA是体内氧自由基攻击生物膜中的多不饱和脂肪酸而产生的重要产物,可以反映细胞受损伤程度以及脂质过氧化程度。而SOD是一种重要的氧自由基清除剂,因此SOD和MDA呈对立关系。

参考文献(略)

付媛媛,李健　中国水产科学研究院黄海水产研究所　山东　青岛　266071

第十六节　Vc对中国对虾非特异免疫因子及TLR/NF-κB表达量的影响

Vc在机体内参与生长、发育、繁殖等多种生理反应,通过增强细胞吞噬能力、促进抗体的产生、参与抗氧化酶系反应等方式增强对应激及病原体的抵抗能力,是一种机体不可缺少的维生素及重要的抗氧化增强剂。Vc对抗炎反应有一定的辅助作用。李桂兰等(1997)在阿司匹林维生素c酯的抗炎作用的研究中发现,这种复合酯的效果较好于单独使用抗炎药物,减轻了对胃肠的刺激性。王慧敏等(2005)发现大剂量的Vc可以减少真菌在大鼠体内的繁殖,减轻炎症反应。Toll样受体(TolL-like receptors,TLRs)可以在炎症组织中表达,并可以成为预防及治疗炎症时的一种潜在靶目标。它是一类与免疫相关的跨膜受体蛋白,可以通过信号通路激活NF-κB,诱导iNOS等炎症因子启动炎症反应;还可以提高吞噬细胞的吞噬活性,增强对细菌、真菌等的防御能力,在抗感染免疫方面起到重要作用。目前,Vc对TLR及其通路因子影响的研究尚未见报道。本试验对中国对虾进行不同浓度的Vc投喂,通过对存活率、非特异酶活力数据的检测及评估,寻求免疫效果较好的Vc添加浓度,并初步从分子水平上讨论了Vc与TLR、NF-κB mRNA表达量的关系。

1　材料与方法

1.1　饲料配制

Vc(活性成分为35%)购买于金得利饲料厂,按照5‰、10‰、20‰的比例添加到基础饲料原料中(表1),配制成三种免疫试验饲料。各原料分别粉碎过60目筛,准确称量后逐级充分混合,以褐藻酸钠作为黏合剂,加适量水用小型绞肉机挤压制成颗粒饲料,晒干后于 4℃ 冰箱中保存备用。

表 1 基础饲料成分及含量

成分	含量
花生粉	25%
豆粉	10%
面粉	8%
鱼粉	45%
鱼油	5%
$NaHPO_4 \cdot 2H_2O$	0.2%
$Na_2HPO_4 \cdot 12H_2O$	0.3%
复合维生素(不含 Vc)1	0.5%
玉米粉	5%
鱼油膏	2%
褐藻酸钠	1%

注:1 复合维生素成分参照艾春香等(2008)

每 100 g 复合维生素(不含 Vc)中含:VB_1,0.15 g;VB_2,0.375 g;VB_3,1.0 g;VB_5,1.0 g;VB_6,0.4 g;VB_7,0.04 g;VB_{11},0.1 g;VB_{12},0.01 g;VA,0.004 g;VD_3,0.0875 g;VE,1.125 g;VK,0.05 g;肌醇,10.0 g;纤维素,85.66 g。

1.2 试验动物分组及样品处理

中国对虾(*Fenneropenaeus chinensis*)取自山东青岛胶州宝荣水产科技发展有限公司,体重 13.55 g±3.08 g,体长 10.54 cm±1.21 cm。对虾饲养于 200 L 的 PVC 桶中,养殖海水水温 26℃～30℃,水溶氧 5 mg/L 以上,pH7.8～8.4,盐度 22。

试验前按照完全随机的原则,将试验用虾分成四组,每组 10 桶,分别为对照组、低(5‰)、中(10‰)、高(20‰)浓度组,并暂养一周。正式饲养试验时,各试验组分别投喂含不同浓度 Vc 的饲料,每日投喂四次,日投饵量约为 20 g/kg 虾。各组分别在试验的第 1、3、6、9、12、15 天取样。用纱布擦干头胸甲表面海水,然后用 75% 酒精棉球擦拭虾体,取血液和鳃组织。

酶活测定样品处理:血液抽取后 4℃ 5 000 r/min 离心 10 min,离心后取上清至无菌离心管中,于 −20℃ 冰箱中保存。鳃组织经液氮研磨后取等质量样品放入离心管中,加入 10 倍的 0.1 mol/L 磷酸钾盐缓冲液,离心后取上清液检测非特异免疫酶活力。

基因表达样品处理:血液抽取后放入 1.5 mL 无 RNA 酶离心管中,4℃ 5 000 r/min 离心 10 min,弃上清,加入 1 mL Trizol,震荡使沉淀悬浮,放入液氮中保存。鳃组织直接放入无 RNA 酶的离心管中,液氮保存。

1.3　测定方法

1.3.1　存活率检测

试验期间每天记录各组死亡对虾数,根据以下公式计算各个取样点中国对虾的存活率。

$$S(\%)=1-(D_{t1}+D_{t3}+\cdots\cdots+D_{t15})/N_{总}\times100\%$$

S:存活率,D:对虾死亡数,t:取样时间,$N_{总}$:试验组对虾总数。

1.3.2　非特异性免疫指标检测

利用考马斯亮蓝法测定组织蛋白含量。

采用南京建成生物工程研究所生产的试剂盒检测诱导型一氧化氮合成酶(inducible nitricoxide synthase,iNOS)、过氧化氢酶(catelase,CAT)活性。以溶壁微球菌(Micococcuslysoleikticus)冻干粉(南京建成生物工程所研究生产)为底物,按照 DanHultmark 的方法,利用 96 孔酶标板在 570 nm 处检测溶菌酶(Lysozyme,LZA)活性。

1.3.3　Toll 样受体 mRNA 定量检测

用 Trizol 法提取血液和鳃的总 RNA,并利用 Dnase 进行处理,将 RNA 反转录合成 cDNA。应用实时定量 PCR 技术,以中国对虾 18 S rRNA 为内参,检测 Toll 样受体、NF-κB 基因的表达量,利用 2-ΔΔct 法进行相对定量分析。

1.3.4　数据统计

采用 SPSS16.0,EXcEL 分析软件进行统计学分析和处理。

2.结果与分析

2.1　不同浓度的 Vc 对中国对虾血清、鳃 iNOS 活性的影响。

不同浓度的 Vc 对中国对虾血清、鳃 iNOS 活性的影响见图 1 和图 2。Vc 添加组的 iNOS 的活性在中国对虾血清和鳃中的活性均高于对照组。血清中除第 12 天 iNOS 活性略低于低浓度组外,对照组的 iNOS 活性均低于其他三组;中浓度组 iNOS 活性在前 9 天均保持较高水平,在第 9 天活力达到最高,并且显著高于这一时间点的其他三组($P<0.05$);而在鳃中,中、高组试验的后期活性高于前期,且最高值出现在第 9 天。

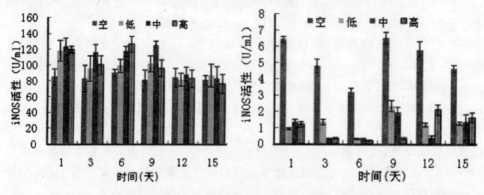

图 1　不同浓度 Vc 对中国对虾血清 iNOS 活性影响　图 2　不同浓度 Vc 对中国对虾鳃 iNOS 活性影响

2.2　不同浓度的 Vc 对中国对虾血清、鳃 CAT 活性的影响

不同浓度的 Vc 对中国对虾血清、鳃 CAT 活性的影响见图 3 和图 4。

各组血清中 CAT 活性呈先升高后降低的趋势，且低、中、高浓度组 CAT 活性始终高于对照组。中、高浓度组在同一时间点 CAT 活性差异不显著（$P>0.05$），在第 9 天活性达到最高时中浓度组略高于高浓度组。鳃组织中各组 CAT 活性随时间变化趋势与血清相同，中浓度组在第 6 天达到最高值。

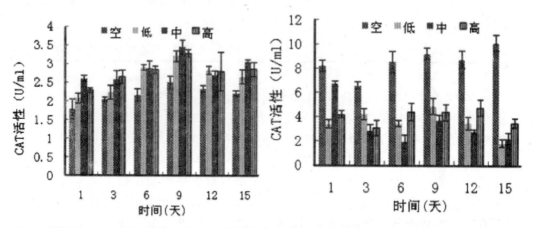

图 3　不同浓度 Vc 对中国对虾血清 CAT 活性影响　图 4　不同浓度 Vc 对中国对虾鳃 CAT 活性影响

2.3　不同浓度的 Vc 对中国对虾血清、鳃 LZA 活性的影响

不同浓度的 Vc 对中国对虾血清、鳃 LZA 活性的影响见图 5 和图 6。中浓度组 LZA 活性在血清中第 12 天达到最高，且显著高于其他组（$P<0.05$）。而在鳃中，中浓度组在试验的第 6 天 LZA 活性就达到了最高，且显著高于其他三组（$P<0.05$）。6 天后中、高浓度组活性都保持较高水平，但两组间差异不显著（$P>0.05$）。

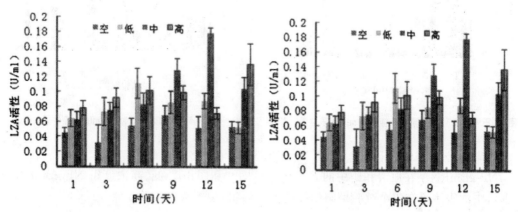

图 5　不用浓度 Vc 对中国对虾血清 LZA 活性影响　图 6　不用浓度 Vc 对中国对虾对鳃 LZA 活性影响

2.4　不同浓度的 Vc 对中国对虾存活率的影响

根据公式计算出试验各组在各个时间点中国对虾的存活率，可知：Vc 添加组之间存活率差异不明显（$P>0.05$）；中浓度组的存活率始终高于其他各组，在第十五天显著高于对照组（$P<0.05$）。

表 2　不同浓度的 Vc 对中国对虾成活率的影响

	1	3	6	9	12	15
对照	97.5±5.27[a]	91.25±10.29[a]	88.75±10.94[a]	85±12.91[a]	80±15.81[a]	71.25±20.45[b]
低	97.22±5.51[a]	95.83±6.25[a]	91.67±8.84[a]	91.67±8.84[a]	88.89±7.51[a]	86.11±9.77[a]
中	100±0.00[a]	98.61±4.17[a]	95.83±8.84[a]	94.44±11.02[a]	93.06±11.02[a]	90.28±10.42[a]
高	96.25±6.04[a]	95±6.45[a]	93.75±6.59[a]	92.5±6.45[a]	91.25±8.44[a]	86.25±9.22[a]

2.5　不同浓度的 Vc 对血清、鳃 Toll 样受体 mRNA 表达水平的影响

不同浓度的 Vc 对血清和鳃 Toll 样受体 mRNA 相对表达量的比较结果见图 7 和图 8。在试验的前 12 天,血清对照组 Toll 样受体 mRNA 相对表达量低于其他 3 组,第 9 天各组 Toll 样受体 mRNA 相对表达量都较低。第 12 天时,对照组始终保持较低水平,但其他三个试验组的 Toll 样受体 mRNA 相对表达量较对照组表现出极显著差异性($P<0.01$),中浓度的相对表达量最高,高达 9.51。鳃组织中对照组 Toll 样受体 mRNA 相对表达量在前 6 天低于其他三组,在第 12 天,其他三组的表达量显著高于对照组($P<0.05$),尤其是高浓度组极显著高于对照组($P<0.01$)。

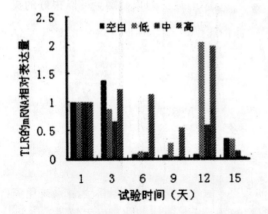
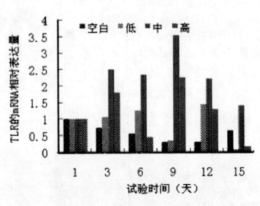

图 7　不同浓度 Vc 对血清 Toll 样受体 mRNA 表达量的影响　　图 8　不同浓度 Vc 对鳃 Toll 样受体 mRNA 表达量的影响

2.6　不同浓度的 Vc 对血清、鳃 NF-κBmRNA 表达水平的影响

NF-κBmRNA 在血清和鳃中的表达变化见图 9 和图 10。低、高浓度组 NF-κBmRNA 在血清中的表达量在整个试验期间始终低于对照组,中等浓度组除了第 12 天低于对照组外,其他时间点表达量均高于对照组。中浓度组 NF-κB mRNA 相对表达量从第 6 天逐渐升高,到第 9 天时达到最高值,而后开始降低。而在鳃组织中,低、中浓度组 NF-κB mRNA 相对表达量始终低于对照组,高浓度组的 NF-κB mRNA 相对表达量在试验开始后迅速升高,第 3 天达到最高值,显著高于对照组($P<0.05$),而后开始降低。

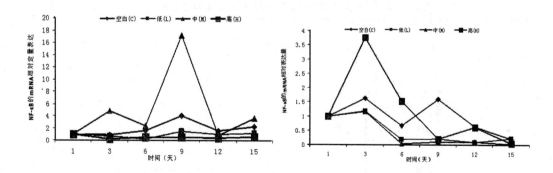

图 9 不同浓度 Vc 对血清 NF-κBmRNA 表达水平的影响 图 10 不同浓度 Vc 对鳃 NF-κBmRNA 表达水平的影响

3.讨论

3.1 Vc 对中国对虾存活率及非特异酶活性的影响

Vc 是一种常见的饲料添加剂,在对虾机体内参与多种生化反应,起到营养及免疫增强的作用。由于对虾体内缺乏合成 Vc 的酶,因此只能从饲料中摄取。适量的添加 Vc 可以促进机体生长发育,并能提高水产动物的存活率及非特异酶活力。秦志华等(2007)建议中国对虾稚虾 Vc-2-聚磷酸酯适宜添加量为 3000 mg/kg,他认为该添加量可以很好的提高中国对虾稚虾的免疫水平。宋理平等(2005)对中国对虾幼虾的研究发现,添加 0.030%、0.0450% Vc 可以显著提高 CAT 活性,添加 0.015% 后显著提高了 LZA 活性。Navarre 等(1989)认为虹鳟饲料中 Vc 添加量为最适生长量的 5 倍和 10 倍时能明显促进抗体的产生,并在 10 倍时产生得最多,明显提高了免疫水平。这与本试验的研究结果相似。本试验中 Vc 添加组的免疫水平高于对照组;中浓度组中国对虾的存活率最高为 90.28%;中、高浓度 Vc 添加组在血清及鳃组织中 CAT、LZA 活性保持在较高水平,且中浓度组的活性最高。因此中浓度组的 Vc 添加量可以显著提高中国对虾的存活率及非特异免疫能力。

诱导型一氧化氮合成酶(iNOS)在正常的生理情况下表达量很低,但接受病原或免疫刺激物刺激后活性会升高并在 L-精氨酸作为底物的情况下长时间催化产生大量的 NO,通过非特异性杀伤细菌、真菌及病毒等参与抗炎反应。本试验以 Vc 作为免疫刺激物发现,在血清中 Vc 添加组 iNOS 在试验前九天的活性显著高于对照组,试验后期差异不明显;鳃中 Vc 添加组 iNOS 活性始终高于对照组,说明 Vc 可以在一定程度上提高 iNOS 活性。姜国建等(2004)研究发现血细胞遭受破坏后,对虾血细胞中的 NOS 活性会显著下降。本试验中 Vc 的添加可能不同程度的提高了血细胞数量,进而使 iNOS 活性增强。在接受刺激后 iNOS 需要经过一段时间的转录诱导才能释放出 NO,使得免疫保护作用滞后。Vc 对血清 iNOS 活性的提高早于鳃组织,推测血清中 NO 的释放可能早于鳃,血液的免疫保护能力高于鳃。

3.2 Vc 与中国对虾血清、鳃 TLR、NF-κB 表达量变化的关系

TLRs 是近 10 年来微生物致病机制研究的一个重要模式识别受体。它在对虾中的研究已经陆续开展,在外界病原感染的情况下对虾各组织中的 Toll 样受体的表达水平发生变化,引发免疫反应。TLR 可以直接增强天然免疫系统对病原体的清除和杀伤作用,增强

细胞的吞噬能力,诱导产生一氧化氮杀灭病原微生物,但 TLR 的持续高水平表达会产生大量内源性 NO 损害机体。

本实验用 Vc 进行免疫,试验前期中浓度组血清中 Toll 样受体的表达量逐渐降低,到了后期又有所增高。这可能与 Vc 的免疫作用有关。它在提高细胞免疫及体液免疫的同时,一定程度上抵抗病原体的入侵,降低了血清中病原体与 Toll 样受体蛋白的结合进而降低了表达水平。而鳃中 Toll 样受体除最后一天外,其他时间 Toll 样受体的表达水平均高于对照组,且中浓度处理组 Toll 样受体的表达水平始终保持在较高水平。对虾血清和鳃中 TLR 基因表达趋势不同可能是因为不同组织间免疫功能存在差异。有研究发现 LPS 刺激糖尿病大鼠后 TLR 表达未发生变化,认为在免疫应激条件下糖尿病机体的 TLR4 不能正常发挥免疫识别功能,引起免疫机能低下。

NF-κB 作为 TLR 的下游因子表达趋势与 TLR 存在一定差别。血清中,中浓度组的表达水平高于对照组,其他两组均低于对照组水平,且最高值出现在第九天,早于 TLR 的第十二天。鳃组织中,TLR 和 NF-κB 均为高浓度组,表达水平较高,但 NF-κB 的表达水平在第 6 天后下降到对照组水平以下。这说明 TLR、NF-κB 虽然位于同一信号通路中,但是因子的表达水平并不一定表现出正相关性,可能还受到其他因素的调控,如接头蛋白和配体的种类、TLRs 的负性调节等。NF-κB 和 TLR 之间还可能受到某种正反馈的调节机制的调控。

Vc 作为一种重要的免疫增强剂对生物机体的免疫调节具有重要作用。本实验发现,在饲料中添加 10‰ 的 Vc 可以较好地提高对虾的存活率以及非特异免疫酶活力,但由于对虾免疫系统研究还不透彻、TLR/NF-κB 信号通路的研究刚刚起步,Vc 与 TLR/NF-κB 表达的免疫关系还不明确,需要更进一步的研究探讨。

参考文献(略)

冯伟.上海海洋大学水产与生命学院　　上海　201306

冯伟,李健,李吉涛,陈萍,廖梅杰.中国水产科学研究院黄海水产研究所　山东青岛　266071

第十七节　维生素 E 和裂壶藻(*Schizochytrium*)对中国对虾(*Fenneropenaeus chinensis*)生长及 TLR/NF-κB 表达水平的影响

中国对虾(*Fenneropenaeus chinensis*)是主要分布于我国黄渤海以及朝鲜半岛西海岸的一种洄游性虾类,营养和经济价值高,是我国对虾养殖的主要种类之一。由病害流行及抗生素滥用带来的产量降低、经济效益低下和生态环境破坏的问题给中国对虾养殖业的健康发展带来了巨大的困难。有研究发现,在饲料中添加免疫增强剂可明显增强对虾自身免疫力,提高对虾的生长率及存活率(吴桂玲等,2008)。因此,从提高对虾自身免疫力着手来预防对虾病害的爆发和流行是一条可行的措施。

NF-κB 是一类存在于多种组织的多种细胞中的具有多向转录调节作用的核蛋白因子。它位于 TLR 信号通路下游,在机体免疫应答、炎症反应中充当重要的角色(王纪文等,2005)。V_E 作为一种免疫增强剂,能防止自由基对细胞和生物膜的破坏,保护不饱和脂肪酸免受过氧化作用(Dandapat *et al.*，2000)，甚至能提高虾类对盐度急性突变引起的抗氧化能力。此外，V_E可以影响核转录因子(NF-κB)活性(Carlson *et al.*，2006)，进而影响许多基因的转录调控，引起机体免疫水平发生变化。裂壶藻(*Schizochytrwm sp.*)是一种富含 n-3 不饱和脂肪酸的海洋真菌，DHA 含量高达 20％，并且自身含有多种维生素、必需氨基酸等，是优质的饲料营养添加剂，在大菱鲆(*Scophthalmus maximus*)仔鱼的研究中发现通过用裂壶藻强化卤虫无节幼体可明显提高仔鱼存活率。在中国对虾养殖中，V_E 免疫调节作用的研究还只是停留在酶活水平，而对其分子水平的探讨并不多。而对裂壶藻的研究尚未开始，与 V_E 的协同作用研究未见报道。

　　本文通过用添加 V_E 及裂壶藻的饲料喂养中国对虾，研究 V_E 及裂壶藻对中国对虾生长和 toll 样受体及 NF-KB 两种免疫功能基因的表达影响。旨在了解 V_E 协同裂壶藻对中国对虾免疫功能的调节机理及确定 V_E 和裂壶藻的最佳添加量。

1. 材料与方法

1.1　饲料配制

　　V_E 购于 Solarbio 公司(北京、中国)，裂壶藻(脂肪含量 53％，DNA 占脂肪的 46％)购于青岛森淼实业有限公司。在基础饲料(见表 1)中添加不同浓度的 V_E 和裂壶藻配制成 4种免疫试验饲料(见表 2)。各原料分别粉碎过 60 目筛，准确称量后逐级充分混合，以 1％的褐藻酸钠作为黏合剂，加适量水用小型绞肉机挤压制成颗粒饲料，晒干后于 4℃冰箱中保存备用。

表 1　基础饲料成分及含量

成分	含量
花生粉	25％
豆粉	10％
面粉	7％
鱼粉	45％
鱼油	5％
$NaHPO_4 \cdot 2H_2O$	0.2％
$Na_2HPO_4 \cdot 12H_2O$	0.3％
复合维生素(不含 V_E)	0.5％
玉米粉	5％
鱼油膏	2％

注：复合维生素成分参照何敏等(2010)

复合维生素(U/kg)：V_A 4400，V_{D3} 2200，V_{k44}，VB_1 11，VB_2 13.2，VB_6 11，VB_{12} 0.01，生物素 0.5，泛酸 35.2，烟酸 88，叶酸 22，氯化胆碱 275，Vc 40。

表 2   试验分组及 V_E、裂壶藻添加量

试验组	V_E 含量（mg/kg）	裂壶藻
A	0	0
B	0	10‰
C	400	0
D	400	10‰

1.2   实验动物

实验用中国对虾"黄海 1 号"平均体重（2.821±0.63）g、平均体长（5.183±0.289）cm 购自青岛胶州宝荣水产有限公司。选取健康的中国对虾随机放入 200L PVC 桶中暂养 10 天，使其适应实验室养殖环境，期间每天换水 1 次，投喂空白饲料，保证连续充氧。水温 （22±1）℃，盐度（25±1）。

1.3   方法

1.3.1   试验分组及取样

根据投喂饲料的不同，随机将中国对虾分组（分组见表 2），即：空白对照组（A 组）、裂壶藻组（B 组）、VE 组（C 组）、V_E 裂壶藻混合组（D 组），每组 90 尾虾，每次取 6 尾进行试验，每组设三个平行组。每日投喂相应饲料四次，日投饵量约为 $20\ g\cdot kg^{-1}$ 虾。各组在投喂后的 1、5、10、15、20、25、30 天取样。用纱布擦干头胸甲表面海水，然后用 75％酒精棉球擦拭虾体，取血液、肌肉和肝胰腺组织样品，每个时间点随机取对虾 8 尾。

1.3.2   生长指标检测

试验开始及结束时测量对虾的体重、体长。根据以下公式计算生长率：

相对增长率（％）＝［（试验末体长－试验初体长）/试验初体长］×100

相对增重率（％）＝［（试验末体重－试验初体重）/试验初体重］×100

特定生长率 SGR（％／d）＝（Ln 试验末体重－Ln 试验初体重）/时间×100

1.3.3   TLR、NF-κB 基因组织表达分析

Trizol 法提取样品的总 RNA，反转录合成第一链 cDNA。应用实时荧光定量 PCR 技术，以 cDNA 为模板，中国对虾 18 s rRNA 为管家基因检测 TLR、NF-κB 的表达变化量。引物序列见表 3，荧光定量 PCR 反应体系见表 4。TLR 基因反应条件：95℃ 15 s、60℃ 20 s、72℃ 20 s ，40 cycles；72℃ 10 min。NF-κB 基因反应条件：95℃ 15 s；95℃ 5 s，56℃ 30 s、72℃ 40 s，40 cycles。每个反应做 3 个平行对照，以纠正系统误差。另外，将此实验重复 3 次，进行统计学分析。

表 3   引物编号及序列

正向引物	序列（5′-3′）	反向引物	序列（5′-3′）
TolL-F	GCTTTCATCAGCTATTCTCACAAGGA	FcTolL-R	CCTGTGAGTGAGCCGCCTTGAA
NF-κB-F	CCTGTGAAGACATTAGGAGGAGTA	NF-κB-R	CCAGTTGTGGCATTCTTTAGG
18s-F	TATACGCTAGTGGAGCTGGAA	18s-R	GGGGAGGTAGTGACGAAAAAT

表4 荧光定量 PCR 反应体系

管家基因		待检基因	
SYBR Premlx Ex Taq II (2X)	10.0 μL	SYBR Premlx Ex Taq II (2X)	10.0 μL
18S-F(10 μM)	0.8 μL	PCR Forward Primer(10 μM)	0.8 μL
18S-R(10 μM)	0.8 μL	PCR ReVerse Primer (10 μM)	0.8 μL
cDNA 模板	2.0 μL	cDNA 模板	2.0 μL
dH$_2$O(灭菌蒸馏水)	6.4 μL	dH$_2$O(灭菌蒸馏水)	6.4 μL
Total	20 μL	Total	20.0 μL

1.3.4 数据统计

采用 $2^{-\triangle\triangle c}$t 法对数据进行处理。

采用 SPSS 16.0,EXCEL 分析软件进行单因子方差分析和 Duncan's 多重检验。

2. 结果

2.1 V$_E$ 和裂壶藻对中国对虾生长指标的影响

2.1.1 VE 和裂壶藻对中国对虾体长及成活率的影响

由表5可以看出:添加 V$_E$ 和裂壶藻的试验组对中国对虾体长的增长显著高于对照组($P<0.05$)。D组添加 V$_E$ 及裂壶藻后体长的增长最快,增长率显著高于只添加等量 V$_E$ 的C组和只添加等量裂壶藻的B组($P<0.05$)。根据公式计算出试验各组在30天后中国对虾的存活率,由表5可知:D组的存活率显著高于其他各组($P<0.05$)。D组存活率最高达到94.52%。裂壶藻与 V$_E$ 联合使用,提高了中国对虾的存活率。

表5 V$_E$ 和裂壶藻对中国对虾体长及成活率的影响

组别	1d	15d	30d	相对增长率(%)	成活率(30d)
A	5.28±0.319	6.125±0.328a	7.225±0.623a	36.84±7.2a	73.37±7.97a
B	5.16±0.279	5.963±0.456a	7.153±0.561a	38.62±4.4a	76.19±6.53a
C	5.10±0.232	6.571±0.475b	7.974±0.11b	56.35±3.6c	81.91±5.57a
D	5.18±0.289	6.911±0.255c	8.484±0.206c	63.78±5.8d	94.52±8.34c

注:表中的值为平均值±标准差(n=3),同一列中不具相同字母标记的值表示差异显著($P<0.05$)

2.1.2 不同浓度 V$_E$ 对中国对虾体重及特定生长率的影响

由表6可知,添加 V$_E$ 和裂壶藻的试验组对中国对虾体重的增长显著高于对照组($P<0.05$)。D组添加 V$_E$ 及裂壶藻后对虾体重的增重最快,增重率显著高于其他组($P<0.05$),达到99.79%,显著高于只添加等量 V$_E$ 的C组和只添加等量裂壶藻的B组($P<0.05$)。

特定生长率反映了中国对虾体重的日平均增重量。由表6可知,试验期间的前十五天和后十五天,添加 VE 和裂壶藻的 D 组 SGR 增长最快,并显著高于其他试验组($P<0.05$)。

表6 V_E 和裂壶藻对中国对虾体重及特定生长率的影响

组别	1d	15d	30d	相对增重率(%)	SGR(0~15 d)	SGR(15~30 d)
A	2.781±0.61	3.433±0.29a	4.547±0.39a	64.73±13a	0.0408±0.0010a	0.0743±0.0082a
B	2.803±0.49	3.455±0.66a	4.713±0.34a	67.07±12a	0.0423±0.0011a	0.0839±0.0054c
C	2.808±0.60	3.541±0.45b	5.113±0.48e	81.25±11b	0.048±0.011b	0.105±0.043d
D	2.821±0.63	3.628±0.54c	5.636±0.45d	99.79±8c	0.0538±0.025c	0.1339±0.064e

注:表中的值为平均值±标准差($n=3$),同一列中不具相同字母标记的值表示差异显著($P<0.05$)

2.2 不同浓度 V_E 及裂壶藻对中国对虾各组织 TLR 表达水平的影响

(1)不同浓度 V_E 及裂壶藻对中国对虾血淋巴 TLR 表达水平的影响。

V_E 及裂壶藻对中国对虾血淋巴 TLR mRNA 表达量的影响如图1所示:D 组 TLR mRNA 表达水平始终低于对照组水平。其他各组在前五天 TLR mRNA 表达水平高于对照组水平而后开始下降,在试验末期 B 组表达水平上升至对照组水平以上。

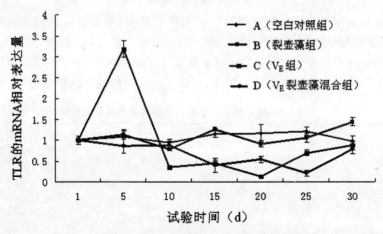

图1 不同浓度 VE 及裂壶藻对中国对虾血淋巴 TLR mRNA 表达量的影响

(2)不同浓度 V_E 及裂壶藻对中国对虾肝胰腺 TLR 表达水平的影响。

V_E 及裂壶藻对中国对虾肝胰腺 TLR mRNA 表达量的影响如图2所示:试验各组 TLR 表达水平趋势大致相同。B 组在五天后 TLR mRNA 表达水平降低至对照组水平以下。其他各组始终低于对照组水平,D 组下调幅度最大。

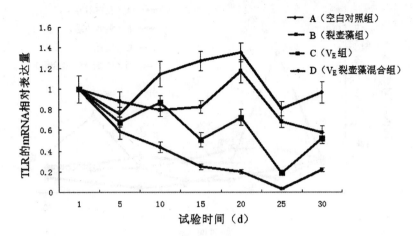

图 2　V_E 及裂壶藻对中国对虾肝胰腺 TLR mRNA 表达量的影响

（3）不同浓度 V_E 及裂壶藻对中国对虾肌肉 TLR 表达水平的影响。

V_E 及裂壶藻对中国对虾肌肉 TLR mRNA 表达量的影响如图 3 所示：V_E 对肌肉 TLR 的表达具有下调的作用。表现为 B 组 TLR 表达水平在试验前五天高于 A 组，而后下降。C、D 组的表达水平始终低于对照组 A 组。

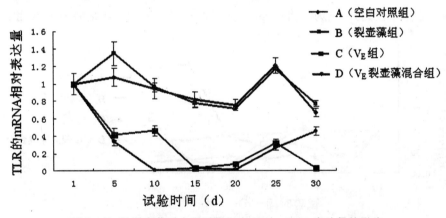

图 3　V_E 及裂壶藻对中国对虾肌肉 TLR mRNA 表达量的影响

2.3　不同浓度 V_E 及裂壶藻对中国对虾各组织 NF-κB 表达水平的影响

（1）不同浓度 V_E 及裂壶藻对中国对虾血液 NF-κB 表达水平的影响。

V_E 及裂壶藻对中国对虾血淋巴 NF-κB mRNA 表达量的影响如图 4 所示：试验前期 V_E 添加组 NF-κB 表达水平低于空白对照组 A 组，随着时间的变化，在试验后期 B 组 NF-κB 水平上调至 A 组水平以上。C、D 试验组血清 NF-κB 表达水平始终低于对照组 A 组。B 组在试验第五天达到了最高值，为对照组的 3.12 倍。

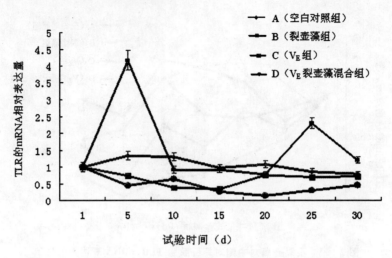

图4 V_E 及裂壶藻对中国对虾血淋巴 NF-κB mRNA 表达量的影响

(2)不同浓度 V_E 及裂壶藻对中国对虾肝胰腺 NF-κB 表达水平的影响。

V_E 及裂壶藻对中国对虾肝胰腺 NF-κB mRNA 表达量的影响如图5所示:试验各组随时间变化 NF-κB 表达水平变化趋势大致相同。添加 V_E 及裂壶藻的 F 组可以下调肝胰腺 NF-κB 表达量。B组和C组在试验前二十天低于 A 组 NF-κB 表达水平,B组在二十天后 NF-κB 表达量快速升高,为 A 组的 3.4 倍,C组在二十天后表达量略高于 A 组。

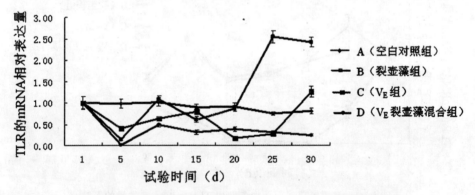

图5 V_E 及裂壶藻对中国对虾肝胰腺 NF-κB mRNA 表达量的影响

(3)不同浓度 V_E 及裂壶藻对中国对虾肌肉 NF-κB 表达水平的影响。

V_E 及裂壶藻对中国对虾肝胰腺 NF-κB mRNA 表达量的影响如图6所示:对照组 A 在第十天 NF-κB 表达量升高,随后的二十天表达量逐渐降低到正常水平。只添加裂壶藻的 B 组在试验开始后 NF-κB 表达量始终下调,并显著低于对照组。只添加 VE 的 C 组表达量呈现先升高后降低的趋势,在 15 天达到最高,随后迅速降低并显著低于对照组($P<0.05$)。添加 V_E 和裂壶藻的 D 组与对照组变化趋势大致相同,仅在第十天高于 A 组,其他时间点肌肉 NF-κB 表达量均显著低于 A 组($P<0.05$)。

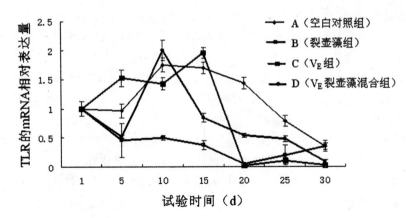

图6 V_E 及裂壶藻对中国对虾肌肉 NF-κB mRNA 表达量的影响

3.讨论

3.1 添加 V_E 和裂壶藻对中国对虾生长及存活率的影响

V_E 是生物体生长所不可缺少的营养素,它能调节体内碳水化合物和肌酸的代谢,提高糖和蛋白质的利用效率,最终提高机体的生长速度和饲料效率。王桂芹等(2010)对鲤鱼的研究发现 DHA 对鲤鱼(*Cyprinus carpio*)的生长具有正面效应,V_E 对鲤鱼的生长的影响不明显的。Wassef 等(2001)研究表明,饲料中添加 V_E 可促进鲻鱼(*Mugil cephalus*)幼苗的生长,Huang 等(2004)报道,饲料中 V_E 添加量达到 80 IU/kg 时,能显著促进尼罗罗非鱼(*Tilapia nilotica*)幼鱼的生长。裂壶藻含有丰富的中国对虾不能合成的 22 碳 6 烯酸(docosahexaenoic acid,DHA)等不饱和脂肪酸,如裂壶藻 OUC88 型 DHA 含量为 37.05%,是生产 DHA 的重要来源。研究表明,将裂壶藻用于大菱鲆仔鱼提高了仔鱼的成活率,降低了白化的发生,提高了卤虫无节幼体的 DHA 含量。王桂芹等(2010)在 V_E 和 DHA 对鲤鱼的抗病能力具有明显的协同保护作用。在高等脊椎动物和鱼类也已经证明 V_E 和脂肪酸存在一定的交互作用(Leibovitz *et al*.,1990)

本试验表明,添加 V_E 和裂壶藻的试验组中国对虾体长、体重、特定增长率及存活率均显著高于对照组,说明添加 V_E 和裂壶藻可以促进中国对虾生长,并提高存活率,与王桂琴和 Huang 等研究结果相同。但是添加 V_E 及裂壶藻的 D 组体长、增重、特定增长率及成活率显著高于只添加等量 V_E 的 C 组和只添加等量裂壶藻的 B 组($P<0.05$)。其原因可能是裂壶藻含有丰富的 DHA,添加到饲料中后增强了饲料中的不饱和脂肪酸含量促进了对虾体长的增长,V_E 对不饱和脂肪的保护作用和对机体的免疫功能的发挥,促进了对虾的生长。说明裂壶藻的添加增强了饲料的不饱和脂肪酸含量,与 V_E 的联合使用,比单添加其中任何一种效果更好。由本实验结果可知,每千克饲料添加 400 mg V_E 和 10‰裂壶藻时,中国对虾生长最快、存活率最高。

3.2 添加 V_E 和裂壶藻对中国对虾免疫相关功能基因表达的影响

3.2.1 添加 V_E 和裂壶藻对中国对虾 TLR 表达水平的影响

Toll 样受体是一天然模板识别受体家族,在机体天然免疫对病原体的识别方面发挥着非常重要的作用。TLR 配体种类很多,其中体内的一些过氧化物产物可以作为 TLR 的内源性配体激活 TLR 信号通路反应,产生免疫应答(James *et al.*,2003)。V_E 作为一种脂溶性抗氧化剂,通过清除自由基保护不饱和脂肪酸免受过氧化作用(Evstigneeva *et al.*,1998),提高机体的免疫力,是增强生物氧化稳定性比较理想的维生素。V_E 可以提高血液中各种细胞的数量(Ortun *et al.*,2003),清除血液中的氧自由基。Jumroensri Puangkaew 等(2003)的实验结果显示,维生素 E 对虹鳟(*Oncorhynchus mykiss*)血浆、肝、肾脏中的 SOD、CAT、GPX 活力都有显著影响。而周立斌等(2009)也发现饲料中添加适量的 V_E 可显著提高美国红鱼(*Sciaenops ocellatu*)抗氧化酶超氧化物歧化酶活性。Buckley DJ 等(1995)研究发现,V_E 和不饱和脂肪酸的含量共同影响脂质氧化程度。

在本实验中,用添加 Ve 和裂壶藻的饲料饲喂中国对虾后,检测组织中 TLR 的表达水平,发现血液、肝胰腺和肌肉中的 TLR 表达水平出现下调,并且组织差异性不显著。其原因可能是是 V_E 通过提高中国对虾抗氧化酶的活性,使体内一些过氧化物对虾体的伤害降低,导致体内的过氧化物不能激活 TLR 信号通路反应,从而引起 TLR 表达水平的降低。实验中还发现同时添加 V_E 和裂壶藻的 D 组各组织 TLR 表达水平下调明显($P<0.05$),并且比只添加 V_E 或裂壶藻的 C 组和 B 组更加稳定。其原因可能为裂壶藻作为一种富含 DHA 的物质添加到饲料中,目的是提高饲料中不饱和脂肪酸含量,增强饲料的营养。V_E 对不饱和脂肪酸的保护作用,可以防止裂壶藻中的 DHA 氧化。V_E 通过对细胞膜磷脂层中脂肪酸不饱和键的抗氧化作用,减少裂壶藻中 DHA 发生氧化反应,两者的协调作用使其抗氧化作用更加稳定,进而减少体内 TLR 的一些内源性配体的种类和数量,减低了 TLR 在组织中的表达水平。本实验结果表明同时添加 V_E 和裂壶藻可明显下调 TLR 表达水平,提高机体抗氧化能力,从而增强中国对虾免疫力。

3.2.2 添加 V_E 和裂壶藻对中国对虾 NF-κB 表达水平的影响

NF-κB 是一类具有多向转录调节作用的核蛋白因子,在感染、炎症反应、氧化应激、细胞增生等过程中发挥作用(Digicaylioglu *et al.*,2001)。多种细胞外刺激信号如细胞因子 IL-1、活性氧自由基等可以激活 NF-κB(Sunil *et al.*,2001)。许多学者研究发现可以通过维生素 E 降低 NF-κB 活性,发挥免疫功能(Carlson *et al.*,2006)。鞠善德等(2009)研究发现 V_E 干预组的 NF-κB 在耳蜗毛细胞中的表达水平低于为未预组并推测 NF-κB 与细胞死亡作用存在一定的关系。

本实验研究发现,只含裂壶藻的 B 组在肝胰腺和血液中 NF-κB 表达水平出现上调,而在肌肉中出现下调,含 V_E 的 C 组和 D 组在各组织中 NF-κB 表达水平出现下调,同时添加 VE 和裂壶藻的 D 组下调明显($P<0.05$)。NF-κB 表达水平具有明显的组织差异性。说明饲料中添加一定量的 V_E 可以降低机体内 TLR、NF-κB 基因的表达水平,并且当同时添加裂壶藻时,表达水平下调的更显著。这可能是由于饲料中的不饱和脂肪酸含量的增加,V_E 阻止了不饱和脂肪酸的氧化,增加了中国对虾的营养水平,使得机体内免疫能力增强,对抗刺激及应激的能力增强,减少了体内有害代谢物的产生,而单独添加其中一种的效果没有共同使用效果显著。试验中所出现的组织差异性可能是由于组织的功能差异导致 NF-κB 表达水平的不同。由试验结果可知,V_E 和裂壶藻联合使用对免疫基因的调控能力更加显著。

本实验对 V_E 和裂壶藻协同作用对中国对虾的生长和免疫功能基因表达水平的影响做了初步研究,确定了最佳生长和表达调控的 V_E 及裂壶藻的添加量。而对其联合作用对中国对虾的免疫机理的研究还不完善,在机体内的调节机制还不明了,因此今后可在在分子水平、蛋白水平等多种层面开展更多的免疫相关基因研究,加深对中国对虾免疫系统和药物免疫途径的了解。

李美玉,李健,陈萍.中国水产科学研究院黄海水产研究所　山东青岛　266071

李美玉.上海海洋大学水产与生命学院　上海　200306

王琦.中国海洋大学　山东青岛　266003

第十八节　不同浓度诺氟沙星对中国对虾非特异性免疫酶活性的影响

中国对虾(*Fenneropenaeus chinensis*)主要分布于我国黄渤海和朝鲜西部沿海,是重要的出口水产品,广受国际市场欢迎,2007 年中国对虾养殖产量已达到 127 万吨。然而,自 1993 年白斑病毒爆发以来(White spot syndrome virus,WSSV),中国对虾养殖产业就一直受到病害频发的困扰(Zhang *et al.*,2007)。如何通过调节对虾免疫力增加其对致病微生物的抵抗力成为目前研究的热点。无脊椎动物缺乏自适应免疫系统而主要依赖先天免疫(Hoffmann *et al.*,1999)。已有的研究表明,中国对虾非特异性免疫受到诸多因素的影响,包括氯化铵(哈承旭等,2009)、氨氮(王玥等,2005)、盐度(Wang *et al.*,2006)、中草药(董晓慧等,2009)和复合免疫药物(王宜艳等,2004)等等。

研究发现,喹诺酮类药物在抗感染治疗中不仅可以起到对病原菌的选择性抗菌作用,还可能影响机体的免疫功能(Cuffini *et al.*,1994)。诺氟沙星(Norfloxacin,NFLX)作为具有广谱杀菌作用的喹诺酮类药物被广泛应用于水产养殖病害防治并起到了一定的积极效果(Wang *et al.*,2008)。本文分为高(60 mg/kg)、中(30 mg/kg)、低(15 mg/kg)三个浓度剂量向对虾配合饲料中添加诺氟沙星药粉,通过测定中国对虾肌肉和鳃组织非特异性免疫因子 LSZ、SOD、CAT、AKP 及 ACP 活性的变化,探讨不同浓度诺氟沙星对中国对虾非特异性免疫的影响。

1. 材料与方法

1.1　材料

实验用中国对虾(5.8 ± 0.4 g)购自山东省青岛市胶州宝荣水产公司,于实验条件下暂养 10 d,期间每天换水 1 次,连续充气,水温(22 ± 1)℃,每天早晚各投喂对虾配合饲料一次,每次投喂量为对虾体重的 2%(对虾配合饲料购自青岛长生中科水产饲料有限公司)。

1.2　方法

1.2.1　实验设计

实验动物:选择健康、规格整齐的中国对虾,设 1 个对照组和 3 个实验组(高、中、低剂量组),每组对虾 100 尾。每个实验组对虾分别养在 200 L 白色塑料桶中,每桶 20 只。

饲料配制及药物添加:基础饲料中添加 2%的玉米油,使用 2%褐藻酸钠作为黏合剂,成形后喷 2‰氯化钙溶液钙化。按照每千克虾体质量摄食量 20 g 计算,诺氟沙星药粉分别按照 60 mg/kg(高剂量组)、30 mg/kg(中剂量组)和 15 mg/kg(低剂量组)添加,即高剂量组按照 30 g 诺氟沙星药粉配制 1000 g 饲料;中剂量组按照 15 g 诺氟沙星药粉配制 1000 g 饲料;低剂量组按照 7.5 g 诺氟沙星药粉配制 1000 g 饲料配制。

投喂及取样:实验前 1 d 停止投喂配合饲料,试验组分别投喂含 15、30 和 60 mg/kg 的饲料,对照组投喂不含诺氟沙星药粉的基础饲料,每天早晚各投喂两次,每次投喂量为对虾体重的 2‰,连续投喂 7 d。分别于最后一次投喂饲料后的 1、2、4、6、8、12、24、48 h 取中国对虾肌肉和鳃组织样品,每个时间点随机取对虾 8 尾,样品保存于-70℃冰箱直至用于分析。

1.2.2 样品处理

取对虾肌肉及鳃组织样品,加入 9 倍体积预冷的 PBS 缓冲液(pH7.2),于冰上研磨后 4℃离心取上清液稀释 10 倍后用于酶活分析。

1.2.3 对虾非特异性免疫酶活测定

超氧化物岐化酶(SOD)酶活测定参照邓碧玉等(1991)方法;酚氧化酶(PO)活力参照王雷等(1995)方法进行;碱性磷酸酶(AKP)及酸性磷酸酶(ACP)活力参照宋善俊等(1991)方法测定;以溶壁微球菌(Micrococcus lysoleikticus)冻干粉为底物(购自南京建成生物研究所),按照 Hultmark(1980)方法测定溶菌酶(LSZ)活力;

1.2.4 统计与分析

采用 SPSS 13.0 统计软件进行单因素方差分析(ANOVA),用 Duncan′s 法对均值进行作多重比较。

2.结果

2.1 诺氟沙星对中国对虾超氧化物岐化酶和过氧化氢酶的影响

不同浓度诺氟沙星对中国对虾肌肉和鳃 SOD 活性的影响见表 1。由表中可以看出,低浓度诺氟沙星对中国对虾肌肉 SOD 酶活力总体呈现抑制作用,且与空白组 SOD 活力呈现出显著性差异($P<0.05$),而对鳃 SOD 酶活力的影响则刚好与之相反;中剂量诺氟沙星对肌肉 SOD 活力呈现出先抑制后促进的作用,与鳃的结果相似;高剂量诺氟沙星则对肌肉 SOD 呈现出先促进后抑制的显著作用($P<0.05$),对鳃 SOD 活力在各时间点均表现出显著的抑制作用。

表 1 不同浓度诺氟沙星作用下中国对虾肌肉和鳃 SOD 酶活性(U/mL)

组别	1 h	2 h	4 h	6 h	8 h	12 h	24 h	48 h
	肌肉 SOD 酶活力							
对照组	30.89±1.92	30.78±1.30	33.03±1.57	25.53±1.62	28.47±1.52	30.11±1.03	29.80±1.00	25.00±2.01
A	26.01±2.32*	29.40±4.31	35.85±1.49*	22.75±2.66*	21.44±1.66*	20.73±1.54*	28.37±1.75	22.32±2.22*
B	24.48±3.21*	14.97±2.68*	13.31±2.00*	68.42±3.43*	57.55±4.76*	22.47±4.35*	18.57±5.17*	25.53±3.22
C	71.33±3.66*	46.17±2.28*	47.85±1.57*	10.69±5.84*	45.75±1.63*	34.60±5.83*	33.69±4.15*	36.91±4.68*
	鳃 SOD 酶活力							
对照组	52.65±2.90	50.27±3.62	60.08±1.63	55.34±1.19	50.99±1.37	48.30±2.04	52.94±1.55	48.26±2.35
A	51.65±1.94*	51.27±4.90*	61.08±3.45*	56.34±1.92*	51.99±1.88*	47.30±3.54*	53.94±2.54*	50.26±3.85*
B	53.65±3.36*	49.27±1.30*	59.08±3.57*	54.34±3.33*	49.99±4.69*	49.30±3.91*	51.94±3.39*	49.26±1.85*
C	30.81±2.64*	11.29±1.44*	23.63±3.16*	14.13±2.45*	22.58±3.17*	8.29±1.28*	23.25±2.81*	28.33±2.47*

注:* 表示与空白差异显著($P<0.05$)　　A:低剂量组;B:中剂量组;C:高剂量组

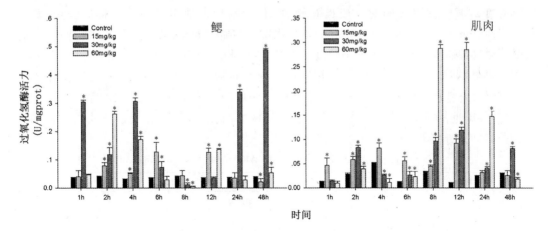

图 1　诺氟沙星对中国对虾鳃和肌肉 CAT 的影响

注：∗ 表示与空白差异显著($P < 0.05$)

由图 1 可以看出，诺氟沙星对中国对虾鳃和肌肉 CAT 活力影响存在剂量效应，三种剂量诺氟沙星对腮 CAT 活性整体呈现促进作用，但在 8 h 中高剂量组则呈现显著抑制作用，48 h 低剂量组亦呈现显著抑制作用；三种剂量诺氟沙星对中国对虾肌肉 CAT 活性总体呈现促进作用，只在 1 h 高剂量组和 4 h 中高剂量组呈现显著抑制作用($P < 0.05$)。

2.2　诺氟沙星对中国对虾溶菌酶活性的影响

图 2 所示为不同浓度诺氟沙星对中国对虾 LSZ 活性的影响结果。由图中可知，诺氟沙星对中国对虾肌肉和鳃 LSZ 活性整体呈现促进作用，其中高剂量诺氟沙星在各时间点均对 LSZ 活性呈现显著的促进作用($P < 0.05$)。中剂量诺氟沙星在 1、2、8、24 和 48 h 对鳃 LSZ 活性表现出显著的促进作用，低剂量组则在 24 h 前的各时间点均表现出显著促进作用($P < 0.05$)；

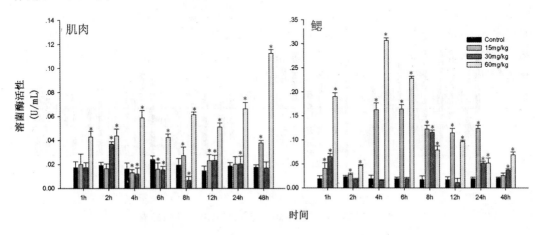

图 2　不同浓度诺氟沙星对中国对虾 LSZ 活性的影响

注：∗ 表示与空白差异显著($P < 0.05$)

2.3　诺氟沙星对中国对虾碱性磷酸酶及酸性磷酸酶的影响

表 2 所示为诺氟沙星对中国对虾肌肉及鳃 AKP 活性的影响结果。由表中可以看出，

不同浓度诺氟沙星对中国对虾肌肉和鳃 AKP 活性均表现出了显著的抑制作用($P<0.05$),且三个浓度诺氟沙星对 AKP 的抑制作用没有显著差异($P>0.05$)。不同浓度诺氟沙星对中国对虾肌肉和鳃 ACP 活性也总体呈现抑制作用(图 4)。其中除 6 h 外,低浓度诺氟沙星在各个时间点均对肌肉 ACP 呈现出显著抑制作用,而对鳃 ACP 活性在检测的各时间点均为显著抑制($P<0.05$);中浓度诺氟沙星除在 8 h 对肌肉 ACP 活性有显著促进作用外,其他各时间点均对肌肉 ACP 活性呈现抑制作用,而其在最后一次给药后的 6 h、8 h 和 48 h 对鳃 ACP 活性有显著促进作用($P<0.05$)。

表 2　诺氟沙星对中国对虾肌肉及鳃 AKP 活性的影响(U/mgprot)

组别	1 h	2 h	4 h	6 h	8 h	12 h	24 h	48 h
	肌肉 AKP 酶活力							
对照组	10.71±1.50	10.47±1.21	10.23±1.25	9.10±0.52	10.28±2.25	11.01±1.56	12.00±2.20	10.50±2.30
A	3.30±0.13*	3.64±0.23*	3.53±0.21*	3.21±0.04*	3.41±0.46*	3.60±0.16*	3.27±0.64*	3.51±0.46*
B	3.35±0.19*	4.09±0.59*	3.97±0.68*	3.34±0.12*	3.80±0.58*	3.72±0.24*	3.52±0.16*	4.20±0.63*
C	3.15±0.07*	3.78±0.13*	3.62±0.22*	3.20±0.14*	3.39±0.34*	4.26±0.37*	3.18±0.52*	3.79±0.31*
	鳃 AKP 酶活力							
对照组	13.63±1.31	11.02±2.28	12.21±1.19	14.08±2.42	11.10±2.11	13.22±2.35	12.54±1.25	13.79±2.36
A	4.09±0.25*	4.14±0.13*	3.77±0.39*	4.14±0.16*	4.55±0.19*	3.54±0.10*	3.68±0.37*	4.54±0.23*
B	4.91±0.30*	5.12±0.24*	4.15±0.12*	3.48±0.35*	4.36±0.45*	4.23±0.16*	5.08±0.29*	4.95±0.65*
C	3.80±0.13*	4.42±0.10*	3.87±0.25*	4.31±0.26*	4.28±0.39*	4.61±0.25*	4.01±0.36*	4.16±0.47*

注：* 表示与空白差异显著($P<0.05$)　　A:低剂量组；B:中剂量组；C:高剂量组

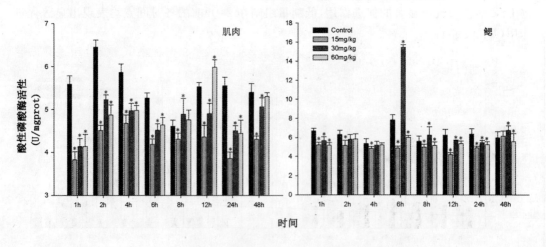

图 3　不同浓度诺氟沙星对中国对虾 ACP 活性的影响

注：* 表示与空白差异显著($P<0.05$)

3.讨论

对虾的抗病防御机制主要是通过非特异性免疫系统来实现,非特异性免疫因子的变化常被用来衡量对虾免疫活性的大小(董晓慧等,2009)。许多研究已经证实氟喹诺酮类抗菌药物可在体内外影响宿主的免疫系统，可能与吞噬细胞之间的相互作用及对各种炎症介质细胞因子的作用密切相关（黄静等，2006）。一些常用药物对养殖动物机体免疫功能的研究引起人们的关注，研究表明不同浓度达氟沙星可以影响施氏鲟非特异性免疫功能（徐连伟等，2007），氟苯尼考对虹鳟鱼非特异性免疫也有一定的影响（Lundén et al.，1999）。

3.1　诺氟沙星对中国对虾超氧化物歧化酶、过氧化氢酶和溶菌酶活力的影响

SOD 是生物体内唯一一种以自由基为底物的抗氧化酶（林庆斌等，2006），该酶通过催化超氧阴离子（O_2^-）发生歧化反应，产生过氧化氢（H_2O_2）和氧（O_2），平衡体内的氧自由基，CAT 则水解 H_2O_2，使体内 H_2O_2 和 CAT 保持在一个平衡的状态。

本实验中，诺氟沙星对中国对虾肌肉和鳃 SOD 总体呈现出低浓度抑制、高浓度促进的作用，这与氟苯尼考对红笛鲷血清 SOD 和大黄对凡纳滨对虾 SOD 酶活作用结果相似（张丽敏等，2007；李素莹等，2009）。叶建生等（2008）研究发现盐度突变可以导致 SOD 活性显著降低，认为可能与对虾体内产生的 O_2^- 不足以导致 SOD 活性升高有关。有研究表明，一定浓度的苯并芘和芘的混合物首先对 SOD 酶出现短暂的诱导，高浓度出现诱导的时间比低浓度早，随着实验时间的延长则主要表现出抑制效应（王重刚等，2002）。本实验的结果与上述研究结果相似，认为可能与对虾体内 O_2^- 的变化有关。

已有研究表明，许多参与关键性解毒酶通过暴露而诱导，这是生物体内解毒系统的一个重要途径（余群等，1999）。本研究表明诺氟沙星在较早时间对鳃 CAT 有显著诱导作用（$P<0.05$），这可能是由于诺氟沙星导致机体产生氧自由基，使得 SOD 生物合成量增加，催化 O_2^- 生成 H_2O_2 和 O_2，鳃组织为清除过多的 H_2O_2，通过自身调节使 CAT 的合成量升高。随着实验时间的延长，机体产生了大量的活性氧中间体，超过了机体清除活性氧的能力，使大量活性氧中间体作用于酶蛋白分子的关键性氨基酸残基，导致 CAT 上的—SH 巯基氧化成 SOS，从而改变 CAT 酶结构，降低了 CAT 活性（游学军等，2001）。而肌肉组织 CAT 活力则在 8—6 h 有显著增加，这可能是由于诺氟沙星在两种组织中的分布差异而导致。

LSZ 能水解革兰氏阳性细菌细胞壁的黏肽乙酰氨基多糖并使之裂解被释放出来，破坏和消除侵入机体的异物，从而担负起机体防御的功能（Mφyner et al.，1993），其活力是反映动物非特异性免疫功能的重要生理指标之一。季节、食物、温度、pH、免疫刺激物等均会引起生物 LSZ 活性的变化（Subbotkina et al.，2003）。有研究表明美人鱼发光杆菌可以提高凡纳滨对虾血清 LSZ 活力（兰萍等，2010），达氟沙星则对施氏鲟血清 LSZ 有显著的抑制作用（徐连伟等，2007）。本研究结果表明高浓度诺氟沙星可以显著提高中国对虾肌肉和鳃 LSZ 含量，这与上述文献报道结果并不相同，可能是由于高浓度诺氟沙星可以干扰对虾体内细菌蛋白质的合成，从而使溶菌酶吞噬能力增强，溶菌酶含量升高（张丽敏等，2007）。董晓慧等（2009）发现向饲料中添加较高浓度的中草药可以显著提高凡纳滨对虾血清 LSZ 活力，本研究结果与上述结论相似，较之低浓度组，高浓度诺氟沙星对中国对虾 LSZ 活力有显著的促进作用。

3.2　诺氟沙星对中国对虾碱性磷酸酶及酸性磷酸酶的影响

AKP 和 ACP 是生物体内重要的代谢调控酶，直接参与磷酸的转移和代谢。AKP 与膜的物质运输有关；ACP 是溶酶体的标志酶，在血细胞进行吞噬和包囊反应中，会伴随

ACP 的释放,通过水解作用将表面带有磷酸酯的异物破坏或降解(王玥等,2005)。

研究表明低浓度氟苯尼考(10 mg/kg)对红笛鲷血清 AKP 有明显促进作用而高浓度(20 mg/kg)则表现出抑制作用(张丽敏等,2007)。刘立鹤等(2006)向饲料中添加抗生素黄霉素后饲喂凡纳滨对虾,发现低浓度黄霉素对凡纳滨对虾 ACP 活力有显著促进作用而高浓度则表现为抑制作用。王永胜等(2008)发现抗生素对凡纳滨对虾 AKP 酶活性有抑制作用。本研究结果与上述研究结果并不相同,三个浓度诺氟沙星对中国对虾肌肉和腮 AKP 活性均呈现显著抑制,这可能是由于实验药物、实验动物与取样组织不同所导致。

有研究表明患病中国对虾血清 AKP 活力显著高于正常虾,且不同发病时期变化幅度不同,发病初期血清 AKP 上升了 54.78%,至病重期病虾 AKP 活力升高了 82.3% ~ 93.7%(吴垠等,1998)。淡水沼虾(*Macrobrachium lamarrei*)暴露于敌敌畏、罗氏沼虾在氨氮和亚硝态氮作用下也都表现出 AKP 活力的增高的现象(Omkar *et al*.,1985;王玥等,2005),认为可能是由于生物组织细胞坏死,引起细胞核溶酶体破裂,ACP 和 AKP 渗出导致。本研究与上述结果相似,高浓度诺氟沙星 12 h 对肌肉 AKP 活力、中浓度在 6 h 和 8 h 对鳃 AKP 活力均有显著促进作用,推测可能与上述文献所阐述的组织细胞死亡导致 AKP 渗出有关。

本文所测定的几种非特异性免疫酶活性在中国对虾鳃和肌肉组织中的变化趋势并不完全相同,这可能是由于诺氟沙星在中国对虾机体不同组织中的残留量不同,其作用于不同组织的非特异性免疫效应可能存在不同,故其对不同组织非特异性免疫酶活的影响程度并不相同,这一现象在凡纳滨对虾上亦有发现(刘立鹤等,2006)。

参考文献(略)

张喆,李健,冯伟,何玉英,陈萍.中国水产科学研究院黄海水产研究所　山东青岛　266071

第三章　健康养殖技术与生态调控

第一节　对虾工厂化养殖与池塘养殖系统结构分析

对虾工厂化养殖,即对虾高密度集约化养殖(super－intensive farming),是一种现代化养殖模式。它在生产过程中通过机械、电子、化学、生物及自动化等现代化设施,对水温、溶氧、光照和饵料等各项因子进行调控,为对虾提供适宜的生长环境,以实现高产、高效养殖。根据养殖环境的开放程度,对虾工厂化养殖可分为半封闭式和全封闭式两种。所谓半封闭式是指养殖过程中进行一定量的水交换,如我国北方地区的室内养殖;全封闭式是指系统在放苗前一次进水,养殖期间不排水,只在调整盐度、pH 或补充蒸发失水时少量补水,如国外的跑道式养殖(raceway farming)。

池塘养殖是我国传统的和主要的对虾养殖模式。因其养殖单产远低于工厂化养殖,不能充分利用水体的养殖容量,难以满足国内外市场对虾制品快速增长的需要。因此,工厂化养殖是对虾养殖业发展的必然趋势。本研究的目的在于观察和分析工厂化对虾养殖与池塘对虾养殖生态系统间浮游植物、浮游动物、底栖生物、水质因子及养殖对虾生长的差异,为工厂化对虾养殖管理提供理论依据和技术参数。

1. 材料与方法

1.1　材料

中国对虾(*Fenneropenaeus chinensis*)为本试验室培育的养殖对虾品种(黄海 1 号),放苗时的规格见表 1。

1.2　养殖池塘

试验用 4 口对虾养殖池(S_1、S_2、I_1 和 I_2)位于山东省胶南市卓越海洋科技股份有限公司,其中 S_1 和 S_2 为露天养殖池,I_1 和 I_2 为室内工厂化养殖池。池塘面积、水深及养殖密度等情况见表 1。试验时间为 2004 年 6 月 30 日~2004 年 7 月 30 日,历时 30 d。工厂化养殖每天换水 5%,池塘养殖 5 d 换水 25%,投饵量为湿重的 4%,每 10 d 用药一次(溴、碘类,加 3% Vc 和 1% Ve)。工厂化养殖采用液态纯氧增氧,增氧压力为 0.15 MPa,池塘养殖借助水车式增氧机,增氧功率 18 kW/ha。

表1 试验养殖池基本情况及中国对虾放苗时规格

放养参数	S₁	S₂	I₁	I₂
池塘面积(m^2)	5 336	1 668	49	49
水深(m)	1.0	1.3	0.7	0.7
养殖密度(尾/m^3)	19.3	36.9	232.6	227.4
平均体长(cm)	5.0 ± 0.02^a	5.1 ± 0.11^a	4.0 ± 0.08^b	4.4 ± 0.13^b
平均体重(g)	1.72 ± 0.04^a	1.89 ± 0.15^a	0.90 ± 0.09^b	1.05 ± 0.10^b

注:上标相同字母表示处理间无显著差异($P>0.05$),不同字母表示处理间差异显著($P<0.05$)。下同

1.3 水样采集和测定

每日 05:00 借助 YSI556 型水质分析仪检测水温、盐度、pH、溶解氧(DO)、电导率及补偿电导率;每 15 d 测定 1 次氨态氮(TAN)、亚硝态氮(NO_2-N)和无机磷(PO_4-P)等水质指标及对虾体长、体重,上午 10:00 取水样,氨态氮采用靛酚蓝分光光度法测定;亚硝态氮采用萘乙二胺分光光度法测定;无机磷采用磷钼篮分光光度法测定。

1.4 浮游生物采集和调查

2004 年 6 月 30 日、7 月 15 日和 7 月 30 日分别采样 1 次。浮游生物的定量水样,在池塘的上风头一侧和下风头一侧分别取 500 mL,混合加鲁哥氏液固定 24~48 h,使水样浓缩至 30 mL,取 0.1 mL 浓缩样品置于计数框中,显微镜下计数,重复 3 次。底栖生物采样参考慕芳红等(2001)的方法。取样管内径 2.2 cm,芯样长 5 cm,在养殖池四角和中心采样混合,5%甲醛溶液固定,40 目筛绢过滤后,按"线虫"、"桡足类"、"多毛类"和"其他"四类群分别计数。

1.5 数据处理

所有数据均以 3 次测定数据的平均值(Mean±SE)表示,并借助 DPS3.01 统计软件进行单因素统计分析。

2.结果与分析

2.1 工厂化养殖与池塘养殖浮游生物及底栖生物的类群组成和丰度

由表2可见,4 口养殖池的浮游植物均以硅藻为主,分别占浮游植物总数的 52.3%,94.2%,91.4%和 61.4%。S₁ 和 I₂ 的绿藻含量较高,分别为浮游植物总数的 41.1%和 37.2%。另外,各养殖池还含有少量的甲藻、裸藻或蓝藻。池塘养殖池浮游植物总数平均为 31 590 个/mL,工厂化养殖池平均为 2 2815 个/mL,前者比后者高 38%。4 口养殖池检测到轮虫、浮游桡足类和纤毛虫三类浮游动物。S₁ 以轮虫和浮游桡足类为主,分别占总数的 63.6%和 36.4%;S₂ 以浮游桡足类和轮虫为主,分别为 45.3%和 37.7%;I₁ 以纤毛虫和轮虫为主,分别为 49.9%和 44.0%;I₂ 也以纤毛虫和轮虫为主,占总数的 46.9%和 43.8%。就两种不同养殖方式浮游动物的总数而言,池塘养殖和工厂化养殖分别为 650.0 个/L 和 490.5 个/L,前者比后者高 32.5%。

表2 对虾工厂化养殖(I_1,I_2)和池塘养殖(S_1,S_2)浮游生物和底栖生物的类群组成和丰度

种类		工厂化养殖1	工厂化养殖2	池塘养殖1	池塘养殖2
浮游植物 (个/mL)	甲藻	230±25.2[a]	0±0.00[b]	0±0.00[b]	0±0.00[b]
	硅藻	24210±50.3[a] (52.3%)	15920±90.9[b] (94.2%)	15960±146.0[b] (91.4%)	17310±87.0[ab] (61.4%)
	绿藻	19020±29.0[a] (41.1%)	0±0.00[b] (0.00%)	0±0.00[b] (0.00%)	10480±425.2[ab] (37.2%)
	裸藻	2820±50.3[a] (6.1%)	700±11.1[ab] (4.1%)	1500±26.5[b] (8.6%)	0±0.00[c] (0.00%)
	蓝藻	0±0.00[a] (0.00%)	280±8.5[b] (1.7%)	0±0.00[a] (0.00%)	380±7.51[c] (1.4%)
	总数	46280	16900	17460	28170
浮游动物 (个/L)	轮虫	490±32.1[a] (63.6%)	200±11.5[ab] (37.7%)	150±8.7[b] (44.0%)	280±11.8[ab] (43.8%)
	纤毛虫	0±0.00[a] (0.00%)	90±5.2[b] (17.0%)	170±9.8[c] (49.9%)	300±13.1[d] (46.9%)
	浮游桡足类	280±9.5[a] (36.4%)	240±13.9[a] (45.3%)	21±12.1[b] (6.1%)	60±3.5[ab] (9.3%)
	总数	770	530	341	640
底栖生物 (个/10cm²)	线虫	307±0.0[a] (85.7%)	86±2.3[b] (48.6%)	0±0.00[c] (0.00%)	0±0.00[c] (0.00%)
	底栖桡足类	45±7.0[a] (12.6%)	83±29.3[b] (46.9%)	2±0.58[c] (66.7%)	4±0.58[c] (66.7%)
	多毛类	1±0.58[a] (0.3%)	8±0.58[b] (4.5%)	0±0.00[c] (0.00%)	0±0.00[c] (0.00%)
	其他	5±0.58[a] (1.4%)	0±0.00[b] (0.00%)	1±0.58[ab] (33.3%)	2±0.58[ab] (33.3%)
	总数	358	177	3	6

注:"()"内的数值为该类群在总数中的百分数。

底栖生物分线虫、底栖桡足类、多毛类和"其他"四类进行检测,池塘养殖的底栖生物以线虫为主,分别占总数的85.7%和48.6%,工厂化养殖的底栖生物以底栖桡足类为主,均为总数的66.7%。从底栖生物的丰度上来看,S_1最高(358个/10 cm²),S_2次之(177个/10 cm²),I_2和I_1最低(3个/10 cm²和6个/10 cm²)。养殖系统间比较,池塘养殖平均267.5个/10 cm²,工厂化养殖平均4.5个/10 cm²,前者是后者的59倍。本研究中底栖生

物丰度偏低,可能是池塘为砂质新塘,工厂化养殖池为水泥底面且进行中央排污有关。

2.2 工厂化养殖与池塘养殖的水质差异

表3 工厂化养殖与池塘养殖的水质差异

水质因子	池塘养殖			工厂化养殖		
	2004-6-30	2004-7-15	2004-7-30	2004-6-30	2004-7-15	2004-7-30
温度(℃)[aa]	24.5±0.00	26.2±0.07	29.2±1.34	24.2±0.07	23.5±1.06	25.8±0.42
盐度[aa]	29.5±4.31	27.0±4.74	27.9±3.32	27.8±0.00	26.7±0.00	26.3±0.00
溶解氧(mg/L)[ab]	6.1±1.06	4.7±0.21	4.4±0.49	13.2±0.14	14.4±0.07	12.6±0.07
pH值[ab]	8.9±0.78	7.9±0.71	6.7±0.07	7.7±0.42	6.7±0.43	5.9±0.16
氨态氮(mg/L)[ab]	0.09±0.02	0.39±0.03	0.43±0.02	0.11±0.04	0.73±0.03	1.56±0.17
亚硝态氮(mg/L)[aa]	0.03±0.01	0.02±0.02	0.03±0.00	0.01±0.00	0.03±0.03	0.09±0.01
无机磷(mg/L)[ab]	0.05±0.02	0.04±0.02	0.03±0.02	0.15±0.02	0.38±0.02	0.56±0.02

注:各项水质因子右上角字母aa表示工厂化养殖与池塘养殖差异不显著($P>0.05$),ab表示差异显著($P<0.05$)。

从表3可以看出,工厂化养殖与池塘养殖水质状况存在明显差异。池塘养殖的水温随天气变暖逐渐升高,变化范围为24.5～30.1℃;工厂化养殖的水温变化规律不明显,变化范围为22.7～26.1℃,低于池塘养殖。池塘养殖与工厂化养殖的盐度相对比较稳定,变化范围分别为26.7～30.3和26.3～27.8。池塘养殖的DO含量随对虾生物量的增加逐渐降低,变化范围为4.2～6.6 mg/L;工厂化养殖的DO含量变化范围为11.4～17.2 mg/L,远高于池塘养殖。池塘养殖与工厂化养殖的pH值均表现出逐渐降低的趋势,前者pH值变化范围为9.6～6.3,后者为7.8～5.8;氨态氮浓度均随养殖进程逐渐增加,且后者(0.077～1.677 mg/L)远高于前者(0.077～0.622 mg/L);亚硝态氮浓度变化范围分别为0.007～0.548 mg/L和0.025～0.401 mg/L;池塘养殖的无机磷浓度(0.012～0.050 mg/L)低于工厂化养殖(0.135～0.770 mg/L)。

本试验中,池塘养殖的水温随气温的升高逐渐升高,而工厂化养殖的水温相对稳定且无明显规律,这与工厂化养殖使用水温相对稳定的地下水有关。本研究中,工厂化养殖的溶解氧含量远高于池塘养殖,工厂化养殖采用液态纯氧增氧,池塘养殖为水车式增氧机增氧,增氧方式的差异是两系统溶解氧含量差异的主要原因。工厂化养殖的氨态氮和无机磷浓度高于池塘养殖,可能与工厂化养殖密度高,对虾排泄废物多,浮游植物含量较低有关(卢静等,2000)。

2.3 工厂化养殖和池塘养殖对虾的生长差异

从表4和表1可以看出,S_1,S_2,I_1和I_2 4口养殖池的对虾体长增长量分别为2.9 cm,2.7 cm,2.2 cm和2.4 cm,体重增长量分别为4.20 g,3.82 g,2.03 g和2.87g,体长生长率(GRL)分别为0.097 cm/d,0.093 cm/d,0.073 cm/d和0.081 cm/d,体重生长率(GRW)分别为0.140 g/d,0.127g/d,0.068 g/d和0.096 g/d。成活率分别为85%,80%,60%和65%。单位生产量分别为2.30 g/(d·m³),3.76 g/(d·m³),9.44 g/(d·m³)和14.14 g/(d·m³)。统计分析表明,工厂化养殖与池塘养殖中国对虾的体长增长量、体重

增长量、GRL、GRW、成活率及单位生产量均存在极显著差异（$F=37.50$，$P=0.004<0.01$；$F=39.68$，$P=0.003<0.01$；$F=48.60$，$P=0.002<0.01$；$F=33.397$，$P=0.005<0.01$；$F=96.00$，$P=0.001<0.01$；$F=37.54$，$P=0.004<0.01$）。本试验中，对虾的生长量和生长速度（体长和体重）比 Muthuvan 等（1991）和 Lumare 等（1993）报道的稍慢，与 Dhirendra 等（2003）报道的相当。综上所述，池塘养殖在生长和存活方面均高于工厂化养殖，而单位生产量却远低于工厂化养殖，说明工厂化养殖能更好的利用水体、获得更高的单位生长量。

表 4　工厂化养殖与池塘养殖对虾的生长差异

生长因子	S_1	S_2	I_1	I_2
对虾最后体长(cm)	7.9 ± 0.21^a	7.8 ± 0.14^a	6.2 ± 0.08^b	6.8 ± 0.22^b
对虾最后体重(g)	5.92 ± 0.18^a	5.71 ± 0.16^a	2.93 ± 0.06^b	3.92 ± 0.30^{ab}
体长生长率(cm/d)	0.097^a	0.093^a	0.073^b	0.081^{ab}
体重生长率(g/d)	0.140^a	0.127^a	0.068^b	0.096^{ab}
成活率(%)	85^a	80^a	60^b	65^b
单位生产量(g/(d·m³))	2.30^a	3.76^a	9.44^c	14.14^d

3. 结论

（1）观察和分析对虾工厂化养殖和池塘养殖浮游生物和底栖生物丰度的差异。结果表明，池塘养殖系统中浮游生物和底栖生物的丰度均高于工厂化养殖系统。

（2）水质因子受人工调控及养殖密度的影响较大，工厂化养殖系统的溶解氧含量、氨态氮及无机磷浓度均高于池塘养殖系统。

（3）工厂化养殖的对虾生长速度低于池塘养殖，但工厂化养殖的养殖密度高，可弥补生长之不足，获得更高的单位面积生长量。

参考文献（略）

李玉全，李健. 中国水产科学研究院黄海水产研究所　山东青岛　266071

第二节　对虾工厂化养殖与池塘养殖排放废水的差异分析

我国是海洋大国，发展海水养殖业是实现富国强民的重要举措，是确保我国 21 世纪 16 亿人口食物安全、提高国民健康素质的有效途径。加强海洋生物科学和水产科学的理论研究，参与国际学科前沿的竞争和合作，开发我国 300 多万平方千米蓝色海域，使海水养殖业持续、健康发展，对于我国经济发展和社会进步具有重大的战略意义。目前，我国海洋渔业产值占海洋总产值的一半以上，其中对虾养殖在 1993 年暴发病毒病前曾居世界首位，产量占全球海水虾养殖总产量的 46%。

但是，随着对虾养殖规模的不断扩大和集约化程度的提高，人工投饵成为虾池主要能量的来源。与其他人工投饵养殖生态系统一样,过量的饵料、动物粪便、排泄物、生物残骸及脱皮成为虾池生态系统主要的污染物来源。这些物质在海水中溶出或经微生物分解、矿化所产生的有机物质和 N、P 营养盐是影响养殖环境的重要原因。而养殖环境的恶化往往成为虾病的诱因,因此,为了确保对虾安全生长,生产中大都进行换水,将污染程度较重的养殖废水排放到外环境,换入新鲜的海水。养殖废水排放引起的水体富营养化问题日益突出。在沿海对虾养殖发达的地区,养殖污染已成为近岸海水污染的一个重要来源。因此,了解对虾养殖排放废水的特征对于进一步调控养殖环境具有重要意义。

室外池塘养殖和室内工厂化养殖是两种不同的养殖模式。前者的特点是池塘面积大、养殖密度低、受外环境的影响大、管理较粗放;后者是近年兴起的新的养殖模式,其特点是养殖池位于室内,受外界环境的影响小、池塘面积小、养殖密度高、进排水方便且养殖要求的技术含量高,但是我们对它的研究还处于起步阶段,对它的了解远不及池塘养殖清楚。因此,本研究以池塘养殖为对照,分析工厂化养殖系统的水环境及排放废水的特征,以进一步了解工厂化养殖系统,为促进工厂化养殖的发展提供理论指导。

1. 材料与方法

1.1 试验设计

本试验于 2004 年 6 月 30～2004 年 7 月 30 在青岛卓越海洋科技股份有限公司进行,历时 30 d。试验材料为本实验室培育的养殖对虾品种中国对虾(黄海 1 号),试验用 4 口对虾养殖池分别表示为 S_1、S_2、I_1 和 I_2,其中 S_1 和 S_2 为露天养殖池,面积、水深、养殖密度、对虾体长和体重分别为 5336 m^2、1.0 m、19.3 尾/m^3、5.0±0.02 cm、1.72±0.04 g 和 1668 m^2、1.3 m、36.9 尾/m^3、5.1±0.11 cm、1.89±0.15 g;I_1 和 I_2 为室内工厂化养殖池,面积、水深、养殖密度、对虾体长和体重分别为 49 m^2、0.7 m、232.6 尾/m^3、4.0±0.08 cm、0.9±0.09 g 和 49 m^2、0.7 m、227.4 尾/m^3、4.4±0.13 cm、1.05±0.10 g。养殖期间池塘养殖采用 1.5 kW 的水车增氧机连续增氧,增氧功率为 18 kW/ha;工厂化养殖采用液态纯氧,借助于纳米增氧石增氧,增氧压力为 0.15 MPa。

1.2 日常管理

溶解氧含量每天测定 2 次,确保其在安全范围内。每天投饵 4 次(05:00,11:00,17:00 和 23:00),日投喂量为对虾湿重的 4% 左右,所用饵料为"常兴牌"中虾配合料,其粗蛋白含量≥43%,粗纤维≤5%,粗灰分≤16%,赖氨酸≥0.5%,总磷≥0.8%,食盐≤3%,钙≤5%。每 10 d 对养殖水体消毒一次。池塘养殖对虾池每 6 d 换水 1 次,每次换水 5%,虹吸法从池底换水;工厂化养殖池每 3 d 换水 1 次,每次换水 5%,中央排污法排水。

1.3 采样及测定方法

整个试验期间,每 6 d 测定 1 次对虾的体长和体重,每 6 d 于池塘中和排水口采集水样 1 次,每个水样采水 150 mL,重复 3 次。同时借助于 YSI556 型溶氧仪测定水温(T)、溶解氧含量(DO)、pH 值和盐度。水样采集后立刻送入试验室测定总颗粒悬浮物(TSS)、总氮(TN)和总磷(TP)。总颗粒悬浮物(TSS)含量采用重量法测定;氨态氮采用靛酚蓝分光光度法测定;亚硝态氮采用萘乙二胺分光光度法测定;硝态氮采用锌镉还原法测定;无机磷采用磷钼蓝分光光度法测定;总氮和总磷采用过硫酸钾法同时测定(赵卫红等,1999)。

1.4　数据分析

试验数据的统计分析应用 SPSS11.0 和 Excel2003 软件,采用 one-way ANOVA 方法分析不同处理间的差异。

2.结果与分析

2.1　DO、水温、盐度及 pH 差异

来自同一水源的地下海水,经砂滤后作为试验用水注入露天池塘养殖池和室内工厂化养殖池。两系间的水质因子差异如表1所示,工厂化养殖池的养殖水体及排放废水的水温、盐度和 pH 值均高于池塘养殖。工厂化养殖池养殖水体的 DO 含量比排放水体的 DO 含量高 3.95 mg/L,而池塘养殖的 DO 含量变化为 1.59 mg/L,且工厂化养殖排放废水的 DO 含量与池塘养殖间差异显著($F=98.424,P=0.000<0.01$)。

2.2　TSS 差异

池塘养殖废水 TSS 含量的变化范围为 100.4 mg/L～140.0 mg/L,均值为 124.04 mg/L,两个最大值(138.7 mg/L 和 140.0 mg/L)出现在 7 月 22 日和 7 月 30 日。工厂化养殖废水 TSS 含量的变化范围为 172.6 mg/L～220.4 mg/L,均值为 193.95 mg/L,两个最大值(220.4 mg/L 和 210.5 mg/L)分别出现在 7 月 6 日和 7 月 22 日(表1)。方差分析表明,工厂化养殖废水的 TSS 含量显著高于池塘养殖($F=126.393,P=0.000<0.01$)。

池塘养殖水体 TSS 含量的均值和最大值分别为 28.56 mg/L 和 35.4 mg/L;工厂化养殖水体 TSS 含量的均值和最大值分别为 81.22 mg/L 和 100.7 mg/L。方差分析表明,池塘养殖和工厂化养殖水体的 TSS 含量均低于各自的排放废水。

2.3　TN 差异

从表1可以看出,池塘养殖水体的 TN 含量低于工厂化养殖。池塘养殖水体 TN 含量的变化范围为 0.07 mg/L～0.30 mg/L,平均值和最大值分别为 0.17 mg/L 和 0.30 mg/L;工厂化养殖水体 TN 含量的变化范围为 0.74 mg/L～1.02 mg/L,平均值和最大值分别为 0.82 mg/L 和 1.02 mg/L。

池塘养殖排放废水 TN 含量的变化范围为 1.82 mg/L～2.74 mg/L,平均值为 2.30 mg/L。工厂化养殖排放废水 TN 含量的变化范围为 2.40 mg/L～3.76 mg/L,平均值为 3.10 mg/L(表1)。差异性分析表明,工厂化养殖排放废水的 TN 含量显著高于池塘养殖($F=17.009,P=0.001<0.05$)。

表 1　工厂化养殖与池塘养殖间养殖水体及排放废水的水质因子变化

参数	进水	养殖池水		排放水	
		池塘产量	工厂化养殖	池塘产量	工厂化养殖
Temperature(℃)	16.0±0.10	26.51±1.84ᵃ	24.74±0.98ᵇ	25.58±1.69ˣ	24.49±0.94ˣ
Salinity(‰)	28.8±0.00	27.92±3.42ᵃ	26.9±0.62ᵃ	27.53±3.20ˣ	27.4±0.79ˣ
DO(mg/L)	6.0±0.25	5.1±0.80ᵃ	13.45±1.74ᵇ	3.51±0.64ˣ	9.50±1.80ʸ
pH	8.33±0.02	7.83±0.95ᵃ	6.75±0.74ᵇ	7.41±0.65ˣ	6.51±0.58ʸ
TSS(mg/L)	6.2±0.31	28.56±4.88ᵃ	81.22±10.29ᵇ	124.04±12.88ˣ	193.95±14.86ʸ

（续表）

参数	进水	养殖池水		排放水	
		池塘产量	工厂化养殖	池塘产量	工厂化养殖
TN(mg/L)	0.08±0.01	0.17±0.09[a]	0.82±0.12[b]	2.30±0.29[x]	3.10±0.53[y]
TP(mg/L)	0.01±0.00	0.04±0.03[a]	0.25±0.08[b]	0.34±0.09[x]	0.49±0.11[y]

注:a,b间上标相同字母表示处理间无显著差异($P>0.05$),不同字母表示处理间差异显著($P<0.05$)。

x,y间上标相同字母表示处理间无显著差异($P>0.05$),不同字母表示处理间差异显著($P<0.05$)。

2.4 TP 差异

整个试验过程中,池塘养殖水体的 TP 含量维持在较低的水平,其平均值和最大值分别为 0.04 mg/L 和 0.08 mg/L。工厂化养殖的 TP 含量显著高于池塘养殖($F=51.583$,$P=0.000<0.01$),其平均值和最大值分别为 0.25 mg/L 和 0.37 mg/L。

池塘养殖排放废水的 TP 含量比养殖水体提高 0.30 mg/L,工厂化养殖排放废水的 TP 含量仅比养殖水体高 0.24 mg/L,而池塘养殖排放废水的平均 TP 含量为 0.34 mg/L,工厂化养殖排放废水的平均 TP 含量为 0.49 mg/L(表1),说明工厂化养殖水体在整个养殖过程中都具有较高的 TP 含量。方差分析表明,工厂化养殖排放废水的 TP 含量显著高于池塘养殖的排放废水($F=10.826$,$P=0.004<0.01$)。

3. 讨论

DO 是水产养殖中最为重要的环境因子之一。它可以显著影响对虾的成活率和生长。本试验中,工厂化养殖排放废水 DO 含量的变化范围远高于正常水体的 DO 含量,因此对接收水体是安全的。工厂化养殖排放废水之所以具有如此高的 DO 含量应该归于液态氧增氧方式的应用。此外,养殖水体相对较小和水体相对较浅,以及较为频繁的水交换使水体的水质状况较为均匀,可能也是排放废水 DO 含量较高的原因。本试验中,池塘养殖排放水的 DO 含量高于 3.00 mg/L,因此对接收水体也是安全的。

本试验中,两种养殖方式的管理措施基本上是相同的。然而,养殖密度较高的工厂化养殖的养殖水体及排放废水的总氮含量显著高于池塘养殖,说明养殖密度是影响总氮含量的主要原因。磷是浮游植物生长必需的营养元素之一,同时也是自然海域浮游植物生长的最主要的限制因子。然而,由于养殖废水、工业废水及生活废水等的大量排放,会造成近海磷含量升高。过高的磷含量会造成浮游植物的过度繁殖(Hart *et al.*,2002),并有可能引发赤潮(Cui *et al.*,2005)。因此,养殖废水中总磷含量是我们关注的重要因子之一。本试验中,两种养殖方式养殖水体中的总磷含量显著低于排放废水,说明总磷在水体底部存在一定程度的积累。并且工厂化养殖水体的总磷含量显著高于池塘养殖。因此,我们认为养殖密度是造成不同养殖方式间总磷含量差异的主要原因,过多养殖废水排放会在一定程度上影响接收水体的磷含量。所以,养殖废水(特别是工厂化养殖废水)排放之前应该进行一定的处理。同时,本试验中排放水体的总磷含量与 Samocha 等(2004)和 Briggs 等(1994)的报道范围相似,显著高于 Jackson 等(2004)报道的总磷水平。这可能与试验过程中投喂的饵料种类,管理措施及养殖的对虾种类等有关。

试验结果说明,工厂化养殖排放废水中的 TSS、总氮和总磷含量显著高于池塘养殖,且远高于文献报道的养殖沿海的物质含量。因此,工厂化养殖系统废水的排放可能会对接收水体造成较大的影响。鉴于此,工厂化养殖废水排放到外环境以前进行适当的处理是非常必要的。

参考文献(略)

李玉全,李健.中国水产科学研究院黄海水产研究所　山东青岛　266071

第三节　对虾工厂化养殖中应用液态氧增氧的效果分析

如何维持养殖环境中较高的溶解氧含量一直是水产养殖界最为关注的问题之一。对虾工厂化养殖的最大特点是养殖密度高,因此保持高的溶解氧(DO)含量是养殖成功的关键。充空气增氧是目前集约化养殖的主要增氧方式,应用也最为广泛。本文在工厂化养殖凡纳滨对虾水体中分析液态氧的增氧效果,选取充气泵和水车式增氧机作为充空气增氧的代表,选取液态氧增氧系统作为纯氧增氧的代表,对两者的增氧效果、养殖水质的变化及养殖生物的生长差异等诸方面进行分析,并估算不同增氧方式的成本消耗,为增氧方式的选用提供参考。

1. 材料和方法

本试验于 2004 年 5～6 月在青岛卓越海洋科技股份有限公司进行,液态氧增氧与充空气增氧潜力对比试验在 200L 的 PVC 桶中,注水 140L 进行,液态氧以 0.15 MPa 的压力增氧,充空气增氧利用充气泵进行,两者均充分增氧过夜,重复 3 次;溶解氧扩散试验于 7 m×7 m×1 m 的水泥池中进行,充空气增氧池中央放置散气头 4 个,总散气面积 $50\pi cm^2$,充气泵为 ACO 系列电磁式空气压缩机,功率 0.52 kW。液态氧增氧池放置纳米增氧石 2 个,总充气面积 $45\pi cm^2$,充气压力 0.15 MPa。分别于 0 min、5 min、10 min、20 min、30 min、60 min 和 120 min,测定散气石正上方(即 0 m 位置)、距散气石正上方 1 m、2 m 和 3 m 位置处的溶解氧(DO)含量,重复 2 次。

养殖对比试验采用对虾养殖池 2 个,一个为充空气增氧池,水面面积 1668 m^2,放养凡纳滨对虾 8 万尾,安装 1.5 kW 水车式增氧机 2 台,每天 00:00～5:00 和 12:00～14:00 开启;一个为液态氧增氧池,水面面积 49 m^2,放养凡纳滨对虾 8000 尾,安装纳米增氧石 6 个,全天充氧,增氧压力为 0.15 MPa。每日均投喂 4 次(05:00,11:00,17:00,23:00),日投喂量为体重的 8%。DO 含量、水温、盐度和 pH 连续测定 10 d;氨态氮、亚硝态氮和无机磷 10 d 测定 1 次;对虾体长和体重每 10 d,随机取 20 尾测定,结果取平均值。

充空气增氧对液态氧增氧的影响试验在 440 m^2 的室内工厂化养殖池中进行,池中均匀放置 50 个液态氧纳米增氧石,全天 24 h 以 0.15～0.20 MPa 的压力增氧,同时池内设一台功率为 1.5 kW 的水车式增氧机,每天 12:30～14:30 开机 2 h。工厂化养殖池中每天于 10 个不同位置(e1,e2,e3,e4,e5,w1,w2,w3,w4,w5),测定溶解氧含量 5 次(04:30,11:30,13:30,14:30,21:00);5 月 15 日和 5 月 20 日 10:30 和 15:30 分别测定不同水层(20

cm、50～60 cm、100～110 cm)的溶解氧含量。

DO 含量、水温、盐度和 pH 的测定借助于 YSI556 型溶氧仪,氨态氮测定借助靛酚蓝分光光度法,亚硝态氮测定借助萘乙二胺分光光度法,无机磷测定借助磷钼蓝分光光度法。

2. 结果与分析

2.1 液态氧与空气的增氧潜力分析

表 1 液态氧与空气增氧潜力的差异(单位：mg/L)

	1#桶	2#桶	3#桶	均值
液态氧增氧	21.96	21.90	24.80	22.89
充空气增氧	8.50	8.80	9.02	8.77

试验所用海水均是经高位池过滤的地下井水,同时注入,DO 测定时的其他水质状况,T 为 18～19℃,盐度为 30.0,pH 为 8.33。从表 1 我们可以看出,两种增氧方式在充分增氧的条件下均能使水体的溶解氧含量达到较高水平,但是液态氧的增氧浓度远高于充空气增氧,两者不论在最大溶解氧含量还是平均溶解氧含量上差异都达到极显著水平($F=212.302,P=0.000<0.001$)。

2.2 扩散效果差异

从表 2 可以看出,两种增氧系统中溶解氧均表现出自散气石逐渐向四周扩散的共同特点。然而两者在扩散速度上却存在明显差异,液态氧增氧系统的溶解氧含量在 0 m、1 m、2 m 和 3 m 位置处 2 h 内分别提高 27.6%、20.1%、13.4% 和 9.0%;充空气增氧系统溶解氧在各位置处溶解氧变化为 9.7%、6.0%、5.2% 和 4.5%。液态氧增氧系统溶解氧扩散速度在位置上和时间上均表现出较充空气增氧系统快的特点,说明利用液态氧能达到快速增氧的效果。

表 2 液态氧增氧与充空气增氧的扩散效果(单位：mg/L)

时间 (min)	液态氧增氧				充空气增氧			
	0 m	1 m	2 m	3 m	0 m	1 m	2 m	3 m
0	6.70	6.70	6.70	6.70	6.70	6.70	6.70	6.70
5	7.25	6.85	6.70	6.70	6.90	6.75	6.70	6.70
10	7.45	6.90	6.75	6.70	7.05	6.85	6.80	6.70
20	7.70	7.15	6.85	6.75	7.15	6.95	6.90	6.85
30	8.00	7.40	7.05	6.90	7.20	7.05	6.95	6.90
60	8.15	7.65	7.25	7.10	7.30	7.10	6.95	6.95
120	8.55	8.10	7.60	7.30	7.35	7.10	7.05	7.00

2.3 液态氧增氧系统 DO 含量的变化

(1)时间变化。

图 1 为试验期间黎明(04:30)、中午(11:30)和黄昏后两小时(21:00)的溶解氧含量变

化情况。从图中可以看出溶解氧含量整体呈现出上升趋势,在试验 8 d 的测定结果中,有 5 次最大值出现在中午,3 次出现在晚上,但三者的差异不明显,说明液态氧增氧系统中 DO 的昼夜变化不大,增氧效果较为稳定。

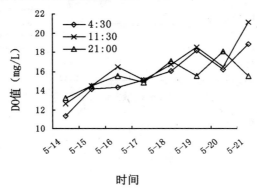

图 1 液态氧增氧池中 DO 含量的时间变化

(2)不同水层的 DO 含量变化。

图 2 为对虾工厂化养殖池中不同水层的 DO 变化情况。从图中可以看出中层的 DO 含量最高,表层和底层的 DO 含量较低,且两者差异不大。出现这种情况的原因可能是纯氧以一定压力从纳米增氧石散出,由于增氧压力的作用使纯氧快速达到一定高度,然后才慢慢扩散,底部由于对虾栖息活动和底泥呼吸而消耗一部分溶解氧,表层由于大气扩散而损失一部分溶解氧。

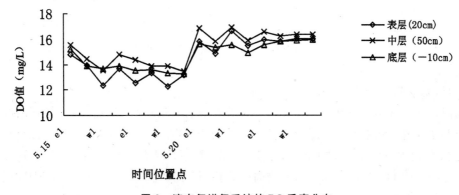

图 2 液态氧增氧系统的 DO 垂直分布

(3)不同位置不同时间的 DO 浓度变化。

图 3 是不同观测位置不同时间测定的平均结果。从时间上看,虽然图 1 中表明每天 04:30、11:30 和 21:00 的 DO 含量差异不显著。但从平均结果上看,11:30 的 DO 含量最高,其次是 04:30 和 21:00,然后是 13:30,最低的是 14:30;从位置上看,养殖池各测定点的 DO 含量差异不显著($P > 0.05$),说明全池的 DO 分布比较均匀。13:30 和 14:30 为全天光合作用最强的时间,理论上应该出现 DO 含量的高峰。同时考虑到 12:30~14:30 养殖池内开动力增氧机 2 h,因此,DO 含量的降低可能与动力增氧机开启有关。

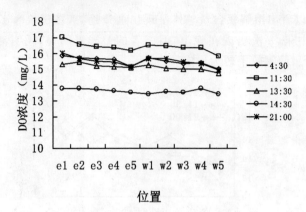

图3 不同位置不同时间的 DO 变化

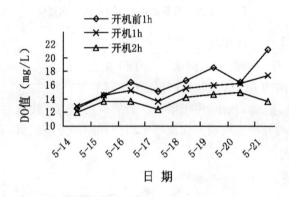

图4 动力增氧对液态氧增氧系统 DO 的影响

2.4 充空气增氧对液态氧增氧的影响

我们在充空气增氧机开启前 1 h,开启 1 h 和开启 2 h 3 个时间点,10 个不同取样点分别测定 DO 含量。结果如图 4 所示,连续 7 d 的结果都表现出,DO 含量开启前最高、开启 1 h 次之、开启 2 h 最低。DO 含量开启 1 h 时平均下降 8.7%,开启 2 h 时平均下降 18.2%。图 4 中 DO 含量表现出逐日增高的趋势,其原因是充气压力由 0.15 MPa 逐渐调至 0.20 MPa 所致。由此可见,液态氧增氧系统中开启充空气增氧机就改善 DO 含量而言没有取得良好的效果,相反还在一定程度上降低了 DO 含量。

2.5 充空气增氧与液态氧增氧养殖系统的水质变化及生物生长差异

(1)溶解氧含量差异。

表 3 显示的是液态氧增氧养殖系统和充空气增氧养殖系统 DO 含量连续 10 d 的日变化情况。从表 3 可以看出液态氧增氧养殖系统的 DO 含量远高于充空气增氧养殖系统,各时间点的日平均值前者为后者的 3 倍左右。图 5 为两种增氧系统 DO 含量总体变化情况。从图 5 可以看出,两系统 DO 含量的日变化趋势相似,均表现为早(05:00)DO 含量低,中午(14:00)和傍晚(17:00)DO 含量高的特点,但液态氧增氧系统的日均变化幅度略大于充空气增氧系统(17.64%>14.71%)。

表3　充空气增氧与液态氧增氧养殖系统的溶解氧变化（单位：mg/L）

日期	液态氧养殖系统					充空气增氧养殖系统				
	5:00	10:00	14:00	19:00	21:00	5:00	10:00	14:00	19:00	21:00
6-11	13.2	16.1	17.1	16.4	16.2	5.0	6.2	5.7	5.9	6.2
6-12	16.1	12.6	19.7	14.2	14.5	4.7	5.4	5.7	6.1	5.7
6-13	15.8	16.2	18.3	17.5	16.5	4.7	5.4	5.5	5.6	5.5
6-14	14.3	15.6	16.2	16.6	15.6	4.8	5.9	6.0	5.6	5.2
6-15	13.9	15.5	19.5	19.3	18.3	4.7	5.5	5.9	6.5	5.9
6-16	17.1	17.1	17.5	18.7	18.2	5.7	5.8	6.6	6.2	6.1
6-17	16.7	22.2	24.6	24.0	22.9	6.0	7.6	7.6	7.8	7.6
6-18	17.1	17.8	18.2	16.4	15.4	5.4	6.7	6.2	5.2	5.0
6-19	13.4	14.1	13.1	15.6	14.3	5.8	6.0	5.8	5.4	5.8
6-20	13.6	15.2	16.6	16.9	16.9	5.7	5.4	6.1	6.2	5.3
均值	15.12	16.24	18.08	17.56	16.88	5.25	5.99	6.11	6.05	5.83

（2）温度、盐度和 pH 变化差异。

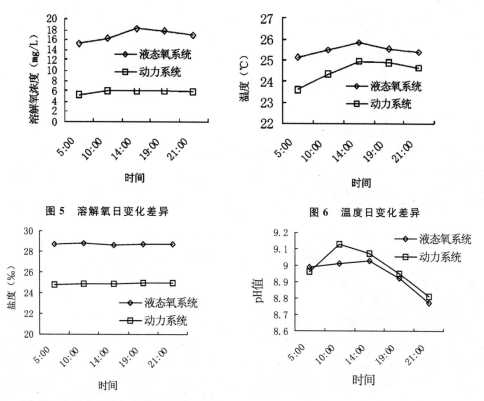

图5　溶解氧日变化差异　　　　图6　温度日变化差异

图7　动力增氧与液态氧增氧系统的盐度日变化　　图8　动力增氧与液态氧增氧系统的 pH 日变化

图 6～8 分别为液态氧增氧养殖系统和充空气增氧养殖系统中温度、盐度和 pH 连续 10 d 的平均日变化情况。两系统均表现相同的变化趋势。水温方面,液态氧增氧系统的日平均水温比充空气增氧系统高 1℃,日平均变幅略小(2.71％<5.47％);盐度方面,液态氧增氧系统的盐度平均比充空气增氧系统高 3.8,但是两者的盐度变化相当稳定,日变幅均小于 0.6％(液态氧增氧系统日变幅为 0.59％,充空气增氧系统日变幅为 0.48％);pH 方面,液态氧增氧系统的 pH 略低于充空气增氧系统,两者的日变化幅度都不大(液态养增氧系统为 2.91％,充空气增氧系统为 3.56％),说明两系统的酸碱度较稳定。

(3)无机物含量变化差异。

表 4 表明液态氧增氧养殖系统和充空气增氧养殖系统的无机物含量变化情况。除了 6 月 10 日和 6 月 20 日液态氧增氧系统中的亚硝态氮含量比充空气增氧系统的低外,液态氧增氧系统中的无机物含量均高于充空气增氧系统。从各无机物含量的增长幅度上看,液态氧增氧系统的氨态氮、亚硝态氮和无机磷 6 月 10 日～6 月 20 日的增幅分别为 74.9％、30.5％和 27.0％,6 月 20 日～6 月 30 日的增幅分别为 477.7％、292.2％和 250.5％;充空气增氧系统的氨态氮、亚硝态氮和无机磷 6 月 10 日～6 月 20 日的增幅分别为 72.9％、−16.4％和 32.8％,6 月 20 日～6 月 30 日的增幅分别为 −5.69％、−55.2％和 55.8％。液态氧增氧系统各无机物含量均表现为正增长,其增幅除 6 月 10 日～6 月 20 日的无机磷稍低于充空气增氧系统外(27.0％<32.8％),其他均高于充空气增氧系统,尤其是 6 月 20 日～6 月 30 日的增幅程度最明显;充空气增氧系统中无机磷表现正增长 (32.8％,55.8％),亚硝态氮表现负增长(−16.4％和 −55.2％),氨态氮则先是正增长 (72.9％),后为负增长(−16.4％)。

表 4 充空气增氧与液态氧增氧养殖系统的无机物含量差异(单位:mg/L)

	指标	6 月 10 日	6 月 20 日	6 月 30 日
液态氧系统	氨态氮	0.077±0.01	0.1347±0.03	0.7781±0.02
	亚硝态氮	0.0059±0.00	0.0077±0.00	0.0302±0.01
	无机磷	0.1294±0.03	0.1643±0.01	0.5759±0.02
充空气增氧系统	氨态氮	0.0590±0.01	0.1020±0.02	0.0962±0.01
	亚硝态氮	0.0481±0.00	0.0402±0.00	0.0180±0.00
	无机磷	0.0375±0.01	0.0498±0.01	0.0776±0.02

(4)对虾生长差异。

表 5 充空气增氧与液态氧增氧养殖系统的对虾生长差异

		6 月 13 日	6 月 23 日	7 月 3 日	GR_1	GR_2
液态氧系统	体长(cm)	2.505±0.01	3.397±0.02	4.395±0.06	0.0892±0.00	0.189±0.01
	体重(g)	0.3203±0.00	0.4225±0.04	1.067±0.01	0.0102±0.00	0.0747±0.01
充空气系统	体长(cm)	4.500±0.04	4.876±0.06	5.434±0.06	0.0376±0.01	0.0934±0.00
	体重(g)	1.5966±0.01	1.7800±0.02	1.8979±0.02	0.0183±0.01	0.0301±0.00

注:GR_1 和 GR_2 分别表示 6 月 13 日～6 月 23 日和 6 月 23 日～7 月 3 日的日生长率。

从表 5 可以看出,液态氧增氧系统对虾的体长日生长率($GR_1 = 0.0892$ cm/d,$GR_2 =$

0.189 cm/d)高于充空气增氧系统（$GR_1 = 0.0376$ cm/d，$GR_2 = 0.0934$ cm/d）；对虾体重日生长率 GR_1 小于充空气增氧系统（0.01022 g/d＜0.01834 g/d），GR_2 大于充空气增氧系统（0.07467 g/d＞0.03013 g/d）；状态因子为体重与体长的比值，表示生物体的肉质强度（或称肥瘦程度），液态氧增氧系统中对虾的状态因子小于充空气增氧系统。

3. 讨论

3.1　液态氧增氧与充空气增氧的潜力及稳定性分析

增氧能力的高低关系到增氧效果的优劣。在对比不同增氧方式的增氧效果中指出液态氧的增氧浓度为 17～20 mg/L，空气泵的增氧浓度为 3.5～5 mg/L，在本试验中，利用液态氧增氧可使水体中的 DO 含量达到 21.90～24.80 mg/L，而利用充空气增氧的水体溶解氧含量则为 8.50～9.02 mg/L。本试验的结果，液态氧的增氧能力远高于充空气增氧。稳定高效的增氧可以有效地降低养殖风险，提高养殖成功率。一般认为对虾集约化养殖中 DO 含量最好控制在 6 mg/L 以上。我们通过对液态氧增氧对虾养殖系统和充空气增氧对虾养殖系统连续 10 d 的检测证明，液态氧以 0.15 MPa 的压力增氧可使养殖系统（160 尾/m²）的 DO 含量维持在 13.0 mg/L 以上，且效果较稳定；而利用充空气增氧，一定养殖密度下（≥50 尾/m²）在养殖中后期要使水体中的 DO 含量达到 6 mg/L 以上是非常困难的。从 DO 的分布来看，测定各点的 DO 含量差别不大，DO 分层不明显，说明 DO 的分布比较均匀。

因此，从增氧潜力和实际增氧效果来说，液态氧增氧要好于充空气增氧。

3.2　液态氧增氧系统和充空气增氧系统的水质差异分析

本试验发现，两增氧系统水质变化趋势相似，其中 DO 含量、水温、pH 和盐度均表现出正相关趋势。其中 pH 值的最高值出现在中午，但是其最低值出现在晚上。液态氧增氧系统中的 DO 含量、水温、盐度、氨态氮和无机磷均高于充空气增氧系统，而 pH 和亚硝态氮则低于充空气增氧系统。

另有文献报道，养殖环境中较高的 DO 含量可以改善其他水质因子。本试验中液态氧养殖系统中 DO 含量远高于充空气增氧系统，但是其氨态氮、亚硝态氮和无机磷含量的增长速度却远快于充空气增氧系统。

3.3　液态氧增氧养殖系统和充空气增氧养殖系统的对虾生长差异分析

水中 DO 含量的高低直接影响对虾代谢水平的强弱，从而影响其生长。说明在较高的 DO 含量（15～19 mg/L）下对虾生长较快，然而更高的 DO 含量是促进还是抑制生长，此方面还缺乏相关的试验分析。

3.4　液态氧增氧系统开启充空气增氧机对 DO 的影响

开启充空气增氧机的目的是促进水体流动，打破溶氧分层，均匀水质。这在存在分层的水体中的确起到一定的作用。但是，本试验中，液态氧增氧系统中 DO 分层不明显，各点的 DO 分布比较均匀；并且，开启充空气增氧机在一定程度上会降低 DO 含量。因此从 DO 的角度出发，开启充空气增氧机是没有必要的。对于充空气增氧对液态氧增氧系统中其他水质指标，如 TAN、亚硝酸盐等物质的影响还缺乏相关的研究。鉴于此方面的考虑，建议每次开启充空气增氧机的时间不要超过 1 h，这样既可保证水体的交换和流动，又不至于过大的影响水体的 DO 含量。

总之，从本试验的结果来看，虽然液态氧增氧系统在水质改善方面并没有产生明显的效果,但其在增氧潜力、氧扩散速度、对虾生长及运行成本上均优于充空气增氧系统,这为高密度养殖中维持较高的 DO 含量提供了一种良好的选择。同时,我们还应该注意到利用液态氧增氧可能会使水体的 DO 含量达到较高的水平(例如>20 mg/L,这是自然水体和充空气增氧所远不能达到的),过高的 DO 含量是否会对对虾的生长发育产生负面影响,还有待于进一步探讨。

参考文献(略)

李玉全,李健. 中国水产科学研究院黄海水产研究所　山东青岛　266071

第四节　微孔管增氧和气石增氧对凡纳滨对虾室内养殖影响的比较研究

溶解氧是养殖动物赖以生存和维持生命代谢活动的主要因子之一,对养殖水体中溶解氧的研究国内外已有大量的报道。1988 年 Natan Wajsbrot 研究溶解氧和氨氮毒性对绿虎皮幼虾蜕皮阶段的影响时,发现溶解氧浓度下降氨氮毒性增加,溶解氧浓度低到 1.81 mg/L 时氨氮毒性加倍。高溶解氧条件可以提高半滑舌鳎对亚硝酸盐和非离子氨氮的耐受力(徐勇等,2006),同样可以提高中国对虾对亚硝酸盐和氨氮的耐受力(王娟等,2007)。溶解氧不仅能提高养殖动物对外界环境的耐受力还可以提高自身的一些酶活力。不同溶氧条件下,虹鳟蛋白酶活力、淀粉酶活力及消化吸收率存在差异,表现为随着溶解氧含量的升高,蛋白酶活力、淀粉酶活力及消化吸收率也随之升高(吴垠等,2007);刘海英(2005)认为高溶氧条件下凡纳滨对虾免疫指标会得到相应提高。所以水产养殖过程中养殖水体中的溶解氧含量是决定养殖成败的关键因素之一。增氧方式的不同往往决定养殖水体中溶解氧含量的不同。目前工厂化养殖最常用的增氧方式是鼓风曝气,其次是水车式增氧机增氧,少量使用推流吸气式增氧机增氧,涌浪式增氧机增氧和叶轮式增氧机增氧等(胡伯成等,2005)。对增氧方式的选择也需要根据养殖池的实际情况来确定,工厂化小型养殖池中普遍采用在池底安装气石,通过鼓风曝气的方法来提高溶解氧含量,但在凡纳滨对虾室内高密度养殖情况下发现养殖池在养殖中后期经常出现溶解氧偏低的现象。Akira等(2006)研究表明使用微气泡系统能维持网箱中养殖水体的溶解氧在夜间保持饱和状态。受此启发,本实验在供氧功率相同的条件下在养殖池底部铺设微孔管代替传统的气石,通过比较这两种增氧方式的增氧效果并分析在微孔管增氧条件下养殖水体水质指标、对虾生长、产量、成活率及对虾的非特异性免疫因子与一般气石增氧条件下的差别,进而比较这两种增氧模式对凡纳滨对虾室内养殖的影响,为工厂化养殖过程中如何高效、节能增氧及健康养虾提供理论依据。

1. 材料与方法

1.1　材料

(1)凡纳滨对虾和室内养殖池。

凡纳滨对虾幼体初始体长为(1.0±0.0020) cm,初始体重(0.067±0.0010)g;30.0 m² 室内水泥养殖池 4 个,池深 1.20 m。

(2)微孔管、气石和充气泵。

微孔管来自上海渔业机械所;气石为一般养殖场室内养殖池所用气石(100 目左右);充气泵的功率均为 0.11 kW(4 个)。

1.2 实验设置

在 4 个养殖池中随机选取 2 个池,在池底以"回"形方式铺设微气孔管,外围 16.0 m 内围 8.0 m 共 24.0 m,从内外 8 个拐角处同时充气。在剩余的 2 个养殖池的池底均匀设置 24.0 个气石,微孔管增氧和气石增氧的供氧功率均为 0.11 kW。4 个养殖池均放养凡纳滨对虾幼体 5000 尾,养殖过程中前 30 d 不换水,每天投饵 3 次,投饵时间分别为 06:00、12:00 和 18:00;养殖 30 d 后根据水质情况换水,4 个养殖池的换水量相同,每天投喂 4 次,投喂时间分别为 04:00、10:00、16:00 和 00:00。日投喂量为对虾体质量的 10%。

1.3 测量指标与方法

(1)水温、pH、盐度、溶解氧。

从养殖 30 d 开始每隔 15 d 进行一次全天测量(每隔 2 h 测 1 次);亚硝酸氮、氨氮和 COD 每隔 15 d 测 1 次,水样采集时间为当天 09:00,水样各项指标在采样后 2 h 内完成测定;凡纳滨对虾体质量每 30 d 测一次,每次每池随机取 10 尾对虾进行测量;养殖结束记录对虾产量与成活率,然后每池随机取对虾 10 尾,用 1.0 mL 无菌注射器抽取对虾血淋巴(血淋巴:抗凝剂=1:1),4℃过夜后 4℃离心 10 min(5 000 r/min),取上清液-20℃保存,用于测定凡纳滨对虾血清的超氧化物歧化酶(SOD)活力、溶菌酶(UI)活力、过氧化物酶相对活力[A(pod)]、酚氧化酶(PO)活力和抗菌酶(Ua)活力。

水温、pH、盐度、溶解氧通过 YSI 556 水质分析仪来测定;亚硝酸盐采用盐酸萘乙二胺分光光度法测定;氨氮采用次溴酸盐氧化法测定;非离子氨氮按照《海水水质标准》规定的换算公式计算;无机磷通过磷钼蓝法测定;COD 采用碱性高锰酸钾法测定。

(2)酶活指标。

溶菌酶活力、血清超氧化物歧化酶活力、抗菌酶活力和血清酚氧化酶活力分别使用南京建成生物工程研究所试剂盒测定。

血清过氧化物酶(POD)相对活力 A(pod)的测定按照改进的史成银等(2001)方法在 96 孔酶标板中进行。在酶标板的小孔中依次加 20 μL 血清和 180 μL 显色缓冲液(7.30 g 柠檬酸和 11.86 g 二水合磷酸氢二钠用无菌水稀释至 1L),在酶标仪中于 490 nm 波长下测定吸光值 A_3。再向酶标板小孔中加 20 μL 显色液(4 mg 邻苯二胺,30%过氧化氢 4 μL,10 mL 显色缓冲液),置于酶标仪中摇匀后,避光显色 15 min,于 490 nm 处测定吸光值 A_4。血清中 A(pod)以 $A_4 - A_3$ 计算。

考虑可能因为实验操作的原因使对虾血淋巴和抗凝剂在比例上产生微小误差以影响实验结果的精确性,酶的活力最终以 U/mg 表示,血清蛋白含量使用考马斯亮蓝方法测定。

1.4 数据处理

对微孔管增氧和气石增氧条件下所得数据使用软件 SPSS13.0 处理,通过 T 检验分析两种增氧方式是否存在显著性差异,以 $P > 0.05$ 为差异不显著,$P < 0.05$ 为差异显著,$P < 0.01$ 为差异极显著。

2.结果与分析

2.1 微孔管增氧和气石增氧对养殖水体水温的影响

图 1 表示微孔管增氧和气石增氧分别对养殖水体水温的影响,在养殖第 75 d 微孔管增氧组水温与气石增氧组水温产生显著性差异($P < 0.05$),其余各时期则没有表现出显著

性差异（$P>0.05$）。

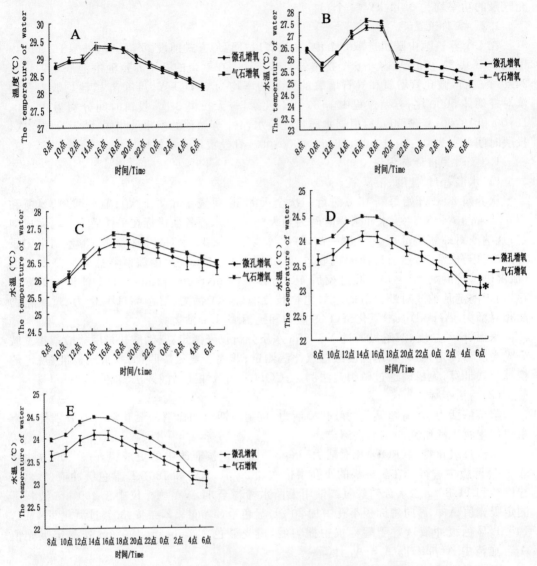

图 1　微孔管增氧和气石增氧分别对养殖水体温度的影响

（A 至 E 依次代表养殖第 30 天、45 天、60 天、75 天和 90 天）

注：* 代表存在显著性差异（$P<0.05$）。

2.2　微孔管增氧和气石增氧对养殖水体溶解氧的影响

　　图 2 显示微孔管增氧和气石增氧分别对养殖水体溶解氧的影响。养殖前 60 d 微孔管增氧组与气石增氧组在增氧效果上不存在显著性差异（$P>0.05$）；从养殖的第 60 d 开始微孔管增氧组和气石增氧组在增氧效果上存在显著性差异（$P<0.05$），养殖 75 d 这种显著性差异（$P<0.05$）仍然存在并在养殖 90 d 时出现极显著差异（$P<0.01$）。

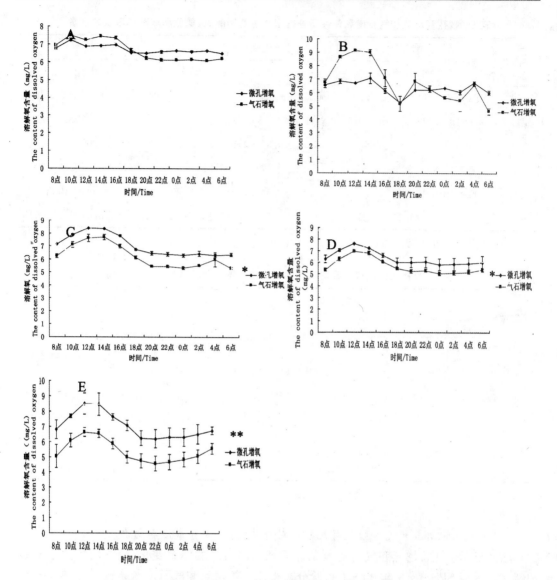

图 2 微孔管增氧和气石增氧分别对养殖水体溶解氧的影响

（A 至 E 依次代表养殖第 30 天、45 天、60 天、75 天和 90 天）

注：＊代表差异显著（$P<0.05$），＊＊代表差异极显著（$P<0.01$）；

2.3 微孔管增氧和气石增氧对养殖水体中亚硝酸氮、总氨氮、非离子氨氮、无机磷和 COD 的影响

表 1 和表 2 显示微孔管增氧和气石增氧条件下不同养殖时期养殖水体中亚硝酸氮、氨氮、非离子氨氮、无机磷和 COD 的含量，经软件 SPSS13.0 分析上述各项水质指标从总体上说在微孔管增氧和气石增氧条件下不存在显著性差异（$P>0.05$）。

表1 微孔管增氧和气石增氧条件下养殖水体中亚硝酸氮、氨氮和非离子氨氮的含量

时间	亚硝酸氮		氨氮		非离子氨氮	
	A组	B组	A组	B组	A组	B组
30	0.023±0.0055	0.013±0.0031	0.050±0.0088	0.046±0.013	0.0043±0.000	0.0062±0.0032
45	0.054±0.018	0.097±0.018	4.12±0.038	3.26±0.28	0.390.±0024	0.28±0.083
60	3.34±0.58	3.01±0.48	1.61±0.37	1.41±0.31	0.27±0.090	0.092±0.051
75	7.12±0.084	8.39±1.50	1.64±0.11	1.15±0.21	0.12±0.027	0.050±0.036
90	11.33±1.46	10.24±1.35	1.42±0.34	0.77±0.16	0.28±0.0059	0.0082±0.0056
105	2.36±.0620	0.29±0.06	4.71±0.66	0.62±0.12	0.042±0.0023	0.0026±0.0015

注:A组代表微孔增氧组,B组代表气石增氧组。

表2 微孔管增氧和气石增氧条件下养殖水体中无机磷和COD的含量

时间	无机磷		COD	
	A组	B组	A组	B组
30	0.050±0.0058	0.082±0.014	17.45±4.11	9.80±5.10
45	0.27±0.094	0.54±0.026	17.64±1.18	19.99±0.39
60	0.11±0.026	0.12±0.050	33.32±1.18	27.05±1.18
75	0.30±0.19	0.77±0.19	20.48±3.80	18.20±0.00
90	0.56±0.24	0.73±0.14	62.59±10.00	60.00±12.60
105	0.68±0.22	1.51±0.12	34.82±8.15	22.22±11.85

注:A组代表微孔增氧组,B组代表气石增氧组。

2.4 微孔管增氧和气石增氧对凡纳滨对虾体重、产量和成活率的影响

图3显示微孔管增氧和气石增氧条件下凡纳滨对虾的体重变化,最终的养殖产量和成活率。使用SPSS13.0软件经 T 检验分析得微孔管增氧和气石增氧条件下凡纳滨对虾在体质量、产量和存活率上均不存在显著性差异($P>0.05$)。

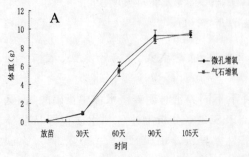 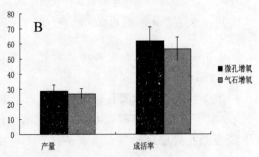

图3 微孔管增氧和气石增氧条件下凡纳滨对虾的体重变化,最终的养殖产量和成活率

(A代表凡纳滨对虾体重,B代表凡纳滨对虾产量与成活率)

2.5 微孔管增氧和气石增氧对凡纳滨对虾非特异性免疫因子的影响

图 4 显示微孔管增氧和气石增氧条件下凡纳滨对虾的血清超氧化物歧化酶(SOD)活力、溶菌酶(UI)活力、过氧化物酶相对活力[A(pod)]、酚氧化酶(PO)活力和抗菌酶(Ua)活力。使用 SPSS13.0 软件经 T 检验分析得微孔管增氧和气石增氧条件下凡纳滨对虾血清 PO 之间不存在显著性差异($P>0.05$);SOD、UI、A(pod)、Ua 之间存在显著性差异($P<0.05$)。

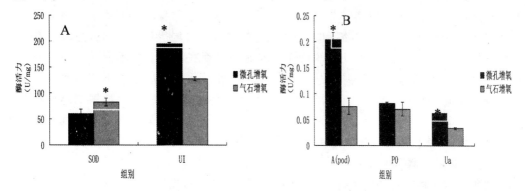

图 4 微孔管增氧和气石增氧条件下,凡纳滨对虾血清 SOD、UI、A(pod)、PO 和 Ua 的活力[A 代表 SOD 和 UI,B 代表 Ua、PO 和 A(pod)]

注:* 代表差异显著($P<0.05$)

3.讨论

3.1 微孔增氧和气石增氧对养殖水体温度和溶解氧的影响

在微孔管增氧与气石增氧条件下,凡纳滨对虾室内养殖前 45 天养殖水体的水温之间没有显著性差异($P>0.05$),从图 1 的 A 和 B 中可以看出水温的变化趋势一致并且各时间点水温数值相近。从图 1.C 中可以看出微孔管增氧条件下水温 24 小时内均高于气石增氧条件下水温的趋势,但这种差异还没有达到显著性的差异($P>0.05$)。随着养殖的进行,在养殖的第 75 天这种差异达到了显著性差异($P<0.05$),养殖第 90 d 测量时,2 种增氧条件下水温虽没有显著性差异,但微孔管增氧组的水温仍保持在 24 h 内均高于气石增氧组的特点。在养殖 90 d 水温没有表现出显著性差异的原因可能是由于养殖后期受冷空气的影响,室内温度也大幅度下降以至水温之间的差异性减小。总体上来说微孔管增氧条件下养殖水体的温度在养殖中后期要低于气石增氧组,产生这种现象的原因可能是因为微孔管产生大量微气泡,这些微气泡使得养殖水体与空气的接触面积增大,从而在增加空气中氧进入水体的同时也增加养殖水体对外界释放的热量。在养殖的高温季节微孔管增氧的这种特点尤为重要。

从图 2 中可以看出在养殖 60 d 之前(见图 2.A 和 B)2 种增氧方式下养殖水体的溶解氧含量不存在显著性差异($P>0.05$),但微孔管增氧条件下水体中溶解氧含量 24 h 内变化幅度小,相对稳定。从养殖 60 d 开始,微孔管增氧的效果优于气石增氧并表现出显著性差异($P<0.05$),到养殖 75 d 时这种差异性($P<0.05$)仍然存在并在养殖 90 d 时表现出差异极显著($P<0.01$)。从以上数据可以看出微孔管增氧的效果优于气石增氧,产生这种效果的原因是因为微孔管增氧方式加大了养殖水体与空气的接触面积,从而增加了空气

中氧进入水体的量,随着养殖的进行这种效果越明显。

3.2 微孔增氧和气石增氧对养殖水体其他一些水质因子的影响

在微孔管增氧和气石增氧条件下,养殖水体中的亚硝酸氮含量、氨氮含量、非离子氨氮含量、无机磷含量和COD在养殖过程中总体上来说不存在显著性差异($P>0.05$)。说明微孔管增氧虽然使得养殖水体中的溶解氧含量提高但并没有对养殖水体起到水质改善的作用。这与李玉全等(2007)报道的DO含量对氨氮、亚硝态氮和无机磷含量没有促进或抑制作用这一结果一致。但微孔管增氧条件下养殖水体中总氨氮和非离子氨氮有高于气石增氧条件下养殖水体中总氨氮和非离子氨氮的趋势。吴垠等(2000)研究发现在高溶氧条件下虹鳟鱼的排氨率明显增加,推想凡纳滨对虾是否在溶氧含量不同的养殖水体中的排氨率也不同,解决这一问题需要进一步研究。此外微孔管增氧条件下养殖水体中无机磷含量在养殖过程中有低于气石增氧条件下养殖水体中无机磷的趋势,猜测这种现象可能与养殖池中藻类生长有关,微孔管增氧条件下养殖水体中的微藻数量多于气石增氧条件下微藻数量,使得微孔管增氧池中无机磷含量稍微偏低。

3.3 微孔管增氧和气石增氧对凡纳滨对虾体重、产量和成活率的影响

微孔管增氧和气石增氧条件下,凡纳滨对虾的体重在养殖过程中的不同阶段不存在显著性差异($P>0.05$);凡纳滨对虾的产量和成活率也没有显著性差异($P>0.05$)。李玉全等(2007)研究发现中国对虾养殖过程中DO含量在$4\sim18$ mg/L时不会引起生长和存活的差异。由于本实验过程中溶氧含量始终保持在4 mg/L之上,所以没有在凡纳滨对虾体重和成活率上造成显著性差异,另一方面可能由于本实验设计的养殖密度(150ind/m^2)偏低,使得微孔管增氧的优越性没有充分体现出来。

3.4 微孔管增氧和气石增氧对凡纳滨对虾非特异性免疫因子的影响

微孔管增氧和气石增氧条件下,凡纳滨对虾血清PO之间不存在显著性差异($P>0.05$);SOD、UI、A(pod)和Ua之间存在显著性差异($P<0.05$)。刘海英等(2002)研究表明在同一氨氮浓度下,DO为$10\sim12$ mg/L时,处理组酚氧化酶活力、过氧化物酶相对活力、溶菌酶活力、抗菌酶活力明显高于DO为$5.5\sim6.0$ mg/L的活力。这一结论与本实验所得结果相似,只是在本实验中酚氧化酶活力之间没有达到显著性差异,产生这种现象的原因可能是由于微孔管增氧池与气石增氧池之间的溶氧差距不够大。SOD活力在微孔增氧和气石增氧条件下也达到了显著性差异($P<0.05$),但表现为微孔管增氧条件下SOD活力较低,可能是因为在微孔增氧条件下养殖水体的氨氮与非离子氨氮浓度相对较高造成这种结果。

参考文献(略)

韩永望,潘鲁青. 中国海洋大学   山东青岛   266003

韩永望,李健,刘德月. 中国水产科学研究院黄海水产研究所   山东青岛   266071

第五节　四种微生态制剂对对虾育苗水体主要水质指标的影响

近十几年来,我国以中国对虾为主的集约化高密度对虾养殖业得到了迅猛发展。然而随着养殖规模的扩大,各种问题也日趋严重,诸如营养不良、病害增多引起的抗生素滥用以及养殖水体污染等(Zheng 等,1989),都成为养虾业可持续发展的限制因子。微生态制剂有抗病、促生长和净化水质的作用(Wang 等,2002),并且可以解决食品的安全性、人类的健康和环境保护的问题,是协调人与自然的关系,促进水产养殖业发展的安全有效途径(Aubert 等,1992)。因此,微生态制剂已逐渐成为人们研究的焦点。

球形红假单胞菌($RhodopseudomLonas\ sphaeroides$)是紫色非硫光合细菌红假单胞菌属($RhodopseudomLonas$)里的一个种。该菌株对 pH、盐度、光照、氧气等生长条件适应能力很强,而且营养丰富,净水效果好。噬菌蛭弧菌($Bdellovbri\ bacteriovorus$)有独特的"寄生"和"噬菌"生物特性,它对沙门氏菌、志贺氏菌属、变形杆菌属、埃希氏菌属、假单胞菌属、欧文氏菌属、弧菌属中的很多菌株均有很强的裂解能力(秦生巨等,1988;王丽娜等,1994)。黏红酵母($Rhodotorula\ glutinis$)具有适口性好(细胞大小多在 $4\sim6\ \mu m$ 间)、能长期保存、在海水中稳定性和分散性好、利用率高等优点。后两者在对虾育苗上鲜见相关报道。本试验通过在中国对虾($Fenneropenaeus\ chinensis$)育苗水体中添加几种不同配伍的微生态制剂,定期测定水质指标,旨在筛选出适合水产动物的专一有效的微生态制剂配伍,现将结果报道如下:

1. 材料和方法

1.1　材料

试验用的中国对虾无节幼体(N_4,体长 $0.38\sim0.42$ mm)购自日照涛雏小海育苗场,基础饲料选用日本株式会社 0 号($Z_1\sim M_3$)和 1 号($P_1\sim P_5$)规格的车元。

噬菌蛭弧菌由南京恒生科技有限公司提供,球形红假单胞菌和黏红酵母均由中国科学院微生物研究所菌种中心提供。

1.2　方法

(1)试验分组和投喂。

将无节幼体暂养 1 d 后,随机分到装有 50L 海水的 PVC 桶里,密度为 20 万尾/m³。从蚤状幼体开始投喂车元,每天投喂 8 次,即每隔 3 小时投喂一次。另外在蚤状幼体加投单孢藻和轮虫;糠虾期幼体投单孢藻,后期投卤虫无节幼体;仔虾 $P_1\sim P_5$ 期投卤虫无节幼体。共设 4 个试验组和 1 个对照组,每组设 2 个平行重复。各试验组投喂微生态制剂的方案见表1。试验组在喂养前 5 天加入菌液,按照 1:1(或 1:1:1)加入终浓度为 2×10^5 cells/mL 的复合菌液,以后每隔 5 天加一次,换水之后补足菌量。

表 1　试验分组

试验组	1	2	3	4	5
微生态制剂	"噬菌蛭弧菌"＋"球形红假单胞菌"	"噬菌蛭弧菌"＋"黏红酵母"	"球形红假单胞菌"＋"黏红酵母"	"噬菌蛭弧菌"＋"球形红假单胞菌"＋"黏红酵母"	对照组

（2）实验条件及管理。

试验用的新鲜海水经沉淀，砂滤，加入 $4×10^{-6}$ EDTA-2Na 和 $2×10^{-6}$ 土霉素，充气并预热。整个实验过程中育苗水体充气，充气量随幼体大小进行调整。试验期间水温根据变态发育的需要从 19℃ 逐渐升温到 25℃。自 M3 开始换水，每次换水 1/2。

（3）水质指标。

每隔 8 天取水样检测水质。其中 pH 值用 Mettler Toledo Delta 320 pH 计测定，亚硝酸盐采用萘乙二胺分光光度法，硝酸盐采用锌—镉还原法，氨氮采用次溴酸盐氧化法，化学需氧量（COD）采用碱性高锰酸钾法，硫化物采用亚甲基兰法。

（4）细菌总数的计数方法。

采用平板计数法。

（5）数理统计方法。

用 SPSS 统计软件对各水质指标进行方差分析和显著性检验。

2. 结果及分析

这 4 种微生态制剂对水体的主要水质指标的影响见表 2～7。

2.1　pH 值

表 2　4 种微生态制剂对 pH 值的影响（平均值±标准差，$n＝2$）

组别	时间（d）			
	第 0 天	第 8 天	第 16 天	第 24 天
第 1 组	8.10±0.01	8.09±0.02	8.10±0.02	8.11±0.01[a]
第 2 组	8.10±0.01	8.11±0.01	8.09±0.01	8.11±0.02[a]
第 3 组	8.10±0.02	8.11±0.01	8.10±0.01	8.08±0.01[a]
第 4 组	8.10±0.01	8.08±0.04	8.09±0.03	8.09±0.01[a]
对照组	8.10±0.01	8.12±0.02	8.01±0.05	7.92±0.12[b]

注：同一行不同字母表示经多重检验相互之间的差异显著，$P<0.05$。

pH 值是水质指标的综合体现，它对水产动物渗透压的调节及体内各种代谢的正常运转具有重要意义，并且从 pH 值的变化趋势我们可以知道整个水体的生态系统是否平衡。pH 值波动大于 0.5，对虾会受到刺激，一天内最多以波动 0.4 为宜。pH 值过高会使体液失衡，蜕皮困难，危急呼吸。一般而言，育苗水质的适宜 pH 为 7.8～8.6。从表 2 可以看出整个试验期间试验组的 pH 值均稳定在 8.08～8.11 之间，各组间差异不显著（$P>0.05$），对照组的 pH 值则一直变小，导致对照组 pH 值变小的原因可能是底层饵料腐烂分解,细菌总数增多,有机物含量增多。而 pH 值过低,会使对虾血液的 pH 值下降,降低其携氧能力,容易缺氧,而铁离子等重金属离子的毒性会显现出来,H_2S 含量也会增大,这样会导致幼体呈不适状态,摄食强度降低,蜕皮困难。

2.2　亚硝酸盐

表3　4种微生态制剂对 NO_2-N 的影响(mg/L)(平均值±标准差,$n=2$)

组别	时间(d)			
	第 0 天	第 8 天	第 16 天	第 24 天
第 1 组	0.005±0.001	0.038±0.002	0.054±0.003[ab]	0.122±0.005[a]
第 2 组	0.005±0.001	0.043±0.003	0.066±0.004[b]	0.208±0.006[b]
第 3 组	0.005±0.002	0.046±0.011	0.063±0.013[b]	0.201±0.008[a]
第 4 组	0.005±0.000	0.049±0.001	0.065±0.001[b]	0.161±0.003[b]
对照组	0.005±0.001	0.042±0.006	0.099±0.005[c]	0.273±0.001[c]

注:同一行不同字母表示经多重检验相互之间的差异显著,$P<0.05$。

亚硝酸盐是氨氮在硝化过程中的产物,也是诱发暴发性疾病的重要环境因子,其含量的高低直接关系到水质好坏和育苗是否成功。在育苗过程中,养殖水体中的亚硝酸盐会随着生产进程呈上升趋势,当其浓度超过 0.12 mg/L 时就会对苗种产生危害(Moriarty 等,1998),而高浓度的亚硝酸盐对甲壳类有致死作用(Jiang 等,1997)。亚硝酸盐的变化见表3,第8 d 各组间差异不显著($P>0.05$),第 16 d 时第 1 组与对照组差异显著($P<0.05$),在第 24 d 时对照组和实验组之间差异显著($P<0.05$),第1组除了和第4组间差异不显著($P>0.05$)外,与其他各组间差异显著($P<0.05$)。

随着幼体的增大,系统负载量增加,对照组的亚硝酸盐逐渐增加;投放微生态制剂能有效降低水体中亚硝酸盐的水平,但其繁殖速度仍不及亚硝酸盐含量增加速度。陈红菊等(2003)指出光合细菌净化水质的原理是对氨氮产生的有毒物质(主要是亚硝酸盐)进行分解,间接起到增氧作用。但王彦波等(2004)报道光合细菌对亚硝酸盐的降解效果不好。在本试验中,因为是联合使用菌株,使用的菌种也不一样,难以表明球形红假单胞菌对 NO_2-N 降解效果不好。但从第1组和第4组的值来看,可以间接说明噬菌蛭弧菌的降解效果好。

2.3　硝酸盐

表4　4种微生态制剂对 NO_3-N 的影响(mg/L)(平均值±标准差,$n=2$)

组别	时间(d)			
	第 0 天	第 8 天	第 16 天	第 24 天
第 1 组	0.480±0.001	0.818±0.004	0.611±0.002	0.122±0.002[a]
第 2 组	0.480±0.002	0.842±0.006	0.602±0.002	0.100±0.009[a]
第 3 组	0.480±0.001	0.666±0.008	0.609±0.004	0.098±0.007[a]
第 4 组	0.480±0.001	0.658±0.008	0.608±0.009	0.114±0.006[a]
对照组	0.480±0.001	0.676±0.006	0.753±0.005	0.535±0.004[b]

注:同一行不同字母表示经多重检验相互之间的差异显著,$P<0.05$。

在正常情况下硝酸盐对养殖对象无害,但当其含量增大时可转化为氨氮及亚硝酸盐,从而变成有毒物质源。从表4可见,对照组含量总是比试验组多,这样增加了转化为有毒物质的可能性。到了第8天各试验组的累积量达到最大,各实验组间差异不显著($P>0.05$),之后逐渐减少,到试验结束时除对照组外,其余试验组含量已经很低。第1组降解硝酸盐的效果不及其余各组。

2.4　氨氮

表5　4种微生态制剂对 NH_4^+-N 的影响(mg/L)(平均值±标准差,$n=2$)

组别	时间(d)			
	第0天	第8天	第16天	第24天
第1组	0.079±0.001	0.139±0.010[a]	0.122±0.007[a]	0.112±0.001[a]
第2组	0.079±0.002	0.141±0.004[a]	0.120±0.004[a]	0.208±0.006[b]
第3组	0.079±0.001	0.106±0.001[a]	0.114±0.009[a]	0.201±0.004[b]
第4组	0.079±0.001	0.123±0.006[a]	0.107±0.008[a]	0.161±0.004[a]
对照组	0.079±0.002	0.301±0.008[b]	0.392±0.006[b]	0.273±0.007[c]

注:同一行不同字母表示经多重检验相互之间的差异显著,$P<0.05$。

氨氮是育苗生产中最容易产生的有害物质,环境中的有机物(残饵、虾体排泄物等)被微生物分解后能产生大量的氨氮、硫化氢、亚硝酸等物质,以氨氮为主,低于致死浓度时对对虾的生理功能也有显著影响(Chen 等,1992),氨氮在高浓度时可使虾体致死(Wickena 等,1976)。氨氮与亚硝酸盐成正比关系,氨氮偏高也是亚硝酸盐偏高的原因之一,氨氮升高就会穿过对虾细胞膜,使对虾不摄食,中毒甚至死亡。一般情况下,pH 值和温度越高,毒性越强。对虾育苗要求氨氮含量少于 0.6 mg/L,当其浓度达到 1.62 mg/L 时不但会影响苗种的生长,还会造成藻类和某些细菌过度繁殖,破坏水体生态平衡,导致水体透明度降低,严重的使水生动物中毒甚至窒息死亡(Cui 等,2004)。本试验中从第8 d 开始,对照组与各实验组之间差异极显著($P<0.01$),对照组的 pH 值一直在下降,氨氮含量一直在攀升,到最后含量也有所降低,推测是此时幼体数量骤减,投饵和排泄物都减少的原因。试验组的 pH 值一直恒定,其中第1组氨氮含量在第8 d 达到最大,之后含量不断降低,其余试验组在第8 d 含量上升之后有所降低,到试验结束时含量又增加,但都远远小于 0.6 mg/L。这表明第1组在降低氨氮含量方面优于其余试验组。

2.5　化学需氧量(COD)

表6　4种微生态制剂对 COD 的影响(mg/L)(平均值±标准差,$n=2$)

组别	时间(d)			
	第0天	第8天	第16天	第24天
第1组	0.001±0.001	3.840±0.062[a]	3.985±0.087[a]	4.848±0.055[a]
第2组	0.001±0.000	4.695±0.031[b]	4.630±0.048[b]	5.243±0.031[b]
第3组	0.001±0.001	3.884±0.072[a]	3.863±0.055[a]	5.177±0.048[b]
第4组	0.001±0.001	4.169±0.028[b]	3.950±0.042[b]	5.242±0.033[b]
对照组	0.001±0.002	3.972±0.001[c]	4.771±0.310[b]	5.853±0.021[c]

注:同一行不同字母表示经多重检验相互之间的差异显著,$P<0.05$。

COD 是反映水体化学好氧量的指标,指示水体受有机物污染的程度。当其数值过高,如超过 5 mg/L 就会因氧化作用降低水中的溶解氧,从而影响对虾的生长(Liu 等,1997)。本试验在第 8 d 时第 1、3 组差异不显著($P>0.05$),第 2、4 组差异不显著($P>0.05$)。第 2 组的值显著($P<0.05$)高于 1、3 组。第 16 d 时对照组显著($P<0.05$)高于 1、3 组的 COD,而 2、4 组与对照组差异不显著($P>0.05$)。第 24 d 时,对照组 COD 极显著($P<0.01$)高于各试验组,其中第 1 组 COD 还显著($P<0.05$)低于 2、4 组。第 1 组的 COD 含量低于其余试验组,尤其低于第 2 组。试验组中除第 1 组外 COD 含量到最后都超过 5 mg/L,这表明第 1 组在降解 COD 含量方面效果好。

2.6　硫化物

表 7　4 种微生态制剂对硫化物的影响(mg/L)(平均值±标准差,$n=2$)

组别	时间(d)			
	第 0 天	第 8 天	第 16 天	第 24 天
第 1 组	0.002±0.000	0.003±0.000[a]	0.007±0.000[a]	0.015±0.000[a]
第 2 组	0.002±0.001	0.006±0.001[b]	0.015±0.001[a]	0.021±0.002[a]
第 3 组	0.002±0.001	0.006±0.001[b]	0.016±0.001[a]	0.020±0.001[a]
第 4 组	0.002±0.001	0.004±0.000[a]	0.010±0.002[a]	0.013±0.003[a]
对照组	0.002±0.001	0.010±0.014[c]	0.056±0.004[b]	0.092±0.005[b]

注:同一行不同字母表示经多重检验相互之间的差异显著,$P<0.05$。

育苗生产中产生的硫化物主要是硫化氢。在氧气不充足时,残饵或粪便中含硫有机物经厌氧菌会分解产生硫化氢,当池水中硫化氢浓度达到 0.05 mg/L 时就会对苗种产生刺激、麻醉等危害(李世虎等,2004),当其含量在 0.1 mg/L 时对虾身体失去平衡,增加到 4 mg/L 时对虾立即死亡(王方国等,1992)。分析结果显示:对照组硫化物一直极显著($P<0.01$)高于各实验组,而在第 8 d 时第 1、4 组间差异不显著($P>0.05$),硫化物含量都显著低于($P<0.05$)2、3 组,在第 16、24 d 时各试验组之间差异都不显著($P>0.05$),含量一直在增加,但最多达到 0.021 mg/L,而对照组在第 16 天已达到 0.056 mg/L,试验结束时是 0.092 mg/L。试验结果表明在降解硫化物方面各试验组之间效果差不多,但仍好于对照组。

2.7　细菌总数

表 8　各试验组水体中的细菌总数(cells/mL)

组别	第 1 组	第 2 组	第 3 组	第 4 组	对照组
个数	$5.1×10^{11}±0.03$[a]	$5.8×10^{11}±0.05$[a]	$2.5×10^{12}±0.00$[a]	$1.0×10^{12}±0.04$[a]	$2.5×10^{15}±0.01$[b]

注:同一行不同字母表示经多重检验相互之间的差异显著,$P<0.05$。

从表 8 可以看出,试验组与对照组相比,细菌总数降低了三个数量级,添加噬菌蛭弧菌的第 1、2、4 组在减少异养菌(包含有害细菌)方面效果较好,这几种微生态制剂可有效抑制对虾池中杂菌的生长和繁殖,改善养殖水体的生态系统。

3.讨论

3.1 育苗过程中有毒物质的来源及危害

水体环境的优劣是养殖成败的关键。育苗池中的有毒物质的主要来源有两个,一个是水源遭到污染,这个可以从源头进行控制。另一个是来自育苗过程中的不断积累,使得重金属、亚硝酸盐、氨氮、化学耗氧量、硫化物等浓度增加,pH值降低。当这些有害物质的浓度超过苗种的耐受极限时,病原微生物也会大量滋生,这样会导致苗种活力下降、发育畸形、变态困难及病害增多,从而使苗种大规模死亡,苗种成活率和质量大大降低。此次试验的 pH 值、水温等条件都处于这4种菌株的最适宜范围内,因此都发挥了不同程度的作用,试验组净化水质的效果均优于对照组。当对照组的 pH 值和硝酸盐含量下降时,氨氮、亚硝酸盐与硫化物含量增加。

3.2 微生物水质净化剂的功能

对虾生活在一个有益菌和有害菌共存的水体环境中,当水质受到污染时就可打破此平衡,很容易导致疾病的发生。因此,在育苗时使用水质净化剂,一方面可以增加营养,微生态制剂所富含的营养成分能够为对虾摄取,能起到调节其自身的菌系,维护肠道系统环境,促进免疫系统的发育,激活内源性酶等作用,从而增强苗种的体质,加快幼体的蜕皮生长,增强对疾病的抵抗力;另一方面可以维持育苗池生态平衡,改善养殖环境,通过有益菌的繁殖来抑制有害菌的生长,减少抗生素、激素和消毒剂的使用,不会使病原微生物产生抗药性。并且能有效降解氨氮、亚硝酸氮、硫化氢等有害物质,降低其危害性,可以减少换水量和用工,大大提高了经济效益,使水环境稳定,利于对虾养殖业的可持续发展。

3.3 菌株配伍

目前微生态制剂的使用趋向多种菌株混合使用,使其取长补短,使不同的细菌系,能共同发挥氧化、氨化、硝化等作用,将育苗池中的污秽物、有机沉淀、氨、氮、硫化物等化学物质,进行生物降解,保持水质清新。比如光合细菌、硝化细菌和硫化细菌联合使用(李世虎等,2004)。

本试验中添加噬菌蛭弧菌和黏红酵母的第2组的试验效果不理想,表明这两株菌体之间有一定的反馈抑制作用。而联合使用噬菌蛭弧菌和球形红假单胞菌的第1组展示了净化水质、预防病害的优良前景,此组能有效地吸收氨氮、硫化物等有害物质。球形红假单胞菌以水中有机物作为供氢体还原 CO_2,进行非放氧型光合作用,合成$[CH_2O]$,具有降解水中有机物,去除 NH_3-N 的作用,却不能去除 H_2S。其菌体含有 60% 以上的蛋白质,富含多种维生素,特别是 VB_{12}、叶酸和生物素,是酵母的几千倍,此外还有抗病毒的生长因子辅酶 Q,含量是酵母的 13 倍。而噬菌蛭弧菌则对病原菌有很强的裂解作用,去除 H_2S能力强,弥补了球形红假单胞菌的不足。这些都有力保证了此组水质较清,泡沫少,pH 值保持稳定,NH_4^+-N 明显下降,而 NO_2-N、COD、S_2^- 等指标也优于其他各组。

建议联合使用噬菌蛭弧菌和球形红假单胞菌,从促进生长、改善水质环境和经济角度三方面考虑,混合浓度初步定为 2×10^5 cells/mL。

参考文献(略)

徐琴.上海水产大学生命科学与技术学院　上海　200090

徐琴,李健,刘淇,王群.中国水产科学研究院黄海水产研究所　山东青岛　266071

第六节　养殖密度对工厂化对虾养殖池氮磷收支的影响

氮是蛋白质构成的主要元素,蛋白质又是生物体组织和器官的主要组成成分。对虾是具有高度富集蛋白质能力的优秀生物,对饵料中蛋白质的要求较高。对虾本身又是高蛋白低能量的优良食品。因此,对虾养殖是以劣质蛋白换取高级蛋白食品的生产活动。目前,分析对虾生长过程对蛋白质的吸收和利用,成为研究的主要课题。磷则是造成养殖水体和接收水体富营养化的主要元素。养殖池塘中的氮磷以人工输入的饵料为主,生态系统对氮磷的实际利用情况,主要取决于养殖对虾对输入氮磷的转化效率。同时,转化效率的高低又会影响生长环境的优劣。因此,氮磷收支的研究对于分析对虾养殖生态系统的物质流动,提高蛋白质的利用效率,改善养殖环境都具有重要意义。工厂化对虾养殖是近年来兴起的养殖模式。养殖密度高、物质投入量高、单位面积产量高是工厂化养殖的主要特征。高养殖密度和高物质投入势必造成养殖水体中对虾代谢废物和残饵等污染物含量增加。传统的对虾集约化养殖通过频繁的大量水交换来维持较好的养殖环境,以保证对虾健康快速生长。大量养殖废水的排放会造成接收水体的富营养化,从而引起严重的环境问题,环境恶化反过来影响对虾养殖。因此,如何降低对环境的影响,促进对虾养殖业的可持续发展成为人们日益关注的问题

本研究目的是分析工厂化对虾养殖池中氮磷的收支规律和转化效率,以期为进一步了解养殖环境,推动对虾养殖业的发展提供理论依据。

1. 材料与方法

1.1　材料

本试验所用材料为健康活泼,规格整齐一致的凡纳滨对虾(*Litopenaeus vannamei*),购自山东昌邑育苗场。试验时对虾的体长为 0.71 ± 0.17 cm,体重为 0.060 ± 0.002 g。

1.2　实验设计

本试验于 2005 年 6 月 6 日～8 月 8 日在中国水产科学院黄海水产研究所小麦岛试验基地进行,历时 63 d。试验用养殖池为长方形玻璃钢水槽($235\times145\times100$ cm),池壁清洁无底质,注水 2 m^3,设置 4 个养殖密度 300 尾/m^3(D_1)、600 尾/m^3(D_2)、1 200 尾/m^3(D_3)和 1 800 尾/m^3(D_4),每处理设置 2 个重复。

1.3　日常管理

试验对虾投喂"海森特"牌人工配合饲料,粗蛋白质含量 42%,每天投喂 4 次(05:00、11:00、17:00 和 23:00),日投喂量为对虾湿重的 4%。每 7 d 对养殖水体消毒一次,采用虹吸法换水 1 次,每次换水为总水体的 25%,所用水为砂滤自然海水。

1.4　采样及测定方法

每 7 d 测定 1 次对虾体长、体重及水温(T)、盐度、电导率、溶解氧(DO)含量、氨态氮(TAN)、亚硝态氮(NO_2-N)、硝态氮(NO_3-N)、无机磷(PO_4-P)、总氮(TN)、总磷(TP)、总颗粒悬浮物(TSS)含量和浮游植物叶绿素 a 含量。水温(T)、盐度、DO 含量、电导率和补偿电导率采用 YSI556 型水质分析仪测定;浮游植物叶绿素 a 含量采用 DMF(N,N−二甲

基甲酰胺)法测定(戴玉蓉等,1997);总颗粒悬浮物(TSS)含量采用重量法测定;氨态氮采用靛酚蓝分光光度法测定;亚硝态氮采用萘乙二胺分光光度法测定;硝态氮采用锌镉还原法测定;无机磷采用磷钼蓝分光光度法测定;总氮和总磷采用过硫酸钾法同时测定(赵卫红等,1999)。

试验结束时排水收虾,记录存活数目,计算存活率。同时,每池随机取对虾10尾;每池的4个池壁分别取有代表性的1 dm² 面积内的全部附着物;选择池底具代表性的位置,取1 dm² 内的全部底泥,重复3次。分别称重后于80℃烘箱中烘干至恒重,计算含水量,并连同虾料一并测定氮磷含量。

1.5 数据分析

试验数据的统计分析应用SPSS11.0和Excel 2003软件,采用one－way ANOVA方法分析不同处理间的差异,利用Bivariate过程分析相关性。

2. 结果与分析

2.1 固体样品的N、P含量

从表1可以看出,固体样品N含量的大小顺序为:收获虾>放入虾>饵料>底泥>赤壁附着物,其N含量(%)的平均值分别为:10.46 ± 0.22,9.86 ± 0.29,6.50 ± 0.12,6.17 ± 0.33 和 5.68 ± 0.21(mean±SD)。固体样品P含量的大小顺序为:底泥>饵料>收获虾>放入虾>池壁附着物,其P含量(%)的平均值分别为:1.07 ± 0.10,1.00 ± 0.03,0.67 ± 0.18,0.62 ± 0.03 和 0.56 ± 0.01。

表1 固体样品的N、P含量

指标	饵料	池壁附着物	底泥	放入虾	收获虾
N含量(%)	6.50 ± 0.12	5.68 ± 0.21	6.17 ± 0.33	9.86 ± 0.29	10.46 ± 0.22
P含量(%)	1.00 ± 0.03	0.56 ± 0.01	1.07 ± 0.10	0.62 ± 0.03	0.67 ± 0.18

2.2 氮的输入量

从表2可以看出,各处理通过进水投入到养殖系统的氮元素均为 27.04 ± 0.31 g,占系统总氮投入量的 3.56%～13.83%,并且,进水氮所占比重随养殖密度的增加而降低,处理间差异显著。饵料氮投入量占系统总氮投入量的 84.27%～98.32%,且其比重随养殖密度的增加而提高,处理间差异显著。放入虾所含氮占总氮投入量的 1.90%～2.86%,D_1、D_2 与 D_3 和 D_4 间差异显著,D_3 与 D_4 间差异未达到显著水平。结果说明,系统氮投入中饵料氮的投入是最主要的部分,其次是通过系统进水的投入,最后是放入虾所含氮的投入。养殖密度越高饵料投入氮所占比重越高,说明饵料氮投入量与养殖密度存在显著的正相关关系($r=0.986$)。

表2 试验中虾池的氮输入量(单位:g)

指标	D_1	D_2	D_3	D_4
水层	27.04 ± 0.31(13.83%[a])	27.04 ± 0.31(9.28%[b])	27.04 ± 0.31(6.01%[c])	27.04 ± 0.31(3.56%[d])
饵料	164.8 ± 19.4(84.27%[a])	257.0 ± 29.1(88.17%[b])	410.6 ± 44.6(91.20%[c])	747.0 ± 47.0(98.32%[d])
放入虾	3.72 ± 0.04(1.90%[a])	7.44 ± 0.74(2.55%[b])	12.57 ± 0.38(2.79%[c])	21.70 ± 0.28(2.86%[c])
总投入量	195.56 ± 10.2	291.48 ± 18.4	450.21 ± 32.1	759.74 ± 41.2

注:"()"内的数值为该项目在总数中的百分数。字母 a,b,c,d 表示处理间的差异情况。下同

2.3 氮元素的输出量

试验中测定的氮输出指标包括水层(包括排水)、底泥、池壁附着物、收获虾和"其他"5部分。从表3可以看出,各形态氮输出量的高低顺序为底泥＞水层＞收获虾＞其他＞池壁附着物。排水和收获时水层的含氮量为总氮输出量的27.49％～36.29％,且其随养殖密度的增加而增加,处理间差异显著。通过底泥沉淀的氮量占总氮输出的30.94％～43.89％,D_1、D_2 与 D_3 和 D_4 间差异显著,D_3 与 D_4 间差异不显著。池壁附着物的氮含量占总氮输出的比重相对较低,为 0.33％～3.20％,且随养殖密度的增加而降低,处理间差异显著。通过收获虾输出的氮量为总氮输出量的 14.46％～28.71％,表现出随养殖密度增加而降低的趋势,D_1 和 D_2 与 D_3、D_4 间差异显著,D_1 与 D_1 间差异不显著。"其他"是指总氮投入中扣除上述 4 项氮输出剩余的部分,它们占总氮输出的 2.30％～9.66％,其高低顺序为 $D_1＞D_4＞D_2＞D_3$,且处理间差异显著。结果说明,在氮的输出中底泥和水层输出是最主要的部分,被收获虾吸收利用的氮也达到了较高的水平,三者氮输出达总氮输出的87％以上。

表3 试验中虾池的氮出量(单位:g)

指标	D_1	D_2	D_3	D_4
水层	53.75±2.43(27.49％[a])	87.10±2.76(29.88％[b])	146.4±12.44(32.52％[c])	275.70±29.56(36.29％[d])
底泥	60.51±8.89(30.94％[a])	104.4±11.09(35.83％[b])	197.6±30.41(43.89％[c])	320.6±18.43(42.20％[c])
池壁附着物	6.28±0.75(3.20％[a])	6.12±0.33(2.11％[b])	3.60±0.30(0.85％[c])	2.28±0.31(0.33％[d])
收获虾	56.19±1.05(28.71％[a])	81.46±4.99(27.90％[a])	91.62±7.31(20.44％[b])	109.77±11.72(14.46％[c])
其他	18.85±1.75(9.66％[a])	12.36±0.96(4.28％[b])	10.98±1.22(2.30％[c])	51.40±6.45(6.72％[d])

2.4 磷元素的输入量

从表4可以看出,各处理通过进水投入到养殖系统的磷元素均为 1.16±0.04 g,占系统总磷投入量的 1.27％～5.69％,并且,进水磷所占比重随养殖密度的增加而降低,处理间差异显著。饵料磷投入量占系统总磷投入量的 93.18％～97.27％,且比重随养殖密度的增加而提高,D_1、D_2 与 D_3 和 D_4 间差异显著,D_3 与 D_4 间差异未达到显著水平。放入虾所含磷占总磷投入量的 1.13％～1.54％,处理间差异未达到显著水平。结果说明,系统磷投入中饵料磷的投入是最主要的部分,其次是通过系统进水的投入,最后是放入虾所含磷的投入。

表4 试验中虾池的磷输入量(单位:g)

指标	D_1	D_2	D_3	D_4
水层	1.16±0.04(5.69％[a])	1.16±0.04(3.65％[b])	1.16±0.04(2.11％[c])	1.16±0.04(1.27％[d])
饵料	18.98±1.35(93.18％[a])	30.20±0.61(94.91％[b])	53.02±2.43(96.35％[c])	89.10±4.69(97.27％[c])
放入虾	0.23±0.01(1.13％[a])	0.46±0.02(1.44％[a])	0.85±0.03(1.54％[b])	1.34±0.07(1.46％[b])
总投入量	20.37±0.98	31.82±2.87	55.03±1.01	91.60±2.45

2.5 磷元素的输出量

从表5可以看出,各形式磷输出量的高低顺序为底泥＞水层＞收获虾＞其他＞池壁附着物。排水和收获时水层的含磷量为总磷输出量的 8.43％～23.85％,且其随养殖密度的增加而增加,处理间差异显著。通过底泥沉淀的磷量占总磷输出的 51.49％～60.69％,D_1、D_2 与 D_3 和 D_4 间差异显著,D_3 与 D_4 间差异不显著。池壁附着物的磷含量占总磷输出的比重相对较低,为 0.24%~3.04%,且随养殖密度的增加而降低,处理间差异显著。通过收获虾输出的磷量为总磷输出量的 7.42%~16.54%,表现出随养殖密度增加而降低的趋势,D_1 和 D_2 与 D_3、D_4 间差异显著,D_1 与 D_2 间差异不显著。"其他"是指总磷投入中扣除上述 4 项磷输出剩余的部分,它们占总磷输出的 5.08%~23.22%,且处理间差异显著。结果说明,在磷的输出中底泥沉淀是最主要的部分,其次是通过排水和水层积累,被收获虾吸收利用的磷也达到了较高的水平。

表5　试验中虾池的磷输出(单位:g)

指标	D_1	D_2	D_3	D_4
水层	4.86±0.38(23.85%[a])	5.84±0.04(18.35%[b])	6.31±0.08(11.47%[c])	7.72±0.38(8.43%[d])
底泥	10.5±1.54(51.49%[a])	18.1±1.92(56.91%[b])	34.3±5.27(62.25%[c])	55.6±3.19(60.69%[c])
池壁附着物	0.62±0.07(3.04%[a])	0.60±0.03(1.89%[b])	0.35±0.03(0.64%[c])	0.22±0.03(0.24%[d])
收获虾	3.37±0.20(16.54%[a])	4.99±0.07(15.68%[a])	6.28±0.51(11.41%[b])	6.80±0.99(7.42%[c])
其他	1.03±0.06(5.08%[a])	2.28±0.11(7.17%[b])	7.83±0.16(14.23%[c])	21.3±2.88(23.22%[d])

3. 讨论

对虾养殖系统中氮磷的输入主要来自饵料的投入。本试验中,饵料对总氮磷投入量的贡献率为 84.27%~98.32% 和 93.18%~97.27%,在一定程度上高于前人的报道。另外,饵料对总氮磷投入量的贡献率随养殖密度的增加而显著提高。本试验中设置的养殖密度远高于上述报道所用养殖密度,另外在总氮投入中没有考虑浮游植物的固氮作用,这可能是本试验获得高饵料贡献率的原因。

本试验中,排水和水层中氮磷的输出量为总输出的 27.49%~36.29% 和 8.43%~23.85%,底泥沉积的氮磷含量为 30.94%~43.89% 和 51.49%~60.69%。由此可见,在系统氮磷的总输出中水层和沉积都占到了相当的比重,但比较而言沉积作用更为重要。同时养殖密度增加会在一定程度上降低水层和提高底泥沉积的氮磷含量。

本试验中,总氮磷的投入中有 14.46%~28.71% 的氮和 7.42%~16.54% 的磷最终转化为对虾生物量(表3,表5)。本试验设置的养殖密度为 300 尾/m³、600 尾/m³、1 200 尾/m³ 和 1 800 尾/m³,分析发现 300 尾/m³ 和 600 尾/m³ 处理组间转化效率无差异,(300 尾/m³ 和 600 尾/m³)与 1 200 尾/m³、1 800 尾/m³ 间差异显著,表现出随养殖密度的增加而降低的趋势。我们认为养殖密度不高于 600 尾/m³ 时对虾的氮磷转化效率与养殖密度的关系不密切,但养殖密度高于 600 尾/m³ 后转化效率会随养殖密度的升高而降低。

对虾养殖的物质收支分析中涉及池壁附着物的报道较少。本试验中,池壁附着物中积累的氮磷量在总氮磷输出中所占比重较小,分别为 0.33%~3.20% 和 0.24%~3.04%,且其比重随养殖密度的增加而降低。另外,未知部分(其他)分别为总氮磷输出量的 2.30%~9.66% 和 5.08%~23.22%。

参考文献(略)

李玉全,张海艳.青岛农业大学　山东青岛　266109
李玉全,李健,王清印.中国水产科学研究院黄海水产研究所　山东青岛　266071

第七节　溶解氧含量和养殖密度对中国对虾生长及非特异性免疫因子的影响

对虾工厂化养殖是近年兴起的养殖模式。它在封闭或半封闭水体中进行高密度集约化养殖,有利于切断病毒来源、防止疾病传播,被誉为对虾养殖业的一次新技术革命。工厂化养殖方式的出现为中国对虾(*Fenneropenaeus chinensis*)养殖业的复兴提供了契机。对虾工厂化养殖的关键点也即难点是如何解决高密度养殖条件下的增氧问题,即如何根据增氧能力合理搭配养殖密度。因此,溶解氧(DO)含量和养殖密度是限制工厂化养殖的两大因素,前者制约后者的提高,后者影响前者的增加,两者共同影响养殖的产量和效益。中国对虾和其他无脊椎动物一样,缺乏脊椎动物体内激发特异性免疫反应的免疫因子,但是它存在可以诱导的非特异性免疫防御系统,如酚氧化酶(PO)、溶菌酶(Ul)、过氧化物岐化酶(SOD)、过氧化物酶(POD)、抗菌酶(Ua)及溶血素等都是重要的免疫因子。本研究的目的是探讨溶解氧含量、养殖密度及两者交互作用对中国对虾生长性状及免疫力的影响,分析多种免疫指标的变化情况,为养殖生产提供基础数据。

1. 材料与方法

1.1　DO含量和养殖密度试验材料

试验于2004年7月25日～9月5日在青岛卓越海洋科技股份有限公司进行,历时40 d,试验材料为本试验室培育的中国对虾品种(黄海1号),试验时体长为5.30 ± 0.5 cm,体重为1.78 ± 0.3 g。

(1)试验设计。

试验于200L白色PVC桶中进行,注水140L,设50尾/m^3(LSD),200尾/m^3(MSD)和600尾/m^3(HSD)3个养殖密度和4～6 mg/L(LDO),6～10 mg/L(MDO)和10～18 mg/L(HDO)3个DO水平组。正交设计,设置2个重复。各处理分别表示为,TLL:LSD×LDO,TML:MSD×LDO,TLM:LSD×MDO,TMM:MSD×MDO,TLH:LSD×HDO,TMH:MSD×HDO,THL:HSD×LDO,THM:HSD×MDO,THH:HSD×HDO。

(2)日常管理。

DO含量每天06:00和16:00测定2次,另外根据天气变化情况等不定时检测、调控通气量,确保其在试验范围。每天投饵4次(05:00、11:00、17:00和23:00),日投喂量为对虾湿重的8%左右,饵料为常兴牌"中虾3号"配合料。每天上午07:00时换水50%,所用海水为高位池过滤的地下水。

(3)指标测定。

试验前随机取20尾对虾测体长和体重,确定开始时的规格。以后每10 d测定1次体长、体重及水温(T)、盐度、pH、DO含量、电导率、补偿电导率、氨态氮、亚硝态氮和无机磷等水质指标;T、盐度、pH、DO含量、电导率和补偿电导率借助于YSI556型水质分析仪测定;氨态氮采用靛酚蓝分光光度法测定;亚硝态氮采用萘乙二胺分光光度法测定;无机磷采用磷钼蓝分光光度法测定;每天06:30和18:30收集虾壳2次,并计数,以确定蜕皮率。试验结束时收虾计算存活率。

（4）摄食量和 FCE 的测定。

试验前，称取 15 g 饵料，70℃烘至恒重，确定饵料的含水量，重复 3 次；称取 10 g 饵料浸泡于海水中于 1.5 h 和 7.5 h 时收集残饵，70℃烘至恒重，估算饵料在海水中的溶散率，重复 3 次。试验对虾在设计的密度和溶解氧水平下驯养 7 d。正式试验前停食 1 d，排空肠胃中的饵料和粪便。每天 6:30 和 18:30 收集残饵 2 次，70℃烘干称重，确定摄食量。

1.2 非特异性免疫因子的测定

（1）对虾血清的获取。

试验结束时取血，取血时用 1 mL 无菌注射器自对虾头胸甲后插入心脏抽取血液，每桶取 5~8 尾对虾的血液合并置于无菌 Eppendorf 管，4℃过夜，后 4℃，5000 r/min 离心 10 min，取血清，-20℃保存备用。

（2）血清抗菌活力（Ua）的测定。

采用 Boman（1974）及 Hultmark 等（1982）改进的方法进行。将大肠杆菌用 0.1 mol/L，pH6.4 的磷酸钾盐缓冲液配成一定浓度的悬液（$OD_{570}=0.4$），作为底物。取 3 mL 该悬液于试管内置冰浴中，再加入 50 mL 待测血清，混匀，立即于 570 nm 下测其 A_0 值，然后将试管移入 37℃水浴中反应 30 min，取出后立即置冰浴中终止反应，测其 A 值。抗菌活力按 $[(A_0-A)/A]^{1/2}$ 式计算。

（3）血清溶菌活力（Ul）的测定。

溶菌活力的测定按 Hultmark 等（1982）改进的方法进行。以溶壁微球菌冻干粉为底物，溶于 0.1 mol/L，pH6.4 的磷酸钾盐缓冲液中，调整菌悬液的 OD 值（$OD_{570}=0.3$），取 3 mL 该悬液于小试管内置冰浴中，再加入 50 μL 待测血清混匀，立即于 570 nm 下测其 A_0 值，然后将试管移入 37℃水浴中反应 30 min，取出后立即置冰浴中终止反应，测其 A 值。溶菌活力按 $(A_0-A)/A$ 式计算。

（4）血清酚氧化酶（PO）活力的测定。

以 L-多巴为底物，采用改进的 Ashida 等（1971）和雷质文等（2001）的方法在 96 孔酶标板中进行。把 10 μL 血清加入 96 孔酶标板中，然后向各孔中加入 200 μL 0.1 mol/L，pH6.0 磷酸盐缓冲液，最后向各样品孔中加入 10 μL L-多巴（Sigma 公司）液（0.01 mol/L），在酶标仪（550，Bio-Rad）中振荡 4 次，每隔 4 min 读取 490 nm 处的吸光值。酶活力以试验条件下，OD_{490} 每分钟增加 0.001 为 1 个酶活力单位。

（5）血清溶血素活性的测定。

参照脊椎动物溶血素的测定方法（陈勤，1996）。用 Alsever's 液采集新鲜鸡血，离心（2 000 r/min，5 min）洗涤后，用生理盐水配成 3% 的红细胞悬液，取 2 mL 悬液与 0.5 mL 稀释 10 倍的对虾血清混合均匀，间歇振荡，25℃保温 1 h，在对照管中加入 2 mL 鸡红细胞悬液和 0.5 mL 生理盐水，与试验管同时保温，作为对照。取出后立即冰浴，终止反应，2 000 r/min 离心取上清液。以对照管上清液作空白，于 540 nm 处测吸光值（OD），以 540 nm 下的 OD 值增加 0.001 定义为 1 个溶血活性单位（U）。

（6）血清蛋白含量的测定。

采用考马斯亮兰染色法（Broadford 法）对血清蛋白进行定量（奥斯伯等，2001）。配制牛血清白蛋白系列浓度梯度的标准溶液，各加考马斯亮兰（G-250）染料，振荡混匀，分别测

定 OD_{595} 吸光值,以牛血清白蛋白浓度值和吸光值作图,绘制标准曲线。血清蛋白的定量是将血清适当稀释后,按以上方法与考马斯亮兰染液混合,测定在 595 nm 处的吸光值,从牛血清白蛋白系列梯度的标准曲线中确定血清蛋白浓度。

(7)血清超氧化物歧化酶(SOD)活力的测定。

按邓碧玉等(1991)改良的连苯三酚自氧化法进行。

连苯三酚自氧化速率的测定:25℃ 条件下,在 4.5 mL 50 mmol/L,pH8.30 的磷酸钾盐缓冲液中加入 10 μL 50 mmol/L 连苯三酚,迅速摇匀,倒入光径 1 cm 的比色杯内,在 325 nm 波长下每隔 30 s 测 A 值一次,要求自氧化速率在 0.070 OD/min 左右。

酶活性测定:测定方法同上,在加入连苯三酚前,加入 50 μL 待测血清,测的数据按下式计算酶活性:酶活性 = $(0.070 - A_{325 nm}/min)/0.070 \times 50\% \times 100\% \times$ 样液稀释倍数。

酶活单位定义:每毫升反应液中,每分钟抑制连苯三酚自氧化速率达 50% 的酶量定义为一个酶活力单位(U/mL)。

(8)血清过氧化物酶(POD)相对活力(APOD)的测定。

采用改进的史成银等方法(雷质文等,2001;史成银等,1999)在 96 孔酶标板中进行。在 96 孔酶标板中加入血清(20 μL/孔),然后加入 180 μL 显色缓冲液(7.3 g $C_6H_8O_7$ · H_2O,11.86 g Na_2HPO_4 · $2H_2O$),双蒸水定容至 1 000 mL,置于酶标仪中,读取 490 nm 处的 OD 值(A_3)。向样品所在孔中加 20 μL 显色液(4 mg 邻苯二胺,4 μL 30% H_2O_2,10 mL 显色缓冲液),置酶标仪中摇匀后,避光显色 15 min,读取 490 nm 处的 OD 值(A_4)。血清中 POD 相对活力以 $A_{POD} = A_4 - A_3$ 表示。

1.3 生产试验

生产试验同时在青岛卓越海洋科技股份有限公司进行,采用室内工厂化养殖池 4 个(I_{C1},I_{C2},I_{V1},I_{V2}),每池面积为 49 m^2,试验期间水深 0.7 m;室外半集约化养殖池 2 个(S_{C1},S_{C2}),面积分别为 5 336 m^2 和 1 668 m^2;试验期间水深分别为 1.0 m 和 1.3 m。其中 I_{C1},I_{C2},S_{C1} 和 S_{C2} 4 个池养殖中国对虾,养殖密度分别为 227.4 尾/m^3,232.6 尾/m^3,19.3 尾/m^3 和 36.9 尾/m^3;I_{V1} 和 I_{V2} 2 个池养殖凡纳滨对虾(来自试验公司池塘养殖,规格见表3),养殖密度为 232.6 尾/m^3。每天投喂 6 次,日常管理按常规进行,且各处理保持一致。每隔 15 d 测定 1 次体长,试验结束时计算存活率。

1.4 统计分析方法

体重和体长增长量以日增量($g \cdot d^{-1}$,$cm \cdot d^{-1}$)表示。数据统计分析借助 SPSS11.0,利用单因子方差分析(one-wayANOVA)和 Univariate 多因素比较分析不同处理间的差异,$P < 0.05$ 为显著水平,$P < 0.01$ 为极显著水平。

2.结果与分析

2.1 试验期间水质因子的变化

如表1所示,试验期间各处理的水质参数变化范围为:水温 21.5～23.3℃,补偿电导率 37.7～42.1 ms/cm,电导率 36.2～39.5 ms/cm,盐度 23.9～27.1,pH6.6～8.4。上述水质因子处理间无显著差异;溶解氧含量始终维持在试验设计范围内;各处理氨态氮浓度低于 0.6 mg/L、$NO_2^- - N$ 浓度低于 0.2 mg/L、$PO_4^{3-} - P$ 浓度低于 0.3 mg/L,均在安全阈值以下。其中,氨态氮浓度各处理只有 1 个峰值,HSD 处理峰值出现时间(8 月 15 日)早于 MSD 和 LSD 处理(8 月 25 日),2 个最大值(0.5033 mg/L 和 0.4996 mg/L)出现在 DO 为 6～10 mg/L 的处理(T_{LM},T_{MM})中;$NO_2^- - N$ 浓度各处理只有 1 个峰值,均出现在 8 月 15 日,2 个最大值(0.1481 mg/L 和 0.1347 mg/L)出现在密度为 200 尾/m^3 的处理(T_{ML},T_{HM})中;$PO_4^{3-} - P$ 浓度变化与 $NO_2^- - N$ 相似,各处理也只有 1 个峰值,同样出现在 8 月 15 日,不过 2 个最大值(0.2436 mg/L 和 0.2377 mg/L)出现在密度为 600 尾/m^3 的处理(T_{HL},T_{HH})中。差异性分析表明,氨态氮浓度和亚硝态氮浓度各处理间无显著差异,不受养殖密度或 DO 含量的影响;$PO_4^{3-} - P$ 浓度受到养殖密度的显著影响,且 HSD 与 MSD 和 LSD 间差异显著,而 MSD 与 LSD 间差异不显著。

2.2 对虾的生长量、存活率、蜕皮率、摄食量及 FCE 分析

从表 2 可以看出,体重增长量与养殖密度的关系表现为 LSD(0.0328 g·d^{-1})＞MSD(0.03000 g·d^{-1})＞HSD(0.0210 g·d^{-1}),相关系数为 -0.867;体长增长量与养殖密度的关系为 LSD(0.0415 cm·d^{-1})＞MSD(0.0403 cm·d^{-1})＞HSD(0.0348 cm·d^{-1}),相关系数为 -0.663;存活率与养殖密度的关系为 LSD(91%)＞MSD(61%)＞HSD(39%),相关系数为 -0.917;养殖密度与蜕皮率的相关系数为 0.221;DO 含量与体重增长量、体长增长量、存活率及蜕皮率的相关系数分别为 -0.283,0.044,-0.062 和 0.404。方差分析及差异性检验表明,养殖密度对体重增长量、体长增长量和存活率的影响达到显著或极显著水平,且体重增长量和体长增长量 HSD 与 LSD 和 MSD 间差异显著,LSD 与 MSD 间差异不显著;存活率 3 种密度间两两差异显著;DO 含量和养殖密度的交互作用极显著地影响蜕皮率(F=9.449,P=0.006＜0.01),HSD×MDO 组合(13.5%)最高,LSD×LDO 组合(9.7%)最低。

中国对虾的摄食量随养殖密度的升高而增加,食物转化率随养殖密度的升高而降低。DO 含量对摄食量和食物转化率的影响不明显(P＞0.05)。差异性分析表明,养殖密度对中国对虾摄食量的影响达显著水平(F=6.20,P＜0.05),表现为 LSD(0.061 g·g^{-1}·d^{-1})＜MSD(0.081 g·g^{-1}·d^{-1})＜HSD(0.094 g·g^{-1}·d^{-1}),且 HSD 与 MSD 和 LSD 间差异显著,MSD 与 LSD 间差异不显著;养殖密度对 FCE 也存在显著影响(F=167.35,P＜0.001),表现为 HSD(10.7%)＜MSD(14.9%)＜LSD(17.3%),且处理间差异显著。进一步分析表明,FCE 受到 DO 含量与养殖密度交互作用的影响(F=21.91,P＜0.01),LSD×HDO 组合(20.4%)最高,HSD×MDO 组合(10.0%)最低。

2.3 中国对虾的耗氧情况

我们对试验各处理的 DO 含量进行了连续三个 0.5 h 的测定。表 2 为 3 次重复的平均结果,可以看出,各处理的 DO 含量变化和中国对虾的个体耗氧量表现出相同的变化趋势,即 1st 0.5 h 耗氧量高,2nd 0.5 h 次之,3rd 0.5 h 最低,但 2nd 0.5 h 和 3rd 0.5 h 差异不明显。就各处理而言,DO 含量变化表现为 T_{HH}＞T_{MH}＞T_{HM}＞T_{HL}＞T_{MM}＞T_{LH}＞T_{ML}＞T_{LM}＞T_{LL}(图 1),可见高密度(T_{HH},T_{HM},T_{HL})和高 DO 含量(T_{MH},T_{HH})的处理 DO 含量变化幅度大。个体耗氧量表现为 T_{LH}＞T_{LM}＞T_{LL}＞T_{MH}＞T_{ML}＞T_{HH}＞T_{MM}＞T_{HM}＞T_{HL}(图 2),其中,LSD×HDO 组合的耗氧量最高,HSD×LDO 组合的耗氧量最低。

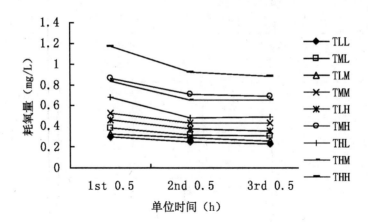

图1 溶解氧和养殖密度对各处理DO含量变化的影响

表1 试验期间水质因子的变动

水质因子	T_{LL}	T_{ML}	T_{LM}	T_{MM}	T_{LH}	T_{MH}	T_{HL}	T_{HM}	T_{HH}
水温/℃	21.8—23.3	21.5—23.2	21.6—23.0	21.5—22.9	21.6—23.1	21.7—23.2	21.6—22.9	21.5—23.1	21.5—23.1
电导率/ (mS·cm^{-1})	36.7—38.5	36.4—39.5	36.3—39.5	36.2—39.4	36.4—39.5	36.4—39.5	36.2—39.5	36.5—39.5	36.3—39.5
补偿电导率/ (mS·cm^{-1})	38.0—42.0	37.7—42.1	37.8—42.1	37.8—42.1	37.9—42.1	37.7—42.1	37.8—42.1	37.9—42.1	37.8—42.1
盐度	24.1—27.0	23.9—27.0	24.0—27.0	24.0—27.0	24.1—27.0	23.9—27.0	24.0—27.1	24.1—27.1	23.9—27.1
溶解氧/ (mg·L^{-1})	5.0—6.0	5.3—5.9	7.0—8.9	7.0—8.6	11.9—16.3	12.1—17.2	5.4—5.8	7.0—8.9	11.4—17.9
pH	6.6—8.4	6.6—8.3	7.0—8.3	7.0—8.1	7.0—8.2	7.0—8.1	6.6—7.6	7.0—8.0	7.0—8.1
氨态氮/ (mg·L^{-1}) TAN	0.03—0.34	0.10—0.38	0.08—0.50	0.13—0.50	0.06—0.34	0.10—0.50	0.07—0.36	0.05—0.45	0.10—0.43
$NO_2^- - N$/ (mg·L^{-1})	0.01—0.13	0.02—0.15	0.01—0.05	0.02—0.14	0.01—0.06	0.02—0.09	0.04—0.08	0.05—0.17	0.03—0.07
$PO_4^{3-} - P$/ (mg·L^{-1})	0.03—0.11	0.04—0.13	0.02—0.10	0.04—0.14	0.02—0.10	0.06—0.15	0.08—0.24	0.08—0.20	0.05—0.25

表2 溶解氧和密度梯度对中国对虾生长量、存活率、蜕皮率、摄食量及FCE的影响

处理	体重增长量/ g·d^{-1}	体长增长量/ cm·d^{-1}	存活率/ %	蜕皮率/ (%·d^{-1})	摄食量/ (g·g^{-1}·d^{-1})	FCE/% FCE
T_{LL}	0.03330±0.000[a]	0.04275±0.002[a]	86±0.0[a]	9.9±1.27[b]	0.063±0.005[a]	15.1±0.14[a]
T_{ML}	0.03147±0.003[a]	0.04100±0.001[a]	46±5.1[b]	12.1±0.00[a]	0.079±0.017[a]	16.2±0.14[b]
T_{LM}	0.03283±0.001[a]	0.04250±0.001[a]	86±0.0[a]	12.7±1.27[a]	0.067±0.013[a]	16.5±0.07[a]
T_{MM}	0.02768±0.000[a]	0.03913±0.006[a]	66±2.5[b]	9.7±0.71[b]	0.086±0.014[a]	15.0±0.14[b]
T_{LH}	0.03168±0.001[a]	0.03950±0.006[a]	100±0.0[a]	12.9±1.31[a]	0.054±0.011[a]	20.4±1.55[a]

(续表)

处理	体重增长量/ g·d⁻¹	体长增长量/ cm·d⁻¹	存活率/ %	蜕皮率/ (%·d⁻¹)	摄食量/ (g·g⁻¹·d⁻¹)	FCE/% FCE
T_{MH}	0.03046 ± 0.004^a	0.04300 ± 0.002^a	71 ± 5.1^b	12.3 ± 0.00^a	0.082 ± 0.028^a	13.5 ± 0.14^b
T_{HL}	0.02465 ± 0.000^b	0.03375 ± 0.000^b	43 ± 0.8^c	12.5 ± 0.00^a	0.090 ± 0.000^b	11.7 ± 0.35^c
T_{HM}	0.02022 ± 0.000^b	0.03350 ± 0.002^b	39 ± 3.4^c	13.5 ± 0.45^a	0.088 ± 0.004^b	10.0 ± 0.64^c
T_{HH}	0.01817 ± 0.003^b	0.03663 ± 0.002^b	34 ± 4.2^c	13.4 ± 0.39^a	0.104 ± 0.004^b	10.3 ± 0.14^c

注:同一列中不同字母表示差异达到显著水平($P < 0.05$).下同.

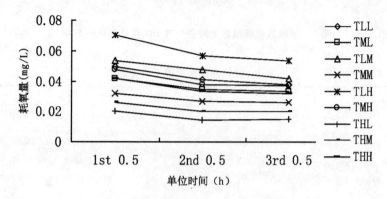

图 2　溶解氧和养殖密度对中国对虾个体耗氧的影响

差异性分析表明(表 3),养殖密度对中国对虾的耗氧存在显著影响($F = 315.53, P < 0.001$),表现为 LSD(0.0139 mg·尾⁻¹·h⁻¹)>MSD(0.0097 mg·尾⁻¹·h⁻¹)>HSD(0.0067 mg·尾⁻¹·h⁻¹),且处理间差异显著;DO 含量对中国对虾的耗氧也存在显著影响($F = 134.63, P < 0.001$),表现为 HDO(0.0126 mg·尾⁻¹·h⁻¹)>MDO(0.0090 mg·尾⁻¹·h⁻¹)>LDO(0.0087 mg·尾⁻¹·h⁻¹),多重检验表明,HDO 与 MDO 和 LDO 间差异显著,而 HDO 与 MDO 间差异不显著。进一步分析表明,中国对虾的耗氧受到 DO含量与养殖密度交互作用的影响,且影响程度达极显著水平($F = 12.97, P < 0.01$),以 LSD×HDO 组合的耗氧量(0.0167 mg·尾⁻¹·h⁻¹)最高,HSD×LDO 组合的耗氧量(0.0045 mg·尾⁻¹·h⁻¹)最低。这说明中国对虾的耗氧受到养殖密度、DO 含量及两者交互作用的共同影响,表现为与溶解氧含量正相关,与养殖密度负相关。

表 3　DO 含量的变化(单位:mg/L)

	整体耗氧			个体耗氧		
	1ˢᵗ0.5h	2ⁿᵈ0.5h	3ʳᵈ0.5h	1ˢᵗ0.5h	2ⁿᵈ0.5h	3ʳᵈ0.5h
T_{LL}	0.292 ± 0.021	0.242 ± 0.016	0.223 ± 0.025	0.0486 ± 0.003	0.0403 ± 0.003	0.0372 ± 0.004
T_{ML}	0.372 ± 0.035	0.307 ± 0.038	0.293 ± 0.023	0.0410 ± 0.004	0.0335 ± 0.004	0.0323 ± 0.003
T_{LM}	0.317 ± 0.018	0.280 ± 0.039	0.245 ± 0.028	0.0528 ± 0.003	0.0467 ± 0.007	0.0408 ± 0.004
T_{MM}	0.520 ± 0.018	0.427 ± 0.072	0.422 ± 0.055	0.0313 ± 0.001	0.0257 ± 0.004	0.0253 ± 0.003

（续表）

	整体耗氧			个体耗氧		
	1st 0.5h	2nd 0.5h	3rd 0.5h	1st 0.5h	2nd 0.5h	3rd 0.5h
T_{LH}	0.453±0.003	0.360±0.031	0.342±0.042	0.0670±0.001	0.0560±0.004	0.0530±0.007
T_{MH}	0.852±0.040	0.698±0.099	0.677±0.079	0.0469±0.002	0.0369±0.005	0.0366±0.004
T_{HL}	0.673±0.042	0.473±0.110	0.483±0.055	0.0198±0.001	0.0139±0.003	0.0142±0.001
T_{HM}	0.828±0.026	0.642±0.098	0.638±0.060	0.0254±0.001	0.0197±0.003	0.0196±0.002
T	1.162±0.084	0.913±0.230	0.872±0.033	0.0412±0.003	0.0324±0.008	0.0309±0.001

2.4　溶解氧和养殖密度对中国对虾血清 PO 活力的影响

从图 3 可以看出,中国对虾血清的 PO 活力呈现随养殖密度增加而升高的趋势。差异分析表明,PO 活力确与养殖密度有关($F=5.069, P=0.038<0.05$),且 LSD 与 HSD 间差异显著($F=9.892, P=0.016<0.05$);PO 活力与 DO 含量间差异不明显($F=0.985, P=0.414>0.05$)。结果表明,高的养殖密度能在一定程度上提高血清的 PO 活力。

2.5　溶解氧和养殖密度对中国对虾血清 SOD 活力的影响

由图 4 可以看出,T_{LL}、T_{ML} 和 T_{HL} 三个 LDO 试验组的 SOD 活力较高,而 MDO 和 HDO 试验组的 SOD 活力相对较低。统计学分析发现,血清 SOD 活力与 DO 含量的关系显著($F=4.661, P=0.045<0.05$),与养殖密度的关系不显著($F=1.864, P=0.216>0.05$)。结果表明,4～6 mg/L 的 DO 含量能使血清 SOD 活力达到较高水平。

2.6　溶解氧和养殖密度对中国对虾血清蛋白含量的影响

图 5 中,虽然两个 LSD 试验组(T_{LM} 和 T_{HL})的血清蛋白含量较低,但差异性分析并没有发现它们与其他试验组存在显著差异($P>0.05$)。同时,血清蛋白含量在养殖密度和 DO 含量水平上均未表现出显著性差异($F=0.089, P=0.916>0.05$;$F=0.521, P=0.609>0.05$)。结果说明,养殖密度和 DO 含量对中国对虾血清蛋白含量的影响不显著。

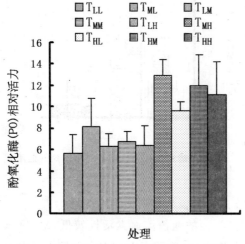

图 3　溶解氧和养殖密度对中国对虾血清
PO 活力的影响

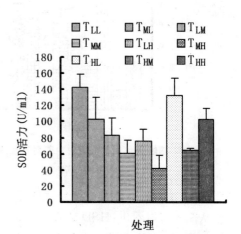

图 4　溶解氧和养殖密度对中国对虾血清
SOD 活力的影响

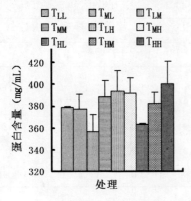

图 5　溶解氧和养殖密度对中国对虾血清
蛋白含量的影响

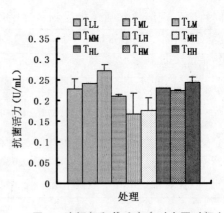

图 6　溶解氧和养殖密度对中国对虾血清
抗菌活力的影响

2.7　溶解氧和养殖密度对中国对虾血清抗菌活力(Ua)的影响

各试验组的血清抗菌活力集中在 $0.17 \sim 0.28$ U/mL 范围内(图 6),从图中难以发现抗菌活力与养殖密度和 DO 含量的关系。经统计学分析,抗菌活力与养殖密度无关($F=2.714,P=0.126>0.05$),与 DO 含量关系极显著($F=11.327,P=0.005<0.01$),且 HDO 与 LDO 和 MDO 间存在显著或极显著差异。同时还发现,抗菌活力受到养殖密度和 DO 含量交换作用的影响($F=8.924,P=0.005<0.01$),LSD×MDO 试验组的抗菌活力最高。

2.8　溶解氧和养殖密度对中国对虾血清溶菌活力(Ul)的影响

从图 7 可以看出,处理间溶菌活力的差异较大,其中 T_{ML} 的溶菌活力最低,T_{LL}、T_{MM} 和 T_{LH} 次之,T_{LM}、T_{MH}、T_{HL}、T_{HM} 和 T_{HH} 较高。但是,方差分析并未发现养殖密度和 DO 含量对溶菌活力的显著作用($F=2.166,P=0.177>0.05$;$F=0.990,P=0.413>0.05$)。

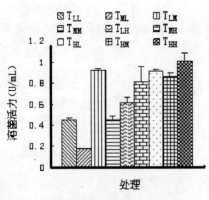

图 7　溶解氧和养殖密度对中国对虾血清
溶菌酶活力的影响

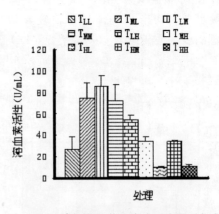

图 8　溶解氧和养殖密度对中国对虾血清
溶血素活力的影响

2.9　溶解氧和养殖密度对中国对虾血清溶血素活性的影响

从图 8 可以看出,HSD 试验组(T_{HL}、T_{HM} 和 T_{HH})的血清溶血素活性较低,MDO 试验组(T_{LM} 和 T_{MM})的血清溶血素活性较高。方差分析表明,养殖密度和 DO 含量均对血清溶菌素活性产生极显著的影响($F=29.549,P=0.000<0.001$;$F=18.673,P=0.001<$

0.01)。同时还发现溶血素活性也受到养殖密度和DO含量交互作用的影响,且影响程度达到极显著水平($F=8.294$,$P=0.006<0.01$),LSD×MDO组合的溶血素活性最高。结果表明,养殖密度过高、DO含量过高或过低都会降低血清溶血素活性。

2.10 溶解氧和养殖密度对中国对虾血清POD活力的影响

图9所示,HDO试验组(T_{LH}和T_{MH})的血清POD活性最高,T_{ML}和T_{MM}的POD活性最低。相关性分析表明,血清POD活性与DO含量存在显著正相关关系($r=0.503$,$P=0.040<0.05$),与养殖密度存在一定程度的负相关($r=-0.251$,$P=0.331>0.05$)。

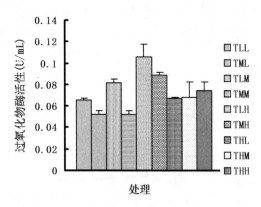

图9 溶解氧和养殖密度对中国对虾血清POD活力的影响

2.11 生产试验结果

从表4可以看出,工厂化养殖条件下,养殖密度为227.4尾/m^3(I_{C2})和232.6尾/m^3(I_{C1},I_{V1},I_{V2})时,中国对虾(I_{C1}和I_{C2})的体长增长量为0.0638 cm·d^{-1},平均存活率为76.5%;凡纳滨对虾(I_{V1}和I_{V2})的体长增长量为0.0723 cm·d^{-1},平均存活率为61.5%。差异性分析表明,中国对虾与凡纳滨对虾的体长增长量间无显著差异($F=12.929$,$P=0.069>0.05$),而存活率间的差异达到显著水平($F=50.000$,$P=0.019<0.05$)。

中国对虾半集约化养殖条件下,养殖密度为19.3尾/m^3(S_{C1})和36.9尾/m^3(S_{C2})时,体长增长量分别为0.0857 cm·d^{-1}和0.0677 cm·d^{-1};存活率因检测误差较大未列出。差异性分析表明,工厂化养殖(I_{C1}和I_{C2})和半集约化养殖(S_{C1},S_{C2})中国对虾体长增长量间不存在显著性差异($F=1.915$,$P=0.301>0.05$)。

表4 生产中中国对虾和凡纳滨对虾的体长增长量和存活率的差异

处理	放苗时间	结束时间	养殖密度（尾·m^{-3}）	初始体长(cm)	最终体长(cm)	存活率(%)
I_{C1}	05—26	07—30	232.6	2.2±0.03[a]	6.2±0.04[a]	75±3.2[a]
I_{C2}	05—26	07—30	227.4	2.3±0.07[a]	6.6±0.11[a]	78±6.8[a]
I_{V2}	05—26	07—30	232.6	2.1±0.06[a]	6.8±0.08[a]	60±5.4[b]
I_{V2}	05—26	07—30	232.6	2.1±0.01[a]	6.8±0.06[a]	63±2.1[b]
S_{C1}	05—14	07—30	19.3	1.3±0.06[b]	7.9±0.13[b]	—
S_{C2}	04—28	07—30	36.9	1.5±0.02[b]	7.8±0.04[b]	—

3. 讨论

3.1 DO 含量与水质因子的关系

诸多试验证明,水体 DO 含量对氮磷的释放起作用。然而本试验中没有发现 DO 含量对氨态氮、亚硝态氮和无机磷含量的促进或抑制作用。其可能的原因,一是试验过程中大量的换水冲淡污染物质的浓度,掩盖了溶解氧的效应;二是水体中氨氮、硫化氢等有害物质的含量与溶解氧有密切关系,认为生产中养殖池溶解氧含量经常保持在 4 mg/L 以上是必要的。因此,可能 4 mg/L 的 DO 含量可以满足水体硝化作用和氧化作用对氧的需求,而试验中设置的 3 个 DO 含量均在 4 mg/L 以上,故处理间未表现出显著差异。

3.2 养殖密度和 DO 含量与对虾生长的关系

养殖密度对对虾生长的影响国内外报道较多。本试验发现随养殖密度的增加对虾的生长量和存活率显著降低。

本试验发现养殖密度与中国对虾的摄食量和 FCE 间存在一定的影响,表现为随养殖密度的增加摄食量增加,饵料利用率降低。可能的原因是高养殖密度时对虾竞争摄食,增加饵料的消耗,同时对虾为抵抗养殖密度过大造成的竞争而增加能量消耗,影响生长,从而降低饵料利用率。养殖水体小、养殖密度高、换水量大不利于浮游类饵料生物的生长,加速饵料溶解;残饵收集限制对虾充分摄食,在一定程度上都会影响饵料的利用率。因此,认为中国对虾养殖过程中 DO 含量在 4～18 mg/L 时不会造成生长和存活的差异。本试验发现 DO 含量(4～18 mg/L)没有影响中国对虾的摄食量和 FCE。

3.3 DO 含量和养殖密度对中国对虾耗氧速率的影响

分析发现中国对虾的耗氧速率随水体 DO 含量的增减而升降,应该属于顺应型。另外,鱼类、对虾种类及生长发育阶段也可能会影响它们的呼吸速率,究其原因还需要进一步的研究证明。

本研究中,我们发现中国对虾的耗氧速率还受到养殖密度及养殖密度与 DO 含量交互作用的影响。本试验中,养殖密度与对虾的耗氧速率呈负相关。交互作用的影响表现为:高养殖密度和低溶解氧浓度(HSD×LDO)组合的对虾耗氧速率最低,高养殖密度和高溶解氧浓度(HSD×HDO)组合的对虾耗氧速率相对较高。中国对虾的耗氧也具有随 DO 含量的改变而变化的特性,

3.4 DO 含量和养殖密度对中国对虾非特异性免疫酶活的影响

对虾的免疫反应不同于脊椎动物,属于非特异性免疫,酚氧化酶、SOD、溶菌酶、溶血素等在对虾的免疫系统中起重要的作用。酚氧化酶原激活系统(proPO)是由丝氨酸蛋白酶及相关因子组成的级联系统,在甲壳动物中起异物识别和防御功能。本试验在证明正常的对虾血淋巴中存在酚氧化酶活性,养殖密度能在一定程度上影响血清的 PO 活力。

血清的抗菌活力被看作是健康评价的标准,是衡量对虾健康状况的指标。特别是在高密度的养殖环境中,对于增强对疾病的抵抗力可能发挥重要作用。本试验中,未发现血清抗菌活力与养殖密度的关系,然而却发现抗菌活力受到 DO 含量的影响表现为高 DO 含量(10～18 mg/L)处理的抗菌活力最低。同时 DO 含量和养殖密度的交互作用也显著影响了血清的抗菌活力,DO 含量(6～10 mg/L)×养殖密度 50 尾/m³ 组合的抗菌活力最高。

溶血素是指无脊椎动物血清中能够溶解脊椎动物血红细胞的物质,是非特异性免疫

因素之一。其活性的高低代表了肌体识别和排除异种细胞能力的高低。本试验分析养殖环境对溶血素活性的影响发现，养殖密度和 DO 含量这两个环境因子及其两者的交换作用都对血清溶血素的活性产生了显著或极显著的影响。

血清蛋白含量升高，可能是肌体代谢与合成系统受激活所致。本试验未发现血清蛋白含量的变化与养殖密度和 DO 含量的关系，可能是由于血清蛋白水平受很多因素的影响，比如季节、生境、温度、生理状况等其与对虾免疫功能的关系还需进一步研究。

近年来的研究发现，SOD 与生物的免疫水平密切相关。其活性变化可以作为反映对虾肌体的健康状况及衡量对虾免疫状态的指标。本试验发现 SOD 活力的高低与溶解氧含量密切相关，并且溶解氧含量在 $4\sim6$ mg/L 的范围内血清 SOD 活力最高，说明适当低的溶解氧含量可能会刺激 SOD 活力，提高肌体的免疫能力。

过氧化物酶普遍存在于动物、植物及微生物中，是生物体中重要的酶类之一。它可以减少自由基对细胞的损伤，清除生理代谢过程中产生的活性氧，从而提高肌体的解毒免疫功能和防病抗病能力。本试验发现血清 POD 活力与溶解氧含量存在显著正相关关系，与养殖密度存在一定负相关关系。

参考文献（略）

李玉全，李健. 中国水产科学研究院黄海水产研究所　山东青岛　266071

第八节　三种养殖对虾在不同 pH 条件下存活率及免疫相关酶活性的比较

养殖环境中不良水质因子如异常的温度、盐度、氨氮含量、pH 值以及亚硝酸盐等胁迫因子对海水养殖动物的生长、非特异性免疫和抗病力影响均十分显著。其中 pH 作为水环境生态平衡的指标，是水体化学性状和生命活动的综合反应，目前关于 pH 值对中国对虾、凡纳滨对虾的生长、存活、摄食及非特异性免疫因子的影响已有相关研究报道。近年来，养殖对虾的大规模死亡问题已经引起了广泛重视，目前普遍认为其死亡是由种质退化、海水污染、病原滋生及对虾自身的抗逆能力下降等多种因素造成的。同时，人们也注意到，在同一养殖环境中，即使养殖中出现中国对虾、凡纳滨对虾或者日本对虾的大规模死亡现象，而同一环境下的其他对虾品种死亡却较少，这可能是与养殖对虾自身免疫机制的差异及是否适应当时的养殖环境有关。所以在同一养殖环境下比较三种养殖对虾的免疫能力差异对更好的了解对虾的免疫机制据当地水质情况选择合适的放虾种类具有一定的实践意义。

本研究以养殖水体 pH 为试验因子，比较了中国对虾、日本对虾、凡纳滨对虾，在正常水体 pH 及 pH 胁迫条件下相关免疫酶活指标的变化，探讨三种养殖对虾的非特异性免疫能力差异，为对虾健康养殖及病害防治提供一定的理论依据。

1. 材料与方法

1.1 实验材料

实验用中国对虾、日本对虾、凡纳滨对虾均取自青岛宝荣水产科技发展有限公司,体色正常,健康活泼,生物体长分别为 7.49 ± 0.70 cm, 7.20 ± 0.70 cm, 7.40 ± 0.78 cm;体重分别为 5.30 ± 1.09 g, 5.30 ± 1.80 g, 5.60 ± 1.31 g。实验开始前在养殖海水中暂养一周,水体盐度为 20,pH 为 8.2,温度 $29.8\pm0.20℃$,连续充气,日换水 1 次,换水量 1/3～1/2,并投喂对虾配合饲料(青岛统一饲料农牧有限公司),每天投喂 3 次,投喂量为对虾体重的 4%。

1.2 实验方法

1.2.1 pH 浓度梯度的设置

实验分为正常 pH 状态组(pH 值=8.2)、低 pH 组(pH 值=7.2)和高 pH 组(pH 值=9.2),正常 pH 状态组使用正常的养殖海水,低 pH 组和高 pH 组分别通过向正常养殖海水中添加 1.0 mol/L HCL 或 1.0 mol/L NaOH 溶液来调节,水体实际 pH 值使用上海三信仪表公司 EC500 型 pH 计测定,实验期间 pH 变化幅度为 ±0.1。

实验在 200 L 的塑料桶中进行,每桶分别放养健康的中国对虾、日本对虾、凡纳滨对虾 15 尾,每个 pH 梯度均设 6 个平行组。在 pH 变化后 0、3、6、12、24、36、48、72、96h 分别取样,取样尾数为 8 尾,整个实验过程不换水,及时剔除死亡个体。

1.2.2 样品制备

用 1 mL 无菌注射器从对虾腹节处取血淋巴,注入到洁净无菌的 1.5 mL 离心管中,保存于 $-20℃$,注射器中预先加入已消毒的预冷抗凝剂,使血液与抗凝剂最终比例为 1:1。用无菌镊子将对虾的鳃丝组织放入 1.5 mL 离心管中,$-20℃$ 保存备用。对虾血淋巴低温离心(4℃,3000 rpm)10 分钟,血清用于诱导型一氧化氮合成酶、酚氧化酶、溶菌酶、超氧化物歧化酶及谷胱甘肽过氧化物酶的测定。取适量鳃丝加入 PBS 缓冲液 10 倍稀释,用匀浆机匀浆之后,低温离心(4℃,5000 rpm)10 min,上清用于酶活测定。

1.3 对虾血清非特异性免疫因子的测定

1.3.1 诱导型一氧化氮合成酶(iNOS)的测定

采用南京建成生物工程研究所试剂盒的测定方法进行测定。定义每毫升血清每分钟生成 1 nmolNO 为一个酶活力单位。

1.3.2 酚氧化酶活力(PO)的测定

以 L-DOPA 为底物,按照雷质文等改进 Ashida 的方法测定。

1.3.3 溶菌酶(LSZ)活力的测定

以溶壁微球菌为底物,采用王雷等改进的方法进行。

1.3.4 超氧化物歧化酶(SOD)活力的测定

采用南京建成生物工程研究所试剂盒的测定方法进行测定。定义每毫升反应液中 SOD 抑制率达 50% 时所对应的 SOD 量为一个 SOD 活力单位(U)。

1.3.5 谷胱甘肽过氧化物酶(Glutathione peroxidase, GSH-PX)活力的测定

采用南京建成生物工程研究所试剂盒的测定方法进行测定。规定每 0.1 mL 血清在 37℃反应 5 分钟,扣除非酶促反应作用,使反应体系中还原型谷胱甘肽(GSH)浓度降低 1

μmol/L 为一个酶活力单位。

1.4 对虾鳃丝 Na$^+$,K$^+$-ATPase 酶活力的测定

采用南京建成生物工程研究所试剂盒的测定方法。定义每小时每毫克组织蛋白的组织中 ATP 酶分解产生 1 μmol 无机磷的量为一个 ATP 酶活力单位。即微摩尔磷/毫克蛋白/小时(μmolPi/mgprot/h)。

1.5 数据分析

利用 SPSS11.5 和 Excel 软件进行数据处理、方差分析(ANOVA)和均值多重比较分析法(LSD 法)。

2. 结果与分析

2.1　三种对虾在养殖水体不同 pH 条件下各时间点的存活率

三种养殖对虾在不同 pH 条件下各时间点的存活率结果见表1。在 pH 值 8.2 的正常 pH 条件下饲养 96 h 后,三种对虾均保持了较高的成活率,仅中国对虾中出现极个别的死亡。在低 pH(pH=7.2)条件下,随着时间的逐渐延长,三种对虾的存活率都逐渐下降,其中中国对虾和凡纳滨对虾都是在 6 h 开始下降,而日本对虾则在较晚的 24 h 开始下降。96 h 时,低 pH 条件下 3 种对虾的存活率均显著低于各自的对照组,中国对虾、凡纳滨对虾和日本对虾的存活率分别为 58.6%,60.1%和 96.7%;在高 pH(pH=9.2)条件下,中国对虾和凡纳滨对虾的存活率开始出现下降的时间在 3 h,而日本对虾在 48 h;96 h 时,3 种对虾的存活率均显著低于各自的对照组,中国对虾、凡纳滨对虾和日本对虾的存活率分别为 13.3%,54.6%和 97.0%。

表 1　三种对虾在不同 pH 条件下的存活率($\bar{X}\pm$SD)%

取样时间/h	pH7.2			pH8.2			pH9.2		
	日本对虾	凡纳滨对虾	中国对虾	日本对虾	凡纳滨对虾	中国对虾	日本对虾	凡纳滨对虾	中国对虾
0	100.0± 0.0	100.0± 0.0	100.0± 0.0	100.0± 0.0	100.0± 0.0	100.0± 0.0	100.0± 0.0	100.0± 0.0	100.0± 0.0
3	100.0± 0.0	100.0± 0.0	100.0± 0.0	100.0± 0.0	100.0± 0.0	100.0± 0.0	100.0± 0.0[Bb]	90.3± 5.3[Ba]	77.3± 9.3[A]
6	100.0± 0.0[b]	89.4± 8.7[a]	89.4± 8.7[a]	100.0± 0.0	100.0± 0.0	100.0± 0.0	100.0± 0.0[C]	86.2± 5.5[B]	64.3± 8.2[A]
12	100.0± 0.0[B]	88.4± 8.4[A]	86.0± 8.8[A]	100.0± 0.0	100.0± 0.0	100.0± 0.0	100.0± 0.0[C]	80.3± 4.7[B]	53.0± 9.4[A]
24	96.7± 4.0[B]	88.4± 8.4[AB]	81.1± 7.8[A]	100.0± 0.0	100.0± 0.0	100.0± 0.0	100.0± 0.0[C]	73.2± 7.3[B]	44.5± 8.4[A]
36	96.7± 4.0[b]	81.8± 13.1[a]	80.5± 7.9[a]	100.0± 0.0	100.0± 0.0	100.0± 0.0	100.0± 0.0[C]	67.5± 4.7[B]	39.3± 7.7[A]

（续表）

取样时间/h	pH7.2			pH8.2			pH9.2		
	日本对虾	凡纳滨对虾	中国对虾	日本对虾	凡纳滨对虾	中国对虾	日本对虾	凡纳滨对虾	中国对虾
48	96.7±4.0^b	76.9±17.8^a	76.1±8.0^a	100.0±0.0^B	100.0±0.0^B	98.2±1.6^A	98.9±1.9^C	60.6±5.9^B	34.2±8.6^A
72	96.7±4.0^b	69.3±22.1^a	68.5±18.9^a	100.0±0.0^B	100.0±0.0^B	98.1±1.7^A	98.9±1.9^C	57.2±7.2^B	24.8±6.8^A
96	96.7±4.0^B	60.1±22.7^A	58.6±17.9^A	100.0±0.0^B	100.0±0.0^B	98.1±1.7^A	97.0±0.7^C	54.6±5.9^B	13.3±6.8^A

注:J 表示日本对虾,F 表示凡纳滨对虾,C 表示中国对虾;上标字母表示三种对虾存活率之间的差异显著性,不同小写字母表示处理间差异显著($P<0.05$),不同大写字母表示处理间差异极显著($P<0.01$),相同字母表示差异不显著($P>0.05$)。

2.2 三种对虾在养殖水体不同 pH 条件下血清非特异性免疫因子的活性

2.2.1 诱导型一氧化氮合成酶(iNOS)活力的比较

养殖水体不同 pH 条件下三种对虾 iNOS 活性结果如表 2 所示。在正常 pH 条件下,中国对虾、凡纳滨对虾、日本对虾 iNOS 活力大小依次为:8.27、12.96、11.63,三种对虾之间差异极显著($P<0.01$)。与正常 pH 条件相比,低 pH 条件下随着胁迫时间的延长,三种对虾血清的 iNOS 均表现出先升高后降低的趋势,且分别在 24 h($P<0.05$)、3 h($P<0.05$)、3 h($P<0.01$)时达到最大值,随后逐渐下降;在高 pH 条件下,凡纳滨对虾和中国对虾的 iNOS 活力随着时间延长均逐渐下降;日本对虾 INOS 活力则随着时间延长呈现先升高后降低的变化趋势,3 h($P<0.01$)达到最大值,随后逐渐下降。

2.2.2 酚氧化酶(PO)活力的比较

养殖水体不同 pH 条件下三种对虾 PO 活力如表 3 所示。正常 pH 条件下,中国对虾、凡纳滨对虾、日本对虾 PO 活力大小依次为:0.0027、0.0067、0.0082,三者之间 PO 活力差异极显著($P<0.01$)。在低 pH 条件下,随着胁迫时间的延长,三种对虾 PO 活力都呈现先增后减的变化规律,且峰值都出现在 12 h($P<0.01$),之后 PO 活力逐渐下降;在高 pH 条件下,与各自的正常 pH 条件相比三种对虾的 PO 活力也呈现出先增后减的变化规律,日本对虾在 12 h($P<0.01$)达到最大值,而凡纳滨对虾和中国对虾在 6 h($P<0.01$)达到最大值,随后都逐渐下降。

表 2 不同 pH 条件下三种对虾诱导型一氧化氮合成酶活力($\bar{X}\pm SD$) U・mgprot^{-1}・h^{-1}

取样时间/h	pH7.2			pH8.2			pH9.2		
	日本对虾	凡纳滨对虾	中国对虾	日本对虾	凡纳滨对虾	中国对虾	日本对虾	凡纳滨对虾	中国对虾
0	11.60±0.13^B	12.16±1.10^B	7.64±1.70^A	10.45±0.73^b	12.91±1.00^{Ba}	7.95±1.30^{Aa}	10.41±0.67^A	11.56±1.23^B	7.23±0.77^A
3	12.62±0.34	12.01±0.82	11.90±1.85	11.16±0.46^B	13.03±1.56^B	7.65±1.49^A	30.46±1.36^C	12.98±1.16^B	3.61±1.52^A

（续表）

取样时间/h	pH7.2			pH8.2			pH9.2		
	日本对虾	凡纳滨对虾	中国对虾	日本对虾	凡纳滨对虾	中国对虾	日本对虾	凡纳滨对虾	中国对虾
6	10.94±0.55^C	14.46±0.96^B	9.01±0.53^A	11.60±0.25^B	13.80±2.24^B	8.98±0.59^A	14.02±0.71^C	10.29±0.77^B	4.47±1.56^A
12	11.38±0.83^B	11.10±3.20^B	2.73±0.09^A	14.39±1.13^B	14.14±1.63^B	7.49±0.79^A	17.54±0.51^C	12.60±1.65^B	3.94±0.31^A
24	9.69±0.22^C	16.46±0.52^B	1.66±0.61^A	12.40±1.05^b	13.74±1.55^{Bb}	8.10±1.78^{Aa}	3.45±0.80^B	12.05±1.67^B	4.03±0.58^A
36	13.58±0.13^C	11.14±1.32^B	1.78±0.72^A	13.51±1.52^b	13.39±3.62^b	8.42±0.55^a	13.14±0.51^C	9.00±1.65^B	2.87±1.18^A
48	9.84±0.13^C	7.57±0.74^B	1.60±0.81^A	12.84±1.17^B	11.17±1.05^B	8.84±1.02^A	10.35±0.38^B	9.25±1.00^B	5.00±1.44^A
72	10.86±0.51^C	9.77±0.53^B	2.74±0.71^A	11.74±0.71^B	11.37±1.16^B	8.96±1.00^A	3.23±0.51^A	8.21±0.87^B	3.73±0.39^A
96	11.08±0.55^B	8.11±2.25^B	1.89±0.58^A	10.95±1.06^B	12.86±0.97^B	8.03±1.31^A	3.89±0.67^A	7.61±2.12^B	2.25±0.39^A

注:J 代表日本对虾,F 代表凡纳滨对虾,C 代表中国对虾;上标字母表示三种对虾酶活力之间的差异显著性,不同小写字母表示处理间差异显著($P<0.05$),不同大写字母表示处理间差异极显著($P<0.01$),相同字母表示差异不显著($P>0.05$)。下同

表3　不同 pH 条件下三种对虾酚氧化酶活力($\overline{X}\pm SD$)U·mg^{-1}

取样时间/h	pH7.2			pH8.2			pH9.2		
	日本对虾	凡纳滨对虾	中国对虾	日本对虾	凡纳滨对虾	中国对虾	日本对虾	凡纳滨对虾	中国对虾
0	0.0087±0.0006^C	0.0065±0.0003^B	0.0036±0.0009^A	0.0086±0.0007^C	0.0062±0.0004^B	0.0028±0.0002^A	0.0095±0.0003^C	0.0072±0.0004^B	0.0031±0.0008^A
3	0.0177±0.00010^B	0.0093±0.00004^{Ab}	0.0075±0.0004^{Aa}	0.0084±0.0009^{Bb}	0.0062±0.0005^{Ba}	0.0035±0.0007^A	0.0185±0.0009^B	0.0181±0.0009^B	0.0057±0.0006^A
6	0.0182±0.0006^C	0.0129±0.00017^B	0.0071±0.0002^A	0.0083±0.0002^C	0.0063±0.0002^B	0.0025±0.0003^A	0.0190±0.0009^a	0.0390±0.00085^b	0.0164±0.00010^a
12	0.0345±0.00043^C	0.0220±0.00024^B	0.0110±0.00010^A	0.0088±0.0009^{Bb}	0.0069±0.00011^{Ba}	0.0027±0.0002^A	0.0484±0.00013^C	0.0252±0.00041^B	0.0068±0.0002^A
24	0.0208±0.00056^B	0.0104±0.00013^A	0.0050±0.0005^A	0.0084±0.00013^B	0.0071±0.00011^B	0.0030±0.0005^A	0.0253±0.00044^C	0.0142±0.00016^B	0.0047±0.0002^A

(续表)

取样时间/h	pH7.2			pH8.2			pH9.2		
	日本对虾	凡纳滨对虾	中国对虾	日本对虾	凡纳滨对虾	中国对虾	日本对虾	凡纳滨对虾	中国对虾
36	0.0157±0.00034^{Bb}	0.0108±0.00028^{b}	0.0037±0.00017^{Aa}	0.0086±0.00010^{C}	0.0062±0.0001^{B}	0.0026±0.0001^{A}	0.0137±0.00035^{b}	0.0163±0.00052^{b}	0.0055±0.0009^{a}
48	0.0090±0.0007^{B}	0.0094±0.00010^{B}	0.0036±0.0006^{A}	0.0077±0.0008^{B}	0.0068±0.0006^{B}	0.0027±0.0005^{A}	0.0084±0.0006^{C}	0.0151±0.00023^{B}	0.0039±0.0002^{A}
72	0.0053±0.00011^{ab}	0.0067±0.00015^{b}	0.0030±0.00013^{a}	0.0071±0.0008^{B}	0.0073±0.0009^{B}	0.0023±0.0006^{A}	0.0053±0.0001^{Ab}	0.0095±0.00013^{B}	0.0037±0.0001^{Aa}
96	0.0038±0.0008^{AB}	0.0063±0.00021^{B}	0.0022±0.0005^{A}	0.0079±0.00014^{B}	0.0070±0.0004^{B}	0.0024±0.0001^{A}	0.0043±0.0005^{A}	0.0083±0.00010^{B}	0.0031±0.0002^{A}

2.2.3 溶菌酶(LZM)活力的比较

不同 pH 条件下三种对虾 LZM 活力如表 4 所示。正常 pH 条件下,中国对虾、凡纳滨对虾、日本对虾 LZM 活力大小依次为:0.058、0.086、0.074,三者之间 LZM 活力差异极显著($P<0.01$)。在低 pH 和高 pH 条件下,随着胁迫时间的延长,三种对虾的 LZM 活力都呈逐渐下降的趋势,且差异极显著($P<0.01$)。

表 4 不同 pH 条件下三种对虾血清溶菌酶活力($\bar{X}\pm SD$)$\mu g\cdot mL^{-1}$

取样时间/h	pH7.2			pH8.2			pH9.2		
	日本对虾	凡纳滨对虾	中国对虾	日本对虾	凡纳滨对虾	中国对虾	日本对虾	凡纳滨对虾	中国对虾
0	0.0732±0.003^{AB}	0.0892±0.014^{B}	0.0582±0.015^{A}	0.0758±0.006^{B}	0.0842±0.004^{B}	0.0607±0.002^{A}	0.0788±0.002	0.0795±0.017	0.0649±0.007
3	0.0375±0.007	0.0489±0.006	0.0369±0.011	0.0732±0.003	0.0833±0.007	0.0605±0.008	0.0422±0.003^{B}	0.0560±0.004^{A}	0.0530±0.004^{A}
6	0.0294±0.010	0.0215±0.004	0.0414±0.022	0.0736±0.009^{a}	0.0898±0.008^{b}	0.0591±0.007^{a}	0.0371±0.006^{Ba}	0.0605±0.009^{Ab}	0.0471±0.004^{a}
12	0.0184±0.004	0.0256±0.018	0.0171±0.010	0.0727±0.003	0.0850±0.008	0.0612±0.003	0.0323±0.004^{A}	0.0526±0.005^{B}	0.0310±0.006^{A}
24	0.0346±0.004^{b}	0.0541±0.007^{Ba}	0.0227±0.004^{Aa}	0.0764±0.003^{ab}	0.0878±0.013^{b}	0.0591±0.007^{a}	0.0416±0.008	0.0492±0.003	0.0423±0.007
36	0.0301±0.008^{AB}	0.0401±0.015^{B}	0.0155±0.003^{A}	0.0778±0.004^{ab}	0.0853±0.009^{b}	0.0569±0.006^{a}	0.0363±0.006^{Bb}	0.0256±0.006^{a}	0.0228±0.002^{Aa}
48	0.0205±0.006	0.0185±0.002	0.0159±0.005	0.0727±0.002^{ab}	0.0888±0.016^{b}	0.0561±0.006^{a}	0.0287±0.007	0.0330±0.007	0.0270±0.008

（续表）

取样时间/h	pH7.2			pH8.2			pH9.2		
	日本对虾	凡纳滨对虾	中国对虾	日本对虾	凡纳滨对虾	中国对虾	日本对虾	凡纳滨对虾	中国对虾
72	0.0268± 0.003^B	0.0093± 0.001^A	0.0136± 0.004^A	0.0713± 0.004^{ab}	0.0855± 0.005^b	0.0560± 0.004^a	0.0254± 0.007^A	0.0140± 0.003^B	0.0275± 0.001^A
96	0.0312± 0.005^B	0.0159± 0.003^A	0.0115± 0.001^A	0.0746± 0.004^a	0.0845± 0.017^b	0.0556± 0.005^a	0.0367± 0.006^b	0.0252± 0.010^a	0.0214± 0.004^a

表5 不同 pH 条件下三种对虾血清超氧化物歧化酶活力($\overline{X}\pm SD$)U·mL^{-1}

取样时间/h	pH7.2			pH8.2			pH9.2		
	日本对虾	凡纳滨对虾	中国对虾	日本对虾	凡纳滨对虾	中国对虾	日本对虾	凡纳滨对虾	中国对虾
0	176.40± 2.9^B	114.87± 11.2^{Ab}	98.46± 6.8^a	175.45± 3.3^C	117.89± 6.7^B	96.14± 7.4^A	161.68± 1.1^C	105.42± 6.4^B	91.90± 4.9^A
3	144.04± 3.3^B	65.93± 6.6^{Ab}	73.70± 1.8^{Aa}	177.62± 1.4^C	112.92± 4.8^B	95.73± 5.9^A	105.53± 4.8^B	76.86± 6.9^A	69.54± 8.1^A
6	157.35± 6.5^B	51.01± 4.4^{Ab}	62.94± 6.5^{Aa}	177.51± 2.4^B	116.43± 17.1^{Ab}	95.43± 9.1^{Aa}	133.58± 2.3^C	90.56± 4.6^B	52.83± 7.6^A
12	150.46± 11.5^C	68.24± 5.5^B	21.14± 4.7^A	176.66± 1.5^B	113.40± 12.6^{Ab}	93.38± 7.7^{Aa}	118.61± 1.1^C	94.85± 4.6^B	51.11± 3.5^A
24	143.56± 0.4^C	74.95± 1.0^B	25.00± 9.6^A	175.56± 2.8^C	103.39± 5.1^{Ab}	94.63± 4.6^{Aa}	115.44± 4.3^C	85.89± 10.2^B	28.29± 8.5^A
36	144.75± 3.7^C	73.68± 3.7^B	34.62± 5.4^A	177.08± 5.9^B	106.55± 7.3^A	95.96± 6.7^A	116.47± 1.1^C	83.69± 17.5^B	20.38± 8.0^A
48	147.34± 2.5^C	86.32± 9.5^B	20.01± 6.0^A	175.21± 2.8^B	104.34± 6.9^A	95.59± 5.9^A	123.12± 3.9^C	84.30± 7.7^B	43.50± 6.6^A
72	143.55± 4.2^C	83.96± 10.2^B	33.75± 7.4^A	169.25± 6.2^B	103.19± 6.0^A	94.41± 8.2^A	127.40± 3.5^C	88.19± 13.6^B	47.37± 5.6^A
96	121.68± 7.9^C	85.25± 9.5^B	39.16± 1.7^A	175.74± 4.1^C	109.11± 5.6^B	92.02± 6.3^A	123.36± 3.3^C	89.00± 6.7^B	33.78± 7.2^A

2.2.4 超氧化物歧化酶活力的比较

不同 pH 条件下，三种对虾超氧化物歧化酶（SOD）活力如表5所示。正常 pH 条件下，中国对虾、凡纳滨对虾、日本对虾 SOD 活力大小依次为：94.81、109.69、175.56，随着低 pH 和高 pH 条件胁迫时间的延长，三种对虾 SOD 活力都呈现逐渐下降的趋势，且 96 h 后极显著地（$P<0.01$）低于初始水平。另外，高 pH 条件下日本对虾 SOD 活力的变化幅

度明显高于低 pH 条件组,而中国对虾和凡纳滨对虾却相反,表现为低 pH 条件下变化幅度更大的现象。

2.2.5 谷胱甘肽过氧化物酶活力的比较

不同 pH 条件下三种对虾血清谷胱甘肽过氧化物酶(GSH-PX)活力见表 6。正常 pH 条件下,中国对虾、凡纳滨对虾、日本对虾 GSH-PX 活力的大小依次为:372.00、295.41、616.53,且三者之间差异极显著($P<0.01$)。随着低 pH 和高 pH 条件下胁迫时间的延长,三种对虾血清 GSH-PX 活力都呈现逐渐下降的趋势。高 pH 条件下日本对虾和凡纳滨对虾血清 GSH-PX 活力的变化幅度明显高于低 pH 条件组,而中国对虾则相反,表现为低 pH 条件下变化幅度更大。

表 6 不同 pH 条件下三种对虾谷胱甘肽过氧化物酶活力($\overline{X}\pm SD$)

取样时间/h	pH7.2			pH8.2			pH9.2		
	日本对虾	凡纳滨对虾	中国对虾	日本对虾	凡纳滨对虾	中国对虾	日本对虾	凡纳滨对虾	中国对虾
0	583.19±48.9^B	301.48±12.5^{Ab}	359.67±7.4^{Aa}	617.55±15.9^C	284.68±16.6^B	363.27±21.1^A	606.60±22.0^C	280.59±12.0^B	348.70±5.4^A
3	514.47±9.5^C	291.73±14.7^B	234.88±12.4^A	620.19±1.4^C	294.68±10.4^B	377.33±38.7^A	247.99±4.3^B	256.12±9.9^B	305.52±6.8^A
6	444.59±23.4^B	206.92±0.5^{Ab}	241.20±26.0^{Aa}	621.82±5.6^C	292.66±11.5^B	379.61±32.0^A	260.88±4.4^b	223.47±25.0^{Ba}	297.52±9.5^{Aa}
12	474.84±11.3^B	196.91±38.5^A	158.96±18.2^A	619.81±4.5^C	282.73±18.7^B	370.17±22.6^A	227.80±5.8^{ab}	206.22±8.8^b	300.52±52.6^a
24	420.63±10.7^B	182.42±29.3^A	170.72±34.4^A	599.18±34.5^C	304.88±8.4^B	376.61±26.1^A	193.04±13.4^{Bb}	218.62±11.8^b	250.48±17.8^{Aa}
36	410.06±7.0^B	196.88±0.3^A	169.25±50.1^A	617.61±7.5^C	301.88±13.5^B	363.68±19.9^A	112.36±6.3^{Bb}	153.74±17.2^{Ba}	315.98±26.6^A
48	396.16±11.6^B	188.70±12.7^A	148.65±39.4^A	624.47±6.1^C	295.34±12.9^B	359.30±15.9^A	142.14±5.8^B	142.28±25.0^B	288.09±40.0^A
72	417.74±17.7^C	191.60±7.6^B	86.75±8.1^A	612.01±10.4^C	309.39±9.4^B	379.54±21.3^A	37.80±13.7^C	109.45±11.3^B	210.58±2.5^A
96	316.35±1.9^C	181.19±17.7^B	84.77±2.5^A	616.16±7.0^C	292.47±21.1^B	378.46±15.7^A	60.38±5.6^C	123.74±20.0^B	180.26±6.1^A

2.3 鳃 Na^+,K^+－ATPase 活力的比较

不同 pH 条件下三种对虾鳃 Na^+,K^+－ATPase 活力见表 7 所示。正常 pH 条件下,中国对虾、凡纳滨对虾、日本对虾鳃 Na^+,K^+－ATPase 活力大小分别为:2.88、7.89、1.41,并且三者之间差异极显著($P<0.01$)。在低 pH 条件下,随着持续时间的延长,与正常 pH 条件相比三种对虾鳃 Na^+,K^+－ATPase 活力都呈现先增后减的变化规律,且凡纳

滨对虾、中国对虾、日本对虾分别在 6 h($P<0.01$)、3 h($P<0.01$)、12 h($P<0.01$)达到最大值,随后逐渐下降到正常水平;在高 pH 条件下,三种对虾鳃 Na$^+$,K$^+$－ATPase 活力也呈现相似的变化趋势,凡纳滨对虾、中国对虾、日本对虾分别在胁迫后 12 h($P<0.01$)、3 h($P<0.01$)、3 h($P<0.01$)达到最大值,随后逐渐下降,其中高 pH 条件下三种对虾鳃 Na$^+$,K$^+$－ATPase 活力的变化幅度明显高于低 pH 条件。

表 7 不同 pH 条件下三种对虾鳃 Na$^+$,K$^+$-ATPase 活力($\overline{X}\pm SD$)μmol・mgprot^{-1}・h^{-1}

取样时间/h	pH7.2			pH8.2			pH9.2		
	J	F	C	J	F	C	J	F	C
0	1.50±0.13^C	7.68±0.63^B	2.66±0.34^A	1.44±0.06^C	7.81±0.44^B	3.00±0.79^A	1.49±1.49^C	7.52±0.66^B	2.65±0.51^A
3	1.75±0.01^C	7.92±0.79^B	11.28±1.05^A	1.52±0.13^C	8.19±0.62^B	3.08±0.24^A	2.88±2.88^C	8.51±0.70^B	6.50±1.10^A
6	2.03±0.06^C	11.40±1.46^B	6.71±1.01^A	1.42±0.31^{Ab}	7.66±0.90^B	2.83±0.58^{Aa}	1.30±1.30^C	10.90±1.24^B	5.97±0.56^A
12	2.16±0.22^C	10.36±1.07^B	6.44±1.04^A	1.36±0.17^C	8.13±0.49^B	2.81±0.59^A	0.83±0.83^A	13.95±1.20^B	2.26±0.66^A
24	1.26±0.28^A	9.07±0.84^B	2.18±0.94^A	1.30±0.19^C	7.61±0.67^B	2.75±0.43^A	0.80±0.80^C	8.88±1.09^B	3.24±0.65^A
36	0.93±0.11^{Ab}	8.08±0.70^B	3.00±1.20^{Aa}	1.41±0.01^C	7.99±0.25^B	3.00±0.44^A	0.54±0.54^{Ab}	7.99±1.24^B	2.31±0.28^{Aa}
48	1.05±0.12^C	9.24±0.79^B	3.23±0.89^A	1.45±0.06^C	7.68±0.62^B	2.98±0.50^A	0.46±0.46^A	5.57±0.86^B	1.25±0.54^A
72	0.89±0.10^{Ab}	6.56±1.11^B	3.06±1.06^{Aa}	1.49±0.17^C	7.84±0.60^B	2.81±0.30^A	0.78±0.78^{AB}	2.01±0.34^A	2.67±1.14^A
96	0.87±0.12^{Ab}	7.93±0.32^B	3.05±1.47^{Aa}	1.30±0.26^{Ab}	8.09±1.10^B	2.65±0.51^{Aa}	0.47±0.47^B	2.30±0.80^A	2.16±0.72^A

3.讨论

3.1 三种对虾不同 pH 条件下各时间点的存活率

从本研究的结果可以看出,与正常 pH 条件相比,低和高 pH 条件都会使三种对虾的存活率随着 pH 改变时间的延长而逐渐下降,而且中国对虾、凡纳滨对虾出现死亡个体的时间较日本对虾早,高 pH 条件下中国对虾存活率下降幅度(86.7%)显著高于凡纳滨对虾(45.4%)和日本对虾(3%);同样低 pH 条件下中国对虾存活率下降幅度最大(41.4%),凡纳滨对虾次之(39.9%),日本对虾最小(3.3%),而且中国对虾和凡纳滨对虾高 pH 条件下存活率下降幅度较低 pH 条件下下降幅度大。由此可以推测日本对虾对 pH 胁迫的耐受性较强,耐受范围较广,凡纳滨对虾次之,中国对虾耐受性较差,这可能和日本对虾分布极广有一定关系,但是有关三种对虾对 pH 耐受性的比较还没有定论,所以有待进一步深入探索。

3.2 三种对虾不同 pH 条件下血清非特异性免疫因子的比较

本实验对中国对虾、凡纳滨对虾、日本对虾血清的 iNOS、PO、SOD、LZM、GSH-PX 重要免疫因子进行了比较分析。发现低和高 pH 条件下日本对虾血清 iNOS 均表现出先增后减的趋势,其中高 pH 条件下酶活变化幅度较低 pH 条件变化大,这与吴天利等报道的镉胁迫对凡纳滨对虾血清中一氧化氮合成酶的影响结果相似。凡纳滨对虾和中国对虾的低 pH 条件下 iNOS 活力先上升后下降,而高 pH 条件下 iNOS 活力则逐渐下降,这可能是由于高 pH 超出了对虾的耐受范围导致的,与朱宏友等报道的水温骤降导致凡纳滨对虾血清中 NOS 水平下降的结果一致。正常 pH 条件下,方差分析和均值多重比较的结果表明:凡纳滨对虾 iNOS 活力极显著高于日本对虾($P < 0.01$),日本对虾极显著高于中国对虾($P < 0.01$),pH 条件改变后三种对虾血清 iNOS 变化幅度大小为:中国对虾>凡纳滨对虾>日本对虾。

本研究中三种对虾 pH 胁迫下的 PO 活力均呈现出先升高后降低的趋势,而且三者的高 pH 条件下 PO 活力变化幅度较低 pH 条件下的大,表现出高 pH 变化免疫适应性较差的现象,显然 pH 胁迫激活了对虾的酚氧化酶系统,使得 PO 活力升高,这虽是一种保护性反应但当这种应激达到一定强度或者长期处于应激状态下时,会导致虾体代谢紊乱,故又出现酶活力下降的趋势,这与 Söderhall 等的观点一致。正常 pH 条件下,方差分析和均值多重比较的结果表明:日本对虾 PO 活力极显著高于凡纳滨对虾($P < 0.01$),凡纳滨对虾极显著高于中国对虾($P < 0.01$)。pH 条件改变后三者的 PO 活力变化幅度大小依次为:中国对虾>凡纳滨对虾>日本对虾。

本实验中三种对虾血清的 LZM、SOD、GSH-PX 活力都随 pH 变化时间的延长而降低。根据结果分析可知,三种对虾血清的 LZM 在低 pH 条件下变化幅度较高 pH 条件下的大,且低和高 pH 条件下 LZM 都随着 pH 变化时间的延长而下降,这与潘鲁青等报道的盐度、pH 突变对中国对虾和凡纳滨对虾免疫力的影响结果一致,正常 pH 条件下经方差分析和均值多重比较,结果表明:凡纳滨对虾 LZM 活力极显著高于中国对虾($P < 0.01$),中国对虾极显著高于日本对虾($P < 0.01$)。三种对虾血清 LZM 活力在 96h 内变化幅度大小依次为:凡纳滨对虾>中国对虾>日本对虾。

iNOS、PO 表现出高 pH 条件变化幅度较低 pH 条件大,这种现象能否与死亡率结合起来从而推测对虾体内不同的免疫因子对 pH 的耐受力不同或者与 pH 变化的相关程度不同值得考虑,从而为寻找与 pH 直接相关的免疫因子提供一定的数据支持。正常 pH 条件下经方差分析和均值多重比较,结果表明:凡纳滨对虾 LZM 活力极显著高于中国对虾($P < 0.01$),中国对虾极显著高于日本对虾($P < 0.01$)。三种对虾血清 iNOS 在 96h 内变化幅度大小为:中国对虾>凡纳滨对虾>日本对虾。

本研究中 SOD 活力逐渐下降,与 Li 等研究低和高 pH 条件对凡纳滨对虾免疫因子的影响结果相似,这可能是由于 pH 应激强度过大导致对虾机体代谢紊乱,使得虾体的免疫机能受到抑制,酶活力下降,在哈承旭、黄旭雄的报道中 SOD 活力总趋势先升高后降低说明当生物体受到外界刺激后,其活性会在一定范围内升高,这是生物体产生的一种保护机制,但若生物体持续地处于应激状态或应激强度加大时,机体的免疫功能会受到抑制,SOD 活性降低,这和本实验结果并不矛盾。正常 pH 条件下经方差分析和均值多重比较,结果表明:日本对虾 SOD 活力极显著($P<0.01$)的高于凡纳滨对虾,而凡纳滨对虾又极显著($P<0.01$)的高于中国对虾。pH 条件改变后 96h 内变化幅度大小为:中国对虾>凡纳滨对虾>日本对虾。

GSH-PX 是机体内广泛存在的一种催化过氧化氢分解的酶,可以起到保护细胞膜结构和功能完整的作用。本实验中 GSH-PX 的下降表明 pH 胁迫后,对虾非特异免疫功能下降,抗氧化能力降低。正常 pH 条件下经方差分析和均值多重比较,结果表明:日本对虾 GSH-PX 活力极显著大于中国对虾($P<0.01$),中国对虾极显著大于凡纳滨对虾($P<0.1$)。pH 条件改变后 96h 内酶活力变化幅度大小为:日本对虾>中国对虾>凡纳滨对虾。

3.3　三种对虾不同 pH 条件下鳃 Na^+,K^+-ATPase 活力的比较

Na^+,K^+-ATPase 存在于一切动物细胞膜上,参与细胞膜两侧的 Na^+,K^+ 离子的跨膜主动运输。自 Quinn 和 Lane 首次报道了甲壳动物鳃上皮存在 Na^+,K^+-ATPase 后,从此开始了对甲壳动物 Na^+,K^+-ATPase 活性的研究。甲壳动物鳃上皮顶部细胞膜上具有 Na^+/H^+ 交换体系,水环境中的 Na^+ 主要是通过此交换体系排出体外;Shaw 研究证实了当外界 H^+ 浓度过高时,Astacus pallipes 吸收外界 Na^+ 的能力下降,同时排泄鳃上皮细胞内 H^+ 的能力也下降。

本实验中,三种养殖对虾鳃 Na^+,K^+-ATPase 活性都随着 pH 胁迫时间的延长而出现先升高后降低的趋势,这与潘鲁青等的研究报道结果一致。说明对虾对 pH 变化具有一定的渗透调节能力,为维持体内环境的 pH 平衡,短时间内鳃 Na^+,K^+-ATPase 活力升高,然后通过调节鳃上皮细胞的结构而改变离子的通透性,或者通过调节其它离子转运酶如碳酸酐酶(参与 Na^+/H^+ 和 Cl^+/HCO_3^- 的交换运输)活性等机制来适应 pH 变化,而使鳃 Na^+,K^+-ATPase 活力趋于稳定,由此增加了机体的能量消耗。林小涛等报道当水体中的 pH 值高于或低于某一范围时,都会改变甲壳动物的呼吸活动,影响鳃从外界吸收氧的能力,进而影响其耗氧率。目前有关甲壳动物鳃丝离子转运酶对环境胁迫的适应机制尚无定论,所以有关此方面的问题还有待进一步研究。本实验中正常 pH 条件下经方差分析和均值多重比较,结果表明:凡纳滨对虾极显著高于中国对虾($P<0.01$),中国对虾极显著高于日本对虾($P<0.01$)。pH 条件改变后 96h 内酶活力变化幅度大小为:中国对虾>凡纳滨对虾>日本对虾。

综上所述,正常 pH 条件下日本对虾和凡纳滨对虾血清中免疫酶活力都显著或极显著的大于中国对虾,pH 变化后,中国对虾和凡纳滨对虾血清免疫防御因子变化幅度大于日本对虾,中国对虾和凡纳滨对虾血清 SOD、GSH-PX、溶菌酶活力变化表现出低 pH 变化免疫适应性较差的趋势,而两者 iNOS,PO 的活力变化趋势表现高 pH 胁迫免疫适应性较差的结果,这与高 pH 胁迫状态下中国对虾和凡纳滨对虾高死亡率是否具有相关性值得我们去考虑。pH 改变后中国对虾鳃 Na^+,K^+-ATPase 活力变化幅度最大,日本对虾的变化幅度最小,而且中国对虾鳃 Na^+,K^+-ATPase 活力也表现高 pH 变化适应性较差的趋势。是否由此可以推断 pH 的改变与虾体血淋巴的酚氧化酶系统和鳃丝 Na^+,K^+-ATPase 有直接相关性有待深入考察,但是目前关于 pH 应激对虾体直接相关的免疫因子还

没有明确定论,所以还需进一步深入研究。

参考文献(略)

赵先银,李健,陈萍,李吉涛,常志强. 中国水产科学研究院黄海水产研究所　山东青岛　266071

第九节　pH 胁迫对三种对虾离子转运酶和免疫相关基因定量表达的影响

在氨氮、pH、温度、盐度、溶解氧等水体环境因子中,pH 是水体一种重要水质理化指标,是水体化学性状和生命活动的综合反应,直接影响虾类的渗透调节、生长、存活等生理机能(Allan et al. ,1992;Morris et al. ,1995;Wang et al.),目前国内外关于 pH 对对虾离子转运酶(Allan et al. ,1992;Morris et al. ,1995;Wang et al.)、非特异性免疫因子(Gilles et al. ,2000;Cheng et al. ,2000;潘鲁青等 2002;哈承旭等 2009)等相关方面都有报道,但大多集中在酶活水平上的研究,而有关荧光定量 PCR 技术在这方面的应用报道及有关三种对虾之间的相关比较研究均较少。

对虾养殖业是我国海水养殖业中最具有代表性的产业之一。自 1993 年,我国北方人工养殖的中国对虾($Fenneropenaeus$ $chinensis$)发生白斑综合征病毒(WSSV)病以后,日本对虾($Marsupenaeus$ $japonicus$)和从美国夏威夷引进的凡纳滨对虾($Litopenaeus$ $vannamei$)已逐渐成为黄渤海沿岸的重点养殖对象(刘萍等,2002),随后中国水产科学研究院黄海水产研究所培育的"黄海 1 号"中国对虾对加速我国对虾养殖业的发展也起到了巨大的推动作用,因此,对虾优良品种的选择和培育是对虾养殖业可持续发展的有效途径。本文采用荧光定量 PCR 技术,比较中国对虾、凡纳滨对虾、日本对虾在不同 pH 胁迫条件下鳃丝 Na^+-K^+-ATPase、血淋巴酚氧化酶原(proPO)和肝胰腺锰超氧化物岐化酶(Mn-SOD)基因表达的差异,通过三种对虾 Na^+-K^+-ATPase、proPO、Mn-SOD 基因表达的变化比较三种对虾抗 pH 胁迫的能力,为选择抗 pH 胁迫品系提供一定数据支持和依据。

1. 材料与方法

1.1　实验材料

(1)实验动物。

实验用中国对虾、日本对虾、凡纳滨对虾均取自青岛宝荣水产科技发展有限公司,随机选取体色正常,健康活泼,体长分别为 6.47 ± 0.37 cm,7.53 ± 0.68 cm,8.17 ± 0.35 cm;体重分别为 5.50 ± 0.79 g,5.66 ± 1.56 g,6.83 ± 0.89 g 的对虾进行实验。实验开始前暂养一周,水体盐度为 20 ± 1,pH 为 8.2,温度 26.4 ± 1℃,连续充气,日换水 1 次,换水量 1/3 ～1/2,投喂对虾配合饲料(青岛统一饲料农牧有限公司),每天投喂 4 次,投喂量为对虾体重的 4%。

(2)主要试剂。

Trizol 试剂购自 Invitrogen 公司,M-MLV Reverse Transcriptase 购自 Promega 公

司,Cloned Ribonuclease Inhibitor(2000 Units)、dNTP mix 和 SYBRPremix ExTaqTM Ⅱ 试剂盒为 TaKaRa 公司产品,Oligo(dT)18、DEPC 水购自上海生工生物工程技术服务有限公司。

(3)主要仪器。

高速冷冻离心机:Centrifuge 5804R 型,德国 Eppendorf。

超低温冰箱:MDF-382E(N),SANYO。

PCR 仪:Master cyclere gradient S,Eppendorf。

实时定量 PCR 仪:ABI 7500 ReaL-time PCR 仪,Applied Biosystems。

电泳仪:Power Pac Basic,Bio-RAD。

凝胶成像系统:Gellogic 212,Kodak。

可见光投射仪:蓝盾 621,Bio-V(百维信生物)。

琼脂糖水平电泳槽:DYCP-31,北京市六一仪器厂。

水质测定仪:YSI556MPS,美国维赛。

1.2　实验方法

(1)pH 浓度梯度的设置。

实验在 200L 的 PVC 桶中进行,每桶分别放养健康的中国对虾、日本对虾、凡纳滨对虾各 10 尾,pH 梯度设置为:6.7、7.2、7.7、8.2、8.7、9.2,每个 pH 梯度均设 8 个平行组,对照组使用正常的养殖海水,实验组分别通过向正常养殖海水中添加 75% HCl 或 75% NaOH 溶液来调节,水体 pH 值使用美国 YSI556MPS 多参数水质测量仪测定,实验期间 pH 变化幅度为 0.1。

不同 pH 处理组 0、1、3、6、12、24、48、72 h 分别取各种对虾 8 尾,采集血淋巴和肝胰腺、鳃丝组织样品。实验期间不换水,每隔 2 个小时调节一次 pH,及时剔除死亡个体。

(2)样品采集及预处理。

用 1 mL 无菌注射器从对虾头胸甲腹侧取血淋巴,注入到 1.5 mL 无 RNase 的离心管中,注射器中预先加入已消毒的预冷抗凝剂,血液与抗凝剂最终比例为 1∶1。对虾血淋巴低温离心(4℃,12000 g)10 min,倒掉血清,留血细胞,加入 1 mL Trizol 用枪头吹打使血细胞悬起,室温放置 15 min,保存于液氮中。用无菌镊子取对虾的鳃丝和肝胰腺样品分别放入 1.5 mL 无 RNase 离心管中,放入液氮中保存。处理鳃丝和肝胰腺组织的方法为用液氮研磨呈粉末状,取 0.05~0.1 g 至盛有 1 mL Trizol 的 1.5 mL 无 RNase 离心管中,震荡混匀后室温放置 15~30 min,−80℃保存,用于 RNA 的提取。

(3)总 RNA 的提取和 cDNA 合成。

三种对虾血淋巴、鳃丝和肝胰腺组织总 RNA 的提取均采用传统的 Trizol 法,总 RNA 的完整度和纯度通过 Nano Drop 2000c(Nano Drop Technologies,Wil mington,DE)测定 A_{260}/A_{280} 比值并用琼脂糖凝胶电泳进行检测。

cDNA 第一条链的合成。

Ⅰ DNase 的去除使用 MBI Dnase 去除残留在 RNA 中的 DNA。

(4)引物设计。

根据 Genebank 公布的中国对虾(FJ594415.1)、凡纳滨对虾(AY495084.1)、日本对虾(AB065371.1)酚氧化酶原(proPO)mRNA 序列,利用 Primer5 软件设计 proPO 引物,分

别标记为：C-proPOF/R、F-proPOF/R、J-proPOF/R；根据 Genebank 公布的中国对虾（GQ168792.1）、凡纳滨对虾（DQ005531.1）、日本对虾（GQ181123.1）锰超氧化物歧化酶（Mn-SOD）mRNA 序列，利用 Primer5 软件设计 Mn-SOD 引物，分别标记为：C-SODF/R、F-SODF/R、J-SODF/R；根据 Genebank 公布的中国对虾（FJ441134.1）、凡纳滨对虾（GU004027.1）、日本对虾（FJ441145.1）Na$^+$-K$^+$-ATPase mRNA 序列，利用 Primer5 软件 Na$^+$-K$^+$-ATPase 引物序列，分别标记为：C-ATPaseF/R、F-ATPaseF/R、J-ATPaseF/R；根据 Genebank 公布的中国对虾（DQ205426.1）、凡纳滨对虾（AF300705.2）、日本对虾（AB055975）beta actin mRNA 序列，利用 Primer5 软件设计三种对虾 beta actin 引物，分别标记为：C-actinF/R、F-actinF/R、J-actinF/R，以上引物见表1。

（5）荧光定量 PCR 反应体系与程序。

20 μL PCR 反应体系中含 SYBRPremix ExTaqTM Ⅱ（2×）10 μL，PCR Forward Primer（10 μmol/L）0.8 μL，PCR Reverse Primer（10 μmol/L）0.8 μL，ROX Reference Dye Ⅱ（50×）×30.4 μL，cDNA 模板 2.0 μL，DEPC 水 6.0 μL。按照 Applied Biosystem 7500 ReaL-Time PCR System 的操作方法，具体程序为：95℃，30 s；95℃，5 s；60℃，34 s；40 个循环；95℃，15 s；60℃，1 min；95℃，15 s。

（6）数据处理与分析。

利用 SPSS16.0 和 Excel 软件进行数据处理、方差分析（ANOVA）和均值多重比较分析法（LSD 法）。

表1　实验中所用的引物序列

引物名称	引物序列（5′-3′）	产物大小（bp）
C-proPOF	CAGGTGAACAACAGCGGTAAAGG	139
C-proPOR	AAACGGTGAATTTGTCCATCTCG	
C-ATPaseF	CGACGAAGAAATGAAGGAAG	153
C-ATPaseR	TGGACAGGGAAGTTTACAGC	
C-SODF	GGCTGGTACAGTCAGTCCTC	179
C-SODR	TAATGTAGCCCTGGTGATGC	
C-actinF	AGCGAGAAATCGTGCGTGAC	187
C-actinR	AAGAATGAGGGCTGGAACAGG	
F-proPOF	CATCACTGACCTGGAAATCTGG	184
F-proPOR	GTAGTAAGGGAAGTTGACGCTGT	
F-ATPaseF	GGCTGCCAGTATGACAAGACC	116
F-ATPaseR	TCACGTTTCAGGATGGGAGTG	
F-SODF	GTAGAGGGTATTGTCGTACAGC	151
F-SODR	GGGCGTTGAAATCATACTTG	

（续表）

引物名称	引物序列(5'-3')	产物大小(bp)
F-actinF	GAAGTAGCCGCCCTGGTTGT	184
F-actinR	GGATACCTCGCTTGCTCTGG	
J-proPOF	TTCGTGGACATCACTGACTTGG	97
J-proPOR	TTGGAACTTTGTTGCCCTTGC	
J-ATPaseF	CCACGAGACTGAGGATAAGAAC	94
J-ATPaseR	GATGTAGATGGAGGAGCAACG	
J-SODF	CGGAGTGAAAGGCTCTGGTTGG	172
J-SODR	GCGGAGGTTCTTGTACTGAAGGTAG	
J-actinF	GAAGTGCGACGTGGACATCCG	121
J-actinR	TGAGGGAGCGAGGGCAGTGAT	

2. 结果与分析

2.1　提取的总 RNA

取 3 μL 总 RNA 提取液进行 2‰琼脂糖凝胶电泳,同时用 Nano Drop 2000c 测定 A_{260}/A_{280} 比值,A_{260}/A_{280} 比值在 1.8～2.0,可观察到 28S、18S、5S RNA 三条明亮的带,如图 1 所示,说明提取的总 RNA 纯度较高,无酚和蛋白污染,符合要求。

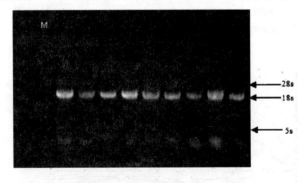

图 1　肝胰腺中提取的总 RNA

2.2　三种对虾鳃 Na^+-K^+-ATPase 酶基因在 pH 胁迫不同时间的表达情况

如图 2 所示,不同 pH 胁迫组中国对虾鳃 Na^+-K^+-ATPase 酶基因表达呈现连续的峰值变化,pH6.7 组在 1、12、48 h 均出现表达高峰,表达量分别为对照组的 1.94、2.10、2.75 倍;pH7.2 组在 3、12、48 h 出现表达高峰,表达量分别为对照组的 1.57、1.77、2.19 倍,与对照组相比差异显著($P<0.05$);pH7.7 组在 1、12 h 表达量达到最高,分别为对照组的 3.85、6.92 倍,与对照组相比差异显著($P<0.05$);pH8.7 组在 1、12 h 表达量达到最高,分别为对照组的 5.19、8.42 倍,与对照组相比差异显著($P<0.05$);pH9.2 组在 1、12、48 h 表达量达到最高,分别为对照组的 3.74、8.31、6.17 倍,与对照组相比差异显著($P<$

0.05),从结果中可以看出 pH7.7、8.7、9.2 组相比其他实验组对中国对虾影响较大。凡纳滨对虾 pH6.7 组鳃 Na^+-K^+-ATPase 酶基因表达在 6 h 表达量最高,为对照组的 2.34 倍,与对照组差异显著($P<0.05$);pH7.2 组在 1、6 h 表达量达到最高,为对照组的 1.47、1.49 倍,与对照组差异显著($P<0.05$);pH8.7 组在 1 h 表达量最高,为对照组的 1.72 倍,与对照组差异显著($P<0.05$);pH9.2 组在 1 h 表达量最高,为对照组的 1.93 倍,与对照组差异显著($P<0.05$),从结果中可以看出,pH6.7 组、pH8.7 组、pH9.2 组相比其他实验组对凡纳滨对虾的离子调节酶基因表达影响较大。日本对虾不同 pH 胁迫组鳃 Na^+-K^+-ATPase 酶的表达随时间变化呈现先升高后降低的趋势,pH6.7 组在 1 h 表达量最高,为对照组的 1.09 倍,随后表达量下降,与对照组差异显著($P<0.05$);pH7.2 组在 1 h 表达量最高,为对照组的 2.17 倍,随后逐渐下降,与对照组差异显著($P<0.05$);pH7.7、8.7、9.2 组均在 1 h 表达量最高,分别为对照组的 1.84、2.73、6.47 倍,与对照组差异显著($P<0.05$),随后均逐渐下降,从结果中可以看出,pH9.2 组对日本对虾的离子转运酶基因表达影响较大。

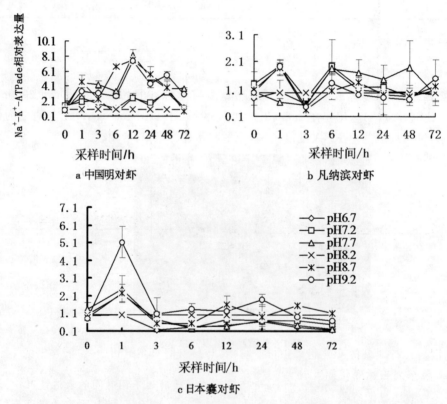

图 2　不同 pH 条件下三种对虾鳃 Na^+-K^+-ATPase 酶基因表达情况

2.3 不同 pH 胁迫组三种对虾鳃 Na^+-K^+-ATPase 酶基因表达比较

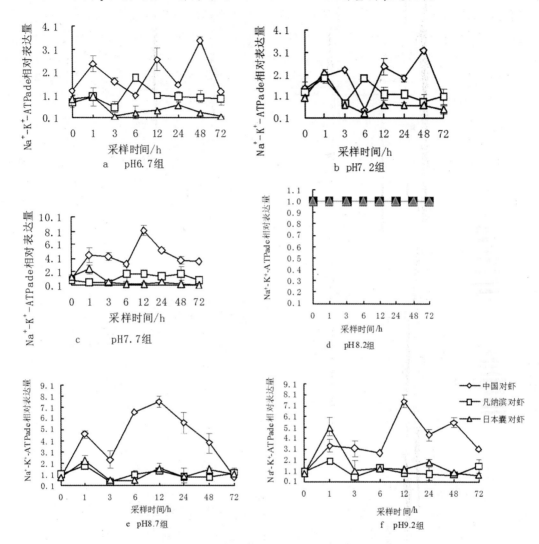

图 3 不同 pH 条件下三种对虾鳃 Na^+-K^+-ATPase 酶基因表达比较

从图 3 三种对虾的变化趋势中可以看出,与各自的对照组相比,中国对虾鳃 Na^+-K^+-ATPase 酶基因表达变化幅度较大,且出现多峰现象;凡纳滨对虾变化幅度次之,pH7.2、7.7 组其酶表达量随着时间延长出现了两个峰值,其余各 pH 胁迫组均为先升高后降低的趋势;日本对虾变化幅度最小,且各 pH 胁迫组鳃 Na^+-K^+-ATPase 酶基因表达均呈现先升高后下降的趋势。

2.4 三种对虾血淋巴酚氧化酶原(proPO)基因不同 pH 胁迫时间的表达情况

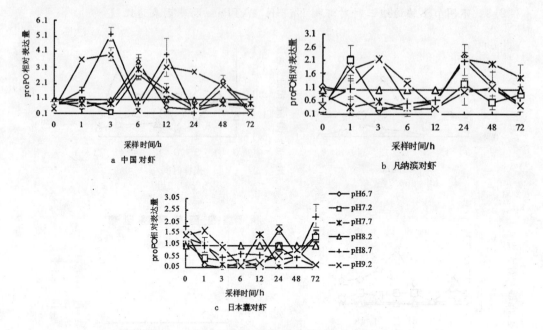

图4 不同 pH 条件下三种对虾血淋巴 proPO 基因表达

三种对虾不同 pH 胁迫条件下血淋巴 proPO 基因表达随着时间的变化如图4所示。从图中可以看出,中国对虾 pH6.7 组在 6、48 h proPO 基因表达达到最高,分别为对照组的 3.75、2.34 倍,与对照组相比差异显著($P<0.05$);pH7.2、7.7 组 proPO 基因表达先升高,均 6 h 达到最大,分别为对照组的 3.8、4.3 倍,差异显著($P<0.05$),然后表达量逐渐下降;pH8.7 组 proPO 表达量在 3、12 h 均达到最高,为对照组的 8.03、6.05 倍,与对照组差异显著($P<0.05$);pH9.2 组 proPO 表达量也在 3、12 h 达到最高,分别为对照组的 8.93、6.35 倍,差异显著($P<0.05$),从结果中分析可知,pH8.7、pH9.2 组对中国对虾 proPO 基因表达的影响较大。凡纳滨对虾 pH6.7 组 proPO 表达量先下降,3 h 时表达量最低,然后表达量升高,24 h 时达到最大,为对照组的 2.0 倍,与对照组差异显著($P<0.05$),之后表达量又下调;pH7.2 组 proPO 表达量先上升,1 h 出现峰值,为对照组的 7.54 倍,与对照组差异显著($P<0.05$),然后表达量下降,6 h 下降至正常水平,之后表达又上调,12 h 时达到最大,为对照组的 4.36 倍,差异显著($P<0.05$);pH7.7 组 proPO 表达量先下降,6 h 达到最低,然后表达上调,24 h 达到峰值,为对照组的 2.51 倍,与对照组差异显著($P<0.05$),之后表达量又下调;pH8.7 组 proPO 表达量在 3、24 h 均最高,分别为对照组的 3.75、3.66 倍,均与对照组差异显著($P<0.05$);pH9.2 组 proPO 表达量同样出现双峰现象,在 3、48 h 均出现最高,分别为对照组的 5.46、2.77 倍,均与对照组差异显著($P<0.05$),从结果中分析可知,pH7.2、pH9.2 组对凡纳滨对虾 proPO 的表达影响较大。日本对虾 pH6.7 组 proPO 表达量先下调,3 h 时最低,与对照组差异显著($P<0.05$),随后逐渐上升,24 h 达到最大值,为对照组的 1.06 倍;pH7.2 组 proPO 表达量同样是先下调,12 h 时表达最低,与对照组差异显著($P<0.05$),之后逐渐升高,72 h 达到最高值,为对照组的 1.28 倍,差异显著($P<0.05$);pH7.7 组 proPO 表达量也是先下降,6 h 最低,然后

逐渐升高,12 h 达到最高,为对照组的 1.13 倍,差异显著($P<0.05$);pH8.7 组 proPO 表达也是先下降,然后升高,72 h 时达到最高,为对照组的 1.24 倍,差异显著($P<0.05$);pH9.2 组 proPO 的表达先在 1 h 有所上升,然后表达下调,72 h 达到最小,与对照组差异显著($P<0.05$),从结果中分析可知,pH7.2 组对日本对虾 proPO 的表达影响较大。

2.5　不同 pH 胁迫组三种对虾血淋巴 proPO 基因表达比较

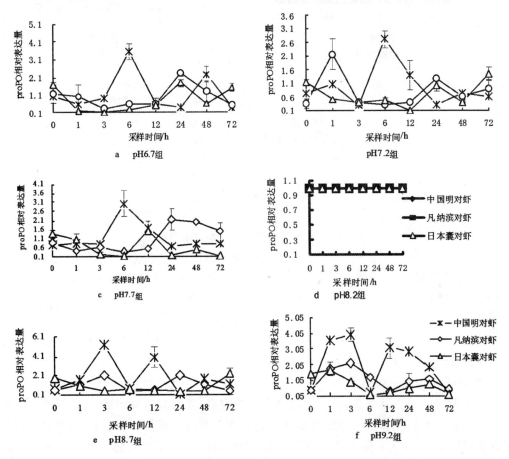

图 5　不同 pH 条件下三种对虾血淋巴 proPO 基因表达比较

　　三种对虾不同 pH 胁迫组血淋巴 proPO 基因表达情况如图 5 所示。从结果分析可知,三种对虾相比,中国对虾 proPO 表达量变化幅度较大,而且表达量为先升高,达到峰值后又下降,然后又上升达到峰值后又下降的趋势,即出现了两个表达高峰;凡纳滨对虾也表现出相似的情况,但是 proPO 的表达变化幅度相比中国对虾较小;日本对虾 proPO 的表达则出现先下降然后升高的趋势,三种对虾相比,日本对虾 proPO 表达变化幅度最小。

　　2.6　三种对虾肝胰腺锰超氧化物歧化酶(Mn-SOD)基因不同 pH 胁迫时间的表达情况

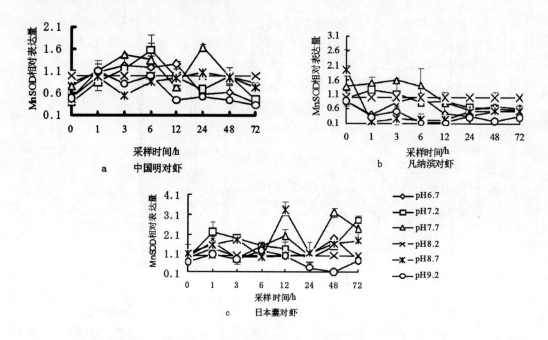

图 6　不同 pH 条件下三种对虾 Mn-SOD 基因表达

三种对虾肝胰腺 Mn-SOD 不同 pH 胁迫时间的基因表达情况如图 6 所示。中国对虾 pH6.7、7.2 组 Mn-SOD 表达量均为先升高,分别在 12 h、6 h 表达量最高,为对照组的 1.51 倍、4.02 倍,与对照组差异显著($P<0.05$),然后逐渐下降;pH7.7 组 Mn-SOD 的表达为先升高后降低,在 3、24 h 均出现最大,分别为对照组的 1.97、2.2 倍,与对照组差异显著($P<0.05$);pH8.7、9.2 组 Mn-SOD 的表达分别在 1、24 h,1、6 h 均出现表达高峰,分别为对照组的 2.08、2.23、2.29、2.13 倍,与对照组差异均显著($P<0.05$),从结果中看出, pH7.2、pH7.7 组对中国对虾 Mn-SOD 表达的影响较大。凡纳滨对虾 pH6.7 组 Mn-SOD 的表达先下降,1 h 表达最低,然后升高,6 h 表达最高,之后表达又下降,与对照组差异显著($P<0.05$);pH8.7、9.2 组 Mn-SOD 的表达均为随着时间延长而逐渐下降,与对照组差异显著($P<0.05$),从实验结果中分析可知,pH8.7、pH9.2 组对凡纳滨对虾 Mn-SOD 的表达影响较大;日本对虾 pH6.7、7.2 组 Mn-SOD 的表达分别在 1、48 h,1、72 h 最高,分别为对照组的 1.58、2.12、2.59、3.29 倍,与对照组差异显著($P<0.05$);pH7.7 组 Mn-SOD 的表达在 1、12、48 h 均出现表达高峰,分别为对照组的 1.85、2.21、3.52 倍,与对照组差异显著($P<0.05$);pH8.7、pH9.2 组 Mn-SOD 的表达分别在 3、12、72 h,1、6、72 h 均出现最高,分别为对照组的 1.70、3.19、1.65、1.57、1.91、1.12 倍,与对照组差异显著($P<0.05$),从结果中分析可知,pH7.7、pH8.7 组对日本对虾 Mn-SOD 的表达影响较大。

2.7　不同 pH 胁迫组三种对虾肝胰腺 Mn-SOD 基因表达比较

从图 7 中分析可知,三种对虾相比,日本对虾 Mn-SOD 基因表达变化幅度较大,出现两个或三个表达高峰;pH6.7、7.2、7.7 组凡纳滨对虾 Mn-SOD 基因表达先有所上升,然后又下降,但变化幅度不大;pH8.7、9.2 组 Mn-SOD 基因表达随着时间延长而逐渐下降,变化幅度较大;中国对虾 pH6.7 组和 pH9.2 组 Mn-SOD 基因表达较其余 pH 胁迫组变化幅度较大。

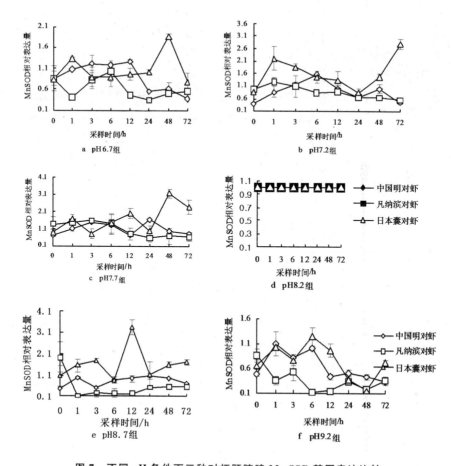

图 7 不同 pH 条件下三种对虾肝胰腺 Mn-SOD 基因表达比较

3.讨论

3.1 不同 pH 胁迫条件对三种对虾鳃 Na^+-K^+-ATPase 基因表达的影响

甲壳动物主要依靠鳃上皮细胞膜上的 Na^+-K^+-ATPase 以主动运输方式转运 Na^+ 和 K^+,从而维持对虾机体的 Na^+、K^+ 离子平衡和血淋巴渗透压平衡(潘鲁青等,2005)。自从 Quinn 和 Lane(1966)首次报道了甲壳动物鳃上皮存在 Na^+-K^+-ATPase 后,国内外科研人员开始了对甲壳动物 Na^+-K^+-ATPase 活性的研究,Towle(1974)研究了高低盐度变化对蓝蟹鳃 Na^+-K^+-ATPase 活性的影响,随后有关 pH、盐度、重金属等外界因子对对虾鳃 Na^+-K^+-ATPase 活性的影响(吴众望等,2004;林小涛等,2000)也陆续出现报道。

本文采用特异性强、敏感度高的荧光定量方法比较三种对虾不同 pH 胁迫条件下鳃 Na^+-K^+-ATPase 基因表达。从实验结果中分析可知,水体 pH 越高或越低三种对虾鳃 Na^+-K^+-ATPase 的基因表达量变化越大,表现出先表达上调,然后下降到正常水平,然后又表达上调的规律,具有一定的时间规律性,这与潘鲁青等(2004)报道的凡纳滨对虾鳃丝 Na^+-K^+-ATPase 活性对环境盐度、pH 变化表现出的时间规律性结果相似。但是时间间隔较短,这可能与该检测方法敏感度高有一定关系。pH6.7 和 pH9.2 组相比,pH9.2 组对虾鳃丝的 Na^+-K^+-ATPase 基因表达的影响较大,说明高 pH 胁迫对对虾生长的危害更大。

许多学者认为甲壳动物鳃上皮顶部细胞膜上具有 Na^+/H^+ 交换体系,水环境中的 Na^+ 和细胞内代谢出来的 H+主要是通过此交换体系进行交换,潘鲁青等(2004)在 pH 变化对凡纳滨对虾鳃丝 Na^+-K^+-ATPase 活力的影响中认为 pH 能诱导酶蛋白构象改变或是引起 H^+、OH^- 的浓度变化,从而影响此交换体系及酶反应的进行,虾体为了维持体内环境渗透压的平衡,一段时间内鳃 Na^+-K^+-ATPase 活力升高,然后通过调节鳃上皮细胞的结构而改变离子的通透性,而使鳃 Na^+-K^+-ATPase 活力达到新的平衡状态,鳃 Na^+-K^+-ATPase 酶活力的变化后就会引起相应基因的表达发生变化,以上观点从一定程度上解释了本实验的结果现象。

从三种对虾鳃 Na^+-K^+-ATPase 基因表达表现出的趋势分析可知,中国对虾的表达变化幅度较大,凡纳滨对虾其次,日本对虾的变化较小。

3.2 不同 pH 胁迫条件对三种对虾血淋巴 proPO 基因表达的影响

酚氧化酶原激活系统是由丝氨酸蛋白酶和其他因子组成的复杂酶级系统,类似于脊椎动物的补体系统,是对虾重要的识别和防御系统,外界因子的刺激或者异物的入侵都会激活酚氧化酶原激活酶——丝氨酸蛋白酶,其可以使 proPO 转变成具有活性的酚氧化酶,从而起到免疫保护的作用。在潘鲁青等(2002)、哈承旭等(2009)的研究报道中 PO 活力均随 pH 值升高先上升后下降,本实验中 proPO 基因表达也是先表达上调而后下降,而随后又会出现表达上升和下降的现象,说明对虾机体为了对抗外界水体环境 pH 胁迫的不断刺激,通过激活酶与酶抑制因子控制酚氧化酶原系统的激活,既有效地抵抗胁迫环境,又避免正常生理状态下过度活化对机体造成损害。

从本实验结果中可以看出随着水体 pH 从 8.2 向 6.7 和 9.2 变化时,pH 变化越大,proPO 的基因表达变化越大,pH6.7 组和 pH9.2 组相比,pH9.2 组对虾体 proPO 基因表达的影响较大,从中可以推测高 pH 胁迫对对虾的养殖危害较大,在养殖过程和日常管理中应多注意检测水体的酸碱度,控制投饵,常换水,避免养殖水体 pH 过高。

三种对虾相比,中国对虾和凡纳滨对虾 proPO 基因表达均是先升高后下降的趋势,而日本对虾 proPO 基因表达除 pH9.2 组外其他 pH 胁迫组则是先有所下降,然后又升高,之后又下降的趋势。Söderhall 等(1979)在研究淡水螯虾时发现对虾的酚氧化酶原激活系统具有不同的机制。刘萍等(2002)报道,日本对虾与中国对虾和凡纳滨对虾的遗传距离较大,凡纳滨对虾与中国对虾的遗传距离最小,这些从一定层面上解析了日本对虾 proPO 表达趋势不同的现象,但具体是什么原因导致出现这样的结果,及其酚氧化酶原激活系统是否与中国对虾和凡纳滨对虾不同等,都有待进一步深入研究。

3.3 不同 pH 胁迫条件对三种对虾肝胰腺 Mn-SOD 基因表达的影响

超氧化物歧化酶(SOD)是生物体内清除活性氧自由基、防御过氧化损害系统的关键酶之一,目前已证明 SOD 与生物抗污染胁迫密切相关,是一类敏感的分子生态毒理学指标(Kong et al., 2000;Livingstone et al., 1993;Roche et al., 1996)。SOD 按其结合的金属离子,可分为 Fe-SOD、Mn-SOD 和 CuZn-SOD 三种,本实验选择三种对虾中共有的 Mn-SOD 作为抗胁迫指标进行研究。

从结果中分析可知,中国对虾和日本对虾 Mn-SOD 基因表达均随各 pH 胁迫时间的延长而先上调然后下降,反复出现的现象,呈现一定的时间规律性;而凡纳滨对虾 Mn-

SOD 的基因表达在 pH6.7 和 8.7、9.2 的条件下随着 pH 胁迫时间的延长而逐渐下降,这可能是由于 pH 胁迫强度过大,超出了机体免疫协调的能力,正常生理功能失调,导致在 Mn-SOD 基因表达下降;pH7.2 和 7.7 的条件下则随着 pH 胁迫时间延长而先上升然后下降,这支持了 Stebbing(1982)的"毒物兴奋效应",这是机体的一种保护反应,但若外界胁迫强度过大,这种保护机制可能就会失调,而使基因表达或者酶活性下降;综合分析可以看出,pH9.2 组对对虾 Mn-SOD 基因表达的影响较大。

三种对虾相比,日本对虾 Mn-SOD 基因表达变化幅度较大,而且出现表达先上升后下降的协调保护机制,中国对虾也出现了这样的保护机制但没有日本对虾的明显,而从凡纳滨对虾 Mn-SOD 基因表达的结果中看出,凡纳滨对虾对极端的 pH 应激耐受较差,出现表达下降的趋势。

从以上结果分析可知,不同 pH 胁迫条件下,中国对虾 Na^+-K^+-ATPase、proPO 基因在 pH8.7、9.2 条件下表达变化较大,Mn-SOD 基因表达在 pH7.2 条件下变化较大;凡纳滨对虾在 Na^+-K^+-ATPase 基因在 pH6.7 条件下变化较大,proPO、Mn-SOD 基因表达在 pH8.7、9.2 条件下变化较大;日本对虾 Na^+-K^+-ATPase、Mn-SOD 基因在 pH8.7、9.2 条件下变化较大,proPO 基因在 pH6.7、7.2 条件下表达变化较大;三种对虾相比,中国对虾 Na^+-K^+-ATPase、proPO 基因表达在 pH8.7、9.2 组变化幅度均较大,这与酶活测定部分结果基本一致。

pH 值是一种易于变化的养殖水环境因子,对水质及水生生物有多方面的影响,如 pH 值的剧烈变化抑制对虾免疫系统功能,降低对虾的抗感染能力。研究认为环境胁迫因子(如水体 pH、温度、盐度等)变化诱导的生理效应可能经由氧化还原途径实现,即环境胁迫因子造成生物体内有氧代谢异常,活性氧自由基大量积累而引起机体氧化损伤。由此可将抗氧化系统作为评估 pH 胁迫对生物体产生氧化胁迫效应的一类生物标志物。pH 胁迫对水生生物抗氧化系统有较明显的影响。高 pH 值胁迫显著增加海洋褐胞藻和栉孔扇贝体内活性氧自由基含量;高、低 pH 胁迫均导致背角无齿蚌抗氧化酶活性降低、凡纳滨对虾血淋巴活性氧含量、肝胰腺抗氧化酶、铁蛋白基因表达水平的升高及血淋巴细胞的 DNA 损伤。

中国对虾是我国重要的经济养殖虾类之一,与其他水生生物一样,中国对虾养殖过程中亦面临众多环境胁迫因子的威胁,目前已证实 pH 胁迫对扇贝、凡纳滨对虾等生长、免疫功能均有不同程度影响,但 pH 胁迫对中国对虾特别是对其抗氧化系统的影响目前尚缺乏相应的基础数据,本研究通过分析 pH 胁迫对中国对虾体内总抗氧化活力(T-AOC)、抗超氧阴离子、CAT 活力及 CAT、Prx 和 HSP90 基因表达的变化情况,从体内抗氧化系统酶活力和基因表达的角度,探讨不同时间段内中国对虾应对 pH 胁迫的反应机制,以期为健康养殖和抗逆品种选育提供理论依据。

参考文献(略)

赵先银,李健,陈萍,李吉涛,何玉英,常志强.中国水产科学研究院黄海水产研究所
山东青岛　266071

赵先银.上海海洋大学水产与生命学院　上海　201306

第十节　氨氮胁迫对中国对虾抗氧化系统、血淋巴氨氮成分及 HSP90 基因表达的影响

养殖系统中环境胁迫因子主要包括溶解氧、水温、污染物及氨氮水平的升高。氨氮是养殖水环境中主要的污染胁迫因子之一，主要由饵料残饵、养殖动物的排泄物等有机物分解产生，能直接损害养殖动物的鳃组织，并深入血淋巴中产生毒害作用，严重影响养殖动物的呼吸、免疫等生理功能，最终抑制其生长和存活(岳峰等，2010)。养殖水体氨氮浓度的升高，将会引起养殖动物的血氨浓度升高导致机体中毒。Wood 研究表明鲤鱼体内的排泄物中 92％为氮排泄物，其中 88％的氨通过鳃组织排泄，4％的氨通过肾排泄。氨氮在体内的产生与排泄存在平衡，但是多种内在或者外在因素都可能影响该平衡(Zdeňka $et~al.$，2005)。已有研究表明在高浓度的氨氮长时间作用下，中国对虾的抗病力明显降低，感染病原菌的几率增加，增加了发生疾病的可能性(孙舰军等，1999；Liu $et~al.$，2004)。

有研究表明环境胁迫因子诱导机体的氧化胁迫，从而改变细胞内氧化还原平衡。机体的氧化胁迫主要由活性氧自由基(ROS)的过量产生引起，ROS 包括来源于 O_2 自由基：超氧阴离子(O^{2-})和羟基(OH^-)和 O_2 非自由基衍生物例如过氧化氢(H_2O_2)。活性氧自由基是有氧环境下线粒体呼吸过程中通过辅酶 Q 减少分子 O_2 产生 O_2(乔顺风等，2006)。叶继丹等(2007)研究了氨氮对牙鲆幼鱼肝中超氧化物歧化酶(SOD)活性及脂质过氧化物含量的影响，结果表明：短时间氨氮胁迫牙鲆肝组织中 SOD 活性随暴露浓度的增加及时间的延长而升高，表现为明显的诱导效应，而对 MDA 含量变化没有明显的影响。蒲丽君等(2006)研究了慢性氨暴露对中华鳖幼鳖血浆总氨氮、皮质酮浓度及氨代谢相关的酶活性的影响。目前有氨氮胁迫前后凡纳滨对虾组织中抗氧化酶和脂质过氧化物的分布，结果显示肝胰腺和血清是凡纳滨对虾对氨氮造成胁迫的敏感组织，各项抗氧化酶、总抗氧化能力、组织谷胱甘肽过氧化物酶(GSH)以及丙二醛(MDA)含量可作为衡量凡纳滨对虾抗氧化应激状态的指标(刘晓华等，2007)。有关氨氮胁迫对中国对虾特别是对其血淋巴的氨代谢及组织抗氧化系统的影响目前还缺乏相应的数据。本研究通过分析氨氮胁迫后，中国对虾血淋巴中血氨、尿素氮含量，组织中总抗氧化活力(T-AOC)、抗超氧阴离子、AT-Pase 酶活力、CAT、Prx 及 HSP90 基因表达的变化情况，从体内氨代谢、抗氧化系统及渗透调节等方面探讨氨氮对中国对虾的胁迫机制，为健康养殖和抗逆品种选育提供理论依据。

1. 材料与方法

1.1　实验材料

实验动物。中国对虾"黄海 1 号"(山东青岛宝荣水产科技发展有限公司)，体长 7.8 ± 0.6 cm，体重 5.0 ± 1.2 g，饲养于 PVC 桶(容积 200L)中，每日投喂配合饲料，连续充气，1 周后开始试验，整个实验期间温度 30.0 ± 1.1℃，pH8.23$\pm$0.08，盐度 18 相对稳定。各桶每日换水 1 次，每次 1/3。

1.2 实验方法

(1)实验设置。

选择健康、规格整齐的中国对虾"黄海1号"600尾,随机养殖于30个PVC桶中。实验共设5组,每组6个平行,每桶20尾对虾,实验组分别为对照组(0 mg/L)、低浓度氨氮胁迫组(2 mg/L)、中浓度氨氮胁迫组(4 mg/L)、中高浓度氨氮胁迫组(6 mg/L)和高浓度氨氮胁迫组(8 mg/L),氨氮胁迫组的氨氮浓度使用10 g/L的NH4Cl进行调整。氨氮胁迫后的0、6、24、48、72、96 h分别从每个实验组随机挑取8尾对虾取样,迅速放入液氮保存。每个时间点进行对虾取样的同时,使用200 mL的聚乙烯瓶获取水样,贮存于4℃冰箱,当天将样品测定完毕。取水样的同时,对当时的各组水体温度、pH和盐度也进行测定,并记录。

(2)养殖水体氨氮浓度的测定。

各组氨氮浓度的测定使用奈氏试剂法,并做相应改进。步骤如下:

标准曲线的制作:在6支清洁、干燥的25 mL带塞闭塞管中分别移入标准使用液0、0.25、0.50、0.75、1.00、1.25 mL,并加入无氨海水至刻度。分别加入酒石酸钾钠溶液1 mL,摇匀;再加入0.75 mL酒石酸钾钠(50%),摇匀;再加入0.5 mL NaOH(50%),摇匀;再加入0.25 mL酒石酸钾钠(50%),摇匀;最后加入0.75 mL奈氏试剂,摇匀后室温放置10 min显色;利用分光光度计420 nm波长处进行比色,绘制标准曲线。

样品测定:将获得的水样使用0.45 μm滤膜过滤后贮存于聚乙烯瓶中,每个样品平行测定三次。将滤过水样于25 mL比色管中,参照工作曲线的过程进行水样的氨氮浓度测定。

该方法测得的氨氮是指以游离态的氨(NH_3)和铵盐(NH_4^+)形式存在的氮,记为TAN。

(3)分子氨浓度的计算。

根据已经测定的TAN和水体的温度、pH及盐度,使用Bower的方法进行计算,公式如下所示:

$$\%NH_3 = 100/[1+10^{(\log Ke - pH)}]$$

其中Ke作为平衡常数,其计算方法参考Johansson和Wedborg的报道,公式如下:

$$LogKe = -0.467 + 0.00113 \times S + 2887.9/T$$

其中S代表盐度,T代表绝对温度(273+t)K

$$NH_3 = \%NH_3 \cdot TAN$$

(4)抗氧化系统酶活性的测定。

总蛋白含量、T-AOC、抗超氧阴离子自由基活力的测定按照试剂盒说明书进行。

(5)氨代谢指标[血氨、血尿素氮(BUN)、ATP酶]的测定按照说明书进行。

(6)抗氧化酶基因的表达分析。

引物设计:根据中国对虾CAT(GenBank No. EU102287)、过氧化物还原酶(Prx)(GenBank No. DQ205423)和HSP90(GenBank No. EF032650)cDNA序列,以Primer Primer 5.0设计ReaL-time PCR扩增特异性引物,中国对虾18S rDNA扩增引物引用参照文献报道。引物合成和cDNA序列测定委托上海生工生物工程有限公司完成。

RNA的提取和cDNA第一链的合成:将保存于-80℃冰箱的样品取出后于冰上融

化，并按照 Trizol 试剂说明书提取总 RNA，RNA 沉淀用 DEPC 水溶解，用核酸定量仪（Thermo Scientific）测定 260 nm 和 280 nm 处的吸收值，检测 RNA 的产量和纯度，并使用 1‰琼脂糖凝胶进行 RNA 非变性电泳检测 RNA 的完整性。取等量（2 μg）的 RNA，按照 M-MLV（Promega）说明书反转录各组织的总 RNA，合成 cDNA 第一链。

（7）Real-time PCR 扩增。

采用 Real-time PCR（SYBR Green）$2^{-\triangle\triangle Ct}$ 相对定量方法，按照 SYBRPremix ExTaq TMⅡ（TaKaRa）试剂盒说明书进行操作，反应体系如下：反应总体积共 20 μL，SYBR Premix ExTaqTMⅡ（2×）10.0 μL，Rox reference Dye Ⅱ（50×）0.4 μL，Forward primer （10 μmol/L）0.8 μL，Reverse primer（10 μmol/L）0.8 μL，cDNA1.0 μL，ddH2O 7 μL。将样品在 PCR 管内混匀后分装入 96 孔 PCR 板（Axygen）中，瞬时离心后放入 ABI 7500 荧光定量 PCR 仪中进行 PCR 扩增，反应程序为：95℃预变性 30 s；循环条件为 95℃5 s，60℃ 34 s，共 40 个循环；溶解曲线条件为 95℃15 s，60℃1 min，95℃15 s，60℃15 s。反应完成后，用 ABI 7500 system 分析软件分析结果。

（8）统计分析。

所得数据均以平均值±标准差（$\bar{X}\pm SD$）表示，用 SPSS16.0 统计分析软件 Duncan's 法进行多重比较，$P<0.05$ 表示差异显著。

2. 结果与分析

2.1 氨氮浓度测定标准曲线

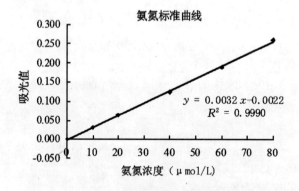

图 1　氨氮浓度标准曲线

以系列浓度的氨为横坐标，OD_{420} 值为纵坐标，得到标准曲线的线性回归方程为：$Y=0.0032X+0.0022$，$R^2=0.9990$。

2.2 各组氨氮浓度和分子氨浓度随时间的变化情况

各组氨氮浓度和分子氨浓度随时间的变化曲线如图 2A、B 所示。结果显示对照组的氨氮浓度和分子氨浓度在整个实验过程中均处于较低水平，基本接近于零；而低、中、中高和高浓度氨氮胁迫组的氨氮浓度和分子氨浓度表现相似的变化规律，呈现先增高后降低的变化趋势，且基本在胁迫后的 72 h 达最高值。对检测的各组水温的变化情况如图 2C 所示，可见各组之间的温度差异比较小，最高温度出现在 24 h 或 48 h。

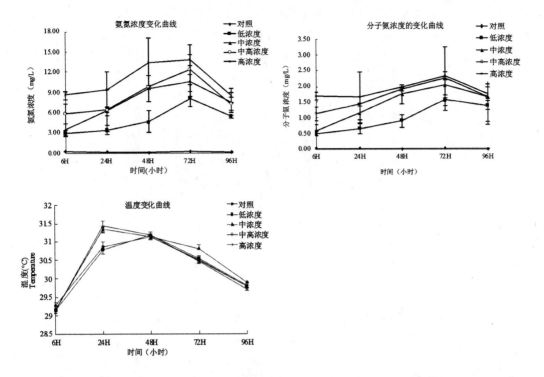

图2 各试验组氨氮浓度、分子氨浓度、温度和 pH 值随时间的变化情况

A.各组氨氮(NH_4^+＋NH_3)浓度的变化情况；B.各组分子氨(NH_3)浓度的变化情况；C.各组温度的变化情况

2.3 氨氮胁迫对中国对虾血淋巴氨氮、尿素氮含量的影响

(1)血淋巴氨氮。

血淋巴氨氮浓度基本随环境的氨氮浓度升高而升高(图3)。各氨氮胁迫组血淋巴氨氮浓度呈现先升高后降低再升高的变化过程。低浓度组对虾血淋巴氨氮浓度 48 h 达最低值 306.19±8.28 μmol/L,是对照组的 2.12 倍,96 h 达最高值为 999.19±24.25 μmol/L,是对照组的 4.67 倍。中浓度组对虾血淋巴氨氮浓度 48 h 达最低值 520.70±14.4 μmol/L,是对照组的 3.59 倍,72 h 达最高值为 1061.55±21.04 μmol/L,是对照组的 7.38 倍。中高浓度组对虾血淋巴氨氮浓度 24 h 最低为 376.88±2.16 μmol/L,是对照组的 1.69 倍,96 h 达最高值为 1160.21±14.50 μmol/L,是对照组的 5.42 倍。高浓度对虾血淋巴氨氮浓度 24 h 达最低值 489.65±23.09 μmol/L,是对照组的 2.20 倍,96 h 达最高值为 1251.69±23.09 μmol/L,是对照组的 5.85 倍。各胁迫组中国对虾血淋巴氨氮浓度自胁迫后 6 h～96 h 均显著高于对照组(P<0.05)。

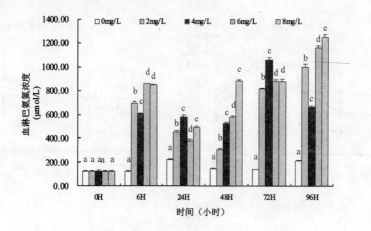

图3 氨氮胁迫对中国对虾血淋巴氨氮的影响

注:同时间点各组没有相同字母者表示差异显著($P<0.05$)

（2）血淋巴尿素氮。

血淋巴尿素氮浓度随环境氨氮浓度的变化如图4所示。各氨氮胁迫组血淋巴尿素氮浓度呈现先升高后降低再升高的变化过程。低浓度对虾血淋巴尿素氮浓度24 h达最低值610.89±154.13 $\mu mol/L$,是对照组的0.58倍,6 h达最高值为1328.97±117.23 $\mu mol/L$是对照组的1.31倍。中浓度对虾血淋巴尿素氮浓度72 h达最低值507.99±128.86 $\mu mol/L$是对照组的0.49倍,6 h达最高值为1230.07±121.86 $\mu mol/L$,是对照组的1.21倍。中高浓度对虾血淋巴尿素氮浓度24 h达最低值为577.31±104.64 $\mu mol/L$,是对照组的0.55倍,6 h达最高值为2251.21±112.80 $\mu mol/L$,是对照组的2.22倍。高浓度对虾血淋巴尿素氮浓度48 h最低为539.40±36.77 $\mu mol/L$,是对照组的0.57倍,6 h达最高值为2010.29±337.91 $\mu mol/L$,是对照组的1.98倍。各胁迫组对虾血淋巴尿素氮6 h显著高于对照组($P<0.05$),24 h～48 h均显著低于对照组($P<0.05$),除了中浓度组48 h之外;高浓度组对虾血淋巴尿素氮72 h～96 h均显著高于对照组($P<0.05$)。

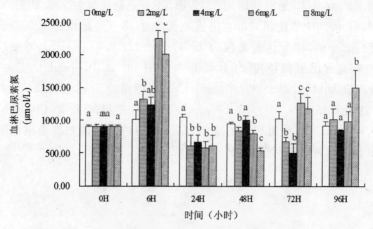

图4 氨氮胁迫对中国对虾血淋巴尿素氮的影响

注:同时间点各组没有相同字母者表示差异显著($P<0.05$)。

（3）氨氮胁迫对中国对虾 ATP 酶活力的影响。

1）Na^+K^+-ATPase 活力。

正常对照组中国对虾各组织 Na^+K^+-ATPase 活力存在组织差异性，由大到小依次为鳃、肝胰腺、肌肉。氨氮胁迫对中国对虾各组织 Na^+K^+-ATPase 影响显著（$P<0.05$），而对照组无明显变化（图 5）。各胁迫组中国对虾不同组织 Na^+K^+-ATPase 活力整体呈现先升高后降低的变化趋势，且随着氨氮浓度的升高 Na^+K^+-ATPase 活力增加。

鳃组织：各氨氮浓度组中国对虾鳃组织 Na^+K^+-ATPase 活力变化相似，基本呈现先升高后降低的变化趋势。低、中、中高浓度组 Na^+K^+-ATPase 活力均在胁迫 48 h 达最高值，分别为 2.36 ± 0.02、3.49 ± 0.01 和 $7.99\pm0.11\ \mu mol\ Pi \cdot mg\ prot \cdot h^{-1}$，是对照组的 2.74、4.06 和 9.29 倍；而高浓度组 Na^+K^+-ATPase 活力在胁迫后 24 h 达最高值，为 $5.34\pm0.04\ \mu molP \cdot mg\ pro \cdot /hour$，是对照组的 6.21 倍。氨氮胁迫 96 h，各胁迫组 Na^+K^+-ATPase 活力基本均处于整个实验过程中的最低值，除了中高浓度组其余各组 Na^+K^+-ATPase 活力仍然显著高于对照组（$P<0.05$）（图 5A）。

肝胰腺：各氨氮浓度组中国对虾肝胰腺 Na^+K^+-ATPase 活力变化相似，基本呈现先升高后降低的变化趋势，均在胁迫后 24 h 达最高值，分别为 1.02 ± 0.01、0.91 ± 0.02、1.33 ± 0.01 和 $2.10\pm0.11\ \mu molPi \cdot mg\ prot \cdot hour$，是对照组的 1.20、1.07、1.56 和 2.47 倍，72～96 h 各组 Na^+K^+-ATPase 活力处于最低值，且均显著低于对照组（$P<0.05$）。从图 5-7B 中可以看出低、中浓度组 Na^+K^+-ATPase 活力随氨氮胁迫时间的变化幅度较小，而中高、高浓度 Na^+K^+-ATPase 活力则变化幅度较大（图 5B）。

肌肉：各氨氮浓度组中国对虾肌肉 Na^+K^+-ATPase 活力变化相似，基本呈现先升高后降低的变化趋势。低、中、中高浓度组 Na^+K^+-ATPase 活力均在胁迫后 48 h 达最高值，分别为 1.38 ± 0.02、2.43 ± 0.09 和 $1.77\pm0.04\ \mu molP \cdot /mg\ pro \cdot /hour$，是对照组的 1.70、3.00 和 2.19 倍；高浓度组 Na^+K^+-ATPase 活力胁迫后 24 h 达最高值为 $2.79\pm0.02\ \mu molP \cdot /mg\ pro \cdot /hour$，是对照组的 3.67 倍；在此之后各组 Na^+K^+-ATPase 活力均显著降低，均在 96 h 达最低值，且显著低于对照组（$P<0.05$）（图 5C）。

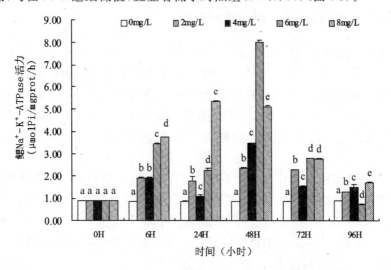

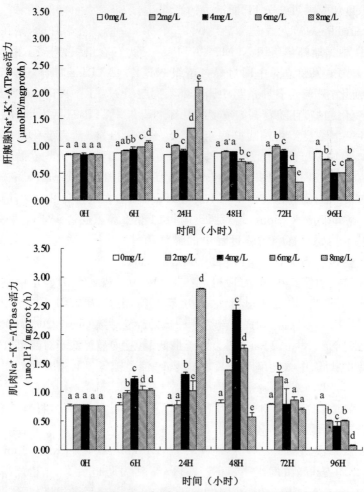

图5 中国对虾不同组织 Na⁺K⁺-ATPase 随氨氮胁迫时间的变化情况

A. 鳃;B. 肝胰腺;C. 肌肉.

注:同时间点各组没有相同字母者表示差异显著($P<0.05$)

2) $Ca^{2+}Mg^{2+}$-ATPase 活力。

对照组:中国对虾各组织 $Ca^{2+}Mg^{2+}$-ATPase 活力存在组织差异,由大到小依次为肌肉、鳃、肝胰腺。氨氮胁迫对中国对虾各组织 $Ca^{2+}Mg^{2+}$-ATPase 活力影响显著($P<0.05$),而对照组无明显变化(图6)。各胁迫组中国对虾不同组织 $Ca^{2+}Mg^{2+}$-ATPase 活力整体呈现先升高后降低的变化趋势,且随着氨氮浓度的升高 $Ca^{2+}Mg^{2+}$-ATPase 活力增加。

鳃组织:低浓度组中国对虾鳃组织 $Ca^{2+}Mg^{2+}$-ATPase 活力 6 h 显著升高,但从 24~72 h 却显著低于对照组($P<0.05$),$Ca^{2+}Mg^{2+}$-ATPase 活力 96 h 达最高值为 1.01 ± 0.01 μmolP·/mg pro·/hour,是对照组的 1.20 倍。中浓度组中国对虾鳃组织 $Ca^{2+}Mg^{2+}$-ATPase 活力 6~24 h 均显著高于对照组($P<0.05$),但从 48~72 h 却显著低于对照组($P<0.05$),且在 96 h 达最高值为 1.00 ± 0.01 μmolP·/mg pro·/hour 是对照组的 1.19 倍。中高、高浓度组中国对虾鳃组织 $Ca^{2+}Mg^{2+}$-ATPase 活力均呈现先升高后降低的变化

趋势,其中中浓度组 Ca^{2+} Mg^{2+}-ATPase 活力 6 h 达最高值为 1.07 ± 0.01 $\mu molP$ • /mg pro • /h,是对照组的 1.32 倍,之后 Ca^{2+} Mg^{2+}-ATPase 活力逐渐降低,并在 96 h 达最低值;高浓度组中国对虾鳃组织 Ca^{2+} Mg^{2+}-ATPase 活力 6 h 显著升高,24 h 达最高值为 2.49 ± 0.10 $\mu molPi$ • mg prot • h^{-1},是对照组的 3.11 倍,之后逐渐降低,72~96 h Ca^{2+} Mg^{2+}-ATPase 活力显著低于对照组($P<0.05$)。

肝胰腺:各氨氮浓度组中国对虾肝胰腺 Ca^{2+} Mg^{2+}-ATPase 活力变化相似,基本呈现先升高后降低的变化趋势,均在胁迫后 24 h 达最高值,分别为 1.75 ± 0.05、2.57 ± 0.06、1.35 ± 0.05 和 2.15 ± 0.02 $\mu molP$ • /mg pro • /h,是对照组的 2.30、3.38、1.78 和 2.83 倍,之后各组 Ca^{2+} Mg^{2+}-ATPase 活力逐渐降低,并在 96 h 显著低于对照组($P<0.05$)。

肌肉:低浓度组中国对虾肌肉 Ca^{2+} Mg^{2+}-ATPase 活力呈现先升高后降低再升高的变化过程,6 h 显著高于对照组,24 h 显著低于对照组,72 h 达最高值为 2.62 ± 0.06 $\mu molP$ • /mg pro • /h,是对照组的 2.22 倍。中浓度和高浓度组中国对虾肌肉 Ca^{2+} Mg^{2+}-AT-Pase 活力均在 6 h 显著高于对照组($P<0.05$),并于 24 h 达最高值,分别为 3.59 ± 0.17、7.50 ± 0.21 $\mu molP$ • /mg pro • /h,是对照组的 2.99 和 6.25 倍,并在 72~96 h 达最低值,但高浓度组 Ca^{2+} Mg^{2+}-ATPase 活力仍显著高于对照组($P<0.05$)。中高浓度组中国对虾肌肉 Ca^{2+} Mg^{2+}-ATPase 活力呈现先升高后降低的变化过程,6~72 h Ca^{2+} Mg^{2+}-ATPase 活力显著高于对照组($P<0.05$),并在 72 h 达最高值 4.72 ± 0.21 $\mu molP$ • /mg pro • /hour,是对照组的 4 倍,96 h 达最低值。

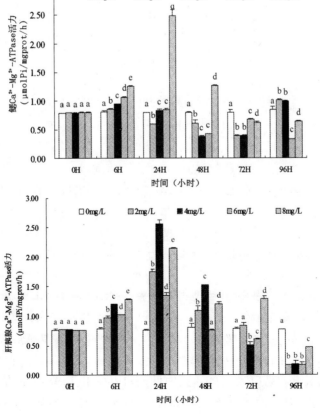

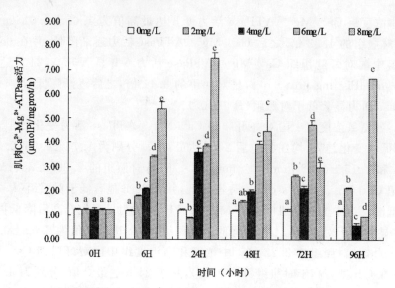

图6 对虾不同组织 $Ca^{2+} Mg^{2+}$-ATPase 随氨氮胁迫时间的变化情况

A. 鳃;B. 肝胰腺;C. 肌肉。

注:同时间点各组没有相同字母者表示差异显著($P<0.05$)

（4）氨氮胁迫对中国对虾抗氧化酶活力的影响。

1）总抗氧化能力（T-AOC）。

对照组中国对虾各组织总抗氧化活力（T-AOC）存在组织差异性，由大到小依次为肝胰腺、鳃、肌肉、血淋巴，这与正常 pH 条件下的中国对虾各组织 T-AOC 的结果相一致。氨氮胁迫对中国对虾各组织 T-AOC 影响显著（$P<0.05$），而对照组无明显变化（图5-7）。各胁迫组中国对虾不同组织 T-AOC 活力整体呈现先升高后降低的变化趋势，且随着氨氮浓度的升高，T-AOC 活力增强。

鳃组织:低、中氨氮浓度组中国对虾鳃组织 T-AOC 活力变化相似，6 h 略有升高，且与对照组之间差异显著（$P<0.05$），48 h 后再次升高，96 h 达最高值分别为 1.13±0.07U/mg·prot 和1.35±0.06U/mg·prot，是对照组的 1.55 和 1.85 倍;中高、高氨氮浓度组中国对虾鳃组织 T-AOC 活力变化相似，均在 6 h 达最高值，分别为 0.95±0.02U/mg·prot 和 1.49±0.07U/mg·prot，是对照的 1.27 和 1.99 倍，之后逐渐降低，均在 72 h 达最低值，与对照组之间差异显著（$P<0.05$）（图7A）。

肝胰腺:各胁迫组中国对虾肝胰腺 T-AOC 活力呈现先升高后降低再升高的变化过程。低、中氨氮浓度组对虾肝胰腺 T-AOC 活力 6 h 显著升高（$P<0.05$），24 h 达最低值，分别于 72 h 和 48 h 达最高值为 4.27±0.11U/mg·prot 和 4.60±0.32U/mg·prot，是对照组的 2.74 和 3.03 倍;中高、高浓度组肝胰腺 T-AOC 活力 6 h 显著升高（$P<0.05$），分别于 48 h 和 6 h 达最高值为 7.47±0.58U/mg·prot 和 6.46±0.10U/mg·prot，是对照组的 4.91 和 4.17 倍，之后逐渐降低分别在 72 h 和 96 h 达最低值（图7B）。

肌肉组织:各胁迫组中国对虾肌肉组织 T-AOC 呈现先升高后降低的变化趋势。6 h 各组 T-AOC 活力显著升高（$P<0.05$），其中低、中、中高组 T-AOC 活力均在 24 h 达最高值，分别为 0.32±0.01U/mg·prot、0.40±0.01U/mg·prot 和 0.65±0.01U/mg·prot，

是对照组的 1.14、1.43 和 2.32 倍；高浓度 T-AOC 活力 6 h 达最高值为 0.62±0.01U/mg·prot，是对照组的 2.30 倍；各组 T-AOC 活力均在胁迫实验后期 72～96 h 达最低值，且显著低于对照组（$P<0.05$）（图 7C）。

血淋巴：各胁迫组中国对虾血淋巴 T-AOC 呈现先升高后降低的变化趋势。其中高浓度组 6 h T-AOC 活力显著升高（$P<0.05$），各组 T-AOC 活力 24 h 显著高于对照组（$P<0.05$）；中、高浓度组 T-AOC 活力均在 6 h 达最高值，分别为 0.13±0.008U/mg·prot 和 0.42±0.008U/mg·prot，是对照组的 1.85 和 6 倍；低、中高浓度 T-AOC 活力分别在 96 h 和 24 h 达最高值，分别为 0.29±0.005U/mg·prot 和 0.15±0.002U/mg·prot，是对照组的 4.14 和 2.14 倍；低浓度组 T-AOC 活力 6 h 达最低值，其他各组 T-AOC 活力均在 96 h 达最低值，且显著低于对照组（$P<0.05$）（图 5-7D）。

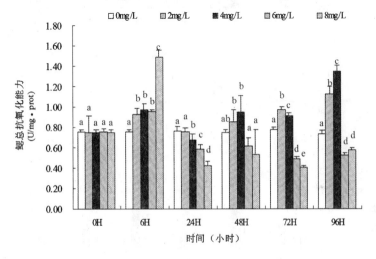

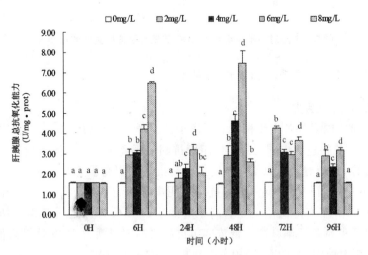

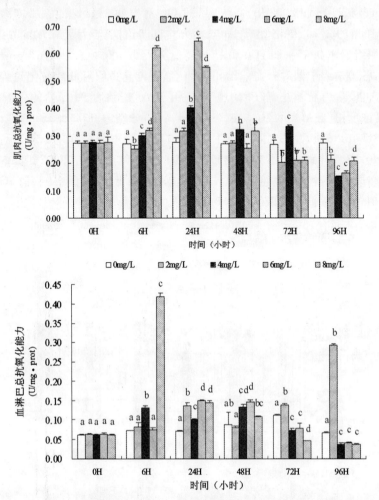

图 7　中国对虾不同组织 T-AOC 随氨氮胁迫时间的变化情况

A. 鳃；B. 肝胰腺；C. 肌肉；D. 血淋巴。

注：同时间点各组没有相同字母者表示差异显著（$P<0.05$）

2）抗超氧阴离子活力。

氨氮胁迫对中国对虾各组织抗超氧阴离子活力影响显著（$P<0.05$），而对照组无明显变化（图 5~8）。各胁迫组中国对虾不同组织抗超氧阴离子活力整体呈现先升高后降低再升高的变化趋势，且随着胁迫组氨氮浓度的升高抗超氧阴离子活力增强。

鳃组织：各胁迫组中国对虾鳃组织抗超氧阴离子活力变化相似，6 h 均显著高于对照组（$P<0.05$），24 h 略有降低但仍显著高于对照组（$P<0.05$），之后各组抗超氧阴离子活力随着胁迫时间的延长逐渐升高。低浓度组抗超氧阴离子活力 72 h 达最高值为 79.09±0.65U/gprot 是对照组的 1.66 倍；中浓度组抗超氧阴离子 48 h 达最高值为 52.92±0.60 U/gprot 是对照组的 1.59；中高、高浓度组抗超氧阴离子活力均在 96 h 达最高值，分别为 90.77±1.01U/gprot 和 144.50±0.66U/gprot，是对照组的 1.91 和 3.04 倍。

肝胰腺：各胁迫组中国对虾肝胰腺抗超氧阴离子活力基本呈现先升高后降低的变化过程，低浓度胁迫组肝胰腺抗超氧阴离子活力 6 h 显著低于对照组（$P<0.05$），之后逐渐

升高,48 h 达最高值为 117.14±0.32U/gprot 是对照组的 2.46 倍;中、中高浓度组肝胰腺抗超氧阴离子活力变化趋势相似,胁迫后 6 h 抗超氧阴离子活力显著升高,24 h 略有降低但仍显著高于对照组($P<0.05$),48 h 达最高值分别为 114.3±0.822U/gprot 和 146.21±3.48U/gprot,是对照组的 2.40 和 3.07 倍。高浓度胁迫组肝胰腺抗超氧阴离子活力于胁迫后 6 h 达最高值,为 109.42±1.11U/g prot 是对照组的 2.30 倍,24 h 显著低于对照组($P<0.05$)且为最低值,之后抗超氧阴离子活力趋于稳定,但均略低于对照组且与对照组无显著性差异($P>0.05$)。

肌肉:氨氮胁迫对中国对虾肌肉组织抗超氧阴离子活力的变化程度要小于以上其他组织,中高、高浓度氨氮胁迫中国对虾 6 h 肌肉组织抗超氧阴离子活力显著高于对照组($P<0.05$),分别于 24 h、48 h 达最高值,为 43.72±0.42U/gprot 和 30.75±0.83U/gprot,是对照组的 2.10 和 1.48 倍;低、中浓度组对虾肌肉抗超氧阴离子活力变化幅度较小,6 h 基本与对照组抗超氧阴离子活力相当且无显著性差异($P>0.05$),分别于 72 h 和 48 h 达最高值,为 27.87±0.51U/gprot 和 26.60±0.37U/gprot,是对照组的 1.33 和 1.28 倍。

血淋巴:各胁迫组中国对虾血淋巴抗超氧阴离子活力变化趋势相同,随着氨氮胁迫时间的延长,各组血淋巴抗超氧阴离子活力升高,在胁迫后的 72 h～96 h 抗超氧阴离子活力达最高值,各组的最高抗超氧阴离子活力分别为 11.61±0.12U/gprot、6.58±0.06U/gprot、7.46±0.09U/gprot 和 20.24±0.19U/gprot,分别为对照组的 3.09、1.77、1.98 和 5.23 倍。

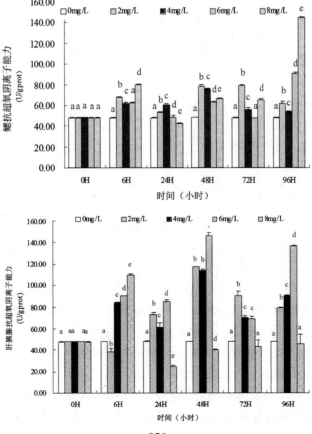

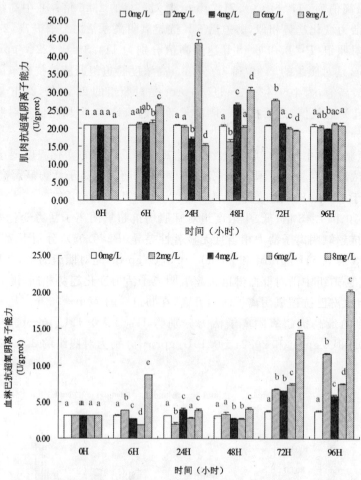

图 8 中国对虾不同组织抗超氧阴离子活力随氨氮胁迫时间的变化情况

A. 鳃；B. 肝胰腺；C. 肌肉；D. 血淋巴。

注：同时间点各组没有相同字母者表示差异显著（$P < 0.05$）

（5）氨氮胁迫对中国对虾抗氧化基因表达的影响。

1）CAT 基因表达。

鳃组织：各胁迫组中国对虾鳃组织 CAT 基因表达呈现先升高后降低的变化趋势。低、中、中高浓度组 CAT 基因表达水平 6 h 达最高值，分别是对照组的 2.87、3.89 和 2.30 倍，之后表达水平开始下降，分别在 48 h 和 96 h 达最低值，且均显著低于对照组（$P < 0.05$）；高浓度组中国对虾鳃组织 CAT 基因表达水平 6 h 显著高于对照组，于 24 h 达最高值，是对照组的 3.80 倍，之后迅速降低，48 h 达最低值，72~96 h 仍显著低于对照组（$P < 0.05$）（图 9A）。

肝胰腺：低、中浓度组中国对虾肝胰腺 CAT 基因表达变化相似，呈现先升高后降低的变化趋势，分别于 24 h 和 6 h 达最高表达水平，为对照组的 1.22 和 1.50 倍；中高、高浓度组中国对虾肝胰腺 CAT 基因表达变化相似，随着胁迫时间的延长 CAT 基因表达水平降低，且 6 h 均显著低于对照组，96 h 达最低表达水平（$P < 0.05$）（图 9B）。

　　肌肉:各氨氮浓度组中国对虾 CAT 基因表达变化相似,基本呈现先升高后降低再升高的变化过程,均在氨氮胁迫96 h达峰值,分别为对照组的4.17、4.92、9.59和7.62倍,且均显著高于对照组($P<0.05$)(图 9C)。

　　血淋巴细胞:各氨氮浓度组中国对虾血淋巴细胞 CAT 基因表达水平呈现先升高后降低再升高再降低的波浪式变化过程,且各组血淋巴细胞 CAT 基因表达水平均在48 h达最高表达水平,为对照组的2.67、2.04、2.45和3.44倍,之后 CAT 基因表达水平降低,在72 h~96 h达最低表达水平,但各组与对照组 CAT 基因表达水平无显著性差异($P>0.05$)(图 5-9D)。

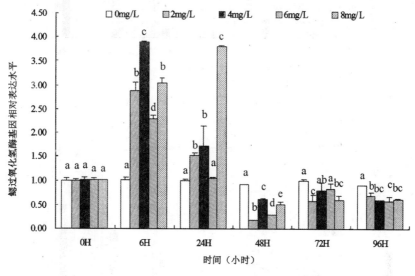

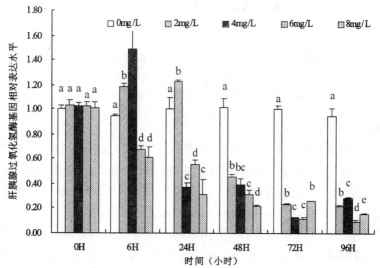

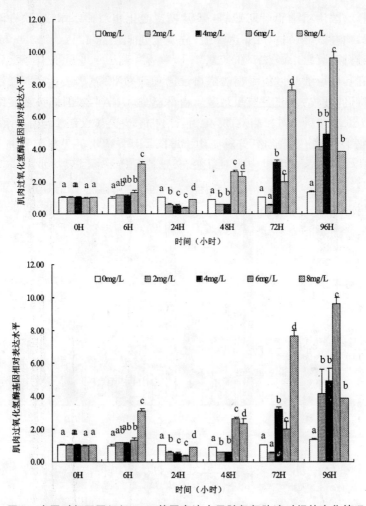

图9　中国对虾不同组织 CAT 基因表达水平随氨氮胁迫时间的变化情况
A. 鳃；B. 肝胰腺；C. 肌肉；D. 血淋巴细胞。

注：同时间点各组没有相同字母者表示差异显著($P<0.05$)

2）Prx 基因表达。

鳃组织：低、中高浓度组中国对虾鳃组织 Prx 基因表达变化相似，呈现先升高后降低再升高的变化过程。低、中氨氮浓度胁迫中国对虾 6 h 鳃组织 Prx 基因表达水平显著高于对照组，之后表达水平开始降低，至 96 h 均达最高表达水平，分别为对照组的 1.72 和 2.52 倍。中、高浓度组中国对虾鳃组织 Prx 基因表达变化相似，呈现先降低后升高的变化趋势，氨氮胁迫 6 h Prx 基因表达水平显著低于对照组（$P<0.05$），随着胁迫时间的延长 Prx 基因表达水平逐渐升高，并在 96 h 达最高表达水平，分别为对照组的 1.31 和 3.40 倍（图 5-10A）。

肝胰腺：低、中高和高氨氮浓度组中国对虾肝胰腺组织 Prx 基因表达水平随胁迫时间呈现先降低后升高的变化过程，胁迫 6 h 各氨氮浓度组 Prx 基因表达处于较低水平，且显著低于对照组（$P<0.05$），之后随着胁迫时间的延长 Prx 基因表达水平逐渐升高，分别于 72 h～96 h 达最高表达水平，为对照组的 1.24、1.49 和 2.55 倍；中浓度组中国对虾肝胰腺

Prx 基因表达 6～24 h 显著低于对照组,48 h 恢复至正常对照组水平,72～96 h Prx 基因表达水平再次显著低于对照组(图 5～10B)。

肌肉:各氨氮浓度组中国对虾肌肉组织 Prx 基因表达水平呈现先降低后升高的变化趋势,氨氮胁迫 6 h 各组 Prx 基因表达水平显著低于对照组($P<0.05$),且均处于最低表达水平,随着胁迫时间的延长各胁迫组 Prx 基因表达水平逐渐增加,高浓度组 Prx 基因表达水平于 72 h 达最高值为对照组的 2.53 倍,低、中和中高浓度组 Prx 基因表达水平于 96 h 达最高值,为对照组的 3.82、3.52 和 3.10 倍(图 5-10C)。

血淋巴细胞:各氨氮浓度组中国对虾血淋巴细胞 Prx 基因表达水平呈现先升高后降低的变化趋势,其中低、中浓度组血淋巴细胞 Prx 基因表达水平 6 h 略低于对照组,24～48 h 达最高值为对照组的 1.69 和 1.20 倍;中高和高浓度组 Prx 基因表达水平 6 h 达最高值,且显著高于对照组($P<0.05$),分别为对照组的 1.48 和 2.06 倍(图 5-10D)。

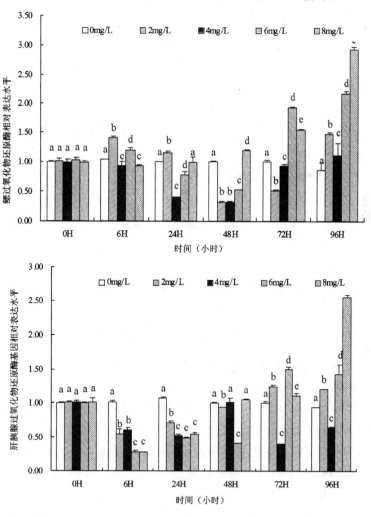

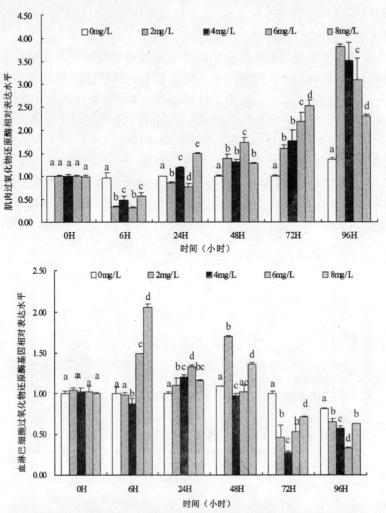

图 10　中国对虾不同组织 Prx 基因表达水平随氨氮胁迫时间的变化情况

A. 鳃;B. 肝胰腺;C. 肌肉;D. 血淋巴细胞。

注:同时间点各组没有相同字母者表示差异显著($P<0.05$)

(6)氨氮胁迫对中国对虾 Caspase 和 HSP90 基因表达的影响。

1) Caspase 基因表达。

鳃组织:低氨氮浓度组中国对虾鳃 Caspase 基因表达水平呈现先升高后降低再升高的变化过程,中国对虾鳃 Caspase 表达水平 24 h 显著高于对照组($P<0.05$),48 h 低于对照组但与对照组之间无显著差异,之后随着胁迫时间的延长 Caspase 基因表达水平升高,96 h 达最高值为对照组的 1.61 倍;中浓度组鳃 Caspase 基因表达水平呈现先降低后升高再降低再升高的波浪式变化过程,中氨氮浓度组鳃 Caspase 基因表达水平 6～24 h 显著低于对照组,96 h 达最高表达水平且显著高于对照组($P<0.05$);中高和高浓度组中国对虾鳃组织 Caspase 基因表达水平变化相似,呈现先升高后降低再升高的变化过程,Caspase 基因表达水平 6 h 显著高于对照组($P<0.05$),分别于 72 h 和 48 h 达最高表达水平,为对照组的 2.07 和 3.55 倍,随后 Caspase 基因表达水平虽略有下降但仍显著高于对照组($P<$

0.05)(图11A)。

肝胰腺:各氨氮浓度组中国对虾肝胰腺 Caspase 基因表达水平变化一致,呈现先升高后降低的变化趋势。低、中浓度组对虾肝胰腺 Caspase 基因表达水平6~24 h略高于对照组,但与对照组无显著差异($P>0.05$);中高和高浓度组对虾肝胰腺 Caspase 基因表达水平6~24 h显著高于对照组。各胁迫组对虾肝胰腺 Caspase 基因表达水平均在48 h达最高值,分别为对照组的3.19、3.58、4.20和6.73倍,且均显著高于对照组($P<0.05$)。各组 Caspase 基因表达水平于72~96 h基本恢复至正常对照组水平,且与对照组之间无显著差异,除了中高浓度组显著低于对照组(图11B)。

肌肉:各氨氮浓度组中国对虾 Caspase 基因表达水平呈现先升高后降低的变化过程。6 h各胁迫组 Caspase 基因表达水平显著高于对照组($P<0.05$);24 h各组 Caspase 基因表达水平均达最高值,分别为对照组的4.72、7.12、9.74和9.80倍,且随着氨氮浓度的升高 Caspase 基因表达水平也随着增高。之后随着胁迫时间的延长各组 Caspase 基因表达水平也随之降低,96 h各组 Caspase 仍显著高于对照组($P<0.05$)(图11C)。

血淋巴细胞:各氨氮浓度组中国对虾血淋巴细胞 Caspase 基因表达水平呈现先升高后降低再升高的变化过程。氨氮胁迫中国对虾6 h,各组血淋巴细胞 Caspase 基因表达水平升高,但只有中高、高浓度组显著高于对照组($P<0.05$),低、中浓度组与对照组之间无显著差异($P>0.05$);24~48 h各组 Caspase 基因表达水平显著降低,且24 h均显著低于对照组;72~96 h各氨氮组中国对虾血淋巴细胞 Caspase 基因表达水平达最高值,分别为对照组的2.49、1.77、2.95和3.34倍,且均显著高于对照组($P<0.05$)(图11D)。

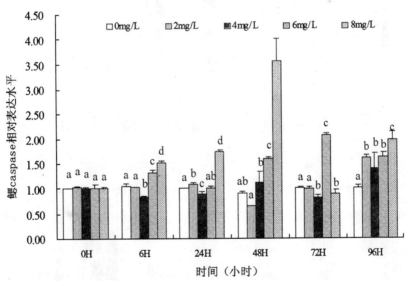

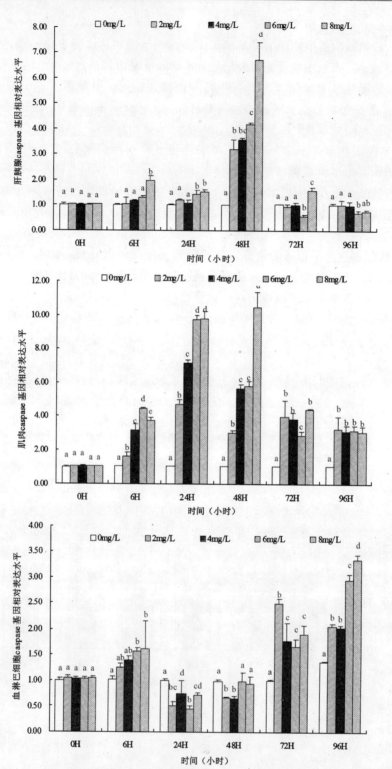

图 11　中国对虾不同组织 Caspase 基因表达水平随氨氮胁迫时间的变化情况

A. 鳃；B. 肝胰腺；C. 肌肉；D. 血淋巴细胞。

注：同时间点各组没有相同字母者表示差异显著（$P < 0.05$）

2) HSP90 基因表达。

鳃组织:各氨氮浓度组中国对虾鳃组织 HSP90 基因表达水平随胁迫时间呈现先升高后降低的变化趋势。各氨氮浓度组 HSP90 基因表达水平在胁迫后 6 h 升高,其中低浓度组略有升高与对照组无显著差异($P > 0.05$),而其他三个浓度组 HSP90 基因表达水平 6 h 均显著高于对照组($P < 0.05$);各氨氮浓度组 HSP90 基因表达水平 24 h 达最高值,分别为对照组的 1.86、2.23、5.46 和 8.56 倍,且显著高于对照组($P < 0.05$);48～72 h 均显著降低,其中低、中浓度组 HSP90 基因表达水平显著低于对照组,而中高、高浓度组 HSP90 基因表达水平仍显著高于对照组($P < 0.05$)。氨氮胁迫 96 h,各氨氮浓度组中国对虾鳃组织 HSP90 基因表达水平显著高于对照组,除了高浓度组之外(图 12A)。

肝胰腺:低浓度组中国对虾肝胰腺 HSP90 基因表达水平随胁迫时间呈现逐渐降低的变化趋势。6～24 h 均低于对照组,但无显著性差异($P > 0.05$),48～96 h 均显著低于对照组($P < 0.05$)。中、中高和高浓度组中国对虾肝胰腺 HSP90 基因表达水平 6～24 h 均显著高于对照组,且于 6 h 达最高值,分别为对照组的 1.33、2.08 和 2.39 倍,之后随着胁迫时间的延长 HSP90 基因表达水平逐渐降低(图 12B)。

肌肉:低、中氨氮浓度组中国对虾肌肉 HSP90 基因表达水平随胁迫时间先降低后升高再降低的变化过程。6 h 基因表达水平略有降低,24 h 达最高表达水平但与对照组之间无显著差异($P > 0.05$),48～96 h 均显著对于对照组($P < 0.05$),并于 72 h 达最低表达水平;中高和高浓度组对虾肝胰腺 HSP90 基因表达水平呈现先升高后降低的变化趋势,分别 6 h 均显著高于对照组($P < 0.05$),且中高浓度组 HSP90 基因表达水平于 6 h 达最高值,为对照组的 1.55 倍,高浓度组 HSP90 基因表达水平于 24 h 达最高值,为对照组的 3.40倍(图 12C)。

血淋巴细胞:各氨氮浓度组中国对虾血淋巴细胞 HSP90 基因表达水平呈现先升高后降低的变化过程。低、中浓度组 HSP90 基因表达水平 6 h 略有升高,但与对照组无显著差异($P > 0.05$);24～72 h 均显著高于对照组($P < 0.05$),48 h 达最高值,96 h 达最低值。中高、高浓度组对虾血淋巴细胞 HSP90 基因表达水平 6～72 h 均显著高于对照组($P < 0.05$),48 h 达最高值,96 h 达最低值,且显著对于低于对照组($P < 0.05$)(图 12D)。

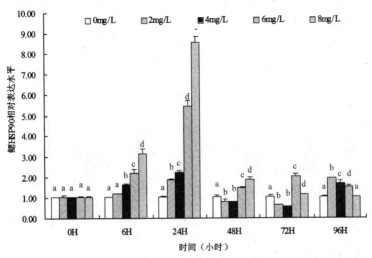

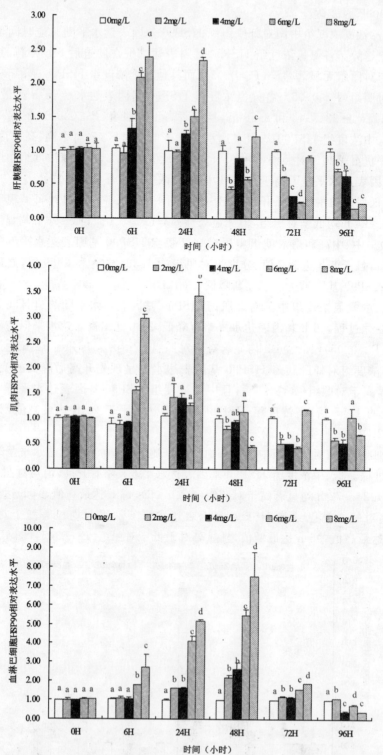

图 12　中国对虾不同组织 HSP90 基因表达水平随氨氮胁迫时间的变化情况

A. 鳃；B. 肝胰腺；C. 肌肉；D. 血淋巴细胞

注：同时间点各组没有相同字母者表示差异显著($P<0.05$)

3. 讨论

3.1 养殖水体氨氮浓度的变化

氨氮是水产育苗及养殖中需要密切关注的水质指标(郭远明等,2005),目前海水中的氨氮通常用靛酚蓝分光光度计法和次溴酸氧化法测定,但是这两种方法存在操作繁琐、用时较长,且不适用于氨氮浓度较高的养殖海水的测定(杨翠凤等,2005),测定的最大氨氮含量分别为 0.15 mg/L 和 0.08 mg/L(郑瑞芝等,1995)。奈氏试剂法非常适用于对虾养殖池或育苗池中氨氮的含量测定,该方法的灵敏度较低,测定上限可达 2 mg/L(《水质分析大全》编写组,1989)。由于海水中的钙镁离子对于淡水要高很多,而这些离子对于奈氏试剂中 OH- 或 I- 反应生成沉淀或浑浊,影响比色。因而在加入奈氏试剂前,需要酒石酸钾钠掩蔽金属离子,其中酒石酸钾钠的分析纯试剂在本试验中达不到要求,加入后不能有效地掩蔽金属离子,所以本研究中使用优级纯试剂。

由计算公式可以看出,水体氨氮浓度与水体的盐度、温度及 pH 都有密切的关系。通过对氨氮浓度的测定结果发现,整个实验过程中,氨氮浓度基本在 72 h 达最高浓度,各组最高氨氮浓度值分别为 8.068±1.114,10.649±2.290,12.399±2.19 和 13.843±2.227 mg/L。各组分子氨浓度也在 72 h 达最高值,分别为 1.558±0.175,2.038±0.412,2.247±1.013 和 2.332±0.125 mg/L。哈承旭等(2009)研究了不同氯化铵浓度对中国对虾"黄海 1 号"群体和中国对虾野生群体的影响,研究发现"黄海 1 号"72 h 氯化铵的半致死浓度为 17.8 mg/L,中国对虾野生群体 72 h 氯化铵的半致死浓度为 16.0 mg/L。何玉英等(2008)比较了中国对虾家系幼体对不同氯化铵的耐受性,认为中国对虾幼体 72 h 氯化铵的半数致死浓度为 15.6 mg/L。本实验胁迫初期,各组氨氮浓度与实验测定的氨氮浓度基本相近,但随着胁迫时间的延长,各胁迫组的氨氮浓度逐渐升高。本试验中添加的最高氨氮浓度为 8 mg/L,但实际测定养殖水体中的高氨氮浓度组的氨氮浓度最高值为 13.843 mg/L,远远高于 8 mg/L。可能与每日饲喂配合饲料有关,对虾配合饲料的粗蛋白含量高达 40% 以上,过量的饲料残饵在充气的水体中营养成分流失(陈四清等,1995),再加上换水 1/3,所以导致水体实际测定的氨氮浓度高于实验设计的氨氮浓度。对照组的氨氮浓度根据第一次测定的结果换水量提高,每次换水量达 1/2 以上,以保证对照组氨氮浓度一直处于较低水平,测定结果显示对照组氨氮浓度在 0.180～0.272 mg/L 之间波动,符合低于 0.6 mg/L 的标准(王克行,1997)。

3.2 氨氮胁迫对中国对虾血淋巴氨氮、尿素氮含量的影响

甲壳动物中的氮主要以氨氮(总氮的 60%～70%)和氨基酸(10%)及少量的尿素氮和尿酸等形式排泄。氨氮主要是氨基酸的分解代谢、酰胺的脱氨基作用及嘌呤核苷酸循环中的腺苷酸脱氨基作用的代谢产物。氨氮的排泄受到内部因素如蜕皮周期、营养状态等影响,同时也受外部因素如温度、盐度和环境氨氮等。血淋巴的氨氮浓度主要是水环境中的氨氮或者代谢产物氨氮通过扩散进入血液,该指标是评估生理功能的重要指标。

本实验研究结果,表明中国对虾血淋巴氨氮浓度随着环境氨氮浓度的升高而升高,且各组血淋巴氨氮浓度随胁迫时间呈现先升高后降低再升高的变化过程。甲壳动物中正常的血淋巴氨氮水平一般在 0.033 到 0.95 mmol/L 范围之内(Mangum et al.,1976)。本研究中氨氮胁迫 72～96 h,低、中、中高和高浓度组中国对虾血淋巴氨氮浓度分别为 0.99、

1.06、1.16 和 1.25 mmol/L，均高于甲壳动物正常血淋巴氨氮浓度，该研究结果与 Chen 等 (1993)报道相一致，即水体氨氮浓度增加时对虾血淋巴氨氮浓度显著增加。Chen 等 (1994)研究认为当水体氨氮浓度从 0 增加至 5 mg/L 则斑节对虾的氨排泄也随之增加，但是当水体氨氮浓度从 5 增加至 20 mg/L 则抑制对虾的氨氮排泄。本研究中氨氮胁迫中国对虾 6 h，水体氨氮浓度从 0.303 mg/L（对照组）增加至 8.625 mg/L（高氨氮浓度组），对虾血淋巴氨氮浓度从 0.12 mmol/L（对照组）增加至 0.85 mmol/L（高氨氮浓度组），增加了大约 7 倍。说明当中国对虾暴露于氨氮胁迫条件下，水体中的 NH_3 可以通过自由扩散的方式进入血淋巴中，从而使体内的 NH_3 和 NH_4^+ 重新调整，因此 NH_3 连续从水体扩散进入对虾血淋巴，导致血淋巴氨氮浓度的逐渐升高。

当血淋巴氨氮浓度过高的时候，对虾必然激活体内氨代谢的途径，从而降低分子氨的毒性。鱼类和甲壳动物消除氨代谢产生的氨氮主要有以下三个途径：①通过扩散作用使 NH_3 从血液扩散进入水体，②通过 NH_4^+ 与 Na^+ 的离子交换作用，③转化成为毒性较小的化合物如尿素氮。Kinne 等研究认为 NH_3 的自由扩散是消除体内氨氮的主要途径，因为通常血液中的氨浓度要高于水环境中的氨浓度。由此可见高浓度氨氮胁迫组水体氨氮浓度达最高值 13.843 mg/L，约 0.99 mmol/L 氨氮浓度，该浓度仍然小于此时对虾血淋巴最高氨氮浓度 1.25 mmol/L，这时血淋巴的 NH_3 可能通过自由扩散使从血液进入水体，从而降低体内 NH_3 浓度。

甲壳类的尿素生成主要来源于鸟苷酸循环和尿酸的分解，而后者的形成主要源于核苷酸的降解。鸟氨酸循环的关键酶——精氨酸酶活性在多种甲壳类鳃、肝胰腺和肌肉中均检出。实验结果表明，水环境氨氮浓度的升高对中国对虾血淋巴尿素氮水平有显著影响，且变化趋势与血淋巴氨氮的相似，呈现先升高后降低再升高的变化过程。随着水环境氨氮浓度的升高，对虾血淋巴尿素氮的浓度也在逐渐升高。氨氮胁迫中国对虾 6 h，各胁迫组对虾血淋巴尿素氮浓度均达最高浓度，分别为对照组的 1.3、1.2、2.2 和 2.0 倍。可见当水环境氨氮浓度从 0.220 mg/L 到 9.446 mg/L 时，中国对虾血淋巴氨氮浓度增加，为了降低氨氮在体内的积累，机体可能通过主动运输或者被动扩散的方式消除多余的氨氮，同时机体启动解毒机制，将毒性较强的分子氨转化为相对较弱的尿素氮，从而导致血淋巴尿素氮水平的升高（于敏等，2008）。但是高氨氮浓度从 9.446 mg/L 到 13.449 mg/L（即 24～48 h），中国对虾血淋巴尿素氮的浓度均有所降低，此时，尿素的形成主要依赖于鸟氨酸循环，该循环的起始直接由 NH_3 和 HCO_3^- 作为底物，在一系列酶的催化作用下的复杂化学过程，最终形成鸟氨酸和尿素。由此看来尿素的浓度直接与体内 NH_4^+ 和 CO_2 的浓度息息相关。本研究表明 24～48 h 对虾血淋巴氨氮浓度较 6 h 的氨氮浓度有所降低，所以 NH_4^+ 供给浓度降低，导致血淋巴尿素氮浓度的降低。但在胁迫 72～96 h，中高和高浓度组对虾血淋巴尿素氮浓度仍然显著高于对照组，这说明随着水环境氨氮浓度的增加，对虾血淋巴尿素氮浓度也在逐渐增加。类似的结果见于日本囊对虾（*Marsupenaeus japonicus*）、斑节对虾，在环境氨氮浓度升高对虾血淋巴尿素氮浓度增加（Chen *et al.*，1997）。

3.3 氨氮胁迫对中国对虾 ATP 酶活力的影响

ATP 酶（Adenosine triphos phatase，ATPase）是一类重要的膜结合蛋白，存在于细胞及细胞器的膜上，是生物膜上的一种蛋白酶，它在物质转运、能量转换以及信息传递方面具有重要的作用。Na^+K^+-ATPase 是一个跨质膜的 Na^+，K^+-泵，即通过水解 ATP 提供的能量主动向外运输 Na^+，而向内运输 K^+。$Ca^{2+}Mg^{2+}$-ATPase 是细胞膜上一种重要的酶，是 Mg^{2+} 依赖的 Ca^{2+}-ATPase，线粒体存在着许多 Ca^{2+} 摄取和释放的通道，该酶的基本功能可能与摄取胞内游离 Ca^{2+} 有关，从而维持胞浆内的低钙水平，并对线粒体基质中 Ca^{2+} 水平也有一定的调节作用。

本研究结果表明，中国对虾鳃组织的 Na^+K^+-ATPase 活力均高于肝胰腺和肌肉组织，这可能与鳃组织直接与外界水环境接触，从而在调节体液盐度具有重要的作用。该结果与锯缘青蟹（Scyllaserrata）（Miura et al.，1993）和鳗鱼（Anguillaanguilla）（Lionetto et al.，1998）的研究结果相一致。对虾组织内的氨氮含量较外界环境较高时，主要非离子 NH_3 和离子态氨 NH_4^+ 两种形式存在，其中 NH_3 以扩散方式通过鳃上皮排出，离子态氨 NH_4^+ 的排泄主要通过 Na^+/NH_4^+ 离子交换的方式通过鳃上皮细胞，这个过程需要 Na^+K^+-ATPase 的参与。随着环境氨氮浓度从 0.220 mg/L 升高至 9.446 mg/L，中国对虾血淋巴氨氮浓度先升高后降低，且在 24 h 达最低水平，而各组织 Na^+K^+-ATPase 活力显著增加并在 24 h 达最高值，这说明此时中国对虾体内氨氮排泄物通过血淋巴扩散进入水环境，同时通过 Na^+/NH_4^+ 离子交换的方式将体内多余的氨氮排泄出体外，所以伴随着 Na^+K^+-ATPase 活力的升高和血淋巴氨氮浓度的降低，但是该过程可能伴随着组织内部 Na^+ 浓度的增加和水环境中 Na^+ 浓度的降低（Armstrong et al.，1978），这需要今后的研究进一步确认。高氨氮胁迫中国对虾 48～96 h，水环境氨氮浓度从 9.446 mg/L 至 13.843 mg/L 时，中国对虾各组织 Na^+K^+-ATPase 活力显著降低，同时血淋巴氨氮浓度再次显著升高。这说明高浓度氨氮（9.446 mg/L 至 13.843 mg/L）抑制了组织细胞内 Na^+K^+-ATPase 活力，组织细胞内的氨氮排出体外受到抑制，导致氨氮在体内的积累，所以血淋巴氨氮浓度的再次升高，该研究结果与 Chen 等（1992）的研究结果相一致。目前有关环境污染物抑制水产动物 Na^+K^+-ATPase 活力的研究已有报道（Daksha et al.，1988），说明水产动物可能通过降低 ATP 的消耗从而节省能力以应对环境胁迫，因此 ATPase 活力可以作为水产动物生理功能的标志物之一。

$Ca^{2+}Mg^{2+}$-ATPase 是细胞膜上一种重要的酶，它对心肌及其他肌肉的收缩、神经细胞动作电位的传导、细胞的分泌及繁殖均有重要的影响。本研究表明中国对虾各组织 $Ca^{2+}Mg^{2+}$-ATPase 活力由大到小依次为肌肉、鳃和肝胰腺，与锯缘青蟹的研究结果相一致（孔祥会等，2004）。各胁迫组中国对虾不同组织 $Ca^{2+}Mg^{2+}$-ATPase 活力整体呈现先升高后降低的变化趋势，且随着氨氮浓度的升高 $Ca^{2+}Mg^{2+}$-ATPase 活力增加，基本于胁迫后 24 h 达最高值，与 Na^+-K^+-ATPase 活力的变化情况一致。Na^+-K^+-ATPase 活力的变化必然导致血淋巴 Na^+ 浓度的变化，$Ca^{2+}Mg^{2+}$-ATPase 要依赖 Na^+/Ca^{2+} 交换机制，同时血淋巴 pH 变化也会影响 $2H^+/Ca^{2+}$ 的交换，故 Na^+K^+-ATPase 活力与 $Ca^{2+}Mg^{2+}$-ATPase 的变化一致（曾媛媛，2009）。当各组织 $Ca^{2+}Mg^{2+}$-ATPase 活力增强时，则细胞内更多的 Ca^{2+} 泵出细胞膜外，维持胞细胞内较低的 Ca^{2+} 水平，膜外游离的 Ca^{2+} 的增加会使膜的阈值升高而使膜趋向于稳定，这将部分消除氨氮胁迫对中国对虾的不良作用，从而使对虾在短时间内抵抗氨氮胁迫。但随着水环境氨氮浓度从 9.446 mg/L 增加至 13.843 mg/L 时，对虾各组织 $Ca^{2+}Mg^{2+}$-ATPase 活力降低，这说明长时间高氨氮浓度胁迫抑制该酶的活力，从而影响各组织细胞的离子转运水平，细胞浆内 Ca^{2+} 的积累，不但可引起生理代谢紊乱，而且还可以导致细胞形态，结构和功能的异常。同样 Mg^{2+} 在维持细胞正常生理功能中也具有重要作用(孔祥会等,2004)。

3.4 氨氮胁迫对中国对虾抗氧化系统的影响

当哺乳动物和植物体内发现异物入侵时,吞噬细胞在吞噬异物过程中产生具有很强杀伤力的活性氧(ROS),该过程被称为呼吸暴发。目前研究表明在甲壳动物中也存在呼吸暴发,十足目青蟹($Carcinusmaenast$)、凡纳滨对虾($Litopenaeus\ vannamei$)的血淋巴细胞中均可以产生超氧阴离子(O_2^-)(Muñoz $et\ al.$,2000)。养殖水体中的氨氮对中国对虾的毒性较高,氨在对虾体内的积累容易导致代谢、生长、蜕皮和免疫力受阻和下降,但有关氨氮胁迫对中国对虾抗氧化系统的影响报道较少。

本研究结果表明中国对虾各组织 T-AOC 与抗超氧阴离子活力随着氨氮浓度的升高而升高,且随着胁迫时间呈现先升高后降低的变化过程。这说明当氨氮浓度从 0.303 mg/L 至 8.625 mg/L 时,能够诱导中国对虾体内抗氧化酶活力的升高,但当氨氮浓度达到 10.649 mg/L 至 13.843 mg/L 时,抗氧化酶活力受到抑制。推测在环境氨氮浓度从 0 mg/L 升高至 9 mg/L 时,诱导对虾体内活性氧含量明显升高,但当氨氮浓度大于 10 mg/L 时,则对虾细胞内活性氧的含量急剧降低,该推测与栉孔扇贝和牡蛎在氨氮和不同机械刺激下活性氧含量的变化趋势一致(樊甄娇等,2005)。其中高氨氮浓度组中国对虾各组织 T-AOC 和抗超氧阴离子活力均在 6 h 显著高于,血淋巴、肝胰腺、肌肉、鳃组织 T-AOC 活力分别为对照组的 6.00、4.17、2.30、1.99 倍,血淋巴、肝胰腺、鳃、肌肉组织抗超氧阴离子活力分别为对照组的 2.72、2.30、1.67、1.27 倍,结果显示血淋巴抗氧化系统对于短时间的氨氮刺激最为敏感,瞬间能激活抗氧化系统酶活力以消除产生的活性氧自由基。鳃具有较强排泄氨氮的功能,因为鳃部的通水量较大,渗透出的氨氮可以很快被水流带走同时还可以以 NH_4^+ 的形式排泄,减少了氨氮胁迫对该组织的应激作用。试验后期,氨氮胁迫 72～96 h,各组织 T-AOC 活力处于较低水平,并伴随 ATPase 活力的降低,这可能与活性氧自由基直接作用于酶的活性基团,引起基团结构改变,导致 ATPase 活性的改变有关。

活性氧自由基包括超氧阴离子(O_2^-)、羟自由基和 H_2O_2,其中 CAT 和 Prx 都具有分解 H_2O_2 和过氧化物的作用,从而发挥抗氧化作用。为了综合分析氨氮胁迫对中国对虾的抗氧化系统的影响,我们从分子水平检测了 CAT 和 Prx 基因的表达情况。试验结果表明,氨氮胁迫中国对虾后各组织 CAT 基因表达水平整体呈现先升高后降低的变化过程,除了中高和高浓度组对虾肝胰腺 CAT 基因表达水平随着氨氮胁迫时间的延长而逐渐降低。高氨氮组中国对虾 6 h 后,肌肉、鳃、血淋巴细胞 CAT 基因表达水平分别为对照组的 3.14、2.98、2.42 倍,肌肉 CAT 基因表达水平增加最快,说明肌肉组织 CAT 基因对于氨氮胁迫更为敏感。显然各组织 CAT 基因表达水平升高是由于氨氮胁迫引起的,此时对虾机体受到氨氮的刺激使细胞内产生较高水平的 ROS,所以机体启动 CAT 基因的转录来应对细胞内的氧化胁迫,从而导致各组织细胞内 CAT 基因表达水平的大幅度提高。中高和高氨氮浓度中国对虾肝胰腺 CAT 基因表达水平随着胁迫时间而降低,这可能与肝胰腺的功能有关,肝胰腺是对虾蛋白质、脂类等营养物质的代谢中心,T-AOC 活力均高于其他组织,且 CAT 基因表达水平均高于其他组织,所以当高浓度氨氮胁迫中国对虾时,肝胰腺组织内产生的 H_2O_2 浓度并不太高,而 CAT 对于低浓度的 H_2O_2 又不敏感,这些 H_2O_2 大部分被其他过氧化物酶清除了,所以肝胰腺并未大量转录 CAT 基因。

Prx 是最近才发现的一类抗氧化酶,这类酶大多以还原型硫氧还蛋白作为供氢体来还原过氧化氢等过氧化物,所以它们又被称为硫氧还原蛋白过氧化物酶(TPx),该酶的主要功能就是清除机体中的过氧化氢,且具有调节有过氧化氢介导的信号转导。氨氮胁迫中国对虾后各组织 Prx 基因表达水平呈现先降低后升高的变化过程,与 CAT 基因的变化过程正好相反,说明 Prx 和 CAT 这两个过氧化物酶基因在对虾体内的功能是有差别的。中高和高氨氮浓度组中国对虾血淋巴细胞 Prx 基因表达水平 6 h 达最高值,分别为对照组的 1.48 和 2.06 倍,推测其原因,可能是对虾受到高氨氮浓度胁迫后血淋巴细胞内产生了较多 H_2O_2,为了消除这些 H_2O_2 机体提高了 Prx 基因的表达所致,这与上述血淋巴中 T-AOC 和抗超氧阴离子活性结果相一致。各氨氮浓度组中国对虾肝胰腺、鳃和肌肉 Prx 基因表达 6 h 显著低于对照组,与血淋巴细胞的变化相反,且随着胁迫时间的延长 Prx 基因表达水平逐渐升高,均在 72~96 h 达最高值,该结果与 pH 胁迫中国对虾各组织 Prx 基因表达变化相似。推测长时间氨氮浓度胁迫组织细胞内积累了大量的 H_2O_2,当细胞内 H_2O_2 较高时,部分 Prx 就形成没有过氧化物酶活性的环状十聚体,作为分子伴侣保护其他功能蛋白分子,为了降低氨氮胁迫对中国对虾造成的氧化损伤,各组织 Prx 基因转录要保持在一定水平内,所以在 96 h 各组织 Prx 基因表达仍然显著高于对照组。

3.5 氨氮胁迫对中国对虾 Caspase 基因和 HSP90 基因表达的影响

氨氮胁迫中国对虾后,分析了 Caspase 基因在中国对虾血淋巴细胞、鳃、肝胰腺和肌肉组织中的表达情况,说明其氨氮胁迫中的作用。研究表明氨氮胁迫后,Caspase 基因在鳃、肝胰腺和肌肉组织中的表达变化相似,呈现先升高后降低的变化过程,血淋巴细胞 Caspase 基因表达水平呈现先升高后降低再升高的波浪式变化过程,但各组织 Caspase 表达水平达最高值的时间有所不同,这可能与不同组织应对氨氮浓度变化的不同功能有关。不同氨氮浓度胁迫中国对虾 6 h,各组织 Caspase 基因表达水平略有升高,除了中高和高浓度组显著高于对照组,其余各组与对照组无显著性差异,这说明当氨氮浓度从 0 到 5.857 mg/L 时,对中国对虾各组织 Caspase 基因表达基本无影响;当氨氮浓度从 5.857 到 8.625 mg/L 时,对虾各组织 Caspase 基因表达水平显著升高,此时中国对虾抗氧化系统酶活力及基因表达水平也显著高于对照组,这说明 Caspase 基因表达水平与中国对虾活性氧自由基的产生有关(Wang et al.,2009),与 pH7.0 胁迫中国对虾的结果一致。氨氮胁迫中国对虾 24~28 h,血淋巴细胞 Caspase 基因表达水平显著降低,这可能是 Caspase 活性增加的一种反馈性调控(White,1996)。各组中国对虾肝胰腺 Caspase 基因表达水平均于 48 h 达最高值,且表达水平与氨氮浓度呈正相关;各组中国对虾肌肉 Caspase 基因表达水平均于 24 h 达最高值,且表达水平也与氨氮浓度呈正相关;中国对虾鳃组织 Caspase 基因表达于 48~96 h 达最高值,氨氮浓度越高越早达最高值。这说明中国对虾 Caspase 基因表达水平与氨氮浓度(0.126 至 13.449 mg/L)呈正相关。随后当各组织 Caspase 基因表达水平显著降低,但仍高于对照组,这意味着此时氨氮胁迫可能诱导组织内部分细胞凋亡的发生,正常健康细胞数量较少导致 Caspase 转录水平降低。

HSP90 通过结合和水解 ATP 来调节自身伴侣活性——结合或释放底物分子,该蛋白具有多种功能,包括增加细胞耐热性,防止蛋白聚集,抗细胞凋亡等。HSP90 水解 ATP 的速度非常慢,酵母和人类细胞中水解一分子 ATP 分别耗时 2 分钟和 20 分钟,ATPase 的活性对于 HSP90 的伴侣活性至关重要,HSP90 水解 APT 的缓慢速度说明 ATP 的水解对于 HSP90 在改变底物蛋白的空间构想中起到关键的限速作用。HSP90 也是参与细胞凋亡的信号转导的重要蛋白质,对于具有死亡功能域(death domain)参与诱导细胞凋亡的激酶活性必不可少。本研究中氨氮胁迫中国对虾后,各组织 HSP90 基因表达水平呈现先升高后降低的变化过程,高氨氮浓度组中国对虾血淋巴细胞、肝胰腺、鳃和肌肉组织 HSP90 基因表达水平于 48 h、6 h、24 h、24 h 达最高值,分别为对照组的 7.53、2.39、8.56、3.40 倍,可见中国对虾肝胰腺组织对氨氮胁迫表现最为敏感,胁迫 6 h 达最高值;鳃组织 HSP90 最高,表达水平均高于其他组织,其次为血淋巴细胞。上述结果表明中国对虾鳃组织 ATPase 活性最强,且高氨氮浓度组中国对虾鳃组织 ATPase 活力同样在 24 h 达最高值,可见 HSP90 基因表达水平与 ATPase 活性存在正相关性。研究表明中国对虾在高温、缺氧和重金属污染条件下诱导中国对虾 HSP90 基因表达上调,但是胁迫一定时间后 HSP90 基因表达下调(Li et al.,2009),这与本研究结果相一致。各胁迫组中国对虾 HSP90 基因表达水平 6 h 均不同程度的升高,这说明短时间内中国对虾各组织通过上调 HSP90 的表达水平,以增加 HSP90 蛋白水平,HSP90 作为分子伴侣保护细胞免受氨氮胁迫的毒性损伤。

综上所述,氨氮胁迫影响中国对虾血淋巴氨氮成分、ATPase 活性、抗氧化系统酶活性及基因表达水平、Caspase 基因和 HSP90 基因表达水平,并表现出一定的浓度和时间规律性:①当水体氨氮浓度从 0.220 mg/L 到 13.449 mg/L 时,中国对虾血淋巴氨氮浓度明显升高。②当水体氨氮浓度从 0.220 mg/L 到 9.446 mg/L 时,中国对虾血淋巴尿素氮含量和鳃、肝胰腺、肌肉 Na^+K^+-ATPase、$Ca^{2+}Mg^{2+}$-ATPase 活性及 HSP90 基因表达水平明显升高,并且各指标变化基本一致;当水体氨氮浓度从 9.446 mg/L 到 13.449 mg/L 时,血淋巴尿素氮浓度和鳃、肝胰腺、肌肉 Na^+K^+-ATPase、$Ca^{2+}Mg^{2+}$-ATPase 活性及 HSP90 基因表达水平明显降低,说明高氨氮浓度抑制血淋巴尿素氮的合成、ATPase 活性及 HSP90 基因表达水平。③当水体氨氮浓度从 0.303 mg/L 到 8.625 mg/L 时,中国对虾 T-AOC、抗超氧阴离子活力及 CAT 基因表达水平升高。当水体氨氮浓度大于 8.625 mg/L 时中国对虾的抗氧化系统受到抑制。④Caspase 基因表达水平均在氨氮胁迫后的 72~96 h 达最高值,与 pH 胁迫后 Caspase 基因的表达变化相似。说明高氨氮浓度能够诱导中国对虾 Caspase 基因的表达,则可能诱导中国对虾的细胞凋亡。

参考文献(略)

王芸,李健. 中国水产科学研究院黄海水产研究所　山东青岛　266071

第十一节　中国对虾细胞凋亡因子 Caspase 基因 cDNA 克隆和表达分析

中国对虾(*Fenneropenaeus chinensis*)隶属于甲壳纲(Crustacea),十足目(Decapoda),对虾科(Penaeidae),明对虾属(*Fenneropenaeus*),是我国近海地方性特有物种,主要分布于黄渤海(包括朝鲜西岸),东海北部的嵊泗列岛和舟山群岛(少)一带,在南海主要分布于珠江口附近及以西的台山、阳江一带,我国的辽宁、河北、山东及天津市沿海是主要产区。

中国对虾是我国主要的对虾养殖品种之一,该对虾具有许多优点,如生长速度快、耐低温能力强、营养丰富和适于人工养殖等。近几十年,由于养殖密度过大,分布不合理,尤其是1993 年我国受到大规模暴发性对虾流行病的影响,中国对虾养殖业的损失评估达到 10 亿美元(Smith *et al*.,2003),使我国的对虾养殖业蒙受了巨大的损失,严重阻碍了对虾养殖业的进一步发展。当然,由于目前我国对于养殖管理薄弱,导致养殖环境的破坏,最终导致环境因子恶化成为胁迫因子,从而诱导疾病的暴发。环境胁迫因子如 pH 和温度,能够显著影响对虾免疫防御系统,从而降低了对虾的抗感染能力(Bachère,2000)。水环境因子(如 pH)的急剧变化影响养殖对虾的生长率和存活率。研究认为环境胁迫因子(如水体pH、温度、盐度等)变化诱导的生理效应可能经由氧化还原途径实现(Richier *et al*.,2006),即环境胁迫因子造成生物体内有氧代谢异常,活性氧自由基大量积累而引起机体氧化损伤。例如,酸性和碱性 pH 胁迫诱导凡纳滨对虾肝胰腺细胞 DNA 损伤以及过氧化氢酶(CAT)和谷胱甘肽过氧化物酶(GSH-PX)基因表达水平的升高(Wang *et al*.,2009);同样急性 pH 胁迫能够显著增加凡纳滨对虾肝胰腺铁蛋白转录水平;Chang 等(2009)研究表明温度胁迫能够诱导凡纳滨对虾细胞凋亡。然而,对于 pH 胁迫诱导中国对虾细胞凋亡的研究未见报道。

细胞凋亡是多细胞生物体内的一个重要生命现象,是进化过程中非常保守的过程,出现在个体发育中,也出现在正常生理状态或疾病状态。Caspases 是结构上与半胱氨酸酶相关的家族,在调节细胞凋亡通路中扮演重要的角色。Caspases 以无活性的酶原形式存在于细胞液中,在细胞凋亡发生时必须经过一连串的激活过程。到目前为止,NCBI 数据库中包含有主要的三种甲壳纲的(颚足纲、鳃足纲、软甲亚纲)14 种 Caspase 蛋白或 EST序列(Menze *et al*.,2010)。Phongdara(2006)等首先在墨吉对虾(*Penaeus merguiensis*)克隆得到了 Caspase 基因,并证实重组表达的 Caspase 蛋白具有与人类相同的 Caspase-3 酶活性,在细胞凋亡中起到至关重要的作用。随后一些其他对虾的 Caspase 基因也相继得到了克隆,包括斑节对虾(Wongprasert *et al*.,2007),日本对虾(Wang *et al*.,2008)和凡纳滨对虾(Rijiravanich *et al*.,2008)。Leu 等(2008)研究表明斑节对虾 Caspase 基因过量表达将导致 SF-9 细胞凋亡的形态学特征出现。尽管 Caspase 在细胞凋亡中起到重要作用,但是有关环境 pH 胁迫诱导中国对虾的反应还不为人所知。

本研究的目的是克隆中国对虾 Caspase 基因,并分析该基因的特征,研究 pH 胁迫与细胞凋亡之间的关系。这些结果对于未来研究 Caspase 基因功能,阐明是否由于细胞凋亡导致中国对虾应对水环境 pH 骤然变化适应性降低均具有重要的意义。

1. 材料与方法

1.1 实验材料

(1)实验动物。

健康中国对虾"黄海 1 号"(山东青岛宝荣水产科技发展有限公司),体重 17.6 ± 1.9 g,体长 11.2 ± 0.4 cm,暂养于 PVC 桶(容积 200L)中,养殖水体盐度 19 g·L^{-1}、温度 29 ± 1℃,连续充气,每日投喂蛤肉 4 次,一周后开始正式实验。

(2)实验仪器。

冷冻离心机(Eppendorff);PCR 仪(Eppendorf Master cycler EP 梯度 PCR 仪);紫外

可见分光光度计(Bio-rad);37℃培养箱(上海博迅);ABI 7500 reaL-time PCR 仪(Applied Biosystems)。

1.2 实验方法

(1)实验设计。

挑选健康、规格整齐的中国对虾"黄海 1 号"共 240 尾,随机养殖于 24 个 PVC 桶中,每桶 10 尾对虾,实验共设 3 组,分别为对照组(pH8.2)、低 pH 胁迫组(pH7.0)、高 pH 胁迫组(pH9.0),每组 8 个平行,每个平行 10 尾对虾。分别使用 HCl 和 NaOH 调整 pH 值至 7.0 和 9.0(METTLER TOLEDOS G2 型 pH 计测定)。实验期间水温(27~30)℃,盐度(19)相对稳定。pH 胁迫后第 0、3、12、24、48、72、96、120 和 148 h 分别从每个实验组随机挑选取 6 尾对虾取样,迅速放入液氮保存。此外,在实验开始后的 12、48 和 148 h 每个处理组取 2 尾对虾,将肝胰腺组织取出,固定于 Davidson 溶液 24 h 后移入 70% 的乙醇长久保存,用于制作切片。

(2)RNA 提取。

利用 TRIzol(Invitrogen)试剂盒提取中国对虾肝胰腺总 RNA。

(3)cDNA 第一链的合成。

(4)5′RACE 和 3′RACE cDNA 模板合成。

利用 SMART TMRACE cDNA 扩增试剂盒(Clontech)合成 RACE 模板。

1.3 中国对虾 Caspase 基因中间片段克隆

中国对虾 Caspase 基因中间片段扩增。从 GenBank 数据库中搜索到核苷酸序列 *F. merguiensis*(GenBank accession no. AY839873),*P. monodon*(GenBank accession no. DQ846887),*L. vannamei*(GenBank accession no. EU421939),然后利用软件 AlignX(Vector NTISuite,version10.0,Invitrogen)程序中 CLUSTALW 方法,根据这些序列的保守区域设计兼并引物。

1.4 生物信息学分析

利用 NCBI 中的 BLAST 比对工具、SMART 和 Signal P 等生物信息学工具,对 Caspase 基因 cDNA 核苷酸序列和理论氨基酸序列进行分析。利用 Prot Param 软件对 Caspase 蛋白质序列的物理性状进行分析预测;使用 Prot Scale 疏水性计算软件分析其疏水性;使用 DEEP VIEW 观察蛋白质结构;通过 GOR4 方法进行二级结构分析;Swiss-Model 蛋白质三级结构预测;蛋白质的氨基酸位点预测;使用 NetNGlyc1.0 软件预测可能存在的糖基化位点。使用 Scan Prosite 工具对 Caspase 推导的氨基酸序列与 PROSITE 数据库进行比对。通过 BLAST 比对,寻找同源基因,并用 DNASTAR 软件包中的 Meg Align 程序分析同源的蛋白质序列之间的相似性和趋异进化程度。使用 MEGA(4 版本)对 Caspase 构建系统进化树和系统发生分析。

1.5 pH 胁迫后中国对虾 Caspase 基因组织表达分析

(1)荧光定量 PCR 分析。

应用荧光定量 PCR 方法分析 pH 胁迫后中国对虾 Caspase 基因在肝胰腺、肌肉、血淋巴细胞、鳃、胃、淋巴器官等组织的表达情况。设计特异性引物 RTCAS-F、RTCAS-R 和内参基因 18S-F、18S-R(表 1)分别扩增得到 127bp 和 218bp 的产物,经过克隆、转化、测序验证得知 PCR 产物为目的基因 Caspase 和 18SrRNA。每次 PCR 设置阴性对照 PCR(即使用灭菌水代谢 cDNA 模板)取上述组织提取总 RNA 后反转录成 cDNA,配置荧光定量反应体系(TaKaRa 产品),每个样品 3 个平行。反应完成后,用 ABI 7500 system SDS 软件对荧光数据进行分析。同时取 4 μL 反应产物 2.0% 琼脂糖凝胶电泳检测,对照 Marker 分析结果。若条带单一,大小与预期一致;阴性对照中无条带,且在 ABI 7500 system 记录的扩增曲线良好、溶解曲线为单峰则表明定量引物的特异性扩增能力达到要求。

(2)数据处理。

采用 $2^{-\triangle\triangle Ct}$ 法对数据进行处理。数据统计采用 SPSS16.0 统计分析软件 ANOVA 中的 Duncan's 法进行多重比较,当 $P<0.05$ 时,表示差异显著。

1.6 pH 胁迫中国对虾肝胰腺组织 TUNEL 分析

组织切片的制作依据芮菊生的方法。

组织切片的 TUNEL 分析:缺口末端标记法(Td Tmediatedd UTP nickend labeling,TUNEL)分析 pH 胁迫后中国对虾肝胰腺组织的细胞凋亡情况。该方法使用 Dead End™ Colorimetric TUNEL System(Promega,USA)试剂盒进行染色分析。

2. 结果与分析

2.1 总 RNA 提取及检测

从健康中国对虾不同组织血淋巴细胞、肝胰腺、肌肉等分别提取总 RNA,在紫外分光光度计上进行 RNA 浓度测定和质量检验,1.5% 琼脂糖凝胶电泳检测验证获得总 RNA 的完整性较好,质量较高,可以用于下一步反转录实验(图 1)。

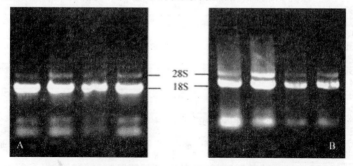

图 1 中国对虾血淋巴细胞和肝胰腺总 RNA 电泳图谱

(A)中国对虾血淋巴细胞总 RNA;(B)中国对虾肝胰腺总 RNA。

2.2 中国对虾 Caspase 基因保守序列、3′RACE 和 5′RACE 的克隆

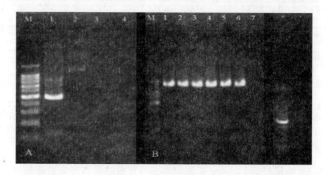

图 2 中国对虾 Caspase 基因保守序列克隆(A)、3′RACE(B)和 5′RACE(C)

（A）中国对虾 Caspase 保守序列克隆。M 为 100bp DNA Ladder；1 为以中国对虾肝胰腺 cDNA 为模板的 PCR 产物；2 和 3 为 1 的单引物对照；4 为以水为模板的阴性对照。（B）中国对虾 Caspase 3′RACE。M 为 100bp DNA Ladder；1~6 为以中国对虾肝胰腺 3′RACEcDNA 为模板的 PCR 产物；7 为以水为模板的阴性对照。（C）中国对虾 Caspase5′RACE。M 为 100bp DNA Ladder；1 为以中国对虾肝胰腺 5′RACE cDNA 为模板的 PCR 产物。

由图 2 可以看出，中国对虾 Caspase 基因的保守序列长度为 429bp，3′RACE 得到中国对虾 Caspase 基因的 3′序列长度为 914bp，5′RACE 得到中国对虾 Caspase 基因的 5′序列长度为 436bp。

2.3　中国对虾 Caspase 基因的序列分析及氨基酸序列分析

```
   1   gcagcccagcgccgatagcgtcggttttagaaggcccgggcgaagctagaact
  53   tcgcaaaccataaacaagaagatagcgtcgacacctccctctgaaaagtccaga
 107   gagatgagcagcggcgacgatgcagcgcgagccgaagcccagccgaatgacggg
   1         M  S  S  G  D  D  A  A  R  A  E  A  Q  P  N  D  G
 161   cgcgatggcgggaaccaaggcttggccgacacgacggagaacacgagcgcggag
  18    R  D  G  G  N  Q  G  L  A  D  T  T  E  N  T  S  A  E
 215   gcggaggaacctgcgaaggcgggaggaagttgcgaagaacggtttagggggcgt
  36    A  E  E  P  A  K  A  E  E  V  A  K  N  G  F  R  G  R
 269   cctaccgcatacacggaggtggacggactcagtgaacgttacccaatgaaccat
  54    P  T  A  Y  T  E  V  D  G  L  S  E  R  Y  P  M  N  H
 323   cggcctcggggctctgctctcatcttcgctcattccaagttcgataataaaagt
  72    R  P  R  G  S  A  L  I  F  A  H  S  K  F  D  N  K  S
 377   ctcaacccgcgaccctgtgccgcccacgacgccgagatcgcgagagccgccttc
  90    L  N  P  R  P  C  A  A  H  D  A  E  I  A  R  A  A  F
 431   aaggcgctcgacttcaagcctgaggtcttcttcgacctcacgaggaacgagctc
 108   K  A  L  D  F  K  P  E  V  F  F  D  L  T  R  N  E  L
 485   ttgagggagctgcaggcagtttctaagcgcgaccacagcggctccgacgccttt
 126   L  R  E  L  Q  A  V  S  K  R  D  H  S  G  S  D  A  F
 539   gcaatagtgttcatgagccatggcgaagtaaaaaccaggaataacatggaattc
 144   A  I  V  F  M  S  H  G  E  V  K  T  R  N  N  M  E  F
 593   gtgtgggccaaagacgacaagattcctaccaaagaacgtgtggataaacttcacg
 162   V  W  A  K  D  D  K  I  P  T  K  E  L  W  I  N  F  T
 647   gctgaacggtgtgcaggtctagccggtaaacctaagctgtacttcattcaggca
 180   A  E  R  C  A  G  L  A  G  K  P  K  L  Y  F  I  Q  A
 701   tgcaggggccccgacgtagataagggcgtgaacatgtctcgggcagtgcgtggc
 198   C  R  G  P  D  V  D  K  G  V  N  M  S  R  A  V  R  G
 755   atggcggttcagacggacagcattgaggagtacgtcattcccatccatgctgac
 216   M  A  V  Q  T  D  S  I  E  E  Y  V  I  P  I  H  A  D
 809   cagctggttatgtgggctttcagctacccaggcttttccagtttcacgagtaagr
 234   Q  L  V  M  W  A  S  Y  P  G  F  P  A  F  T  S  K  R
 863   aagggaatccaagggagtgtgtcttcatccactacctggccgagaacctcaaggat
 252   K  G  I  Q  G  S  V  F  I  H  Y  L  A  E  N  L  K  D
 917   tatgccaacacttctccacgaccaagtctgtcttccatacttctcaaagtcagc
 270   Y  A  N  T  S  P  R  P  S  L  S  S  I  L  L  K  V  S
 971   agggaagtggcagtcctctacgaaaccgatattggttccgataaccaatatcac
 288   R  E  V  A  V  L  Y  E  T  D  I  G  S  D  N  Q  Y  H
1025   gaaaataaacaagttccttacatccactccgacgctgcttcgtgagatttacttc
 306   E  N  K  Q  V  P  Y  I  H  S  T  L  L  R  E  I  Y  F
1079   taagggtatggagtgggaggcattcggcaatactctgtcggtctgtgttttttc
          *
1133   ctcccctttttcagtgattttttaaaggatcgatagtttctgctttttttggtttct
1187   gattgttcgatacttgttctaacatttgaaaaaaatttcagtcatttcattgtt
1241   gtcatcgaggttcttgtcagtactataataatattagctaccaataaataagcttt
1295   gataaaaaaaaaaaaaaaaaaaaaaaaaaaaaaaaa
```

图 3　中国对虾 Caspase 基因 cDNA 核苷酸序列和推导氨基酸序列

Caspase 家族的特征序列半胱氨酸活性位点用阴影表示，多腺苷酸信号用方框表示。Caspase 的两个亚基 p20 和 p10 分别使用单下划线和双下划线表示。Caspase 全基因验证引物和 ReaL-time PCR 引物分别在核苷酸序列下用单下划线和虚线表示。

中国对虾 Caspase 基因的 cDNA 全长为 1329bp（GeneBank 注册号为 GU597089），开放式阅读框 972bp。cDNA 全长中包含 5′非编码区（5′-UTR）的 109bp，3′非编码区（3′-UTR）的 248bp 及一个多腺苷酸信号 AATAAA。开放式阅读框编码 323 个氨基酸，包括从第 110 个核苷酸开始的起始密码子 ATG，终止于第 1079 个核苷酸的终止密码子 TAA（图 3）。Caspase 推导的相对分子质量为 $36.0×10^3$，理论等电点位 6.27。Caspase 推导的氨基酸序列与 PROSITE 数据库进行比对分析，结果表明该蛋白包含有两个亚基和一个蛋白家族保守序列。Caspase 家族的两个亚基，包括 p20 亚基（氨基酸位置 73～202，分数 33.697）（PROSITE 注册号 PS50208）和 p10 亚基（氨基酸位置 241～323，分数 13.544）（PROSITE 注册号 PS50207）。Caspase 家族的半胱氨酸活性位点 KPKLYFIQACRG（氨基酸位置 189～200）（PROSITE 注册号 PS01122）。Signal P 程序分析该基因的推导氨基酸不存在信号肽序列。中国对虾 Caspase 蛋白包含特殊的氨基酸残基 His150 和 Cys198，这两个氨基酸对于催化 Caspase 酶活性起着至关重要的作用。

2.4 中国对虾 Caspase 蛋白的疏水性分析

使用 Prot Scale 软件的 Kyteand Doolittle 算法对中国对虾 Caspase 基因推导的氨基酸序列进行亲水/疏水性分析，结果见图 5。正值越大表明蛋白的疏水性越强，负值越大表明亲水性越强，介于 +0.5～0.5 之间的主要为两性氨基酸。通过分析结果表明，第 305 位组氨酸亲水性最强为 -3.267，第 146 位苯丙氨酸疏水性最强为 1.756，大部分的氨基酸属于亲水性氨基酸，因此该蛋白是一种可溶性蛋白。但是在其中可能存在三个较强的疏水区位，在 76～82 区域、103～110 区域、142～150 区域，其中 142～150 区域的疏水性最强。

2.5 中国对虾 Caspase 蛋白二级结构预测

使用 GOR4 法对中国对虾 Caspase 蛋白二级结构预测结果表明，该蛋白 α 螺旋结构占 30.65%，无规则卷曲占 51.8%。

2.6 中国对虾 Caspase 基因与其他物种 Caspase 的多序列比对

用 BLASTP 程序在 GenBank 数据库中将 F. chinensis Caspase 序列进行多序列分析，结果发现，F. chinensis Caspase 与 P. monodon Caspase（GU597089）相似性达 83%，与 F. merguiensis Caspase（AY839873）相似性达 82%，与 L. vannamei Caspase-3（EU421939）相似性达 76%，与 P. monodon effector Caspase（FE114674）相似性达 33%。

F. chinensis Caspase（GeneBank No. GU597089），F. merguiensis Caspase（GeneBank No. AY839873），P. monodon Caspase（GenBank No. DQ846887），L. vannamei Caspase-3（GenBank No. EU421939），P. monodon effector Caspase（GeneBank No. FE114674），日本对虾 Caspase（GeneBank No. EF079670）。保守的氨基酸位点（组氨酸和半胱氨酸）用星号标出（＊）。

2.7 中国对虾 Caspase 与其他物种 Caspase 的系统进化分析

在 NCBI 中搜索 Caspase 同源序列，并与之比较，利用 Clustal X 进行排序，利用 MEGA4 软件对所有比对的 Caspase 氨基酸序列进行分析系统学分析，使用系统进化树分析中国对虾 Caspase 的分类地位以及与其他物种 Caspase 之间的进化关系，结果见图 4。

中国对虾 Caspase 与昆虫效应 Caspase(在昆虫中通常被命名为 Caspase-1)和 Drosophila-melanogaster(drICE)具有较高同源性。从图 2~5 可以看出 Caspase 包括两个分支,第一分支为昆虫效应 Caspase 和对虾 Caspase。第二分支为日本对虾 Caspase。中国对虾 Caspase 与斑节对虾 Caspase、墨吉对虾 Caspase 和凡纳滨对虾 Caspase-3 聚为一分支。昆虫效应 Caspase 分支主要包括埃及伊蚊(*Aedesaegypti*)、云南致倦库蚊(*Culexquinque-fasciatus*)、家蝇(*Muscadomestica*)、粉纹夜蛾(*Trichoplusiani*)、果蝇(*Drosophilamelano-gaster*)、家蚕(*Bombyxmori*)、棉铃虫(*Helicoverpaarmigera*)。对虾 Caspase 分支与昆虫 Caspase 分支聚为独立的一支,之后再与日本对虾 caspaspe 聚为一支。中国对虾 Caspase 属于对虾分支,与斑节对虾和墨吉对虾的相似性要高于凡纳滨对虾。

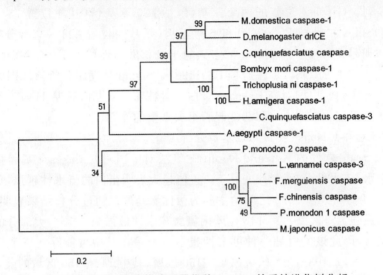

图 4　采用 N-J 方法构建不同物种 Caspase 的系统进化树分析

Fenneropenaeus chinensis Caspase(＊),*F. merguiensis Caspase*(AAX77407),*P. monodonCaspase*(ABI34434),*L. vannamei Caspase*-3(ABK88280),*Penaeusmonodon effector Caspase*(ABO38430),*Mar-supenaeus japonicus Caspase*(ABK62771),*M. domestica Caspase*-1(ACF71490),*T. niCaspase*-1(ACI43910),*C. quinquefasciatus Caspase*(XP_001842236),*D. melanogasterdr ICE*(CAA72937),*B. mori Caspase*-1(NP_001037050),*C. quinquefasciatus Caspase*-3(XP_001850594),*A. aegypti Caspase*-1(XP_001656809)

2.8　pH 胁迫中国对虾后各组织 Caspase 基因的表达变化

.pH 胁迫后中国对虾血淋巴细胞 Caspase 基因的表达变化。

pH7.0 胁迫中国对虾 12 h 后血淋巴细胞 Caspase 基因表达水平显著升高,到 48 h 为最低表达水平,之后表达水平又逐渐升高,至 96 h 达到最高值,之后再次降低,至 148 h 显著低于对照组($P < 0.05$)。pH9.0 胁迫组中国对虾血淋巴细胞 Caspase 基因的表达水平变化幅度明显小于 pH7.0 胁迫组。pH9.0 胁迫中国对虾 3 h 血淋巴细胞 Caspase 基因表达水平升高,24 h 显著低于对照组,直到 120 h 表达水平达最大值,且显著高于对照组($P < 0.05$),148 h 血淋巴细胞 Caspase 基因表达水平恢复至正常水平,且与对照组无显著性差异($P > 0.05$)(图 5)。

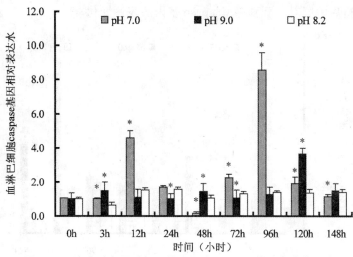

图 5　pH 胁迫对中国对虾血淋巴细胞 Caspase 基因表达的影响

注：* 表示与空白差异显著（$P < 0.05$）

（2）pH 胁迫后中国对虾鳃 Caspase 基因的表达变化。

pH7.0 胁迫组中国对虾各时间点鳃 Caspase 基因表达水平基本高于对照组，且于 148 h 达到最大值，除了 48 h 和 120 h 低于对照组（图 6）；pH9.0 胁迫中国对虾 3 h 鳃 capsase 表达水平显著低于对照组（$P < 0.05$），之后逐渐增加，24 h 达最大值且显著高于对照组（$P < 0.05$），48 h 后 Caspase 表达水平随着胁迫时间的延长而逐渐降低。从图 2～11 可以看出，pH9.0 胁迫中国对虾 72 h 至 120 h 鳃组织 Caspase 基因表达水平均高于对照组，但是至 148 h 降低至最低水平。

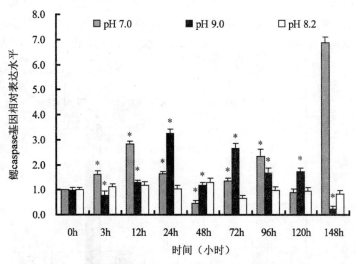

图 6　pH 胁迫对中国对虾鳃 Caspase 基因表达的影响

注：* 表示与空白差异显著（$P < 0.05$）

(3)pH 胁迫后中国对虾肝胰腺 Caspase 基因的表达变化。

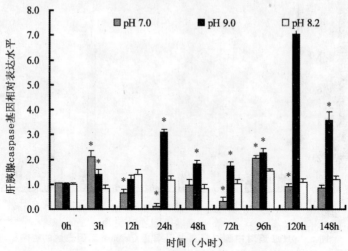

图7 pH 胁迫对中国对虾肝胰腺 Caspase 基因表达的影响

注:＊表示与空白差异显著($P<0.05$)

pH9.0 胁迫中国对虾 3 h 肝胰腺 Caspase 基因表达水平显著增加,之后表达水平逐渐增加,12 h 略低于对照组,但与对照组之间无显著性差异($P>0.05$),120 h 该基因表达达最高水平,且从 24 h 至 148 h 均显著高于对照组($P<0.05$);pH7.0 胁迫组中国对虾肝胰腺 Caspase 基因表达水平基本均低于对照组,除了 3 h、48 h 和 96 h 例外(图7)。

(4)pH 胁迫后中国对虾肌肉 Caspase 基因的表达变化。

高、低 pH 胁迫对中国对虾肌肉 Caspase 基因表达的变化规律相似(图8)。pH7.0 胁迫中国对虾 3 h 肌肉 Caspase 表达略有升高,但高、低 pH 胁迫中国对虾 12 h 至 48 h,肌肉 Caspase 基因表达水平均显著低于对照组($P<0.05$),之后表达增加且 96 h 均达到最大值。在实验结束时,各胁迫组 Caspase 基因表达水平显著降低,148 h 仍显著对于对照组($P<0.05$)。

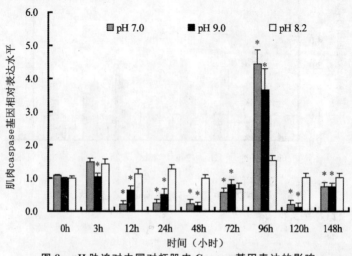

图8 pH 胁迫对中国对虾肌肉 Caspase 基因表达的影响

注:＊表示与空白差异显著($P<0.05$)

(5)pH 胁迫后中国对虾淋巴器官 Caspase 基因的表达变化。

高、低 pH 胁迫中国对虾 3 h 淋巴器官 Caspase 基因表达水平增加,但 12 h 回落至正常水平。高、低 pH 胁迫 24 h,Caspase 基因表达水平显著增加,分别为对照组的 9 倍和 7 倍,之后各胁迫组 Caspase 基因表达一直处于较高水平(图 9)。

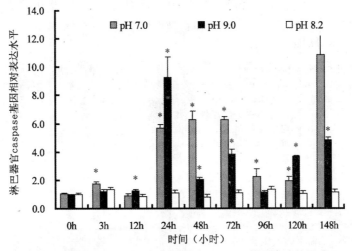

图 9 pH 胁迫对中国对虾淋巴器官 Caspase 基因表达的影响

注:* 表示与空白差异显著($P<0.05$)

(6)pH 胁迫后中国对虾胃 Caspase 基因的表达变化。

pH9.0 胁迫中国对虾 3 h 胃 Caspase 基因表达水平显著降低,12 h 至 72 h 表达水平逐渐升高,96 h 该基因表达水平再次降低,到 120 h 达到最大值且显著高于对照组($P<$ 0.05),实验结束时(148 h)Caspase 基因表达水平略低于对照组,但与对照组之间无显著性差异($P>0.05$);pH7.0 胁迫中国对虾 3 h 至 12 h 胃 Caspase 基因表达水平显著低于对照组($P<0.05$),但是 24 h 显著高于对照组($P<0.05$),之后表达水平再次降低,72 h 最低,148 h Capsase 基因表达水平达到最大值(图 10)。

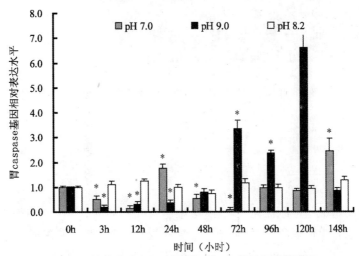

图 10 pH 胁迫对中国对虾胃 Caspase 基因表达的影响

注:* 表示与空白差异显著($P<0.05$)

(7)pH 胁迫对中国对虾肝胰腺 TUNEL 分析。

结果如图 11 所示,箭头所指被深染为棕色的细胞核代表细胞核 DNA 断裂、凋亡的细胞,主要表现在 pH 胁迫组对虾肝胰腺组织中(图 11A~F)。这与 TUNEL 分析中的阳性对照表现一致(图 11K)。相反,在 pH8.2 对照组和 TUNEL 阴性对照组中并没有发现被深染的细胞核(图 11G~J)。当高、低 pH 胁迫中国对虾 12 h 后,肝胰腺组织开始出现凋亡的细胞,且随着胁迫时间的延长,细胞凋亡越明显。这个结果说明高、低 pH 胁迫均能够诱导中国对虾肝胰腺组织的细胞凋亡。

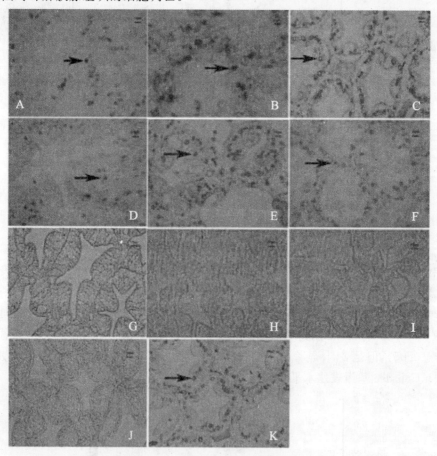

图 11　pH 胁迫组和对照组中国对虾肝胰腺 TUNEL 分析

注:A~C 为 pH7.0 胁迫中国对虾 12 h、48 h 和 148 h;D~F 为 pH9.0 胁迫中国对虾 12 h、48 h 和 148 h;G~I 为对照组 pH8.2 中国对虾 12 h、48 h 和 148 h;J 为 TUNEL 阴性对照;K 为 TUNEL 阳性对照。其中箭头标识的为 3'-OH 末端缺口,照片放大倍数 40×。

3.讨论

细胞凋亡又名细胞程序性死亡,是一个细胞自我破坏的程序化生化过程,是多细胞生物体内的一个重要生命现象,不仅出现在生物体发育过程,也出现在正常生理状态或者疾病中,细胞自己结束生命的过程,细胞脱落离体或裂解为若干凋亡小体。细胞凋亡通路中,Caspase 起着至关重要的作用。因为 Caspase 家族蛋白酶具有半胱氨酸蛋白酶类(把半胱氨酸作为底物裂解时的亲和基团)和天冬氨酸蛋白酶类(切割天冬氨酸的羧基与下一个氨基酸形成肽键)两大特点,故又称为 Caspase 蛋白酶家族。Caspase 家族蛋白在哺乳动物和无脊椎动物上均有发现,且在进化上表现出高度的保守型,从线虫到人类均有发现(Colin et al.,2004)。鉴于 Caspase 蛋白的功能,激活半胱氨酸激酶的活性必须严格受到调控,避免在正常生理条件细胞的凋亡,只有当生物体出现不需要的细胞或者适应不良的细胞才能够激活半胱氨酸酶的催化作用(Menze et al.,2010)。

3.1　中国对虾 Caspase 基因的克隆及序列分析

目前认为细胞凋亡是细胞在死亡信号刺激后发生的一系列级联激活的主动性细胞死亡过程,Caspase 蛋白家族在细胞凋亡中扮演着重要的角色,ICE 是 Caspase 家族中第一个被鉴定的成员。目前已发现的 Caspase 有 14 种,分别在炎症和细胞凋亡中起着不同的作用,根据 Caspase 蛋白酶的功能,把 Caspase 分为三大类:一种是与炎症有关的 Caspase,包括 Caspase-1、4、5、11、12、13 和 14;一种是与细胞凋亡起始相关的 Caspase 分子,包括 Caspase-2、8、9 和 10;还有一种凋亡效应子 Caspase,包括 Caspase-3、6 和 7。Caspase 蛋白家族在氨基酸序列、结构及酶的特性上均相似,通常情况下以无活性的酶原形式存在于细胞中,蛋白结构主要由 3 个部分组成,一个 N 末端结构域,两个亚基分别为大亚基 P20 和小亚基 P10,大小亚基解离并重新组装为四聚体形式的活性酶。Caspase 的主要特点有:①以半胱氨酸作为裂解底物的亲核基团;②对催化底物的天冬氨酸有特异性;③具有高度保守的 QACXG(X 为 R、Q 或 G)五肽序列;④通常以无活性的酶原形式存在,通过水解氨基酸的一段序列而激活。

本研究结果表明,中国对虾 Caspase 基因 cDNA 全长 1329bp,与其他对虾 Caspase 的多序列比较分析表明中国对虾 Caspase 蛋白以无活性的酶原形式存在。推测的裂解位点位于 Asp^{60}-Gly^{61} 和 Asp^{221}-Ser^{222},这个位点与斑节对虾(Asp^{55}-Gly^{56} andAsp^{215}-Ser^{216})(Wongprasert et al.,2007)和墨吉对虾(Asp^{215}-Asn^{216})(Phongdara et al.,2006)的 Caspase 酶切位点相似。细胞一旦获得细胞凋亡的信号,Caspase 酶原水解后产生两个亚基,从而变成具有催化活性的酶。中国对虾 Caspase 蛋白包括两个特殊的氨基酸残基(His^{150} 和 Cys^{198})作为该酶催化的活性中心:活性位点 Cys^{198} 作为亲核基团,是保守序列 QACRG 中的一部分;His^{150} 作为碱催化从 Cys^{198} 获得电子促进 Cys 的亲核。氨基酸的亲核、亲电子特性主要取决于蛋白质一级结构附近的氨基酸特性,但是值得注意的是蛋白质的三级结构的氨基酸特性也同样起着作用。因此,在 Caspase 蛋白三级结构中的其他 His 氨基酸也能够作为碱催化氨基酸。此研究结果与 Deveraux(1999)和 Stennicke(1999)研究结构相一致,认为所有 Caspase 蛋白都包括 Cys-His 催化基团。

BLAST 比对结果表明,中国对虾 Caspase 基因与其他对虾 Caspase 基因具有高度的相似性,其中与(斑节对虾、墨吉对虾、凡纳滨对虾)具有较高的相似性高达 76%～83%。与其他物种的序列比较分析表明,中国对虾的 N 末端 prodomain 与哺乳动物效应 Caspase 中的 Caspase-3、7 的 N 末端 prodomain 相似,这与 Wongprasert(2007)的研究结果一致。比对结果表明,中国对虾 Caspase 蛋白与人类 Caspase-3 蛋白的相似性为 33%,与凡纳滨对虾 Caspase 的相似性为 77%,与昆虫 Caspase-1(昆虫中的效应 Caspase 通常被命名为 Caspase-1)的相似性为 34%～37%。所有结果表明中国对虾 Caspase 是一种效应 Caspase,且具有类似于 Caspase-3 的特性。系统发育分析结果也表明中国对虾 Caspase 与斑节对虾、墨吉对虾和凡纳滨对虾 Caspase 单独聚为一支，反映出 Caspase 在进化上具有高度的保守性。

3.2　pH 胁迫对中国对虾 Caspase 基因表达的影响

pH 胁迫中国对虾后，通过分析 Caspase 基因在中国对虾 6 个不同组织中的表达情况而说明其在细胞凋亡中的作用。研究结果表明，Caspase 基因在不同组织的表达情况有所不同，这可能与不同组织应对环境 pH 改变时的不同功能有关。pH 胁迫后中国对虾血淋巴细胞、鳃、肝胰腺、肌肉、淋巴器官和胃 Caspase 基因表达水平均上调，然而不同胁迫组和不同组织 Caspase 基因表达水平增加时间有所不同。pH7.0 胁迫中国对虾 3 h 血淋巴细胞、鳃、肝胰腺、肌肉和淋巴器官中 Caspase 基因表达水平上调，原因可能是环境 pH 的突然改变能够瞬时引起 Caspase 基因表达的反应，与呼吸暴发和活性氧自由基（ROS）的产生有关。pH7.0 胁迫组中国对虾 12 h 鳃和血淋巴细胞 Caspase 基因表达和 pH9.0 胁迫组中国对虾 24 h 鳃 Caspase 基因表达均显著升高。已有研究表明细胞凋亡系统被激活用以清除不需要或者有害的细胞，此过程在脊柱动物和无脊柱动物的正常生长发育和维持生物的动态平衡起到至关重要的作用，所以我们推测当环境 pH 的突然改变激活细胞凋亡通路以清除不要的或者有害的细胞以减少这些细胞的能量消耗，从而节省能量以应对 pH 胁迫。pH7.0 胁迫 48 h 对虾血淋巴细胞和鳃 Caspase 基因表达和 pH9.0 胁迫 48 h 对虾鳃 Caspase 基因表达显著降低，这可能是 Caspase-3 活性增加的一种反馈性调控（Chiang *et al.*，2001）。在实验结束时，高、低 pH 胁迫组中国对虾血淋巴细胞、鳃和肝胰腺 Caspase 基因表达基本处于最高表达水平，这说明中国对虾 Caspase 基因的表达上调可能诱导细胞凋亡的发生。这些研究结果表明推测细胞凋亡可能是长时间 pH 胁迫导致对虾的适应性降低的原因，然而对于这个假说需要进一步证实。

淋巴器官在对虾免疫系统中的作用非常重要。高、低 pH 胁迫对中国对虾淋巴器官 Caspase 基因表达的变化相似。pH 胁迫 24 h，各胁迫组 Caspase 基因表达水平增加，这可能是导致 Caspase-3 蛋白水平的增加从而诱导细胞的凋亡（White，1996）。高、低 pH 胁迫 148 h，Caspase 基因表达水平仍然高于对照组。研究结果表明 pH 胁迫能够诱导中国对虾 Caspase 基因的表达水平升高，这可能促使淋巴器官细胞凋亡的发生。pH 胁迫诱导淋巴器官的细胞凋亡可能增加池塘养殖对虾对于细菌的易感性。

3.3　pH 胁迫对中国对虾肝胰腺组织 TUNEL 分析

TUNEL 分析结果表明，pH7.0 和 9.0 胁迫诱导中国对虾肝胰腺组织的细胞凋亡。细胞凋亡的标志即为 DNA 降解，最终导致双链或者单链产生 DNA 缺口。所有此类型的 DNA 损伤均可以通过 TUNEL 分析和原位杂交进行检测。从研究结果分析表明，pH 胁迫的时间与 TUNEL 阳性细胞数量呈正相关性。这与短时间酸性和碱性 pH 胁迫对凡纳滨对虾肝胰腺细胞 DNA 损伤和短时间紫外线照射对斑节对虾胚胎细胞 DNA 损伤的报道一致（Lee *et al.*，2002）。已有研究表明对虾在酸性和碱性 pH 胁迫条件下，细胞内活性氧（ROS）的含量增加，严重损伤正常细胞的功能，是导致细胞 DNA 损伤的重要信号分子（Wang *et al.*，2009）。如果此时细胞的自我修复机制不足，则可能导致细胞的氧化胁迫和 DNA 损伤，最终引起细胞的凋亡。事实上，外源 ROS 的增加足以诱导细胞凋亡的级联信号放大，此外，涉及细胞凋亡的蛋白分子（如 Caspases）对于氧化还原的变化极为敏感。pH7.0 和 9.0 胁迫中国对虾 96 h 到 148 h，各组织 Caspase 基因的表达水平均处于较高水平,基于此结果我们推测 pH 胁迫后对虾组织的细胞凋亡现象与 Caspase 基因表达水平的升高存在相关性。Chang 等(2009)研究认为 Caspase-3 基因表达水平的升高能够诱导细胞的凋亡。因此中国对虾肝胰腺的细胞凋亡可能是由于中国对虾 Caspase 基因表达水平的升高所诱导。激活细胞凋亡的信号通路通常有两种,分别为外源性通路和内源性通路,Menze 等(2007)研究认为甲壳动物的细胞凋亡是由内源性通路激活的。pH 胁迫后中国对虾各组织 Caspase 基因表达水平升高,该结果与以下有关环境胁迫与 casapse 活性相关联的研究结果相一致:如 Brittany&Dietmer(2009)研究表明盐度胁迫下罗非鱼鳃组织上皮细胞 Caspase3/7 活性增强并发生细胞凋亡现象,且随着盐度胁迫时间的延长罗非鱼鳃上皮的凋亡细胞数量逐渐增加。同样 Rebecca&David(2004)研究结果表明化学和物理胁迫能够诱导海胆胚胎的细胞凋亡。总之,细胞凋亡与水产动物的环境适应性较低可能存在一定的联系,但是这需要进一步的研究证明。

综上所述,从中国对虾肝胰腺 cDNA 中克隆得到了 Caspase 基因。研究了 pH 胁迫对中国对虾 6 种组织的 Caspase 基因表达的影响。研究结果表明,高、低 pH 胁迫96 h 至 148 h 时,对虾 Caspase 基因表达水平在各组织中基本仍然处于较高水平,这说明环境 pH 的变化能够诱导 Caspase 基因的表达,同时也说明 Caspase 在对虾调节环境变化中可能起到作用。中国对虾 Caspase 基因均有 capsase-3 的特性,可能是 Caspase-3 家族蛋白。今后的工作将集中于环境变化对中国对虾 Caspase 基因表达调控的研究。

参考文献(略)

王芸,李健.中国水产科学研究院黄海水产研究所　山东青岛　266071

第十二节　中国对虾 Caspase 基因的重组表达、分离纯化和多克隆抗体的制备

细胞凋亡(Apoptosis)又名细胞程序性死亡,当细胞执行程序性死亡时有着明确的细胞形态学改变,主要有细胞的收缩、染色质浓缩、染色体断裂成核小片段、细胞膜破裂、细胞内容物在膜内封闭成囊泡通常称为"凋亡小体",之后这些凋亡小体被周围的细胞吞噬。细胞凋亡在进化过程中具有高度保守性。

Caspase 是一个半胱氨酸蛋白酶家族,在细胞凋亡中起到关键性作用。Yuan 等(1993)研究第一次证明了 Caspase 在细胞凋亡中的作用,CED3 在线虫的细胞凋亡中起着至关重要的作用。之后有关细胞凋亡方面的研究涉及很多其他的生物物种,特别是在果蝇(D. melanogaster)和哺乳动物中。为了研究甲壳动物中细胞凋亡的功能,成功获得了一些与细胞凋亡相关的蛋白,并在 NCBI 数据库进行登录,与果蝇和人类 Caspases 家族蛋白进行 BLAST 比对结果发现目前三种甲壳类(颚足纲、鳃足纲、软甲亚纲)14 种 Caspase 蛋白或 EST 序列(Menze et al.,2010)。值得注意的是,甲壳动物 Caspases 只与果蝇 Caspase DRICE 显示出高度的同源性,而与其他果蝇中的 6 种 Caspases 没有太大的同源性。目前甲壳动物的 Caspases 与几种人类 Caspases 具有不同程度的同源性,但是通过

Scan Prosit 或 SMART 进行蛋白序列分析,结果表明,序列中并没有找到任何蛋白—蛋白之间相互作用的基元,例如 Caspase 募集域(Caspase recruitment domain,CARD)或死亡效应域(death effector domain DED)。因此,甲壳动物中的 Caspases 很有可能是执行 Caspases。

抗体(Antibody)指机体的免疫系统在抗原刺激下,由 B 淋巴细胞或记忆细胞增殖分化成的浆细胞所产生、可与相应抗原发生特异性结合的免疫球蛋白。主要分布在血清中,也分布于组织液及外分泌液中。多克隆抗体是淋巴细胞在与抗原接触前就已经存在的多种多样的与抗原专一性结合的抗体,一种细胞带一种受体,进入抗体的抗原选择性结合其中的个别淋巴细胞,使之活化,增殖产生大量带有同样受体的细胞群,分泌相同的抗体。多克隆抗体来源于动物血清,对特定抗原所产生的一组免疫球蛋白混合物,每种免疫球蛋白能识别抗原分子上的一个表位。本实验通过使用纯化后的体外重组蛋白 pET-CAS 为抗原,免疫新西兰大白兔来制备重组蛋白 pET-CAS 特异性的多克隆抗血清,使用双向扩散法分析抗体效价,Western blot 分析制备抗体对 Caspase 蛋白的结合活性。

目前有关中国对虾 Caspase 在细胞凋亡中的作用还未见报道,所以本文根据中国对虾 Caspase 基因的全序列设计引物,构建 Caspase 基因表达载体,实现该基因在大肠杆菌(E. Coli)中的原核表达,并对获得的表达产物进行质谱鉴定、分离纯化,成功获得了高效价的 Caspase 蛋白多克隆抗体,这为今后体外研究环境胁迫对中国对虾细胞凋亡因子 Caspase 奠定了基础。

1. 材料与方法

1.1 实验材料

(1)引物。

根据引物设计基本原则,应用 primer5.0 软件在中国对虾 Caspase cDNA 的编码框两端设计一对引物,扩增出中国对虾 Caspase 基因开放式阅读框的全部序列,并保证获得正确的读码方式,使翻译后的重组蛋白氨基酸的 N 末端带有 $6 \times$ His 纯化标签,C 端能正确终止。上游引物 $5'$ 引入 BamHI 酶切位点,下游引物 $5'$ 引入 XhoI 酶切位点,加入合适数目的保护碱基,同时合成鉴定载体构建情况的引物,实验所用引物由上海生物工程公司合成。

(2)稀有密码子分析。

使用网站 http://www.doe-mbi.ucla.edu/~sumchan/caltor.htmL 对中国对虾 Caspase 基因的开放式阅读框中 E.Coli 稀有密码子进行分析。

(3)质粒与菌株。

原核融合表达载体 pET30a(+)(Novagen)由本实验室保存。克隆宿主菌 TOP10 和表达宿主菌 E.coli BL21(DE)p Lys S 购自天根生化科技(北京)有限公司。

(4)原核表达产物质谱分析。

将 SDS-PAGE 胶上的目的蛋白条带切下,送复旦大学蛋白质组学研究室进行质谱分析。

1.2 实验方法

选择 BamHI 与 XhoI 将 pET30a(+)进行双酶切,同时将 Caspase 开放式阅读框产物双酶切。回收载体酶切大片段与 PCR 产物酶切片段,用 T4 连接酶作用下进行连接得到重组质粒 pETa-CAS。将连接产物转化入大肠杆菌 TOP10,扩增后提取质粒进行双酶切及 PCR 鉴定。对筛选出的阳性克隆进行摇菌扩大培养,一份送上海生物工程公司测序验证,另一份作为菌种保存。

（1）重组蛋白载体转化宿主菌。

1）将经过测序鉴定正确的阳性克隆转入含有卡那霉素(30 μg/mL)的 LB 液体培养基中,200 r/min,37℃培养过夜。

2）利用质粒提取试剂盒(TaKaRa)提取质粒后凝胶检测备用。

3）使用 12% SDS-PAGE 分离胶电泳分析,浓缩胶电压 70V 30 min,浓缩胶 130V 120 min,至溴酚蓝迁移到分离胶底部。

4）Coomassie brilliant blue R-250 染色,凝胶成像系统拍摄并记录结果,剩余菌体上清及菌体沉淀于-80℃冷冻保存。

（2）重组蛋白的纯化。

1）含有重组质粒宿主菌的扩大培养。

经过质谱鉴定发现,宿主菌所表达的蛋白条带中含有重组的蛋白 Caspase,为了获得更多的重组蛋白,把培养体系扩大到 300 mL。将含有重组质粒的宿主保种菌,接入 5 mL LB 培养基中(30 μg/mL 卡那青霉素,34 μg/mL 氯霉素),200 r/min,37℃培养过夜。第二天将培养物转接入 300 mL 同样的培养基中,200 r/min,37℃培养 1～3 h,中间每隔 20 分钟检测浓度一次,当 OD_{600} 达到 0.5～0.8 时,加入终浓度为 1 mmol/L 的 IPTG 继续培养 5 h。最后将培养液与 4℃,1000～3000 g 离心 15 min,弃上清,将菌体在-20℃保存。

2）重组蛋白的分离纯化。

称量回收菌体的湿重,按 1∶10(g/mL)加入 Buffer A,将菌液与 Buffer A 混匀,超声波破碎至液体变清(50W,3×10 min),然后 4℃,10000～12000 g 离心 20 min,收集上清。取一小部分进行 SDS-PAGE 凝胶电泳分析。

利用固定金属亲和层析和 Co-NTA 技术,对超声波破碎后的重组蛋白进行分离纯化(具体步骤略)。

（3）重组蛋白的复性。

分离纯化后的重组蛋白,依次在含有 8 mol/L、6 mol/L、4 mol/L、2 mol/L、1 mol/L 和 0 mol/L 尿素的 50 mmol/L Tris 缓冲液(pH8.0)中透析各 4 h(4℃),将裂解液中的盐酸胍置换出来,后使用 Millipore 的 15 mL 相对分子质量 $10×10^3$ 超滤管浓缩蛋白,后进行 SDS-PAGE 电泳分析。

1.3　多克隆抗体制备方法

新西兰大白兔(购自青岛市药品检验所)、弗氏完全佐剂、弗氏不完全佐剂(Sigma)、PBS-T(pH7.4),Sheep anti-rabbit-HRP(武汉博士德)、DAB 显色液(索莱宝)、蛋白质电泳仪(北京六一),蛋白电泳仪(北京六一),凝胶成像仪(Kodak Gel Logic 212),PVDF 转印膜(Millipore,0.45 μm)。

（1）免疫途径与过程。

1）试验选用成年雄兔作为免疫对象,首次免疫雄兔为 100 μg/只,使用等体积的弗氏完全佐剂;10 天后进行一次加强免疫,使用等体积的不完全佐剂,剂量与第一次的剂量相同;此后每隔 7 天进行一次加强免疫,共进行三次,剂量与第一次相同。

2) 免疫程序:将制备的纯化蛋白抗原与弗氏完全佐剂充分乳化(将乳化好的液体吸取 1 μL 滴至水中,若保持完整不分散,成滴状浮于水面即乳化完全),立即在家兔背部进行多点皮下注射,每次注射体积共计 1 mL。

第四次加强免疫后 7 天耳静脉取血,4℃冰箱放置过夜,次日 3000 rpm 离心 20 min,取血清分装后放于 −20℃保存。

(2)双向免疫扩散检测抗体效价。

将 5 mL 1‰的琼脂熔化后加到一个玻璃板上,玻璃板预先使用 75%的乙醇处理。待玻璃板上的琼脂凝固后,用打孔器打成梅花孔,然后将抗血清加入到中央孔,将 2 倍梯度稀释的抗原(即重组 Caspase 蛋白)分别加入至外周的梅花孔中。在 37℃放置 24 h,观察免疫沉淀线的出现,从而评价抗体效价。

(3)免疫印迹(Western blotting)检测。

将获得的多克隆抗体血清用于检测融合蛋白的表达以及对虾不同组织中 Caspase 蛋白的表达情况。

2.结果与分析

2.1 中国对虾 Caspase 基因开放式阅读框克隆

由图 1 可知,引物 Caspase-EF 和 Caspase-ER 扩增得到大约 1000bp 的产物,与预期大小一致,且片段的专一性较好,将该片段回收连接 T-载体进行测序,证明开放式阅读框编码正确,进行后续试验。

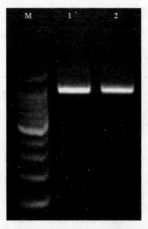

图 1 中国对虾 Caspase 基因开放式阅读框 PCR 产物电泳分析。

M 为 100bp DNA Ladder;1 和 2 均为以 Caspase-EF 和 Caspase-ER 为引物,以中国对虾肝胰腺 cDNA 为模板的 PCR 产物。

2.2 pET30a(+)-CAS 质粒酶切和 PCR 鉴定

图 2 所示为重组载体 pET30a(+)-CAS 双酶切(BamHI、XhoI)及 PCR 检测结果。由图中可以看出,pET30a(+)-CAS 双酶切后得到大小分别为 1000bp 和 5300bp 的片段。PCR 检测结果表明,以 pET30a(+)-CAS 为模板扩增得到大约 1000bp 片段,双酶切的目的片段大小一致。重组质粒 pET30a(+)-CAS 送样品测序结果表明开放式阅读框连接

正确,可以进行原核表达。

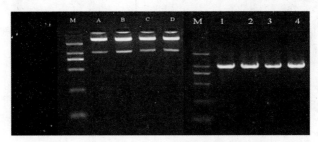

图 2　pET30a(＋)-CAS 质粒酶切和 PCR 鉴定

注:M:DNA Marker DL2000;A-D:pET30a(＋)-CAS 重组质粒双酶切;1-4:pET30a(＋)-CASPCR 检测

2.3　中国对虾 Caspase 序列稀有密码子分析

图 3 所示为中国对虾 Caspase 基因 ORF 稀有密码子分析结果,表 1 和 2 分别为中国对虾 ORF 稀有密码子和串联稀有密码子统计结果。Caspase 基因 ORF 稀有密码子出现的频率为 11.12%,但串联稀有密码子出现次数只有 4 次,所以在选择大肠杆菌表达宿主菌株的时候可以排除使用表达稀有密码子的菌株,使用普通菌株即可。

表 1　稀有密码子统计结果

氨基酸	Arg				Gly		Iso	Leu	Pro	Thr
稀有密码子	CGA	CGG	AGG	AGA	GGA	GGG	AUA	CUA	CCC	ACG
出现次数	3	4	6	1	2	4	3	1	3	9
频率(%)	0.93	1.23	1.85	0.31	0.62	1.23	0.93	0.31	0.93	2.78
总频率(%)	11.12									

表 2　串联稀有密码子统计结果

串联稀有密码子	ACG	AGG	CGA	ACG
	AGG	ACG	GGG	CCC
出现次数	1	1	1	1

2.4　中国对虾 Caspase 基因在 E. Coli 中的表达

将编码中国对虾 Caspase 基因的重组质粒 pET30a(＋)-CAS 转入表达宿主菌 E. coli BL21(DE)pLysS 感受态细胞并用 1 mmol/L IPTG 诱导,宿主菌全菌蛋白的表达图谱发生变化,在相对分子质量大约 $50×10^4$ 的位置出现了一条特异性的蛋白条带(图 3),这条目的条带随着 IPTG 诱导时间的延长表达量逐渐升高,同时研究发现在转入空载体的全菌体蛋白中未发现目的条带,可以推测该蛋白就是重组 Caspase 蛋白。通过软件分析表明这条蛋白谱带的表达量占宿主全菌体蛋白量的 22%。由于该重组蛋白包含 pET30a(＋)载体上的部分氨基酸序列 (-MHHHHHHSSGLVPRGSGMKETAAAKFER-QHMDSPDLGTDDDDKAMADIGS-),该序列包括 His-tag(HHHHHH)和 S-tag(KET-AAAKFERQHMDS),所以该蛋白的理论相对分子质量为 $41.4×10^3$,略大于中国对虾成熟 Caspase 蛋白理论相对分子质量 $36.0×10^3$。

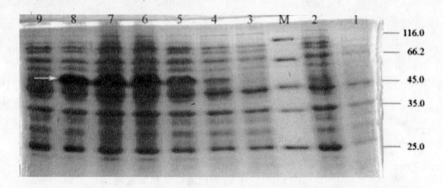

图3 不同诱导时间宿主菌蛋白表达图谱

注：M 为 Marker；1-pET30a 未诱导；2-pET30a 诱导 2 h；3-8-重组质粒 pET30a(＋)-CAS 1 mmol/L IPTG 诱导 0 h、0.5 h、1 h、2 h、4 h 和 6 h 后全菌体蛋白；9-pET30a 诱导 6 h

2.5 Caspase 重组蛋白的 MALDI-TOF-MS 质谱鉴定

为了验证上述蛋白谱带是 Caspase 重组蛋白，用手术刀将该蛋白谱带从 SDS-PAGE 胶上切下，进行 MALDI-TOF-MS 鉴定。结果发现，该蛋白含有 11 个肽段与中国对虾 Caspase 基因推导的氨基酸序列完全匹配。由此可见上述蛋白谱带就是重组表达的目的蛋白 Caspase，中国对虾 Caspase 成功实现了体外重组表达。

2.6 重组表达菌体的扩大培养级充足蛋白纯化

质谱鉴定结果表明，经过 IPTG 诱导获得的目的蛋白即为 Caspase 重组蛋白。为了获得更多的重组蛋白，将菌体培养体系扩大到 300 mL，并使用 IPTG 诱导 6 h，将诱导后的菌体离心回收。由于重组蛋白带有组氨酸标签（6His 标签），带有标签的表达蛋白可与 Co-NTA 树脂结合，通过改变 pH 条件而被洗脱下来，所以通过固定金属亲和层析（IMAC）和 Co-NTA 技术，可以对重组蛋白进行分离纯化。通过电泳发现，该重组蛋白大部分以不溶解的包涵体形式存在，所以对菌体加入 8 mol/L 尿素进行变性，后进行超声破碎。然后将破碎后的菌液进行分离纯化目的蛋白，并利用 SDS-PAGE 进行检测（图4）。

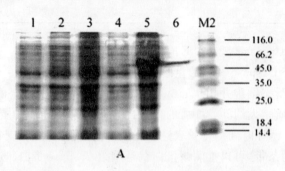

图4 Caspase 重组蛋白纯化后的电泳检测

M2-蛋白 Marker；1-BL21(DE3)p LysS 全菌蛋白；2-pET30a 未诱；3-pET30a 诱导 2 h；4-重组质粒 pET 30a(＋)-CAS 未诱导；5-重组质粒 pET30a(＋)-CAS 1 mmol/L IPTG 诱导 6 h；6-纯化的重组 Caspase 蛋白

2.7　Caspase 重组蛋白的多克隆抗体效价分析

使用双向免疫扩散的方法检测抗体效价,结果如图 5 所示。从图中可以看出,经过第五次免疫后,抗体效价基本可以达到 1：64。所以该实验结果表明重组 Caspase 蛋白的抗血清可以用于进行 western blotting 分析。

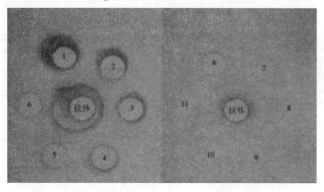

图 5　Caspase 重组蛋白抗血清效价分析

注:1-纯化的重组 Caspase 蛋白;2-11-为纯化重组 Caspase 蛋白被稀释 2、4、8、16、32、64、128、256、512、1024 倍。

2.8　抗血清的特异性 Western-blot 检测

对制备的抗 Caspase 多克隆抗体血清进行 western-blot 特异性检测,结果如图 6 所示。其中第 5 和 6 泳道含有目的重组 Caspase 蛋白的表达产物可被多克隆抗体特异性识别,从而表明该多克隆抗体能够很好的识别抗原 Caspase 蛋白。

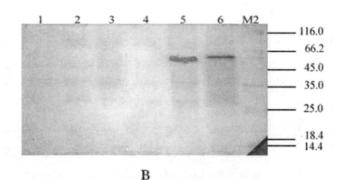

B

图 6　抗血清特异性鉴定

注:M2-蛋白 Marker;1-BL21(DE3)pLysS 全菌蛋白;2-BL21(DE3)pLysS 全菌蛋白诱导 2 h;3-pET30a 未诱导;4-pET30a 诱导 2 h;5-重组质粒 pET30a(＋)-CAS 1 mmol/L IPTG 诱导 6 h;6-纯化的重组 Caspase

2.9　中国对虾各组织 Caspase 蛋白分析

将中国对虾的血淋巴细胞、血清、鳃、肌肉、淋巴器官、心脏、胃和肝胰腺组织匀浆,进行 SDS-PAGE 电泳,然后转移到 PVDF 膜上,使用 5％的脱脂奶粉/TBST 中封闭,与抗血清特异性抗体和二抗羊抗兔 IgG 结合后显色。如图 9 所示,除了血清外其他组织如血淋巴细胞、鳃、肌肉、淋巴器官、心脏、胃和肝胰腺组织与特异性抗血清识别的 Caspase 蛋白相对应的位置都有特异性谱带，说明检测的各组织中都存在 Caspase 蛋白。Western blot 显示的目的条带图谱的相对分子质量略小于 $50×10^3$，但中国对虾 Caspase 蛋白推导的相对分子质量为 $36.0×10^3$，所以该目的蛋白的相对分子质量略大于理论相对分子质量，推测中国对虾 Caspase 蛋白在对虾体内可能存在翻译后修饰的过程，但需要进一步的研究。

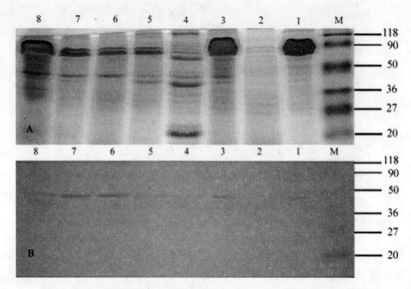

图 7　中国对虾不同组织粗提总蛋白中的 Caspase 蛋白分布表达情况

注：M-蛋白 Marker；1-血淋巴细胞；2-血清；3-鳃；4-肌肉；5-淋巴器官；6-心脏；7-胃；8-肝胰腺

3. 讨论

目前用于制备基因工程药物的表达系统包括原核和真核表达系统。原核表达系统主要是大肠杆菌表达系统，它有表达水平高、操作简单、周期短、易于大规模高密度培养、成本低等优点，往往成为表达抗体片段以及表达产物翻译后修饰有无影响功能的首选表达系统。

Caspase 是半胱氨酸天冬氨酸特异蛋白酶（Cysteineas partic acid specific protease），存在于细胞质溶胶中，参与细胞凋亡过程中的重要蛋白水解酶家族。该蛋白酶均以无活性的酶原形式存在，具有半胱氨酸酶活性位点和底物裂解位点，能够特异性地断开天冬氨酸残基后的肽键，大、小亚基由同一个基因编码。王磊等（2006）将日本对虾 Caspase 基因与 pGEX-4T-2 载体连接，构建重组质粒 pGEX-4T-2-PjCaspase，成功获得了重组蛋白，该重组蛋白的相对分子质量为 $83×10^3$，且该目的蛋白的表达量随诱导时间的增加而增加。杨丹彤克隆了棉铃虫 HaCaspase-1 基因，并将该基因与 pET-30a（＋）载体连接，构建了重组质粒 Hacaspt/pET-30a（＋），在大肠杆菌 BL21（DE3）菌株中进行了重组蛋白的诱导表达，成功获得了相对相对分子质量 $40×10^3$ 的重组蛋白，且该蛋白的表达量随诱导时间的延长而增加（杨丹彤，2007）。Wongprasert 等（2007）克隆了斑节对虾 Caspase 基因，将该基因与 pET15b 表达载体连接，构建了 pET15b-PmCasp 重组表达载体，在大肠杆菌 BL21pLysS(DE3)菌株中进行了重组蛋白的诱导表达，成功获得了相对分子质量为 36×

10^3 的重组 His6-PmCasp,使用 Ni-NTA 方法将重组蛋白进行分离纯化,并使用 anti-His 抗体检测了该蛋白,结果在相对分子质量为 36×10^3 和 26×10^3 都有目的条带。

本研究通过克隆中国对虾 Caspase 基因,并将该目的基因的 ORF 与 pET-30a(＋)表达载体连接,转化入表达宿主菌 BL21pLysS(DE3),使用 IPTG 体外诱导,SDS-PAGE 凝胶电泳检测未检测到可溶性目的蛋白,说明该重组蛋白在大肠杆菌中以难溶解的包涵体形式存在。通过分析表明,该重组蛋白的理论相对分子质量为 41.4×10^3,然而从 SDS-PAGE 电泳结果该蛋白的相对分子质量要略大于 45×10^3。这可能与重组蛋白氨基酸序列中的 N 末端带有 His-tag 的原因,有研究表明 His-tag 带有强烈的正电荷,从而使得融合蛋白在 SDS-PAGE 的电泳中的泳动速度减慢(Tangetal.,2000)。此外,Western blot 分析结果表明该目的蛋白能够被兔抗 Caspase 多克隆抗体特异性识别,且中国对虾各组织总蛋白的 Western blot 分析也证明了该多克隆抗体的特异性。图 3～10 的结果表明,中国对虾 Caspase 蛋白在血淋巴细胞、鳃、心脏和胃中的表达水平较高,而在肌肉、淋巴器官和肝胰腺中的表达水平较低,血清中并未检测到 Caspase 蛋白的存在。原因可能是:第一,从图 3～10A 中可以看出,2 泳道考马斯亮蓝染色的蛋白条带并不像其他组织蛋白条带丰富,虽然在实验前将各组中的蛋白浓度调整至大概 28～30 μg 相同的含量,可能血清中的某些成分影响吸光值,导致测定的蛋白浓度偏高,而实际进行电泳分析的蛋白含量偏低;第二,Western blot 分析后使用 DAB 显色时,由于偏低的总蛋白含量,导致血清中 Caspase 蛋白的含量可能达不到检测方法的最低检测范围之内,所以不能检测到血清中的 Caspase 蛋白;第三,通过对 Caspase 蛋白的氨基酸序列分析表明,该蛋白主要存在于细胞质中,所以在血清中不存在细胞的情况,并没有 Caspase 蛋白的分布。但是这需要后续的研究进一步验证。

对重组 Caspase 蛋白进行 MALDI-TOF-MS 分析,结果表明,共有 11 条多肽段与中国对虾 Caspase 氨基酸系列相吻合,但是我们也发现在质谱图中检测其他一些未匹配到 Caspase 蛋白的峰,分析原因可能是从 PAGE 胶上切下的目的条带不纯,包含有 E. coliBL21(DE)pLysS 菌体蛋白或在样品处理过程中带入的其他细菌蛋白。但是一级质谱检测到的相对分子质量 1278.66 的多肽片段进行二级质谱(MS/MS)分析,结果再次证明了该多肽片段与中国对虾 Caspase 蛋白中的多肽片段相吻合,所以可以确定该重组蛋白成功获得体外表达。

综上所述,本研究克隆了中国对虾 Caspase 基因开放式阅读框序列,构建了该基因原核表达载体 pET30a(＋)-CAS,通过 E. Coli 稀有密码子分析,该重组质粒转化入大肠杆菌 E. coli BL21(DE)pLysS,构建了重组菌株 pET30a(＋)-CAS/BL21(DE)pLysS,实现了中国对虾 Caspase 基因在 E. coli 的原核表达,SDS-PAGE 分析显示该重组蛋白相对分子质量大小约 50×10^3,略大于软件预测值。将重组菌株进行扩大培养获得更多的重组蛋白,进行金属亲和层析获得纯化后的重组 Caspase 蛋白,1∶1 与佐剂混合后注射新西兰大白兔获得特异性良好的多克隆抗体,通过 Western blot 对中国对虾各组织总蛋白中 Caspase 蛋白的分析表明,多克隆抗体能够特异性识别对虾组织中的 Caspase 蛋白。

参考文献(略)

王芸,李健.中国水产科学研究院黄海水产研究所　山东青岛　266071

第四章 药物代谢与残留控制

第一节 药物在大菱鲆体内的代谢动力学

一、达氟沙星

达氟沙星又名单诺沙星(Danofloxacin),是化学合成的动物专用氟喹诺酮类药物,1990 年首先由美国辉瑞公司研制开发,目前我国也已生产。该药能抑制细菌 DNA 旋转酶的合成而呈现杀菌作用,且杀菌作用呈浓度依赖作用。由于该药具有水溶性好、抗菌谱广、抗菌活性强和在动物体内分布广且不易产生耐药性等优点,现已广泛应用于畜牧兽医临床防治细菌性疾病。达氟沙星在水产疾病防治方面亦展示出良好的应用前景,但迄今为止国内外关于其在鱼类体内的药代动力学研究仅见于牙鲆、史氏鲟和鲫鱼的报道在大菱鲆体内的药代动力学研究尚未见报道。

1. 材料与方法

1.1 药品和试剂

达氟沙星标准品(纯度≥99.9%,批号 112398-08-0),由 Sigma 公司生产;盐酸达氟沙星原粉(纯度≥98.5%,批号 080308-1),浙江国邦兽药有限公司生产。试验用注射药液由生理盐水配制而成。

1.2 实验动物

健康大菱鲆体重 157±8.0 g,饲养于中国水产科学研究院黄海水产研究所鳌山卫基地。水温 16±0.6℃,盐度 29,pH8.2,充气,流水,试验前无用药史,暂养 2 周,投喂大菱鲆专用配合饲料。

1.3 给药及采样

(1)静注给药。

擦干鱼体尾部,酒精棉消毒,用纱布裹定鱼体,通过注射前回抽尾静脉血的方法进行确定注射部位,如果在注射过程中针头发生位移或弯曲,则废弃此鱼,注射剂量为 20 mg·kg^{-1}鱼体重,分别于静注后 5、15、30 min 和 1、2、4、6、8、12、16、24、36、48、72、96 h 从尾静脉无菌采血,同一时间点取 6 尾鱼,每尾鱼所采血液作为一个样品分别置于预先涂有 1%肝素钠的离心管中,4 000 r·min^{-1}离心 10 min,取上层血浆,置−20℃冷冻保存。

(2)口服给药。

纱布绑定鱼体,用 1 mL 灭菌注射器(弃去针头)吸取达氟沙星水溶液灌入大菱鲆前胃,分别于口服后 15、30 min 和 1、2、4、6、8、12、16、24、36、48、72、96 h 从尾静脉无菌采血,同一时间点取 6 尾鱼,每尾鱼所采血液作为一个样品分别置于预先涂有 1%肝素钠的离心管中,4000 r·min^{-1}离心 10 min,取上层血浆,置－20℃冷冻保存。同时将每尾鱼解剖,分别取全部肝脏、肾脏和 5 g 左右肌肉,每尾鱼各组织作为一个样品放入封口袋,每时间点取 6 尾鱼,即每时间点各组织为 6 个样品。所有样品置－20℃冷冻保存。

1.4 样品处理与分析

(1) 血浆处理。

将血样在室温下自然解冻,摇匀后吸取 1 mL 血浆注入 10 mL 离心管中,加入 4 mL 乙腈漩涡振荡 10 s,静置 2 h,5 000 r/min 离心 10 min,取上清液,在 40℃恒温水浴下氮气吹干,残渣用 1 mL 流动相溶解,0.22 μm 滤膜过滤后进行高效液相色谱测定。

(2) 组织处理。

将组织样品在室温下自然解冻,准确称取 1 g 组织(肌肉、肝脏和肾脏),加入 2 mL 乙腈 16000 r/min 匀浆 20 s;再用 2 mL 乙腈清洗刀头,合并两次液体漩涡振荡 10 s,静置 2 h,5000 r/min 离心 10 min,取上清液,在 40℃恒温水浴下氮气吹干,残渣用 1 mL 流动相溶解,加入 2 mL 正己烷去脂肪,下层液用 0.22 μm 滤膜过滤后进行高效液相色谱测定。

(3) 标准曲线与最低检测限。

准确称取达氟沙星标准品各 0.01 g,用适量 NaOH 助溶,然后用流动相定容至 100 mL,配成 100 μg·mL^{-1}的母液,再依次用流动相稀释成 5.00、2.00、1.00、0.50、0.20、0.10、0.05、0.02、0.01 μg·mL^{-1}的标准溶液用 HPLC 进行检测,以峰面积为纵坐标,浓度为横坐标做标准曲线,分别求出回归方程和相关系数。

(4) 回收率和精密度的测定。

取浓度为 0.10、0.50、1.00、5.00 μg·mL^{-1}的标准溶液加入到 1 g 空白组织或 1 mL 空白血浆中,然后按"样品处理"方法处理后测定,每个浓度设 3 个重复,测得各样品峰面积按标准曲线方程计算浓度,然后与理论浓度相比较。

$$回收率 = \frac{样品实测药物浓度}{样品理论药物浓度} \times 100\%$$

将上述样品于 1 d 内分别重复进样 5 次,分 5 d 测定,计算各浓度水平响应值峰面积的变异系数($C·V·\%$),以此衡量检测方法的精密度。

(5) 色谱条件。

色谱柱:Agilent Tc-C18(250 mm×4.6 mm,5 μm);流动相:乙腈∶磷酸(0.01 mol·L^{-1},用三乙胺调至 pH3.42)=25∶75($V∶V$);荧光检测器,激发波长 278 nm,发射波长 460 nm;柱温 30℃;流速 1.0 mL·min^{-1};进样量 20 μL。

1.5 数据处理

药代动力学模型拟合采用 DAS2.0 软件处理,并用一、二和三室模型分别以权重 1、1/C、1/C2 3 种情况拟合,根据 AiC 和 R^2 值来判断最适合的房室模型,并计算药动学参数。

2. 实验结果

2.1 检测方法

(1) 线性范围与最低检测限。

达氟沙星标准液在 0.01～5.00 μg/mL 浓度范围内有良好的相关性,线性回归方程为:$Y = 4573X + 67.25$,相关系数 $R^2 = 0.9998$,如图 1,最低检测限为 0.01 μg/mL。

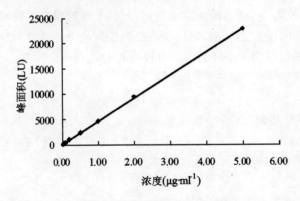

图 1　达氟沙星标准工作曲线

（2）回收率与精密度。

达氟沙星在血浆、肌肉、肝脏和肾脏的回收率及变异系数如表 1 所示，可见回收率在 78.27%～99.58% 之间，日内和日间变异系数分别在 1.5%～2.70% 和 2.88%～5.32% 之间。

表 1　达氟沙星在各组织中的回收率和变异系数

组织	回收率（%）	日内变异系数（%）	日间变异系数（%）
血浆（Plasma）	99.58±5.83	1.5±0.44	3.12±2.58
肌肉（Muscle）	89.47±10.10	2.70±1.22	2.88±1.23
肝脏（Liver）	78.27±1.25	1.89±0.88	5.32±1.45
肾脏（Kidney）	91.11±5.98	1.78±2.58	3.69±2.12

2.2　代谢动力学特征

（1）房室模型及药代动力学参数。

采用 DAS2.0 软件对静注和口服达氟沙星在血浆中的浓度进行分析。结果显示，静注给药后，达氟沙星在健康大菱鲆体内药物动力学最佳模型为无级吸收二室开放模型，表达方程为：$C = Ae - \alpha t + Be - \beta t$；口服给药后，达氟沙星在健康大菱鲆体内药物动力学最佳模型为一级吸收二室开放模型，表达方程为：$C = Ae - \alpha t + Be - \beta t - (A+B)e - Kat$。药代动力学房室参数见表 2。

$$C_{静注} = 45.741e - 1.927t + 7.332e - 0.019t$$

$$C_{口服} = 6.796e - 0.05t + 3.135e - 0.005t - 9.931e - 0.11t$$

表 2　大菱鲆静注和口服达氟沙星的药代动力学参数

参数	单位	给药方式	
		静注	口服
分布相的零时截距 A	$\mu g \cdot mL^{-1}$	45.741	6.796
消除相的零时截距 B	$\mu g \cdot mL^{-1}$	7.332	3.135
分布速率常数 α	h^{-1}	1.927	0.05
消除速率常数 β	h^{-1}	0.019	0.005
药物吸收速率常数 Ka	h^{-1}		0.11

（续表）

参数	单位	给药方式	
		静注	口服
吸收半衰期 $t_{1/2}Ka$	h		6.299
分布相半衰期 $t_{1/2\alpha}$	h	0.36	13.9
消除相半衰期 $t_{1/2\beta}$	h	36.336	129.228
药物自中央室的消除速率 $K10$	h^{-1}	0.123	0.014
药物自中央室到周边室的一级转运速率 $K12$	h^{-1}	1.54	0.016
药物自周边室到中央室的一级转运速率 $K21$	h^{-1}	0.283	0.025
血药浓度－时间曲线下面积 $AUC0\sim t$	$h \cdot \mu g \cdot mL^{-1}$	431.981	284.915
达峰时间 t_{max}	h		12
峰浓度 C_{max}	$\mu g \cdot mL^{-1}$		5.312
表观分布容积 V_d	$L \cdot kg^{-1}$	0.377	2.986
生物利用度 F	％	100	65.96

（2）达氟沙星在大菱鲆体内的吸收与分布。

大菱鲆静注和口服达氟沙星后，其血浆、肌肉、肝脏和肾脏的药—时曲线分别见图2、3。

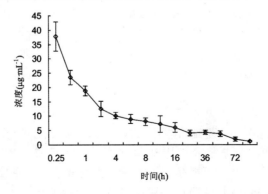

图2 大菱鲆静注达氟沙星后血浆中的药—时曲线

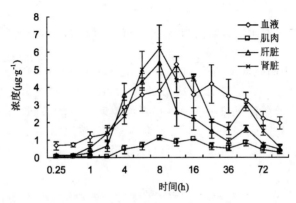

图3 大菱鲆口服达氟沙星后各组织中的药—时曲线

3. 讨论

3.1 达氟沙星在大菱鲆体内的动力学特征

(1) 静注给药的药代动力学特征。

健康大菱鲆静脉注射达氟沙星后的表观分布容积为 0.377 L·kg^{-1},刘彦等(2006)报道达氟沙星在牙鲆体内的表观分布容积为 0.139 L·kg^{-1},卢彤岩等(2006)报道达氟沙星在史氏鲟体内的表观分布容积为 0.922 L·kg^{-1},而据报道达氟沙星在鸡(张秀英,2001;刘芳萍,2001;Kietzmann $etal$,1997)体内的表观分布容积为 16.06、10.2、7.52 L·kg^{-1},羊(Aliabadi $et al$,2003)体内的表观分布容积为 3.37、3.80,猪(张秀英,2001)为 3~4 L·kg^{-1},由此可见达氟沙星在大菱鲆体内不如在鸡、羊和猪等哺乳动物体内分布广,而与牙鲆等水产动物相近。达氟沙星在大菱鲆体内的 AUC 为 431.981 h·mg·L^{-1},而据报道达氟沙星在牙鲆、史氏鲟和雏鸡(刘彦等;2006;卢彤岩等,2006;刘芳萍,2001)体内的 AUC 分别为 179.79、34.226 和 3.29 h·mg·L^{-1},说明达氟沙星在大菱鲆体内的分布较广。静注达氟沙星在大菱鲆体内的消除半衰期为 36.336 h,远大于牙鲆(3.465 h)、绵羊(3.39 h)、山羊(4.67 h)和鸡(6.849~5.8 h)[36,81,83-86],而与史氏鲟(22.186 h)(卢彤岩等,2006)相近。

(2) 口服给药的药代动力学特征。

口服达氟沙星在大菱鲆血浆、肌肉、肝脏和肾脏的达峰时间分别为 12、8、8、8 h,刘彦等(2006)报道达氟沙星在牙鲆血液中的达峰时间为 4.601 h,刘芳萍(2001)报道达氟沙星在雏鸡血液中达峰时间仅为 1.21 h,张秀英和佟恒敏(2003)报道达氟沙星在雏鸡各组织中的达峰时间约为 1 h,另外达氟沙星在大菱鲆体内的吸收半衰期为 6.299 h,消除半衰期为 129.228 h,而在牙鲆(刘彦等 2006)体内的吸收和消除半衰期分别为 0.900 和 27.758 h,在雏鸡(刘芳萍,2001)体内的吸收和消除半衰期分别为 0.2428 和 8.7936 h,由此可见达氟沙星在大菱鲆体内的吸收和消除都相对比较缓慢。AUC 是一个衡量药物在鱼体内各组织器官的吸收与分布量的重要指标,而生物利用度是确定药物剂量与作用强度之间关系的重要因素,本试验中,大菱鲆口服达氟沙星后,血浆中的 AUC 和 F 分别为 284.915 h·mg·L^{-1} 和 65.96%,与牙鲆口服达氟沙星的 AUC(256.07 h·mg·L^{-1})和 F(71.21%)相近(刘彦等 2006),可能是因为牙鲆和大菱鲆亲缘关系较近。达氟沙星在大菱鲆体内的 AUC 值和生物利用度都较大,说明口服达氟沙星在大菱鲆体内的分布广泛、吸收和利用率较高。

3.2 临床用药方案

目前关于达氟沙星对水产动物致病菌抗菌性的报道较少,仅见杨雨辉等(2003)。据报道达氟沙星对嗜水气单孢菌的最小抑制浓度为 0.05~0.8 μg·mL^{-1},本试验大菱鲆口服达氟沙星后,血浆中的峰浓度为 5.312 μg·mL^{-1},已高于 10 MIC。按照第一章 PK-PD 理论,在本试验条件下,大菱鲆口服达氟沙星后,C_{max}/MIC = 106.24 和 AUC/MIC = 5698.3,可见,在本试验条件下口服达氟沙星对大菱鲆常见病菌病均能起到较好的治疗作用。为了达到一定的稳态血药浓度,常需要多次给药,按照第一章给药公式,大菱鲆口服达氟沙星,按鱼体重每次 12.17 mg·kg^{-1},1 天给药一次。

参考文献(略)

梁俊平,李健,常志强,韩观芹,赵法箴.中国水产科学研究院黄海水产研究所　山东青岛　266071
梁俊平.中国海洋大学水产学院　山东青岛　266003

二、二氟沙星

二氟沙星(Difloxacin)属第三代氟喹诺酮类抗菌药物,又名双氟呱酸、双氟沙星,是由美国 Abbott 公司于 1984 年创制而成,并首次在 24 届 ICAA 会议上报道,我国农业部 2000 年批准为国家三类新兽药。其在防治畜牧业细菌性疾病中已得到极其广泛的应用且疗效显著,该药物在国外也已经应用到水产动物细菌性疾病的防治中,有望成为新一代有效的渔药。但在国内,有关二氟沙星在海水养殖鱼类体内的药代动力学的研究至今还未见诸文献。本研究旨在揭示二氟沙星在大菱鲆体内的代谢动力学规律,以期为生产中科学有效地使用药物提供一定的依据。

1. 材料与方法

1.1　药品和试剂

盐酸二氟沙星标准品(纯度≥99.8%,批号 91296-86-5),由 Sigma 公司生产;盐酸二氟沙星原粉(纯度≥98.6%,批号 20080822),郑州福源动物药业有限公司生产。试验用注射药液由生理盐水配制而成。

1.2　实验动物

健康大菱鲆体重 157±8.0 g,饲养于中国水产科学研究院黄海水产研究所鳌山卫基地。水温 16±0.6℃,盐度 29,pH8.2,充气,流水,试验前无用药史,暂养 2 周,投喂大菱鲆专用配合饲料。

1.3　给药及采样

(1)静注给药。

擦干鱼体尾部,酒精棉消毒,用纱布裹定鱼体,通过注射前回抽尾静脉血的方法进行确定注射部位,如果在注射过程中针头发生位移或弯曲,则废弃此鱼,注射剂量为 20 mg·kg⁻¹ 鱼体重,分别于静注后 15、30 min 和 1、2、4、6、8、12、16、24、36、48、72、96 h 从尾静脉无菌采血,同一时间点取 6 尾鱼,每尾鱼所采血液作为一个样品分别置于预先涂有 1% 肝素钠的离心管中,4000 r·min⁻¹ 离心 10 min,取上层血浆,置-20℃冷冻保存。

(2)口服给药

纱布绑定鱼体,用 1 mL 灭菌注射器(弃去针头)吸取盐酸二氟沙星水溶液灌入大菱鲆前胃,分别于口服后 15、30 min 和 1、2、4、6、8、12、16、24、36、48、72、96 h 从尾静脉无菌采血,同一时间点取 6 尾鱼,每尾鱼所采血液作为一个样品分别置于预先涂有 1% 肝素钠的离心管中,4000 r·min⁻¹ 离心 10 min,取上层血浆,置-20℃冷冻保存。

同时将每尾鱼解剖,分别取全部肝脏、肾脏和 5 g 左右肌肉,每尾鱼各组织作为一个样品放入封口袋,每时间点取 6 尾鱼,即每时间点各组织为 6 个样品。所有样品置-20℃冷冻保存。

1.4　样品处理与分析

(1)血浆处理。

将血样在室温下自然解冻,摇匀后吸取 1 mL 血浆注入 10 mL 离心管中,加入 4 mL 乙腈漩涡振荡 10 s,静置 2 h,5000 r/min 离心 10 min,取上清液,在 40℃恒温水浴下氮气吹干,残渣用 1 mL 流动相溶解,0.22 μm 滤膜过滤后进行高效液相色谱测定。

(2)组织处理。

将组织样品在室温下自然解冻,准确称取 1 g 组织(肌肉、肝脏和肾脏),加入 2 mL 乙腈 16 000 r/min 匀浆 20 s;再用 2 mL 乙腈清洗刀头,合并两次液体漩涡振荡 10 s,静置 2 h,5 000 r/min 离心 10 min,取上清液,在 40 ℃恒温水浴下氮气吹干,残渣用 1 mL 流动相溶解,加入 2 mL 正己烷去脂肪,下层液用 0.22 μm 滤膜过滤后进行高效液相色谱测定。

(3)标准曲线与最低检测限。

准确称取二氟沙星标准品各 0.01 g,用适量 NaOH 助溶,然后用流动相定容至 100 mL,配成 100 μg·mL⁻¹ 的母液,再依次用流动相稀释成 5.00、2.00、1.00、0.50、0.20、0.10、0.05、0.02、0.01 μg·mL⁻¹ 的标准溶液用 HPLC 进行检测,以峰面积为纵坐标,浓度为横坐标做标准曲线,分别求出回归方程和相关系数。

(4)回收率和精密度的测定。

取浓度为 0.10、0.50、1.00、5.00 μg·mL⁻¹ 的标准溶液加入到 1 g 空白组织或 1 mL 空白血浆中,然后按"样品处理"方法处理后测定,每个浓度设 3 个重复,测得各样品峰面积按标准曲线方程计算浓度,然后与理论浓度相比较。

$$回收率 = \frac{样品实测药物浓度}{样品理论药物浓度} \times 100\%$$

将上述样品于 1 d 内分别重复进样 5 次,分 5 d 测定,计算各浓度水平响应值峰面积的变异系数($C·V·\%$),以此衡量检测方法的精密度。

(5)色谱条件。

色谱柱:Agilent Tc-C18(250 mm×4.6 mm,5 μm);流动相:乙腈:磷酸(0.01 mol·L⁻¹,用三乙胺调至 pH3.42)=25:75(V:V);荧光检测器,激发波长 278 nm,发射波长 460 nm;柱温 30 ℃;流速 1.0 mL·min⁻¹;进样量 20 μL。

1.5 数据处理

药代动力学模型拟合采用 DAS2.0 软件处理,并用一、二和三室模型分别以权重 1、1/C、1/C2 3 种情况拟合,根据 AiC 和 R^2 值来判断最适合的房室模型,并计算药动学参数。

2. 实验结果

2.1 检测方法

(1)线性范围与最低检测限。

二氟沙星标准液在 0.01～5.00 μg·mL⁻¹ 浓度范围内有良好的相关性,线性回归方程为:$Y=940.3X+1.6609$,相关系数 $R^2=1.000$,如图 1 所示,最低检测限为 0.01 μg·mL⁻¹。

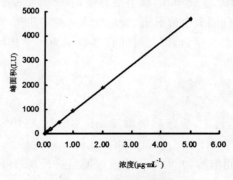

图 1 二氟沙星标准曲线

（2）回收率与精密度。

二氟沙星在血浆、肌肉、肝脏和肾脏的回收率及变异系数如表1所示。回收率和变异系数是决定测定方法准确性和可靠性的重要依据，回收率不应低于70%，日内和日间变异系数应控制在10%以内。本试验回收率高，变异系数小，符合生物测定方法要求。

表1 二氟沙星在各组织中的回收率和变异系数

组织	回收率(%)	日内变异系数(%)	日间变异系数(%)
血浆(Plasma)	100.07±4.93	1.0±0.63	2.96±3.41
肌肉(Muscle)	92.45±14.30	2.9±1.29	2.77±0.62
肝脏(Liver)	72.23±0.45	1.84±1.49	5.10±1.63
肾脏(Kidney)	92.73±10.04	1.58±2.07	3.36±2.20

2.2 代谢动力学特征

（1）房室模型及药代动力学参数。

采用DAS2.0软件对静注和口服二氟沙星在血浆中的浓度进行分析。结果显示，静注给药后，二氟沙星在健康大菱鲆体内药物动力学最佳模型为无级吸收二室开放模型，表达方程为：$C = Ae^{-\alpha t} + Be^{-\beta t}$；口服给药后，二氟沙星在健康大菱鲆体内药物动力学最佳模型为一级吸收二室开放模型，表达方程为：$C = Ae^{-\alpha t} + Be^{-\beta t} - (A+B)e^{-Kat}$。药代动力学房室参数见表2。

$$C_{\text{静注}} = 30.453e^{-0.814t} + 10.125e^{-0.023t}$$
$$C_{\text{口服}} = 9.398e^{-0.056t} + 1.817e^{-0.007t} - 11.215e^{-0.234t}$$

表2 大菱鲆静注和口服二氟沙星的药代动力学参数

参数	单位	给药方式	
		静注	口服
分布相的零时截距 A	$\mu g \cdot mL^{-1}$	30.453	9.398
消除相的零时截距 B	$\mu g \cdot mL^{-1}$	10.125	1.817
分布速率常数 α	h^{-1}	0.814	0.056
消除速率常数 β	h^{-1}	0.023	0.007
药物吸收速率常数 Ka	h^{-1}		0.234
吸收半衰期 $t_{1/2}$Ka	h		2.961
分布相半衰期 $t_{1/2\alpha}$	h	0.851	12.308
消除相半衰期 $t_{1/2\beta}$	h	30.022	94.719
药物自中央室的消除速率 K10	h^{-1}	0.074	0.031

（续表）

参数	单位	给药方式	
		静注	口服
药物自中央室到周边室的一级转运速率 K12	h^{-1}	0.543	0.016
药物自周边室到中央室的一级转运速率 K21	h^{-1}	0.221	0.017
血药浓度-时间曲线下面积 AUC0~t	$h \cdot \mu g \cdot mL^{-1}$	440.371	246.661
达峰时间 t_{max}	h		4
峰浓度 C_{max}	$\mu g \cdot mL^{-1}$		6.316
表观分布容积 V_d	$L \cdot kg^{-1}$	0.493	2.248
生物利用度 F	%	100	56.01

（2）二氟沙星在大菱鲆体内的吸收与分布。

大菱鲆静注和口服二氟沙星后，其血浆、肌肉、肝脏和肾脏的药—时曲线分别见图2、3。

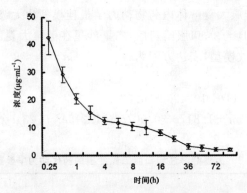

图2 大菱鲆静注二氟沙星后血浆中的药—时曲线

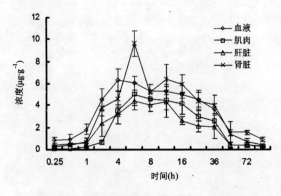

图3 大菱鲆口服二氟沙星后各组织中的药—时曲线

3. 讨论

3.1 二氟沙星在大菱鲆体内的动力学特征

(1) 静注给药的药代动力学特征。

本试验对健康大菱鲆静注二氟沙星后,药物动力学模型分别为无级吸收二室开放模型,与猪、鸡和羔羊(曾振灵等,2003;丁焕中等,2004;Goudahetal,2008)相同。二氟沙星在健康大菱鲆体内的表观分布容积为 0.493 L·kg^{-1},而报道二氟沙星在猪(曾振灵等,2003)体内的表观分布容积为 4.91 L·kg^{-1},在鸡(丁焕中等,2004)体内的表观分布容积为 3.10 L·kg^{-1},由此可见二氟沙星在大菱鲆体内不如在猪和鸡等畜禽动物体内分布广。二氟沙星在大菱鲆和羔羊(Goudah et al,2008)体内的 AUC 分别为 440.371 和 46.59 h·mg·L-1,说明二氟沙星在动物种属间的药—时曲线下面积差异较大。静注二氟沙星在大菱鲆体内的消除半衰期为 30.022 h,比在猪(17.14 h)、鸡(6.11 h)和羔羊(2.63 h)(曾振灵等,2003;丁焕中等,2004;Goudah et al,2008)体内的消除半衰期均短,说明静注二氟沙星在大菱鲆体内的消除相对较慢。

(2) 口服给药的药代动力学特征。

健康大菱鲆口服二氟沙星后,药物动力学模型为一级吸收二室开放模型,与猪、鸡和羔羊(曾振灵等,2003;丁焕中等,2004;Goudah et al,2008)相同。口服二氟沙星在大菱鲆血浆、肌肉、肝脏和肾脏的达峰时间分别为 4 h、6 h、6 h 和 6 h。曾振灵等(曾振灵等,2003)报道二氟沙星在猪血液中的达峰时间为 1.41 h,李海迪等(李海迪等,2009)报道二氟沙星在中华绒螯蟹血淋巴中的达峰时间为 0.5 h,另外二氟沙星在大菱鲆体内消除半衰期为 94.719 h,而在猪(曾振灵等,2003)体内的消除半衰期仅为 16.67 h,上述数据对比说明二氟沙星在大菱鲆体内的吸收和消除都相对较慢。AUC 是一个衡量药物在鱼体内各组织器官的吸收与分布量的重要指标,而生物利用度是确定药物剂量与作用强度之间关系的重要因素,本试验中,大菱鲆口服二氟沙星后,血浆中的 AUC 和 F 分别为 246.661 h·mg·L^{-1} 和 56.01%,此结果与报道的鸡(丁焕中等,2004)内服二氟沙星的生物利用度大致相同(54.25%),而低于猪(曾振灵等,2003)内服二氟沙星的生物利用度(97.6%),说明二氟沙星在大菱鲆体内的分布虽广,但利用率相对较低。

(3) 临床用药方案。

盖春蕾等(2008)研究了二氟沙星对 3 种海洋弧菌的抗菌效应,结果显示二氟沙星对鳗弧菌、副溶血弧菌和溶藻弧菌的最小抑制浓度分别为 0.025、0.4 和 0.05 $\mu g·mL^{-1}$,杨雨辉等(2003)报道二氟沙星对嗜水气单孢菌的最小抑制浓度为 0.2 $\mu g·mL^{-1}$。本试验大菱鲆口服二氟沙星后,血浆中的峰浓度为 6.316 $\mu g·mL^{-1}$,已高于 10 MIC。在本试验条件下,大菱鲆口服二氟沙星后,$C_{max}/MIC = 15.79 - 252.64$ 和 $AUC/MIC = 616.65 - 9866.44$,可见,在本试验条件下口服二氟沙星对大菱鲆常见细菌病均能起到较好的治疗作用。为了达到一定的稳态血药浓度,常需要多次给药,按照第一章给药公式,大菱鲆口服二氟沙星,按鱼体重每次 11.94 mg·kg^{-1},1 天给药一次。

参考文献(略)

梁俊平,李健. 中国水产科学研究院黄海水产研究所 山东青岛 266071

三、恩诺沙星

大菱鲆($Scophthalmus\ maximus$)于 1992 年被引进我国后,经过十几年的研究与推广已成为我国北方沿海主要养殖品种之一。然而随着大菱鲆养殖业的迅猛发展和集约化程度的不断提高,养殖病害也急剧发生。药物防治具有见效快、操作简单等特点,所以仍是病害防治最主要的手段之一。但由于缺乏相关的科学合理的用药指导,在生产实际中为了加强治疗效果存在过量用药,甚至滥用药物,以致引发"多宝鱼药残超标事件"。

恩诺沙星(Enrofloxacin)为第三代喹诺酮类广谱抗菌药,对鳗弧菌($Vibrioanguilla-rum$)、嗜水气单胞菌($Aeromonas\ hydrophila$)、杀鲑气单胞菌($Aeromonas\ salmonicida$)和杀鲑弧菌($Vibrio\ salmonicida$)等海水致病菌具有较强的抑制效果,已广泛用于水产动物病害防治(Bernt Martinsen $et\ al$,1992;Maluping R P $et\ al$,2005;PauLr Bowser $et\ al$,1994;Della Rocca G $et\ al$,2004)。目前已见恩诺沙星在舌齿鲈($Dicentrarchuslabrax$)、虹鳟($Oncorhynchusmykiss$)、大西洋鲑($Salmosalar$)、短盖巨脂鲤($Colossomabrachypo-mum$)、锦鲤($Cyprinuscarpio$)、中国对虾($Fenneropenaeus\ chinensis$)、中华绒螯蟹($Erio-cheirsinensis$)、欧洲鳗鲡($Anguillaanguilla$)(Intorre L $et\ al$,2000;Bowser P R $et\ al$,1992;Bernt Martinsen $et\ al$,1995;Lewbart G $et\ al$,1997;Pareeya Udomkusonsri $et\ al$,2007;方星星等,2004;Wu G H $et\ al$,2006;房文红等,2007)等体内的药代动力学报道,而在大菱鲆体内的药代动力学研究尚未见相关报道。本试验将以恩诺沙星为试验药物,比较肌注和口服给药方式下其在大菱鲆体内的药代动力学差异,并以药动学(Pharmaco kinetics,PK)和药效学(Pharmaco dynamics,PD)参数为依据,计算最佳合理的给药方案,以期指导生产实践中合理用药。

1. 材料与方法

1.1 药品和试剂

恩诺沙星标准品(纯度≥98.0%,批号 93106-60-6),由 Sigma 公司生产;盐酸恩诺沙星原粉(纯度≈99.7%,批号 080509-1),由浙江国邦兽药有限公司生产;恩诺沙星注射液(含量 5 g/100 mL,批号 KP04 LE-1),由拜耳(四川)医药保健股份有限公司生产。乙腈为色谱纯,二氯甲烷、正己烷、85%磷酸、三乙胺为分析纯。

1.2 实验动物

健康大菱鲆,体重(157.4±8.5)g,饲养于中国水产科学研究院黄海水产研究所鳌山卫基地。水温(16±0.6)℃,盐度 29,pH8.2,充气,流水,试验前检测无药物残留,暂养 2 周,投喂大菱鲆专用配合饲料。

1.3 给药及采样

(1)静注给药。

擦干鱼体尾部,酒精棉消毒,用纱布绑定鱼体,尾静脉注射剂量为 20 mg/kg 鱼体重。分别于静注后 5、15、30 min 和 1、2、4、6、8、12、16、24、36、48、72、96 h 从尾静脉无菌采血,同一时间点取 6 尾鱼,每尾鱼所采血液作为一个样品分别置于预先涂有 1%肝素钠的离心管中,4000 r/min 离心 10 min,取上层血浆,置-20℃冷冻保存。

(2)肌注给药。

擦干鱼体左侧,酒精棉消毒,用纱布绑定鱼体,在背鳍与侧线的中部鱼体最厚部位与鱼体呈 30°～40°的角度向头部方向进针,注射剂量为 20 mg/kg 鱼体重。分别于肌注后 5、15、30 min 和 1、2、4、6、8、12、16、24、36、48、72、96 h 从尾静脉无菌采血,同一时间点取 6 尾鱼,每尾鱼所采血液作为一个样品分别置于预先涂有 1%肝素钠的离心管中,4000 r/min离心 10 min,取上层血浆,置－20℃冷冻保存。

同时将每尾鱼解剖,分别取肝脏、肾脏和 5 g 左右肌肉,每尾鱼的各组织作为一个样品放入封口袋,每时间点取样 6 尾鱼。所有样品置－20℃冷冻保存。

(3)口服给药。

纱布绑定鱼体,用 1 mL 灭菌注射器(弃去针头)吸取恩诺沙星水溶液灌入大菱鲆前胃,给药剂量及取样方法同肌注给药。所有样品置－20℃冷冻保存。

(4)样品处理与分析。

1)血浆处理。

样品室温下自然解冻,摇匀后吸取 1 mL 血浆于 10 mL 离心管中,加入 4 mL 乙腈漩涡振荡 10 s,静置 2 h,5000 r/min 离心 10 min,取上清液,在 40℃恒温水浴下氮气吹干,残渣用 1 mL 流动相溶解,0.22 μm 滤膜过滤后进行高效液相色谱测定。

2)组织处理。

样品室温下自然解冻,准确称取 1 g 组织(肌肉、肝脏和肾脏),加入 2 mL 乙腈 16000 r/min 匀浆 20 s;再用 2 mL 乙腈清洗刀头,合并两次液体漩涡振荡 10 s,静置 2 h,5000 r/min 离心 10 min,取上清液,在 40℃恒温水浴下氮气吹干,残渣用 1 mL 流动相溶解,加入 2 mL 正己烷去脂肪,下层液用 0.22 μm 滤膜过滤后进行高效液相色谱测定。

3)标准曲线与最低检测限。

准确称取恩诺沙星标准品 0.01 g,用适量 NaOH 助溶,然后用流动相定容至 100 mL,配成 100 μg/mL 的母液,再依次用流动相稀释成 5.00、2.00、1.00、0.50、0.20、0.10、0.05、0.02、0.01 μg/mL 的标准溶液用 HPLC 进行检测,以峰面积为纵坐标,浓度为横坐标做标准曲线,分别求出回归方程和相关系数。最低检测限参照王翔凌等(2006)的方法确定。

4)回收率和精密度的测定。

取浓度为 0.10、0.50、1.00、5.00 μg/mL 的标准溶液加入到 1 g 空白组织或 1 mL 空白血浆中,然后按"样品处理"方法处理后测定,每个浓度设 3 个重复,测得各样品峰面积按标准曲线方程计算浓度,然后与理论浓度相比较。

$$回收率 = \frac{样品实测药物浓度}{样品理论药物浓度} \times 100\%$$

将上述样品于 1 d 内分别重复进样 5 次,分 5 d 测定,计算各浓度水平响应值峰面积的变异系数($C \cdot V \cdot \%$),以此衡量检测方法的精密度。

5)色谱条件。

色谱柱:Agilent Tc-C18(250 mm×4.6 mm,5 μm);流动相:乙腈∶磷酸(0.01 mol/L,用三乙胺调至 pH3.42)＝20∶80($V∶V$);荧光检测器,激发波长 278 nm,发射波长 460 nm;柱温 30℃;流速 1.0 mL/min;进样量 20 μL。

1.4 数据处理

药代动力学模型拟合采用 DAS2.0 软件处理,并用一、二和三室模型分别以权重 1、1/C、1/C₂ 3 种情况拟合,根据 AiC 和 R^2 值来判断最适合的房室模型,并计算药动学参数。

2. 实验结果

2.1 检测方法

(1) 线性范围与最低检测限。

恩诺沙星标准液在 $0.01\sim5.00$ μg/mL 浓度范围内有良好的相关性,线性回归方程为:$Y=1336.8X+24.017$,相关系数 $R^2=0.9998$。最低检测限为 0.01 μg/mL。

(2) 回收率与精密度。

本试验条件下,在 $0.01\sim5.00$ μg/mL 浓度范围内,恩诺沙星在血浆、肌肉、肝脏和肾脏中的回收率为分别 $87.70\%\sim94.64\%$、$80.42\%\sim90.02\%$、$80.94\%\sim87.78\%$ 和 $81.96\%\sim94.24\%$(表 1);日内变异系数为 $0.29\%\sim2.03\%$,日间变异系数为 $2.06\%\sim5.10\%$。

回收率和变异系数是决定测定方法准确性和可靠性的重要依据,回收率不应低于 70%,日内和日间变异系数应控制在 10% 以内。本试验回收率高,变异系数小,符合生物测定方法要求。

表 1 恩诺沙星在血浆和各组织中的回收率

浓度 (μg/mL)	回收率(%)			
	血浆	肌肉	肝脏	肾脏
0.1	94.64±8.01	90.02±6.29	87.78±2.51	94.24±1.38
0.5	93.37±1.38	80.42±6.11	87.05±6.25	87.69±3.29
1.0	98.41±0.69	81.46±3.59	80.94±0.98	85.59±1.01
5.0	87.70±0.82	81.16±3.26	81.73±1.27	81.96±3.04

2.2 代谢动力学特征

(1) 房室模型及药代动力学参数。

采用 DAS2.0 软件对 3 种给药方式下恩诺沙星在血浆中的浓度进行分析。结果显示,静注给药后,恩诺沙星在健康大菱鲆体内药物动力学最佳模型为零级吸收二室开放模型,表达方程为:$C=Ae-\alpha t+Be-\beta t$;肌注和口服给药后,恩诺沙星在健康大菱鲆体内药物动力学最佳模型为一级吸收二室开放模型,表达方程为:$C=Ae-\alpha t+Be-\beta t-(A+B)e-Kat$。药代动力学房室参数(表 2)。

其药代动力学方程分别为:

$C_{静注}=32.839e-0.959t+6.927e-0.011t$

$C_{肌注}=10.237e-0.702t+6.151e-0.01t-16.388e-25.796t$

$C_{口服}=3.701e-0.072t+3.534e-0.007t-7.235e-0.364t$

表2 大菱鲆静注、肌注和口服恩诺沙星的药代动力学参数

参数	单位	给药方式		
		静注	肌注	口服
分布相的零时截距 A	$\mu g/mL$	32.839	10.237	3.701
消除相的零时截距 B	$\mu g/mL$	6.927	6.151	3.534
分布速率常数 α	$1/h$	0.959	0.702	0.072
消除速率常数 β	$1/h$	0.011	0.01	0.007
药物吸收速率常数 Ka	$1/h$		25.796	0.364
吸收半衰期 $t_{1/2}Ka$	h		0.027	1.904
分布相半衰期 $t_{1/2\alpha}$	h	0.723	0.987	9.621
消除相半衰期 $t_{1/2\beta}$	h	60.641	68.003	99.137
药物自中央室的消除速率 $K10$	$1/h$	0.056	0.016	0.013
药物自中央室到周边室的一级转运速率 $K12$	$1/h$	0.738	0.422	0.024
药物自周边室到中央室的一级转运速率 $K21$	$1/h$	0.176	0.274	0.042
血药浓度-时间曲线下面积 $AUC0-t$	$h \cdot \mu g/mL$	440.853	390.452	292.827
$AUC0-24$			153.212	102.744
达峰时间 t_{max}	h		0.5	4.0
峰浓度 C_{max}	$\mu g/mL$		21.7172	5.3594
表观分布容积 V_d	L/kg	3.047	3.661	4.939
生物利用度 F	%	100	88.57	66.42

（2）恩诺沙星在大菱鲆体内的吸收与分布。

大菱鲆静注、肌注和口服恩诺沙星后，其血浆、肌肉、肝脏和肾脏的药—时曲线（图1～3）。

（3）恩诺沙星在各组织中的消除规律。

大菱鲆经肌注和口服恩诺沙星后，消除相数据经回归处理得到肌肉、肝脏和肾脏3种组织中药物浓度（C）与时间（t）关系的消除曲线方程（表3）。

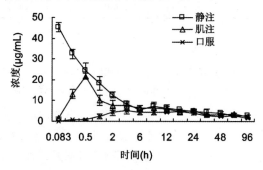

图1 恩诺沙星在血浆中的药—时曲线

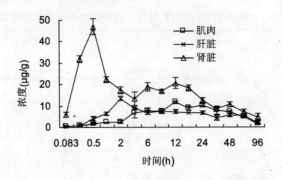

图2 大菱鲆肌注恩诺沙星后各组织中的药—时曲线

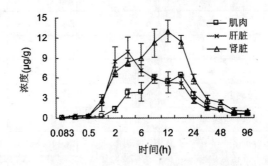

图3 大菱鲆口服恩诺沙星后各组织中的药—时曲线

表3 大菱鲆肌注、口服恩诺沙星后各组织消除相曲线方程及参数

组织	消除方程	相关系数 R^2	消除速率常数 β	消除半衰期(h) $t_{1/2\beta}$
肌肉	$C_{肌注}=16.131e-0.007t$	0.8994	0.007	99.00
	$C_{口服}=7.7662e-0.004t$	0.9362	0.004	173.25
肝脏	$C_{肌注}=11.468e-0.008t$	0.8916	0.008	86.63
	$C_{口服}=7.5802e-0.0036t$	0.8989	0.0036	192.50
肾脏	$C_{肌注}=39.349e-0.013t$	0.7822	0.013	53.31
	$C_{口服}=13.830e-0.007t$	0.8965	0.007	99.00

3. 讨论

3.1 肌注和口服恩诺沙星在大菱鲆体内的吸收特征

由表2可知,大菱鲆肌注恩诺沙星后血药达峰时间小于锦鲤(1.0 h)和波斑鸨(1.72 h)(Pareeya,et al,2007;Ailey et al,1998),与印度星龟(0.5 h)(Bonnie L,et al,1994)相同,而中国对虾、中华绒螯蟹和罗氏沼虾肌注恩诺沙星后即刻达到峰值(方星星等,2004;Wu,et al,2006;钱云云等,2007),快于本试验结果;口服恩诺沙星后血药达峰时间小于舌齿鲈(6.03 h)、大西洋鲑(6.0 h)和大西洋蠵龟(7.0 h)(Intorre,et al,2000;Bernt,et al,1995;Elliott et al,2005),大于欧洲鳗鲡(2.0 h)、德国镜鲤(1.2441 h)和眼斑拟石首鱼

(1.5 h)(房文红等,2007;张雅斌等,2004;简纪常等,2005)。此差异可能是由于种属及生活环境等因素造成,另据报道甲壳动物属于开管循环系统,肌注给药相当于脊椎动物静注给药,因而即刻便达到了峰浓度。

Kwasi *et al*.(1999)以 5 mg/kg 剂量肌注和口服雏肉鸡恩诺沙星后,血药达峰时间分别为 0.79 h 和 2.5 h;Lewbart *et al*.(1997)以 5 mg/kg 剂量肌注和口服短盖巨脂鲤恩诺沙星后,血药达峰时间分别为 4 h 和 36 h,均显示肌注恩诺沙星吸收速率明显快于口服给药,与本试验结果一致。这可能是由于药物经肌肉注射后,很快扩散到毛细血管而进入血液循环,从而在短时间内达到了较高的浓度;而口服给药后,药物经胃肠和肝脏后进入血液循环,存在一定的"首过效应",吸收前有暂时的滞留,最后导致药物经较长时间才被转运到血液。

大菱鲆肌注恩诺沙星后,其生物利用度(F)为 88.57%,高于口服给药后的 66.42%,大西洋幼鲑(Stoffregen,*et al*,1997)肌注和口服恩诺沙星后的 F 分别为 65.97% 和 49.44%,虹鳟和大西洋鲑(Bowser,*et al*,1992;Bernt,*et al*,1995)口服恩诺沙星后的 F 分别为 55.5% 和 42%,均低于本试验结果,而恩诺沙星在波斑鸨和猪等(BAiley T A *et al*,1998;曾振灵等,1996)畜禽类体内的生物利用度与本试验结果相近,可见恩诺沙星在大菱鲆体内吸收相对比较完全。

3.2　肌注和口服恩诺沙星在大菱鲆体内的分布特征

由表2可知,大菱鲆肌注恩诺沙星后,其分布半衰期小于口服给药,同时由图2～3也可看出肌注后恩诺沙星在各组织中的达峰时间均小于口服给药,说明肌注恩诺沙星在大菱鲆体内的分布速率快于口服给药。同时,两种给药方式后,恩诺沙星在肝脏和肾脏中的峰浓度均大于在肌肉中的峰浓度,达峰时间也均短于在肌肉中的达峰时间。这可能是由于肝脏和肾脏渗透性好且含丰富的血管,所以药物首先分布在这些组织中,且比在渗透性差、血管贫乏的肌肉中分布得多(邓树海等,1992)。

3.3　肌注和口服恩诺沙星在大菱鲆体内的消除特征

大菱鲆肌注恩诺沙星后的消除半衰期远远大于波斑鸨(6.39 h)、雏肉鸡(10.6 h)、种牛(1.97 h)和安哥拉山羊(4.70 h)Ailey,*et al*,1998;Kwasi,*et al*,1999;Verma,*et al*,1999;Muammer,*et al*,2001),与中华绒螯蟹(52.39 h)和罗氏沼虾(69.315 h)相近[11,17];大菱鲆口服恩诺沙星后的消除半衰期也远远大于波斑鸨(6.80 h)、猪(6.93 h)、火鸡(雌性6.03 h,雄性 5.24 h)和宽吻海豚(6.4 h)(BAiley T A ,*et al*,1998;曾振灵等,1996;Dimitrova J,*et al*,2006;Linnehan,*et al*,1999),与大西洋幼鲑(105.11 h)(Stoffregen,*et al*,1997)相近。可见,恩诺沙星在大菱鲆体内消除速率慢于大多数畜禽类,而与部分水产动物相近,消除较缓慢。

同时,大菱鲆肌注恩诺沙星后,其消除半衰期小于口服,与 BAiley T A,*et al*. 和 Stoffregen D A,*et al*.(1998;1997)的研究结果一致。这可能是由于口服给药可能存在肝肠或胃肠循环,所以药物在大菱鲆体内平均驻留时间较长,从而导致消除速率慢于肌注给药。

3.4　临床建议给药方案

目前已经有文献报道的从大菱鲆病灶处分离的细菌病原达十几种之多,其中以革兰氏阴性的杆菌为主,且主要集中于弧菌属和气单孢菌属(张正等,2004)。恩诺沙星对弧菌科多数细菌都有较强的抑制作用,其中对鳗弧菌(V.anguillarum)的最小抑菌浓度为 0.04

～0.08 μg/mL,对嗜水气单孢菌($A.\ hydrophila$)的最小抑菌浓度为 0.5 μg/mL,对杀鲑气单孢菌($A.\ salmonicida$)的最小抑菌浓度为 0.60 μg/mL,对杀鲑弧菌($V.\ salmonicida$)的最小抑菌浓度为 0.60 μg/mL(Bernt,$et\ al$,1992;Maluping,$et\ al$,2005;PauLr,$et\ al$,1994;Della,$et\ al$,2004)。

喹诺酮类药物属于浓度依赖型抗菌药物,对常见细菌病的治疗效果与 PK-PD 参数有关,主要有 C_{max}/MIC 和 AUC_{0-24}/MIC,一般认为 C_{max}/MIC>8 或 AUC_{0-24}/MIC≥100 即可起到良好的治疗效果,且可减少耐药性的产生,当 C_{max}/MIC=10 时可发挥最大治疗效果(Forrest,$et\ al$,1993;Marra,$et\ al$,1996;Shojaee,$et\ al$,2000)。依据此理论,本试验大菱鲆肌注恩诺沙星后,C_{max}/MIC 和 AUC_{0-24}/MIC 分别为 36.20～542.93 和 255.35～3830.3,口服恩诺沙星的 C_{max}/MIC 和 AUC_{0-24}/MIC 分别为 8.93～133.985 和 171.24～2568.6。可见,在本试验条件下肌注和口服恩诺沙星对大菱鲆常见病菌病均能起到较好的治疗作用。为了达到一定的稳态血药浓度,常需要多次给药,给药方案可依据本试验单次给药动学参数,通过徐叔云等(2002)提出的公式计算:$Css=F\times X_0/(V_d\times K_{10}\times\tau)$,其中 Css:期望达到的稳态血药浓度;F:生物利用度;X_0:每日给药剂量;V_d:表观分布容积;K_{10}:药物在中央室消除速率;τ:给药间隔时间。通过以上公式计算可知,以期达到 10 MIC 的稳态血药浓度,肌注给药,按鱼体重每次给药 19.05 mg/kg,2 天一次,建议连续给药 2～3 次;口服给药,按鱼体重每次给药 13.92 mg/kg,1 天一次,建议连续给药 3～5 次。

参考文献(略)

梁俊平,王吉桥.大连海洋大学生命科学与技术学院　大连　116023
梁俊平,李健,张喆,王群,刘德月.中国水产科学研究院黄海水产研究所　山东青岛　266071

四、氟甲喹

氟甲喹属第二代喹诺酮类药物,1972 年首先在美国上市,其作用机理主要是抑制了DNA 旋转酶 A 亚单位,从而破坏了它的活性,结果使脱氧核糖核酸、核糖核酸及蛋白质的合成受干扰,使细胞不能再进行分裂,起到杀菌作用,在水产养殖中已得到广泛应用(李剑勇等,2004)。关于氟甲喹在水产动物体内的药代动力学研究多见于国外报道,而国内仅见梁增辉等(2006)报道在鳗鱼体内的药代动力学研究。本文主要通过静脉注射和口服给药研究氟甲喹在大菱鲆体内的药代动力学,拟合科学合理的给药方案,以期为临床用药提供一定的依据。

1. 材料与方法

1.1　药品和试剂

氟甲喹标准品(纯度≥99.8%,批号 42835-25-6),由 Sigma 公司生产;氟甲喹原粉(纯度≥99.78%,批号 08080620),苏州恒益医药原料有限公司生产。试验用注射药液由生理盐水配制而成。

1.2　实验动物

健康大菱鲆,体重(157.4±8.5)g,饲养于中国水产科学研究院黄海水产研究所鳌山卫基地。水温(16±0.6)℃,盐度 29,pH8.2,充气,流水,试验前检测无药物残留,暂养 2 周,投喂大菱鲆专用配合饲料。

1.3 给药及采样

(1)静注给药。

擦干鱼体尾部,酒精棉消毒,用纱布裹定鱼体,通过注射前回抽尾静脉血的方法确定注射部位,如果在注射过程中针头发生位移或弯曲,则废弃此鱼,注射剂量为 20 mg·kg^{-1}鱼体重,分别于静注后 15、30 min 和 1、2、4、6、8、12、16、24、36、48、72、96 h 从尾静脉无菌采血,同一时间点取 6 尾鱼,每尾鱼所采血液作为一个样品分别置于预先涂有 1‰肝素钠的离心管中,4000 r·min^{-1}离心 10 min,取上层血浆,置−20℃冷冻保存。

(2)口服给药。

纱布绑定鱼体,用 1 mL 灭菌注射器(弃去针头)吸取氟甲喹水溶液灌入大菱鲆前胃,分别于口服后 15、30 min 和 1、2、4、6、8、12、16、24、36、48、72、96 h 从尾静脉无菌采血,同一时间点取 6 尾鱼,每尾鱼所采血液作为一个样品分别置于预先涂有 1‰肝素钠的离心管中,4000 r·min^{-1}离心 10 min,取上层血浆,置−20℃冷冻保存。同时将每尾鱼解剖,分别取全部肝脏、肾脏和 5 g 左右肌肉,每尾鱼各组织作为一个样品放入封口袋,每时间点取 6 尾鱼,即每时间点各组织为 6 个样品。所有样品置−20℃冷冻保存。

1.4 样品处理与分析

(1)血浆处理。

样品室温下自然解冻,摇匀后吸取 1 mL 血浆于 10 mL 离心管中,加入 4 mL 乙腈漩涡振荡 10 s,静置 2 h,5000 r/min 离心 10 min,取上清液,在 40℃恒温水浴下氮气吹干,残渣用 1 mL 流动相溶解,0.22 μm 滤膜过滤后进行高效液相色谱测定。

(2)组织处理。

样品室温下自然解冻,准确称取 1 g 组织(肌肉、肝脏和肾脏),加入 2 mL 乙腈 16000 r/min 匀浆 20 s;再用 2 mL 乙腈清洗刀头,合并两次液体漩涡振荡 10 s,静置 2 h,5000 r/min 离心 10 min,取上清液,在 40℃恒温水浴下氮气吹干,残渣用 1 mL 流动相溶解,加入 2 mL 正己烷去脂肪,下层液用 0.22 μm 滤膜过滤后进行高效液相色谱测定。

(3)标准曲线与最低检测限。

准确称取氟甲喹标准品各 0.01 g,用适量 NaOH 助溶,然后用流动相定容至 100 mL,配成 100 μg·mL^{-1}的母液,再依次用流动相稀释成 5.00、2.00、1.00、0.50、0.20、0.10、0.05、0.02、0.01 μg·mL^{-1}的标准溶液用 HPLC 进行检测,以峰面积为纵坐标,浓度为横坐标做标准曲线,分别求出回归方程和相关系数。

(4)回收率和精密度的测定。

取浓度为 0.10、0.50、1.00、5.00 μg·mL^{-1}的标准溶液加入到 1 g 空白组织或 1 mL 空白血浆中,然后按"样品处理"方法处理后测定,每个浓度设 3 个重复,测得各样品峰面积按标准曲线方程计算浓度,然后与理论浓度相比较。

$$回收率 = \frac{样品实测药物浓度}{样品理论药物浓度} \times 100\%$$

将上述样品于 1 d 内分别重复进样 5 次,分 5 d 测定,计算各浓度水平响应值峰面积的变异系数($C·V·\%$),以此衡量检测方法的精密度。

(5)色谱条件。

色谱柱:Agilent Tc-C18(250 mm×4.6 mm,5 μm);流动相:乙腈:磷酸(0.01 mol·

L^{-1},用三乙胺调至 pH3.42)＝45∶55($V∶V$);荧光检测器,激发波长 325 nm,发射波长 369 nm;柱温 30℃;流速 1.0 mL·min^{-1};进样量 20 μL。

1.5　数据处理

药代动力学模型拟合采用 DAS2.0 软件处理,并用一、二和三室模型分别以权重 1、1/ C、1/C_2 3 种情况拟合,根据 AiC 和 R^2 值来判断最适合的房室模型,并计算药动学参数。

2.实验结果

2.1　检测方法

(1)线性范围与最低检测限。

氟甲喹标准液在 0.01～5.00 μg·mL^{-1} 浓度范围内有良好的相关性,线性回归方程 分别为:$Y＝171.75X－1.7824$,相关系数 $R^2＝1.000$,如图 1 所示。最低检测限为 0.01 μg ·mL^{-1}。

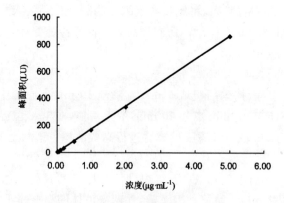

图 1　氟甲喹标准工作曲线

(2)回收率与精密度。

氟甲喹在血浆、肌肉、肝脏和肾脏的回收率及变异系数如表 1 所示。回收率和变异系 数是决定测定方法准确性和可靠性的重要依据,回收率不应低于 70%,日内和日间变异系 数应控制在 10% 以内。本试验回收率高,变异系数小,符合生物测定方法要求。

表 1　氟甲喹在各组织中的回收率和变异系数

组织	回收率(%)	日内变异系数(%)	日间变异系数(%)
血浆(Plasma)	100.01±2.58	1.6±0.84	3.58±1.89
肌肉(Muscle)	89.65±8.51	2.89±1.69	2.19±1.19
肝脏(Liver)	80.26±3.19	1.98±0.79	5.89±2.54
肾脏(Kidney)	94.26±4.59	1.16±2.49	3.98±2.54

2.2　代谢动力学特征

(1)房室模型及药代动力学参数。

采用 DAS2.0 软件对静注和口服氟甲喹在血浆中的浓度进行分析。结果显示,静注 给药后,氟甲喹在健康大菱鲆体内药物动力学最佳模型为无级吸收二室开放模型,表达方程为:$C=Ae-\alpha t+Be-\beta t$;口服给药后,氟甲喹在健康大菱鲆体内药物动力学最佳模型为一级吸收二室开放模型,表达方程为:$C=Ae-\alpha t+Be-\beta t-(A+B)e-Kat$。药代动力学房室参数见表2。

$$C_{静注}=8.913e-0.148t+2.769e-0.013t$$
$$C_{口服}=5.96e-0.081t+0.467e-0.023t-6.427e-0.259t$$

表2 大菱鲆静注和口服氟甲喹的药代动力学参数

参数	单位	给药方式	
		静注	口服
分布相的零时截距 A	$\mu g \cdot mL^{-1}$	8.913	5.96
消除相的零时截距 B	$\mu g \cdot mL^{-1}$	2.769	0.467
分布速率常数 α	h^{-1}	0.148	0.081
消除速率常数 β	h^{-1}	0.013	0.023
药物吸收速率常数 Ka	h^{-1}		0.259
吸收半衰期 $t_{1/2}$Ka	h		2.672
分布相半衰期 $t_{1/2\alpha}$	h	4.673	8.591
消除相半衰期 $t_{1/2\beta}$	h	24.543	30.409
药物自中央室的消除速率 $K10$	h^{-1}	0.04	0.066
药物自中央室到周边室的一级转运速率 $K12$	h^{-1}	0.076	0.009
药物自周边室到中央室的一级转运速率 $K21$	h^{-1}	0.045	0.028
血药浓度-时间曲线下面积 AUC0~t	$h \cdot \mu g \cdot mL^{-1}$	220.323	95.852
达峰时间 t_{max}	h		16
峰浓度 C_{max}	$\mu g \cdot mL^{-1}$		4.547
表观分布容积 V_d	$L \cdot kg^{-1}$	1.712	4.413
生物利用度 F	%	100	43.51

(2)氟甲喹在大菱鲆体内的吸收与分布。

大菱鲆静注和口服氟甲喹后,其血浆、肌肉、肝脏和肾脏的药—时曲线分别见图2、3。

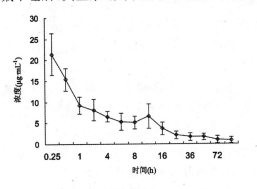

图2 大菱鲆静注氟甲喹后血浆中的药—时曲线

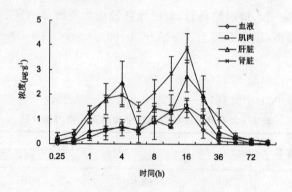

图3 大菱鲆口服氟甲喹后各组织中的药—时曲线

3. 讨论

3.1 静注给药的药代动力学特征

健康大菱鲆静注氟甲喹后的表观分布容积为 $1.712\ L\cdot kg^{-1}$ 等(1997)报道大西洋比目鱼静注氟甲喹后的表观分布容积为 $2.3\ L\cdot kg^{-1}$,Steven M. Plakas(2000)报道斑点叉尾鮰静注氟甲喹后的表观分布容积为 $0.527\ L\cdot kg^{-1}$,M. K. Hansen 等(2000)研究了欧洲鳗鲡静注氟甲喹后,结果显示氟甲喹在欧洲鳗鲡体内的表观分布容积为 $3.4\ L\cdot kg^{-1}$,另外 M K Hansen 等(2000)还研究了氟甲喹在鳕鱼和濑鱼体内的药代动力学,结果显示两种鱼静注氟甲喹后的表观分布容积分别为 2.4 和 $2.15\ L\cdot kg^{-1}$,A Anadon 等(2008)报道小鸡静注氟甲喹后的表观分布容积为 $2.70\ L\cdot kg^{-1}$,由此可见氟甲喹在家禽和水产动物体内的分布均比较广泛。静脉注射氟甲喹在大菱鲆体内的 AUC 为 $220.323\ h\cdot mg\cdot L^{-1}$,与大西洋比目鱼($239.5\ h\cdot mg\cdot L^{-1}$)相近,小于欧洲鳗鲡($831\ h\cdot mg\cdot L^{-1}$)、鳕鱼($410\ h\cdot mg\cdot L^{-1}$)和斑点叉尾鮰($673\ h\cdot mg\cdot L^{-1}$),而大于濑鱼($72\ h\cdot mg\cdot L^{-1}$)Samuelsen,et al,1997,et al,2000;Hansen,et al,2000),说明氟甲喹的吸收程度在水产动物种属间的差异也比较大。静注氟甲喹在大菱鲆体内的消除半衰期为 24.543 h,大于小鸡(6.91 h),小于大西洋比目鱼(43 h)和鳕鱼(75 h),而与濑鱼(31 h)和斑点叉尾鮰(24.6 h)相近 Samuelsen et al,1997;Plakas et al,2000;Hansen et al,2000;A. Anado·n,2008),说明氟甲喹静注大菱鲆后在其体内的消除相对其他部分水产动物而言是比较快的。

3.2 口服给药的药代动力学特征

口服氟甲喹在大菱鲆血液中的达峰时间为 16 h Samuelsen 等(1997)报道大西洋比目鱼口服氟甲喹后血液中的达峰时间为 20 h,Plakas 等(2000)报道斑点叉尾鮰口服氟甲喹后血液中的达峰时间为 13.7 h Hansen 等(2000)报道欧洲鳗鲡和鳕鱼口服氟甲喹后血液中的达峰时间分别为 7 和 24 h,Anadon 等(2008)报道小鸡口服氟甲喹后血液中的达峰时间仅为 1.43 h,由此可见口服氟甲喹的吸收速率在不同种属之间的差异较大,尤其在水产动物体内的吸收速率相对较慢些。口服氟甲喹在大菱鲆肌肉、肝脏和肾脏中的达峰时间均为 16 h,分布半期和消除半衰期分别为 8.591 和 30.409 h,Anadon 等(2008)报道小鸡口服氟甲喹后的分布半期和消除半衰期分别仅为 1.55 和 10.05 h Hansen 等(2000)报道鳕鱼和濑鱼口服氟甲喹后的消除半衰期分别为 74 和 41 h,Steven M Plakas 等(2000)报道斑点叉尾鮰口服氟甲喹后的消除半衰期为 21.8 h,由此可见口服氟甲喹在水产动物体内的分布较慢,而消除速率相对较快。AUC 是一个衡量药物在鱼体内各组织器官的吸收与分布量的重要指标,而生物利用度是确定药物剂量与作用强度之间关系的重要因素,本试验中,大菱鲆口服氟甲喹后,血浆中的 AUC 和 F 分别为 95.852 h·mg·L^{-1} 和 43.51%,与大西洋比目鱼口服氟甲喹后的 AUC(156.5 h·mg·L^{-1})和 F(31%)以及斑点叉尾鲴口服氟甲喹后的 AUC(149 h·mg·L^{-1})和 F(44.3%)相近(Ole Bent Samuelsen *et al*,1997;Steven M Plakas *et al*,2000),由此说明大菱鲆口服氟甲喹后与部分水产动物相似,都有较强的"首过效应",在其体内的吸收效果都比较低。

3.3　临床用药方案

Barnes 和 Martinsen 等(1995,1990)报道氟甲喹对杀鲑气单孢菌(*Aeromonas salmonicida*),杀鲑弧菌(*Vibrio salmonicida*),鳗弧菌(*Vibrio anguillarum*),和耶尔森氏菌(*Yersiniaruckeri*)的最小抑菌浓度为 0.005~0.5 μg·mL^{-1},Samuelsen 等(1996)从大西洋比目鱼中分离到两株鳗弧菌,氟甲喹对这两株菌的最小抑制浓度为 0.06 μg·mL^{-1} 和 0.015 μg·mL^{-1}。目前已经有文献报道的从大菱鲆病灶处分离的细菌病原达十几种之多,其中以革兰氏阴性的杆菌为主,且主要集中于弧菌属和气单孢菌属(张正等,2004),因此氟甲喹作为防治大菱鲆疾病的药物,其抑菌浓度可根据以上研究确定在 0.005~0.5 μg·mL^{-1} 范围内。在本试验条件下,大菱鲆口服氟甲喹后血液中的峰浓度为 4.547 μg·mL^{-1},按照第一章 PK-PD 理论,C_{max}/MIC = 9.094~909.4 和 AUC/MIC = 191.704~19170.4,可见,在本试验条件下口服氟甲喹对大菱鲆常见病菌病均能起到较好的治疗作用。为了达到一定的稳态血药浓度,常需要多次给药,按照第一章给药公式,大菱鲆口服氟甲喹,按鱼体重每次 80.33 mg·kg^{-1},1 天给药一次。

参考文献(略)

梁俊平,李健　中国水产科学研究院黄海水产研究所　青岛　266071

五、噁喹酸

大菱鲆(*Scophthalmus maximus*),英文名为 Turbot,是原产于欧洲沿海的一种名贵比目鱼,在中国又称多宝鱼,隶属于硬骨鱼类、鲽形目、鲆科、菱鲆属(张永明等,2009)。大菱鲆于 1992 年引入我国,由于其生长快,营养价值高等优点而成为我国北方特别是山东半岛地区的主要海水养殖鱼类。

噁喹酸(Oxolinic acid,OA),又称氧环噁喹酸、奥基索林酸或奥林酸,是第二代喹诺酮类产品,具有广谱、用量低、抑菌效果好等优点,对鳗弧菌(*Vibrio anguillarum*),嗜水气单孢菌(*Aeromonas hydrophila*)等病原菌有较强的抗菌活性,是治疗水产动物疾病较为理想的药物之一(王慧等,2006)。目前已见噁喹酸在鲈鱼(*Cuvieret Valenciennes*)、鳗鱼(*Muraenesoxcinereus*)、牙鲆(*Paralichthys olivaceus*)、三角鲂(*Megalobra materminalis*)、中国对虾(*Fenneropenaeus chinensis*)、金头鲷(*Sparus Aurata*)、大西洋鲑(*Salmosalar*)、石斑鱼(*Epinephelus drummondhayi*)(王慧等,2006;李健等,2001;梁增辉等,2006;许宝青等,2006;Kazuaki Uno *et al*,2004;R. Romero-Gonz'alez *et al*,2007;George Rigos *et al*,2003;Ole Bent Samuelsen *et al*,2000;Rosie Coyne *et al*,2004;蒋红霞等,2001;Rogstad A *et al*,1993;Gun J Z *et al*,1994;Hustvedt S O *etal*,1991)等体内的药代动力学研究报道,而关于

其在大菱鲆体内的药代动力学还未见相关报道。本试验研究了静注和口服两种给药方式下,噁喹酸在大菱鲆体内的代谢动力学规律,并提出合理的给药方案,以期为指导大菱鲆养殖生产中的合理用药提供科学依据。

1. 材料与方法

1.1 药品和试剂

噁喹酸标准品,纯度≥99%,购自中国兽药监察所;噁喹酸钠原粉(纯度≥99%,批号7789-38-0),由武汉昌恒生物制品研究所生产。乙腈为色谱纯,乙酸乙酯、无水硫酸钠、草酸、氢氧化钠、正己烷为分析纯。

1.2 实验动物

健康大菱鲆,体重(154.7±10.4)g,饲养于中国水产科学研究院黄海水产研究所烟台海阳实验基地,水温(24.5±0.2)℃连续充气,流水条件下暂养两周,实验前检测无药物残留,投喂大菱鲆专用配合饲料。

1.3 给药及采样

(1)口服给药及采样。

用干净毛巾固定鱼体,用弃去针头的 1 mL 无菌注射器吸取噁喹酸水溶液灌入大菱鲆前胃,口服剂量 20 mg·kg^{-1},观察有回吐者弃去,无回吐者用于试验。分别于口服给药后的 0.083、0.25、0.5、1、2、4、6、8、12、16、24、36、48、60、72 h 尾静脉无菌取血,放入预先涂有 1‰肝素钠的 5 mL 离心管,5000 r·min^{-1},离心 10 min,取上层血浆,于−20℃冰箱保存。同时取大菱鲆肌肉、肾脏和肝脏样品,于−20℃冰箱保存。同一时间点取 5 尾鱼。

(2)静注给药与采样。

用干净毛巾擦干鱼体左侧,酒精棉消毒,尾静脉注射剂量为 10 mg·kg^{-1},取样时间和方式同口服给药。所有样品置−20℃冰箱冷冻保存。

1.4 样品处理与分析

(1)血浆处理。

血浆样品于室温下自然解冻后,摇匀后吸取 1 mL 于 10 mL 离心管,加入 2 mL 无水硫酸钠,加入 4 mL 无水乙酸乙酯,漩涡振荡器振荡 20 s,静置 2 h,5000 r·min^{-1}离心 10 min,取上清液,于 40℃恒温水浴下氮气吹干,1 mL 流动相溶解残渣,加入 2 mL 正己烷去脂肪,振荡静置,弃去上层液体,下层液过 0.22 μm 的微孔滤膜,过滤后的液体进行高效液相色谱测定。

(2)组织处理。

组织样品于室温下自然解冻后,准确称取 1 g 组织(肌肉、肝脏、肾脏),加入 2 mL 无水硫酸钠,2 mL 无水乙酸乙酯,16000 r·min^{-1}匀浆 30 s,再用 2 mL 乙酸乙酯清洗刀头,合并两次提取液,振荡 30 s,静置 2 h,5000 r·min^{-1}离心 10 min,取上清液,于 40℃恒温水浴下氮气吹干,1 mL 流动相溶解残渣,加入 2 mL 正己烷去脂肪,振荡静置,弃去上层液体,下层液过 0.22 μm 的微孔滤膜,过滤后的液体进行高效液相色谱测定。

(3)线性范围。

准确称取噁喹酸标准品 0.01 g,用适量 NaOH 助溶,然后用流动相定容至 100 mL,配成 100 μg·mL^{-1} 的母液,再依次用流动相稀释成 50.00、10.00、5.00、2.00、1.00、0.50、

0.20、0.10、0.05、0.02、0.01 μg·mL^{-1}的标准溶液用 HPLC 进行检测,以峰面积为纵坐标,浓度为横坐标做标准曲线,进行回归分析,分别求出回归方程和相关系数。

（4）回收率、精密度和最低检测限。

取 0.1、1、10 μg·mL^{-1}三个浓度水平的噁喹酸标准液各 1 mL,分别加入 1 g 肌肉、鳃、肝脏、肾脏和 1 mL 血浆五种空白组织中,每个浓度有三个平行,进行 HPLC 测定,按照公式进行计算:回收率（%）＝（实测药物浓度/理论药物浓度）×100%。

将上述样品于一天内分别重复进样 5 次和分 5 天测定,计算 3 个浓度水平响应值峰面积的变异系数（$C·V·%$）,以此衡量方法的精密度。

最低检测限的确定根据公式 $LOD＝3×V×C/(S/N)$ 计算的。其中 V—进样体积（mL）;C—最小检测浓度（μg·mL^{-1}）;S/N—信燥比。

（5）色谱条件。

色谱柱为 Agilent T C-C18（4.6 mm×250 mm,填料粒度 5 μm）;流动相由乙腈和 0.1% 草酸（用 NaOH 调至 pH3.0）按 30∶70（V/V）的比例混合而成;荧光检测器的激发波长为 325 nm,发射波长为 369 nm;柱温 30℃;流速 1.0 mL·min^{-1},进样量 20 μL。

1.5　数据处理

采用 DAS2.0 药动学软件对药时数据进行分析,并计算主要参数（分布相半衰期 $t_{1/2\alpha}$、消除相半衰期 $t_{1/2\beta}$、表观分布容积 Vd/F、总体清除率 CL/F、曲线下面积 AUC、达峰时间 T_{max}、峰浓度 C_{max}）。

2. 实验结果

2.1　检测方法

（1）线性范围。

噁喹酸标准液在 0.01～50.00 μg·mL^{-1}浓度范围内有良好的相关性,线性回归方程为 $Y＝117.14X＋21.396$,$R^2＝0.9997$。

（2）回收率、精密度和最低检测限。

本实验条件下,噁喹酸在血浆和各组织中的回收率在 77.9%～100.62% 之间（表1）,日内精密度为（2.14±1.09）%,日间精密度为（3.26±2.12）%,本方法的检测限为 0.02 μg/mL,符合药物分析的要求。

表1　噁喹酸在血浆和各组织中的回收率

浓度 μg·mL^{-1}	回收率（%）			
	血浆	肌肉	肝脏	肾脏
0.1	100.62±3.55	96.62±6.25	99.37±2.83	82.09±4.27
1	82.23±2.40	86.47±2.36	80.30±3.83	86.18±8.27
10	80.43±1.66	88.12±0.40	80.74±2.03	77.90±0.10

2.2　代谢动力学特征

（1）噁喹酸在大菱鲆体内的浓度变化。

大菱鲆一次性口服和静注噁喹酸后,药物在血浆、肌肉、肝脏和肾脏中的药—时曲线（图1～3）。口服噁喹酸后,血浆和各个组织均有明显的双峰现象。静注后 0.083 h 血浆即达到了最高浓度,1 h 左右各个组织浓度也达到最高值,随后下降。

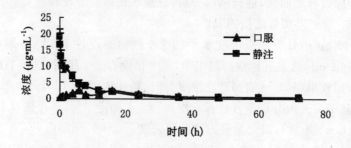

图 1　噁喹酸在血浆中的药—时曲线

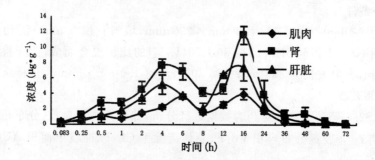

图 2　大菱鲆口服噁喹酸后各组织中的药—时曲线

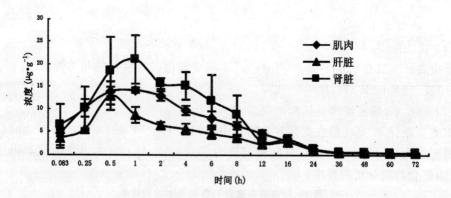

图 3　大菱鲆静注噁喹酸后各组织中的药—时曲线

（2）噁喹酸在大菱鲆体内的药物代谢动力学参数。

大菱鲆分别以 20 mg·kg^{-1}剂量一次性口服和 10 mg·kg^{-1}剂量一次性静脉注射噁喹酸后,其药时数据用 DAS2.0 软件进行分析处理,结果表明,静注给药的药时数据均符合无级吸收二室开放模型;口服给药的药时数据没有经过自调处理,多峰现象比较严重,本实验口服分析参考房室参数值和非房室模型统计矩原理来分析药时数据（王慧等,2006;蒋红霞等,2001）;其血浆药代动力学方程分别为:$C_{静注} = 12.284e - 0.144t + 0.284e - 0.027t$ 和 $C_{血浆} = 2.059e - 0.062t + 0.645e - 0.023t - 2.704e - 0.202t$。主要药动学参数如表 2 所示。

表2 大菱鲆单次静注和口服噁喹酸的药物代谢动力学参数

参数	单位	给药方式	
		静注	口服
MRT(0~72)	h	9.347	22.499
VRT(0~72)	h²	121.864	259.526
t_{max}	h	0.083	6
C_{max}	μg/mL	18.829	2.2708
$t_{1/2\alpha}$	h	4.813	11.26
$t_{1/2\beta}$	h	25.441	30.212
$t_{1/2}Ka$	h		3.426
CL/F	L/h/kg	0.096	0.423
AUC(0-72)	h·μg/mL	99.069	42.266
K10	1/h	0.121	0.042
K12	1/h	0.020	0.008
K21	1/h	0.030	0.034
Ka	1/h		0.202
A	μg/mL	12.284	2.059
α	1/h	0.144	0.062
B	μg/mL	0.284	0.645
β	1/h	0.027	0.023
K	1/h		2.776

注:AUC为血药浓度—时间曲线下总面积;MRT为平均滞留时间;VRT为平均停留时间方差;t_{max}为达峰时间;C_{max}为达峰浓度;$t_{1/2\alpha}$为分布相半衰期;$t_{1/2\beta}$为消除相半衰期;$t_{1/2}Ka$为吸收相半衰期;CL/F为药物自体内清除的总清除率;K10为药物由中央室消除的一级消除速率常数;K12为药物自中央室到周边室的一级运转速率常数;K21为药物自周边室到中央室的一级运转速率常数;Ka为药物吸收速率常数;A为分布相的零时截距;α为分布速率常数;B为消除相的零时截距;β为多室模型药物的表观一级消除速率常数;K为药物自体内消除一级速率常数。

3. 讨论

3.1 噁喹酸在大菱鲆体内的药代动力学特征

本实验首次报道了噁喹酸在大菱鲆体内的药代动力学规律,结果表明,大菱鲆单次静注噁喹酸后血药经时过程符合无级吸收二室开放模型,这与报道的噁喹酸在鳗鱼(梁增辉等,2006)体内的代谢过程相同。静注给药后,噁喹酸在大菱鲆体内吸收迅速,血浆0.083 h内即达峰浓度,说明静注给药后,药物直接进入血液循环。肌肉、鳃、肝脏、肾脏的药—时曲线趋势一致,血浆及这四种组织的 T_{max} 分别为 0.083 h、1 h、0.5 h、1 h,C_{max} 分别为 18.8289 μg/g、14.0214 μg/g、12.7500 μg/g、53.6604 μg/g,肾脏>血浆>肌肉>肝脏,肝脏的达峰时间快于其他三个组织,肝脏在代谢过程中主要发挥转化作用,通过氧化和葡萄糖醛酸甙化进行药物代谢,所以肝脏中的药物浓度低于血浆和其他组织。单次静注给药后,血浆 $t_{1/2\alpha}$(11.26 h)大于鳗鱼(0.18 h)(梁增辉等,2006)、大西洋鲑(0.7 h,0.3 h)(Rogstad,$et\ al$,1993;Hustvedt,$et\ al$,1991),这可能是由于种属和环境因素等差异造成的。

口服给药后,大菱鲆血浆和其他各个组织中均出现明显的多峰现象,这与王慧(2006)等研究的噁喹酸在牙鲆体内的代谢规律一致,此类现象在牙鲆口服氯霉素(刘秀红等,2003)也出现过。口服给药研究数据可以看出,血浆、肌肉、肝脏、肾脏的药—时曲线趋势一致,血浆的 T_{max} 为 6 h,肌肉、肝脏、肾脏的 T_{max} 均为 16 h,血浆的达峰时间快于这三个组织,大菱鲆口服噁喹酸血药达峰时间小于鲈鱼(11.431 h)(李健等,2001)、三角鲂(16 h)(许宝青等,2006)和大西洋鲑(24 h)(Rogstad,$et\ al$,1993),大于石斑鱼(5.75 h)(Gun J Z $et\ al$,1994)、大西洋鲑(3.9 h)(Hustvedt,$et\ al$,1991)。血浆、肌肉、肝脏、肾脏的达峰浓度 C_{max} 分别为 2.2708 $\mu g/mL$、3.8458 $\mu g/g$、7.3127 $\mu g/g$、11.5071 $\mu g/g$,肾脏>肝脏>肌肉>血浆,表明噁喹酸在相同给药剂量下,肾脏、肝脏中的药物浓度要高于肌肉和血浆,说明进入肾脏、肝脏中的药量最多。口服给药后所出现的多峰现象,可能是因为噁喹酸能与鱼体内蛋白质疏松可逆结合,游离型药物与结合型药物之间的动态平衡,使血药浓度再次上升,药物随血液运达其他各个组织,使各个器官组织药物浓度再次达到高峰(王慧等,2006),另外也可能是由于肠肝循环、胃肠循环、多部位吸收等原因,使某些脏器对药物存在再吸收的作用,使得药物二次吸收,浓度再次升高(冯淇辉,1987)。本实验没有取鳃组织,水产中药代动力学很少以鳃作为取样组织,类似的现象只在国外的氟甲和国内的诺氟沙星出现过(PlakasS. Metal,2000;刘秀红等,2003)。

大菱鲆口服噁喹酸后血浆的消除相半衰期为 30.212 h,大于鲈鱼(10.278 h)(李健等,2001),而小于大西洋鲑(37.1 h)(Hustvedt,$et\ al$,1991)、;大菱鲆静注噁喹酸后血浆的消除相半衰期为 25.441 h,大于鳗鱼(14.84 h)(梁增辉等,2006)、大西洋鲑(10 h,5.1 h)(Rogstad,$et\ al$,1993;Hustvedt,$et\ al$,1991)。大菱鲆口服噁喹酸血浆 $t_{1/2\beta}$ 大于口服磺胺甲基异噁唑(6.32 h)(孙玉增等,2009),而小于口服恩诺沙星(99.137 h)(梁俊平等,2010)、磺胺甲噁唑(273.054 h)(曲志娜等,2009)、甲氧苄氨嘧啶(40.32 h)(盖春蕾等,2009)、土霉素(219.972 h)(郑增忍等,2008),表明不同实验动物对同一种药物的代谢能力不同,不同药物对同一实验动物的代谢规律不同。

不同的给药方式所得的药代动力学参数差异很大,与静注给药相比,口服给药的达峰时间长,达峰浓度低,说明静注噁喹酸在大菱鲆体内的分布速率快于口服给药,同时两种给药方式下,肾脏中的峰浓度都是最高,可以推测肾脏可能是代谢的主要器官。

3.2 噁喹酸给药方案的探讨

探讨给药方案主要是确定给药的剂量和给药的间隔时间,噁喹酸在健康大菱鲆体内的消除半衰期为 32.212 h,属慢效消除类,给药间隔应以一天为宜。给药剂量与最小抑菌浓度(MIC)、给药间隔时间和药代动力学参数有关,噁喹酸对海水养殖动物主要致病菌溶藻胶弧菌、哈维氏弧菌、坎贝氏弧菌和淡水嗜水气单胞菌有明显的抑制效果,其 MIC 在 3.8~5.6 $\mu g \cdot mL^{-1}$ 之间(李健等,2001),根据本实验单次给药药动学参数,通过徐叔云(徐叔云等,2002)提出的公式计算给药方案:$Css = F \times X_0/(Vd \times K_{10} \times \tau)$,($Css$:期望达到的稳态血药浓度;$F$:生物利用度;$X_0$:每日给药剂量;$Vd$:表观分布容积;$K10$:药物在中央室消除速率;$\tau$:给药间隔时间)。根据上述公式计算可得,建议口服给药,按鱼体重每次给药剂量为 21.41 mg/kg,1 天一次,连续 5~7 天。

参考文献(略)

孙爱荣.上海海洋大学水产与生命学院 上海 201306

孙爱荣,李健,常志强,梁俊平.中国水产科学研究院黄海水产研究所 山东青岛 266071

第二节 药物在牙鲆体内的代谢动力学

一、二氟沙星

二氟沙星(Difloxacin)属第三代氟喹诺酮类抗菌药物,又名双氟呱酸、双氟沙星,是由美国 Abbott 公司于 1984 年创制而成,并首次在 24 届 ICAA 会议上报道,我国农业部 2000 年批准为国家三类新兽药。其在防治畜牧业细菌性疾病中已得到极其广泛的应用且疗效显著,该药物在国外也已经应用到水产动物细菌性疾病的防治中,有望成为新一代有效的渔药。但在国内,有关二氟沙星在海水养殖鱼类体内的药代动力学研究至今还未见诸文献。本实验通过在不同温度和给药方式下,研究了二氟沙星在牙鲆体内的代谢动力学规律,旨在为生产中科学有效地使用药物提供依据。

1. 材料与方法

1.1 药品和试剂

二氟沙星(difloxacin,DIF)标准品为中国药品生物制品检定所提供,纯度≥99.5%。二氟沙星针剂由山东明发兽药股份有限公司提供。四丁基溴化铵(AR)分析纯,中国亨达精细化学品有限公司。正己烷(AR)分析纯,莱阳化工研究所,批号 20010712。磷酸(AR)分析纯,浓度为 75%,莱阳化工试验厂。乙腈(HPLC)甲醇(HPLC)德国 Merck 公司。重蒸馏水,实验室自制。

1.2 实验动物

健康牙鲆(*Paralichthys olivaceus*),体重量约 50 g,饲养于中国水产科学研究院黄海水产研究所麦岛实验基地。实验期间水温分别为 22℃±1℃ 和 14℃±1℃,充气,微流水,每日用空白配合饲料投喂两次。实验前检验表明实验鱼血液和组织无二氟沙星及其他药物残留。

1.3 给药及采样

试验分 4 组,分别为 14℃水温下口灌给药,14℃水温下静脉注射给药,22℃水温下口灌给药,22℃水温下静脉注射给药。给药剂量均为 10 mg/kg,分别在给药后第 5、15、45 min 及 1 h、2 h、4 h、6 h、9 h、12 h、16 h、24 h 取样,每个时间点取 6 尾。

1.4 样品处理与分析

(1)样品预处理。

准确称取 1 g 组织(肌肉、肝脏和肾脏)或准确吸取 1 mL 血液,置于 5 mL 的离心管中,加入 1 mL 甲醇,16 000 r/min 匀浆 10 s,再用 1 mL 甲醇清洗刀头,合并两次提取液,振荡 2～3 min,静置 15 min,然后 5000 r/min 离心 10 min,吸取全部上清液,在 40℃ 恒温水浴下氮气吹干,残渣用 1 mL 流动相溶解,加入 1 mL 正己烷去脂肪,下层液过 0.22 μm 的微孔滤膜,过滤后的液体可进行高效液相色谱测定。

(2)色谱条件。

流动相为乙腈：0.03 mol/L 四丁基溴化铵：水($V/V/V$)＝95：70：835,磷酸调节 pH＝3.0,流速为 1.0 mL/min,荧光检测器,激发波长为 278 nm,发散波长为 465 nm。

(3)标准曲线。

准确称取 10 mg DIF 标准品溶于 100 mL 流动相中,配成 100 μg·mL^{-1} 的母液,再依次稀释成 10、5、2、1、0.5、0.2、0.1、0.05、0.02、0.01 μg·mL^{-1} 的 10 个不同浓度的标准溶液,4℃ 保存于冰箱中。将配制的浓度为 10、5、2、1、0.5、0.2、0.1、0.05、0.02、0.01 μg/mL 的标准品溶液按样品处理方法处理后进行 HPLC 测定,以峰面积为纵坐标,浓度为横坐标做标准曲线,分别求出回归方程和相关系数。

(4)方法确证。

回收率:实验分两组,一组往空白组织中(肌肉、血液、肝脏和肾脏)按 5 个浓度梯度 (0.05,0.10,1.00,10.00,50.00 μg/mL)加入标准液,然后按样品处理方法处理;另一组将未加入标准液的空白组织亦经相同处理,然后再加入标准液(即直接用标液溶解)。回收率按照公式进行计算:回收率(%)＝(处理前加入标准液样品的测定值/处理后加入标准液样品的测定值)×100%。

精密度:取不同浓度(0.05,0.10,1.00,10.00,50.00 μg/mL)DIF 标准液,加入空白组织中,按样品处理方法处理,制得的各浓度样品于 1 d 内分别重复进样 5 次和分 5 d 测定,计算各浓度水平响应值峰面积的变异系数($C·V·\%$)和总平均变异系数($\Sigma C·V·\%$),以此衡量定量方法的精密度。

2. 实验结果

2.1 检测方法

二氟沙星的标准曲线测定结果如表 1 和图 1 所示,在 0.01～50 μg·mL^{-1} 的浓度范围内,标准曲线方程为 $C＝1.51×10^{-3}A+0.0310$(C-二氟沙星浓度,A-峰面积),相关系数 R^2 ＝0.9999,线性关系良好。二氟沙星以 0.05～50 μg/mL 5 个水平,分别测其在肌肉、血液、肝脏、肾脏中的回收率,结果见表 2。以引起三倍基线噪音的药量为最低检测限,本法最低检测限为 0.01 μg/mL。精密度是反映样品从保存到检测各个环节总的误差水平,是衡量方法准确度的标准之一。本实验中肌肉、血液、肝脏、肾脏四种组织中的日内变异系数和日间变异系数见表 3。

表 1　标准曲线测定结果

二氟沙星标准溶液浓度 μg/mL	0.01	0.02	0.05	0.1	0.2	0.5
峰面积	38.8	50.6	80.3	114.3	145.1	331.6

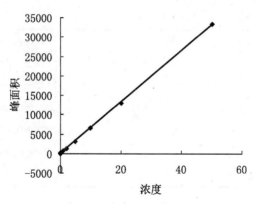

图 1　二氟沙星的标准曲线

表 2　DIF 在 4 种组织中的回收率

浓度(μg/mL)	DIF 的回收率(%)			
	肌肉	血液	肝脏	肾脏
0.05	89.86	88.35	88.35	87.91
0.1	92.23	94.70	90.46	89.32
1	89.35	92.17	87.68	88.12
10	83.39	90.16	85.83	85.52
50	79.69	84.99	77.12	80.83

表 3　四种组织中 DIF 的变异系数

总平均变异系数($C \cdot V \cdot \%$)	肌肉	血液	肝脏	肾脏
日内变异系数	3.05±1.47	2.16±1.27	2.31±1.08	2.32±1.24
日间变异系数	3.87±1.38	2.94±1.71	3.83±1.55	3.35±1.28

2.2　代谢动力学特征

（1）二氟沙星在牙鲆体内的浓度变化。

将高效液相色谱测得的 DIF 的峰面积代入标准曲线所绘制的回归方程,可求得药物在各组织中的含量。表 4～7 为给药方式分别为 14℃/口服、14℃/注射、22℃/口服、22℃/注射条件下二氟沙星在牙鲆体内各组织中含量变化情况。

表 4　温度 14℃,给药方式为口服条件下二氟沙星在牙鲆体内各组织的代谢

时间(h)	血浆(μg/mL)	肌肉(μg/g)	肝脏(μg/g)	肾脏(μg/g)
0.25	0.561±0.193	0.209±0.041	0.613±0.147	0.7310±0.154
0.75	0.759±0.154	0.274±0.051	0.892±0.258	1.043±0.263
1	1.323±0.204	0.379±0.092	1.0434±0.166	1.223±0.251
2	1.834±0.283	0.535±0.193	1.634±0.202	1.327±0.271
4	2.123±0.307	0.873±0.231	1.899±0.395	1.441±0.198

（续表）

时间(h)	血浆($\mu g/mL$)	肌肉($\mu g/g$)	肝脏($\mu g/g$)	肾脏($\mu g/g$)
6	3.123±0.247	0.942±0.229	2.432±0.329	2.023±0.445
9	3.707±0.454	1.350±0.198	1.432±0.201	2.419±0.301
12	2.734±0.339	0.653±0.240	1.223±0.287	2.057±0.218
16	1.953±0.246	0.208±0.041	0.873±0.236	1.858±0.395
24	0.909±0.228	0.185±0.121	0.494±0.102	1.000±0.166
48	0.719±0.258	0.0932±0.031	0.301±0.265	0.439±0.086

表 5　温度 14℃，给药方式静脉注射条件下二氟沙星在牙鲆体内各组织的代谢

时间(h)	血浆($\mu g/mL$)	肌肉($\mu g/g$)	肝脏($\mu g/g$)	肾脏($\mu g/g$)
0.083	9.091±0.206	0.882±0.024	2.920±0.332	0.499±0.247
0.25	10.324±0.604	0.997±0.039	3.734±0.315	0.823±0.286
0.75	8.423±0.342	1.655±0.098	5.410±0.235	0.926±0.242
1	6.822±0.442	2.332±0.081	3.953±0.532	1.146±0.057
2	3.861±0.210	2.538±0.107	2.953±0.279	2.368±0.011
4	2.842±0.447	1.757±0.459	1.748±0.257	3.215±0.012
6	2.356±0.030	1.359±0.559	1.683±0.143	3.085±0.201
9	1.732±0.018	1.036±0.679	1.645±0.195	2.510±0.118
12	1.032±0.006	0.921±0.525	1.432±0.023	2.036±0.195
16	0.634±0.012	0.774±0.392	1.002±0.012	1.662±0.066
24	0.232±0.005	0.541±0.445	0.874±0.174	0.539±0.186

表 6　温度 22℃，给药方式为口服条件下二氟沙星在牙鲆体内各组织的代谢

时间(h)	血浆($\mu g/mL$)	肌肉($\mu g/g$)	肝脏($\mu g/g$)	肾脏($\mu g/g$)
0.25	1.633±0.155	0.332±0.051	0.756±0.138	0.883±0.142
0.75	2.883±0.186	0.688±0.062	1.233±0.180	1.123±0.230
1	3.385±0.230	0.834±0.097	2.098±0.407	1.641±0.228
2	4.239±0.143	1.407±0.123	2.856±0.477	2.475±0.329
4	5.103±0.262	1.614±0.117	3.340±0.236	2.534±0.198
6	6.142±0.238	2.112±0.329	2.525±0.139	2.731±0.320
9	2.648±0.352	1.889±0.326	1.610±0.223	1.557±0.319
12	1.511±0.283	1.433±0.226	1.322±0.182	1.213±0.137
16	1.043±0.316	1.123±0.128	0.834±0.236	0.943±0.385
24	0.635±0.071	0.843±0.164	0.434±0.102	0.723±0.133
48	0.434±0.034	0.233±0.102	0.233±0.265	0.323±0.064

表7 温度22℃,给药方式静脉注射条件下二氟沙星在牙鲆体内各组织的代谢

时间(h)	血浆(μg/mL)	肌肉(μg/g)	肝脏(μg/g)	肾脏(μg/g)
0.083	16.015±1.231	0.876±0.147	4.438±0.395	1.745±0.442
0.25	9.156±1.032	1.087±0.117	6.192±0.543	2.001±0.265
0.75	7.132±1.342	1.543±0.285	5.013±0.425	2.569±0.247
1	4.958±0.431	2.197±0.329	4.345±0.312	2.874±0.332
2	2.958±0.206	2.764±0.326	2.004±0.262	3.645±0.201
4	1.372±0.271	1.893±0.227	1.389±0.210	1.563±0.411
6	0.919±0.172	1.032±0.230	1.092±0.031	1.032±0.210
9	0.434±0.137	0.789±0.137	0.766±0.057	0.737±0.279
12	0.232±0.154	0.507±0.145	0.534±0.013	0.516±0.247
16	0.0923±0.014	0.432±0.163	0.321±0.011	0.234±0.154
24	0.0134±0.011	0.320±0.180	0.212±0.132	0.134±0.021

(2)二氟沙星在牙鲆组织中代谢曲线方程及参数。

二氟沙星在牙鲆体内的代谢规律由药—时曲线关系来体现,本实验中,药物随时间变化的规律经药动学软件分析,可拟合成一项指数方程式、消除半衰期、相关系数见表8、9。

表8 不同温度和给药方式下二氟沙星在牙鲆体内的消除方程

	消除曲线方程			
	14℃/口服	22℃/口服	14℃/注射	22℃/注射
血浆	$C=11.926(e^{-0.0734t}-e^{-0214t})$	$C=7.121(e^{-0.0819t}-e^{-0.616t})$	$C=9.83186e^{-0.2965t}$	$C=15.348e^{-1.072t}$
肌肉	$C=1.998(e^{-0.070t}-e^{-0.228t})$	$C=3.143(e^{-0.0491t}-e^{-0.415t})$	$C=1.725e^{-0.0424t}$	$C=1.192e^{-0.0045t}$
肝脏	$C=7.087(e^{-0.104t}-e^{-0.342t})$	$C=7.779(e^{-0.130t}-e^{-0.599t})$	$C=3.938e^{-0.101t}$	$C=5.640e^{-0.317t}$
肾脏	$C=1.973(e^{-0.067t}-e^{-0.286t})$	$C=3.363(e^{-0.0607t}-e^{-0.706t})$	$C=9.831e^{-0.296t}$	$C=2.654e^{-0.115t}$

表9 不同温度、不同给药方式下二氟沙星在牙鲆体内的消除半衰期($t_{1/2\beta}$)

	消除半衰期($t_{1/2\beta}$)			
	14℃/口服	22℃/口服	14℃/注射	22℃/注射
血浆	29.44	18.456	2.337	1.646
肌肉	14.090	10.352	16.347	15.306
肝脏	16.657	15.324	6.924	2.183
肾脏	21.414	20.359	7.832	6.016

3. 讨论

3.1 样品处理及检测方法评价

进行药动学及残留研究当前多采用高效液相色谱进行样品分析。由于生物样品的特殊性,对其中的药物分析分离有其特定要求。液相色谱分析中,大多数样品的基质及成分组成相当复杂,大量性质未知的组分已无法预料的方式影响分析过程,尤其在残留分析中待测物仅痕量存在,有时待测组分不确定。因此生物样品分析前先要对样品进行预处理(如:去蛋白,液液提取,固相分离)或样品修饰(如化学衍生法),以排除干扰,增加检测的灵敏度和选择性,使其符合所选定方法的要求。本实验在采用高效液相色谱法进行药动学及残留研究过程中,参考文献报道,获得样品处理、分离和检测的粗略信息基础上,遵循色谱分析方法要求,分离提取方法对色谱条件进行优化,建立分析分离及检测方法,经过分析方法评价,得到满意的结果。

本实验所用的方法检测限可达 $0.01~\mu g/mL$ 完全达到欧美和我国进出口样品的残留限量水平($0.01\sim0.1~\mu g/mL$)。由图 1 结果可知,在二氟沙星浓度为 $0.01\sim0.5~\mu g/mL$ 的范围内,标准曲线的相关系数为 0.9999,具有极好的相关性。回收率是指某一物质经一定方法处理后,所测定的量与加入的量的百分比,可以表明从样品的制备和样品的测定整个过程药物的损失程度,是衡量试验方法是否可靠的标准,根据文献报道,回收率在 70% ~110%范围内均属于正常。本实验对二氟沙星的 5 个不同浓度水平重复进样 5 次,测定的二氟沙星在血液、肌肉、肝脏、肾脏中的回收率分别为 75%~95%之间,说明本实验采用的检测方法准确性较好。精密度是方法可靠性的保证。本实验所采用方法的日内精密度和日间精密度均为 2%~3%,说明样品的提取方法比较可靠。

3.2 温度对二氟沙星在牙鲆体内代谢的影响

在影响水产动物体内药物代谢的诸多环境因素中,水温的影响是最大的。一般说来,在一定温度范围内,药物的代谢强度与水温成正比,水温越高,代谢速度越快,通常水温每升高 1℃,鱼类的代谢和消除速度将提高 10%(Bjorklund, et al,1990)。Rigos 等,2002)报道了在两种水温条件下 OTC 在舌齿鲈体内的药代动力学及组织分布,采用 HPLC 法测定,尾静脉注射给药,结果显示血浆药物浓度—时间数据符合二室模型,药物动力学特征与温度相关,温度高组织中 OTC 消除快,而在同样温度条件下,肝脏中 OTC 消除速度比肌肉中快。Curtis 等(1986)发现虹鳟在注射牛磺胆酸 1 h 后,处在 14℃和 18℃水温下的胆汁排泄明显快于 10℃组,血浆 $t_{1/2\beta}$ 明显较短;Kleinow 等(1994)报道在 14℃和 24℃条件下口服噁喹酸的生物利用度分别为 56%和 90.7%,$t_{1/2\beta}$ 分别为 54.3 和 33.1 h,可见随着水温升高生物利用度提高,而消除也随之加快。Bjrklund 等(1994)的研究结果表明:5、10 和 16℃下 OTC 在虹鳟血清中达到峰值的时间分别为 24、12 和 1 h,消除时间最多相差 108 d。总之,使用药物时应充分考虑水温,水温低时应适当延长停药期。

本研究同样发现二氟沙星在牙鲆体内的代谢速度受温度影响明显,同一给药方式(口服)下,水温为 22℃时二氟沙星在牙鲆的血浆、肌肉、肝脏、肾脏消除半衰期分别为 18.456、10.352、15.324、20.359 h,较 14℃下的 29.44、14.090、16.657、21.414 h 短;同时在给药方式(静脉注射)下,水温为 22℃时二氟沙星在牙鲆的血浆、肌肉、肝脏、肾脏消除半衰期分别为 1.646、15.306、2.183、6.016 h,较 14℃下的 2.337、16.347、6.924、7.832 h 短,并且结果差异要比口服给药组明显。

3.3 给药方式对二氟沙星在牙鲆体内代谢的影响

药物的吸收速度受给药途径的影响,从快到慢一般依次为:静脉注射、肌肉注射、皮下注射、口服、药浴。不同给药途径的药动学参数和生物利用度差别显著。Grondel 等(1987)采用静脉注射、肌肉注射和口服法研究 OTC 在鲤鱼体内的药动学及组织分布情况,结果发现,肌肉注射与口服给药后,鲤鱼对 OTC 的生物利用度差别极其显著,分别为 48% 和 0.6%。郭锦朱等(郭锦朱等,1996)比较了在不同给药方式下带点石斑鱼对二氟沙星的吸收、分布与消除,结果表明,口投方式给药生物利用度相当高(达 44%),而以药浴方式给药则药物利用率非常低(仅 9%),经济效率不高,而 Samuelsen 等(1997)则肯定了药浴法的治疗潜力。张雅斌等(2000)研究指出二氟沙星在鲤鱼体内采用口灌服方式比肌注和混饲口服给药方式吸收程度都好,混饲口服给药吸收速度较慢且生物利用率最低。

本实验采用两种常见的给药方式做比较,在温度 22℃下,牙鲆静脉注射二氟沙星在血浆、肌肉、肝脏和肾脏的达峰时间分别为 0.083 h、2.312 h、0.4323 h 和 2.523 h,达峰浓度分别为 16.015 μg/mL、2.764 μg/mL、6.242 μg/mL、和 3.645 μg/mL;在温度 22℃下口服二氟沙星在血浆、肌肉、肝脏和肾脏的达峰时间分别 5.67 h、8.50 h、3.72 h 和 8.01 h,达峰浓度分别为 6.14 μg/mL、2.11 μg/mL、3.34 μg/mL 和 2.53 μg/mL。从上述数据可以看出二氟沙星在血浆的达峰时间,注射组明显要比口服组早,并且其浓度亦明显高于口服组。在温度 14℃下,牙鲆静脉注射和口服二氟沙星亦有类似的规律。

3.4 给药方案设计

合理的给药方案,应依据试验药物的药效学和药动学研究以及生产应用效果来确定。给药剂量的大小和给药间隔时间是满足体内有效的治疗浓度,对机体无不良影响,并能维持一定有效浓度的时间的首要条件,而剂量大小的确定主要是依据血药浓度,给药时间间隔的确定主要参考半衰期、累积系数及有效浓度的维持时间。

二氟沙星药代动力学的研究表明:尽管在不同温度和给药方式下,各药动参数有差别,但总体来讲,给药吸收迅速,体内分布广泛,生物利用度高,峰浓度高,这些都是该药的特点和优点。同时,本课题设实验测定二氟沙星对 3 种常见海洋致病细菌的最小抑菌浓度(MIC):鳗弧菌 0.025 μg/mL;副溶血弧菌 0.4 μg/mL;溶藻弧菌 0.05 μg/mL。因此,极强的体外抗菌活性和优良的药动学特性决定了该药具有显著的疗效。目前水产动物用药多数拌料给药,药饵在水中必有一部分被损耗;试验中为了真实反映二氟沙星在体内抗菌效果和确保药物准确及时地被牙鲆吸收,采用直接口灌和静脉注射两种方式,剂量均为 10 mg/kg 鱼体重。结果显示:在上述两种给药方式下,二氟沙星在 48 h 内血药浓度仍明显高于该药物的 MIC,并且在低温时,药物在牙鲆体内的消除半衰期要长,在体内,有效药物浓度也相对延长。

药代动力学研究表明,喹诺酮类药物为浓度依赖型抗生素,其抗菌效果依赖于给药剂量而不是频繁给药,且多数具有比较明显的抗菌后效应,因此,在确定给药间隔时,可根据血药浓度>MIC 的时间,加上抗菌后效应的持续时间。

根据诱导 PAE 的浓度与时间的数据可以看出,二者基本呈线性关系。各温度下,以药物在牙鲆体内的最高浓度为诱导浓度,14℃口服条件下的 PAE 时间大于 6 h,22℃口服条件下 PAE 时间大于 10 h。结合药动学曲线和药时数据可以得出,14℃和 22℃二氟沙星在牙鲆血浆的浓度大于 MIC 的时间,分别为 60 h 与 48 h。因此加上诱导时间,给药间隔 22℃时 2.5 d,14℃时 3 d。

给药剂量的确定与药物的代谢动力学参数、最小抑菌浓度(MIC)有关。以 4MIC 为期望的稳态血药浓度,给药剂量的确定可根据公式:

$$D = C \cdot V_d \cdot K \cdot \tau / F$$

(D:每日给药剂量;C:期望达到的稳态血药浓度;V_d:表观分布率;K:一级消除速率常数;τ:给药时间间隔;F:口服生物利用度)

根据上述公式可以得:14℃和 22℃下分别以 5.5 mg/kg 和 7.5 mg/kg 给药剂量,给药方式为口服时,即可获得 1.6 μg/mL 的稳态血药浓度。所以综合制订给药方案为给药剂量为 5.5 mg/kg～7.5 mg/kg,给药时间间隔高温为 2.5 d,低温时 3 d。

参考文献(略)

盖春雷,李健.中国水产科学研究院黄海水产研究所　山东青岛　266071

二、达氟沙星

达氟沙星又名单诺沙星(danofloxacin),由于水溶性好、抗菌谱广、抗菌活性强和在动物体内分布广且不易产生耐药性等优点,现已广泛应用于畜牧兽医临床防治细菌性疾病(张秀英等,2003)。达氟沙星在水产疾病防治方面亦展示出良好的应用前景(卢彤岩等,2004;Johnston *et al* 2002),但迄今为止国内外关于其在海水养殖鱼类体内的药代动力学研究均未见公开报道。此外,渔药基础药代动力学研究得较为广泛,而临床药代学相对较少,目前仅见 Uno(1996)报道的土霉素在健康和患病香鱼体内药代动力学的研究。在此情况下,渔业生产给药方案的制订主要是以健康水生动物的实验数据并参考患病动物病情拟出的,且设定体内的药量和药效变化在患病和健康动物体内是相同的,而没有考虑疾病对药物量效关系的影响。但事实上各种疾病均会导致动物机体生理状况的变化(Baggot,1980),从而影响药物吸收、分布和代谢。本文构建牙鲆的鳗弧菌感染亚急性疾病模型,研究达氟沙星在健康和感染牙鲆体内的药代动力学特征,旨在阐明鳗弧菌感染对达氟沙星在牙鲆体内药物动力学的影响,为达氟沙星在水产临床制订科学合理的给药方案提供理论依据。

1. 材料与方法

1.1　药品和试剂

达氟沙星标准品(纯度≥98.5%),Sigma 公司生产;甲磺酸达氟沙星 2.5%注射液,山东明发兽药厂生产。乙腈和甲醇为色谱纯试剂,其余试剂均为分析纯。

1.2　实验动物

实验在黄海水产研究所小麦岛实验基地进行。实验用健康牙鲆(*Paralichthys olivaceus*)体重约 100 g,试验前检测无药物残留,水温 21～23℃,充气,微流水,每日用配合饲料投喂两次。牙鲆分为 3 组,第 1 组静脉注射给药,第 2 组口灌给药,第 3 组鳗弧菌感染后口灌给药用作疾病模型药动学的研究。

1.3　给药及采样

(1) 静脉给药。

静脉注射给药参照杨雨辉等(杨雨辉等,2003)的方法。注射剂量为 5 mg·kg^{-1},分别于静注后 5、15、30、45 min 和 1、1.5、2、4、8、12、16、24、48、72 h 从尾静脉采血,同一时间点取 6 尾鱼,样品置−20℃冷冻保存。

(2) 口灌给药。

用 1 mL 注射器(弃去针头)吸取达氟沙星水溶液强灌入牙鲆的前胃,剂量为 10 mg·kg^{-1},分别于给药后 15、30 min 和 1、1.5、2、4、8、12、16、24、48、72 h 取血液、肌肉、肝脏和肾脏,同一时间点取 6 尾鱼,样品置−20℃冷冻保存。

(3) 鳗弧菌感染后口灌给药。

(4) 1) 疾病模型构建。

鳗弧菌接种于 2216E 培养基 28℃培养 18~24 h,然后用无菌生理盐水洗下培养物得菌悬液,10 倍系列稀释,细菌量按 McF 浊度管结合活菌计数方法确定。挑取健康牙鲆分组,每尾腹腔注射 0.2 mL 菌悬液,对照组注射等量无菌生理盐水。试验鱼接种细菌后,每天定时观察并记录鱼的发病症状及死亡情况,取有典型感染症状的牙鲆解剖观察病理变化。肝、肾脏作细菌的分离培养,并取健康及发病牙鲆尾静脉取血于 4℃下放置 2 h,离心分离收集血清,在 Olympus(AU640)全自动生化分析仪上检测谷丙转氨酶、谷草转氨酶、碱性磷酸酶、乳酸脱氢酶、尿素氮等生化指标的变化。

2) 给药。

通过预实验确定鳗弧菌对牙鲆的半数致死量(LD50),每尾以 107CFU·mL^{-1}菌悬液腹腔注射 0.2 mL,待感染症状明显时尾静脉取血,分离血清用于血液生化指标的测定。口服给药及取样方法同上,样品−20℃冷冻保存。

1.4　样品处理与分析

(1) 样品预处理。

样品解冻后准确称取 1 g 组织(肌肉、肝脏和肾脏)或吸取 1 mL 血液,加入 2 mL 提取液(乙腈)16000 r·min^{-1}匀浆 10 s。再用 2 mL 提取液清洗刀头,合并 2 次的提取液振荡 1 min,5000 r·min^{-1}离心 20 min,取上清液用 1/4 体积的正己烷去脂肪,弃正己烷用 2 倍流动相稀释,用 0.22 μm 滤膜过滤后进行 HPLC 测定。

(2) 色谱条件。

色谱柱(固定相)为 ODS 柱(250 mm×4.6 mm),流动相为 16%乙腈:甲醇(13:1,V/V)和 84%水(含 0.4%三乙胺,用 85%磷酸调 pH 为 3.0),流速为 1.0 mL/min,柱温为室温,荧光检测器,激发波长 280 nm,发射波长 440 nm,上样体积为 20 μL。

(3) 标准曲线与最低检测限。

准确称取 0.01 g 达氟沙星标准品溶于流动相中定容到 100 mL,配成 100 μg·mL^{-1}的母液,再依次用流动相稀释成 4.00、2.00、1.00、0.50、0.20、0.10、0.05、0.02、0.01 μg·mL^{-1}的标准溶液用 HPLC 法进行检测,以峰面积为纵坐标,浓度为横坐标做标准曲线,分别求出回归方程和相关系数。

最低检测限参照刘秀红等(2003)的方法进行,用空白组织制成低质量浓度药物含量的样品经预处理后测定,将引起两倍基线噪音的药物浓度作为最低检测限。

（4）回收率和精密度。

取浓度为 0.10、0.50、1.00、$4.00\ \mu g \cdot mL^{-1}$ 达氟沙星标准液 1 mL 加入 1 mL 空白血液或 1 g 组织（肌肉、肝脏和肾脏），然后按"样品预处理"方法处理后进行测定，每个药物浓度做 5 次重复获得各样品的峰面积，再按标准曲线回归方程计算达氟沙星的浓度，并与原加入量相比较计算回收率。

回收率（%）＝预处理后样品的量/原加入的量×100

将以上 4 个浓度样品于 1 d 内分别重复进样 5 次，分 5 d 测定，计算各个药物浓度水平响应值峰面积的变异系数（$C \cdot V \cdot \%$）和总平均变异系数（$\sum C \cdot V \cdot \%$），以此衡量该定量方法的精密度。

1.5 数据处理

药时数据用 MCP-KP 药物代谢动力学参数程序计算，并以药物静脉注射后全身可利用率为 100% 作为标准，按以下公式计算药物的生物利用度：

生物利用度 F（%）＝（Div×AUC oral）/（Doral×AUC iv）×100

2. 实验结果

2.1 检测方法

达氟沙星标准溶液在 $0.01 \sim 4\ \mu g \cdot mL^{-1}$ 浓度范围内有良好的相关性，线性回归方程 $C = 3.58 \times 10^3 A + 37.221$，相关系数 $R^2 = 0.9999$。最低检测限为 $0.01\ \mu g \cdot mL^{-1}$。在本实验条件下，各组织中 4 个质量浓度水平的达氟沙星回收率为 74.36%～102.3%，日内精密度为 2.22%±1.21%，日间精密度为 2.98%±1.23%。回收率和精密度是决定测定方法准确性和可靠性的重要依据，回收率不应低于 70%、日内和日间精密度的平均变异系数应控制在 10% 以内（刘昌孝等，1999），本方法中回收率稳定，变异系数小，均符合方法学的要求。

2.2 代谢动力学特征

计算机处理数据表明，健康牙鲆静脉注射达氟沙星的血药浓度与时间的药物动力学最佳数学模型为无吸收一室开放模型，表达方程式为 $C = C_0 e - Kt$，其药动学方程为 $C = 35.958 e - 0.2t$。牙鲆口服给药的血液和肌肉及鳗弧菌感染牙鲆血液中的药物与时间的最佳数学模型均为一级吸收一室开放模型，表达方程式为 $C = C_0 \times Ka/(Ka - Ke)(e - Ket - e - Kat)$，

其药动学方程分别为 $C_{健血} = 6.608(e - 0.025t - e - 0.77t)$、$C_{健肌} = 3.612(e - 0.049t - e - 0.297t)$ 和 $C_{感血} = 3.190(e - 0.015t - e - 0.925t)$。

健康牙鲆口服给药的肝脏和肾脏及感染牙鲆肌肉、肝脏和肾脏的药物浓度与时间最佳数学模型均为一级吸收二室开放模型（刘昌孝，2003），表达方程式为 $C = Ae - \alpha t + Be - \beta t - (A+B)e - Kat$，其药动学方程分别为：

$C_{健肝} = 1.819e - 0.139t + 1.533e - 0.027t - 3.352e - 1.097t$；

$C_{健肾} = 2.681e - 0.022t - 1.029e - 9.517t - 1.652e - 0.206t$；

$C_{感肌} = 0.765e - 0.02t - 0.272e - 5.099t - 0.493e - 0.164t$

$C_{感肝} = 15.066e - 0.554t + 0.374e - 0.008t - 15.440e - 0.608t$

$C_{感肾} = 0.503e - 0.006t + 29.518e - 0.401t - 30.021e - 0.419t$

健康牙鲆静注、口服和鳗弧菌感染牙鲆口服达氟沙星的药物动力学参数见表1。

其血液、肌肉、肝脏和肾脏的药—时曲线分别见图1和图2。

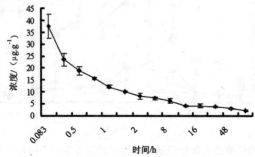

图1 达氟沙星静脉注射牙鲆的血液药时曲线（平均数±标准差，$n=6$）

表1 健康牙鲆静注、口服和鳗弧菌感染牙鲆口服达氟沙星的药代动力学参数

参数	静注	健康				感染			
	血液	血液	肌肉	肝脏	肾脏	血液	肌肉	肝脏	肾脏
给药剂量 D(mg·kg^{-1})	5	10	10	10	10	10	10	10	10
初始浓度 C_0(μg·mL^{-1})	35.958	6.393	3.016	3.084	48.789	3.138	8.859	1.7	1.845
分布相的零时截距 A(μg·mL^{-1})				1.819	−1.029		−0.272	15.066	−30.021
消除相的零时截距 B(μg·mL^{-1})				1.533	2.681		0.765	0.374	0.503
分布速度常数 α(h^{-1})				0.139	9.517		5.099	0.554	0.419
消除速度常数 β(h^{-1})				0.027	0.022		0.02	0.008	0.006
药物吸收速率常数 Ka(h^{-1})		0.77	0.297	1.097	0.206	0.925	0.164	0.608	0.401
药物由中央室到周边室的一级运转速率常数 $K12$(h^{-1})				0.038	8.62		4.463	0.398	0.286
药物自周边室到中央室的一级运转速率常数 $K21$(h^{-1})				0.081	0.488		0.405	0.127	0.117
药物消除速率常数 Kel(h^{-1})	0.2	0.025	0.049	0.047	0.431	0.015	0.25	0.037	0.022
药物消除速率常数 Kel(h^{-1})		0.900	2.33	0.632	3.357	0.749	4.228	1.141	1.729
分布相半衰期 $t_{1/2\alpha}$(h)				4.993	0.073		0.136	1.251	1.655
消除相半衰期 $t_{1/2\beta}$(h)	3.465	27.758	14.143	25.272	31.343	46.195	34.893	81.578	114.478
血药浓度-时间曲线下面积 AUC(mg·h^{-1}·L^{-1})	179.79	256.07	61.928	65.946	113.13	209.18	35.458	45.815	85.072
达峰时 t_{max}(h)		4.601	7.274	2.956	9.672	4.528	11.604	2.481	3.331
峰浓度 C_{max}(μg·mL^{-1})		5.699	2.117	2.49	1.94	2.932	0.534	0.759	0.821
表观分布容积 V(L·kg^{-1})	0.139	1.562	3.295	0.260	0.444	3.187	0.137	0.190	0.335
清除率 Cl(mL·kg−·h^{-1})	0.028	0.039	0.161	0.012	0.191	0.048	0.034	0.009	0.007

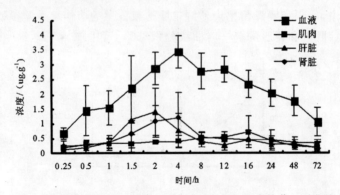

图2 鳗弧菌感染牙鲆口服达氟沙星后在各组织中的药—时曲线

3. 讨论

3.1 亚急性感染疾病模型的构建

鳗弧菌是危害牙鲆等海水养殖鱼类常见的致病菌之一,经反复多次试验后,我们按每千克鱼体重接种 2×10^7 CFU 活菌,接种后部分牙鲆体色变黑、摄食不活跃,鱼鳍等部位出现出血点,腹部鼓突,肛门红肿、轻轻挤压有脓状液体流出。解剖可见肝、肾脏充血肿大,肠壁充血,有的肠内充满略带黄色的液体。第 5 天牙鲆开始死亡,至第 7 天死亡率达 50% 以上。死亡牙鲆的肝、肾脏在 2216E 培养基上分离细菌,其形态与鳗弧菌标准株相同,TCBS 培养基上生长变黄,经生理生化试验鉴定为鳗弧菌。感染鱼血清中谷丙转氨酶、谷草转氨酶、碱性磷酸酶、乳酸脱氢酶、尿素氮等生化指标产生显著变化,表明鱼体肝、肾等实质性器官发生病变。感染结果临床症状明显,解剖病变典型,并从肝、肾脏分离到鳗弧菌,血液生化指标反映肝肾功能发生病变,以上指标表明疾病模型构建成功。该疾病模型在相同条件下可重复性强,便于观测感染前后鱼体肝肾功能的变化和阐明这些变化对药物在体内吸收、分布和代谢的影响,比较适用于探讨药物在鱼体内的代谢动力学规律。

3.2 达氟沙星在健康牙鲆体内的药代动力学特征

(1)静注给药的药代动力学特征。

健康牙鲆静脉注射达氟沙星的表观分布容积为 0.139 L·kg⁻¹,而据报道达氟沙星在鸡体内的表观分布容积为 16.06、10.2、7.52 L·kg⁻¹(刘芳萍,2001),羊体内的表观分布容积为 3.37、3.80 L·kg⁻¹(Aliabadi, *et al*,2001,2003),猪为 3~4 L·kg⁻¹(张秀英,2001),由此可见达氟沙星在牙鲆体内不如在鸡、羊和猪等哺乳动物体内分布广泛。达氟沙星在牙鲆和雏鸡体内的 AUC 分别为 179.79、3.29 mg·h⁻¹·L⁻¹,说明达氟沙星在动物种属间的药—时曲线下面积差异较大。静注达氟沙星在牙鲆体内的消除半衰期为 3.465 h,此结果与达氟沙星在绵羊体内的消除半衰期(3.39 h)(Aliabadi, *et al*,2003)接近,但比在山羊(4.67 h)(Aliabadi, *et al*,2001)、鸡(6.849~5.8 h)(张秀英,2001)体内的消除半衰期均短,说明静注达氟沙星在牙鲆体内消除相对较快。

(2)口灌给药的药代动力学特征。

口灌达氟沙星在健康牙鲆血液、肌肉、肝脏和肾脏的达峰时间分别是 4.601、7.274、2.956、9.672 h,达氟沙星在雏鸡血液中达峰时间仅为 1.21 h(刘芳萍,2001),张秀英和佟恒敏(2003)报道达氟沙星在雏鸡各组织中达峰时间约为 1 h,另外达氟沙星在牙鲆的吸收半衰期为 0.900 h、消除半衰期为 27.758 h,而在雏鸡体内吸收半衰期和消除半衰期分别为 0.2428 和 8.7936 h,上述数据对比说明达氟沙星在牙鲆体内吸收和消除都相对较慢。AUC 是一个衡量药物在鱼体内各组织器官的吸收与分布量的重要指标,而生物利用度是确定药物剂量与作用强度之间关系的重要因素,本研究中血液、肌肉、肝脏和肾脏的 AUC 分别为 256.07、61.928、65.946 和 113.13 mg·h⁻¹·L⁻¹,牙鲆口灌达氟沙星的生物利用度为 71.21%,此结果与文献报道的犊牛和猪内服达氟沙星的生物利用度大致相同(Mann D D,et al,1992),但略低于雏鸡和成年反刍牛的生物利用度(张秀英等,2001),达氟沙星在牙鲆体内的 AUC 值和生物利用度都较大,说明口灌达氟沙星在牙鲆体内分布广泛、吸收和利用率较高。

3.3　鳗弧菌感染对达氟沙星在牙鲆体内药代动力学的影响

肝脏和肾脏是药物在动物机体代谢和排泄的重要器官(李家泰,2001),比较达氟沙星在健康和鳗弧菌感染牙鲆体内的药代动力学参数,可以看出鳗弧菌感染导致牙鲆肝肾脏的 T_{max} 值由 2.956、9.672 h 降至 2.481、3.331 h;AUC 值由 65.946、113.13 mg·h⁻¹·L⁻¹ 降至 45.815、85.072 mg·h⁻¹·L⁻¹;V 值由 0.260、0.444 L·kg⁻¹ 降至 0.190、0.335 L·kg⁻¹;而 β 值分别由 0.027、0.022·h⁻¹ 降至 0.008、0.006·h⁻¹,Cl 值由 0.012、0.191 mL·kg⁻¹·h⁻¹ 分别降至 0.009、0.007 mL·kg⁻¹·h⁻¹,Kel 值分别由 0.047、0.431·h⁻¹ 降至 0.037、0.022·h⁻¹,使得 $t_{1/2\beta}$ 值由 25.272、31.343 h 增至 81.578、114.478 h,上述肝肾脏的参数变化说明细菌感染导致达氟沙星在牙鲆肝肾脏内的达峰时间推迟,吸收、分布和消除均减慢。感染鱼的肝脏对药物的转化速率降低和肾脏的有效血流量减少、肾小球过滤率降低,使药物在动物机体内的半衰期延长、表观分布容积变小,药物从体内不可逆地消除变慢或推迟(李家泰,2001)。药时曲线下总面积(AUC)、最高血药浓度(C_{max})比健康组明显降低,原因在于鳗弧菌感染使得机体对药物的吸收能力下降,Uno(Uno K,1996)认为弧菌对肠的损害可能会导致肠对药物的吸收能力下降。此外,口灌达氟沙星在健康牙鲆体内的生物利用度为 71.21%,而在鳗弧菌感染牙鲆体内仅为 58.17%,说明药物在感染鱼体内转化、利用效率降低。总之,达氟沙星在患病牙鲆中消除半衰期显著延长、总体消除率小、生物利用度低。感染鱼体药动学参数改变的原因,可能是疾病影响改变机体正常的生理、生化机能和器官功能状态,从而使药物的吸收、分布和代谢等发生了相应变化。本文比较了达氟沙星在健康和感染牙鲆体内药代动力学特征的差异,真实而准确地反映药物在机体各组织的动态变化规律。充分考虑疾病因素对药物量效关系的影响,制订临床给药方案做到给药"靶器官"化,保证施药的科学性和合理性,对于我国临床水产药理学研究发展和渔药合理科学的应用,都具有重要的理论和实践意义。

参考文献(略)

刘彦.上海水产大学生命科学与技术学院　上海　200090

刘彦,李健,王群,刘淇.中国水产科学研究院黄海水产研究所　山东青岛　266071

三、氯霉素

氯霉素(Chloramphenicol,CAP)是 20 世纪 50 年代发现的一种广谱抗生素,曾作为人的临床用药和兽药广泛地用于各种细菌病的预防与治疗。然而,在使用中人们发现了其副作用和边缘效应,如"灰婴综合征"和再生障碍性贫血等(Kijak,1994)。鉴于健康原因,世界卫生组织(WHO)(Joint,1969)和美国食品及药物管理局(FDA)规定禁止 CAP 用于所有食品动物;同时世界各国对 CAP 的残留监控也越来越严格,欧美一些国家要求氯霉素在所有动物性产品中的氯霉素残留限量标准为"零容许量"(Zero tolerance),2001 年我国《无公害食品水产品中渔药残留限量》标准也规定水产品中 CAP 不得检出。国内外已有 CAP 在虹鳟(*Oncorhynchus mykiss*)(Pochard,*et al*,1987)、大麻哈鱼(*Oncorhynchus keta*)(Lasserre,1972)及草鱼(*Ctenopharyngodon idellus*)和高倍体银鲫(*Carassiusauratus gibelio*)(李爱华,1998)体内的药代及残留的研究,但未见在牙鲆体内的报道,本文通过 CAP 在牙鲆体内的药代及残留的研究,旨在得出其在牙鲆体内的药动学及残留消除规律,对氯霉素的临床应用效果和残留危害从药理学角度进行客观评价,为加强渔药的使用管理和残留监控提供理论依据。

1. 材料与方法

1.1 药品和试剂

CAP 标准品,中国兽药监察所提供,纯度 99.9%,批号 890322。CAP 原粉由东北制药总厂生产,纯度 92.95%,批号辽卫药准[1996]第 001214 号。化学试剂:甲醇,色谱纯,美国 Merck 公司产品;乙腈,色谱纯,美国 Merck 公司产品;乙酸乙酯,化学纯,中国亨达精细化学品有限公司,批号 20000611;正己烷,分析纯,莱阳化工研究所,批号 20010712;双蒸水,实验室自行制备。

1.2 实验动物

健康牙鲆(*paralichthys olivaceus*)平均体重(150±10)g,饲养于青岛海阳海珍品养殖场,试验水温(22±3)℃,充气,循环海水,每日投喂空白配合饵料。用前暂养两周,检验表明实验鱼血液和组织无氯霉素及其他药物残留。并定期检查实验鱼状态,如有发病者,剔除并查明病因,选择健康者进行实验。

1.3 给药及采样

代谢组 88 尾鱼,随机分到 11 个池子里,每池 8 尾。CAP 原粉用单蒸水配成混悬液,口服灌胃给药,按 80 mg·kg^{-1} 剂量单次给药,分别于停药后的 0.5、1、2、4、6、8、10、16、24、32、48 h 断尾取血样,同时解剖取肌肉、肝脏、肾脏、鳃组织;每一时间点各取一池 8 尾鱼,作为 8 个平行样品分别处理测定。另取 10 尾未给药的鱼作空白对照。全部样品一20℃冷冻保存用于药物含量分析。

1.4 样品处理与分析

(1)样品预处理。

样品解冻后,准确称取 1 g 组织(鳃去鳃弓)或吸取 1 mL 血液于 10 mL 具塞离心管中,加适量双蒸水以 12 000 r·min^{-1} 匀浆 10 s,乙酸乙酯提取两次,每次 4 mL,3500 r·min^{-1} 离心 15 min,合并有机相;45℃水浴 N2 流下吹干,残渣用 1 mL 流动相溶解,正己烷 2 mL 去脂肪,下层液用 0.22 μm 微孔滤膜过滤后进 HPLC 分析。

(2)色谱条件。

色谱柱(固定相)为 Hypersil ODS 柱(15 cm×4.6 mm,填料粒度 5 μm),流动相为甲醇—水(4/6,V/V),流速为 0.8 mL·min^{-1},柱温为室温,紫外检测器,检测波长:278 nm,

上样体积为 20 μL。

（3）标准曲线与最低检测限。

空白组织中加入 CAP 标准液使其药物浓度范围为 $0.01 \sim 30$ μg · mL^{-1}（$n=12$），按样品处理方法处理，作 HPLC 分析，以测得的平均峰面积 Ai 为横坐标，相应的质量浓度 Ci 为纵坐标作标准曲线，并求出回归方程和相关系数。

用空白组织制成低质量浓度药物的含药组织，经预处理后测定，将引起两倍基线噪音的药物的质量浓度定义为最低检测限。

（4）回收率与精密度。

回收率＝Cr/Ce×100％，其中 Cr 为用空白样品（血液或组织）加入一定量的氯霉素标准品，再按样品预处理方法进行制样后，测得的氯霉素的质量浓度；Ce 为用空白样品（血液或组织）按样品预处理方法进行制样后，再加入一定量的氯霉素标准品，测得氯霉素的质量浓度。将制得的 4 个浓度样品于 1 d 内分别重复进样 5 次和分 5 d 测定，计算 4 个浓度水平响应值峰面积的变异系数（$C \cdot V \cdot \%$）和总平均变异系数（$\Sigma C \cdot V \cdot \%$），以此衡量定量方法的精密度。

1.5　数据处理

将各采样点所对应的药动学数据采用非房室模型统计矩原理进行处理（高清芳等，1997），计算药动学参数：T_{max}、C_{max} 分别为达峰时间和峰浓度的实测值；梯形法计算 $AUC_{0 \sim t}$，$AUC_{0-\infty} = AUC_{0-t} + AUC_{t \sim \infty} + C^* / k$（$t$ 为最末取样点时间，C^* 为最末取样点浓度，k 为消除速率常数）；平均滞留时间（MRT）＝AUMC/AUC。

2. 实验结果

2.1　检测方法

以测得的各平均峰面积对相应质量浓度作线性回归，并制作标准曲线，在 $0.01 \sim 30$ μg · mL^{-1}（$n=12$）的质量浓度范围内，5 种组织中 CAP 的标准曲线及相关系数分别为：$C_{肌}=0.0206Ai-0.0156$，$r=0.9996$；$C_{血}=0.0204Ai+0.0207$，$r=0.9880$；$C_{肝}=0.0148Ai+0.0024$，$r=0.9986$；$C_{鳃}=0.0141Ai+0.0434$，$r=0.9993$；$C_{肾}=0.0207Ai-0.0168$，$r=0.9970$。本法最低检测限为 0.01 μg · mL^{-1}。

表 1　CAP 回收率的测定所加试剂的量

实验组	空白组织质量/g 或体积/mL	标准液浓度/μg · mL^{-1}	标准液体积/mL
1	1	0.05	1
2	1	0.50	1
3	1	5.00	1
4	1	20.00	1
空白	1	-	-

本试验条件下，各组织中 4 个质量浓度水平的 CAP 回收率为 88.56％～90％。测得的日内精密度为 1.75％±0.072％，日间精密度为 2.83％±0.89％。

2.2 代谢动力学特征

以 80 mg·kg^{-1}剂量单次口服给药后,各组织的药—时曲线均出现明显的双峰现象,药物的质量浓度在 2 h 左右达峰值后即迅速下降,在 8 h 左右又明显升高形成第二峰。CAP 在牙鲆体内的药—时曲线图见图 1,所得药动学参数见表 2。

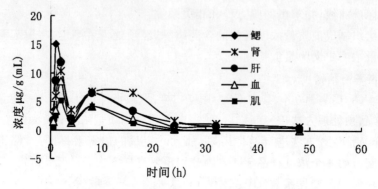

图 1   牙鲆单次口服 80 mg·kg^{-1}CAP 的药—时曲线

表 2   牙鲆单次口服 80 mg·kg^{-1}CAP 的药代动力学参数

参数	肌肉	血液	肝脏	鳃	肾脏
$C_{max(1)}(\mu g·g^{-1}/mL^{-1})$	5.211	8.556	11.801	15.014	10.348
$C_{max(2)}(\mu g·mL^{-1})$	4.189	4.183	6.475	6.413	7.531
$t_{max(1)}(h)$	2	2	2	1	2
$t_{max(2)}(h)$	8	8	8	8	8
$K(h^{-1})$	0.142	0.114	0.073	0.068	0.067
$t_{1/2}(h)$	4.891	6.106	9.506	10.236	10.390
MRT(h)	8.674	9.888	13.777	14.526	17.049
$AUC_{0-\infty}(\mu g·h·mL^{-1})$	50.358	65.334	118.768	133.762	176.868

3. 讨论

3.1 数据处理方法

对体内药物的药动学过程常采用经典房室模型进行分析,此方法计算精确,提供药动学参数齐全(高清芳等,1997),但由于受数学模型的限制,对有些数据不能拟合甚至强制拟合,从而会产生一定误差。由于药—时曲线双峰现象的存在,本实验结果不能拟合到房室模型,故采用非房室模型统计矩原理处理数据,描述药物的体内过程。其计算依据主要是药—时曲线下面积,不需要设定隔室,可适用于大多数药物。所以尽管非房室模型所提供药动学参数有限,且不能拟合曲线,但由于其客观性和实用性强,仍可用于描述药物在体内的基本变化趋势,逐渐被越来越多的研究者采用。

3.2 CAP 在牙鲆体内的药动学

由图 1 药—时曲线可见,牙鲆单次口服 80 mg·kg^{-1}CAP 后,2 h 左右各组织中药物的质量浓度达峰值,血液 C_{max} 为 8.56 $\mu g·mL^{-1}$,在相似温度下,与鲈鱼口服相同剂量的氯霉素相比(血液 T_{max} 3.961 h,C_{max} 21.093 $\mu g \cdot mL^{-1}$)(唐雪莲,2002),口服给药在牙鲆体内吸收较迅速,但吸收程度不如鲈鱼高。文献报道(田中二良,1972)在 22℃水温条件下,以 50 mg·kg^{-1}剂量单次混饲给药,测得 CAP 在鲥鱼体内达最高药物的质量浓度的时间为 2 ~4 h;在 20℃条件下,以相同剂量和方式给药,CAP 在红点马苏大麻哈鱼体内药物的质量浓度达峰时间为 12 h,说明给药方式及种属的不同对 CAP 的吸收有一定影响。文献报道 (Kozlowski,1964)在水温 12~14℃肌肉注射鲤鱼,测得血药浓度达峰时间为 16 h,反而比口服 CAP 在牙鲆体内的达峰时间迟,说明鱼类作为变温动物,体内药物代谢受水温影响更为显著。AUC 可衡量药物在鱼体各组织器官的吸收与分布量。本实验结果表明:肝、肾、鳃组织 AUC 较血液大,说明 CAP 经口服在体内分布广泛。由 $t_{1/2}$ 可知,药物在内脏组织的消除明显慢于血液和肌肉,其中以肾脏最慢($t_{1/2}=10.39$ h),而肌肉最快($t_{1/2}=4.89$ h),与 CAP 在鲈鱼体内的消除规律相似,而消除速率稍快于鲈鱼(肾脏 $t_{1/2}=13.424$ h,肌肉 $t_{1/2}=8.174$ h)。另外,由本实验结果可知,CAP 在鳃中的峰质量浓度很高,达峰值后药物的质量浓度迅速下降,推测除肾脏外,鳃也可能是药物排泄的重要器官。MRT 也是反映药物消除快慢的一个参数,本实验 MRT 为 8.67~17.05 h,即 CAP 在牙鲆体内消除缓慢,滞留时间较长。

关于药物吸收多峰现象及其机制的探讨多见于人体和哺乳动物中的报道(Ezzet,et al,2001;陈淑娟等,Farkad,et al,2001),水产动物体内未见深入研究(艾晓辉等,1997;李美同等,1997;Plakas,et al,2000)。文献报道单次混饲给药分别测定 CAP、盐酸土霉素在鲥鱼体内的代谢规律以及原等单次混饲给以磺胺甲氧嘧啶测定其在虹鳟血液中浓度,文献说明单次腹腔注射研究 CAP 在草鱼和高倍体银鲫体内的药动学时,也观察到此类现象。文献(周怀梧,1989)报道中把此现象出现的原因多解释为肠—肝循环、胃—肠循环、多部位吸收等,而肠—肝循环(EHC)被认为是产生吸收多峰现象最可能的一种机制。已有研究表明:在哺乳动物体内,CAP 的代谢大部分是与葡糖醛酸相结合,此过程主要在肝脏进行(《医用药理学》,1984),而形成的葡糖苷酸代谢物随胆汁排入肠管,经肠道细菌和酶水解后部分可进行再吸收,另一部分被消除(李涛,1985)。如果重吸收的药量足够大,导致血药质量的浓度一次、再次的升高,药—时曲线便可出现多峰(周怀梧,1989)。比如在大鼠体内,CAP 主要以葡糖苷酸的形式随胆汁排泄,胆汁中 CAP 葡糖苷酸的浓度可达到血液中的约 140 倍(Tsai,et al,2000)。同时由于药物随着血液向器官组织运送,血液的浓度再次升高也导致组织中再次出现吸收高峰。而且由于经胆汁排泄的药物或其代谢物只有部分被再吸收,所以如果存在肠肝循环,则第二峰的浓度要低于第一峰。本实验结果与上述理论相对照,可以提示肠肝循环是导致 CAP 在牙鲆体内代谢出现双峰现象的可能原因。由肠肝循环等导致的药物再吸收的存在会延长药物在体内的作用时间,延缓消除,使药动学过程变得复杂。制订给药方案时要注意这一点。

3.3　CAP 的毒性评价

CAP 是很强的蛋白质合成抑制剂,主要通过抑制细菌 70S 核糖体与 50S 亚基的结合,干扰细菌蛋白质合成。哺乳动物如人和兔的骨髓细胞等组织的线粒体核糖体与细菌的相同,均为 70S,对 CAP 敏感(《医用药理学》,1984)。已经发现 CAP 能引起多种动物(包括人)出现可逆的剂量依赖性的骨髓抑制。CAP 最严重的毒性反应在于可以引起人非剂量依赖性的再生障碍性贫血,这种毒性反应常常是致死的,而且由于与剂量无关,动物性食品中的微量残留也可能引起这种致死的毒性。因此鉴于 CAP 的毒性及在牙鲆体内残留的严重性,食品动物禁止使用 CAP 是非常必要的。近年来合成了新一代的兽用氯霉素类抗生素——氟甲砜霉素,文献表明它不但抗菌活性高于 CAP,对一些耐 CAP 的细菌也表现出较高的抗菌活性,克服了 CAP 所致的再生障碍性贫血的危险及其他毒性,建议对食品动物的某些疾病可用氟甲砜霉素代替 CAP。

参考文献(略)

刘秀红,王群,李健.中国水产科学研究院黄海水产研究所　山东青岛　266071

四、诺氟沙星强化卤虫

诺氟沙星(Norfloxacin,NFLX)属于第 3 代喹诺酮类化合物,是一族人工合成的新型杀菌性抗菌药,具有口服及肌注后吸收迅速、完全、消除半衰期较长、体内分布广泛、表观分布容积大等药动学特征。且以抗菌谱广、抗菌活性强、与其他抗菌药物无交叉耐药性、毒副作用小、有较长的抗菌后效应(PAE)等特点而广泛用于动物和人类多种感染性疾病的治疗,在鱼类细菌性疾病防治上也成为重点研究对象。与此同时,此类药物在食品动物中的残留已经开始导致人类病原菌对其产生耐药性,且其毒副作用还会对人体产生直接危害,因此其残留问题日益引起关注。诺氟沙星通过作用于细菌 DNA 旋转酶、干扰细菌 DNA 合成而迅速杀菌,在水产上主要应用于鱼类细菌性疾病的防治。本实验主要研究诺氟沙星强化卤虫在牙鲆(*Paralichthys olivaceus*)体内的药代动力学特征,可为规范渔药临床合理应用,保证食品卫生安全提供参考。

1. 材料与方法

1.1 药品和试剂

诺氟沙星胶囊:山东罗欣药业股份有限公司,含量为 0.1 g/粒,批号:国药准字 H37021801。

诺氟沙星标准品:中国药品生物制品检定所提供,纯度 99.3%,批号:130450－200203。

化学试剂:乙腈(HPLC)、柠檬酸(AR)、乙酸铵(AR)、正己烷(AR)、乙腈(AR)等。

磷酸盐缓冲液(pH7.4):NaCl 7.02 g,Na2 hPO4 · 12 h2O 7.18 g,KH2PO4 0.68 g,加双蒸水 1000 mL 溶解。

1.2 实验动物

卤虫卵:产自新疆艾比湖,新疆精河县艾比湖生物制品有限责任公司产品。将卤虫卵以 2 g/L 的密度放到脱脂棉滤过的海水中,水温控制在 27±2℃,盐度为 25±2,充气,光照,24 h 后,利用虹吸法将孵出的无节幼体吸出,进行试验。

健康牙鲆,体长 2.2±0.3 cm,体重 0.12±0.02 g,饲养于 50 L 的塑料桶中,定期投喂卤虫初孵无节幼体,其他条件同上。

1.3 给药及采样

将卤虫孵化后 24 小时的无节幼体(体长约 0.6 mm)在 1.0 g/L 浓度的诺氟沙星药液中强化 8 h 后,冲洗干净,取样检测每尾卤虫吸收药物的量,再投喂给对虾。投喂前牙鲆先禁食 12 h，然后将强化的卤虫无节幼体投喂给牙鲆，投喂浓度分别为：初孵无节幼体：牙鲆＝300：1 和 150：1、75：1，卤虫无节幼体在浓度为 1.0 g/mL 的诺氟沙星的药液中强化 8 h 后，体内的药物浓度平均为 0.08 μg/尾，而牙鲆的体重平均 0.12 g/尾，因此相应的给药剂量平均约为 200、100、50 mg/每千克牙鲆体重，1 h 后，卤虫全部被牙鲆摄食完毕，将对虾捞出，放到过滤的海水中正常饲养，分别于投喂卤虫后的第 0、0.25、0.5、1、1.5、2、4、6、8、12、16、24、36、48、72 h 取样，每个时间点取 30 尾牙鲆，解剖取其内脏和肌肉组织，于 −20℃ 的冰箱中保存。

1.4　样品处理与分析

（1）样品预处理。

组织解冻后，每个时间点 30 尾牙鲆的组织分成 6 组，将每组的 5 尾牙鲆的肌肉和内脏组织分别合并称重后，放于 7 mL 具塞离心管中，加 1 mL pH7.4 的磷酸盐缓冲液，用玻璃匀浆器匀浆，加乙腈振荡提取两次，然后 10000 r/min 离心 20 min，取上清液合并有机相；于 70℃ 水浴 N2 流下吹干，残渣用流动相溶解，正己烷去脂肪，下层液用 0.22 μg 微孔滤膜过滤后进行 HPLC 分析。

（2）色谱条件。

色谱柱（固定相）为 C18 ODS 柱，25 cm×4.6 mm，流动相为乙腈：柠檬酸：乙酸铵＝20：79：1，流速为 0.8 mL/min，柱温为室温，荧光检测器，激发波长 300 nm，发射波长 450 nm，上样体积为 20 μL。

（3）标准曲线。

精确称取 0.01 g 诺氟沙星标准品，加入 0.01 mol/L NaOH 溶解，200 mL 容量瓶定容，用流动相稀释成 10、5、2、1、0.5、0.2、0.1、0.05、0.02、0.01、0.005 μg·mL^{-1} 梯度标准液。空白组织中加入上述梯度标准液，静置一段时间后，按样品处理方法处理后进样检测，以浓度为纵坐标，以峰面积为横坐标做标准曲线，并求出回归方程和相关系数。

（4）回收率与精密度。

空白组织中加入浓度为 0.01、0.05、0.2、1、5 μg/mL 的诺氟沙星标准液，放置 2 h，使药物充分渗入组织，按样品处理方法处理后测定，所得峰面积平均值与将上述标准液直接进样测得的峰面积平均值之比值，即为方法回收率。将前面制得的五个浓度样品于一天内分别重复进样五次和分五天测定，计算五个浓度水平响应值峰面积的变异系数（C·V·%）和总平均变异系数（$\sum$C·V·%），以此衡量定量方法的精密度。

（5）数据处理。

对于牙鲆肌肉组织，将各采样点所对应的药动学数据采用非房室模型统计矩原理进行处理（高清芳等，1997；Chang，et al，2001；Gibaldi，et al，1982；刘秀红，2003），计算药动学参数：T_{max}、C_{max} 分别为达峰时间和峰浓度的实测值；由药—时曲线末端相药物浓度的对数对时间 t 回归，求算末端相消除速率常数 k 及消除半衰期 $t_{1/2}$，$t_{1/2}$＝tn2/K；线性梯形面积法计算 AUC$_{0\sim tn}$，因单剂量给药后无法得到末端 t$_{n\sim\infty}$ 的药时曲线，因此需把该曲线的末端外推至时间为 ∞，计算药—时曲线下面积，即 AUC$_{0\sim tn}$＝$\sum$(Ci＋Ci−1)(ti−ti−1)/2，AUC$_{tn\sim\infty}$＝Cn/k，则 AUC$_{0-\infty}$＝AUC$_{0-tn}$＋AUC$_{tn\sim\infty}$，(tn 为最末取样点时间，Cn 为最末取样点浓度，k 为末端相消除速率常数，通常用末端相血药浓度—时间半对数回归求得，AUC$_{tn\sim\infty}$ 为校正面积)；平均滞留时间（MRT）＝AUMC/AUC，AUMC 为（C×t）对 t 作图，所得曲线下面积,计算方法同 AUC 类似。对于牙鲆内脏中药物浓度-时间数据运用采用 MCP-KP 药动学程序进行分析处理,得药—时曲线方程及相关参数。

2. 实验结果

2.1 检测方法

以测得的诺氟沙星平均峰面积 A_i 对每个浓度 C_i 作回归,在 $0.005\sim10\ \mu g/mL$ 的浓度范围内各种组织标准曲线回归方程及相关系数见表1,标准曲线见图1和图2。在标准曲线的线性范围内,行 HPLC 测定线形良好,此标准曲线可用于准确定量。采用荧光检测器,本实验条件下,最低检测限为 $0.005\ \mu g/mL$。

在 0.01、0.05、0.2、1、$5\ \mu g/mL$ 五个梯度水平时,牙鲆的各组织的回收率见表 2。日内精密度和日间精密度检测结果见表 3,日内及日间精密度均小于 10%,可以满足药动学分析的要求。

表 1　牙鲆肌肉和内脏中的诺氟沙星的标准曲线回归方程及相关系数

组织	回归方程	相关系数(r)
肌肉	$C=0.0031A_i-0.0732$	0.9991
内脏	$C=0.0031A_i-0.0594$	0.9995

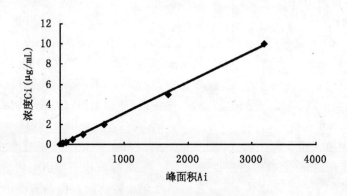

图 1　诺氟沙星在牙鲆肌肉中的标准曲线

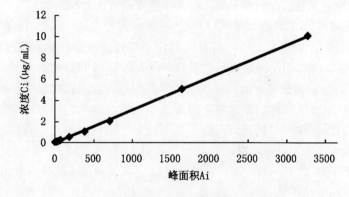

图 2　诺氟沙星在牙鲆内脏中的标准曲线

表 2 牙鲆肌肉和内脏中诺氟沙星的回收率

样本浓度（μg/mL）	回收率（%）	
	肌肉	内脏
0.01	84.74	83.23
0.05	91.60	89.95
0.2	83.68	81.40
1	78.75	77.49
5	74.56	73.35
平均回收率（%）（±SD）	82.67±6.45	81.08±6.25
总平均回收率（%）	81.88	

表 3 牙鲆肌肉和肝胰脏中行 HPLC 分析的变异系数

组织样品	药物浓度（μg/mL）	日内变异系数 $C \cdot V \cdot \%$	日间变异系数 $C \cdot V \cdot \%$
肌肉	0.01	5.22	5.79
	0.05	4.17	4.63
	0.2	3.42	4.01
	1	3.07	3.89
	5	2.13	2.49
	$\sum C \cdot V \cdot \%$	3.60±1.16	4.16±1.20
内脏	0.01	5.42	6.04
	0.05	4.35	5.13
	0.2	4.12	4.91
	1	3.47	3.87
	5	2.26	2.76
	$\sum C \cdot V \cdot \%$	3.92±1.17	4.54±1.26

2.2 代谢动力学特征

表4和表5为牙鲆摄食诺氟沙星强化的卤虫后其组织药物含量情况,诺氟沙星在牙鲆体内两种组织中药—时曲线见图3。对于牙鲆肌肉组织,将各采样点所对应的药动学数据采用非房室模型统计矩原理进行处理,所得药动学参数见表6。对于牙鲆的内脏组织,采用 MCP-KP 药动学程序对所得的药物浓度—时间数据进行分析,确定牙鲆摄食诺氟沙星强化的卤虫后,其组织药物浓度经时过程符合一级吸收二室开放模型,药动学参数见表7。

表 4 牙鲆摄食诺氟沙星强化的卤虫后肌肉中的药物含量

时间（h）	剂量（mg/kg）		
	50	100	200
0.25	0.461±0.089	1.359±0.337	2.723±0.472
0.5	2.366±0.405	3.519±0.574	5.914±0.763
1	5.665±0.686	8.991±1.257	10.182±1.57

（续表）

时间（h）	剂量（mg/kg）		
	50	100	200
1.5	7.616±0.914	12.644±2.082	17.598±3.074
2	4.066±0.763	8.761±1.013	13.197±2.476
4	2.405±0.479	5.599±0.786	9.146±1.147
6	3.545±0.776	6.772±0.657	13.095±2.105
8	4.602±1.003	8.431±1.397	10.289±1.239
12	2.347±0.615	5.637±0.776	7.949±0.967
16	1.175±0.221	2.954±0.431	4.127±0.674
24	0.698±0.108	1.171±0.229	1.797±0.468
36	0.223±0.063	0.427±0.104	0.736±0.205
48	0.087±0.027	0.114±0.025	0.321±0.096
72	0.027±0.009	0.081±0.036	0.117±0.041

表5　牙鲆摄食诺氟沙星强化的卤虫后内脏中的药物含量

时间（h）	剂量（mg/kg）		
	50	100	200
0.25	57.278±14.362	116.205±10.116	253.425±30.422
0.5	99.669±12.446	153.096±12.467	313.758±28.688
1	173.673±19.747	217.133±15.948	371.601±33.885
1.5	186.164±22.451	238.647±21.463	471.893±55.563
2	268.252±20.163	320.326±30.254	496.262±42.134
4	324.797±34.118	384.766±46.548	460.265±49.781
6	248.647±19.664	324.806±40.321	369.673±40.120
8	114.949±15.463	175.558±19.558	275.884±34.561
12	18.806±2.198	35.703±5.788	87.958±13.420
16	6.243±0.875	12.553±1.265	41.575±4.786
24	2.142±0.311	5.074±0.874	8.3195±1.127
36	0.896±0.215	1.579±0.324	2.915±0.652
48	0.645±0.103	1.304±0.439	1.835±0.447

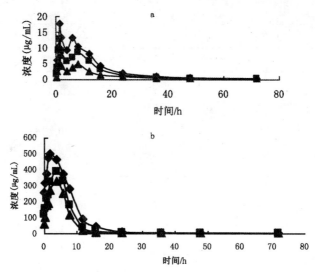

图3　牙鲆摄食诺氟沙星强化的卤虫后肌肉(a)和内脏(b)中的药—时曲线

注:◆:200 mg/L;■:100 mg/L;▲:500 mg/L

表6　诺氟沙星在牙鲆肌肉中的药代动力学参数

参数	单位	剂量		
		50	100	200
$C_{max(1)}$	$\mu g/mL$	7.616	12.644	17.598
$C_{max(2)}$	$\mu g/mL$	4.602	8.431	13.095
$t_{max(1)}$	h	1.5	1.5	1.5
$t_{max(2)}$	h	8	8	6
K	h^{-1}	0.079	0.077	0.074
$t_{1/2}$	h	8.772	9.0	9.365
MRT	h	803.826	1628.605	2549.051
$AUC_{0-\infty}$	$\mu g/mL \cdot h$	66.507	134.575	399.933

注:$C_{max}(1)$、$C_{max}(2)$:单剂量给药后第一峰、第二峰药物浓度;$T_{max}(1)$、$T_{max}(2)$:单剂量给药后第一峰、第二峰出现的时间;K:药物消除速率常数;$t_{1/2}$:消除半衰期;MRT:平均滞留时间;$AUC_{0-\infty}$:药物浓度—时间曲线下面积。

表7　诺氟沙星在牙鲆内脏中的药代动力学参数

参数	单位	剂量		
D	mg/kg	50	100	200
C_0	$\mu g/mL$	573.763	581.653	1058.667
A	$\mu g/mL$	2069.078	990.438	1722.950
B	$\mu g/mL$	3.061	5.619	6.370
α	h^{-1}	0.369	0.273	0.244

(续表)

参数	单位	剂量		
D	mg/kg	50	100	200
β	h^{-1}	0.032	0.032	0.025
KA	h^{-1}	0.509	0.652	0.628
K_{12}	h^{-1}	0.017	0.016	0.010
K_{21}	h^{-1}	0.034	0.034	0.026
Ke	h^{-1}	0.350	0.255	0.233
$t_{1/2}$Ka	h	1.879	1.062	1.104
$t_{1/2\alpha}$	h	1.879	2.540	2.836
$t_{1/2\beta}$	h	21.664	21.905	23.457
AUC	mg/L·h	1637.5	2281.6	4549.7
T_{max}	h	2.358	2.309	2.468
C_{max}	μg/mL	246.517	311.959	581.586

注:D 为剂量;C_0 为初始药物浓度;A、B 为浓度对时间曲线对数图上直线在零时的截距;α、β 分别为分布相、消除相的一级速率常数;KA 为表观一级吸收速率常数;K12 为药物从第一室转运到第二室的一级速率常数;K21 为药物从第二室转运到第一室的一级速率常数;Ke 为药物自体内消除一级速率常数;$t_{1/2}$Ka 为吸收半衰期;$t_{1/2\alpha}$ 和 $t_{1/2\beta}$ 分别为分布、消除半衰期;AUC 为药物浓度-时间曲线下总面积;T_{max} 为单剂量给药后的出现最高血药浓度的时间或称达峰时间;C_{max} 为单剂量给药后的最高血药浓度。

3. 讨论

3.1 牙鲆组织中药代动力学特征

在试验过程中进行取样时,分别取肌肉和内脏团,这是因为试验所用的牙鲆的个体很小,取样时难以区分各种内脏组织,所以在取样时直接将整个内脏团取出进行测定(Duis,et al,1995;Touraki,et al,1999)。

表 4 和图 3(a)显示,牙鲆肌肉组织的药—时曲线出现明显的双峰现象,在投喂剂量为 200 mg/kg 药物浓度在 1.5 h 左右达峰值后下降,在 6 h 左右又明显升高形成第二吸收峰,在投喂剂量为 100 mg/kg 和 50 mg/kg 时,第一峰的出现时间也是 1.5 h,但是第二峰的出现时间后延为 8 h。药物的剂量不同,峰值也不同,随着剂量的增大,峰值增加,当剂量分别为 50、100、200 mg/kg 时,第一吸收峰的峰值分别为 7.616、12.644、17.598 μg/mL,第二吸收峰的峰值均较第一吸收峰的峰值低,分别为 4.602、8.431、13.095 μg/mL。AUC 的值随着剂量的增大也逐渐增多 66.507、134.575、399.933 μg/mL·h,MRT 值大小顺序与 AUC 相同。在相同的剂量下 200 mg/kg,牙鲆肌肉中 T_{max}(1)为 1.5 h,长于凡纳滨对虾 T_{max}0.481 h,而 $t_{1/2}$ 为 9.365 h,短于凡纳滨对虾($t_{1/2\beta}$ 为 27.557 h),这说明和凡纳滨对虾相比,牙鲆对于诺氟沙星的吸收速度慢而消除速度快。

由表 5 和图 3(b)可以发现,在刚开始的一段时间里,内脏中的药物含量远远高于肌肉组织中的含量,约为几十倍。原因可能在于:这时测得的牙鲆的内脏组织的药物含量中除了来自内脏器官中吸收的药物外,还来自消化道中摄取的尚未消化的卤虫,这些卤虫体内的药物也被计算在内,在第4小时达到峰值,此后,随着时间的延长,消化道中的药物被吸收或排泄,这时测得的数据迅速下降,主要是被内脏器官吸收的药物含量。AUC和C_{max}的值随着剂量的增大也逐渐增大。

Duis等(1995)应用微生物法研究了摄食了喹喏酮类的抗菌药噁喹酸和盐酸沙拉沙星的卤虫的大菱鲆鱼苗(约为0.28 g)的体内的药物含量变化情况,将卤虫以9400个/条的密度投喂给大菱鲆,第三天,投喂卤虫4个小时后,将大菱鲆杀死,将头部和内脏除去,将躯干部匀浆,测的药物含量分别为:噁喹酸:11.8 μg/每克鲜重;盐酸沙拉沙星:1.8 μg/每克鲜重。TourkAi等(1999)在利用卤虫来给舌齿鲈幼体给药的研究中,先将甲氧苄啶和磺胺甲噁唑(1:5)以40%的比例混合到营养强化剂中强化卤虫的无节幼体,24小时后,再投喂给舌齿鲈幼鱼,按照每12小时投喂7500无节幼体/尾的剂量连续投喂5天后,进行取样,也是将肌肉和内脏分别取样,结果测得的药物含量分别为:内脏中甲氧苄啶含量为60.2 $\mu g/g$(干重)、磺胺甲噁唑为94.2 $\mu g/g$(干重);肌肉中甲氧苄啶为18.8 $\mu g/g$(干重)、磺胺甲噁唑为45.7 $\mu g/g$(干重)。

3.2 关于药物吸收多峰现象

关于药物吸收多峰现象及其机制的探讨多见于人体和哺乳动物及禽类中的报道(Ezzet,et al,2001;陈淑娟等,2001;Sumano,et al.2001;Farkad,et al,2001),水产动物体内研究较少(田中二良,1972;李爱华,1998;艾晓辉等,1997;李美同等,1997;Plakas,et al,2000)。李美同等(1997)研究土霉素在鳗鲡组织中残留的消除规律;李爱华(1998)单次腹腔注射研究氯霉素在草鱼和高倍体银鲫体内的药动学;刘秀红(2003)在研究氯霉素在牙鲆体内的药代动力学时都观察到再吸收的存在。

文献报道(周怀梧,1989)中把此现象出现的机制多解释为肠—肝循环、胃—肠循环、多部位吸收等,而肠—循环(EHC)被认为是产生吸收多峰现象最可能的一种机制。所谓肠—循环是指:某些药物被肝摄取后,能以代谢物或以原形泌入胆汁,经胆总管进入肠道,而后一部分被消除,另一部分借门静脉血流再次入肝,可以进行再吸收的现象(景荣荣,1999)。被认为是导致一次给药后的药—时曲线呈现双峰或多峰的可能机制之一(沈佳庆等,1993)。Plakas等(2000)发现斑点叉尾鮰胆汁中达最高峰浓度时氟甲喹含量占口服给药剂量(5 mg/kg)的4%,由于胆汁是间断收集的(只在预定取样点收集),所以胆囊中的药量可能低估了氟甲喹经胆汁排泄的量;虽然药—时曲线并未出现多峰现象,Plakas仍然据此推测氟甲喹在斑点叉尾鮰体内可能存在肠—肝循环。而且由于经胆汁排泄的药物或其代谢物只有部分被再吸收,所以如果存在肠—肝循环,则第二峰的浓度要低于第一峰,本试验结果也反映了这一现象。刘秀红在研究中认为,提示伴随胆汁排泄的肠—肝循环有可能是导致氯霉素在牙鲆体内代谢出现双峰现象的原因。同时由于药物随着血液循环向器官组织分布,而牙鲆体内氯霉素在血液和组织中的交换速率与血流量之间具有的动态同步性,导致血药浓度的再次升高也使组织中再次出现吸收高峰。另外,她认为实验所采用的口服灌胃的给药方式有可能导致给入的药物在胃肠道暂时滞留,由于胃肠道不同部位的吸收时间不一致、吸收速率不同,也可能导致药—时曲线呈现双峰。也存在这种可能:经口摄取的没能在消化道内吸收而残存下来的原形药物随排泄物一起,作为粪便排出体外的过程中,在肠道中再吸收,而导致药—时曲线呈现双峰。艾晓辉等(1997)研究银鲫体内败血宁药代动力学时也发现,口服给药 30 μg/g 后 24 h 血浆中的药物浓度反而比 12 h 时高,作者推测:鱼类是变温动物,水温的变化以及鱼体中某些脏器对药物存在再吸收的因素会导致这一现象的发生。

尽管水产动物体内有多峰现象的报道(李爱华,1998;艾晓辉等,1997;李美同等,1997),但是尚未见对此现象产生机制的深入探讨,因此关于出现双峰现象的真正原因有待于进一步实验探讨。

对药物浓度—时间曲线的多峰现象,由于其产生原因的多样性,目前尚无一种通用的理想方法或软件予以统计分析。有作者根据多峰(双峰)产生的原因,提出肠—肝循环药物动力学模型(Zhou, et al, 1991),胃肠道多部位吸收双峰模型(Mahmood,1996),双部位吸收和肠—肝循环并存的药动学模型等,虽可拟合出双峰,但有时存在契合不理想,重现性差的问题。也有针对此类相关模型建立的药动学程序及对部分药动学参数估算方法的初步探讨。

目前,国际上较常规的处理药物多峰现象的方法是非房室模型法,其计算依据主要是药—时曲线下面积,不受数学模型的限制,可适用于大多数药物,在有双峰现象存在时,以第二峰的下降支假设为消除相计算有关的药动学参数,特别对临床用药有实际应用价值。所以尽管非房室模型所提供药动学参数有限,且不能拟合出曲线,不能确切地反映体内药物处置的实际情况。但由于其客观性和实用性强,仍可用于描述药物在体内的基本变化趋势,特别是在多峰现象中仍可应用,逐渐被越来越多研究者所采用。因此本试验结果采用非房室模型统计矩原理处理数据,描述药物的体内过程,得到较满意的结果。

参考文献(略)

曹立民,李健,刘淇,王群. 中国水产科学研究院黄海水产研究所　山东青岛　266071
曹立民. 上海水产大学生命学院　上海　200090

第三节　药物在鲈鱼体内的代谢动力学

一、复方新诺明

常用磺胺类药物有十几种,目前国外已研究了磺胺间甲氧嘧啶(SMM)在养殖鳗鲡、磺胺-2,6-二甲氧嘧啶(SDM)在虹鳟、大鳞大马哈鱼、斑点叉尾鮰、大西洋鲑及对虾,磺胺嘧啶(SDZ)在大鳞大马哈鱼、鲑鱼体内的药物代谢动力学,国内尚未见有关磺胺类药物在水产动物体内药物代谢动力学的报道(王群,1999)。复方新诺明(Sulfamethoxazole, SMZ/TrimethonTMP＝5/1)属于中效磺胺类药物与磺胺增效剂的复方制剂,抗菌谱广,抗菌效果好,目前广泛地应用在国内水产养殖上(黄琪琰,1999),仅参考药效学数据或凭经验制订给药方案是不科学的,本文进行复方新诺明的药物代谢动力学研究,目的是了解该种药物在鲈鱼体内的药物代谢规律,为防治鱼类疾病的合理用药(药物的剂量、用药的次数和周期)提供理论依据。

1. 材料与方法

1.1 药品和试剂

复方新诺明标准品,纯度>99.5%,中国兽药监察所生产;原药复方新诺明药片,山东新华制药股份公司生产,批号(1995)032081。化学药品和试剂包括无水硫酸钠(AR)、二氯甲烷(AR)、冰醋酸(AR)、正己烷(AR)、乙腈(HPLC)。

1.2 实验动物

健康鲈鱼,体重约 200 g(饲养于青岛麦岛实验基地。水温为 $16 \pm 1℃$,充气,流水,每日投喂新鲜杂鱼。)

1.3 给药及采样

将实验用鱼随机分组,每组 5 尾,单次口服给药(将药物配成悬浊液,口灌)。按不同的时间间隔取样(所取的样品为肌肉、肝脏、肾脏和血液),每一时间点取一组鱼。根据药物的性质不同,给药的剂量和取样的时间点有所不同。复方新诺明给药剂量为 200 mg/kg,取样的时间间隔为 0.5、1、2、4、8、16、32、48、72 h。

1.4 样品处理与分析

(1)样品预处理。

准确称取 1 g 组织(肌肉、肝脏和肾脏)或准确吸取 1 mL 血液,加入少许无水硫酸钠,再加入 3 mL 二氯甲烷,16 000 r/min 匀浆 10 s,再用 3 mL 二氯甲烷清洗刀头,合并两次提取液,振荡 1 min,5000 r/min 离心 10 min,吸取全部上清液,在 40℃恒温水浴下用氮气吹干,残渣用 1 mL 流动相溶解,加入 1 mL 正己烷去脂肪,下层液过 0.22 μm 的微孔滤膜,过滤后的液体可进行高效液相色谱测定。

(2)色谱条件。

柱子为 C18 ODS 柱,柱温 25℃,流动相为乙腈:水:冰醋酸=20:80:0.5($V/V/V$),流速 1.0 mL/min,进样量 10 μL,紫外检测器,波长 272 nm。

(3)标准曲线。

将配制的 1、2、5、10、25、50 μg/mL 的标准品溶液用 HPLC 仪测其峰面积,然后以峰面积为纵坐标,浓度为横坐标做标准曲线,求出回归方程和相关系数。

(4)方法确证。

实验分两组,一组将空白组织(肌肉、肝脏和血液)按表加入标准液,然后按照样品的处理程序进行处理;另一组将未加入标准液的空白组织按照样品的处理程序进行处理,然后再加入标准液。按照公式进行计算:回收率(%)=(处理前加入标准液样品的测定值/处理后加入标准液样品的测定值)×100%。用 10、5、2、1、0.5、0.2 μg/mL 六个浓度的复方新诺明标准溶液进行重复进样三次,测出各浓度水平的峰面积(Ai)和变异系数($C \cdot V$)及总平均变异系数,以此估计仪器的精密度。

1.5 数据处理

根据血液药物浓度—时间数值,采用 MCPKP 药代动力学程序进行药代动力学分析和处理,该程序可自动选择最佳模型,并将其进行非线性最小二乘法拟合,计算出药代动力学参数。

2. 结果与讨论

2.1 检测方法

SMZ 和 TMP 在 $1\sim50$ $\mu g/mL$ 浓度范围内线性关系良好, 相关系数 R^2 分别为 0.996642 和 0.999337, 回归方程: $C=3.12625\times10^{-4}A-0.479301$ 和 $C=3.12625\times10^{-4}A-0.479301$ (C 为浓度, A 为峰面积)。复方新诺明以 $1\sim50$ $\mu g/mL$ 4 个水平, 分别测其在肌肉、血液、肝脏中的回收率。

表 1　肌肉中磺胺甲噁唑 (SMZ) 的回收率

浓度($\mu g/mL$)	1	5	10	50
回收率(%)	92.03	91.01	85.32	79.42
	87.54	87.47	80.54	77.42
	97.13	89.56	83.40	73.23
平均回收率(%)	92.23±3.92	89.35±1.45	83.39±1.96	76.69±2.58
总平均回收率(%)	85.34±5.99			

表 2　血液中磺胺甲噁唑 (SMZ) 的回收率

浓度($\mu g/mL$)	1	5	10	50
回收率(%)	96.78	89.56	87.56	83.45
	93.10	92.38	92.45	84.36
	94.21	94.57	90.47	87.15
平均回收率(%)	94.70±1.54	92.17±2.05	90.16±2.01	84.99±1.57
总平均回收率(%)	90.50±3.57			

表 3　肝脏中磺胺甲噁唑 (SMZ) 的回收率

浓度($\mu g/mL$)	1	5	10	50
回收率(%)	87.34	85.64	92.45	76.54
	89.67	86.54	83.98	78.35
	94.38	90.87	81.05	76.48
平均回收率(%)	90.46±2.93	87.68±2.28	85.83±4.83	77.12±0.87
总平均回收率(%)	85.27±4.99			

表4　肌肉中甲氧苄啶(TMP)的回收率

浓度(μg/mL)	1	5	10	50
回收率(%)	94.10	94.84	92.11	82.82
	101.23	96.54	91.67	81.21
	98.21	93.24	89.66	82.02
平均回收率(%)	97.85±2.92	94.87±1.35	91.15±1.07	82.02±0.66
总平均回收率(%)	91.47±5.95			

表5　血液中甲氧苄啶(TMP)的回收率

浓度(μg/mL)	1	5	10	50
回收率(%)	102.24	94.48	90.76	83.21
	97.54	100.02	93.85	86.02
	96.02	96.45	87.67	85.85
平均回收率(%)	98.60±2.65	96.98±2.29	90.76±2.52	85.03±1.29
总平均回收率(%)	92.84±5.38			

表6　肝脏中甲氧苄啶(TMP)的回收率

浓度(μg/mL)	1	5	10	50
回收率(%)	94.32	94.76	87.14	80.74
	97.85	87.28	82.54	79.46
	95.28	88.30	90.85	83.01
平均回收率(%)	95.82±1.49	90.11±3.31	86.84±3.40	81.07±1.47
总平均回收率(%)	88.46±5.34			

2.2　复方新诺明在组织中的浓度

将高效液相色谱测得的复方新诺明的峰面积代入各自的标准曲线所绘制的回归方程,就可以求出药物在各组织中浓度值。表7~14列出鲈鱼口服复方新诺明后,4种组织中的药物浓度。鲈鱼单次口服剂量为200×10^{-6}的复方新诺明0.5 h后,SMZ和TMP在肌肉、血液、肝脏、肾脏中的药物浓度分别为3.60、1.09、1.21、0.348 μg/mL和2.39、1.79、5.74、1.48 μg/mL。SMZ和TMP在复方新诺明中的比例为5:1,但在最初的采样点TMP的药物浓度却比SMZ高,说明后者的吸收比前者迅速而且好,两种成分在16 h的采样点测得浓度最高,分别为59.09、60.83、20.88、29.75 μg/mL和29.32、30.75、38.07、34.10 μg/mL,根据数据可知TMP在4种组织中的浓度差别不大,而SMZ在血液和肌肉中的浓度却是肝脏和肾脏中的2~3倍,这与一般的药物在肝脏和肾脏中的浓度比在肌肉和血液中的浓度不一致,原因是磺胺类药物被组织吸收后,在组织中有一个乙酰化的过程,乙酰化率最高的部位是肝脏和肾脏,所以SMZ在肝脏和肾脏中的浓度比在肌肉和血液中低。药物代谢到72 h,SMZ和TMP在组织中的浓度仍然很高,分别为26.06、

12.14、7.86、5.98 μg/mL 和 16.17、22.49、22.02、22.84 μg/mL，

TMP 在肝脏和肾脏中的浓度远大于 SMZ 在两种组织中的浓度，这与 SMZ 在肝脏和肾脏中的乙酰化率有很大关系。

表7　鲈鱼肌肉中磺胺甲噁唑(SMZ)的浓度(μg/mL)

编号	1	2	3	4	5	平均
0.5 h	1.27	2.12	8.17	3.76	2.69	3.60±2.43
1 h	7.77	10.39	12.72	5.70	11.87	9.96±2.61
2 h	8.99	15.65	11.35	14.26	12.13	12.47±2.32
4 h	21.92	16.90	22.60	17.53	20.17	19.82±2.28
8 h	51.77	15.81	35.36	27.00	41.83	34.35±12.31
16 h	76.26	62.73	40.86	61.34	54.27	59.09±11.57
32 h	50.66	26.18	40.08	76.55	26.47	43.99±18.68
48 h	38.04	31.56	30.43	45.81	38.03	36.77±5.52
72 h	27.77	37.20	13.72	31.57	20.01	26.06±8.32

表8　鲈鱼血液中磺胺甲噁唑(SMZ)的浓度(μg/mL)

编号	1	2	3	4	5	平均
0.5 h	2.13	1.50	0.62	0.95	0.25	1.09±0.67
1 h	5.29	8.54	7.52	4.30	5.46	6.22±1.56
2 h	4.80	6.89	11.06	16.88	6.19	9.17±4.38
4 h	5.35	2.62	8.80	17.90	10.74	9.08±5.22
8 h	14.23	30.46	6.89	17.33	20.32	17.85±7.73
16 h	61.76	79.27	41.95	66.65	54.51	60.83±12.42
32 h	17.36	26.33	24.19	28.71	17.93	22.90±4.53
48 h	20.14	12.11	23.06	16.17	11.11	16.52±4.58
72 h	10.03	20.14	14.00	7.55	8.98	12.14±4.54

表9　鲈鱼肝脏中磺胺甲噁唑(SMZ)的浓度(μg/mL)

编号	1	2	3	4	5	平均
0.5 h	0.59	0.76	1.65	2.27	0.78	1.21±0.65
1 h	6.77	19.74	21.82	7.22	9.54	13.02±6.44
2 h	11.72	8.52	21.88	16.26	13.67	14.41±4.51
4 h	5.83	10.69	15.13	26.92	20.00	15.71±7.31
8 h	21.04	10.60	26.92	16.67	23.13	19.67±5.61

(续表)

编号	1	2	3	4	5	平均
16 h	13.88	31.62	8.84	23.13	26.93	20.88±8.38
32 h	5.02	5.74	12.85	10.97	26.88	12.29±7.88
48 h	15.85	12.10	6.25	5.39	8.14	9.55±3.91
72 h	12.72	8.99	6.89	5.92	4.77	7.86±2.80

表 10 鲈鱼肾脏中磺胺甲噁唑(SMZ)的浓度(µg/mL)

编号	1	2	3	4	5	平均
0.5 h	0.59	0.76	1.65	2.27	0.78	1.21±0.65
1 h	6.77	19.74	21.82	7.22	9.54	13.02±6.44
2 h	11.72	8.52	21.88	16.26	13.67	14.41±4.51
4 h	5.83	10.69	15.13	26.92	20.00	15.71±7.31
8 h	21.04	10.60	26.92	16.67	23.13	19.67±5.61
16 h	13.88	31.62	8.84	23.13	26.93	20.88±8.38
32 h	5.02	5.74	12.85	10.97	26.88	12.29±7.88
48 h	15.85	12.10	6.25	5.39	8.14	9.55±3.91
72 h	12.72	8.99	6.89	5.92	4.77	7.86±2.80

表 11 鲈鱼肌肉中甲氧苄啶(TMP)的浓度(µg/mL)

编号	1	2	3	4	5	平均
0.5 h	0.59	0.76	1.65	2.27	0.78	1.21±0.65
1 h	6.77	19.74	21.82	7.22	9.54	13.02±6.44
2 h	11.72	8.52	21.88	16.26	13.67	14.41±4.51
4 h	5.83	10.69	15.13	26.92	20.00	15.71±7.31
8 h	21.04	10.60	26.92	16.67	23.13	19.67±5.61
16 h	13.88	31.62	8.84	23.13	26.93	20.88±8.38
32 h	5.02	5.74	12.85	10.97	26.88	12.29±7.88
48 h	15.85	12.10	6.25	5.39	8.14	9.55±3.91
72 h	12.72	8.99	6.89	5.92	4.77	7.86±2.80

表 12 鲈鱼血液中甲氧苄啶(TMP)的浓度(µg/mL)

编号	1	2	3	4	5	平均
0.5 h	0.59	0.76	1.65	2.27	0.78	1.21±0.65

(续表)

编号	1	2	3	4	5	平均
1 h	6.77	19.74	21.82	7.22	9.54	13.02±6.44
2 h	11.72	8.52	21.88	16.26	13.67	14.41±4.51
4 h	5.83	10.69	15.13	26.92	20.00	15.71±7.31
8 h	21.04	10.60	26.92	16.67	23.13	19.67±5.61
16 h	13.88	31.62	8.84	23.13	26.93	20.88±8.38
32 h	5.02	5.74	12.85	10.97	26.88	12.29±7.88
48 h	15.85	12.10	6.25	5.39	8.14	9.55±3.91
72 h	12.72	8.99	6.89	5.92	4.77	7.86±2.80

表 13 鲈鱼肝脏中甲氧苄啶(TMP)的浓度(μg/mL)

编号	1	2	3	4	5	平均
0.5 h	4.78	6.11	3.73	8.10	5.77	5.74±1.44
1 hr	23.59	35.95	10.08	25.28	19.82	22.94±8.37
2 h	26.60	32.50	20.09	35.93	12.03	25.43±8.60
4 h	30.03	19.82	11.69	39.18	41.99	28.54±11.46
8 h	39.30	32.55	21.55	18.66	48.21	32.05±10.99
16 h	34.11	35.38	30.57	60.13	30.19	38.07±11.21
32 h	45.43	15.67	20.32	67.05	24.88	34.67±19.12
48 h	19.82	35.94	12.01	29.02	39.40	27.24±10.14
72 h	32.45	13.26	12.22	23.17	29.03	22.02±8.15

表 14 鲈鱼肾脏中甲氧苄啶(TMP)的浓度(μg/mL)

编号	1	2	3	4	5	平均
0.5 h	0.87	1.10	2.75	1.39	1.30	1.48±0.66
1 h	3.37	3.32	0.72	2.59	2.33	2.47±0.96
2 h	12.97	5.85	8.39	9.26	8.57	9.01±2.30
4 h	20.56	11.27	16.21	15.27	15.90	15.83±2.95
8 h	12.59	19.48	15.12	35.94	27.26	22.08±8.54
16 h	20.09	51.19	28.74	36.00	34.49	34.10±10.20
32 h	59.53	20.59	52.37	42.87	35.73	42.22±13.51
48 h	32.40	53.56	41.75	19.82	11.70	31.85±14.97
72 h	35.38	20.11	17.42	28.04	13.25	22.84±7.91

2.3 药动学模型及参数

SMZ的血液药物浓度—时间数据符合一室开放动力学模型。表15列出了鲈鱼口服SMZ的药动学参数。鲈鱼单次口服剂量200×10^{-6}的复方新诺明,其主要成分磺胺甲噁唑(SMZ)的血清$K\alpha$,T_{max},C_{max}分别为0.096 h^{-1},21.479 h,50.768 $\mu g/mL$,血清$t_{1/2}$ ka 为7.250 h,$t_{1/2}$ k38.299 h,说明复方新诺明的吸收、分布和消除速度都很慢。

表15 三种药物的药物代谢动力学参数

参数	单位	磺胺甲噁唑
D	mg/kg	200.00
Co	$\mu g/mL$	74.882
Ka	/h	0.096
K	/h	0.018
$t_{1/2}$Ka	h	7.250
$t_{1/2}$K	h	38.299
t_{max}	h	21.479
C_{max}	$\mu g/mL$	50.768
AUC	mg·h/L	4138.400

注:D,剂量;Co,初始药物浓度;T_{max},单剂量给药后出现最高血药浓度时间;Ka,表观一级吸收速率常数;$t_{1/2}$Ka,吸收半衰期;K,药物自体内消除一级速率常数;$t_{1/2}$K,消除半衰期;C_{max}:单剂量给药后的最高血药浓度;AUC:药时曲线下总面积。

2.4 复方新诺明的临床应用

本文所采用的方法为进出口商品检测所用的方法,检测限可达0.05 $\mu g/mL$。实验结果表明鲈鱼单次口服剂量200×10^{-6}的复方新诺明72 h后,其主要成分SMZ在肌肉、血液、肝脏和肾脏中的含量分别为20.06、12.14、7.86、5.98 $\mu g/mL$。根据本实验室的结果,SMZ代谢72 h后,组织中的药物浓度均超过海水养殖常见致病菌的最小抑菌浓度(0.4~1.6 $\mu g/mL$),《渔药手册》规定在$100 \times 10^{-6} \sim 200 \times 10^{-6}$的剂量下连续服用5 d可治疗一般的细菌性疾病,根据本实验的结果,建议减少药物使用的剂量或者隔1 d服用1次药物,否则会使药物在鱼体内残留过大,对食用者造成威胁。FDA在1985年规定SMZ在可食性动物组织中的残留量不得超过0.1 $\mu g/mL$,Regist 1988年报道SMZ能够导致人类的甲状腺癌,因此提高药物的检测水平、降低残留量标准具有重要的现实意义

参考文献(略)

王群,孙修涛,刘德月,刘琪,李健. 中国水产科学研究院黄海水产研究所 山东青岛 266071

二、噁喹酸

国外水产养殖者认为它是治疗水产动物疾病较为理想的药物之一,对鳗弧菌、嗜水气单胞杆菌等鱼类病原菌有相当强的抗菌活性。因而在日本、我国台湾的鳗鱼和其他水产

动物应用较广泛,在海水养殖中 pH 对其略有影响,在碱性环境下需加大用药剂量。噁喹酸毒性甚微,急性,毒性试验对鲤鱼口服半数致死量(即在药物一定浓度影响下能使50%个体死亡的时间)为 4000 mg/kg 以上。本文进行噁喹酸的药物代谢动力学研究,目的是了解该种药物在鲈鱼体内的药物代谢规律,为防治鱼类疾病的合理用药(药物的剂量、用药的次数和周期)提供理论依据。

1. 材料与方法

1.1 药品和试剂

噁喹酸(OA)标准品,纯度≥99.9%,美国 sigma 公司。噁喹酸钠原粉(兽药)由济南金泰制药厂生产(还未申请批号)。试剂包括磷酸氢二钠(AR)、三氯乙酸(AR)、乙二胺四乙酸钠(EDTANa$_2$)(AR)、柠檬酸(AR)、柠檬酸钠(AR)、无水硫酸钠(AR)、二水草酸(AR)、氢氧化钠(AR)。三氯甲烷(AR)、正己烷(AR)、二甲基甲酰胺(DMF)(AR)、二甲基亚砜(DMSO)(AR)、冰醋酸(AR)、二氯甲烷(AR)、乙酸乙酯(AR)、甲醇(HPLC)、乙腈(HPLC)。

1.2 实验动物

健康鲈鱼(Perch,Lateolabrax janopicus)约 200 g 和黑鲷(Black sea bream,Sparus-macrocephalus)约 150 g,饲养于麦岛实验基地。水温 16±3℃,充气,流水,每日投喂新鲜杂鱼。

1.3 给药及采样

将实验用鱼随机分组,每组 5 尾,单次口服给药(将药物配成悬浊液,口灌)。按不同的时间间隔取样(所取的样品为肌肉、肝脏、肾脏和血液),每一时间点取一组鱼。根据药物的性质不同,给药的剂量和取样的时间点有所不同。噁喹酸给药剂量为 40 mg/kg,取样的时间间隔为 0.25、0.5、1、2、4、8、16、32、48、72 h。

1.4 样品处理与分析

(1)样品预处理。

准确称取 1 g 组织(肌肉、肝脏和肾脏)或准确吸取 1 mL 血液,加几滴二甲基亚砜,加入 2 mL 提取液(乙腈:0.01 mol/L 草酸为 4:1),16000 r/min 匀浆 10 s,再用 3 mL 提取液清洗刀头,合并提取液,振荡 1 min,5000 r/min 离心 10 min,吸取上清液,用 1/4 体积的正己烷去脂肪,下层液用 0.22 μm 的微孔滤膜过滤后可进样。

(2)色谱条件。

色谱柱为 C18ODS 柱,柱温 25℃;流动相为乙腈:甲醇:0.01 mol/L 草酸=3:1:6(V/V/V)。流速为 2.0 mL/min,进样量 10 μL,荧光检测:激发波长 ex:327 nm;发射波长 em:369 nm。

(3)标准曲线。

准确称取 20 mg 噁喹酸标准品溶于 20 mL 二甲基亚砜中,直至完全溶解,再加入乙腈定容到 200 mL,配制成 100 μg/mL 的母液,再用母液依次配制 25、10、5、2、1、0.5、0.2、0.1、0.05 mL 的标准溶液,以上述六个水平的浓度 C_i 为因变量,以各水平浓度的平均峰面积 A_i 为自变量,作线性回归,根据相关系数估计荧光检测器对噁喹酸的线性范围,以浓度为横坐标,以平均峰面积为纵坐标绘制标准曲线。

（4）方法确证。

实验分两组，一组将空白组织（肌肉、肝脏和血液）按表加入标准液，然后按照样品的处理程序进行处理；另一组将未加入标准液的空白组织按照样品的处理程序进行处理，然后再按表1～3加入标准液。按照公式进行计算：回收率（％）＝（处理前加入标准液样品的测定值/处理后加入标准液样品的测定值）×100％。用10、5、2、1、0.5、0.2 $\mu g/mL$ 六个浓度的噁喹酸标准溶液进行重复进样三次，测出各浓度水平的峰面积（Ai）和变异系数（C·V）及总平均变异系数，以此估计仪器的精密度。

2. 实验结果

2.1 检测方法

以噁喹酸平均峰面积 Ai 对每个浓度 Ci 作回归，得回归直线方程：$C＝1.10624×10^{-6}A－0.09424$，相关系数 $r＝0.998855$。噁喹酸的在各种组织中的回收率和精密度见表1～4。

表1 肌肉中噁喹酸(OA)的回收率

浓度($\mu g/mL$)	0.5	1	2	5
回收率(％)	98.68	96.53	93.24	92.01
	98.64	97.34	94.01	93.80
	97.08	99.24	95.21	89.34
平均回收率(％)	98.13±0.74	97.70±1.14	94.15±0.81	91.72±1.83
总平均回收率(％)	95.43±3.05			

表2 血液中噁喹酸(OA)的回收率

浓度($\mu g/mL$)	0.5	1	2	5
回收率(％)	96.85	96.32	95.21	89.69
	98.36	95.68	92.24	94.32
	97.89	97.20	93.57	96.07
平均回收率(％)	97.70±0.63	96.40±0.62	93.67±1.21	93.36±2.69
总平均回收率(％)	95.28±2.11			

表3 肝脏中噁喹酸(OA)的回收率

浓度($\mu g/mL$)	0.5	1	2	5
回收率(％)	94.35	93.21	87.32	88.35
	95.32	92.41	89.36	87.69
	92.03	90.86	92.18	89.64
平均回收率(％)	93.90±1.38	92.16±0.98	89.62±1.99	88.56±0.81
总平均回收率(％)	91.06±2.42			

表4　噁喹酸(OA)荧光测定法的精密度(峰面积)

浓度(μg/mL)	0.01	0.05	0.1	0.5	1	2
	27914	78984	137346	557866	1130948	1968375
	27799	78305	138390	554829	1121897	1971798
Ai	28107	78097	138649	556925	1126407	1966170
	27807	78195	138898	556689	1124614	1978325
A	27907	78395	138321	556577	1125967	1971167
±SD	±143	±402	±628	±1272	±3803	±5304
$C \cdot V(\%)$	0.51	0.51	0.49	0.23	0.34	0.27
$C \cdot V(\%)$			0.39±0.12			

2.2　噁喹酸在各组织中的浓度

表5　鲈鱼肌肉中噁喹酸(OA)的浓度(μg/mL)

编号	1	2	3	4	5	平均
0.25 h	0.22	0.20	0.17	0.58	0.08	0.25±0.17
0.5 h	0.68	0.34	0.07	0.53	0.49	0.42±0.23
1 h	0.05	0.26	0.84	0.62	0.58	0.47±0.28
2 h	1.44	0.64	0.26	0.63	1.07	0.81±0.41
4 h	1.30	0.63	0.88	1.44	1.30	1.11±0.31
8 h	2.81	0.66	1.73	2.55	2.23	2.00±0.76
16 h	2.01	5.64	7.02	4.49	5.42	4.91±1.67
32 h	0.89	0.52	0.38	0.09	1.55	0.69±0.50
48 h	0.40	0.80	0.52	0.14	0.25	0.42±0.23
72 h	0.38	0.10	0.07	0.06	1.00	0.32±0.36

表6　鲈鱼血液中噁喹酸(OA)的浓度(μg/mL)

编号	1	2	3	4	5	平均
0.25 h	0.05	0.10	0.02	0.03	0.29	0.10±0.10
0.5 h	0.38	0.10	0.07	0.22	0.92	0.34±0.31
1 h	0.32	0.47	0.65	0.07	0.57	0.42±0.20
2 h	1.49	1.00	0.46	0.52	1.54	1.01±0.46
4 h	1.75	1.51	0.64	3.17	1.23	1.66±0.84
8 h	2.31	3.89	1.44	2.22	1.49	2.27±0.89
16 h	3.33	4.39	3.15	2.53	1.32	2.95±1.01
32 h	1.88	0.81	0.71	2.06	1.44	1.38±0.55

（续表）

编号	1	2	3	4	5	平均
48 h	0.38	0.71	0.10	0.22	0.05	0.29±0.24
72 h	0.66	0.37	0.11	0.04	0.21	0.28±0.22

表 7　鲈鱼肝脏中噁喹酸(OA)的浓度(μg/mL)

编号	1	2	3	4	5	平均
0.25 h	1.44	1.33	0.64	0.28	1.51	1.04±0.49
0.5 h	2.53	0.91	1.88	1.32	1.86	1.70±0.55
1 h	1.81	2.42	1.20	0.72	2.86	1.80±0.78
2 h	2.43	1.55	1.89	2.56	1.88	2.06±0.38
4 h	2.73	1.31	1.07	3.88	2.29	2.26±1.02
8 h	3.17	4.27	1.49	2.21	2.46	2.72±0.94
16 h	11.39	8.26	3.88	4.97	0.09	5.72±3.85
32 h	0.71	0.37	1.50	0.50	0.90	0.80±0.40
48 h	0.57	0.28	0.69	0.04	0.83	0.48±0.29
72 h	0.07	0.52	0.02	0.03	0.10	0.15±0.19

表 8　鲈鱼肾脏中噁喹酸(OA)的浓度(μg/mL)

编号	1	2	3	4	5	平均值
0.25 h	2.05	0.64	1.33	1.86	1.18	1.41±0.50
0.5 h	1.50	1.86	2.12	1.18	1.02	1.53±0.41
1 h	1.18	1.20	2.36	1.73	2.21	1.74±0.49
2 h	2.53	3.16	1.44	0.72	2.27	2.03±0.86
4 h	2.05	2.12	3.14	1.18	2.47	2.19±0.64
8 h	3.71	6.36	5.13	6.86	4.99	5.41±1.11
16 h	3.17	10.67	4.37	6.36	8.18	6.55±2.68
32 h	1.87	2.47	0.64	1.66	3.03	1.93±0.80
48 h	0.71	0.57	0.22	1.49	0.86	0.77±0.42
72 h	1.33	0.09	0.06	0.63	0.37	0.50±0.46

2.3　噁喹酸的药动学分析

（1）模型的确定。

将血液药物浓度—时间数据(C_i-T_i)用 MCPKP 程序在微机上进行药动学处理,结果表明:噁喹酸的血液药物浓度—时间数据均符合一室开放动力学模型。

（2）药动学参数。

MCPKP 程序可以自动计算出药动学参数。表 9 列出了口服噁喹酸的药动学参数。

表 9 噁喹酸的药物代谢动力学参数

参数	单位	噁喹酸
D	mg/kg	40.000
C_0	μg/mL	5.530
Ka	/h	0.113
K	/h	0.067
$t_{1/2}$Ka	h	6.14345
$t_{1/2}$K	h	10.278
t_{max}	h	11.431
C_{max}	μg/mL	2.574
AUC	mg·h/L	82.015

注:D,剂量;C_0,初始药物浓度;T_{max},单剂量给药后出现最高血药浓度时间;Ka,表观一级吸收速率常数;$t_{1/2}$Ka,吸收半衰期;K,药物自体内消除一级速率常数;$t_{1/2}$K,消除半衰期;C_{max}:单剂量给药后的最高血药浓度;AUC:药时曲线下总面积。

3. 讨论

鲈鱼单次口服剂量为 40 mg/kg 的噁喹酸后,其血清 ka、T_{max}、C_{max} 分别为 0.133 h^{-1},11.431 h,2.574 μg/mL。Guo 报道石斑鱼单次口服同样剂量的噁喹酸后,其 T_{max}、C_{max} 分别为 5.75 h、1.45 mg/kg,Rogstad 报道单次口服 25 和 50 mg/kg 的噁喹酸后,其 T_{max}、C_{max} 分别为 24 h、0.87 mg/kg 和 24 h、1.17 mg/kg,可见鲈鱼对噁喹酸的吸收速率和吸收效果比石斑鱼和虹鳟好。Hustvedt 报道大西洋鲑口服剂量 10 mg/kg,口服和腹腔注射的 ka、T_{max}、C_{max} 值分别为 0.5 h、3.9 h、2.5 μg/mL 和 3.4/h、0.5 h、25.9 μg/mL,静脉注射的 C_{max} 值为 69.6 μg/mL,决定药物吸收快慢的因素很多,给药方法是决定药物吸收快慢的最主要因素。

噁喹酸的药动学参数结果表明,其分布半衰期和消除半衰期都较短,说明噁喹酸属于代谢比较快的药物,药物的表观分布容积较大,说明药物穿过细胞脂膜比较容易,药物消除速度比较快的原因是药物的总体清除率较高,而且海水鱼的总体清除率比淡水鱼高。

噁喹酸属于喹诺酮类药物,其抗菌谱广,尤其是对革兰氏阴性细菌有较好的作用,该类药物报道应用在鱼的实验上最早是 1973 年,在血浆中,药物的浓度是抑菌浓度的三倍通常被认为足够杀灭和抑制感染处的细菌,噁喹酸的抑菌浓度变化范围在 0.06～0.4 μg/mL 之间能抑制不同的菌株,因此可以根据药物代谢的情况确定给药间隔。研究药物代谢有利于确定给药方案;研究药物的残留有利于制定休药期,但允许药物残留量标准不同,休药期也不同。允许药物残留的标准高,休药期就短;允许药物残留的标准低,休药期就长。目前各国食品和饲料中兽药残留限量已有明确规定,各国的标准稍有差异,我国关于动物性食品中兽药的最高残留限量规定噁喹酸为 0.05 μg/mL,本实验所用方法的检测限对噁喹酸为 0.001 μg/mL,完全符合我国兽药最高残留限量的规定,因此根据本实验方法所确定的休药期是安全有效的。

参考文献(略)

王群,李健.中国水产科学研究院黄海水产研究所 山东青岛 266071

三、氯霉素

氯霉素曾经在水产养殖中被广泛应用,具有较好的抗菌效果。但是,由于其对人体的不良反应较严重,在医学上许多国家于 20 世纪 80～90 年代已停止使用。近年来,我国参考欧盟(96/23/EF)和美国联邦(EFR530.41)法规,结合我国农业部农牧发[1997]3 号文规定,在各种食品动物的可食性组织中,氯霉素被规定为不得检出药物(即零残留);并且自 2002 年起,氯霉素已被列为水产品中的禁用药物。通过本文的研究,阐明了氯霉素在鲈鱼体内的药动学规律,为水产用药及公共卫生检测提供理论依据。

1. 材料与方法

1.1 药品和试剂

氯霉素标准品(纯度 99.9%),中国兽药监察所提供;氯霉素原粉(纯度 85%),东北制药总厂生产。甲醇(色谱纯)、乙酸乙酯(分析纯)。高效液相色谱仪(配紫外检测器)、组织匀浆机等。

1.2 实验动物

健康鲈鱼,平均体重 0.25kg,试验前检测表明鱼的血液和组织中无氯霉素及其他药物残留,将鱼饲养于黄海水产研究所小麦岛实验基地,实验前暂养于洁净、充气和循环海水的水池内,水温控制在 24℃,每日投喂新鲜不含任何药物的杂鱼。

1.3 给药及采样

实验前将鲈鱼随机分为 10 组(8 尾/组,其中 1 组为空白对照),分别编号,称重记录。用注射器或导管灌胃给药,代谢组按 80 mg/kg(体重)的剂量单次给药,记录给药时间,两组分别在给药后 0.33、0.67、1.33、2、4、6、8、16、24、48 h 采样。将鲈鱼断尾,收集血液于 5 mL 离心管中(分离出血清),取血后,快速解剖,取肝脏、肾脏、肌肉组织,置-20℃冰箱保存。

1.4 样品处理与分析

(1)样品预处理。

准确量取 1 mL 血清或称取 1g 组织(肌肉、肝脏、肾脏),加入少许无水硫酸钠,加入 2 mL 乙酸乙酯,16000 r/min 匀浆 10 s,再用 3 mL 乙酸乙酯清洗刀头,合并提取液,于漩涡振荡器振荡 1 min,50000 r/min 离心 10 min,吸取全部上清液于 10 mL 玻璃离心管中;再向残渣中加入 3 mL 乙酸乙酯,充分摇匀,离心后,合并上清液;在 45℃恒温水浴下用氮气吹干。残渣用 1 mL 流动相溶解,并加入正己烷去脂肪,充分混合后静置。

(2)色谱条件。

柱子:C18 ODS柱、柱温:25℃、流动相:甲醇:水=45:55(V/V)流速:1.0 mL/min、进样量:20 μL、波长:280 nm。

(3)标准曲线。

空白组织中加入标准液使其药物浓度范围为 0.01～14 μg/mL,按样品处理方法处理,作 HPLC 分析,以测得的各平均峰面积 Ai 为横坐标,相应浓度 Ci 为纵坐标做标准曲线,并求出回归方程和相关系数。用空白组织制成低浓度药物含量的含药组织,经预处理后测定,将引起两倍基线噪音的药物浓度定义为最低检测限。

（4）方法确证。

空白组织中加入氯霉素标准液,放置 2 h,使药物充分渗入组织,按样品处理方法处理后测定,所得峰面积平均值与将标准液直接进样测得的峰面积平均值之比值,即为药物回收率。将上面制得的不同浓度样品于 1 d 内分别重复进样 5 次和分 5 d 测定,计算几个浓度水平响应值峰面积的变异系数($C \cdot V \cdot \%$)和总平均变异系数($\Sigma C \cdot V \cdot \%$)。

2. 实验结果

2.1 检测方法

样品中氯霉素的浓度在 $0.01 \sim 10\ \mu g/mL$ 范围内,具有良好的线性关系,相关系数为 $0.9983 \sim 0.9998$,该方法的最低检测限为 $0.01\ \mu g/mL$。测得氯霉素在各组织中的平均回收率如下:血液 $93.95\% \pm 3.14\%$,肌肉 $91.84\% \pm 2.51\%$、肝脏 $90.43 \pm 2.19\%$,肾脏 $90.40\% \pm 1.99\%$。采用外标法定量,测定样品的日内差和日间差,结果各组织中日内平均变异系数为 $2.16\% \sim 3.05\%$,日间平均变异系数为 $2.94\% \sim 3.83\%$。表明此方法的重现性好,精密度高。

2.2 代谢动力学特征

以 $80\ mg/kg$(体重)的剂量单次口服给药后,将血药浓度—时间数据采用 MCP-KP 药动学程序进行分析后,表明鲈鱼口服氯霉素后血药经时过程符合一级吸收一室开放式模型。氯霉素在鲈鱼血液及组织中药代动力学各参数见表 1。血液及组织中药物的经时过程符合一级吸收二项指数方程,$C_{血液} = 30.815(e-0.061t^{-}e-0.662t)$;$C_{肌肉} = 33.515(e-0.085t - e-0.219t)$,$C_{肝脏} = 18.597(e-0.062t - e-1.854t)$,$C_{肾脏} = 26.024(e-0.052t - e-0.399t)$。

3. 讨论

药动学分析首要的是药物房室模型的选择,本实验采用 MCP-KP 药动学程序对血液中氯霉素的药时数据进行分析后,确定鲈鱼口服氯霉素后血药经时过程符合一级吸收一室开放式模型。口服给药后,氯霉素在鲈鱼体内的吸收较快,给药后 $0.33\ h$ 血药浓度即达到 $5.94\ \mu g/mL$,$4\ h$ 后血中药物浓度达到高峰;吸收半衰期 $t_{1/2}K\alpha$ 为 $1.047\ h$;消除速度较慢,消除半衰期 $t_{1/2K}$ 长达 $11.293\ h$;血液中药物浓度较高,维持时间长。由表 1 可知,鲈鱼口服氯霉素后 $K\alpha$ 为 $0.662\ h$,$t_{1/2K\alpha}$ 为 $1.047\ h$,C_{max} 为 $21.093\ \mu g/mL$,T_{max} 为 $3.961\ h$。此结果与李爱华等(1996)报道的氯霉素在草鱼和复合四倍体异育银鲫体内的药物吸收参数有很大差异,在草鱼体内 $K\alpha$ 为 $2.395\ h$,$t_{1/2K\alpha}$ 为 $0.289\ h$,C_{max} 为 $100.45\ \mu g/mL$,T_{max} 为 $0.92\ h$;在高倍鲫鱼体内 $K\alpha$ 为 $3.607\ h$,$t_{1/2K\alpha}$ 为 $0.192\ h$,C_{max} 为 $111.75\ \mu g/mL$,T_{max} 为 $0.63\ h$。可见,氯霉素在鲈鱼体内的吸收较草鱼和高倍体鲫鱼慢,吸收半衰期较长,可能是由于种属及环境等因素的差异,鲈鱼属于海水鱼类,与淡水种类相比海水中含有许多盐类等物质,它们的存在可能影响药物的吸收。不同的药物在同一动物体内的代谢规律不同,王群等(2001)报道了鲈鱼单剂量口服 $200\ mg/kg$ 复方新诺明后,其中磺胺甲噁唑的 $K\alpha$ 为

0.064 h，C_{max} 为 30.083 $\mu g/mL$，T_{max} 为 20.922 h。李健等（2001）报道鲈鱼单剂量口服 40 mg/kg 噁喹酸后，$K\alpha$ 为 0.113 h，C_{max} 为 2.574 $\mu g/mL$，T_{max} 为 11.43 h，可见氯霉素在鲈鱼体内的吸收比磺胺甲噁唑和噁喹酸快且无吸收时滞。氯霉素在草鱼体内的吸收半衰期 $t_{1/2K\alpha}$ 为 0.631 h^{-1}，曲线下面积（AUC）为 1427.2 mg/L·h；在高倍体鲫鱼体内的吸收半衰期 $t_{1/2K\alpha}$ 为 0.982 h，曲线下面积（AUC）为 792.56 mg/L·h^{-1}。三者相比，氯霉素在鲈鱼体内的分布较草鱼和高倍体鲫鱼慢，说明了药物的作用受动物种属差异的影响。鲈鱼口服氯霉素后，药物的消除速率常数 Kel 为 0.0614 h，消除半衰期 $t_{1/2K}$ 为 11.293 h，与氯霉素在草鱼和高倍体鲫鱼体内的消除半衰期（$t_{1/2K}$ 分别为 11.91 h 和 11.13 h）相近。氯霉素在鱼体内 $t_{1/2K}$ 远大于鸡和哺乳动物，方炳虎等（1995）报道氯霉素在健康鸡体内的 $t_{1/2K}$ 为 0.87 h；李爱华等（1990）报道氯霉素在猪体内的 $t_{1/2K}$ 只有 1.094 h，而在人体内为 2.7 h。说明氯霉素在鱼体内的消除较慢，维持有效浓度的时间较长。氯霉素在各组织中的组织动力学特征均符合一级吸收二项指数方程。氯霉素在各组织中的药物浓度均较高：肾脏中的浓度最高（36.04 $\mu g/mg$），肌肉次之（30.82 $\mu g/mg$），肝脏相对较低（14.23 $\mu g/mg$）。组织中的药物浓度相对高于血液（21.09 $\mu g/mg$），且维持有效浓度的时间长于血液。氯霉素在鲈鱼体内分布广泛，与组织有较高的亲和力，仅根据血液动力学制订给药方案是不全面的。

参考文献（略）

唐雪莲，李健. 中国水产科学研究院黄海水产研究所　山东青岛　266071

第四节　土霉素在黑鲷体内的代谢动力学

土霉素（Oxytetracycline）属于广谱抗菌药物，广泛地应用于水产养殖业中细菌性疾病的防治，各国在 20 世纪 90 年代以前都把 OTC 作为一种重要的抗菌药物，1986 年在挪威养殖业上，OTC 的用量占所用抗菌药物的 86%。由于 OTC 的广泛使用，人们已经注意到由它引起的副作用和其他潜在影响。据报道 OTC 具有免疫抑制影响，能导致肝损害，长期使用会使细菌的抵抗力增强（Elema，1996）。尽管 OTC 有这些副作用，而且近年来也出现了其他一些抗菌药物，但 OTC 的应用仍然很广泛，因此研究 OTC 的药物代谢动力学和残留有助于合理用药和制定停药期。

1. 材料与方法

1.1　药品和试剂

土霉素（OTC）标准品，纯度≥99.5%，中国兽药监察所生产；土霉素药片，潍坊医药集团生产，批号：（1995）043025。试剂包括磷酸氢二钠（AR）、三氯乙酸（AR）、乙二胺四乙酸钠（EDTANa2）（AR）、柠檬酸（AR）、柠檬酸钠（AR）、无水硫酸钠（AR）、二水草酸（AR）、氢氧化钠（AR）。三氯甲烷（AR）、正己烷（AR）、二甲基甲酰胺（DMF）（AR）、二甲基亚砜（DMSO）（AR）、冰醋酸（AR）、二氯甲烷（AR）、乙酸乙酯（AR）、甲醇（HPLC）、乙腈（HPLC）。

1.2 实验动物

健康黑鲷(*Black sea bream*,*Sparus macrocephalus*)约 150 g,饲养于麦岛实验基地。水温 16±3℃,充气,流水,每日投喂新鲜杂鱼。

1.3 给药及采样

将实验用鱼随机分组,每组 5 尾,单次口服给药(将药物配成悬浊液,口灌)。按不同的时间间隔取样(所取的样品为肌肉、肝脏、肾脏和血液),每一时间点取一组鱼。根据药物的性质不同,给药的剂量和取样的时间点有所不同。土霉素的给药剂量为 75 mg/kg,取样的时间间隔为 0.5、1、2、4、8、16、32、48、72 h。

1.4 样品处理与分析

(1)样品预处理。

准确称取 1.0 g 组织(肌肉、肝脏和肾脏)或准确吸取 1 mL 血液样品,加入 1 mL 三氯甲烷,再加入 2 mL 提取液(4% 三氯乙酸的磷酸氢二钠溶液),16000 r/min 匀浆 10 s,再用 2 mL 提取液清洗刀头,合并两次的提取液,振荡 1 min,5000 r/min 离心 10 min,取出全部上清液,用 1/4 体积的正己烷去脂肪,弃去正己烷后再离心,离心后的澄清样液过固相萃取柱(SPE 柱),再用 2 mL 的水冲洗并甩干,加 0.5 mL 的洗脱液洗脱(洗脱液:流动相多加入 1/5 体积的 EDTANa₂,柠檬酸钠缓冲液和甲醇),收集流出液,进行高效液相色谱测定。

(2)色谱条件。

色谱柱为 C18 ODS 柱,柱温 25℃;流动相为甲醇:乙腈:二甲基甲酰胺:缓冲液=1:1.2:0.42:1.9(缓冲液由 0.026 mol/L EDTANa₂ 60 mL,0.2 mol/L 柠檬酸钠 12 mL,0.25 mol/L 柠檬酸 100 mL 与去离子水 810 mL 混合)。流速为 1.0 mL/min,进样量 10 μL,紫外检测器,波长为 360 nm。

(3)标准曲线。

准确称取 25.0 mg 土霉素标准品溶于流动相中,定容到 250 mL,配成 100 μg/mL 的母液,再把母液用流动相依次稀释成 5、2、1、0.5、0.2 μg/mL 的标准溶液,以上述六个水平的浓度 C_i 为因变量,以各水平浓度的平均峰面积 A_i 为自变量,作线性回归,根据相关系数估计紫外检测对土霉素的线性范围,以浓度为横坐标,以平均峰面积为纵坐标绘制标准曲线。

(4)方法确证。

表 1 氯霉素在鲈鱼血液及组织中药代动力学各参数(80mg/kg)

参数	单位	血液	肌肉	肝脏	肾脏
Co	μg/mL	26.897	56.153	16.014	48.84
Kel	h⁻¹	0.0614	0.085	0.062	0.052
Ka	h⁻¹	0.662	0.219	1.854	0.399
$t_{1/2k}$	h−1	11.293	8.174	11.118	13.424
$t_{1/2ka}$	h	1.047	3.170	0.374	1.728
AUC	mg/L·h	438.31	662.37	256.91	964.07
t_{max}	h	3.961	7.079	1.894	5.889
C_{max}	μg/mL	21.093	30.815	14.231	36.037

Co 为初始药物浓度;Kel 为药物自体内消除一级速率常数;Ka 为表现一级吸收速率常数;$t_{1/2k}$ 为消除半衰期;$t_{1/2ka}$ 为吸收半衰期;AUC 为药时曲线下总面积;t_{max} 为单剂量给药

后出现最高血药浓度时间；C_{max}为单剂量给药后的最高血药浓度

实验分两组，一组将空白组织（肌肉、肝脏和血液）按表加入标准液，然后按照样品的处理程序进行处理；另一组将未加入标准液的空白组织按照样品的处理程序进行处理，然后再按表 1～3 加入标准液。按照公式进行计算：回收率（％）＝（处理前加入标准液样品的测定值/处理后加入标准液样品的测定值）×100％。

2. 实验结果

2.1 检测方法

以土霉素平均峰面积 A_i 对每个浓度 C_i 作回归，得回归直线方程：$C=6.30019\times 10^{-5}A+0.234615$，在 $0.5\sim 10\ \mu g/mL$ 范围内线性关系良好，$R^2=0.99961$；土霉素以 0.5、1、2、5 $\mu g/mL$ 四个水平分别测其在肌肉、血液、肝脏中的回收，按照公式计算出各自的回收率，每个水平重复三次，求出各水平的平均回收率和四个水平的总平均回收率，如表 2～4 所示；由表 5 可见，此仪器的检测器对土霉素峰面积 A_i 总平均变异系数（精密度）为 $1.07\pm 0.65\%$，上述结果可作为评价方法重复性优劣的标志。

表 2　肌肉中土霉素的回收率

浓度（$\mu g/mL$）	0.5	1	2	5
	93.57	88.42	82.73	75.56
回收率（％）	90.41	87.63	85.24	81.75
	94.46	89.91	84.11	73.48
平均回收率（％）	92.81±1.74	88.65±0.95	84.03±1.03	76.93±3.51
总平均回收率（％）		85.61±6.81		

表 3　血液中土霉素的回收率

浓度（$\mu g/mL$）	0.5	1	2	5
	94.13	87.66	85.45	72.56
回收率（％）	91.57	89.14	86.13	74.81
	92.36	86.70	83.90	80.16
平均回收率（％）	92.69±1.07	87.83±1.00	85.16±0.93	75.84±3.19
总平均回收率（％）		85.38±7.08		

表 4　肝脏中土霉素的回收率

浓度（$\mu g/mL$）	0.5	1	2	5
	87.31	83.46	80.16	75.13
回收率（％）	89.67	84.55	79.08	77.44
	86.04	88.70	81.65	70.80
平均回收率（％）	87.67±1.50	85.57±2.26	80.30±1.05	74.46±2.75
总平均回收率（％）		82.00±5.91		

表 5   土霉素紫外测定法的精密度(峰面积)

浓度(μg/mL)	0.5	1	2	5	10
	6202	11541	25413	75830	156125
Ai	6179	11944	25789	75546	156141
	6245	11453	25578	76651	154013
	6222	11245	24541	75910	152522
平均 Ai	6212	11546	25330	75984	154700
$\pm$SD	$\pm$21	$\pm$227	$\pm$424	$\pm$364	$\pm$1365
$C \cdot V(\%)$	0.35	1.97	1.68	0.48	0.88
$C \cdot V(\%)$			1.07$\pm$0.65		

2.2   土霉素在组织中的浓度

将高效液相色谱测得的土霉素的峰面积代入各自的标准曲线所绘制的回归方程,就可以求出不同药物在各组织中的浓度值。表6~9列出黑鲷口服土霉素后,血液、肌肉、肝脏、肾脏中的药物浓度值。

表 6   黑鲷肌肉中土霉素(OTC)的浓度(μg/mL)

编号	1	2	3	4	5	平均
0.5 h	0.51	0.52	0.63	0.47	0.59	0.54$\pm$0.06
1 h	1.00	0.44	0.48	0.71	0.80	0.68$\pm$0.21
2 h	0.43	0.73	0.82	0.89	0.80	0.73$\pm$0.16
4 h	0.68	1.19	0.87	1.02	0.83	0.92$\pm$0.17
8 h	1.10	2.44	0.84	1.75	1.43	1.51$\pm$0.56
16 h	1.87	1.65	1.19	1.16	2.55	1.68$\pm$0.51
32 h	1.61	0.58	0.60	0.84	0.78	0.88$\pm$0.38
48 h	0.73	0.63	0.53	0.56	0.57	0.60$\pm$0.07
72 h	0.63	0.56	0.48	0.59	0.52	0.56$\pm$0.05

表 7   黑鲷血液中土霉素(OTC)的浓度(μg/mL)

编号	1	2	3	4	5	平均
0.5 h	0.42	0.46	0.49	0.36	0.60	0.46$\pm$0.06
1 h	0.59	0.51	0.78	0.70	0.66	0.65$\pm$0.09
2 h	0.70	0.80	0.55	0.93	0.46	0.69$\pm$0.17
4 h	0.86	0.72	0.74	0.62	1.06	0.80$\pm$0.15
8 h	1.33	0.85	2.00	1.22	1.43	1.37$\pm$0.37
16 h	2.98	1.12	0.90	1.84	1.54	1.68$\pm$0.73
32 h	0.73	1.74	0.53	1.10	1.15	1.05$\pm$0.42
48 h	0.86	0.65	0.89	0.72	0.61	0.75$\pm$0.11
72 h	0.72	0.62	0.74	0.64	0.51	0.64$\pm$0.09

表 8 黑鲷肝脏中土霉素(OTC)的浓度(μg/mL)

编号	1	2	3	4	5	平均
0.5 h	0.38	0.52	0.43	0.47	0.44	0.45±0.05
1 h	0.60	0.51	0.74	0.66	1.03	0.71±0.18
2 h	0.89	0.49	0.54	0.96	0.86	0.75±0.19
4 h	1.35	2.81	1.10	2.60	2.11	1.99±0.67
8 h	1.90	2.52	3.48	2.90	2.51	2.66±0.52
16 h	5.30	4.48	3.82	5.23	3.72	2.52±0.66
32 h	2.43	0.49	2.06	1.79	2.46	1.85±0.72
48 h	1.09	1.30	0.86	1.34	1.30	1.18±0.18
72 h	0.99	0.86	0.79	1.47	1.07	1.04±0.24

表 9 黑鲷肾脏中土霉(OTC)的浓度(μg/mL)

编号	1	2	3	4	5	平均
0.5 h	0.91	0.38	0.52	0.60	0.70	0.62±0.18
1 h	1.16	1.33	1.53	1.04	1.45	1.30±0.18
2 h	1.23	1.61	3.67	2.43	3.24	2.44±0.93
4 h	2.76	2.57	3.56	1.36	2.18	2.49±0.72
8 h	1.32	2.32	3.29	3.40	3.22	2.77±0.85
16 h	5.55	6.81	13.94	4.81	2.75	6.77±3.82
32 h	1.64	2.87	4.39	5.09	3.00	3.40±1.21
48 h	2.91	2.47	1.96	1.49	3.94	2.55±0.84
72 h	2.82	3.46	2.14	1.36	1.58	2.27±0.78

2.3 土霉素的药动学分析

(1) 模型的确定。

将血液药物浓度—时间数据(Ci-Ti)用 MCPKP 程序在微机上进行药动学处理,结果表明:三种药物的血液药物浓度—时间数据均符合一室开放动力学模型。

(2) 药动学参数。

MCPKP 程序可以自动计算出药动学参数。表 10 列出了口服三种药物的药动学参数。

表 10 土霉素的药物代谢动力学参数

参数	单位	土霉素
D	mg/kg	75.000
Co	μg/mL	1.637

（续表）

参数	单位	土霉素
Ka	h	0.296
K	h	0.015
$t_{1/2Ka}$	h	2.339
$t_{1/2K}$	h	46.664
t_{max}	hr	10.635
C_{max}	$\mu g/mL$	1.398
AUC	$mg \cdot h/L$	110.25

注：D，剂量；Co，初始药物浓度；T_{max}，单剂量给药后出现最高血药浓度时间；Ka，表观一级吸收速率常数；$t_{1/2}$Ka，吸收半衰期；K，药物自体内消除一级速率常数；$t_{1/2}$K，消除半衰期；C_{max}：单剂量给药后的最高血药浓度；AUC：药时曲线下总面积。

（3）根据 Ci-Ti 绘图。

以时间为横坐标，以浓度为纵坐标作出黑鲷口服 OTC 的药—时曲线，如图 1 所示。

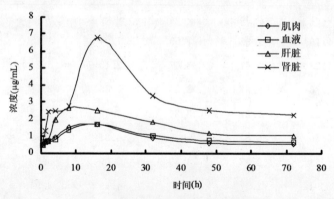

图 1　黑鲷口服 OTC 的药时曲线

3. 讨论

本实验所用的方法检测限可达 0.01 $\mu g/mL$，与辛福言（1996）和李美同（1997）等的研究结果相似，完全达到欧美和我国进出口样品规定的残留限量 0.1 $\mu g/mL$。结果表明，此仪器的紫外检测器在 0.5~10 $\mu g/mL$ 的范围内 OTC 呈现良好的线性关系，相关系数为0.999610。回收率系指某一物质经一定方法处理后，所测定的量与加入的量的百分比，可以表明从样品的制备和样品的测定整个过程药物的损失程度，是衡量实验方法是否可靠的标准，本实验对 3 种药物的 4 个不同浓度水平重复进样 3 次，测定 OTC 在肌肉、血液和肝脏中的回收率分别为 85.61%、85.38%、82.00%，说明样品的提取方法较可靠。

黑鲷口服 OTC 后，0.5 h 在肌肉、血液、肝脏、肾脏中就可以检测到药物的存在，浓度分别为 0.54、0.46、0.45、0.62 $\mu g/mL$，药物在 16 h 的采样浓度达最高，分别为 1.68、1.68、2.52、6.77 $\mu g/mL$，药物浓度在肌肉和血液中较小，且差别不大，在肝脏中较大，在肾脏中最大，药物由肝脏代谢后经肾脏排出体外，OTC 在组织中的代谢速度较慢，药物代谢到 72

h 后,药物在组织中的浓度仍然很高,分别为 0.56、0.64、1.04、2.27 $\mu g/mL$。

吸收速率常数（$K\alpha$）、达峰时间（T_{max}）、分布半衰期（$t_{1/2\alpha}$）、峰浓度（C_{max}）是衡量药物吸收速度与程度的重要参数。由表 4 可知,黑鲷 1 次口服剂量为 75 mg/kg 的 OTC 后,$K\alpha$、T_{max}、C_{max} 分别为 0.296 h、10.635 h、1.398 $\mu g/mL$。在温度为 11 ± 1.5℃,大鳞大马哈鱼（*Oncorhynchus tshaze*, tscha）和虹鳟（*Oncorhynchus mykiss*）1 次口服剂量为 50 mg/kg 的 OTC,得到的血清药物动力学参数 $K\alpha$ 为 0.24 和 0.25 h,T_{max} 为 17.88 和 18.17 h,$t_{1/2\alpha}$ 为 72.51、40.03 h,C_{max} 为 5.32 和 5.77 $\mu g/mL$（Abedini,1998）,香鱼（*Plecoglossusb altivelis*）1 次注射剂量为 75 mg/kg OTC,其血清 $t_{1/2\alpha}$ 为 0.969 h（Uno1996）,可见温度、给药途径、鱼的种类与药物的吸收速度有很大关系,大鳞大马哈鱼和虹鳟在温度和剂量都比黑鲷低的情况下,达峰时的药物浓度却比黑鲷高得多,说明药物的吸收程度受鱼的种属影响较大。消除半衰期即药物的半衰期（$t_{1/2\beta}$）,是决定药物消除的速度与程度的重要指标。本文黑鲷 1 次口服剂量为 75 mg/kg 的 OTC,血清 $t_{1/2\beta}$ 为 46.663 h,鲤鱼（*Cyprinus carpio.*）静脉注射剂量 60 mg/kg OTC。其血清 $t_{1/2\beta}$ 为 50.8 h（Abedini1998）,香鱼 1 次注射剂量为 25 mg/kg OTC 后,血清的 $t_{1/2\beta}$ 为 52.1 h（Uno1996）。一般药物的半衰期与给药剂量和给药途径无关,但与动物的种属有很大关系。由实验结果可知,OTC 的吸收、消除速度较慢,原因是 OTC 属于四环素类药物,四环素类药物易与 2 价或 3 价阳离子结合。当给黑鲷口服 OTC 时,OTC 不可避免地与海水中或鱼体内的 Ca^{2+}、Mg^{2+} 结合,结合后的药物不易穿过细胞脂膜,吸收结合的 OTC 是不可能的。骨组织与鳞片中 Ca^{2+} 的含量都比较高,因而药物在这些组织中的含量比较高,同时 OTC 易与营养物质结合形成复合物导致吸收的缓慢与不完全（Elema,1996）。本实验黑鲷 1 次口服剂量为 75 mg/kg 的 OTC 后,肌肉和血液中的药物浓度在 32 h 时分别为 0.88 和 1.05 $\mu g/mL$,肝脏和肾脏中的药物浓度在 72 h 时分别为 1.04 和 2.27 $\mu g/mL$,均超过海水常见致病菌的最小抑菌浓度。《渔药手册》规定每天口服剂量为 75 mg/kg～100 mg/kg 的 OTC,连续服用 5 d 可治疗常见的鱼病,根据本实验的结果建议使用药物的剂量不超过 75 mg/kg,否则会在鱼体内造成大量的残留。根据《兽药残留限量大全》限定 OTC 在鱼组织中的最高残留限量 0.1 $\mu g/mL$ 的规定,OTC 在本实验条件下的休药期不得低于 40 d,由于温度对药物残留的影响非常大,随着温度的升高,药物在鱼体内的代谢速度加快,药物残留量低,所以具体的情况应具体对待。

参考文献（略）

唐雪莲.东北农业大学　黑龙江哈尔滨　150030

王群,李健.中国水产科学研究院黄海水产研究所　山东青岛　266071

第五节　药物在对虾体内的代谢动力学

一、磺胺甲基异噁唑

磺胺甲基异噁唑（Sulfamethoxazole,SMZ）属于中效磺胺类药物,抗菌谱广,抗菌效果好,广泛应用于水产养殖业中细菌性疾病的防治。但在磺胺类药物的使用过程中,其毒副作用被逐渐发现,加上养殖过程中人们的合理用药和食品安全意识不断加强,因此其代谢规律及残留问题已引起国内外的重视。现已有 SMZ 在鲈鱼体内，磺胺-2,6-二甲氧嘧啶（SDM）在凡纳滨对虾、虹鳟体内，磺胺间甲氧嘧啶在虹鳟、鳗鲡体内，磺胺嘧啶在甲鱼体内，磺胺二甲基嘧啶在银鲫体内的代谢动力学报道。本文首次研究了 SMZ 单次肌肉注射后在中国对虾体内的代谢动力学规律，为规范对虾养殖中渔药临床应用及保证食品卫生安全提供了参考。

1. 材料与方法

1.1 药品和试剂

磺胺甲基异噁唑（SMZ）标准品，纯度≥99％，由中国兽药监察所生产；SMZ 原粉由淄川制药厂生产，HPLC 检测纯度为 98％。乙腈为色谱纯，二氯甲烷、冰醋酸、无水硫酸钠、正己烷等为分析纯。

1.2 实验动物

健康中国对虾（*Fenneropenaeus chinensis*）体重 8～10 g，饲养于日照水产研究所。实验前检测表明对虾体内无新诺明残留。水温为 19±1℃，充气，每日换水 2/3，投喂沙蚕。

1.3 给药及取样

将实验用虾随机分组，每组 8 尾，单次肌肉注射给药（将 SMZ 配成注射液，腹部肌肉注射，剂量为 50 mg/kg）。按不同时间间隔取样（血淋巴、肝胰腺），每一时间点取一组虾，取样时间点为 0.083、0.25、0.5、1、2、6、12、36、48 h。全部样品－20℃冷冻保存。

1.4 样品处理与分析

（1）样品预处理。

样品解冻后，准确称取 1 g 组织或吸取 1 mL 血淋巴，加入 3 mL 二氯甲烷，16000 r/min 匀浆 10 s，再用 2 mL 二氯甲烷提取液清洗刀头，合并 2 次的提取液，振荡 1 min，5000 r/min 离心 10 min，取出全部上清液，剩余残渣加入 5 mL 二氯甲烷二次提取，振荡 1 min，5000 r/min 离心 10 min，取上清液与第一次提取液合并，用 1/4 体积的正己烷去脂肪，弃去正己烷后在 40℃下氮气吹干，残渣用 1 mL 流动相溶解，过滤后进行高效液相色谱测定。

（2）色谱条件。

柱子 C18 ODS 柱；柱温 25℃；流速 1.0 mL/min；进样量 20 μL；紫外检测波长 272 nm；流动相水：乙腈：冰醋酸＝80：20：0.5。

（3）标准曲线与最低检测限。

将 0.01～100 μg/mL（$n=9$）SMZ 系列标准溶液用 HPLC 法进行检测，以测得的各平均峰面积 Ai 为自变量，相应浓度 Ci 为因变量作线性回归，求出回归方程和相关系数。用空白组织制成低浓度药物含量的含药组织，经预处理后测定，将引起两倍基线噪音的药物浓度定义为最低检测限。

（4）回收率与精密度。

回收率的确定：实验分两组，一组将空白组织按 5 个浓度梯度（0.05,0.1,1.0,10.0,50.0 μg/mL）加入标准液，然后按样品处理程序进行处理；另一组将未加入标准液的空白组织按样品的处理程序进行处理，处理后再加入标准液。按照公式进行计算：回收率（％）＝（处理前加入标准液样品的测定值/处理后加入标准液样品的测定值）×100％。

精密度的确定：将前面制得的 5 个浓度样品于一天内分别重复进样五次和分五天测

定,计算五个浓度水平响应值峰面积的变异系数($C \cdot V \cdot \%$)和总平均变异系数($\sum C \cdot V \cdot \%$),以此衡量定量方法的精密度。

2. 实验结果

2.1 标准曲线与最低检测限

以 SMZ 平均峰面积 Ai 对每个浓度 Ci 作回归,得回归直线方程:$Ci = 1.31 \times 10^{-2} Ai + 0.1642, R^2 = 0.9997$

2.2 回收率与精密度

本实验条件下,血淋巴和肌肉中 5 个浓度水平的 SMZ 回收率为 85.52%~92.17%(表 1);测得日内精密度为 $0.07 \pm 0.047\%$,日间精密度为 $0.06 \pm 0.035\%$。

表 1 SMZ 在两种组织中的回收率

样品浓度(μg/mL)	0.05	0.1	1.0	10.0	50.0
血淋巴中回收率(%)	86.35	91.71	90.24	90.16	86.29
肝胰腺中回收率(%)	85.52	92.17	87.68	89.32	86.74

2.3 SMZ 在中国对虾体内的浓度变化

以 50 mg/kg 剂量单次肌注给药后血淋巴内的药物浓度随即达到峰值,峰值为 17.84 μg/mL,此后血淋巴内 SMZ 浓度迅速下降;肝胰腺内药物浓度较低,给药 2 小时后达到最高浓度(4.97 μg/mL),此后迅速下降,至 48 h 时不能检出(图 1)。

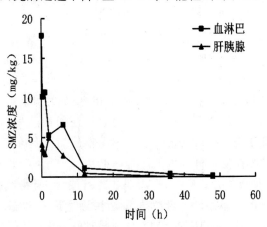

图 1 SMZ 在血淋巴、肝胰腺中的浓度

2.4 SMZ 在中国对虾体内的药代动力学

将血淋巴药物浓度—时间数据(Ci-Ti)用 MCP-KP(东北农业大学提供)程序进行处理,结果表明:SMZ 在中国对虾血淋巴内的药物浓度—时间数据符合二室开放动力学模型。其药代动力学参数见表 2。其血药浓度—时间过程符合以下方程:

$$C = 36.83 e^{-1.70t} + 3.48 e^{-0.06t}$$

表 2　磺胺甲基异噁唑(SMZ)在中国对虾体内的药代动力学参数

参数	单位	SMZ
Dose	mg/kg	50
Co	μg/mL	21.96
A	μg/mL	36.83
B	μg/mL	3.48
K12	h^{-1}	1.10
K21	h^{-1}	0.32
Kel	h^{-1}	0.34
$t_{1/2\alpha}$	h	0.41
$t_{1/2\beta}$	h	0.87
AUC	mg/L·h	64.51
CL	mL/kg/h	780.05
Vd	L/kg	12.21

注:Dose 为给药剂量;Co 为初始药物浓度;A、B 为药时曲线对数图上曲线在横轴和纵轴上的截距;K12 为药物从中央室转运到外周室的一级速率常数;K21 为药物从外周室转运到中央室的一级速率常数;Kel 为药物自体内消除一级速率常数;$t_{1/2k}$ 为消除半衰期;$t_{1/2ka}$ 为吸收半衰期;AUC 为药时曲线下总面积;Vd 为表观分布容积;CL 为总体消除率。

3. 讨论

3.1　中国对虾单次肌注磺胺甲基异噁唑药代动力学特征

本实验首次报道了磺胺甲基异噁唑在中国对虾体内的药代动力学规律,采用 MCP-KP 药动学程序对血淋巴中 SMZ 的药时数据分析表明,中国对虾单次肌注 SMZ 后血药经时过程符合一级吸收二室开放模型。

肌注给药后,SMZ 在中国对虾体内吸收迅速,给药后 0.083 h 血药浓度随即达到峰值。杨先乐研究中华绒螯蟹肌注环丙沙星时发现肌肉注射给药后,血淋巴中的药物浓度即刻达到峰值;Uno 报道日本对虾肌注土霉素和噁喹酸后药物的达峰时间都为 0.5 h;Reed 等报道土霉素肌注后在白对虾体内的达峰时间为 0.5 h。吸收如此快的原因可能与甲壳动物开放式循环以及给药方式有关,采用肌注方式给药,药物经注射后可直接进入血液循环,类似于哺乳动物的静脉给药。药物进入血淋巴后迅速向组织中分布,速度的快慢由分布半衰期($t_{1/2\alpha}$)表示。由表 2 可知,SMZ 在中国对虾体内的分布半衰期($t_{1/2\alpha}$)为 0.41 h,分布较为迅速。王群等报道 SMZ 在鲈鱼体内的 $t_{1/2\alpha}$ 为 7.25 h,但其给药方式为单次口服,故尚难比较 SMZ 在甲壳动物和鱼类体内分布的快慢。

表观分布容积(Vd)体现药物在体内的分布情况(广泛程度),亲脂性药物通常在器官中分布较多,Vd 值通常较大。SMZ 在中国对虾体内的表观分布容积(Vd)为 12.21 L/kg,远大于其他药物如磺胺-2,6-二氧嘧啶(SDM)、二甲氧甲基苯氨嘧啶(OMP)、土霉素、噁喹酸以及诺氟沙星在对虾体内的 Vd 值(0.71~4.53 L/kg),说明 SMZ 在对虾体内分布广泛;而肝胰腺中的 SMZ 浓度却一直较低,这与一般的药物在肝脏中浓度比在血液中浓度大的规律恰恰相反,原因是因为磺胺类药物被组织吸收后,在组织中有一个乙酰化过程

（即磺胺药物与乙酰辅酶 A 结合生成无效的乙酰化磺胺），乙酰化率最高的部位是肝脏，所以 SMZ 在对虾肝胰腺内的浓度低于在血淋巴内。

消除相半衰期（$t_{1/2\beta}$）是反映药物在血淋巴内消除速度的重要参数。在本次实验中，19℃下 SMZ 在中国对虾体内的消除半衰期为 10.87 h，与 26℃下另一磺胺药物 SDM 在凡纳滨对虾体内的 $t_{1/2\beta}$ 相近（9 h），而短于 16℃下其在鲈鱼体内的消除半衰期（38.299 h）；一般认为药物的消除受水温及动物种属差异影响较大。总体清除率（CL）指单位时间内，从体内消除的药物表观分布容积数，是反映药物在机体内清除速度的重要参数。SMZ 在中国对虾体内的总体清除率为 780.05 mL/kg/h，远大于土霉素在对虾体内的清除率（22.7~77.0 mL/kg/h），其他磺胺类如 SDM 和 OMP 在对虾体内的清除率分别为 215 mL/kg/h 和 1765 mL/kg/h，可见磺胺类药物在对虾体内清除速度较快。

3.2　给药方案探讨

制订给药方案就是确定给药剂量与给药的间隔时间，SMZ 在中国对虾体内的消除半衰期为 10.87 h，属慢效消除类，给药间隔应以一天为适。给药剂量的确定与药物的代谢动力学参数、最小抑菌浓度（MIC）有关。SMZ 对对虾常见致病菌的 MIC 在 0.4~1.6 μg/mL 之间；给药剂量的确定可依据高清芳等所提出的公式：

$$D = C \cdot V_d \cdot K \cdot \tau / F$$

（D：每日给药剂量；C：期望达到的稳态血药浓度；V_d：表观分布容积；K：一级消除速率常数；τ：给药间隔；F：生物利用度，对虾肌注的 F 为 1。）

根据上述公式可得：给药间隔为 1 d 时，以 39.85 mg/kg、159.41 mg/kg 剂量肌注 SMZ 即分别可达 0.4、1.6 μg/mL 的稳态血药浓度。实际生产中 SMZ 的给药方法一般为口服给药，实践中，对虾口服 SMZ 的生物利用度约为肌肉注射的 30%，所以建议磺胺甲基异噁唑在治疗中国对虾疾病时给药剂量为 200 mg/kg 左右，每日给药一次。

参考文献（略）

范克俭，战文斌.中国海洋大学　山东青岛　266003
范克俭，王群，李健.中国水产科学研究院黄海水产研究所　山东青岛　266071

二、恩诺沙星

恩诺沙星（Enrofloxacin，EF）属于新开发的第三代喹诺酮类药物，具有抗菌谱广、抗菌力强、作用迅速、体内分布广泛及与其他抗生素之间无交叉耐药性等特点，广泛应用于畜牧及水产养殖业。目前，有关于恩诺沙星在水产动物体内的药代动力学研究较少，本实验研究了以肌注方式给药，恩诺沙星及其代谢物在中国对虾体内的代谢情况，并设计出了合理的给药方案。

1. 材料与方法

1.1　药品与试剂

恩诺沙星标准品和环丙沙星（Ciprofloxacin，CF）标准品，纯度≥99.5%，由中国兽药监察所生产；恩诺沙星针剂由广东海康制药公司生产，批号：010818。二氯甲烷（AR）购自中国亨达精细化学品有限公司，正己烷（AR）购自莱阳化工研究所，磷酸（AR，浓度 75%）、磷酸二氢钾（AR）和十二水磷酸氢二钠（AR），均购自莱阳化工试验厂，四丁基溴化铵

（AR），购自常州新华活性材料研究所，氯化钠（AR）购自中国亨达精细化学品有限公司，乙腈（HPLC）和甲醇（HPLC）由德国 Merck 公司生产。

1.2 实验动物

中国对虾（*Fenneropenaeus chinensis*），体质量约 20 g，取自中国水产科学研究院黄海水产研究所日照实验基地。饲养于日照市水产研究所对虾养殖池内，试验前两个星期实验用虾不接触任何药物，实验随机选用无体外伤的对虾，水温控制在 22.5±1℃。

1.3 给药及取样

将实验用中国对虾随机分成 15 组，其中 13 组为实验组，两组空白，每组 8～9 尾。给药剂量为 10 mg/kg，每尾虾于第二腹节注射给药。采样时间点共 13 个，分别为给药后的 0.83、0.25、0.5、0.75、1、1.5、2、4、8、12、24、36、48 h，每一时间点取一组虾。

1.4 样品处理与分析

（1）样品预处理。

准确称取 1 g 组织（肌肉和肝胰脏）或吸取 1 mL 血液，先加入 1 mL pH 为 7.5 的缓冲盐溶液，再加入 4 mL 二氯甲烷，16000 r/min 匀浆 10 s，再用 4 mL 二氯甲烷清洗刀头，合并两次提取液，振荡 2～3 min，静置 15 min，然后 5000 r/min 离心 10 min，吸取全部上清液，在 40℃恒温水浴下氮气吹干，残渣用 1 mL 流动相溶解，加入 1 mL 正己烷去脂肪，下层液过 0.22 μm 的微孔滤膜，过滤后的液体可进高效液相色谱测定。

（2）色谱条件。

流动相由 0.017 mol/L 的乙酸铵和乙腈按 88∶12 的比例混合，荧光监测器：激发波长 278 nm，发散波长 460 nm。

（3）标准曲线。

将配制的浓度为 20.00、10.00、5.00、1.00、0.50、0.20、0.10、0.05、0.02、0.01 μg/mL 的标准品溶液分别加入 3 种空白组织中，按样品处理方法处理后进行 HPLC 测定，以峰面积为纵坐标，浓度为横坐标做标准曲线，分别求出回归方程和相关系数。

（4）回收率的测定。

实验分两组，一组往空白组织中（血液、肌肉和肝胰脏）按 5 个浓度梯度（0.05，0.1，1，10，50 μg/mL）加入标准液，然后按样品处理方法处理；另一组将未加入标准液的空白组织亦经相同处理，然后再加入标准液。按照公式进行计算：回收率（％）＝（处理前加入标准液样品的测定值/处理后加入标准液样品的测定值）×100％。

（5）方法精密度。

取不同浓度（0.05、0.10、1.00、10.00、50.00 μg/mL）EF 和 CF 标准液，加入空白组织中，按样品处理方法处理，制得的各浓度样品于 1 d 内分别重复进样 5 次和分 5 d 测定，计算各浓度水平响应值峰面积的变异系数（$C \cdot V \cdot ％$）和总平均变异系数（$\sum C \cdot V \cdot ％$），以此衡量定量方法的精密度。

2. 实验结果

2.1 检测方法

（1）精密度。

精密度是反映样品从保存到检测各个环节总的误差水平，是衡量方法准确度的标准之一。本实验中肌肉、血液、肝胰脏三种组织中的日内变异系数和日间变异系数见表1~2。

表1　三种组织中EF的变异系数

变异系数 $C\cdot V\cdot \%$	肌肉	血液	肝胰脏
日内变异系数	3.05±1.47	2.16±1.27	2.31±1.08
日间变异系数	3.87±1.38	2.94±1.71	3.83±1.55

表2　三种组织中CF的变异系数

变异系数 $C\cdot V\cdot \%$	肌肉	血液	肝胰脏
日内变异系数	3.22±2.07	2.09±1.11	2.41±1.22
日间变异系数	3.56±1.63	3.16±2.03	3.73±1.88

（2）线性范围。

向四种空白组织中加入 0.01~20 μg/mL 浓度范围内 EF 和 CF 标准溶液，按照制样方法处理后，进样检测。结果表明，0.01~20 μg/mL 浓度范围内，EF 和 CF 在中国队虾的3 种组织中线性关系良好，标准曲线方程及相关系数 r 见表3~4。

表3　EF在各组织中的标准曲线方程

组织	回归方程	相关系数(r)
肌肉	$C=1.61\times10^{-2}A+0.479301$	0.9991
血液	$C=1.51\times10^{-2}A+0.256312$	0.9982
肝胰脏	$C=1.58\times10^{-2}A+0.693375$	0.9981

表4　CF在各组织中的标准曲线方程

组织	回归方程	相关系数(r)
肌肉	$C=1.10\times10^{-3}A-0.1173$	0.9981
血液	$C=1.15\times10^{-3}A+0.2312$	0.9996
肝胰脏	$C=1.02\times10^{-3}A-0.1025$	0.9976

（3）回收率与检测限。

恩诺沙星和环丙沙星分别以 0.05~50 μg/mL 5 个水平，分别测其在肌肉、血液、肝胰脏中的回收率，结果见表5~6。以引起三倍基线噪音的药量为最低检测限，本法最低检测限为 0.005 μg/mL。

表5　EF在4种组织中的回收率

浓度(μg/mL)	EF 的回收率(%)		
	肌肉	血液	肝胰脏
0.05	73.5	72.5	70.8
0.1	75.8	76.3	75.6
1	72.6	73.1	72.9
10	70.3	71.6	71.3
50	68.7	69.2	68.5

表6　CF在4种组织中的回收率

浓度(μg/mL)	CF 的回收率(%)		
	肌肉	血液	肝胰脏
0.05	70.6	70.5	68.8
0.1	72.8	73.9	72.6
1	71.3	70.8	70.9
10	69.4	68.6	67.3
50	67.5	67.2	65.5

(4)恩诺沙星及其代谢物在中国对虾体内的浓度变化。

恩诺沙星及其代谢物环丙沙星在中国对虾体内的药物浓度见表7~8,药时曲线图见图1~6。

表7　EF在三种组织中的浓度($\mu g/mL$)

时间(h)	肌肉	血液	肝胰脏
0.083	5.99±1.46	5.87±1.36	7.81±1.58
0.25	6.50±1.32	4.16±1.28	9.56±2.32
0.5	5.72±2.03	3.62±1.06	12.13±2.17
0.75	5.46±1.22	3.54±1.20	11.83±2.31
1	5.23±1.76	3.19±0.75	11.42±2.06
1.5	4.76±1.38	2.86±0.86	10.78±2.15
2	4.43±1.45	2.56±1.02	9.82±2.39
4	3.52±1.12	2.45±0.56	8.03±1.98
8	2.13±0.78	1.83±0.58	5.96±1.28
12	1.52±0.52	1.32±0.36	4.54±1.36
24	1.13±0.43	0.65±0.23	3.17±0.86
36	0.55±0.22	0.08±0.03	1.89±0.73
48	0.47±0.23	0.06±0.02	1.63±0.25

表 8　CF 在三种组织中的浓度(μg/mL)

时间(h)	肌肉	血液	肝胰脏
0.083	ND	0.011±0.005	ND
0.25	ND	0.014±0.005	ND
0.5	0.006±0.002	0.023±0.004	0.008±0.003
0.75	0.008±0.003	0.026±0.008	0.020±0.011
1	0.009±0.003	0.025±0.006	0.031±0.013
1.5	0.009±0.003	0.026±0.007	0.076±0.012
2	0.010±0.005	0.023±0.012	0.166±0.053
4	0.006±0.002	0.022±0.011	0.171±0.046
8	0.006±0.003	0.017±0.006	0.198±0.056
12	0.004±0.002	0.011±0.003	0.150±0.133
24	0.002±0.001	0.006±0.003	0.124±0.043
36	ND	0.005±0.002	0.082±0.022
48	ND	ND	0.060±0.026

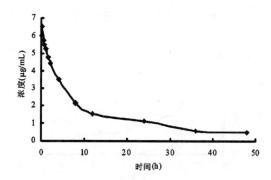

图 1　EF 在肌肉中的药—时曲线

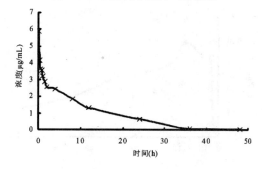

图 2　EF 在血液中的药—时曲线

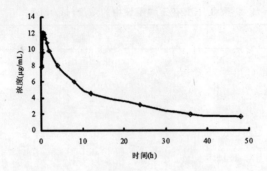

图3 EF 在肝胰脏中的药—时曲线

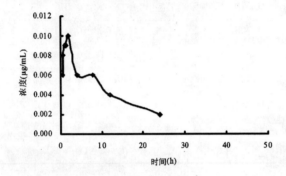

图4 CF 在肌肉中的药—时曲线

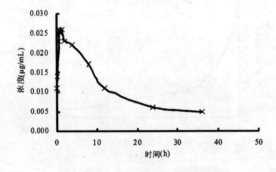

图5 CF 在血液中的药—时曲线

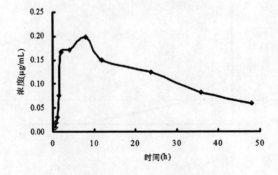

图6 CF 在肝胰脏中的药—时曲线

（5）恩诺沙星及其代谢物在中国对虾体内药动学特征。

采用 MCPKP 药动学程序对血液中恩诺沙星药—时曲线进行分析，确定中国对虾肌注恩诺沙星后的组织药物浓度经时过程符合一级吸收二室开放模型。恩诺沙星及其代谢物在中国对虾体内三种组织中药动学参数见表 9、10，恩诺沙星血液中的药物经时过程符合一级吸收二项指数方程，组织中药物经时过程符合一级吸收三项指数方程。

恩诺沙星在中国对虾三种组织中的药—时方程：

$C_{肌肉} = 4.379e^{-0.4t} + 2.57e^{-0.03t} - 6.949e^{-22.73t}$

$C_{血液} = 3.93e^{-7.38t} + 3.83e^{-0.1t}$

$C_{肝胰脏} = 8.99e^{-0.142t} + 3.44e^{-0.013t} - 6.949e^{-11.95t}$

表 9　EF 在各组织中药动学参数

参数	单位	组织		
		肌肉	血液	肝胰脏
C_0	μg/mL	6.64	7.77	12.32
A	μg/mL	4.53	3.93	9.04
B	μg/mL	2.20	3.83	3.40
α	h^{-1}	0.40	7.38	0.14
β	h^{-1}	0.03	0.10	0.01
K_A	h^{-1}	22.73	—	11.95
K_{12}	h^{-1}	0.20	3.59	0.07
K_{21}	h^{-1}	0.16	3.69	0.05
K_{eL}	h^{-1}	0.09	0.20	0.04
$t_{1/2}KA$	h	0.03	—	0.06
$t_{1/2\alpha}$	h	1.70	0.09	0.85
$t_{1/2\beta}$	h	19.70	7.03	52.70
AUC	mg/L·h	0.73E+02	0.39E+02	0.32E+03
T_{max}	h	0.20	—	0.40
C_{max}	μg/mL	6.29	—	11.82
V_1	L/kg	—	1.29	—
Vd	L/kg	—	2.57	—
CLB	L/kg.h	—	0.25	—

表 10　CF 在各组织中药动学参数

参数	单位	组织		
		肌肉	血液	肝胰脏
C_0	$\mu g/mL$	0.01	0.024	0.24
K_A	h^{-1}	4.10	4.81	0.29
K	h^{-1}	0.07	0.05	0.03
$t_{1/2a}$	h	0.17	0.14	2.34
$t_{1/2}$K	h	10.30	13.30	20.65
AUC	mg/L.h	0.14	0.47	7.20
T_{max}	h	1.26	0.95	8.70
C_{max}	$\mu g/mL$	0.01	0.023	0.18
Lagtime	h	0.25	0	0.40

3. 讨论

3.1　样品处理方法

样品处理是体内药物分析中最关键的一步,因为生物样品中含有许多内源性成分,如蛋白质、多肽、类脂质、脂肪酸等干扰物,所以必须进行一系列处理后才能进行检测。样品处理时应考虑待测药物的理化性质、浓度范围、药物测定的目的以及所选用的生物体液和组织的类型等等。

在测定血清及组织中药物时,首先是除去蛋白质。尽管目前有液相色谱柱切换技术、新型内表面键合反相填料等技术可用于含蛋白质样品的直接进样分析,但是费用昂贵,故沉淀蛋白后再进样分析仍是常用的方法。通常去除蛋白质的方法是加入沉淀剂或变性试剂,常用的有:乙腈、三氯醋酸、高氯酸、甲醇等,本实验采用二氯甲烷对组织中的药物直接进行提取,使药物与蛋白质及其他杂质分离,取得了较好的效果。

有人报道在处理某些含有喹诺酮类药物的样品时,先使用甲醇沉淀蛋白质,离心后取上清液直接进样。我们在尝试该方法时,发现经由甲醇沉淀后含有药物的上清液与含有乙腈的流动相相遇时,会产生大量沉淀。其原因可能是甲醇虽然是一种蛋白质沉淀剂,但同时也是有机溶剂,在沉淀蛋白质的同时会溶入一些它沉淀不了的蛋白,而这些蛋白能被乙腈沉淀。因此,若我们直接将上清液进样检测,当其进入系统与流动相混合后必然会产生沉淀,虽然量较少,但无疑会对系统尤其是色谱柱造成伤害,这样的方法应该慎用。

3.2　中国对虾肌注恩诺沙星的血液动力学

本实验采用 MCPKP 自动药动学程序对所得的药物浓度—时间数据进行分析,确定中国对虾肌注恩诺沙星后的血液经时过程符合一级吸收二室开放式模型。从实验数据可看出中国对虾肌注恩诺沙星后吸收非常迅速,0.083 h 时血药浓度就已达到最高。杨先乐研究中华绒螯蟹肌注环丙沙星的代谢情况时称肌肉注射给药后,血淋巴中盐酸环丙沙星的浓度即刻达到峰值;曾振灵等报道猪肌注恩诺沙星后的达峰时间为 0.75 h～1 h;应耀宇报道鸡肌注恩诺沙星后的达峰时间在 1 h 左右。比较后可以发现,以肌注方式给药,恩诺沙星在甲壳类动物体内更易被吸收,可能与其开放式循环系统有关。

不同的给药方式对恩诺沙星的吸收速度有较大影响,Intorre 等在 10℃水温条件下,以 5 mg/kg 的剂量口服给药,经 8 h 后,血液中药物浓度才达到最高峰;Coll 等(1991)研究喹诺酮类药物在养殖鲑鳟鱼类体内代谢规律时指出,以口服方式给药,恩诺沙星在鱼体内的吸收缓慢。张雅斌等研究了不同给药方式下诺氟沙星在鲤鱼体内的药代动力学,结果表明,以 10 mg/kg 的剂量肌注给药后,0.03 h 血药浓度即达到峰值。而以同样的剂量口服给药后,血药浓度达峰时间为 0.7 h。

药物进入血液后迅速向各组织器官分布,速度的快慢由分布半衰期 $t_{1/2\alpha}$ 来表示。恩诺沙星在中国对虾体内的 $t_{1/2\alpha}$ 为 0.094 h,因此肌肉和肝胰脏中的药物浓度较快达到了峰值,达峰时间分别为 0.2 和 0.4 h。房文红等研究了诺氟沙星在斑节对虾体内的药代动力学,以肌注方式给药后,诺氟沙星在斑节对虾体内的分布半衰期为 0.06 h;稍快于恩诺沙星在中国对虾体内的分布。Bregante 等报道,在 12℃水温条件下,虹鳟以 5 mg/kg 的剂量静注给药后 $t_{1/2\alpha}$ 仅为 0.05 h,则说明恩诺沙星在鱼体内分布更快。药物在体内的分布情况(广泛程度)主要由表观分布容积 Vd、房室间的转运速度常数 K_{12}、K_{21} 以及表观分布容积 Vd 来体现。恩诺沙星在中国对虾体内 Vd 值为 2.57 L/kg,K_{12}、K_{21} 分别为 3.59 和 3.69,两者比例接近 1,说明了药物在体内分布广泛。但某些哺乳动物如兔与之相比,分布情况更好一些,Cabanes 等给兔静注 5 mg/kg 恩诺沙星,分布容积 Vd 为 3.4 ± 0.9 L/kg。恩诺沙星在某些海水鱼类体内的分布情况也要好于中国对虾,Martinsen 等报道,在 10℃水条件下,以 10 mg/kg 剂量口服给药后,恩诺沙星在大西洋鲑体内的 Vd 分别为 6.1 L/kg,Bregante 的研究中,虹鳟的 Vd 为 4.6 L/Kg。而诺氟沙星在斑节对虾体内的 Vd 值为 0.71 L/kg,可见恩诺沙星在中国对虾体内分布更广泛。

本实验中,恩诺沙星在中国对虾血液中的消除半衰期 $t_{1/2\beta}$ 为 7.03 h;在大西洋鲑血液中为 34 h;在虹鳟血液中则长达 112 h;恩诺沙星在鱼体内消除较慢可能是受它们所处的较低的环境温度有关。诺氟沙星在斑节对虾体内消除速度则要快得多,$t_{1/2\beta}$ 为 0.61 h。Martinsen 等在比较了噁喹酸,氟甲喹,沙拉沙星,恩诺沙星四种喹诺酮类药物在大西洋鲑体内的药物代谢情况,结果前三种药的消除半衰期均在 24 h 之内,其中噁喹酸最易消除,$t_{1/2\beta}$ 在 18 h 左右,说明与同类药物相比,恩诺沙星消除较慢。

3.3　中国对虾肌注恩诺沙星的组织动力学

药物在各组织中分布不均匀,其在任一组织或器官的动态变化都和血流量有关,但是仅通过血样浓度并不能全面客观的反映药物在各组织中的分布和动态变化,组织动力学是根据不同器官的药—时关系曲线建立模型,能具体的描绘药物在靶器官中的动态变化规律。

本实验测得肌注给药后恩诺沙星在肌肉和肝胰脏中的浓度变化符合一级吸收三项指数方程。肌肉对药物的吸收较快,达峰时间 T_{max} 为 0.2 h,C_{max} 为 6.3 μg/mL;肝胰脏吸收稍慢 T_{max} 为 0.4 h,但峰值较高 C_{max} 为 11.82 μg/mL。再比较 AUC,肌肉为 73 mg/L·h,而肝胰腺为 320 mg/L·h,AUC 代表药物的吸收量,可见恩诺沙星在肝胰腺中分布较多。再比较两者的消除情况,恩诺沙星在肌肉中的消除半衰期为 19.7 h,在肝胰脏中则是 52.7 h。邱银生(1996)在研究喹诺酮类药物在动物体内残留时发现,恩诺沙星在肝脏中残留比较严重,其次是肾脏,与本实验结果类似。

3.4 恩诺沙星的代谢物环丙沙星的代谢情况

恩诺沙星有多种代谢途径,其中最主要的是在肝脏中脱去乙基代谢成为环丙沙星,但种间存在着差异。曾振灵在研究恩诺沙星在猪体内的生物利用度及药物动力学时发现静注、肌注、内服给药后,恩诺沙星在猪体内脱去乙基代谢为环丙沙星的能力很微弱,21 头猪中仅有 3 头能测到微量的环丙沙星(小于 0.1 $\mu g/mL$),Richez(1994)也有类似的结论,说明恩诺沙星在猪体内的主要代谢途径不是生成环丙沙星。胡功政(1999)研究了恩诺沙星及其活性代谢物在鸡体内的药物动力学,结果显示,以 10 mg/kg 的剂量静注和口服给药后,代谢生成的环丙沙星在血液里的最高浓度分别为 0.72 和 0.45 $\mu g/mL$,可见鸡将恩诺沙星代谢成环丙沙星的能力较强。中国对虾肌注恩诺沙星后,环丙沙星在体内逐渐生成。三种组织中,肝胰脏内浓度最高,AUC 为 7.196 mg/L·h,C_{max} 为 0.198 $\mu g/mL$,药物浓度在 0.15 $\mu g/mL$ 以上的时间为 10 h,这与恩诺沙星主要是在肝脏中被代谢成环丙沙星的结论是一致的;其次是血液,但浓度与肝胰脏相比有较大差距,AUC 和 C_{max} 分别为 0.466 mg·L.h 和 0.026 $\mu g/mL$,浓度维持在 0.02 $\mu g/mL$ 左右的时间为 6~7 h;肌肉中药物浓度最低,AUC 和 C_{max} 分别为 0.139 mg/L·h 和 0.01 $\mu g/mL$,且在 0.01 $\mu g/mL$ 浓度范围维持时间很短(1 h 左右)。Lintorre 等研究恩诺沙星在鲈鱼体内代谢情况时发现,能从鱼的肝脏中持续检测到环丙沙星,但只能偶尔从血液中测到,而从未在皮肤和肌肉中测到,说明鲈鱼在这方面的能力不如中国对虾。

3.5 喹诺酮类药物的抗菌后效应及其临床意义

抗菌后效应(Post antibiotic effet,PAE)起源于 20 世纪 40 年代,人们观察到细菌与青霉素接触一段时间后移至无青霉素的培养基中,细菌在体外和体内的生长均受到一定时间的抑制;1977 年,McDonald 等明确提出抗菌后效应这一概念此外,处于 PAE 期的细菌再与亚抑菌浓度药物接触后,细菌的生长受持续抑制,即抗菌后亚抑菌浓度效应(Postantibiotic sub-MIC effet PASME)。研究发现,处于 PAE 期的细菌对药物敏感性提高,PASME 的作用比相应的 PAE 及亚抑菌浓度(Sub-MIC effet,SME)作用更大。

抗菌后效应又称为抗生素后效应,是几乎所有的抗菌药物都具有的一种特性,而喹诺酮类药物的 PAE 普遍被认为是比较长的。其机理至今尚不完全清楚,可能因抗菌药物造成细菌的非致死性损伤或药物与靶位持续结合,使细菌恢复再生长的时间延长。喹诺酮类作用的靶位是细菌的 DNA 回旋酶(DNA gyrase),药物与 DNA 回旋酶亚基 A 结合,从而抑制酶的切割与连接功能,阻止 DNA 的复制。药物清除后,酶功能的恢复尚需一段时间,而呈现 PAE。抗菌药物后促白细胞效应(PALE)是产生体内 PAE 的机理之一。研究发现抗菌药物与细菌接触后细菌形态及细胞内、外溶血素活性有改变。PAE 状态抗菌药物对细菌 DNA 合成速度影响不一致,说明抗菌药物产生 PAE 机理的复杂性,确切的机理尚待探讨。

抗菌后效应在临床上意义的认识过程与进展是十分缓慢的。原因是由于抗生素药效学,包括 PAE 的原理十分复杂,医学界是通过体外试验和动物模型所做的体内试验而逐渐加深了认识,注意到 PAE 在制定合理治疗方案与联合用药中的指导作用。以往抗生素传统经验是认为抗生素治疗需维持 MIC 以上浓度,方能发挥疗效。通过对 PAE 的认识与运用,使抗生素的给药方案,特别间隙给药在降低毒性、提高疗效、节约治疗成本方面取得了成绩。有学者基于 PAE 原理研究氨基糖苷类抗生素给药方案时认为,首次接触的杀菌作用在很大范围内呈剂量依赖性。最佳杀菌活性取决于高的初始浓度,这样就有一个高而长的清洗期,所产生的 PAE 可以防止细菌的再生长。因此设计氨基糖苷类治疗方案每日 1 剂或每日 2 剂,与以往的每日多剂相比同样有效。但高剂量 1 日 1 剂有更长的 PAE 与强杀菌力,组织间液和感染部位的药物也有更长的高于 MIC 时间,因而可提高疗效又可降低不良反应。

抗菌后亚抑菌浓度效应(PASME)能延长 PAE,往往起到更大的抑菌作用。研究表明,β-内酰胺类如青霉素与细胞膜青霉素结合蛋白(PBPs)结合后细菌被抑制,此时细菌可继续产生新的 PBPs,假如先给予超抑制浓度药物,只需少量 sub—MIC 的药物浓度(青霉素消除缓慢),即足够与新生 PBPs 结合,以防止细菌再生长。其他抗生素如 DNA 螺旋酶抑制剂(喹诺酮类)和 RNA 抑制剂也同样在超抑制浓度之后,使细菌受损伤,随后少量药物即可防止细菌生长。通常长 PAE 和显著的杀菌效果可促进长的 PASME。在两个剂量间隙之中 PAE 与 PASME 联合发挥作用,也就是抗生素的超抑制浓度与亚抑制浓度联合发挥作用防止细菌生长,这种药效学效果可作为抗生素用药方案的设计参考。研究表明氟喹诺酮类杀菌作用在很大范围呈剂量依赖关系并且其 PAE 也很长。尤其是环丙沙星该能力较为突出,其对金葡菌、链球菌、粪肠球菌、大肠杆菌、绿脓杆菌、肺炎杆菌的体外 PAE 分别为 $1.4 \sim 3.9$、$0.95 \sim 1.4$、$0.7 \sim 1$、$1.6 \sim 5.9$、4.0 和 3.2 h。本类药物既无明显毒性,也没有明显的适应性耐药,因而大剂量间隔给药、多次给药或连续静滴均有同等效果,氟哇酮类药每日 1 剂的疗法也已在临床应用。

3.6 中国对虾肌注恩诺沙星的疗效及给药方案

世界上引起海水养殖动物死亡率的主要病原之一是弧菌,而中国对虾细菌病的主要致病菌就是弧菌,包括鳗弧菌(*V. anguillarum Bergeman*)溶藻弧菌(*Vibrio alginolyticus*)副溶血弧菌(*Vibrio para haemolyticus*)等等。因此,我们可以以药物对从对虾体内分离出来的弧菌的抑制效果为标准,来衡量该药物疗效。Roque 等从墨西哥西北部养殖的南美白对虾群体分离了 144 株弧菌,并进行了 15 种抗生素包括恩诺沙星,氟甲砜霉素,土霉素等对所分离弧菌的敏感性实验。结果表明,所分离的 144 株弧菌中只有三株对恩诺沙星不敏感。恩诺沙星对余下 141 株菌的平均最小抑菌浓度 MIC 为 0.45 $\mu g/mL$;氟甲砜霉素的平均 MIC 为 1.79 $\mu g/mL$,而土霉素平均 MIC 为 304.0 $\mu g/mL$,说明恩诺沙星对于该类弧菌的抑制效果比同类抗生素更好。毛芝娟等从锯缘青蟹体内分离了 4 株致病弧菌,分别属于辛辛那提弧菌(*Vibrio cincinnatiensis*),溶藻弧菌,副溶血弧菌。比较十种抗生素对它们的抑制效果后发现,环丙沙星对这四株菌的平均 MIC 为 0.25 $\mu g/mL$,而氯霉素的平均 MIC 为 0.39 $\mu g/mL$,诺氟沙星的平均 MIC 5.32 $\mu g/mL$,呋喃唑酮的平均 MIC 则在 50 $\mu g/mL$ 以上。对比后充分说明环丙沙星具更强的抗菌活性。恩诺沙星和环丙沙星对其他病原菌尤其是革兰氏阴性菌的最小抑菌浓度往往更小,黄德林等报道恩诺沙星对禽源致病性大肠杆菌 O_2 的 MIC 为 0.2 $\mu g/mL$,王丽平等报道恩诺沙星对大肠杆菌 O_2 和 O_{78} 的 MIC 分别为 0.25 $\mu g/mL$ 和 0.13 $\mu g/mL$,Bowser P R 等研究认为恩诺沙星对绝大多数鱼类病原菌的 MIC 很低,在 0.16 $\mu g/mL$ 以下,最不敏感的链球菌(*Streptococcus*)MIC 为 $0.25 \sim 0.45$ $\mu g/mL$,叶启薇等研究了环丙沙星对畜禽 13 种 23 株常见病源菌的体外抑菌效果,结果表明,环丙沙星对大多数革兰氏阴性菌和鸡败血支原体的 MIC 值很低,体外抗菌活性强。对鸡败血支原体 MGBG44T 的 MIC 值为 0.025 $\mu g/mL$。

以上的研究结果说明了恩诺沙星和环丙沙星拥有优越的抗菌能力。本实验结果显示以 10 mg/kg 的剂量肌注给药后在中国对虾体内吸收迅速,体内分布广泛,在各组织中的药物浓度较高,其中,肝脏内的浓度最高,药物浓度峰值为 12.1 μg/mL。自 0.083 h 至 48 h,肝脏内的药物浓度始终大于 0.45 μg/mL,最低浓度为 1.65 μg/mL(48 h),仍是其最小抑菌浓度的 3～4 倍。肌肉中药物浓度稍低,药物浓度峰值为 6.5 μg/mL,但仍能保持在 48 h 之内药物浓度在最小抑菌浓度之上。血液中药物浓度最低,峰值为 5.8 μg/mL,24 h 后血药浓度会降至 MIC 以下。代谢物环丙沙星在体内浓度较低,但亦可达到或接近最小抑菌浓度,尤其是肝胰脏中的药物最高浓度可达 0.198 μg/mL,药物浓度在 0.15 μg/mL 可维持 10 h,这对于大部分革兰氏阴性菌是有效的,血液中的药物浓度也可在 0.02 μg/mL 左右维持 6～7 h,对于某些敏感菌也是有抑制作用的。

综合药效学和药动学结果可以预测,以 10 mg/kg 的剂量肌注给药,恩诺沙星对中国对虾的防治效果应该是比较好的,不但恩诺沙星本身能起到很好的防治效果,其代谢物环丙沙星亦有一定疗效。而且,两种药同时作用时,往往有增效作用,使疗效更为理想。如:恩诺沙星对非典型的分枝杆菌无效,而环丙沙星对其又有很好的杀灭作用,这样,两者同时使用则会产生较好的协同作用。

按传统方法来确定给药方案,则应保证多剂量给药后最低稳态浓度在最小抑菌浓度之上。根据单剂量给药参数计算主要多剂量给药参数(表 11);若每日一次给药,则当给药剂量为 6.4 mg/kg 时,最低稳态浓度最接近 MIC,因此,中国对虾肌注恩诺沙星合适的给药方案应为:6.4 mg/kg 的剂量,每日一次给药。

表 11　多剂量给药参数

时间间隔 τ (h)	维持剂量 D (mg/kg)	负荷剂量 D^* (mg/kg)	积累系数 R	最低稳态浓度 c_{ssmin} (μg/mL)	平均稳态浓度 c_{ss} (μg/mL)	最高稳态浓度 c_{ssmax} (μg/mL)
24	10	11.1	1.1	0.7	1.24	8.5
24	6.4	7.07	1.1	0.45	0.80	5.46

但众多研究表明,恩诺沙星和环丙沙星的抗菌后效应(PAE)和抗菌后亚抑菌浓度效应(PASME)较为明显,其抑、杀菌作用在很大范围内上呈剂量依赖性。刘涤洁等研究了恩诺沙星和环丙沙星对金葡菌的 PAE 及 PASME,当恩诺沙星和环丙沙星均分别以 4、2、1、1/2 倍 MIC 的恩诺沙星和环丙沙星与金葡菌作用 1 h 后发现,2、4 倍 MIC 的恩诺沙星对金葡菌存在 PAE,1/2、1、2、4 倍 MIC 的环丙沙星都存在 PAE,大小在 1 h 左右;以 4 倍 MIC 的恩诺沙星和环丙沙星与金葡菌作用 1 h,稀释 100 倍除药后,再与 1/2、1/4、1/8 倍 MIC 药物作用,其 PASME 分别为 12.3、1.2、0.4 h 和 13.2、10.2、2.7 h。因此在制定更为合理的给药方案时,可运用 PAE 原理,充分考虑到药物的 PAE 和 PASME,以达到降低毒副作用、提高疗效、节约治疗成本的目的。因此,前文提出的给药方案可作进一步改进:在给药剂量不变的情况下,给药时间可以延长,具体数据需要进一步研究后确定;另外,为了发挥环丙沙星的 PAE 和 PASME 效应,可以将少量环丙沙星与恩诺沙星混合,同时肌注,以获得产生有效 PAE 和 PASME 所必需的高浓度(代谢生成的环丙沙星浓度偏低),

这样可以充分利用环丙沙星由恩诺沙星代谢生成,消除较慢,能产生较长 PASME 的特性,提高药物的使用效率。具体的给药剂量亦需要进一步研究。

参考文献(略)

方星星.中国海洋大学水产学院　山东青岛　266003

方星星,王群,李健.中国水产科学研究院黄海水产研究所　山东青岛　266071

三、麻保沙星

随着药物的长期使用,鱼类对某些药物已经出现了抗药性,因此研究使用抗菌效果好、无抗药性的新型渔药对水产养殖具有重要的意义。麻保沙星(marbo floxacin)是继恩诺沙星(enrofloxacin)、达氟沙星(danofloxacin)、沙拉沙星(sarafloxacin)、二氟沙星(difloxacin)后的又一个兽医专用的氟喹诺酮类药物,其化学名为 9-氟-2,3-二氢-3-甲基-10-(4-甲基-1-哌嗪)-7-氧-7 h-吡啶[3,2,1-ij][4-1-2]-苯并噁二嗪-6-羧酸,由瑞士罗氏公司研制,并于 1995 年首次在英国上市。其化学结构与氧氟沙星相似,对 G^+ 菌、G^- 菌、厌氧菌及支原体都有很强的抗菌作用。国外关于麻保沙星的研究较深入,已报道了其在多种动物(犬、羊、马、牛、鸡等)体内的药动学及药效学特点;国内仅见其在猪、鸡体内的药动学及药效学研究。结果都表明该药具有组织渗透力强,消除半衰期长,生物利用度高,且与其他抗菌药无交叉耐药性等特点,目前已获批准用于犬、猫、猪和牛等多种动物。但还未见其在水产动物体内代谢情况的有关报道,本试验研究了其在中国对虾体内的代谢动力学及残留规律,丰富了渔药研究内容,为麻保沙星在水产动物疾病防治方面的应用提供参考数据。

1. 材料与方法

1.1 药品和试剂

麻保沙星原料药含量98.5%,杭州久恒生物化学科技有限公司生产,批号2060725;麻保沙星标准品纯度≥99.5%,中国兽药监察所生产;三氯甲烷、甲酸、三乙胺、磷酸氢二钾、磷酸二氢钾均为分析纯;乙腈、甲醇为色谱纯。

1.2 实验动物

健康中国对虾(*Femeropenaeus chinensis*)体重(12±2)g,饲养于中国水产科学研究院黄海水产研究所胶南卓越试验基地对虾养殖池内。试验前两周试验用虾不接触任何药物,充气,水温为20±1℃。

1.3 给药方式与样品采集

将试验用中国对虾随机分成 2 组,按 2.5 mg·kg^{-1}剂量给药,第一组一次性肌肉注射麻保沙星水溶液,给药部位为背部第 2、3 体节间。于给药后 0.083、0.167、0.25、0.5、0.75、1、1.5、2、3、4、6、9、12、16、24、36 h 采集肌肉、肝胰腺、血淋巴样品。第二组连续 5 d 投喂自制麻保沙星药饵,日投饲量为虾体重的 3%～4%,根据摄食情况及时调整投饲量,于最后一次给药后 0.5、1、1.5、2、3、4、6、9、12、16、24、36、48、72、96、120、144、168 h 采集肌肉、肝胰腺、血淋巴样品,另设空白对照组。每一时间点采 8 尾虾,全部样品于－80℃冰箱保存。

血淋巴取样方法:先将取样虾用纱布擦干头胸甲,然后将 1 mL 注射器缓慢插入围心窦,抽取血淋巴,再转移到离心管中,在震荡器上震荡 1 min,于 5000 r/min 转速下离心 5 min,取出上层液贮存于 −80℃ 低温冰箱中保存。注射器和离心管使用前用 1‰ 肝素钠溶液均匀地涂布在壁上,吹干备用。

1.4 样品预处理与分析

(1)样品预处理。

准确称取 0.5 g 组织(肌肉,肝胰腺)或吸取 0.5 mL 血淋巴,加入 pH7.4 的磷酸盐缓冲液,涡旋混匀,再加入 3 mL 三氯甲烷,16000 r·min⁻¹,匀浆 10 s,再用 2 mL 三氯甲烷清洗刀头,合并两次提取液,振荡 1 min,5000 r·min⁻¹ 离心 10 min,吸取有机层,剩余残渣加入 5 mL 三氯甲烷二次提取,振荡 1 min,5000 r·min⁻¹ 离心 10 min。取有机层与第一次提取液合并,在 40℃ 恒温水浴下氮气吹干,残渣用 0.5 mL 流动相溶解,加入正己烷去脂肪,下层液过 0.22 μm 的微孔滤膜,过滤后的液体可进行高效液相色谱测定。

(2)色谱条件。

色谱柱为 Agilent TC18 柱,(4.6 mm×250 mm,填料粒度 5 μm);流动相:乙腈:2‰ 甲酸:1‰ 三乙胺:水(18:38:38:6,$V/V/V/V$)混合物;紫外检测器,波长 295 nm;柱温 30℃;流速 1.0 mL/min,进样量 20 μL。

(3)数据处理。

药代动力学模型拟合采用 3P97 软件处理数据;采用 Marquardt 法对一、二、三房室分别以权重 1、1/C、1/C2 三种情况进行拟合,根据 WSS 和 AiC 值来判断最适合的药代动力学模型。

2. 实验结果

2.1 线性范围与最低检测限

准确称取 0.01 g 麻保沙星标准品溶于 100 mL 流动相中,配成 100 μg·mL⁻¹ 的母液,临用前再依次稀释成 5、2、1、0.5、0.2、0.1、0.05、0.02、0.01 μg·mL⁻¹ 的标准溶液,进行 HPLC 测定,以峰面积为横坐标,浓度为纵坐标建立标准曲线。结果表明麻保沙星在 0.01~5 μg·mL⁻¹ 浓度范围内线性关系良好,相关系数 r 为 0.9998。以引起二倍基线噪音的药量为最低检测限,本法最低检测限为 0.01 μg·mL⁻¹。

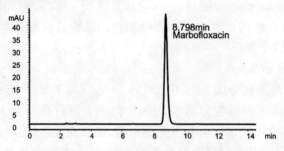

图 1 麻保沙星标样高效液相色谱图

2.2 回收率与精密度

空白组织按 3 个浓度梯度(0.1、1、5 μg·mL⁻¹)加入标准液,然后按样品处理方法处理;将另一组未加入标准液的空白组织亦经相同处理,然后再加入标准液。按照公式进行计算:回收率(%)＝(处理前加入标准液样品的测定值/处理后加入标准液样品的测定值)×100%。将上述样品于 1 d 内分别重复进样 5 次和分 5 d 测定,计算各浓度水平响应值峰面积的变异系数,以此衡量定量方法的精密度。结果表明麻保沙星在各组织中的回收率在 72.31%～93.85%之间(表 1),日内精密度为 2.42%±1.21%,日间精密度为 3.46%±1.57%。

表 1　麻保沙星在三种组织中的回收率

浓度 $\mu g \cdot mL^{-1}$	回收率(%)		
	血淋巴	肌肉	肝胰腺
0.05	93.85±2.10	85.34±2.85	87.85±3.01
0.1	85.00±2.89	77.29±3.51	75.38±3.31
1	89.82±3.45	72.31±3.78	74.65±3.56

2.3　麻保沙星在中国对虾体内的消除情况

一次性肌肉注射和连续口服麻保沙星后,药物随时间变化趋势如图 2、3 所示。肌注后 0.083 h 肌肉和肝胰腺中药物浓度接近峰值,血淋巴中药物浓度在 0.25 h 达峰值,随后下降。连续口服 5 d 后药物在各组织中浓度逐渐下降,以肌肉中消除最快,48 h 已检测不到。

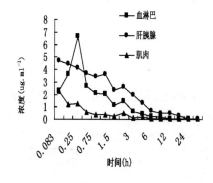
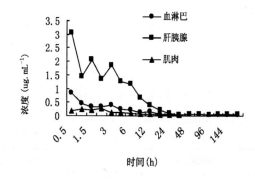

图 2　肌注麻保沙星药一时曲线　　　　图 3　口服麻保沙星药一时曲线

2.4　麻保沙星在中国对虾体内药代动力学参数

麻保沙星以 2.5 mg·kg⁻¹ 剂量一次性肌肉注射后药时数据用 3p97 软件处理,采用 Marquardt 法对一、二、三房室分别以权重 1、1/C、1/C₂ 3 种情况进行拟合,根据 WSS 和 AiC 值来判断最适合的药代动力学模型。结果表明肌注给药的药一时数据符合一级吸收二室开放模型,血淋巴中的药物经时过程符合一级吸收二项指数方程,组织中的药物经时过程符合一级吸收三项指数方程,分别为:$C_{血淋巴}=3.992e^{-0.770t}+0.246e^{-0.070t}$,$C_{肌肉}=3.219e^{-6.701t}+0.516e^{-0.262t}-3.735e^{-68.460t}$,$C_{肝胰腺}=2.905e^{-0.552t}+1.842e^{-0.140t}-4.747e^{-47.407t}$。主要药动学参数如表 2 所示。

表 2　肌注麻保沙星在中国对虾体内的药代动力学参数

参数	单位	肌注(2.5 mg·kg^{-1})		
		血淋巴	肌肉	肝胰腺
A	μg·mL^{-1}	3.992	3.219	2.905
α	h^{-1}	0.770	6.701	0.552
B	μg·mL^{-1}	0.246	0.516	1.842
β	h^{-1}	0.070	0.262	0.140
Ka	h^{-1}	24.425	68.460	47.407
$t_{(1/2)a}$	h	0.893	0.103	1.257
$t_{(1/2)β}$	h	9.866	2.648	4.947
$t_{(1/2)Ka}$	h	0.028	0.010	0.015
K_{21}	h^{-1}	0.112	1.230	0.301
K_{10}	h^{-1}	0.485	1.426	0.257
K_{12}	h^{-1}	0.249	4.306	0.134
AUC	μg·mL^{-1}·h^{-1}	8.474	2.396	18.310
CL(s)	L·h^{-1}·kg^{-1}	0.118	1.043	0.137
t(peak)	h	0.147	0.039	0.103
C(max)	μg·mL^{-1}	3.688	2.731	4.524

注:A 为分布相的零时截距;α 为分布速率常数;B 为消除相的零时截距;β 为消除速率常数;Ka 为药物吸收速率常数;$t_{(1/2)a}$ 为分布相半衰期;$t_{(1/2)β}$ 为消除相半衰期;$t_{(1/2)Ka}$ 为吸收相半衰期;K_{21} 为药物自周边室到中央室的一级运转速率常数;K_{10} 由中央室消除的一级消除速率常数;K_{12} 为药物自中央室到周边室的一级运转速率常数;AUC 为血药浓度-时间曲线下面积;CL(s)为清除率;t(peak)为达峰时间;C(max)为峰浓度。

2.5　连续口服麻保沙星在中国对虾体内消除曲线方程及参数

将麻保沙星在中国对虾体内的药—时曲线经计算机 Excel 程序拟合,求出消除速率常数(β)和消除曲线方程;采用公式 $t_{1/2}＝0.693/β$ 计算消除半衰期($t_{1/2β}$)见表 3。

表 3　连续口服麻保沙星在中国对虾各组织中消除曲线方程及参数

消除曲线方程	消除半衰期 $t_{1/2β}$(h)	相关系数 R^2
$C_{血淋巴}＝0.3976e^{-0.0793t}$	8.74	0.832
$C_{肌肉}＝0.2342e^{-0.1349t}$	5.14	0.926
$C_{肝胰腺}＝2.0738e^{-0.1212t}$	5.72	0.952

3. 讨论

3.1　麻保沙星在中国对虾体内的代谢动力学特征

健康中国对虾一次性肌注麻保沙星(2.5 mg·kg^{-1})后,血淋巴中吸收半衰期为 0.028 h,达峰时间 0.14 h,显著快于鸡(0.54 h、1.57 h),猪(0.27 h、0.91 h);分布半衰期为 0.893 h,显著快于鸡(2.33 h),猪(2.87 h);消除半衰期为 9.866 h,长于鸡(6.27 h)、犊牛(4.33 h),短于猪(17.38 h),以上参数说明,和其他动物相比,麻保沙星在中国对虾体内吸收、分布较快,消除缓慢,有效血药浓度维持时间较长,这可能与其特殊的水生环境和开放式循环系统有关。与其他药物在甲壳类体内代谢情况相比，麻保沙星的吸收半衰期快于氟苯尼考(0.084 h)，与恩诺沙星(0.03 h)相近；分布半衰期 t(1/2)a 长于氟苯考(0.277 h)，恩诺沙星(0.09)，诺氟沙星(0.0635 h)，磺胺甲基异噁唑(0.41 h)；消除半衰期长于氟苯考(9.070 h)，恩诺沙星(7.03 h)，诺氟沙星(0.612 h)，短于磺胺甲基异噁唑(10.87 h)。可见麻保沙星具有吸收迅速，分布广泛，消除缓慢等特点，表现出作为水产抗菌药物的潜在优越性。

3.2 三种组织中麻保沙星代谢和残留情况比较

麻保沙星在各组织中的分布变化均与血流量有关，但是仅通过血药浓度并不能全面客观的反映药物在各组织中的分布和动态变化规律，所以结合不同器官的药—时数据，能够更全面的描绘药物在靶器官中的动态变化规律。

本试验测得麻保沙星在中国对虾血淋巴、肌肉和肝胰腺中的代谢动力学符合一级吸收二室开放模型。从试验结果可见，三种组织中达峰时间分别为 0.147 h、0.039 h、0.103 h，说明麻保沙星在肌肉中吸收较快，血淋巴和肝胰腺中相对较慢。比较药—时曲线下面积 AUC 分别为 $8.474\ \mu g \cdot mL^{-1} \cdot h^{-1}$、$2.396\ \mu g \cdot mL^{-1} \cdot h^{-1}$、$18.310\ \mu g \cdot mL^{-1} \cdot h^{-1}$，峰浓度 C_{max} 分别为 $3.688\ \mu g \cdot mL^{-1}$、$2.731\ \mu g \cdot mL^{-1}$、$4.524\ \mu g \cdot mL^{-1}$，可见在相同给药剂量下，肝胰腺中的药物浓度要高于肌肉和血淋巴，说明进入肝胰腺中的药量最多。李兰生等认为，药物吸收后大部分积蓄在肝胰腺，而后缓慢释放到血淋巴并分布到肌肉组织等部位，所以肝胰腺中药物含量较高。方星星等研究中国对虾肌注恩诺沙星后，也得出了类似的结果。三种组织中消除半衰期分别为 9.866 h、2.648 h、4.947 h，可见肌肉中药物消除最快，血淋巴中相对缓慢。Barro 等报道 triclopyr 在克氏原螯虾体内代谢时也发现血淋巴中残留时间最长。中国对虾连续口服麻保沙星药饵后，药物在血淋巴，肌肉、肝胰腺中的消除半衰期分别为 8.74 h、5.14 h、5.72 h，消除规律与肌注给药相似。

3.3 麻保沙星给药方案的探讨

制定给药方案就是确定给药剂量和给药间隔时间，麻保沙星在中国对虾体内的消除半衰期为 9.866 h，属慢效消除类，给药间隔应以 1 d 为宜。给药剂量的确定与药代动力学参数和最小抑菌浓度(MIC)有关，本试验过程中测得麻保沙星对海水常见致病菌鳗弧菌、副溶血弧菌、溶藻弧菌、河流弧菌的 MIC 在 $0.05 \sim 0.4\ \mu g \cdot mL^{-1}$ 之间，给药剂量的确定可根据高清芳(1997)等提出的公式：

$$D = C \cdot Vd \cdot K \cdot \tau / F$$

D：每日给药剂量；C：期望达到稳态血药浓度；Vd 表观分布容积；K：一级消除速率常数；τ：给药间隔；F：生物利用度，对虾肌注 F 为 1。

根据上述公式可得，给药间隔为 1 d 时，以 $0.14 \sim 1.13\ mg \cdot kg^{-1}$ 剂量肌注给药则分别可达 $0.05\ \mu g \cdot mL^{-1}$ 和 $0.4\ \mu g \cdot mL^{-1}$ 的稳态血药浓度。实际生产中麻保沙星多以口服给药，口服的生物利用度略低于肌注，所以建议麻保沙星在治疗中国对虾疾病时的给药剂量为 $2 \sim 2.5\ mg \cdot kg^{-1}$，每日一次。

参考文献(略)

张海珍,周一兵.大连水产学院生命科学与技术学院　辽宁大连　116023

张海珍,李健,王群,刘淇.中国水产科学研究院黄海水产研究所　山东青岛　266071

四、土霉素

土霉素(*Oxytetracycline*)属于广谱抗菌药物,广泛应用于水产养殖业中细菌性疾病的防治,是少数几种被欧盟、美国、日本及我国批准使用的渔用药物之一。2002年,我国将其列为无公害食品允许使用的渔用药物。国内外已有土霉素在黑鲷(*Sparus macrocephalus*)、虹鳟(*oncorhynchus mykiss*)、鲈鱼(*Dicentrarchus labrax*)、鲤鱼(*Cyprinuscarpio*)、大西洋鲑(*Salmo salar*)、香鱼(*Plecoglossus altivelis*)以及日本对虾(*Penaeus japonicus*)美洲龙虾(*Homarus americanus*)和白对虾(*Litopenaeus setiferus*)体内的药代动力学报道,但有关其在中国对虾体内的代谢动力学特点尚未见报道。本实验研究了单次肌肉注射后土霉素在中国对虾体内的代谢动力学规律,为规范渔药临床应用及保证食品卫生安全提供了参考。

1. 材料与方法

1.1 药品与试剂

土霉素(OTC)标准品,纯度≥99%,中国兽药监察所生产。盐酸土霉素原粉,淄川制药厂生产,HPLC检测纯度为98%。

1.2 实验动物

健康中国对虾(*Fenneropenaeus chinensis*)体重8～10 g,饲养于中国水产科学研究院黄海水产研究所小麦岛实验基地。实验前检测表明对虾体内无土霉素残留。水温为22±1℃,充气,每日换水2/3,投喂海跃牌配合饲料。

乙腈(HPLC)、柠檬酸(AR)、柠檬酸钠(AR)、乙二胺四乙酸二钠(EDTANa₂)(AR)、三氯乙酸(AR)、三氯甲烷(AR)、二甲基甲酰胺(AR)、正己烷(AR)、乙腈(AR)等。

1.3 给药方法与采样

将实验用虾随机分组,每组8尾,单次肌肉注射给药(将盐酸土霉素溶于双蒸水配成注射液,腹部肌肉注射,剂量为75 mg/kg)。按不同时间间隔取样(血淋巴、肌肉),每一时间点取一组虾,取样时间点为0.083、0.25、0.5、1、2、6、12、24、36、48、72、120 h。全部样品−20℃冷冻保存。

1.4 样品预处理分析

(1) 样品处理。

样品解冻后,准确称取1 g组织或吸取1 mL血淋巴,加入1 mL三氯甲烷,再加入2 mL提取液(4%三氯乙酸的磷酸氢二钠溶液,临用前配制),16 000 r/min匀浆10 s,再用2 mL提取液清洗刀头,合并2次的提取液,振荡1 min,5 000 r/min离心10 min,取出全部上清液,用1/4体积的正己烷去脂肪,弃去正己烷后再离心,离心后的澄清样液过固相萃取柱(SPE柱),再用2 mL的水冲洗并甩干,加0.5 mL洗脱液洗脱(洗脱液:流动相多加入1/5体积的EDTANa₂,柠檬酸钠缓冲液和甲醇),收集流出液,进行高效液相色谱测定。

(2) 色谱条件。

柱子C18 ODS柱;柱温25℃;流速1.0 mL/min;进样量10 μL;紫外检测波长360 nm;流动相甲醇:乙腈:二甲基甲酰胺:缓冲液＝1:1.2:0.42:1.9(缓冲液由0.026

mol/L EDTANa$_2$ 60 mL,0.2 mol/L 柠檬酸钠 12 mL,0.25 mol/L 柠檬酸 100 mL 与去离子水 810 mL 混合)。

（3）标准曲线与最低检测限。

将 0.005～50 μg/mL(n＝12)OTC 系列标准溶液用 HPLC 法进行检测，以测得的各平均峰面积 Ai 为自变量，相应浓度 Ci 为因变量作线性回归，求出回归方程和相关系数。

用空白组织制成低浓度药物含量的含药组织，经预处理后测定，将引起两倍基线噪音的药物浓度定义为最低检测限。

（4）回收率与精密度。

回收率：实验分两组，一组将空白组织按 5 个浓度梯度(0.05、0.1、1.0、10.0、50.0 μg/mL)加入标准液，然后按样品处理程序进行处理；另一组将未加入标准液的空白组织按样品的处理程序进行处理，处理后再加入标准液。按照公式进行计算：回收率(％)＝(处理前加入标准液样品的测定值/处理后加入标准液样品的测定值)×100％。精密度：将前面制得的 5 个浓度样品于一天内分别重复进样五次和分五天测定，计算五个浓度水平响应值峰面积的变异系数($C\cdot V\cdot\%$)和总平均变异系数($\sum C\cdot V\cdot\%$)，以此衡量定量方法的精密度。

2. 实验结果

2.1 检测方法

以 OTC 平均峰面积 Ai 对每个浓度 Ci 作回归，得回归直线方程：$C＝43.739A,R^2＝0.9995$；本方法的检测限为 0.02 μg/mL。本实验条件下，血淋巴和肌肉中 5 个浓度水平的 OTC 回收率见表 1；测得日内精密度为 2.16±1.27％，日间精密度为 2.94±1.71％。

表 1 OTC 在两种组织中的回收率

样品浓度(μg/mL)	0.05	0.1	1.0	10.0	50.0
血淋巴内回收率	88.35	90.01	89.17	90.06	84.99
肌肉内回收率	89.86	90.04	89.35	83.39	81.63

2.2 OTC 在中国对虾体内的浓度变化

以 75 mg/kg 剂量单次肌注给药 0.25 h 内血淋巴和肌肉内的药物浓度即达到峰值，峰值分别为 70.40 μg/mL 和 19.60 μg/mL，此后血淋巴内 OTC 浓度迅速下降，肌肉内药物浓度下降则较为缓慢，至 120 h 二种组织内均不能检出(图 1)。

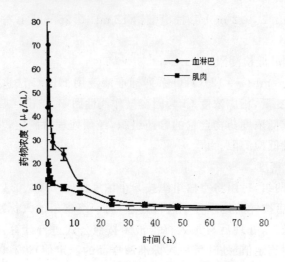

图1 OTC 在肌肉、血淋巴中的浓度

2.3 土霉素在中国对虾体内的药代动力学

将血淋巴药物浓度—时间数据(Ci-Ti)用 MCP-KP(东北农业大学提供)程序进行处理,结果表明:土霉素在中国对虾血淋巴内的药物浓度—时间数据符合二室开放动力学模型。其药代动力学参数见表2。其血药浓度—时间过程符合以下方程:

$$C = 43.47e^{-0.34t} + 13.59e^{-0.04t}$$

表2 土霉素(OTC)在中国对虾体内的药代动力学参数

	参数单位土霉素
Dosemg/kg75.00	$C_0 \cdot \mu g/mL \cdot 54.73$
	$A \cdot \mu g/mL \cdot 43.47$
	$B \cdot \mu g/mL \cdot 13.59$
	$K_{12} \cdot h^{-1} \cdot 0.15$
	$K_{21} \cdot h^{-1} \cdot 0.11$
	$K_{eL} \cdot h^{-1} \cdot 0.12$
	$t_{1/2\alpha} \cdot h \cdot 2.01$
	$t_{1/2\beta} \cdot h \cdot 17.53$
	$AUC \cdot mg/L.h \cdot 460.00$
	$CL \cdot mL/kg/h \cdot 162.50$
	$V_d \cdot 1/kg \cdot 4.11$

Dose 为给药剂量;C_0 为初始药物浓度;A、B 为药时曲线对数图上曲线在横轴和纵轴上的截距;Ka 为一级吸收速率常数;K_{12} 为药物从中央室转运到外周室的一级速率常数;K_{21} 为药物从第外周室转运到中央室的一级速率常数;Kel 为一级消除速率常数;$t_{1/2\alpha}$、$t_{1/2\beta}$ 分别为吸收和消除半衰期;AUC 为药时曲线下总面积;T_{max} 为单剂量给药后出现最高血药

浓度的时间；C_{max} 为单剂量给药后的最高血药浓度；Vd 为表观分布容积；CL 为总体清除率。

3. 讨论

3.1 中国对虾单次肌注土霉素的药代动力学特征

本实验首次报道了土霉素在中国对虾体内的药代动力学规律，结果表明，中国对虾单次肌注土霉素后血药经时过程符合一级吸收二室开放模型，这与已报道的土霉素在日本对虾、白对虾体内代谢过程相同。

肌注给药后，土霉素在中国对虾体内吸收迅速，给药后 0.25 h 内血药浓度即达到峰值，这是因为中国对虾属甲壳动物，循环系统为开放式，注射给药后药物直接进入血液循环，较类似于哺乳动物的静脉给药。

达峰后药物浓度迅速下降，说明药物迅速向组织中分布，分布半衰期（$t_{1/2\alpha}$）在 22℃ 下为 2.01 h。Rigos 等报道 22℃ 下 OTC 在鲈鱼体内的 $t_{1/2\alpha}$ 为 0.192 h；Uno 等报道 18℃ 下 OTC 在香鱼体内的 $t_{1/2\alpha}$ 为 0.969 h；王群等报道 16℃ 下 OTC 在黑鲷体内的 $t_{1/2\alpha}$ 为 2.339 h。可见 OTC 相近温度下在对虾体内的分布速度较鱼类慢。表观分布容积（V_d）体现了药物与组织蛋白的结合程度，本次实验中，OTC 在中国对虾体内的 Vd 值为 4.11 L/kg，远大于其在鲤鱼（2.1 L/kg）、虹鳟（2.1 L/kg）和香鱼（1.3 L/kg）体内，表明 OTC 在中国对虾体内有较高的亲器官性，在组织中的分布比鱼类广泛。但总的来看肌肉中的 OTC 浓度却一直较低，说明肌肉不是药物在对虾体内的主要富集组织。李兰生等曾报道对虾的肝胰腺对药物有很强的积蓄能力，吸收后的药物可大部分积蓄在肝胰腺内。而且 OTC 属四环素类药物，易与钙质结合，有一部分药物可沉积在对虾的甲壳上。

消除相半衰期（$t_{1/2\beta}$）是反映药物在血淋巴内消除速度的重要参数。本实验中，22℃ 下土霉素在中国对虾体内的消除半衰期为 17.53 h，短于相近温度下其在日本对虾（24.7 h）和白对虾（22.27 h）体内的消除半衰期；说明了药物的消除受动物种属差异影响较大。已报道的土霉素在鱼类如黑鲷、虹鳟、鲤鱼和香鱼体内的消除半衰期分别为 46.66、94.22、50.8、和 52.1 h。土霉素在鱼类体内消除较慢可能与其所处水温较低以及种间差异有关。总体清除率（CL）是反映药物在机体内清除速度的重要参数，OTC 在中国对虾体内的总体清除率为 162.50 mL/kg/h，大于其在香鱼（17.4 mL/kg/h）、鲤鱼（10.2 mL/kg/h）、虹鳟（16.2 mL/kg/h）和大西洋鲑（11.4 mL/kg/h）体内，说明土霉素在中国对虾体内的清除速度大于鱼类。Park 等研究 SDM 和 OMP 在凡纳滨对虾（*Penaeus vannamei*）体内的药代动力学时发现这两种药物在对虾体内的清除率大于其在鱼类和哺乳动物体内的清除率导致药物在对虾和鱼类体内代谢和消除差异的机理目前尚不完全清楚，Oie 和 Barron 等认为解剖学体积上的差异可能导致了鱼类和对虾药物代谢的不同。这种差异主要体现在两个方面，首先，已证明甲壳是对虾重要的药物沉积组织，而鱼类则不具备；其次，对虾体内血淋巴的含量约占总体重的 22%，鱼类血液只占总体重的 4% 左右；这可能导致了药物在二者体内分布、代谢和消除的差异。

3.2 给药方案探讨

制订给药方案就是确定给药剂量与给药的间隔时间，土霉素在中国对虾体内的消除半衰期为 17.5 h，属慢效消除类，给药间隔应以一天为适。给药剂量的确定与药物的代谢动力学参数、最小抑菌浓度（MIC）有关。土霉素对对虾常见致病菌的 MIC 差别较大，

Mohney 等认为 2.0 μg/mL 以下浓度的 OTC 即可抑制 12 种常见的对虾致病菌；给药剂量的确定可依据高清芳等所提出的公式：

$$D=C \cdot V_d \cdot K \cdot \tau / F$$

（D：每日给药剂量；C：期望达到的稳态血药浓度；V_d：表观分布率；K：一级消除速率常数；τ：给药间隔；F：生物利用度，对虾肌注的 F 为 1。）

根据上述公式可得：以 23.67 mg/kg 剂量肌注 OTC 即可达 2.0 μg/mL 的稳态血药浓度，可治疗常见对虾疾病。实际生产中 OTC 的给药方法一般为口服给药，实践中，对虾口服 OTC 的生物利用度约为肌肉注射的 30%，OTC 在对虾体内的蛋白结合率约为 20%，即血淋巴内有 80% 的药物处于游离态，可发挥治疗作用，所以建议土霉素在治疗中国对虾疾病时给药剂量为 100 mg/kg，每日给药一次。

参考文献（略）

范克俭. 中国海洋大学　山东青岛　266003

范克俭，李健，王群. 中国水产科学研究院黄海水产研究所　山东青岛　266071

第六节　药物在大菱鲆体内的残留和消除

一、恩诺沙星

大菱鲆 *Scophthalmus maximus*(Linnaeus)俗称多宝鱼，原产于欧洲，是重要的海水养殖鱼类之一，其饵料系数低，生长迅速，耐低氧，非常适合高密度工厂化养殖。恩诺沙星(Enrofloxacin,EF)又名乙基环丙氟哌酸、乙基环丙沙星，化学名称为：1-环丙基-6-氟-4-氧代-1,4-二氢-7-(4-乙基-1-哌嗪基)-3-喹啉羧酸，分子式为 $C_{19}H_{22}FN_3O_3$，分子结构式见图1。属第三代喹诺酮类药物，具有抗菌谱广、抗菌力强、作用迅速、体内分布广泛、与其他抗菌药之间无交叉耐药性及敏感微生物的最小抑菌浓度 MIC 较低等特点，作为动物专用抗菌药物广泛应用于畜牧和水产养殖业。但在使用过程中，由于缺乏相应的理论指导，忽略养殖环境恶化和药物滥用问题，使其毒副作用逐渐显现，加上人们对食品安全意识的不断加强，因此其药物及代谢产物环丙沙星(Ciprofloxacin,CIP)残留问题已引起了国内外的普遍重视。目前国内外已报道了恩诺沙星在养殖鱼类如虹鳟(*Oncorhynchus mykiss*)、大西洋鲑(*Salmo salar*)、鳗鲡(*Anguilla japonica*)、鲈鱼(*Dicentrarchus labrax*)、眼斑石首鱼(*Sciaenops ocellatus*)和鲤(*Cyprinus carpio*)等体内的残留情况，有关恩诺沙星在养殖大菱鲆体内的残留及消除规律研究尚未见报道。本试验主要研究多次口服后，恩诺沙星在大菱鲆体内的残留和消除特点，据此确定合理的休药期，为渔药残留监控和食品安全提供科学依据。

1. 材料与方法

1.1　药品和试剂

乙腈(HPLC)；甲醇(HPLC)；磷酸(AR)；三乙胺(AR)；二氯甲烷(AR)；正己烷(AR)；

恩诺沙星标准品(SIGMA 公司,含量≥99.9%);环丙沙星标准品(SIGMA 公司,含量大于99.9%);盐酸恩诺沙星原粉(浙江国邦兽药有限公司生产,含量≥98.5%);恩诺沙星和环丙沙星标准品质量浓度为 100 μg/mL。

1.2 实验动物

试验用大菱鲆购自海阳县海珍品养殖场,体重 350±50 g,饲育水温 11～12℃、连续充气。

1.3 给药及采样

试验鱼需预先投喂含 2‰恩诺沙星的药饵,投喂量为鱼体重的 1.5%、每日投喂 2 次,早晚各一次。即按 30 mg/kg 鱼体重的剂量连续投喂 7 d,然后投喂无恩诺沙星药物的一般饵料。在最后一次投喂药饵的第 1、2、4、8、12、16、22、28、36、44、54、64、74、84 和 94 d,各采集大菱鲆的血清 3 mL、肌肉约 10 g 和全部肝脏,置于−20℃冰箱中待用。空白样品,经确认无恩诺沙星和环丙沙星药物残留。

1.4 样品处理与分析

(1)组织处理。

用高效液相色谱法对所取的各组织样品进行测定:称取(2±0.05)g 肌肉组织样品或(1±0.01)g 肝脏组织样品,置 30 mL 塑料离心管中,加入 4 mL 的二氯甲烷,12000 rpm 匀浆 10 s,再用 4 mL 的二氯甲烷清洗刀头,合并两次提取液后振荡 2～3 min,静止 15 min 后,5000 rpm 离心 10 min。取下层液体,待用。残渣用 4 mL 的二氯甲烷重新提取一次,合并两次下层液体,在 40℃恒温水浴条件下氮气吹干。残留物用 1 mL 流动相溶解,振荡后加入 1 mL 正己烷,取下层液体过 0.22 μm 滤膜后,用高效液相色谱检测,记录峰面积,根据标准工作曲线计算得恩诺沙星含量。

(2)血清处理。

取(1±0.01)mL 的血清样品,加入 2 mL 的二氯甲烷,血清样品的处理同肌肉组织样品的处理方法。

(3)标准工作曲线的制备。

将配制的浓度为 10.00、5.00、2.00、1.00、0.50、0.10、0.05、0.01 μg/mL 恩诺沙星和环丙沙星的标准溶液,依次从低浓度到高浓度直接进行 HPLC 测定。再将此浓度梯度的溶液 1 mL 分别加入三种空白组织中,按 1.4 处理后进行测定,以峰面积为纵坐标,浓度为横坐标做标准曲线,分别求出三种组织各自的回归方程和相关系数。

(4)回收率的测定。

实验分两组,一组精密吸取 0.2、0.5、1.0 μg/mL 三个水平的恩诺沙星和环丙沙星标准工作液各 1 mL,分别加入肌肉、肝脏和血清三种空白组织,每个样品有 2 个重复,测定后取平均值。另一组为标准溶液。按样品处理方法处理后进行 HPLC 测定,按照公式进行计算绝对回收率:

回收率(%)=(处理前加入标准液样品的测定值/标准溶液的测定值)×100%。

(5)方法精密度。

取不同浓度(0.05、0.10、0.20、0.50、1.00 μg/mL)恩诺沙星标准液,加入三种空白组织中,按样品处理方法处理,制得的各浓度样品于 1 d 内分别重复进样 5 次和连续进样 5 d 测定,计算各浓度水平响应值峰面积的变异系数($C \cdot V$)和总平均变异系数($\Sigma C \cdot V$),以此衡量定量方法的精密度。

（6）色谱条件。

色谱柱条件：色谱柱 Agilent T C-C18，4.6 mm×250 mm(i. d.)，5 μm；流动相：0.01 mol/L 的磷酸溶液（三乙胺调 pH＝3.0）：乙腈＝80：20(V/V)；流速：1.0 mL/min；荧光检测器：激发波长 280 nm，发射波长 450 nm；柱温：35℃；进样量：20 μL。

2. 实验结果

2.1 检测方法

（1）恩诺沙星和环丙沙星药物的分离与检测。

恩诺沙星和环丙沙星标准溶液进行色谱分离，发现两种药物在上述 HPLC 条件下的最低检测线达到了 0.01 μg/mL。

（2）恩诺沙星和环丙沙星的标准工作曲线。

恩诺沙星和环丙沙星标准曲线在 0.01～10.00 μg/mL 范围内线性关系良好。峰面积与标准溶液的浓度之间存在极显著的直线回归关系（$P<0.01$）。加入三种组织中的标准溶液经处理后所得数据整理得出各自的回归方程和相关系数 r 见表 1 和表 2。

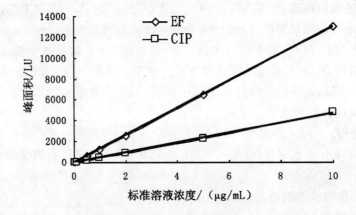

图 1　EF 和 CIP 的标准工作曲线

表 1　EF 在各组织中的标准曲线方程及相关系数

组织	回归方程 $Y＝A＋Bx$	相关系数 R	回归直线的精确度
标准溶液	$Y=672.06x-4.7865$	1.0000	13.41
肌肉	$Y=402.46x+91.229$	0.9967	20.89
肝脏	$Y=557.46x+1.0898$	0.9971	20.11
血清	$Y=89.178x+7.7841$	0.9990	2.53

注：Y 为峰面积；X 为浓度。

表2　CIP在各组织中的标准曲线方程及相关系数

组织	回归方程 $Y=A+Bx$	相关系数 R	回归直线的精确度
标准溶液	$Y=349.96x-7.7942$	1.0000	7.26
肌肉	$Y=66.408x+13.052$	1.0000	0.13
肝脏	$Y=173.63x+3.7082$	1.0000	0.53
血清	$Y=81.056x-14.348$	0.9990	3.07

注：Y 为峰面积；X 为浓度。

（3）回收率。

恩诺沙星在血清 0.2、0.5 $\mu g/mL$ 浓度的回收率高于 1.0 $\mu g/mL$ 浓度的回收率，肝脏的平均回收率大于血清、肌肉的平均回收率。此方法检测恩诺沙星的回收率在 75.39％～87.41％之间。环丙沙星在各组织中的回收率略低于恩诺沙星，平均回收率在 73.06％～79.77％（表3）。

表3　EF和CIP在肌肉、血清和肝脏三种组织中的回收率

组织	标准溶液浓度	回收率（％）		平均回收率（％）	
		EF		CIP	
肌肉	0.2	73.38	85.52	75.39	73.06
	0.5	81.97	70.34		
	1.0	70.81	63.33		
肝脏	0.2	94.60	85.60	87.41	77.78
	0.5	86.42	76.48		
	1.0	81.20	71.25		
血清	0.2	90.66	82.76	81.27	79.77
	0.5	79.38	81.33		
	1.0	73.77	75.23		

（4）方法的精密度。

精密度是用来衡量该方法对同一均质样品的重复测定所得的彼此接近程度，表示分析结果的重复性。表4是对同一样品重复测定所得数值的精密度，可以看出，肌肉的日内重复性优于肝脏，而日间的恰好相反。该方法检测的恩诺沙星和环丙沙星在三种组织中的残留，日内变异系数均≤1％，日内变异系数均≤10％。

表4　EF和CIP在肌肉、血清和肝脏三种组织中的方法精密度

精密度		肌肉	肝脏	血清
日内精密度	EF	0.51±0.06	0.85±0.13	0.34±0.01
	CIP	0.73±0.11	0.78±0.26	0.29±0.12
日间精密度	EF	7.16±0.17	5.37±0.31	1.58±0.09
	CIP	7.29±1.31	4.49±0.79	2.01±0.43

2.2　残留特征

（1）大菱鲆体内的药物消除。

表 5 为随休药时间的延长,大菱鲆体内不同组织中恩诺沙星及环丙沙星的浓度变化,可见其浓度在不断下降。图 2、图 3 为恩诺沙星及其代谢产物环丙沙星在大菱鲆肌肉、肝脏和血清中的消除曲线,消除曲线拟合方程、相关系数和消除半衰期示于表 6。

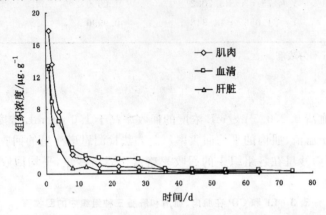

图 2　EF 在三种组织中的药一时曲线

从图 2 可以看出:恩诺沙星直到消除到达第 8 d 时,均保持较快的消除速率。肝脏中的药物浓度较肌肉和血清中的药物浓度低,在第 8 d 时,肌肉中的药物浓度开始低于血清、但高于肝脏。第 44 d 时,三种组织中的浓度均达到较低水平,肌肉、血清和肝脏分别为 0.215、0.480 和 0.275 $\mu g/g$,消除速率明显下降、药物长时间处于低浓度水平,分别为 0.168、0.136 和 0.072 $\mu g/g$。

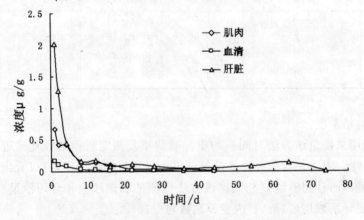

图 3　CIP 在三种组织中的药一时曲线

从图 3 可以看出:肝脏的环丙沙星浓度高于肌肉和血清,到第 8 d 时,三种组织浓度代谢保持稳定下降,但下降缓慢。在第 44 天后肝脏中药物浓度出现上升,到第 74 d 又下降到回升前的水平。

表5 大菱鲆各组织中的 EF 和 CIP

时间 /d	恩诺沙星			环丙沙星		
	肌肉	肝脏	血清	肌肉	肝脏	血清
1	17.78±1.815	13.16±0.985	13.33±1.025	0.805±0.100	2.015±0.425	0.165±0.015
2	13.62±0.265	6.185±1.155	8.945±0.475	0.525±0.050	1.275±0.325	0.110±0.010
4	7.715±0.615	2.925±0.245	6.475±0.375	0.530±0.030	0.450±0.040	0.110±0.010
8	2.340±0.340	0.725±0.045	3.190±0.360	0.170±0.020	0.160±0.010	0.021±0.003
12	1.865±0.195	0.930±0.010	2.250±0.240	0.175±0.005	0.175±0.005	ND
16	1.045±0.005	0.430±0.030	1.770±0.040	0.075±0.001	0.085±0.005	ND
22	0.915±0.025	0.450±0.090	1.985±0.045	0.048±0.003	0.120±0.030	ND
28	0.775±0.005	0.370±0.004	1.775±0.095	0.049±0.001	0.085±0.005	ND
36	0.505±0.035	0.200±0.010	0.580±0.030	0.025±0.015	0.045±0.005	ND
44	0.215±0.005	0.275±0.015	0.480±0.030	0.028±0.003	0.055±0.005	ND
54	0.345±0.015	0.665±0.045	0.405±0.015	ND	0.085±0.005	ND
64	0.180±0.010	0.205±0.065	0.405±0.054	ND	0.075±0.005	ND
74	0.183±0.013	0.087±0.003	0.255±0.035	ND	0.032±0.005	ND
84	0.138±0.003	0.089±0.017	0.208±0.027	ND	0.022±0.005	ND
94	0.168±0.003	0.072±0.010	0.136±0.030	ND	0.031±0.003	ND

表6 EF 和 CIP 各组织内的药物消除曲线方程及参数

组织	消除曲线方程	R^2	$\beta(1/d)$	$t_{1/2}(d)$
EF 血清	$C=1.147e^{-0.0189t}$	0.9659	0.0189	36.667
EF 肝脏	$C=0.920e^{-0.0271t}$	0.9326	0.0271	25.572
EF 肌肉	$C=1.560e^{-0.0310t}$	0.9519	0.0310	22.355
CF 肝脏	$C=0.185e^{-0.0307t}$	0.9375	0.0307	22.573
CF 肌肉	$C=0.521e^{-0.1062t}$	0.9624	0.1062	6.525

(2)恩诺沙星与环丙沙星之间的关系。

用 SPSS11.5 软件处理表5中恩诺沙星和环丙沙星的浓度关系,所得数据见表7。

表7 不同组织中 EF 与 CIP 之间的线性回归方程及相关关系

组织	回归方程	相关系数 R	精确度
肌肉	$Y=0.044X+0.021$	0.968	0.06
肝脏	$Y=0.159X+0.030$	0.990	0.08
血清	$Y=0.013X+0.011$	0.982	0.01

注:其中 Y 代表 CIP 的浓度;X 代表 EF 的浓度。

3. 讨论

3.1 恩诺沙星在养殖大菱鲆体内的代谢产物

试验结果发现：恩诺沙星在大菱鲆各组织中大部分以原药的形式存在，在大菱鲆体内各组织中均可检测到恩诺沙星的代谢产物环丙沙星，但各组织中检测到的含量均很低。徐维海等在吉富罗非鱼、张德云等在日本鳗鲡中均检测到恩诺沙星及其代谢产物环丙沙星，且肌肉、血清、肝脏中的环丙沙星含量与恩诺沙星具有较好的线性关系。经 t 检验，组织中恩诺沙星含量与环丙沙星含量存在极显著的直线回归关系（$P < 0.01$）。类似的结果也有相关的报道，如张德云等发现日本鳗鲡肌肉中的环丙沙星与恩诺沙星含量具有一定的相关性（相关系数 $r = 0.91$）。对于恩诺沙星在生物体内转化为环丙沙星的机理，Vaccaro 等通过体外狼鲈肝微粒体实验研究，证实了系通过细胞色素 P450 酶体系中脱乙基酶的作用，脱乙基后成为环丙沙星。本试验在大菱鲆体内检测到较低的环丙沙星含量，说明大菱鲆细胞色素 P450 酶系中也具有脱乙基酶活性、但活性较低。

3.2 恩诺沙星在大菱鲆各组织中的消除规律

本试验表明，恩诺沙星和环丙沙星在大菱鲆体内呈有规律的递减。结合图 4、5 可看出，相对来说，肝脏中的恩诺沙星药物浓度较肌肉和血清中的为低，但环丙沙星在肝脏组织中的浓度却较高，这可能由于肝脏是恩诺沙星的主要代谢组织。随着肝脏对恩诺沙星的代谢，肌肉、血清和肝脏三者中的药物浓度也在发生变化，三种组织中的恩诺沙星在停药后的 16 d 内消除迅速，与张德云等在日本鳗鲡以 9 mg/kg 连续恩诺沙星药饵饲养 7 d 的研究结果相同。停药 16 d 后，恩诺沙星的清除速率逐渐变慢，在多次口服给药后第 1 d 被观察到大菱鲆肌肉组织中恩诺沙星的浓度是血清浓度的 1 倍多，而第 4 d 肌肉中的浓度超过同时期血清中的浓度，该结果与 Dario 等认为虹鳟肌肉和鱼皮组织中恩诺沙星最大浓度高于血浆中的结果相似。这种组织间的含量差异可能是因为不同的剂量（连续药饵 7 d）或是不同的给药方式（药饵饲养）造成的，或者是由于喹诺酮类容易在可食性组织中积累造成。大菱鲆多次给药后第 8 d 观察到的恩诺沙星组织浓度依次为：血清＞肌肉＞肝脏，含量分别为 3.19、2.34、0.725 $\mu g/g$。恩诺沙星在大菱鲆体内的组织渗透能力较强，前 8 d 时恩诺沙星含量为肌肉＞血清＞肝脏，8 d 后分别为血清＞肌肉＞肝脏。恩诺沙星的这种体内特殊分布行为可能与各组织器官的亲和性有关。

第 36 d 残留消除趋势趋于平缓，恩诺沙星长时期处于低浓度水平，代谢非常缓慢。随着恩诺沙星的代谢，环丙沙星的浓度随之变化。环丙沙星的浓度分布为肝脏＞肌肉＞血清。与房文红等在欧洲鳗鲡体内的环丙沙星浓度分布相同。第 12 d 时，血清中已检测不到环丙沙星，而肌肉中是第 44 d 检测不到环丙沙星，同期肝脏中的环丙沙星含量为 0.031 $\mu g/g$，低于无公害食品要求。

残留在鱼体内的恩诺沙星，一般随药物剂量的增高而增加，而消除速度随水温的降低而减慢。在实际生产中，我国工厂化养殖大菱鲆的饲育水温为 10～17℃，恩诺沙星使用剂量为每天 15～30 mg/kg 体重，连续药饵给药 3～5 天。而本试验水温略低（11～12℃），恩诺沙星剂量每天 30 mg/kg 体重，连续给药 7 天，与生产实际给药情况接近，但温度偏低。在较低的水温条件下，恩诺沙星的残留量始终处于较低浓度。截止到最后检测时间，肌肉、血清、肝脏组织中的残留量分别为 0.168、0.136、0.072 $\mu g/g$。Dario 等在温度为

13.3℃淡水中研究虹鳟以 10 mg/kg 体重连续恩诺沙星药饵饲养 5 d,在给药后第 59 d 时,肌肉和鱼皮中的恩诺沙星含量为 0.1 μg/g。张德云等研究恩诺沙星在日本鳗鲡体内的消除认为休药期长,不应低于 120 d。同种药物在不同种属鱼类的代谢存在差异。本试验条件下,饲育水温偏低、药饵量大,恩诺沙星在肌肉中的消除半衰期为 22.355 d,按 5 个 $t_{1/2}$ 后体内药物基本消除干净计算,最后一次给药后的第 120 d,药物消除量达 97%。基于无公害食品水产品对渔药残留限量要求,笔者认为适合的休药期不应少于 120 d。

参考文献(略)

李娜.上海海洋大学生命科学与技术学院　上海　200090

李娜,李健,王群.中国水产科学研究院黄海水产研究所　山东青岛　266071

二、中草药对复方新诺明残留的影响

磺胺类药物是一种广谱抗菌药,曾广泛应用于国内外水产养殖疾病防治领域。但随着使用的深入,磺胺类药物的副作用逐渐被发现,如破坏人的造血系统,引起人的肾脏损害等。部分国家已限制其使用,并对其残留作出明确规定。以日本肯定列表的要求最为严格,两种主要成分磺胺甲基异噁唑和甲氧苄啶的最高残留限量分别为 0.01 μg·mL⁻¹ 和 0.05 μg·mL⁻¹。而在我国复方新诺明是允许使用的水产药物,最高残留限量分别为 0.1 μg·mL⁻¹ 和 0.05 μg·mL⁻¹。为确保我国水产品出口不受绿色贸易壁垒的限制,必须严格控制药物残留量。

中草药是种"绿色渔药",药源广、成本低,且具有增强机体免疫力的作用。本试验选择具有清热解毒作用的中药三黄散与复方新诺明联用,通过对磺胺药物的残留检测,探讨三黄散对复方新诺明在大菱鲆体内残留消除的影响。为指导合理用药,加速药物消除,确保食品安全提供参考数据。

1. 材料与方法

1.1　药品和试剂

磺胺甲基异噁唑(Sulfamethoxazole,SMZ)原粉,含量 98%,甲氧苄啶(Trimethoprin,TMP)原粉,含量 98%,由青岛华阳制药有限责任公司生产,二者比例 4∶1 组成本试验用的复方新诺明;磺胺甲基异噁唑和甲氧苄啶标准品,含量分别为 99.0% 和 99.5%,中国兽药监察所生产;中草药主要成分:三黄散＋芳草多维,成都芳草药业有限公司生产。

1.2　实验动物

健康大菱鲆,体重约 450±32 g,饲养于中国水产科学研究院黄海水产研究所海阳试验基地。水温为 10±2℃,充气,流水,试验前暂养 2 周,投喂大菱鲆配合饲料,正式试验前饥饿 24 h。

1.3　给药及采样

将试验用健康大菱鲆随机分成 2 组,对照组和试验组。每组鱼分别饲养于两个 PVC 桶内,两组投喂相同的复方新诺明药饵,药物含量为 2500 mg·kg⁻¹ 饲料,每天两次,连续 5 d。从第六天起对照组投喂不含药物的空白饲料,试验组投喂三黄散药饵,药物含量为 3000 mg·kg⁻¹ 饲料,连续一个月。日投饵量与鱼体重的质量分数为 2%～3%,根据鱼摄食情况及时调整投饲量。试验开始前采空白样品,并于停喂复方新诺明药饵后的1、2、4、8、12、16、22、28、36、44、54、64、74、84、94、104、114、124 d取样(试验组于第4 d开始取样),每一时间点取五尾鱼。取样方法:用1 mL无菌注射器从尾静脉处采血5 mL,放入离心管中,5000 r·min^{-1},离心取血清,于-80℃冰箱保存。同时取大菱鲆肌肉和肝脏样品,于-80℃冰箱保存。

1.4 样品处理与分析

(1) 样品处理。

准确称取1g组织(肌肉,肝脏)或吸取1 mL血清,加入少许无水硫酸钠,再加入2 mL二氯甲烷,16000 r·min^{-1}匀浆10 s,再用3 mL二氯甲烷清洗刀头,合并两次提取液,振荡1 min,5000 r·min^{-1}离心10 min,吸取有机层,剩余残渣加入5 mL二氯甲烷二次提取,振荡1 min,5000 r·min^{-1}离心10 min。取有机层与第一次提取液合并,在40℃恒温水浴下氮气吹干,残渣用1 mL流动相溶解,加入1 mL正己烷去脂肪,下层液过0.22 μm的微孔滤膜,过滤后的液体可进行高效液相色谱测定。

(2) 标准溶液的配制。

准确称取0.0100 g磺胺甲基异噁唑(SMZ)和0.0100 g甲氧苄啶(TMP)标准品溶于100 mL流动相中,配成100 μg·mL^{-1}的母液,临用前再依次稀释成20、10、5、1、0.5、0.2、0.1、0.05、0.02、0.01 μg·mL^{-1}的标准溶液,于冰箱中4℃保存。

(3) 流动相的配置。

称取一定量的乙酸铵加入重蒸馏水中,配成0.4%的乙酸铵溶液,并调pH值于6.5左右。与色谱纯乙腈按8:2比例混合,经0.45 μm滤膜抽滤后,再由超声波脱气10 min。

(4) 色谱条件。

流动相,0.4%的乙酸铵:乙腈$=80:20(V/V)$;紫外检测器,波长240 nm;柱温30℃;流速1 mL·min^{-1};进样量20 μL。

(5) 标准曲线与最低检测限。

将配制的浓度为20、10、5、1、0.5、0.2、0.1、0.05、0.02、0.01 μg·mL^{-1}的标准溶液用HPLC法测定,以峰面积为衡坐标,浓度为纵坐标做标准曲线,分别求出回归方程和相关系数。用空白组织制成低浓度药物含量的含药组织,经预处理后测定,将引起两倍基线噪音的药物浓度定义为最低检测限。

(6) 回收率的测定。

试验分两组,一组往空白组织中按5个浓度梯度(0.05、0.1、1、10、20 μg·mL^{-1})加入标准液,然后按样品处理方法处理;将另一组未加入标准液的空白组织亦经相同处理,然后再加入标准液。按照公式进行计算:

回收率(%)=(处理前加入标准液样品的测定值/处理后加入标准液样品的测定值)$\times100\%$。

(7) 方法精密度。

取不同浓度(0.05、0.10、1.00、10.00、20.00 μg·mL^{-1})SMZ和TMP标准液,加入空白组织中,按样品处理方法处理,制得的各浓度样品于1 d内分别重复进样5次和分5 d测定,计算各浓度水平响应值峰面积的总平均变异系数($\Sigma C·V·\%$),以此衡量定量方法的精密度。

2. 实验结果

2.1 检测方法

（1）线性范围与最低检测限。

向空白组织中加入 $0.01\sim20$ $\mu g \cdot mL^{-1}$ 浓度范围内 SMZ 和 TMP 标准溶液，按照制样方法处理后，进样 HPLC 检测。结果表明，SMZ 和 TMP 在 $0.01\sim20$ $\mu g \cdot mL^{-1}$ 浓度范围内线性关系良好。相关系数 R^2 分别为 0.9995 和 0.9992。以引起二倍基线噪音的药量为最低检测限，本法最低检测限为 0.01 $\mu g \cdot mL^{-1}$。

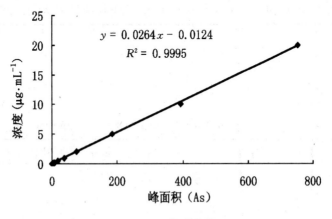

图 1 SMZ 标准曲线图

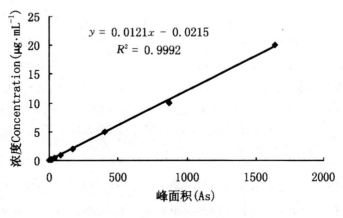

图 2 TMP 标准曲线图

（2）回收率与精密度。

复方新诺明以 $0.05\sim20$ $\mu g \cdot mL^{-1}$ 5 个水平，分别测其在肌肉、血液、肝脏中的回收率，结果表明 SMZ 和 TMP 在各组织中的回收率在 $76.59\sim92.62\%$ 之间（表 1），变异系数在 $1.70\sim2.50\%$ 之间。日内精密度为 $2.79\pm1.01\%$，日间精密度为 $3.53\pm1.37\%$，符合药物残留分析要求。

表 1   SMZ 和 TMP 在三种组织中的回收率

| 浓度 | SMZ 的回收率($\bar{X}\pm$SD%) | | | TMP 的回收率($\bar{X}\pm$SD%) | | |
μg·mL^{-1}	肝脏	肌肉	血清	肝脏	肌肉	血清
0.05	80.24±3.38	82.65±2.81	88.12±2.02	88.75±2.85	84.61±2.27	88.57±2.25
0.1	84.51±2.58	84.77±2.88	90.58±1.72	91.38±3.65	82.54±1.95	92.62±1.97
1	81.25±1.20	86.31±2.10	85.49±1.65	85.32±1.45	92.10±1.47	91.96±1.72
10	81.37±1.99	80.95±1.45	82.33±0.87	84.15±1.10	88.97±0.73	85.16±1.54
20	76.59±1.21	79.88±0.98	83.21±1.45	83.81±2.99	87.25±0.88	84.65±1.89

2.2   残留特征

（1）复方新诺明在大菱鲆组织中的残留量。

将高效液相色谱测得的 SMZ 和 TMP 的峰面积代入标准曲线的回归方程，可求得药物在各组织中的含量。表 2,3 为大菱鲆口服复方新诺明后各组织中药物的残留量。

表 2   对照组 SMZ 和 TMP 在组织中的残留浓度（μg·mL^{-1}）

| 时间 | SMZ 残留浓度 | | | TMP 残留浓度 | | |
	肝脏	肌肉	血清	肝脏	肌肉	血清
1	1.78±0.19	2.57±0.21	2.10±0.15	0.31±0.05	0.36±0.05	0.20±0.05
2	1.24±0.14	1.62±0.16	2.00±0.13	0.24±0.04	0.23±0.03	0.16±0.03
4	2.93±0.12	1.02±0.12	0.86±0.07	0.21±0.03	0.22±0.03	0.13±0.02
8	0.70±0.10	0.78±0.11	0.63±0.06	0.19±0.02	0.18±0.02	0.10±0.01
12	0.43±0.07	0.48±0.04	0.31±0.04	0.16±0.02	0.15±0.02	0.07±0.01
16	0.21±0.05	0.26±0.05	0.22±0.04	0.13±0.02	0.12±0.02	0.05±0.01
22	0.19±0.03	0.16±0.04	0.11±0.03	0.11±0.02	0.10±0.02	0.02±0.01
28	0.10±0.02	0.10±0.03	0.06±0.01	0.09±0.02	0.08±0.01	0.02±0.01
36	0.08±0.02	0.06±0.02	0.04±0.01	0.08±0.01	0.06±0.01	0.01±0.01
44	0.06±0.02	0.04±0.01	0.02±0.01	0.07±0.01	0.06±0.01	0.01±0.008
54	0.04±0.01	0.02±0.01	0.01±0.008	0.05±0.01	0.06±0.01	ND
64	0.02±0.01	0.01±0.01	0.01±0.006	0.03±0.01	0.04±0.01	ND
74	0.01±0.01	ND	ND	0.01±0.01	0.04±0.01	ND
84	ND	ND	ND	ND	ND	ND
94	ND	ND	ND	ND	ND	ND
104	ND	ND	ND	ND	ND	ND
114	ND	ND	ND	ND	ND	ND
124	ND	ND	ND	ND	ND	ND

（ND 表示检测浓度低于检测限）

表3 试验组 SMZ 和 TMP 在组织中的残留浓度（μg·mL^{-1}）

时间	SMZ 残留浓度			TMP 残留浓度		
	肝脏	肌肉	血清	肝脏	肌肉	血清
4	0.53±0.11	0.77±0.07	0.72±0.06	0.16±0.02	0.17±0.02	0.10±0.02
8	0.40±0.08	0.51±0.06	0.52±0.05	0.10±0.02	0.11±0.02	0.07±0.01
12	0.24±0.04	0.33±0.04	0.30±0.04	0.07±0.02	0.08±0.02	0.05±0.01
16	0.11±0.03	0.15±0.04	0.10±0.03	0.06±0.02	0.06±0.02	0.04±0.01
22	0.08±0.03	0.04±0.03	0.06±0.01	0.05±0.01	0.06±0.01	0.02±0.01
28	0.05±0.02	0.03±0.01	0.04±0.01	0.04±0.01	0.05±0.01	0.01±0.008
36	0.03±0.01	0.01±0.01	0.02±0.01	0.04±0.01	0.04±0.01	0.01±0.005
44	0.02±0.01	0.01±0.01	0.01±0.005	0.03±0.01	0.02±0.01	ND
54	0.01±0.01	0.01±0.008	0.01±0.005	0.02±0.01	0.01±0.01	ND
64	0.01±0.006	ND	ND	0.01±0.007	ND	ND
74	ND	ND	ND	ND	ND	ND
84	ND	ND	ND	ND	ND	ND
94	ND	ND	ND	ND	ND	ND
104	ND	ND	ND	ND	ND	ND
114	ND	ND	ND	ND	ND	ND
124	ND	ND	ND	ND	ND	ND

（ND 表示检测浓度低于检测限）

（2）复方新诺明在大菱鲆各组织中的药—时曲线。

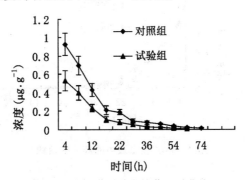

图3 SMZ 在肝脏中的药—时曲线

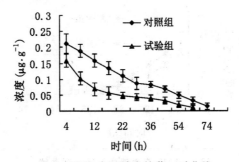

图4 TMP 在肝脏中的药—时曲线

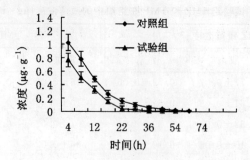

图5 SMZ 在肌肉中的药—时曲线

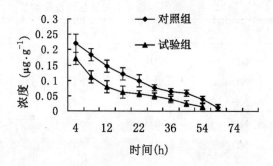

图6 TMP 在肌肉中的药—时曲线

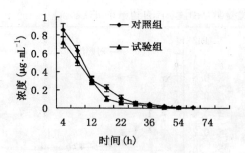

图7 SMZ 在血液中的药—时曲线

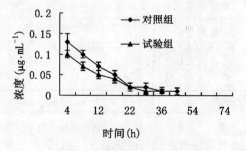

图8 TMP 在血液中的药—时曲线

（3）复方新诺明在大菱鲆组织中消除曲线方程及参数。

将复方新诺明在大菱鲆体内的药—时曲线经计算机 Excel 程序拟合，求出消除速率常数（β）和消除曲线方程；采用公式 $t_{1/2}=0.693/\beta$ 计算消除半衰期（$t_{1/2\beta}$）（表 4、5）；根据消除曲线方程计算理论休药期（表 6）。

$$WDT=\ln(C_0/MRLs)/(0.693/t_{1/2\beta})$$

式中：WTD 为理论休药期，C_0 为药物初始浓度，MRLs 为最大残留限量值，$t_{1/2\beta}$ 为消除半衰期。

由表 4、5 可知，TMP 的消除半衰期均显著长于 SMZ（$P<0.01$），说明 TMP 比 SMZ 消除缓慢。由表 6 可知，试验组的理论休药期比对照组分别减少了 20.91％、24.58％、14.83％，说明中药对复方新诺明的消除具有一定的促进作用。

表 4　SMZ 在大菱鲆组织中消除曲线方程及参数

组别	消除曲线方程	消除半衰期 $t_{1/2\beta}$（d）	相关系数 R^2
对照组	$C_{肝脏}=1.0227e^{-0.0634t}$	10.93	0.950
试验组	$C_{肝脏}=0.4674e^{-0.0666t}$	10.40*	0.947
对照组	$C_{肌肉}=1.462e^{-0.0823t}$	8.42	0.967
试验组	$C_{肌肉}=0.7129e^{-0.0933t}$	7.42*	0.888
对照组	$C_{血清}=1.222e^{-0.0882t}$	7.86	0.942
试验组	$C_{血清}=0.7118e^{-0.0919t}$	7.54	0.928

* 表示试验组与对照组相比差异显著（$P<0.05$），下同。

表 5　TMP 在大菱鲆组织中消除曲线方程及参数

组别	消除曲线方程	消除半衰期 $t_{1/2\beta}$（d）	相关系数 R^2
对照组	$C_{肝脏}=0.2463e^{-0.0336t}$	20.63	0.961
试验组	$C_{肝脏}=0.1312e^{-0.0372t}$	18.63*	0.928
对照组	$C_{肌肉}=0.251e^{-0.0397t}$	17.46	0.942
试验组	$C_{肌肉}=0.156e^{-0.043t}$	16.11*	0.957
对照组	$C_{血清}=0.1724e^{-0.0745t}$	9.30	0.953
试验组	$C_{血清}=0.129e^{-0.0791t}$	8.76	0.954

表 6　复方新诺明在大菱鲆各组织中的理论休药期（d）

组别	肝脏	肌肉	血清
对照组	72.99	60.57	54.49
试验组	57.73	45.68	46.41

3. 讨论

3.1　样品处理与检测方法评价

进行药动学及残留研究时，当前多采用高效液相色谱法进行样品分析。由于生物样品的特殊性,对其中的药物分析分离有其特定要求。液相色谱分析中,大多数样品的基质及成分组成相当复杂,大量性质未知的组分以无法预料的方式影响分析过程,尤其在残留分析中待测物仅痕量存在,有时待测组分不确定。因此生物样品分析前先要对样品进行预处理(如:去蛋白,液液提取,固相分离)或样品修饰(如化学衍生化),以排除干扰,增加检测的灵敏度和选择性,使其符合所选定方法的要求。本试验在采用高效液相色谱法进行药动学及残留研究过程中,参考文献报道,遵循色谱分析方法的要求对色谱条件进行优化,建立的分析、分离及检测方法,经过方法评价,得到了满意的结果。动物组织中磺胺类药物残留检测常用的抽提溶剂有乙腈、乙酸乙酯、二氯甲烷。乙腈沸点高,而磺胺类药物耐热性差,浓缩温度低于 35℃,故乙腈提取液浓缩耗时较长。乙酸乙酯提取浸出杂质多。试验表明二氯甲烷提取浸出杂质少,易排除基质干扰,效果理想。磺胺类药物结构式中含有氨基,具有弱碱性,通过调节流动相中的 pH,可以抑制弱碱的离解,从而导致保留时间的改变。结果表明酸度过高,很难将新诺明及其乙酰化代谢产物分开,酸度过低,有明显的拖尾现象。本文采用 0.4% 的乙酸铵:乙腈 = 80:20(V/V) 为流动相,并调 pH 值为 6.5,很好地实现了 SMZ 和 TMP 分离,并且各峰间分离度大,峰形尖锐,峰对称性好。

本试验所用的方法检测限可达 $0.01\ \mu g \cdot mL^{-1}$,完全达到欧美和我国进出口样品规定的残留限量水平。SMZ 和 TMP 在 $0.01\sim20\ \mu g \cdot mL^{-1}$ 浓度范围内线性关系良好。相关系数 R^2 分别为 0.9995 和 0.9992。回收率系指某一物质经一定方法处理后,所测定的量与加入的量的百分比。可以表明从样品的制备到测定整个过程中药物的损失程度,是衡量试验方法是否可靠的标准。根据文献报道,回收率在 70%~110% 范围内均属正常。本试验对复方新诺明的 5 个不同浓度水平重复进样 3 次,测定其在肌肉、血液、肝脏中的回收率在 76.59%~92.62% 之间,变异系数在 1.70%~2.50% 之间,说明方法的准确性比较好。精密度是方法可靠性的保证。本试验所用方法的日内精密度为 2.79%±1.01%,日间精密度为 3.53%±1.37%,说明样品的提取方法比较可靠。

3.2 复方新诺明在大菱鲆体内的残留消除规律

在 10±2℃ 水温条件下,停药 24 h 后,SMZ 和 TMP 在大菱鲆肝脏、肌肉、血清中含量分别为 $1.78\pm0.19\ \mu g \cdot g^{-1}$、$2.57\pm0.21\ \mu g \cdot g^{-1}$、$2.10\pm0.15\ \mu g \cdot mL^{-1}$ 和 $0.31\pm0.05\ \mu g \cdot g^{-1}$、$0.36\pm0.05\ \mu g \cdot g^{-1}$、$0.10\pm0.05\ \mu g \cdot mL^{-1}$。方星星等报道了 22℃ 水温条件下,花鲈口灌复方新诺明停药 24 h 后,肝脏、肌肉、血液中含量分别为 $2.3\ \mu g \cdot g^{-1}$、$15.9\ \mu g \cdot g^{-1}$、$11.9\ \mu g \cdot mL^{-1}$ 和 $30.1\ \mu g \cdot g^{-1}$、$18.8\ \mu g \cdot g^{-1}$、$8.47\ \mu g \cdot mL^{-1}$。刘长征等报道了 18℃ 水温条件下,草鱼口灌复方新诺明停药 24 h 后,肝脏、肌肉、血液中含量分别为 $33.82\pm3.26\ \mu g \cdot g^{-1}$、$23.43\pm7.63\ \mu g \cdot g^{-1}$、$39.11\pm9.87\ \mu g \cdot mL^{-1}$ 和 $4.18\pm1.07\ \mu g \cdot g^{-1}$、$10.95\pm2.87\ \mu g \cdot g^{-1}$、$1.67\pm0.39\ \mu g \cdot mL^{-1}$。可见复方新诺明在不同动物组织中含量差别较大。其可能的原因一方面是试验动物种属的差异。Heijden 等在同水温下比较了氟甲喹在鲤鱼,非洲鲇和欧洲鳗鲡体内的药动学规律,发现其平均最高血药浓度(C_{max}),分布半衰期($t_{1/2\alpha}$)和消除半衰期($t_{1/2\beta}$)差异显著。另外,给药方式不同也可能造成体内药物含量差异较大。张雅斌等研究指出诺氟沙星在鲤鱼体内采用口灌服方式比肌注和混饲口服给药方式吸收程度都好,混饲口服给药吸收速度较慢且生物利用率最低。再次,水温低是造成组织中药物含量低的又一因素。鱼类是变温动物,水温变化对鱼类的摄食和药物在体内的吸收代谢都有较大影响。通常水温每上升 1℃,药物代谢和消除速率可

增加 10％。Kleinow 等报道在 14℃和 24℃条件下口服噁喹酸的生物利用度分别为 56％和 90.7％，$t_{1/2\beta}$ 分别为 54.3 和 33.1 h，可见随着水温升高生物利用度提高，而消除也随之加快。在 10 ± 2℃，大菱鲆对药物的生物利用度较低，可能造成组织中药物含量较少。另外，由于水温较低，SMZ 和 TMP 在各组织中的消除半衰期都较长。Herman 和 Degurse 报道在 7.7℃与 14℃两个不同水温条件下研究磺胺甲基嘧啶在虹鳟体内的代谢时也发现水温降低，消除半衰期显著延长。

复方新诺明在大菱鲆各组织中的消除速率不同，表现为血清＞肌肉＞肝脏。但相同组织中 SMZ 的消除速率远大于 TMP，这与大部分磺胺药与其增效剂在鱼体内的代谢特点相一致。Samuelsen 的研究显示磺胺二甲基嘧啶（sulfadimidine，SDD）和 TMP 在大西洋鳙鲽肌肉和肝脏中的 $t_{1/2}$ 分别为 1.4 d，2.0 d，4.2 d，4.7 d。他的另一项研究结果表明：磺胺间二甲氧嘧啶（SDM）和 TMP 的类似物甲藜嘧啶（OMP）在大西洋鲑血液、肌肉、肝脏、肾脏四种组织中的 $t_{1/2}$ 分别为 0.63 d，0.62 d，2.6 d，2.0 d 和 2.6 d，6.9 d，3.9 d，17 d。对比两组数据可以发现，SDD 和 SDM 的消除速率均比其增效剂 TMP 或 OMP 快，说明磺胺药比其增效剂更易消除。

3.3 中草药对复方新诺明在大菱鲆体内残留消除的影响

消除半衰期是衡量药物在体内消除快慢的重要参数，本试验中添加中药三黄散（主要成分大黄、黄芩、黄柏）后，复方新诺明在大菱鲆肌肉和肝脏内的消除半衰期都明显缩短（$P<0.05$）。由于磺胺类药物主要在肝脏中代谢，提示三黄散可能诱导了肝药酶活性，使复方新诺明在肝脏中代谢加快，消除半衰期缩短。

药物在体内的生物转化主要靠肝细胞内滑面内质网上细胞色素 P450 酶（CYP450）进行氧化、还原、水解等代谢。细胞色素 P450 酶是微粒体混合功能氧化酶系中最重要的一族氧化酶，许多药物对 CYP450 酶系活性有抑制或诱导作用，当与其他需经 CYP450 代谢的药物联合应用时，会影响这类药物的代谢，从而产生药物相互作用。药物相互作用按药代动力学分类可分为：影响药物的吸收、分布、代谢和排泄。其中影响药物的代谢指的是药物进入机体后主要经肝药酶代谢，对药酶活性有影响的药物，一类为药酶诱导剂，一类为药酶抑制剂，药酶诱导剂能使与之配伍用的其他药物代谢加速。SMZ 和 TMP 对 CYP450 有抑制作用，而黄芩苷能够显著诱导小鼠 CYP450 含量及活性，大黄能够增强小鼠 CYP3A 活性。所以可能是因为三黄散增强了药物代谢酶的活性，从而使复方新诺明的代谢加快。但关于中药对鱼类肝药酶影响的报道还很少见，故是否由于此原因造成复方新诺明消除加快还需进一步研究证实。影响药物的排泄指的是药物肾小球、肾小管同一部位竞争排泄，如阿司匹林、消炎痛可显著延长青霉素的半衰期，酸化或碱化体液促进药物的排泄。磺胺类药物为酸性化合物，易溶于碱性化合物，所以碱性药物与磺胺类药物合用，可以碱化体液，促进药物的排泄。三黄散中含多种碱性物质，在体内可碱化体液，从而能够促进 SMZ 的消除。可见，通过合理选用中草药与西药联合使用，能够促进动物体内残留药物尽快消除，缩短休药期，确保食品质量安全，且不会对环境造成污染。因此该方向的研究将得到越来越广泛的应用。

3.4 复方新诺明休药期的确定

根据中华人民共和国农业行业标准《无公害食品水产品中渔药残留限量》（NY5070—2002），磺胺类药物在水产品中最高残留限量为 $0.1\ \mu g \cdot mL^{-1}$，而日本肯定列表规定的最高残留限量为 0.01 $\mu g \cdot mL^{-1}$,欧盟和美国规定也较严格。为使我国水产品出口不受贸易壁垒的限制,应严格控制药物残留量。若按日本肯定列表规定的 MRL 值,建议大菱鲆在 10±2℃下,口服复方新诺明的休药期为 61 d,若在饲料中添加中药三黄散,休药期可缩短为 46 d。

参考文献(略)

张海珍,周一兵.大连水产学院生命科学与技术学院　辽宁大连　116023

张海珍,李健,王群,刘淇.中国水产科学研究院黄海水产研究所　山东青岛　266071

三、氟苯尼考

氟苯尼考(Florfenicol,FFC)又称氟甲砜霉素,是 20 世纪 80 年代后期由美国 Schering-Ploμgh 公司研制成功的一种氯霉素类广谱抗菌药物,由于其结构中不含氯霉素中与抑制骨髓造血机能有关的-NO$_2$ 基团,大大降低了对动物和人体的毒性(邱银生等,1996;李秀波等,1999;高俊岭等,2004;廖昌荣等,2005;徐立文等,2005)。氟苯尼考抗菌谱广,吸收好,体内分布广泛,对多种水生病原菌显示优良的抗菌活性,现已广泛用于水产动物细菌性疾病的防治。在日本氟苯尼考用于治疗黄鲕鱼(*Seriolalalandei*)、真鲷(*Pagrus major*)、虹鳟(*Oncorhynchus mykiss*)、银鲑(*Oncorhynchus kisutch*)、香鱼(*Plecoglas susaltivelis*)、竹荚鱼(*Trachurus japonicus*)、罗非鱼(*Tilapia nilotica*)、鳗鱼(*Anguilla japonica*)的假结核性巴氏杆菌病和链球菌病等,在韩国用于治疗黄鲕鱼、鳗鱼的细菌性疾病,在挪威、智利、加拿大和英国用于治疗大西洋鲑(*Salmo salar*)疖疮病等(*Schering-Plough Animal Health Corporation*,2003),美国政府于 2005 年 11 月正式公布用于斑点叉尾鮰(*Ictalurus punctatus*)的败血症,我国于 2000 年批准为国家二类新兽药(徐立文等,2005)。有关氟苯尼考在水产养殖动物体内的代谢动力学研究,鱼类方面报道的有大西洋鲑鱼(Martinsen,1993;Horsberg,1996)、虹鳟(PinaμLt,1991)、大西洋鳕鱼(Samuelson,1998)体内的代谢情况,国内余培建(2005)报道 FFC 在欧洲鳗鲡体内的代谢动力学情况。本试验模拟养殖生产大菱鲆口服氟苯尼考的剂量,连续 5 d 口灌给药,研究 FFC 在大菱鲆体内的残留消除规律,为正确指导养殖用药和制定休药期提供依据。

1. 材料与方法

1.1 药品和试剂

FFC 标准品(纯度≥99.5%,中国兽药监察所提供);10%水溶性氟苯尼考药粉(由河南省大明实业有限责任公司生产,批号:110083);乙酸乙酯(AR);乙腈(HPLC);甲醇(HPLC);正己烷(AR)。

1.2 实验动物

试验鱼来自中国水产科学研究院黄海水产研究所海阳试验基地,健康大菱鲆(*Scophtalmus maximus*),体重平均为 82.2±4.6 g,水温 23±2℃,连续充气,流水养殖,每日 9:00 和 16:00 投喂颗粒饵料。试验在中国水产科学研究院黄海水产研究所麦岛实验基地进行,试验前驯化 2 周。

1.3 给药及采样

将实验大菱鲆随机分组,每组 6 尾,连续 5 d 口灌剂量为 30 mg/kg 的 FFC。按不同的时间间隔血液、肌肉、皮肤、肝脏、肾脏,每一时间点取一组鱼,第 1 次取样的时间为口服药物 24 h 后即第二次口服药物之前,取样的时间点分别为 24、48、72、96、100、104、108、112、116、120、144、168、216、264、312、408、504、600、696、792 h。同时取空白血液、肌肉、皮肤、肝脏、肾脏样品作为对照。

1.4 样品处理及分析

(1)样品处理。

准确吸取 1 mL 血液或准确称量 1 g 肌肉、皮肤、肝脏和肾脏,置于 5 mL 离心管中,加入 2.0 mL 乙酸乙酯,用高速分散器匀散,再用 2 mL 乙酸乙酯清洗刀头,合并提取液,于振荡器上振荡 30 s,4800 r/min 高速离心 20 min,吸取上层乙酸乙酯提取液至 10 mL 尖底玻璃管中。同法重复提取 1 次,合并 2 次提取液,在旋转蒸发仪内 40℃ 水浴中氮气吹干。尖底玻璃管中加 0.5 mL 流动相,漩涡振荡器上涡旋 1 min 溶解残存物,溶液经 0.45 μm 滤膜过滤后进样检测。

(2)HPLC 工作条件。

固定相 Hypersil ODS 柱(15 cm×4.6 mm,填料粒度 5 μm)。

紫外检测波长 223 nm;

柱温室温;

流动相乙腈-水(体积分数为 27/73);

流速 0.9 mL/min;

进样量 20 μL。

(3)方法评价。

线性范围:FFC 系列标准溶液(0.01~50 μg/mL)用 HPLC 法进行检测,以药品峰面积对相应的浓度作线性回归,绘出标准曲线,并得回归方程和相关系数。

检测限:取空白样品,按样品处理程序处理后测定,另将空白组织制成低浓度药物含量的含药组织,预处理后测定,对比二者,将引起 2~3 倍基线噪音的药物浓度定义为最低检测限。

回收率:FFC 标准品以 0.1、1、5、10、20 μg/mL 5 个浓度添加入血淋巴、肌肉和肝胰脏空白样品中,混匀,静置 2 h 以上,按照样品处理方法进行提取和测定,根据结果计算各种组织中的回收率。

精密度:以上 5 个浓度的样品,于 1 d 内分别重复进样 5 次和分 5 d 重复测定,计算 3 种组织中各浓度水平相应值峰面积的日内平均变异系数和日间平均变异系数,以此衡量定量方法的精密度。

1.5 数据处理

将浓度-时间数据用计算机拟合,求出消除速率常数(β)和消除曲线方程;采用公式 $t_{1/2}$ =0.693/β 计算消除半衰期($t_{1/2}$);根据消除曲线方程计算理论休药期。

2. 实验结果

2.1 检测方法

FFC 的色谱行为。图 1a、b 分别为 FFC 标准品和在肌肉组织中的色谱图,标准品峰形尖锐且对称,组织中杂质分离良好,无明显干扰峰;FFC 在组织中的峰形图上可看到有杂质峰出现,但杂质峰出现的时间较早,能够很好地分离出来,不会影响药物峰。

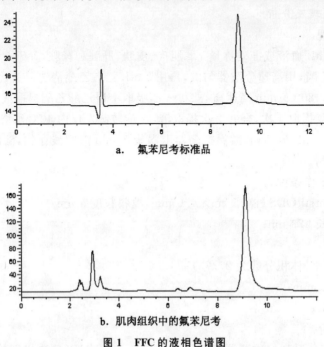

a. 氟苯尼考标准品

b. 肌肉组织中的氟苯尼考

图 1 FFC 的液相色谱图

2.2 线性关系和检测限

标准溶液在 $0.05 \sim 50$ μg/mL 浓度范围内具有良好的相关性,线性回归方程 $y = 50.931x$,相关系数 $R^2 \approx 1.0000$,标准曲线见图 2。按照方法项下的操作,本次实验中该方法的最低检测限为 0.02 μg/mL。

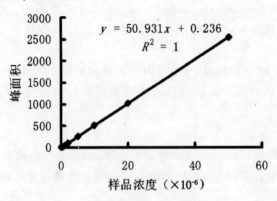

图 2 FFC 的标准曲线

2.3 回收率和精密度

FFC 以 0.1～20 μg/mL 5 个浓度水平分别测定其在大菱鲆血液、肌肉、皮肤、肝脏和肾脏中的平均回收率,结果见表 1。

表 1 FFC 在大菱鲆血液、肌肉、皮肤、肝脏、肾脏组织中的回收率

浓度(μg/mL)	回收率(%)				
	血液	肌肉	皮肤	肝胰脏	肾脏
0.1	77.53	76.02	74.41	72.30	73.21
1	89.73	82.34	80.76	75.32	76.34
5	87.62	90.57	85.44	83.67	90.57
10	87.46	88.69	86.38	82.11	88.69
20	86.32	84.70	81.57	78.40	84.70

本试验中氟苯尼考在组织内比较稳定,精密度较高,药物在血液、肌肉、皮肤、肝脏、肾脏 5 种组织中的日内平均变异系数和日间平均变异系数见表 2。

表 2 5 种组织中 FFC 的变异系数

变异系数 $C \cdot V \cdot \%$	血液	肌肉	皮肤	肝胰脏	肾脏
日内变异系数	2.83±1.47	2.44±1.06	2.56±1.42	2.32±1.18	2.54±1.45
日间变异系数	3.63±1.38	3.27±1.71	3.35±1.66	3.38±1.53	3.41±1.78

2.4 残留特征

(1) FFC 在大菱鲆体内的药—时变化趋势。

将高效液相色谱测得的峰面积代入标准曲线所绘制的回归方程,就可以求出药物在各组织中浓度值。表 3 列出了大菱鲆口服 FFC 后,肌肉、血液、皮肤、肝脏、肾脏中的药物浓度的实测值,FFC 在大菱鲆组织中含量高低为肾脏＞肝脏＞肌肉＞血液＞皮肤。

表 3 大菱鲆口服 FFC 后,5 种组织中的药物残留

时间	肌肉(μg/g)	血液(μg/mL)	皮肤(μg/g)	肝脏(μg/g)	肾脏(μg/g)
24	0.51±0.13	0.63±0.14	0.12±0.04	1.25±0.39	1.56±0.41
48	0.78±0.26	0.89±0.21	0.48±0.16	1.66±0.44	2.32±0.75
72	0.96±0.21	1.12±0.34	0.64±0.15	2.49±0.63	3.16±1.03
96	1.15±0.35	1.28±0.31	0.77±0.20	3.11±1.12	4.02±0.94
100	3.15±0.64	2.84±0.55	1.68±0.43	4.47±1.27	8.34±2.33
104	3.01±0.68	2.64±0.49	1.33±0.37	5.55±0.96	7.41±1.78
108	2.46±0.54	2.13±0.50	1.65±0.42	4.24±1.43	5.27±1.43
112	2.03±0.38	1.66±0.24	1.21±0.26	2.31±0.86	3.75±0.76
116	1.81±0.42	1.33±0.33	0.94±0.23	1.72±0.53	2.27±0.57

（续表）

时间	肌肉（µg/g）	血液（µg/mL）	皮肤（µg/g）	肝脏（µg/g）	肾脏（µg/g）
120	1.54±0.36	1.24±0.56	0.83±0.17	0.86±0.31	1.47±0.43
144	0.72±0.17	0.52±0.18	0.41±0.15	0.43±0.13	0.67±0.14
168	0.25±0.07	0.26±0.06	0.14±0.03	0.27±0.05	0.43±0.10
216	0.08±0.03a	0.07±0.04b	0.06±0.02c	0.17±0.06	0.22±0.05
264	0.04±0.01c	0.03±0.02c	0.03±0.01b	0.09±0.02c	0.13±0.03a
312	ND	ND	ND	0.03±0.01 d	0.04±0.02c
408	ND	ND	ND	ND	ND
504	ND	ND	ND	ND	ND
600	ND	ND	ND	ND	ND
696	ND	ND	ND	ND	ND

注：ND 表示药物浓度低于检测限；a 表示只有 5 条鱼可检测到药物；b 表示只有 4 条鱼可检测到药物；c 表示只有 3 条鱼可检测到药物；d 表示只有 2 条鱼的血液和肾脏可检测到药物

给大菱鲆连续口灌 FFC 后，肌肉、血液、皮肤、肝脏和肾脏中的药物浓度随时间变化的药—时曲线分别见图 3～7。

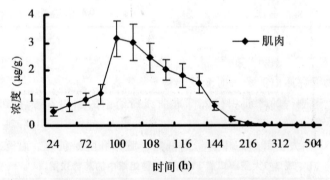

图 3　FFC 在大菱鲆肌肉组织的药—时曲线

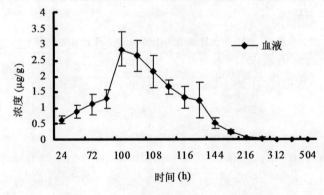

图 4　FFC 在大菱鲆血液中的药—时曲线

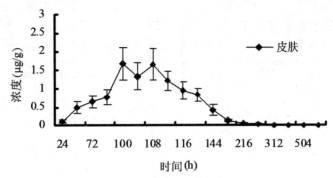

图 5 FFC 在大菱鲆皮肤中的药—时曲线

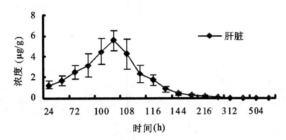

图 6 FFC 在大菱鲆肝脏中的药—时曲线

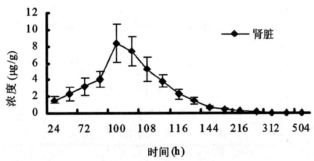

图 7 FFC 在大菱鲆肾脏中的药—时曲线

（2）氟苯尼考在大菱鲆体内的消除规律。

将药物浓度-时间数据经计算机拟合，得出氟苯尼考在大菱鲆血液、肌肉、肝脏、肾脏和皮肤中的消除方程和消除参数（表 4）。

表 4 FFC 在大菱鲆组织中的消除方程及消除参数

组织	方程	β	$t_{1/2}$(h)	R^2
血液	$C_{(t)} = 39.027e^{-0.0284t}$	0.0284	24.40	0.9806
肌肉	$C_{(t)} = 47.204e^{-0.0283t}$	0.0283	24.5	0.9759
肝脏	$C_{(t)} = 22.826e^{-0.0221t}$	0.0221	31.4	0.8868
肾脏	$C_{(t)} = 43.171e^{-0.0233t}$	0.0233	29.7	0.9078
皮肤	$C_{(t)} = 19.917e^{-0.0261t}$	0.0261	26.6	0.9651

注：β 最终消除速率常数，$t_{1/2}$ 为消除半衰期，R^2 为相关系数

表 5 显示了 FFC 在大菱鲆肌肉、血液、肝脏、肾脏和皮肤组织中降低到 0.01,0.05,和 0.1 μg/g 三种不同浓度水平的理论时间。

表 5 FFC 在大菱鲆 5 种组织中降低到 0.01,0.02,0.05,0.1 和 0.2 μg/g 的理论时间

组织	时间(0.01 μg/g)	时间(0.02 μg/g)	时间(0.05 μg/g)	时间(0.1 μg/g)	时间(0.2 μg/g)
血液	291 h/12 d	267 h/11 d	235 h/10 d	210 h/9 d	186 h/8 d
肌肉	298 h/12 d	274 h/11 d	242 h/10 d	218 h/9 d	193 h/8 d
皮肤	350 h/15 d	319 h/13 d	277 h/12 d	246 h/10 d	214 h/9 d
肝脏	359 h/15 d	330 h/14 d	290 h/12 d	260 h/11 d	231 h/10 d
肾脏	291 h/12 d	265 h/11 d	229 h/10 d	203 h/8 d	176 h/7 d

3. 讨论

3.1 代谢动力学特征及给药方案

给大菱鲆连续 5 d 口灌剂量为 15 mg/kg 的 FFC,从第 1 d 至第 4 d,血药浓度逐渐升高,到第 5 d 时,血药浓度达到稳态平衡,维持在 1.24 μg/g,96 h 至 120 h 的平均血药浓度为 1.89 μg/g,Horsberg(1996)报道以 10 mg/kg 的剂量连续 10 d 投喂大西洋鲑鱼(1 次/日),在给药期间血浆中的有效血药浓度平均维持在 8.42 μg/g,说明大西洋鲑鱼对 FFC 的吸收程度明显高于大菱鲆。Martinsen(1993)研究了 FFC 单剂量 10 mg/kg 给药后在大西洋鲑体内的代谢动力学过程,FFC 被快速吸收和代谢,有效浓度可以维持 36~40 h。余培建(2005)报道给欧洲鳗鲡口服 100 mg/kg 的 FFC 后,在 0.5 h 的采样点,血浆、肌肉、肝脏和肾脏中的药物浓度可达 6.70、1.37、17.41、23.06 μg/g,说明欧洲鳗鲡对 FFC 的吸收非常迅速。

大菱鲆口服 FFC 后血药浓度的峰值出现在第 5 次服药后的 4 h 即 100 h,峰值为 2.84 μg/g,药物在肾脏中的浓度最高,其次是肝脏,肌肉和血液,皮肤中的含量最低,这与余培建(2005)报道的结果相似。说明 FFC 不易在皮肤中蓄积,肾脏是 FFC 消除的主要器官,Horsberg(1994)研究了 ^{14}C-FFC 在鲑体内的吸收、分布、代谢和排泄情况,氟苯尼考及其代谢物与黑色素较高的亲和力导致肾脏和眼脉络膜中出现放射性蓄积。

FFC 副作用小,对蓝鳃太阳鱼和虹鳟的 LC_{50} 分别大于 830 μg/g 和 780 μg/g,对南美白对虾幼体的急性毒性 LC50 为 64~100 μg/mL,对大型水蚤 EC_{50} 大于 330 μg/g(Williams,1992),在安全性和有效性方面比氯霉素和甲砜霉素具有明显的优势。FFC 对绝大多数 G^+ 和 G^- 水产病原菌呈较高抗菌活性,氯霉素和甲砜霉素耐药菌株对其也敏感,体外最低抑菌浓度 MIC(μg/mL)常见病原菌一般为 0.3~1.6 μg/g,如报道的杀鲑气单胞菌:0.25~1.6 μg/g(Fukui et al,1987;Inglis et al,1991;Inglis et al,1993;Grant et al,1993);嗜水产气单胞菌:0.4 μg/g(Ho et al,2000;郭闯,2003);迟钝爱德华氏菌:0.4~1.6 μg/g(Fukui et al,1987);鲇鱼爱德华氏菌:0.25 μg/g(McGinnis);嗜冷黄杆菌:0.00098~16 μg/g(Rangdale et al,1997;Bruun et al,2000);杀鱼巴斯德菌:0.004~0.6 μg/g(Fukui et al,1987;Kim et al,1993);鳗弧菌:0.2~0.8 μg/g(Fukuietal,1987;Zhao et al,1992;Samuelsen et al,2003);鲁氏耶尔森菌:0.6~10 μg/g(Inglis et al,1993)等。本试验 96 h 至

120 h 的平均血药浓度为 1.89 $\mu g/g$,高于 FFC 对水生动物大部分致病菌的最小抑菌浓度,说明按照本试验的给药方案可以达到有效的治疗效果。

3.2 消除规律及理论休药期

表 4 可以看出,药物在血液和肌肉中的消除半衰期 $t_{1/2}$(h)相似,分别为 24.4 h、24.5 h,皮肤中略长一些为 26.6 h,肝脏中最长(31.4 h),其次为肾脏(29.7 h)。李静云研究了血窦注射、肌肉注射、药饵投喂三种给药方式下 FFC 在对虾体内的代谢及消除规律,药物在 3 种给药方式下的消除半衰期分别为 6.92 h、6.49 h 和 7.90 h。说明药物在鱼体内的消除比在对虾中的消除快得多,另外,口服给药的消除半衰期普遍较其他给药方式长,主要因为口服给药后,药物经过胃肠道吸收,而后进到血液再进行分布、消除。张雅斌等(2000)研究了肌注给药、口服给药、混饲给药后,诺氟沙星在鲤鱼体内的消除半衰期 $t_{1/2\beta}$ 为 3.40 h、77.12 h、2.02 h,表明不同给药方式对药物消除的影响较大,口服给药的消除半衰期最长。

由计算机拟合后的结果可知(表 5):FFC 在大菱鲆血液、肌肉、皮肤、肝脏和肾脏组织中降低到 0.2 $\mu g/g$、0.1 $\mu g/g$、0.05 $\mu g/g$、0.02 $\mu g/g$ 和 0.01 $\mu g/g$ 所需要的理论时间为 8～15 d。药物在血液、肌肉和肾脏中消除的理论时间相似,在肝脏和皮肤中略长一些。

休药期是指动物从用药后到允许上市的一段时间,药物在组织中的残留限量是制定休药期的依据。欧盟、加拿大和我国均以氟苯尼考和氟苯尼考胺为检出物,欧盟规定在有鳍鱼肌肉(肌肉皮肤自然比例)中的残留限量为 1.0 $\mu g/g$。加拿大对 FFC 及代谢物胺在鲑科鱼体内的残留限量是 0.8 $\mu g/g$(加拿大兽药残留 MRL 信息),我国规定在鱼类带皮肉中的残留限量为 1.0 $\mu g/g$(中华人民共和国农业部公告第 235 号)。日本肯定列表制度的规定较严格,对鲑科鱼类、鳗鱼类的最高残留限量为 0.2 $\mu g/g$,对鲈形目的最高残留限量为 0.03 $\mu g/g$,对其他鱼最高残留限量为 0.2 $\mu g/g$,考虑到日本是我国养殖对虾出口的大国,限量标准依据出口国的标准是有必要的。本试验研究了 FFC 母体药物代谢的情况,肌肉作为可食性组织,在本试验条件下,肌肉组织中氟苯尼考降到 0.2 $\mu g/g$ 残留量的时间为 8 d,我国《无公害渔用药物使用准则》(NY5071—2002)规定 FFC 在鳗鲡体内的休药期不低于 7 d,本实验的水温为 23±2℃,考虑到本实验没有测定氟苯尼考代谢物氟苯尼考胺的情况,为确保食品安全系数更高一些,建议 FFC 在大菱鲆体内的休药期为 250 度日。

参考文献(略)

王群,李健.中国水产科学研究院黄海水产研究所　山东青岛　266071

四、土霉素

土霉素(Oxytetracycline,OTC)属于广谱抗菌药物,自 20 世纪 50 年代以来被广泛用于人和动物上,后来被作为一种重要的抗菌药物广泛地应用于水产养殖业,治疗各种细菌性疾病,尽管随着使用时间的延长,土霉素的耐药性有所增加(郑国兴等,1999,俞进道等,2005),但土霉素仍是目前我国无公害渔用药物使用准则中允许使用的几种抗菌药物之一(NY5071—2001)。有关 OTC 代谢和残留的研究报道较多地集中在淡水鱼上:鲤鱼(*Cyprinus carpio*)(Grondel *et al*.,1987)、虹鳟(*Oncorhynchus mykiss*)(Jacobsen1989;Bjrklund 和 Bylund,1990,1991;Abendini *et al*.,1998,Namdari *et al*.,1999)、斑点叉尾鮰(*Ictalu-*

rus punctatus)、香鱼(*Plecoglossus altivelis*)(UnO *et al*.,1996)等；海水鱼的报道多见于大西洋鲑(*Salmon salar*)(Bruno,1989；Elema *et al*.,1996，Namdari *et al*.,1998)、大鳞大麻哈鱼(*oncorhynchus tshawytscha*)(Abedini *et al*.，Namdari *et al*,1998,1999)、舌齿鲈(*Dicentrarchus labrax*)(Rigos *et al*,2002)另外,UnO(2004)等报道了血窦注射给药土霉素在日本对虾(*Penaeus japonicus*)体内的代谢动力学和生物利用度，Moheny(1997)等报道了土霉素在南美兰对虾(*Penaeus stylirostris*)体内的残留。国内相关土霉素在水产养殖动物体内代谢和残留有：鳗鲡(*Anguilla japonica*)(李美同等,1997)、鲤鱼(辛福言等，1995)、黑鲷(*Sparus macrocephalus*)(王群等,2001)、鲫鱼(*Carassius auratus*)(李雪梅等，2004)等。

随着人们对食品安全问题的关注，水产品中的药物残留越来越被提到日程上来，OTC具有免疫抑制作用，能导致肝损害，长期使用会使细菌的抵抗力增强(Elema *et al*.,1996)。本文研究大菱鲆口服OTC后，药物在体内残留和消除规律，目的是最大限度地减少OTC残留对人的危害和在养殖过程中对环境的影响，为制定合理的停药期提供依据。

1. 材料与方法

1.1 药品和试剂

OTC标准品，纯度≥99.5%，中国兽药监察所生产；土霉素药片，潍坊医药集团生产，批号：(1995)043025。磷酸氢二钠(AR)、三氯乙酸(AR)、乙二胺四乙酸钠(EDTANa2)(AR)、柠檬酸(AR)、柠檬酸钠(AR)、三氯甲烷(AR)、正己烷(AR)、二甲基甲酰胺(DMF)(AR)、甲醇(HPLC)、乙腈(HPLC)。

1.2 实验动物

试验鱼来自中国水产科学研究院黄海水产研究所海阳试验基地，健康大菱鲆(*Scophtalmus maximus*)，体重平均为82.2 ± 4.6 g，水温23 ± 2℃，连续充气，流水养殖，每日9:00和16:00投喂颗粒饵料。试验在中国水产科学研究院黄海水产研究所麦岛实验基地进行，试验前驯化2周。

1.3 给药及采样

将试验大菱鲆随机分组，每组6尾，连续5 d口灌剂量为100 mg/kg的OTC。按不同的时间间隔取样血液、肌肉、皮肤、肝脏和肾脏，每一时间点取一组鱼，第1次取样的时间为口服药物24 h后即第二次口服药物之前，取样的时间点为24、48、72、96、100、104、108、112、116、120、144、168、216、264、312、408、504、600、696、792 h、888 h、984 h。

1.4 样品处理及分析

(1)样品处理。

样品的处理和测定参考李美同1997年报道的方法(略作调整)。

(2)色谱条件。

柱子：C18 ODS柱；柱温：25℃；流速1.0 mL/min；进样量：10 μL；紫外检测：波长为360 nm；流动相：甲醇：乙腈：二甲基甲酰胺：缓冲液=1:1.2:0.42:1.9。

(3)标准溶液的配制、标准曲线方程和线性范围的确定。

标准溶液的配制：准确称取25.0 mg OTC标准品溶于流动相中，定容到250 mL，配成100 μg/mL的母液，再把母液用流动相依次稀释成10、5、2、1、0.5、0.2、0.1、0.05、0.02、

0.01、0.005 $\mu g/mL$ 的标准溶液,于冰箱中 4℃ 保存。

以上述几个水平的浓度 Ci 为因变量,以各水平浓度的平均峰面积 Ai 为自变量,作线性回归,根据相关系数估计紫外检测对 OTC 的线性范围。

1.5　分析方法评价

(1)回收率。

空白组织中加入浓度为 0.05、0.1、1.0、10.0、50.0 $\mu g \cdot mL^{-1}$ 的 OTC 标准液,放置 2 h,使药物充分渗入组织,按样品处理方法处理后测定,所得峰面积平均值与将上述标准液直接进样测得的峰面积平均值之比值,即为药物提取回收率。

(2)精密度。

将上述 OTC 的 5 个浓度样品于一天内分别重复进样 5 次和分 5 天测定,计算 5 个浓度水平响应值峰面积的变异系数($C \cdot V \cdot \%$)和总平均变异系数($\sum C \cdot V \cdot \%$),以此衡量定量方法的精密度。

(3)检测限。

取空白样品,按样品处理程序处理后测定,另将空白组织制成低浓度药物含量的含药组织,预处理后测定,对比二者,将引起 2~3 倍基线噪音的药物浓度定义为最低检测限。

(4)标准曲线与线性范围。

取空白组织,加入标准溶液配制项下的梯度标准液,静置一段时间后,按样品处理方法处理后进样,每个浓度水平重复 3 次,以浓度为纵坐标,以平均峰面积为横坐标做标准曲线,并求出回归方程和相关系数。

1.6　数据处理

药物浓度数据用平均值±标准差表示,据药物浓度-时间数据可用微机自动模拟出药物的消除曲线方程和消除速率常数,消除半衰期 $t_{1/2} = 0.693/\beta$ 表示。

2. 实验结果

2.1　检测方法

(1)标准曲线与最低检测限。

OTC 标准溶液浓度为 $0.01 \sim 50\ \mu g \cdot mL^{-1}$ 时,标准曲线为 $C = 2.304 \times 10^{-2} A - 0.0517$(C—OTC 浓度,A—峰面积)(图 1)。相关系数 $R^2 = 0.9999$,相关性良好。根据标准曲线,以引起两倍基线噪音的药量为最低检测限,本方法的检测限为 $0.01\ \mu g/mL$。

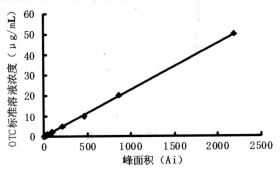

图 1　土霉素标准曲线

（2）回收率与精密度。

本实验条件下,血液、肌肉、皮肤、肝脏、肾脏 5 种组织中 5 个浓度水平的 OTC 回收率见表 1。

表 1 OTC 在大菱鲆 5 种组织中的回收率

样品浓度(μg/mL)	0.05	0.1	1.0	10.0	50.0
血液	90.0	89.9	90.2	84.5	84.5
肌肉	89.3	90.6	92.1	84.0	85.2
皮肤	83.7	85.1	86.8	87.1	86.6
肝脏	79.7	81.7	84.5	85.4	86.0
肾脏	79.9	82.3	83.7	84.7	85.8

本实验中 OTC 的日内变异系数和日间变异系数的平均值见表 2:

表 2 土霉素的精密度

样品浓度(μg/mL)	0.05	0.1	1.0	10.0	50.0
日内精密度(%)	2.03	2.44	3.11	2.35	2.86
日间精密度(%)	3.20	3.16	3.16	3.04	4.14

2.2 残留特征

将高效液相色谱测得的峰面积代入标准曲线所绘制的回归方程,就可以求出药物在各组织中浓度值。表 3 列出了大菱鲆口服 OTC 后,肌肉、血液、皮肤、肝脏、肾脏中的药物浓度的实测值,OTC 在大菱鲆组织中含量高低为肝脏＞肾脏＞皮肤＞血液＞肌肉。

表 4 列出了 OTC 在 5 种组织中的消除曲线方程、消除速率常数及消除半期。消除半衰期 $t_{1/2}$ 的长短顺序为皮肤＞肾脏＞肝脏＞肌肉＞血液。

根据消除曲线方程可以从理论上计算出组织药物浓度在任何水平所对应的时间。表 5 列出了 OTC 在大菱鲆 5 种组织中降低到 0.01、0.02、0.05、0.1 和 0.2 μg/g 时的理论时间。

表 3 大菱鲆口服 OTC 后,5 种组织中的药物残留

时间(h)	肌肉(μg/g)	血液(μg/mL)	皮肤(μg/g)	肝脏(μg/g)	肾脏(μg/g)
24	4.42±1.33	5.23±1.65	3.12±0.78	38.25±6.79	3.78±1.12
48	5.72±1.78	6.47±1.97	6.78±1.56	50.26±12.34	6.45±1.88
72	6.34±2.01	7.02±2.34	9.45±2.86	57.49±10.77	10.13±2.97
96	6.85±1.65	7.52±2.51	12.27±3.21	64.18±14.42	13.22±3.21
100	7.15±2.22	8.76±2.55	13.68±3.45	68.37±15.87	15.34±3.56
104	9.23±2.89	11.35±3.01	15.35±5.67	72.55±13.76	17.45±4.39
108	8.46±2.76	9.24±2.56	14.79±5.12	68.13±17.56	16.23±5.07

（续表）

时间(h)	肌肉(μg/g)	血液(μg/mL)	皮肤(μg/g)	肝脏(μg/g)	肾脏(μg/g)
112	7.73±1.78	8.15±2.12	14.22±4.56	65.46±11.85	15.66±5.23
116	8.81±2.52	9.48±2.43	15.04±4.67	67.75±15.41	16.56±4.74
120	7.24±1.77	7.75±1.56	14.43±3.78	69.32±17.33	14.87±3.69
144	4.77±1.26	4.96±1.18	10.11±3.25	58.42±12.47	10.69±3.23
168	2.32±0.67	2.16±0.67	6.04±1.88	33.17±7.69	7.34±1.87
216	1.01±0.28	0.87±0.14	2.68±0.75	12.51±3.46	3.22±1.01
264	0.54±0.13	0.43±0.11	1.23±0.57	5.49±1.42	1.43±0.35
312	0.23±0.05	0.17±0.03	0.69±0.31	3.02±0.67	0.57±0.13
408	0.11±0.03b	0.07±0.02a	0.24±0.78	1.96±0.41	0.38±0.10
504	0.05±0.02c	0.03±0.01 d	0.13±0.30c	1.01±0.22b	0.21±0.04c
600	ND	ND	0.09±0.03 d	0.11±0.03 d	ND
696	ND	ND	ND	ND	ND
792	ND	ND	ND	ND	ND
888	ND	ND	ND	ND	ND
984	ND	ND	ND	ND	ND

注：ND表示药物浓度低于检测限；a表示只有5条鱼可检测到肌肉中的OTC；b表示只有4条鱼可检测到肌肉中的OTC；c表示只有3条鱼可检测到肌肉中的OTC；d表示只有2条鱼的血液和肾脏可检测到OTC

以时间为横坐标，以浓度为纵坐标作出大菱鲆口服OTC的药—时曲线图（图2～7）。

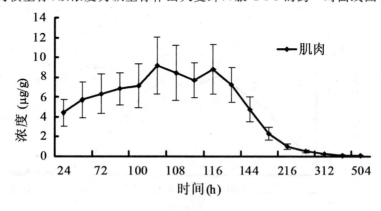

图2　OTC在大菱鲆肌肉中的药—时曲线

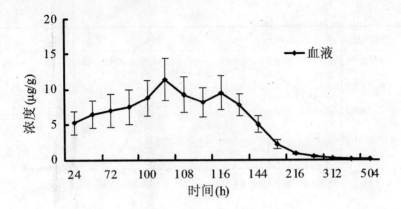

图 3　OTC 在大菱鲆血液中的药—时曲线

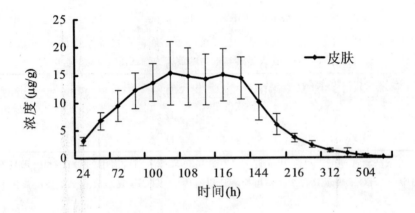

图 4　OTC 在大菱鲆皮肤中的药—时曲线

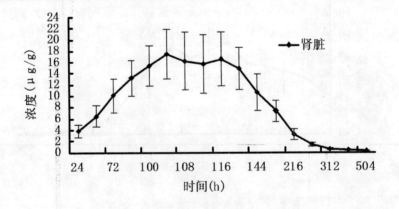

图 5　OTC 在大菱鲆肾脏中的药—时曲线

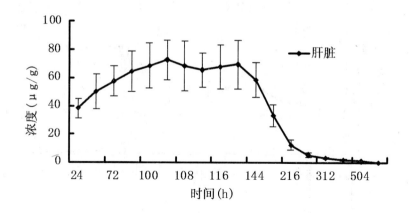

图 6　OTC 在大菱鲆肝脏中的药—时曲线

将药物浓度—时间数据进行非线性最小二乘法回归处理后,各组织药物浓度与时间关系的消除曲线方程可用下述数学表达式描述,消除速率常数和消除半衰期见表 4。

表 4　OTC 在大菱鲆组织中的消除方程及消除参数

组织	方程	β	$t_{1/2}$(h)	R^2
血液	$C_{(t)} = 27.674e^{-0.0145t}$	0.0145	47.79	0.9592
肌肉	$C_{(t)} = 22.334e^{-0.013t}$	0.0130	53.31	0.9579
肝脏	$C_{(t)} = 236.22e^{-0.0123t}$	0.0123	56.34	0.9572
肾脏	$C_{(t)} = 44.208e^{-0.0116t}$	0.0116	59.74	0.9393
皮肤	$C_{(t)} = 28.081e^{-0.0085t}$	0.0085	81.53	0.9761

注:β 最终消除速率常数,$t_{1/2}$ 为消除半衰期,R^2 为相关系数

表 5　OTC 在大菱鲆 5 种组织中降低到 0.01,0.02,0.05,0.1 和 0.2 μg/g 的理论时间

组织	时间(0.01 μg/g)	时间(0.02 μg/g)	时间(0.05 μg/g)	时间(0.1 μg/g)	时间(0.2 μg/g)
血液	547 h/23 d	499 h/21 d	436 h/18 d	388 h/16 d	340 h/14 d
肌肉	593 h/25 d	540 h/22 d	469 h/20 d	416 h/17 d	362 h/15 d
皮肤	819 h/34 d	762 h/32 d	688 h/29 d	631 h/26 d	575 h/24 d
肝脏	724 h/30 d	664 h/28 d	585 h/24 d	525 h/22 d	465 h/19 d
肾脏	934 h/39 d	853 h/36 d	745 h/31 d	663 h/28 d	581 h/24 d

3. 讨论

3.1　样品处理及检测方法评价

本实验采用高效液相色谱法进行药动学及残留研究过程中,借鉴相关文献的报道,对分离提取方法和色谱条件进行优化,得到较为满意的结果。本实验所用的方法检测限可以达到 0.01 μg/mL,完全达到欧美和我国进出口样品规定的残留限量水平(0.1 μg/mL)的要求。由图 1 可知,OTC 在 0.01～50 μg/mL 的浓度范围内具有极好的相关性,相关系

数为 0.9997。回收率表明从样品的制备和样品的测定整个过程药物的损失程度,是衡量实验方法是否可靠的标准,回收率在 70%~110%范围内表明提取方法较可靠。本实验对 OTC 5 个不同浓度水平重复进样 3 次,测定 OTC 在肌肉、血液、皮肤、肝脏和肾脏中的平均回收率分别为 87.2%、88.2%、85.9%、83.5%、83.3%,说明样品的前处理方法较好,能够将 OTC 从组织中较好地提取出来。本实验所用方法的日内精密度和日间精密度分别为 2.04%~2.86%和 3.04%~4.14%的范围,说明该检测方法比较稳定可靠。

3.2　土霉素在大菱鲆体内的残留规律

OTC 通常以 50~100 mg/kg 的剂量饲喂鱼 3~14 d 来治疗各种细菌感染《新编渔药手册》。本试验采用 100 mg/kg 的剂量连续饲喂大菱鲆 5 d,研究 OTC 在大菱鲆体内的残留和消除规律,给药 1 d 后,药物在肌肉、血液、皮肤、肝脏和肾脏中的浓度即可达到 4.42、5.23、3.12、38.25、3.78 μg/g,连续给药 4 d,药物在血液中的浓度为 7.52 μg/g,给药第 5 d,药物在血液中的浓度为 7.75 μg/g,表明连续 5 d 口服给药可以达到稳态平衡,达到稳态平衡后,OTC 在大菱鲆组织中的浓度高低为肝脏>肾脏>皮肤>血液>肌肉,这一结果与 Namdari(1996)研究大鳞大麻哈鱼(肝脏>骨>肾脏=皮肤>肌肉)的研究结果较一致。OTC 属四环素类药物,易与钙质结合,所以在骨组织中蓄积较多(Elema et al,1996),有文献报道有一部分药物可沉积在对虾的甲壳上(James et al,1988;Barron et al,1991)。本试验中药物在肝脏和肾脏中蓄积较多,因为肝脏是药物代谢的主要器官,肾脏是药物消除的主要器官,这与以往的研究报道相似。

药物残留用非线性最小二乘法回归的结果很好,R^2 在 0.939~0.995 之间,肌肉、血液、皮肤、肝脏和肾脏组织中的消除速率常数和消除半衰期分别为 0.0145、0.0130、0.0123、0.0116、0.0085 和 47.79、53.31、56.34、59.74、81.53 h,与 Namdari(1996)的报道有较大的差别,这与试验的环境温度有很大关系。Ellis(1978)报道温度每升高 1℃,鱼的代谢活力就增加 10%,Namdari(1996)比较了大鳞大麻哈鱼在 15℃和 9℃时的 β 值,结果差别 60%左右,证实了这一结论,Salte(1983)和 Bjrklund(1990)报道了 OTC 的消除半衰期在 9.6℃时为 10.0 d,在 13.5~17℃时为 5.3 d,同样证实了 $t_{1/2}$ 值主要是由温度决定。

3.3　关于药物吸收多峰现象

本实验结果显示:肌肉、血液、皮肤、肝脏、肾脏 5 种组织的药—时曲线均出现明显的双峰现象,药物浓度在 104 h 左右达峰值,然后药物在组织的浓度逐渐下降,药物浓度在 112 h 左右出现谷值,在 116 h 左右又明显升高形成第二峰,李美同(1997)研究土霉素在鳗鲡组织中的消除规律时也发现了再吸收的现象。关于药物吸收多峰现象及其机制的探讨多见于人体和哺乳动物及禽类中的报道(Ezzet et al,2001;陈淑娟等,2001;Sumano et al,2001;Farkad et al,2001)。李爱华(1998)研究单次腹腔注射氯霉素在草鱼和高倍体银鲫体内的药动学以及刘秀红(2003)研究氯霉素在牙鲆体内的消除规律时都观察到再吸收的存在,李爱华认为可能是由于氯霉素主要(84%)通过粪便排泄,利于进行肠—肝循环,使被排除的药物在肠道中再吸收导致药物浓度出现波动。另有艾晓辉等(1998)研究银鲫体内败血宁药代动力学时也发现,口服给药 30 μg·g^{-1}后 24 h 血浆中的药物浓度反而比 12 h 时高,作者推测:鱼类是变温动物,水温的变化以及鱼体中某些脏器对药物存在再吸收的因素导致这一现象的发生。Farkad(2001)认为:恩诺沙星在小鸟体内代谢的药—时曲线呈现双峰可能是因为贮存在肠黏膜里的活性药物可被重吸收的缘故。

周怀梧(1989)把此现象出现的机制多解释为肠—肝循环、胃—肠循环、多部位吸收等,而肠—肝循环(EHC)被认为是产生吸收多峰现象最可能的一种机制。所谓肠—肝循环是指:某些药物被肝摄取后,能以代谢物或以原形泌入胆汁,经胆总管进入肠道,而后一部分被消除,另一部分借门静脉血流再次入肝,可以进行再吸收的现象(景荣荣,1999),被认为是导致一次给药后的药—时曲线呈现双峰或多峰的可能机制之一(沈佳庆等,1993)。

另外,本实验所采用的口服灌胃的给药方式有可能导致给入的药物在胃肠道暂时滞留,由于胃肠道不同部位的吸收时间不一致、吸收速率不同,而导致药—时曲线呈现双峰。再者,也存在这种可能:即经口摄取的没能在消化道内吸收而残存下来的原形药物随排泄物一起,作为粪便排出体外的过程中,在肠道中再吸收,而导致药—时曲线呈现双峰。

在哺乳动物等高等动物体内,可采用多种不同方法探讨多峰现象的成因。首先,对于存在肠—肝循环的药物,可采用各种方式,如:结扎胆管或口服离子交换树脂等阻断或削弱肠—肝循环,则会导致药—时曲线下面积减小,消除速率增大,半衰期缩短(周怀梧,1989),所以据此可通过实验加以检验。也可行胆道插管术,于给药后实行胆汁引流,通过药—时曲线多峰现象消失、MRT缩短进行检验(林武等,1991);或实行胆汁引流后,于不同时间收集胆汁,通过测定胆汁中药物浓度进行验证(李洪燕等,1995)。其次,在给药后不同时间,检测胃肠道内容物中药物含量占给药量百分比的变化,可判断药—时曲线呈现双峰是否与胃肠道多部位吸收时间、速率不一致有关。

而水产动物体内虽有多峰现象的报道(李爱华等,1998;艾晓辉等,1997;李美同等,1997),然未见对此现象产生机制的深入探讨,原因可能在于水产药理学起步较晚,关于此研究的相关理论与实践仍有待完善。水产动物进行此类研究可以借鉴人体、畜禽已成熟的方法,但直接照搬是不现实的,因为水产动物由于其水中的特殊生活环境、生理解剖等特点与高等动物的不同,限制了高等动物的某些实验方法在水产动物的直接应用,如哺乳类动物可实行胆汁引流手术进行胆汁排泄药物的研究,而水产动物因不能连续收集胆汁故不能完全实现。关于本实验出现双峰现象的真正原因有待于进一步实验探讨。

由肠—肝循环等导致的药物再吸收的存在,使药动学过程变得复杂。一方面使药物的吸收程度加大,延长药物在体内的作用时间,延缓消除,有利于药物临床应用;另一方面,影响药物作用强度和消除过程,容易引起不良反应(林武等,1991)。研究药物多峰现象,寻找适宜的药动学模型,可为临床制订更合理给药方案提供依据。

3.4 土霉素在大菱鲆体内的休药期

OTC属于四环素类抗菌药,能与新形成的骨和牙齿中所沉积钙结合,长期大量服用可以造成严重的肝损害,另有报道OTC具有免疫抑制作用,针对这些情况,人们对食品动物中抗生素的残留越来越关注,美国、欧盟等发达国家在药物管理上非常严格,对药物的使用规范和安全性都制定了严格的法规,对于一些致癌类的药物和对人体构成潜在威胁的药物规定不得检出,对允许使用的化学治疗药物规定了允许残留的限量,同时根据药物代谢和残留的结果确定给药方案和休药期。目前,欧盟、美国及我国《兽药残留限量大全》都限定OTC在鱼组织中的最高残留限量为 $0.1\ \mu g/mL$。在本实验23±2℃条件下,OTC在肌肉组织中要降到 $0.1\ \mu g/mL$ 的残留限量的休药期为17 d(表5)。由于温度对药物残留的影响非常大,随着温度的升高,药物在鱼体内的代谢速度加快,药物残留量低,所以制定药物在组织中的停药期,应考虑到温度的影响。Namdari(1996)研究在温度为15℃和

9℃,OTC 在肌肉组织中降低到检测限 0.05 μg/g 时所需要的休药期分别为 41 d 和 65 d, Salte(1983)建议在 7℃和 9℃时,OTC 在虹鳟肌肉组织中的休药期分别为 65 d 和 42 d。 Jacobsen(1989)建议在低于 6℃时,OTC 的休药期为 90 d,一旦与温度相关的消除规律被 建立,那么不同温度的休药期即可预测到。

参考文献(略)

王群,李健.中国水产科学研究院黄海水产研究所　山东青岛　266071

五、磺胺间甲氧嘧啶

磺胺类药物是最早应用于预防和治疗细菌感染的化学合成药,属于广谱抗菌药,近年来广泛应用于畜牧及水产养殖动物的疾病防治。磺胺间甲氧嘧啶是我国无公害渔用药物使用准则允许使用的少数抗菌药物之一(NY5071——2001)。它的抗菌谱与磺胺嘧啶、磺胺甲基异恶唑相似,属广谱性抑菌剂,但抗菌作用是所有磺胺类药物中最强的,在水产动物疾病的防治中,主要用于防治竖鳞病、赤皮病、弧菌病、烂鳃病、疖疮病和鳗鲡的赤鳍病(《渔用药无公害使用技术》,2002)。

近年来的研究发现,磺胺类药物在人体及动物体内的代谢情况存在明显的种属差异性,即使同一种磺胺类药物在不同种类动物体内的代谢过程仍有显著差异,只根据某一种实验动物或人的实验数据制订水产临床给药方案是很不合理的,因此,国内外的学者就有关磺胺药物在水产动物上的代谢和消除情况作了大量的研究,相关的报道磺胺嘧啶(sulphadiazine,SDZ)、磺胺二甲基嘧啶(sulfamethazine,SM2)、磺胺-2,6-二甲氧嘧啶(sulfadimethoxine,SDM)、磺胺间甲氧嘧啶(sulphamonomethoxine,SMM)、复方新诺明(sulfamethoxazole,SMZ/trimethoprinTMP=5：1)、磺胺二甲嘧啶在大鳞大马哈鱼(*Oncorhynchus tshbandry*)(Michael *et al*.1993)、大西洋鲑(*Salmo salar*)(Ole *et al*.1997)、河鲶(*Ictalurus punctatus*)(Nicholas *et al*.1994)、虹鳟(*Oncorhynchus mykiss*)(Kevin *et al*.1992;Kazuaki *et al*.1997)、鰤鱼(*Seriolaquin queradiata*)(Kazuaki *et al*.1997)、花鲈(*Lateolabrax japonicus*)(王群,2001;方星星,2003)、草鱼(*Ctenopharyngodon idellus*)(艾晓辉,2005)、银鲫(*Carassius auratus gibelio*)(艾晓辉,2001)等鱼类;甲壳类中,Eric(1995)曾研究过SDM 在斑节对虾(*Penaeus monodon*)体内的代谢动力学,范克俭(2005)、张培旗(2006)研究磺胺甲基异恶唑 SMZ 在中国对虾(*Fenneropenaeus chinensis*)体内的代谢动力学和残留情况;李静云(2006)研究磺胺间甲氧嘧啶在中国对虾体内的代谢动力学和在水体中的残留情况。

有关磺胺间甲氧嘧啶在大菱鲆体内的残留和消除规律研究尚未见报道,本研究的目的是了解该种药物在大菱鲆体内的药物代谢规律,为防治鱼类疾病的合理用药(药物的剂量、用药的次数和周期)提供理论依据。

1. 材料与方法

1.1　药品和试剂

SMM 标准品(SIGMA 公司);磺胺间甲氧嘧啶钠(河南中孚公司,批号 0404007);乙腈(HPLC);甲醇(HPLC,AR);磷酸(AR)。

1.2 实验动物

试验鱼来自中国水产科学研究院黄海水产研究所海阳试验基地,健康大菱鲆(*Scophtalmus maximus*),体重平均为 82.2±4.6 g,水温 23±2℃,连续充气,流水养殖,每日 9:00 和 16:00 投喂颗粒饵料。试验在中国水产科学研究院黄海水产研究所麦岛实验基地进行,试验前驯化 2 周。

1.3 给药及采样

将实验大菱鲆随机分组,每组 6 尾,连续 5 天口灌剂量为 100 mg/kg 的磺胺间甲氧嘧啶。按不同的时间间隔取血液、肌肉、皮肤、肝脏和肾脏,每一时间点取一组鱼,第 1 次取样的时间为口服药物 24 h 后即第二次口服药物之前,取样的时间点为 24 h、48 h、72 h、96 h、100 h、104 h、108 h、112 h、116 h、120 h、144 h、168 h、216 h、264 h、312 h、408 h、504 h、600 h、696 h、792 h。

1.4 样品处理与分析

(1)样品处理。

准确吸取 1 mL 血液样品或称量 1.0 g 样品,置于 10 mL 离心管中,加入 2.0 mL 甲醇,用高速分散器匀散,再用 2 mL 甲醇清洗刀头,合并提取液,于振荡器上振荡 30 s,4800 r/min 高速离心 20 min,吸取上清液经 0.45 μm 滤膜过滤,HPLC 法进样检测。

(2)溶液的配制。

准确称取 100 mg SMM 标准品,以适量色谱纯乙腈溶解,加双蒸水配制成 100 μg/mL 标准储备液,临用前用双蒸水稀释成质量浓度分别为 0.01,0.02,0.05,0.1,0.2,0.5,1,2,5,10,20,50,100 μg/mL 的标准溶液。

(3)HPLC 工作条件。

固定相 Hypersil ODS 柱(15 cm×4.6 mm,填料粒度 5 μm);

紫外检测波长 230 nm;

柱温室温;

流动相乙腈-磷酸(体积分数为 20/80,磷酸浓度为 0.017 mol/L);

流速 1 mL/min;

进样量 20 μL。

1.5 方法评价

(1)线性关系和检测限。

SMM 系列标准溶液用 HPLC 法进行检测,以药品峰面积(y)对相应的质量浓度(x)作线性回归,绘出标准曲线,并得回归方程和相关系数。SMM 标准溶液稀释至低浓度进样检测,将两倍于基线噪音的药物质量浓度确定为最低检测限。

(2)回收率和精密度。

SMM 标准品以 0.05、0.1、1.0、10.0、50.0 μg/mL 5 个质量浓度加入肌肉、血液、皮肤、肝脏和肾脏等空白样品中,混匀,静置 2 h 以上,按照样品处理方法进行提取和测定,根据结果计算各种组织中的回收率。

以上 5 个浓度的样品,于 1 d 内分别重复进样 5 次和分 5 d 重复测定,计算各组织中的药物在不同浓度水平相应峰面积的日内平均变异系数和日间平均变异系数,以此衡量定量方法的精密度。

1.6　数据处理

药物浓度数据用平均值±标准差表示,据药物浓度-时间数据可用微机自动模拟出药物的消除曲线方程和消除速率常数,消除半衰期 $t_{1/2} = 0.693/\beta$ 表示。

2. 实验结果

2.1　检测方法

（1）SMM 的色谱行为。

SMM 标准品的药物峰在 10 min 左右出现,液相色谱峰形尖锐且对称,与其他杂峰分离良好,无明显干扰峰。血液组织中的药物峰与杂峰也分离很好。图 1 中 a 和 b 分别为 SMM 标准品以及 SMM 在血液组织中的液相色谱行为。

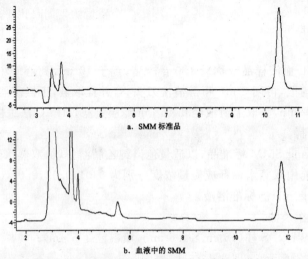

图 1　SMM 标准品及其在血液中的液相色谱行为

（2）线性关系和检测限。

标准溶液质量浓度在 0.01～100 μg/mL 之间具有良好的相关性,线性回归方程 $y = 35.683x - 0.3066$,相关系数 $R^2 = 1$,SMM 标准曲线见图 10。方法的最低检测限为 0.01 μg/mL。

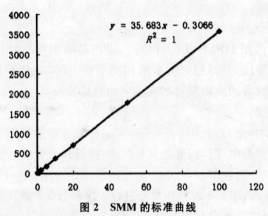

图 2　SMM 的标准曲线

（3）回收率和精密度。

SMM 以 5 个质量浓度水平分别测得其在肌肉、血液、皮肤、肝脏、肾脏中的平均回收率如表 1 所示：

表 1 SMM 在大菱鲆各组织中的回收率（%）

浓度（μg/mL）	血液	肌肉	皮肤	肝脏	肾脏
0.05	93.81	91.77	90.32	79.13	78.18
0.1	92.78	90.74	84.04	82.36	83.56
1.0	88.59	89.31	86.18	87.52	85.21
10.0	85.25	86.68	84.04	87.19	83.34
50.0	84.42	79.31	81.89	82.45	81.57

SMM 在 0.05、0.1、1.0、10.0、50.0 μg/mL 5 个质量浓度的日内平均变异系数和日间平均变异系数见表 2。

表 2 SMM 不同浓度的变异系数

浓度（μg/mL）	日内变异系数（%）	日间变异系数（%）
0.05	2.54±0.89	3.14±1.65
0.1	2.62±1.02	3.35±1.34
1.0	2.01±0.56	2.56±1.23
10.0	1.96±0.76	2.76±1.17
50.0	1.87±0.84	2.55±1.03

2.2 残留特征

表 3 列出了大菱鲆口服 SMM 后，肌肉、血液、皮肤、肝脏和肾脏中的药物浓度值，SMM 在大菱鲆组织中含量降低的顺序为肌肉＞血液＞皮肤＞肝脏＞肾脏。

表 4 列出了 SMM 在大菱鲆 5 种组织中的消除曲线方程、消除速率常数及消除半衰期。消除半衰期 $t_{1/2}$ 的长短为肝脏＞肾脏＞皮肤＞血液＞肌肉。

根据消除曲线方程可以从理论上计算出组织药物浓度在任何水平所对应的时间。表 5 列出了 SMM 在大菱鲆 5 种组织中降低到 0.01、0.02、0.05、0.1 和 0.2 μg/g 时的理论时间。图 3～8 为大菱鲆口服 SMM 的药—时曲线图。

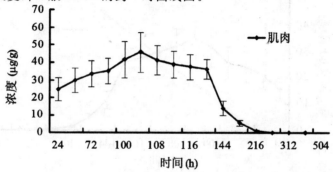

图 3 SMM 在肌肉中的药—时曲线

表3 大菱鲆口服 SMM 后,5 种组织中的药物残留

时间(h)	肌肉(μg/g)	血液(μg/mL)	皮肤(μg/g)	肝脏(μg/g)	肾脏(μg/g)
24	24.56±6.45	15.32±4.32	10.31±3.31	4.24±1.34	5.25±1.78
48	29.78±7.12	20.72±5.22	14.65±4.78	9.41±2.79	8.13±2.47
72	33.54±7.23	23.91±5.89	18.19±5.71	11.68±3.47	10.16±3.17
96	35.17±6.98	25.28±6.12	20.43±6.40	13.27±4.01	11.56±3.28
100	41.76±10.43	31.37±7.34	22.53±6.59	16.57±3.98	13.45±4.11
104	45.86±11.45	34.52±6.49	24.65±7.47	18.43±5.66	15.87±3.79
108	41.46±8.37	31.64±6.45	23.87±6.36	16.32±4.27	14.57±4.02
112	38.89±7.81	29.48±5.48	23.26±5.46	15.78±3.77	13.45±3.56
116	37.54±7.02	27.15±7.63	22.46±6.03	14.54±3.20	12.76±4.86
120	36.23±5.67	25.63±4.87	21.97±5.78	13.87±3.69	12.03±4.67
144	14.13±4.25	11.22±3.24	7.65±1.95	7.53±2.44	5.13±1.25
168	5.71±1.65	4.73±1.23	2.13±0.48	4.78±1.15	3.23±1.02
216	1.12±0.32	1.22±0.31	0.76±0.17	2.67±0.64	1.67±0.44
264	0.32±0.1	0.42±0.12	0.24±0.06	1.51±0.45	0.75±0.18
312	0.09±0.03a	0.09±0.02a	0.09±0.03b	0.48±0.14	0.37±0.11
408	0.02±0.01c	0.02±0.01c	0.04±0.02	0.21±0.05	0.15±0.04
504	ND	ND	ND	0.11±0.03	0.06±0.03
600	ND	ND	ND	0.06±0.02	0.02±0.02
696	ND	ND	ND	0.04±0.01	ND
792	ND	ND	ND	ND	ND

注:ND 表示药物浓度低于检测限;a 表示只有 5 条鱼可检测到肌肉中的 OTC;b 表示只有 4 条鱼可检测到肌肉中的 OTC;c 表示只有 3 条鱼可检测到肌肉中的 OTC;d 表示只有 2 条鱼的血液和肾脏可检测到 OTC。

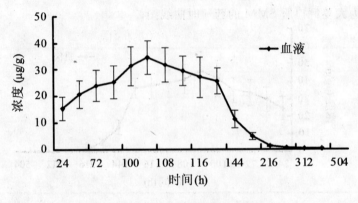

图4 SMM 在血液中的药—时曲线

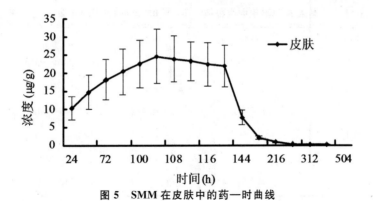

图5 SMM在皮肤中的药—时曲线

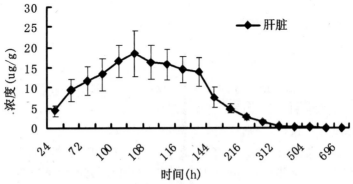

图6 SMM在肌肉肝脏中的药—时曲线

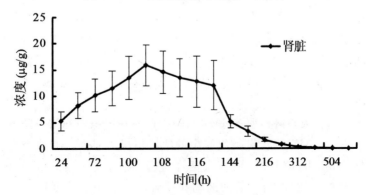

图7 SMM在肾脏中的药—时曲线

表4 SMM在大菱鲆组织中的消除方程及消除参数

组织	方程	β	$t_{1/2}$(h)	R^2
血液	$C_{(t)} = 480.39e^{-0.0261t}$	0.0261	26.55	0.9886
肌肉	$C_{(t)} = 732.34e^{-0.0276t}$	0.0276	25.10	0.9818
皮肤	$C_{(t)} = 248.01e^{-0.0239t}$	0.0239	29.00	0.949
肝脏	$C_{(t)} = 38.683e^{-0.0111t}$	0.0111	62.43	0.9554
肾脏	$C_{(t)} = 53.951e^{-0.0145t}$	0.0145	47.79	0.9688

注:β为最终消除速率常数,$t_{1/2}$为消除半衰期,R^2为相关系数。

表 5　SMM 在大菱鲆 5 种组织中降低到 0.01,0.02,0.05,0.1 和 0.2 μg/g 的理论时间

组织	时间 (0.01 μg/g)	时间 (0.02 μg/g)	时间 (0.05 μg/g)	时间 (0.1 μg/g)	时间 (0.2 μg/g)
血液	302 h/13 d	276 h/11 d	240 h/10 d	214 h/9 d	187 h/8 d
肌肉	284 h/12 d	258 h/11 d	225 h/9 d	200 h/8 d	175 h/7 d
皮肤	334 h/14 d	305 h/13 d	266 h/11 d	237 h/10 d	208 h/8 d
肝脏	787 h/33 d	725 h/30 d	642 h/27 d	580 h/24 d	517 h/22 d
肾脏）	584 h/24 d	536 h/22 d	473 h/20 d	425 h/18 d	378 h/16 d

3. 讨论

3.1　SMM 在大菱鲆体内的消除规律

本试验大菱鲆对 SMM 有较好的吸收,给药 1 d 后,在血液、肌肉、皮肤、肝脏和肾脏中即可检测到高浓度的 SMM,分别为 24.56,15.32,10.31,4.24 和 5.25 mg/kg,随着给药次数的增加,SMM 在大菱鲆组织中的含量逐渐升高,到给药第 4 d 和给药第 5 d 时,SMM 在血液中的药物浓度比较接近,分别达到 25.28 μg/mL 和 25.63 μg/mL,表明给大菱鲆连续口服 SMM 后,第 5 d 血药浓度可以达到稳态平衡。有关磺胺药的有效血药浓度,傍士(水产药详解,1982)认为应维持在 50 μg/mL,艾晓辉(2001)研究给银鲫口灌 200 mg/kg 的磺胺二甲嘧啶时发现在给药 24 h 后的最高血药浓度为 79.78 μg/mL,平均血药浓度可维持在 50 μg/mL 以上,建议每天投喂 1 次,连续 3 天可以达到有效的治疗效果,本人研究 200 mg/kg 的磺胺间甲氧嘧啶会对鱼的生理生化指标和肝脏、肾脏造成明显的毒害作用,另外,根据临床试验的结果,磺胺类药物与增效剂甲氧苄啶配伍可使有效浓度降低 8～16 倍,因此,建议磺胺类药物在使用时应与增效剂配伍才能起到更好的治疗效果,又不会对鱼类产生毒性损伤作用。

图 3～图 7 显示了大菱鲆口服 SMM 后,药物在 5 种组织中的浓度随着时间变化的规律。在温度 23±2℃,SMM 在大菱鲆组织中的浓度情况为肌肉＞血液＞皮肤＞肝脏＞肾脏,这一结果与 Samuelsen(1997)研究大西洋鲑鱼(肌肉＞血液＞肝脏＞肾脏)和王群(2001)的研究结果较一致,这与一般的药物在肝脏和肾脏中的浓度比在肌肉和血液中的浓度大的情况恰恰相反,原因是磺胺类药物被组织吸收后,在组织中有一个乙酰化的过程,乙酰化率最高的部位是肝脏和肾脏,所以 SMM 在肝脏和肾脏中的浓度比在肌肉和血液中的低。Samuelsen(1995)的研究结果表明乙酰化是磺胺二甲氧嘧啶在大西洋鲑鱼体内的主要代谢途径,肝脏是产生代谢产物的场所,但研究表明乙酰化的代谢产物不具备抗菌活性(Mandell and Sande,1990)

由表 4 可以看出,SMM 在大菱鲆血液和肌肉中的消除速率常数相似(0.0261 和 0.0276),皮肤中略高一些(0.0239),肾脏次之(0.0145),肝脏中最小(0.0111),相应的消除半衰期 $t_{1/2}$ 在肌肉和血液为 1 d 左右,肾脏 2 d,肝脏 2.5 d。临床上为了很快产生药效,可采用首次服用负荷剂量(loading dose),使药物浓度迅速达到坪浓度(plateau concentration),以后再改用维持剂量(maintenance dose),当给药间隔等于或接近药物的半衰期时,通常把负荷剂量定为维持剂量的 2 倍,则可在一个半衰期达到坪浓度(药理学,2003)。本试验血液的半衰期为 1 d 左右,给药间隔为 1 d,因此,临床给药时,可以采用首次剂量加倍的方法快速产生药效。

3.2 SMM 的临床应用和休药期

《渔药手册》规定在 100～200 mg/kg 的剂量下连续服用 4～6 d 可治疗一般的细菌性疾病,根据本实验的结果,建议磺胺间甲氧嘧啶与增效剂甲氧苄啶配伍使用,使用的剂量 50～75 mg/kg 为宜。欧盟规定所有磺胺类药物在水产品中的残留限量为 0.1 μg/kg,与我国 235 号农业部令规定所有磺胺类药物的最高残留限量一致,Samuelsen(1997)研究温度 10℃大西洋鲑鱼连续 5 d 口服 Romet[30](甲氧嘧啶 ormetoprim 5 mg/kg+磺胺二甲氧嘧啶 25 mg/kg),磺胺二甲氧嘧啶休药期为 12 d,甲氧嘧啶的休药期为 54 d。本试验研究 SMM 在大菱鲆肌肉中降低到 0.1 的理论时间为 8 d,如果与增效剂甲氧苄啶配伍使用,则要延长休药期。Salte(1983)建议在 10℃虹鳟连续口服 Tribrissen(甲氧苄啶 5 mg/kg+磺胺嘧啶 25 mg/kg)10 d 的休药期为 60 d。在挪威,官方规定使用 Tribrissen 在温度 12℃大西洋鲑鱼体内的休药期为 40 d,温度 8～12℃的休药期为 40～90 d;温度低于 8℃的休药期为 90 d 以上。

SMM 在人体内的消除半衰期为 36～48 h,属于长效磺胺药,而在兔体内属短效磺胺药,消除半衰期为 2.06 h,在水产动物体内的消除半衰期介于二者间,可认为 SMM 在中国对虾体内属于中效磺胺药。研究药物在不同动物种属间的药代动力学,对于制定合理的给药方案具有重要意义。

参考文献(略)

王群,李健. 中国水产科学研究院黄海水产研究所　山东青岛　266071

第七节　药物在牙鲆体内的残留和消除

一、诺氟沙星

氟喹诺酮类药物(Fluoroquinolones,FQs)属于第三代喹诺酮类化合物,是一族人工合成的新型杀菌性抗菌药,近年来发展迅速。其以体内吸收迅速、完全、分布广泛、表观分布容积大等药动学特征(刘明亮,2001;曾振灵,1994)和广谱、高效、低毒、与其他抗菌药物无交叉耐药性及较长的抗菌后效应(PAE)等药效学特点而广泛用于动物和人类多种感染性疾病的治疗(邓国东,2000),在鱼类细菌性疾病防治上也成为重点研究对象。与此同时,此类药物在食品动物中的残留已经开始诱导人类病原菌产生耐药性(Sherri,1998),其毒副作用还会对人体产生直接危害,其残留问题日益引起人们的关注。诺氟沙星(NFLX)是 FQs 衍生物的优秀代表之一,通过作用于细菌 DNA 旋转酶、干扰细菌 DNA 合成而迅速杀菌(Vilchez,2001),在水产上主要应用于细菌性疾病的防治。而目前仅侧重于其临床应用的药动学研究,对其在水产动物体内残留消除规律少有关注,国内仅有在甲鱼、鲤鱼(朱秋华,2001;张雅斌,2000)体内的残留研究报道。本试验模拟实际养殖条件,进行了

NFLX 在牙鲆体内的残留消除规律研究,制定临床休药期,以规范药物临床合理应用,保证食品卫生安全。

1. 材料与方法

1.1 药品和试剂

诺氟沙星标准品由中国兽药监察所提供,纯度 99.5%,批号 H040798。诺氟沙星胶囊,青岛黄海制药厂生产,含量 58.4%,批号鲁卫药准字(1995)第 030103 号。化学试剂:甲醇,色谱纯,美国 Merck 公司产品;乙腈,色谱纯,美国 Merck 公司产品;乙腈,化学纯,天津博迪化工有限公司,批号 20020517;正己烷,分析纯,莱阳化工研究所,批号 20010712;柠檬酸,化学纯,烟台三和化学试剂有限公司,批号 20020613;乙酸铵,分析纯,中国亨达精细化学品有限公司,批号 20021012;磷酸盐缓冲液(pH7.4):NaCl 7.02 g,Na$_2$HPO$_4$·12H$_2$O 7.18 g,KH$_2$PO$_4$ 0.68 g,加双蒸水 1000 mL 溶解。双蒸水,实验室自行制备。

1.2 试验动物

健康牙鲆(*paralichthys olivaceus*)平均体重(150±10)g,试验期间饲养于青岛海阳海珍品养殖场,水温控制在(22±3)℃,充气,循环海水,每日投喂空白配合饵料。用前暂养 2 周,定期检查试验鱼健康状态,对发病者,剔除并查明病因,选择健康者进行实验。实施试验前检验表明试验鱼各组织中无诺氟沙星残留。

1.3 给药及采样

健康牙鲆 72 尾,随机分养在 9 个池子里,每池 8 尾。NFLX 胶囊用单蒸水配成混悬液,制成所需浓度,以 30 mg/kg 剂量连续 5 d 口服灌胃给药,并于停药后的 1,2,4,8,10,16,20,24,28 d 断尾取血样,同时解剖取肌肉、肝脏、肾脏、鳃组织,每一时间点各取 1 池 8 尾鱼,作为 8 个平行样品分别处理测定。另取数尾未给药的牙鲆作空白对照。全部样品 −20℃冷冻保存,用于药物分析。

1.4 样品处理与分析

(1)样品预处理。

组织解冻后,准确称取 1 g 组织(鳃去鳃弓)或吸取 1 mL 血液于 10 mL 具塞离心管中,加 1 mL pH7.4 的磷酸盐缓冲液 12000 r·min^{-1}匀浆 10 s,加 4 mL 乙腈振荡提取,然后 4000 r·min^{-1}离心 20 min,吸取上清液于 10 mL 玻璃管中,残渣加 4 mL 乙腈二次提取并离心后,合并两次提取的有机相于 70℃水浴 N$_2$ 流下吹干,残留物以流动相溶解,加正己烷去脂肪。漩涡混合器振荡后,静置,待溶液分层,弃去正己烷层,下层液用 0.22 μm 微孔滤膜过滤后行 HPLC 分析。

(2)色谱条件。

色谱柱(固定相)为 Hypersil ODS 柱,25 cm×4.6 mm,流动相为乙腈:柠檬酸(0.05 mol/L):乙酸铵(1 mol/L)=20:79:1,流速为 1.0 mL/min,柱温为室温,荧光检测器,激发波长 300 nm,发射波长 450 nm,上样体积为 20 μL。

(3)标准曲线。

精确称取 0.0100 g NFLX 标准品,加入 0.01 mol/L NaOH 溶解,200 mL 容量瓶定容,作为母液。用前,用流动相稀释成 5,2,1,0.5,0.2,0.1,0.05,0.02,0.01,0.005 μg·mL^{-1}梯度标准液,4℃冰箱保存备用。空白组织中加入上述浓度梯度标准液,静置一段时间后,按样品处理方法处理后进样检测,以浓度为纵坐标,以峰面积为横坐标做标准曲线,并求出回归方程和相关系数。

（4）回收率与精密度。

空白组织中加入浓度为 $0.01,0.05,0.5,2~\mu g \cdot mL^{-1}$ 的 NFLX 标准液,放置 2 h,使药物充分渗入组织,按样品处理方法处理后测定,将所得各浓度峰面积平均值与将对应浓度标准液直接进样测得的峰面积平均值之比值,即为 NFLX 提取回收率。将上述 4 个浓度样品于 1 d 内分别重复进样 5 次和分 5 天测定,计算 4 个浓度水平响应值峰面积的变异系数$(C \cdot V \cdot \%)$和总平均变异系数$(\sum C \cdot V \cdot \%)$,以此衡量定量方法的精密度。

（5）数据处理。

各组织药物浓度平均值—时间数据运用微机进行非线性最小二乘法回归处理,得消除曲线方程及相关参数。

2. 实验结果

2.1 检测方法

以测得的 NFLX 平均峰面积 Ai 对每个浓度 Ci 作回归,在$(0.005\sim5)\mu g/mL$ 的浓度范围内 5 种组织标准曲线及相关系数分别为:$C_{肌}=0.0024Ai-0.0075,r=0.9960$;$C_{肝}=0.0025Ai-0.0025,r=0.9900$;$C_{鳃}=0.0024Ai-0.0036,r=0.9819$;$C_{血}=0.002Ai-0.0027,r=0.9882$;$C_{肾}=0.0026Ai-0.056,r=0.9980$。本实验条件下,最低检测限为 $0.005~\mu g/mL$。

按回收率项下方法操作,测得 5 种组织中 $0.01,0.05,0.5,2~\mu g/mL$ 4 个浓度水平的平均回收率在 $71.37\%\sim82.13\%$。测得的日内精密度为$(2.91\pm1.35)\%\sim(3.65\pm1.28)\%$,日间精密度为$(3.42\pm1.51)\%\sim(4.02\pm1.60)\%$。

2.2 残留特征

多次口服给药后组织中 NFLX 残留及消除。不同取样时间牙鲆各组织中 NFLX 残留量如表 1 所示,NFLX 在牙鲆体内的消除曲线见图 1,所得的药—时数据经回归处理得到 5 种组织中药物浓度(C)与时间(t)关系的消除曲线方程及相关参数见表 2。

表 1 牙鲆连续 5 天口服 30 mg·kg⁻¹ NFLX,第 5 次给药后的组织药物浓度 $\bar{X}\pm SD$

时间(d)	肾脏($\mu g \cdot g^{-1}$)	鳃($\mu g \cdot g^{-1}$)	血液($\mu g \cdot mL^{-1}$)	肝脏($\mu g \cdot g^{-1}$)	肌肉($\mu g \cdot g^{-1}$)
1	0.357 ± 0.121	0.311 ± 0.103	0.382 ± 0.172	0.163 ± 0.077	0.231 ± 0.124
2	0.222 ± 0.145	0.127 ± 0.035	0.210 ± 0.049	0.065 ± 0.025	0.081 ± 0.032
4	0.131 ± 0.073	0.065 ± 0.011	0.108 ± 0.011	0.032 ± 0.043	0.015 ± 0.009
8	0.110 ± 0.051	0.024 ± 0.020	0.072 ± 0.023	0.005 ± 0.001	ND
10	0.122 ± 0.029	0.015 ± 0.007	0.078 ± 0.026	0.008 ± 0.002	ND
16	0.079 ± 0.017	0.011 ± 0.001	0.038 ± 0.008	ND	ND
20	0.067 ± 0.012	0.008 ± 0.002	0.021 ± 0.017	ND	ND
24	0.051 ± 0.011	0.009 ± 0.004	ND	ND	ND
28	0.047 ± 0.024	0.007 ± 0.003	ND	ND	ND

ND 为未检出$(<0.005~\mu g \cdot g^{-1})$

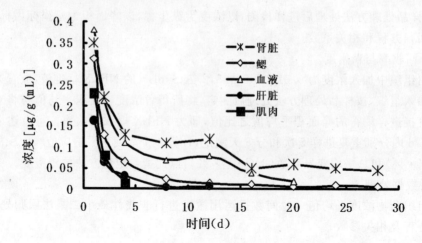

图 1　牙鲆连续 5 天口服 30 mg/kg NFLX,停药后的药物消除曲线

表 2　牙鲆多次口服 NFLX,停药后 5 种组织中药物消除速率常数及消除半衰期

组织	方程式	R^2	$t_{1/2}$(h)
肾脏	$C_{肾} = 0.2382e^{-0.0028t}$	$R^2 = 0.8418$	$t_{1/2} = 247.50$ h
鳃	$C_{鳃} = 0.1284e - 0.0052t$	$R^2 = 0.8184$	$t_{1/2} = 133.27$ h
血液	$C_{血} = 0.2784e^{-0.0054t}$	$R^2 = 0.9008$	$t_{1/2} = 128.33$ h
肝脏	$C_{肝} = 0.1554e^{-0.0147t}$	$R^2 = 0.8912$	$t_{1/2} = 47.14$ h
肌肉	$C_{肌} = 0.5345e^{-0.0375t}$	$R^2 = 0.997$	$t_{1/2} = 18.48$ h

3. 讨论

3.1　组织中 NFLX 的分离提取及残留检测

喹诺酮类药物是酸碱两性的化合物,能溶解在碱性溶液中,因此在碱性溶液中有较高的回收率(贡玉清,2002),而乙腈是一种比较理想的蛋白沉淀剂和提取溶剂。本实验先以 pH7.4 磷酸盐缓冲液使药物溶解,再加入乙腈振荡提取,乙腈与水混溶,在 70℃高温下 N_2 流下吹干乙腈的同时,少量水分也被带走。此方法可使回收率有较大提高,以 2 μg/mL 浓度水平为例,回收率可从 67.4% 提高到 81.4%。实验过程中曾参考文献报道用磷酸盐缓冲液匀浆后用二氯甲烷提取、或用甲醇、乙腈直接提取,回收率均不够理想。本实验建立的分离提取方法平均回收率为 71.37% ～82.13%;采用荧光检测器,最低检测限可达 0.005 μg/mL,且在 0.005～5 μg/mL 的浓度范围内,5 种组织的标准曲线线性良好,经过一系列色谱方法验证,表明此方法是可行的,满足了低药物浓度残留检测的需要。

3.2　NFLX 在牙鲆体内的残留及消除规律

NFLX 在 5 种组织中的消除速率常数为 0.0375 h^{-1} ～0.0028 h^{-1},消除半衰期为 18.48 h～247.5 h,可见 5 种组织中药物消除速率差别很大,内脏和鳃组织中药物消除相对较慢,因此其中的药物残留也较严重。根据各组织中药物残留浓度的下降趋势可知:内脏和鳃是 NFLX 残留的靶组织。以肾脏中最为明显,停药后 28 d 残留浓度仍接近 0.05 μg/g,是因为 NFLX 在胃部酸性环境中被溶解,进入小肠较完全,主要以原形经肾脏排出体外(朱秋华,2001)。鳃组织次之,停药后 8 d 降为约 0.02 $\mu g/g$,但到后期消除速率减缓,28 d 仍可检测到 0.007 $\mu g/g$ 的残留浓度。可能是因为除肾脏外,鳃也是鱼类排泄 NFLX 的器官之一,本实验鳃中的残留浓度较高可提示这一点。Boon *et al*(1991)也认为鳃的表面积可能是氟甲喹从鳗鱼体内消除的一个限制因素;Harry(1990)将淡水鱼药浴处理后,观察到组织中氟甲喹大量存在,是氟甲喹可经鳃吸收的有力证据,Plakas(2000)据此推测鳃排泄是氟甲喹消除的途径之一。药动学及残留消除研究的文献报道中未见把鱼鳃作为取样组织,故缺少鳃对药物代谢消除影响的研究。根据本实验结果,综合上述报道,可以推测血液中通过鳃的物质可以从鳃渗透,即鳃渗透也是鱼类药物排泄的途径之一。牙鲆血药浓度在停药后第 1 天较高,但到消除后期下降很快,24 d 低于检测限。肝脏中药物消除相对较快,停药后 4 d 可检出 0.03 $\mu g/g$ 的残留,到 16 d 已检测不出。肌肉中药物消除最快,停药后 4 d 残留浓度为 0.015 $\mu g/g$,8 天已低于检测限以下。张雅斌等(2000)以 10 mg/kg 剂量连续 5 天混饲口灌给药,进行鲤鱼肌肉药物残留研究:停药后 4 h 浓度 0.88 $\mu g/mL$,36 h 降为 0.02 $\mu g/mL$,144 h 未检出药残,表明 NFLX 在鲤肌肉中消除迅速,与本实验结果类似。但由于动物种属差异,NFLX 在甲鱼肌肉中的消除相对较慢(朱秋华,2001)。另据报道:喹诺酮类药物因与骨中的二价离子和皮肤中的黑色素有亲和性(Steffe-nak,1991),故这两种组织可作为鱼体内残留喹诺酮类药物的储存组织,并在停药后很长一段时间内慢慢释放到其他组织中(Martinsen,1994),造成潜在的残留危害。关于这一点已在大西洋鲑、虹鳟(沙拉沙星)(Martinsen,1994),及海鲷(氟甲喹)(Malwisi,1997)等鱼体内得到类似结果。在牙鲆体内还需进一步实验验证。

3.3 休药期

休药期是根据药物允许残留量及药物在食用组织中消除速度来确定的(邱银生,1994),绝大多数药物的体内吸收、分布和消除符合或近似一级动力学过程,即消除曲线可拟合成指数方程式:$Ct = Cie^{-\beta t}$。NFLX 即是按一级动力学过程从体内消除的,由此可推算消除至一定残留水平所需时间,对确定临床休药期具有重要意义。Aandon 等(1992)报道在家禽及猪所有可食用组织中的允许残留量为 50 $\mu g/kg$。中华人民共和国国家质量监督检验检疫总局、中华人民共和国对外贸易经济合作部 2002 年第 37 号公告允许在出口肉禽中使用 NFLX,但规定的 MRLs 为 100 $\mu g/kg$(肌肉),与国外相比稍高,而最新的农业部无公害渔药残留标准中未列出 NFLX。故参照国外 MRLs 标准,依据 NFLX 在牙鲆体内的指数消除规律,计算得 NFLX 在肌、肝、鳃、血、肾中残留降至 50 $\mu g/kg$ 水平所需时间分别为 2.63,3.21,7.50,13.28 和 23.2 d。若据休药期(WDT)的定义,仅根据食用组织中残留浓度来确定休药期,则牙鲆鱼肉中只需不到 3 d 就可达到要求,考虑到各取样组织降至 MRLs 的时间差异较大,初步建议在 22 ℃左右的水温下,以 30 mg/kg 剂量连续 5 d 口服灌胃给药,在牙鲆体内的临床休药期为 10 d。鉴于各组织中药物消除速率快慢差异较大,非食用组织为 NFLX 残留的靶组织,人们在食用时,若有意识地将非食用组织去除,可大大减少残留药物摄入量,对保证食用者健康具有实际意义。

因为 FQs 药物的主要代谢产物大多数具抗菌活性(曾振灵,1994),故其标示残留物应为原形药及其主要代谢物,临床休药期则应根据组织中原形药物及其活性代谢物的总残留浓度来确定,以最大程度上减轻甚至消除残留药物对人体产生危害的隐患。例如在鸡体内,NFLX 主要代谢为 N-乙基 NFLX、氧合 NFLX,多次给药停药后 12 d 各取样组织中

NFLX 的残留浓度均低于要求的最低残留限量 0.05 $\mu g/g$,但其活性代谢物之一 N-乙基 NFLX 在各组织中的残留浓度除肌肉外均大于 0.05 $\mu g/g$(Anadon,1992)。因此应关注药物活性代谢物的残留消除动态,这对于严格药物残留监控是必要的。

此外,鱼体内药物消除受许多因素影响,其中水温影响是最大的。研究表明,温度变化 1℃,药物代谢速度变化 10%(Ingebrigtsen,1991),而且给药剂量、给药方式、鱼类种属等因素不同都会产生一定影响,所以临床休药期还要据具体鱼种、实际养殖环境分别进行研究确定。

参考文献(略)

刘秀红,李健,王群.中国水产科学研究院黄海水产研究所　山东青岛　266071

刘秀红.中国海洋大学　山东青岛　266003

二、氯霉素

氯霉素(Chloramphenicol,CAP)是 20 世纪 50 年代发现的一种广谱抗生素,曾作为人的临床用药和兽药广泛地用于各种细菌病的预防与治疗。然而,在使用中人们发现了其副作用和边缘效应,如"灰婴综合征"和再生障碍性贫血等(Kijak,1994)。鉴于卫生原因,世界卫生组织(WHO)(Joint,1969)和美国食品及药物管理局(FDA)规定禁止 CAP 用于所有食品动物;同时世界各国对 CAP 的残留监控也越来越严格,欧美一些国家要求氯霉素在所有动物性产品中的氯霉素残留限量标准为"零容许量"(Zero tolerance),2001 年我国《无公害食品水产品中渔药残留限量》标准也规定水产品中 CAP 不得检出。国内外已有 CAP 在虹鳟(*Oncorhynchus mykiss*)(Pochard,1987)、大麻哈鱼(*Oncorhynchus keta*)(Lasserre,1942)及草鱼(*Ctenopharyngodon idellus*)和高倍体银鲫(*Carassius auratus gibelio*)(李爱华,1998)体内的药代及残留的研究,但未见在牙鲆体内的报道,本文通过 CAP 在牙鲆体内的药代及残留的研究,旨在得出其在牙鲆体内的药动学及残留消除规律,对氯霉素的临床应用效果和残留危害从药理学角度进行客观评价,为加强渔药的使用管理和残留监控提供理论依据。

1. 材料与方法

1.1　药品和试剂

CAP 标准品,中国兽药监察所提供,纯度 99.9%,批号 890322。CAP 原粉,东北制药总厂生产,纯度 92.95%,批号辽卫药准[1996]第 001214 号。化学试剂:甲醇,色谱纯,美国 Merck 公司产品;乙腈,色谱纯,美国 Merck 公司产品;乙酸乙酯,化学纯,中国亨达精细化学品有限公司,批号 20000611;正己烷,分析纯,莱阳化工研究所,批号 20010712;双蒸水,实验室自行制备。

1.2　实验动物

健康牙鲆(*paralichthys olivaceus*)平均体重(150±10)g,饲养于青岛海阳海珍品养殖场,试验水温(22±3)℃,充气,循环海水,每日投喂空白配合饵料。用前暂养两周,检验表明实验鱼血液和组织无氯霉素及其他药物残留。并定期检查实验鱼状态,如有发病者,剔除并查明病因,选择健康者进行实验。

1.3　给药及采样

试验残留组 72 尾鱼,随机分到 9 个池子里,每池 8 尾。CAP 原粉用单蒸水配成混悬液,口服灌胃给药,按 40 mg·kg^{-1} 剂量连续 5 d 给药。分别于停药后的 1、2、4、6、8、10、12、16、19 d 断尾取血样,同时解剖取肌肉、肝脏、肾脏、鳃组织;每一时间点各取一池 8 尾鱼,作为 8 个平行样品分别处理测定。另取 10 尾未给药的鱼作空白对照。全部样品 −20℃冷冻保存用于药物含量分析。

1.4　样品处理与分析

(1)样品预处理。

样品解冻后,准确称取 1 g 组织(鳃去鳃弓)或吸取 1 mL 血液于 10 mL 具塞离心管中,加适量双蒸水以 12000 rpm 匀浆 10 s,乙酸乙酯提取两次,每次 4 mL,3500 rpm 离心 15 min,合并有机相;45℃水浴 N$_2$ 流下吹干,残渣用 1 mL 流动相溶解,正己烷 2 mL 去脂肪,下层液用 0.22 μm 微孔滤膜过滤后进行 HPLC 分析。

(2)色谱条件。

色谱柱(固定相)为 Hypersil ODS 柱(15 mm×4.6 mm,填料粒度 5 μm),流动相为甲醇-水(4/6,V/V),流速为 0.8 mL·min^{-1},柱温为室温,紫外检测器,检测波长:278 nm,上样体积为 20 μL。

(3)标准曲线与最低检测限。

空白组织中加入 CAP 标准液使其药物浓度范围为 0.01～30 μg·mL^{-1}($n=12$),按样品处理方法处理,作 HPLC 分析,以测得的平均峰面积 Ai 为横坐标,相应的质量浓度 Ci 为纵坐标作标准曲线,并求出回归方程和相关系数。用空白组织制成低质量浓度药物的含药组织,经预处理后测定,将引起两倍基线噪音的药物的质量浓度定义为最低检测限。

(4)回收率与精密度。

回收率＝Cr/Ce×100％,其中 Cr 为用空白样品(血液或组织)加入一定量的氯霉素标准品,再按样品预处理方法进行制样后,测得的氯霉素的质量浓度;Ce 为用空白样品(血液或组织)按样品预处理方法进行制样后,再加入一定量的氯霉素标准品,测得氯霉素的质量浓度。将制得的 4 个浓度样品于 1 d 内分别重复进样 5 次和分 5 d 测定,计算 4 个浓度水平响应值峰面积的变异系数($C·V·$％)和总平均变异系数($\Sigma C·V·$％),以此衡量定量方法的精密度。

1.5　数据处理

将各采样点所对应的药动学数据采用非房室模型统计矩原理进行处理(高清芳等,1997;Chang,et $al.$,2001;Gibaldi,1982),计算药动学参数:T_{max}、C_{max} 分别为达峰时间和峰浓度的实测值;由药—时曲线末端相药物浓度的对数对时间 t 回归,求算末端相消除速率常数 k 及消除半衰期 $t_{1/2}$;梯形法计算 AUC$_{0\sim t}$,AUC$_{0-\infty}$＝AUC$_{0-t}$＋AUC$_{t\sim\infty}$＋C*/k(t 为最末取样点时间,C* 为最末取样点浓度,k 为消除速率常数);平均滞留时间(MRT)＝AUMC/AUC。

2. 实验结果

2.1　检测方法

以测得的各平均峰面积对相应质量浓度作线性回归,并制作标准曲线,在 0.01～30

$\mu g \cdot mL^{-1}(n=12)$的质量浓度范围内,5 种组织中 CAP 的标准曲线及相关系数分别为:$C_{肌}=0.0206Ai-0.0156,r=0.9996$;$C_{血}=0.0204Ai+0.0207,r=0.9880$;$C_{肝}=0.0148Ai+0.0024,r=0.9986$;$C_{鳃}=0.0141Ai+0.0434,r=0.9993$;$C_{肾}=0.0207Ai-0.0168,r=0.9970$。本法最低检测限为 $0.01\ \mu g \cdot mL^{-1}$。

回收率的测定所添加试剂的质量或体积如表 1 所示。本试验条件下,各组织中 4 个质量浓度水平的 CAP 回收率为 88.56%~90%。测得的日内精密度为 $1.75\%\pm0.072\%$,日间精密度为 $2.83\%\pm0.89\%$。

表 1　CAP 回收率的测定所加试剂的量

实验组	空白组织质量/g 或体积/mL	标准液浓度/$\mu g \cdot mL^{-1}$	标准液体积/mL
1	1	0.05	1
2	1	0.05	1
3	1	5.00	1
4	1	20.00	1
空白	1	—	—

2.2　残留特征

多次口服给药后药物残留及消除。

牙鲆多次口服 CAP($40\ mg \cdot kg^{-1}$),停药后 CAP 在牙鲆体内的消除曲线见图 1,所得的药—时数据经回归处理得到各组织中药物的质量浓度(C)与时间(t)关系的消除曲线方程及消除半衰期 $t_{1/2}$ 见表 2。

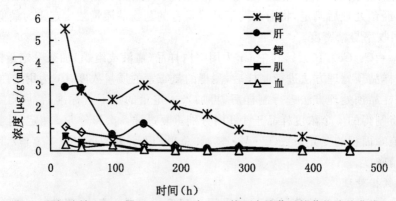

图 1　牙鲆连续 5 天口服 $40\ mg \cdot kg^{-1}$ CAP,第 5 次给药后的药物消除曲线

表 2　牙鲆多次口服 CAP($40\ mg \cdot kg^{-1}$),停药后药物消除曲线方程及消除半衰期

组织	方程式	R^2	$t_{1/2}$(h)
肌肉	$C=0.8262e^{-0.0176t}$	0.8938	39.38
血液	$C=0.3341e^{-0.0114t}$	0.8570	60.79
肝脏	$C=2.8286e^{-0.0113t}$	0.8697	61.33
鳃	$C=1.2526e^{-0.0091t}$	0.8159	77.01
肾脏	$C=5.4153e^{-0.006t}$	0.9161	115.50

3. 讨论

3.1 数据处理方法

对体内药物的药动学过程常采用经典房室模型进行分析,此方法计算精确,提供药动学参数齐全,但由于受数学模型的限制,对有些数据不能拟合甚至强制拟合,从而会产生一定误差。由于药—时曲线双峰现象的存在,本实验结果不能拟合到房室模型,故采用非房室模型统计矩原理处理数据,描述药物的体内过程。其计算依据主要是药—时曲线下面积,不需要设定隔室,可适用于大多数药物。所以尽管非房室模型所提供药动学参数有限,且不能拟合曲线,但由于其客观性和实用性强,仍可用于描述药物在体内的基本变化趋势,逐渐被越来越多的研究者采用。

3.2 多次给药后的残留消除规律

以 40 mg·kg^{-1} 剂量多次口服给药后,CAP 在牙鲆体内的消除半衰期 $t_{1/2}$ 为 39.4～115.5 h,而在鲈鱼体内 $t_{1/2}$ 为 11.52～69.6 h,表明 CAP 在牙鲆体内的消除比较缓慢,容易在其体内蓄积,对食用者造成危害。19 d 时在肌肉和血液中已检测不到药物,CAP 在肾脏、肝脏及鳃中残留量较大,停药后 19 d 肾脏药物浓度仍达 0.26 μg·mL^{-1},因此,建议鳃、肝和肾为检测禁用药物的指示组织。Lasserre(1972)用分光光度法测定大麻哈鱼口服剂量 100 mg·kg^{-1} 的 CAP,也发现药物在肝脏和肾脏中残留较明显。可能是因为 CAP 在肝脏代谢,经肾脏排泄。CAP 在血液和肌肉中残留及消除情况相似,残留量相对较少,而消除均快于其他组织。另外,代谢组结果表明 T_{max} 均出现在 8 h 之前,而残留组在停药后 24 h 才开始采样,故可能由于时间上的延迟,且测得药物浓度为多次给药的叠加值,使残留组消除曲线上未体现出再吸收现象。

3.3 CAP 的毒性评价

CAP 是很强的蛋白质合成抑制剂,主要通过抑制细菌 70S 核糖体与 50S 亚基的结合,干扰细菌蛋白质合成。哺乳动物如人和兔的骨髓细胞等组织的线粒体核糖体与细菌的相同,均为 70S,对 CAP 敏感(《医用药理学》编写组,1984)。已经发现 CAP 能引起多种动物(包括人)出现可逆的剂量依赖性的骨髓抑制。CAP 最严重的毒性反应在于可以引起人非剂量依赖性的再生障碍性贫血,这种毒性反应常常是致死的,而且由于与剂量无关,动物性食品中的微量残留也可能引起这种致死的毒性。因此鉴于 CAP 的毒性及在牙鲆体内残留的严重性,食品动物禁止使用 CAP 是非常必要的。近年来合成了新一代的兽用氯霉素类抗生素——氟甲砜霉素,文献表明它不但抗菌活性高于 CAP,对一些耐 CAP 的细菌也表现出较高的抗菌活性,克服了 CAP 所致的再生障碍性贫血的危险及其他毒性,建议对食品动物的某些疾病可用氟甲砜霉素代替 CAP。

参考文献(略)

刘秀红,王群,李健.中国水产科学研究院黄海水产研究所 青岛 266071

三、甘草和连翘对磺胺甲基异噁唑残留消除的影响

磺胺类药物是一种广谱抗菌药,曾广泛应用于国内外水产养殖疾病防治领域。但随着使用的深入,磺胺类药物的副作用逐渐被发现,如破坏人的造血系统,引起人的肾脏损

害等。部分国家已限制其使用,并对其残留作出明确规定。以日本肯定列表的要求最为严格,磺胺甲基异噁唑(SMZ)的最高残留限量为 $0.01\ \mu g \cdot mL^{-1}$。而在我国 SMZ 是允许使用的水产药物,最高残留限量为 $0.1\ \mu g \cdot mL^{-1}$。为确保我国水产品出口不受绿色贸易壁垒的限制,必须严格控制药物残留量。

中草药是种"绿色渔药",药源广、成本低,且具有增强机体免疫力的作用。本试验选择具有清热解毒作用的中药甘草和连翘分别与 SMZ 联用,通过对 SMZ 的残留检测,探讨中药对 SMZ 在牙鲆体内残留消除的影响。为指导合理用药,加速药物消除,确保食品安全提供参考数据。

1. 材料与方法

1.1 药品和试剂

SMZ 原粉,淄川制药厂生产,HPLC 检测纯度为 96%;生甘草、连翘购于青岛同仁堂药店。CZX 原粉及标准品批号(美国 Sigma 公司产品,20060608,纯度 99%),乙腈和甲醇(德国默克公司产品,色谱级),其他试剂均为国产分析纯试剂。

中草药提取液的制备:取生甘草 100 g 加水 500 mL,用水浸泡 0.5~1 h,加热至沸腾,煮沸后用文火煎 0.5 h,4 层纱布过滤,残渣加少于第一次的水煎煮,合并两次滤液并浓缩,使其质量浓度相当于原药 0.29 g/mL。连翘提取液制备方法同上,浓缩后所得质量浓度为 0.24 g/mL。

1.2 实验动物

健康牙鲆,体重约 75.33±10.59 g,饲养于中国水产科学研究院黄海水产研究所鳌山卫试验基地。水温为 23±1℃,盐度 29,pH=7.2,充气,流水,试验前暂养 2 周,投喂配合饲料,正式试验前饥饿 24 h。

1.3 给药及采样

将试验用健康牙鲆随机分 3 组,①对照组,口灌生理盐水;②甘草组,口灌甘草(30 mg/kg·bw);③连翘组,口灌连翘提取液(100 mg/kg·bw),均 1 次/天×6,第 7 d 后 3 组牙鲆分别单次口灌 SMZ(150 mg/kg·bw),并于停药后分 0.25,0.5,1,2,3,4,6,8,12,24,36,48 h 尾静脉取血,-20℃保存。

1.4 样品处理与分析

(1)样品预处理。

准确吸取 1 mL 血清,加入少许无水硫酸钠,再加 2 mL 二氯甲烷,16000 rpm 匀浆 10 s,再用 3 mL 二氯甲烷清洗刀头,合并两次提取液,振荡 1 min,5000 rpm 离心 10 min,吸取有机层,剩余残渣加入 5 mL 二氯甲烷二次提取,振荡 1 min,5 000 rpm 离心 10 min。取有机层与第一次提取液合并,在 40℃恒温水浴下氮气吹干,残渣用 1 mL 流动相溶解,加入 1 mL 正己烷去脂肪,下层液过 0.22 μm 的微孔滤膜,过滤后的液体进行高效液相色谱测定。

(2)色谱条件。

流动相为 0.4% 的乙酸铵/乙腈=70/30(V/V);紫外检测器,波长 254 nm;柱温 30℃;流速 1 mL·min⁻¹;进样量 20 μL。

(3)标准曲线与最低检测限。

准确称取 0.0100 g SMZ 标准品溶于 100 mL 流动相中,配成 100 $\mu g \cdot mL^{-1}$ 的母液,临用前再依次稀释成 20,10,5,1,0.5,0.2,0.1,0.05,0.02,0.01 $\mu g \cdot mL^{-1}$ 的标准溶液,于冰箱中 4℃ 保存。将配制的标准溶液用 HPLC 法测定,以峰面积为横坐标,浓度为纵坐标做标准曲线,分别求出回归方程和相关系数。用空白组织制成低浓度药物含量的含药组织,经预处理后测定,将引起两倍基线噪音的药物浓度定义为最低检测限。

(4) 回收率与精密度。

试验分两组,一组往空白组织中按 5 个浓度梯度(0.05,0.1,1,10,20 $\mu g \cdot mL^{-1}$)加入标准液,然后按样品处理方法处理;将另一组未加入标准液的空白组织亦经相同处理,然后再加入标准液。按照公式进行计算:回收率(%)=(处理前加入标准液样品的测定值/处理后加入标准液样品的测定值)×100%。取不同浓度(0.05,0.10,1.00,10.00,20.00 $\mu g \cdot mL^{-1}$)SMZ 标准液,加入空白组织中,按样品处理方法处理,制得的各浓度样品于 1 d 内分别重复进样 5 次和分 5 d 测定,计算各浓度水平响应值峰面积的总平均变异系数($\sum C \cdot V \cdot \%$),以此衡量定量方法的精密度。

2. 实验结果

2.1 检测方法

向空白组织中加入 0.01~20 $\mu g \cdot mL^{-1}$ 浓度范围内 SMZ 标准溶液,按照样品处理方法处理后,进样 HPLC 检测。计算 SMZ 峰面积(Y)对 CZX 的浓度(X)进行线性回归,回归方程为 $Y = 84.412X + 2.8245$,相关系数 R^2 为 1。结果表明,SMZ 在 0.01~20 $\mu g \cdot mL^{-1}$ 浓度范围内线性关系良好。以引起二倍基线噪音的药量为最低检测限,本法最低检测限为 0.01 $\mu g \cdot mL^{-1}$。

SMZ 以 0.01~20 $\mu g \cdot mL^{-1}$ 5 个水平,分别测其在肌肉、血液、肝脏中的回收率,结果表明 SMZ 在各组织中的回收率在 76.59%~92.62% 之间,变异系数在 1.70%~2.50% 之间。日内精密度为 2.79%±1.01%,日间精密度为 3.53%±1.37%,符合药物残留分析要求。

2.2 代谢动力学特征

SMZ 在牙鲆血液中的药物浓度—时间变化如图 1 所示。血药浓度数据经药代动力学专用软件 DAS 2.1.1 软件处理,分别用单室、双室、三室模型进行拟合后,CZX 同二室模型相吻合,权重为 1/C,其主要统计矩参数见表 1。从表 1 中可知,甘草组和连翘组的 AUC 分别减少了 76.42%($P<0.01$)和 66.65%($P<0.01$),平均驻留时间(MRT)分别减少了 34.03%($P<0.05$)和 27.73%($P<0.05$),$t_{1/2}$ 分别减少了 70.49%($P<0.01$)和 41.84%($P<0.01$),CL 分别增加了 4.26 倍($P<0.01$)和 2.57 倍($P<0.01$)。

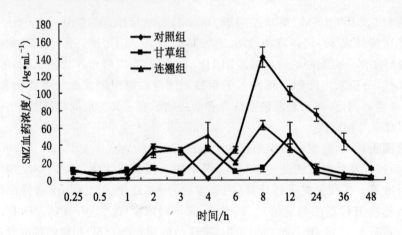

图1　SMZ在血液中的药—时曲线

表1　SMZ在3个实验组的主要药代动力学参数($n=5$)

参数	单位	对照组	甘草组	连翘组
AUC(0-t)	mg/L·h	2873.64	677.49**	958.36**
AUC(0-∞)	mg/L·h	3533.20	679.7	997.44
MRT(0-t)	h	20.21	13.33*	14.61*
MRT(0-∞)	h	29.91	13.47	16.47
VRT(0-t)	h²	126.12	63.34	117.24
VRT(0-∞)	h²	621.74	68.98	205.18
$t_{1/2}$	h	16.76	4.94**	9.75**
t_{max}	h	8.00	12.00	8.00
CL/F	L/h/kg	0.04	0.22**	0.15**
V/F	L/kg	1.03	1.57	2.12
Zeta		0.04	0.14	0.07
Zeta 回归尾点		235.00	234.00	234.00
Cz(尾点回归值)	mg/L	27.28	0.31	2.78
C_{max}	mg/L	141.54	50.34	63.00

3. 讨论

3.1　SMZ在牙鲆体内的残留消除规律

由图1可以看出,SMZ在牙鲆体内吸收缓慢,达峰时间比较长,但消除较快。血药浓度—时间数据存在 flip-flop 现象,有两个明显的再吸收峰,"再吸收峰"现象可能是由 SMZ 的肝—肠循环所致。在 23 ± 1℃水温条件下,停药 24 h 后 SMZ 在牙鲆血浆中含量为 74.99 ± 7.14 μg·mL^{-1};而方星星等(2003)等报道 22℃水温条件下,花鲈口灌复方 SMZ

停药 24 h 后，血液中含量为 11.9 μg·mL^{-1}；张海珍（2008）等报道为在 10 ± 2℃水温条件下，停药 24 h 后，SMZ 在大菱鲆血清中含量分别为 0.10 ± 0.05 μg·mL^{-1}。刘长征等（2004）报道了 18℃水温条件下，草鱼口灌复方 SMZ 停药 24 h 后，血液中含量分别为 39.11 ± 9.87 μg·mL^{-1}。可见 SMZ 在不同动物血液中含量差别较大，投药剂量、剂型、水温、种属、个体大小都有可能是引起差异的原因。

Heijden 等（Tvander，et al，1994）在同水温下比较了氟甲喹在鲤鱼，非洲鲇和欧洲鳗鲡体内的药动学规律，发现其平均最高血药浓度（C_{max}），分布半衰期（$t_{1/2\alpha}$）和消除半衰期（$t_{1/2\beta}$）差异显著。张雅斌等（2000）研究指出诺氟沙星在鲤鱼体内采用口灌服方式比肌注和混饲口服给药方式吸收程度都好，混饲口服给药吸收速度较慢且生物利用率最低。鱼类是变温动物，水温变化对鱼类的摄食和药物在体内的吸收代谢都有较大影响。Kleinow 等（1994）报道在 14℃和 24℃条件下口服噁喹酸的生物利用度分别为 56％和 90.7％，$t_{1/2\beta}$分别为 54.3 h 和 33.1 h，可见随着水温升高生物利用度提高，而消除也随之加快。

药物的分布相互作用主要与药物的血浆蛋白结合率有关。蛋白结合率高的药物对置换相互作用敏感。药物与血浆蛋白的结合是可逆的，只有非结合的、游离型药物分子才具有药理活性，才能够被转运到肝脏及肾脏或其他排泄器官进行生物转化和排泄。当游离型药物被代谢后，结合的药物转化为游离的药物，发挥其正常的药理作用。

3.2　甘草对 SMZ 在牙鲆体内残留消除的影响

消除半衰期是衡量药物在生物体内消除快慢的重要参数，本实验发现，口灌甘草 6 天后，SMZ 在牙鲆血浆消除半衰期明显缩短（$P<0.01$）。甘草使 SMZ 的 AUC、MRT 也明显缩短，CL 显著增加，表明甘草可以加速牙鲆体内 SMZ 的消除。MRT 为体内药物的平均驻留时间，指原形药物在体内转运的平均时间，它包括在体内的所有处置过程，以及药物的吸收、释放等过程，其意义类似半衰期。在本研究中，合用甘草后，SMZ 的 MRT 分别显著缩短 37.04％和 27.71％（$P<0.01$）。由于 SMZ 主要在肝脏内代谢，提示甘草可能诱导了肝药酶，使 SMZ 在肝脏的代谢加快，致使平均驻留时间缩短。同时，值得注意的是 SMZ 有效血浆浓度的时间范围明显缩小，影响治疗，需及时调整剂量，以达到有效的治疗浓度。

已有文献报道甘草及其制剂与磺胺类药物联用，具有较强的抗菌消炎作用，又可抑制磺胺类药物的过敏反应。由于甘草黄酮类化合物中多种成分对金葡萄菌和枯草杆菌有抑制作用，抑制效果相当于链霉素（Odakak，1987）；还有较强的消炎和抗变态作用。从药效方面可以说甘草与磺胺药合用有解毒、增效作用；在机理上，由以上结果也可以推测是甘草诱导了参与代谢 SMZ 的药物代谢酶，从而达到了解毒的作用。

为了增强治疗效果，临床上常将中药与抗菌药合用，一些中药和西药之间的相互作用逐渐引起人们的注意。甘草是肝药酶诱导剂，据张锦楠等（2002）报道，服用甘草的大鼠肝微粒体 P450 水平显著升高，与丙咪嗪、氨茶碱、安替比林（徐君辉等，2007）合用时，使后者代谢加速，半衰期缩短、药效减弱。还有诸多文献报道大剂量甘草及其制剂与四环素、红霉素、氯霉素等抗生素联用，可降低这些药物的吸收率（来庆霞等，1998）。其诱导机制可能是多方面的，确切机制尚需做大量甘草单体成分等研究工作。

3.3　连翘对 SMZ 在牙鲆体内残留消除的影响

由表 1 中可以看出，与 SMZ 组相比，连翘组的 AUC 减少了 66.65％（$P<0.01$），MRT

减少了 27.73%（$P < 0.05$），$t_{1/2\beta}$ 减少了 41.84%（$P < 0.01$），CL 增加了 2.57 倍（$P < 0.01$）。表明连翘的使用加速了牙鲆体内 SMZ 的消除，其原因可能与连翘诱导药物代谢酶有关。

贯叶连翘除了酶促作用，其他研究还表明贯叶连翘中所含的黄酮类物质能提高 P-糖蛋白的活性，这一作用会加速药物的消除，可能通过这一机制，贯叶连翘可降低华法林、茶碱和蛋白酶抑制剂的血浆浓度，也可通过促进 P-糖蛋白的作用而降低血浆地高辛浓度，但肝氧化代谢在地高辛消除中所占的比例很小。

以往研究表明，连翘的肝保护作用与其调控药物代谢酶，加速化学毒物和致癌物代谢密切相关。在第二章的实验中证实连翘对牙鲆 CYP3A 活性有诱导作用，药动学研究证明，贯叶连翘可以通过激活孕甾烷 X 受体，诱导 CYP3A4 的表达，增加 CYP3A4 在体内的总体活性，增加 P-糖蛋白的外流转运功能，能够影响环孢素代谢，降低环孢素血药浓度。CYP3A 是 CYP450 亚型中的重要成分，临床上约有 60% 的药物经 CYP3A 代谢，也是参与口服药物首过效应的主要酶系，从而在药物的代谢过程中起重要作用（Ingeman，2004）。大多数化合物经 CYP3A 代谢催化后主要生成无毒或低毒的代谢产物而排出体外，因此可以推测连翘对 CYP3A 的显著诱导将有利于肝脏的解毒作用。药物在体内的生物转化主要靠细胞色素 P450 酶进行氧化、还原、水解等代谢，连翘对牙鲆 CYP3A 活性有诱导作用，提示当与其他需经 CYP3A 代谢的药物联合应用时，会影响这类药物的代谢，从而产生药物相互作用。

从药物治疗方面考虑，与甘草、连翘合用后，SMZ 有效血浆浓度的时间范围明显缩小，影响治疗，需及时调整剂量，以达到有效的治疗浓度。但从停药期出发考虑，可以选用甘草、连翘与 SMZ 联合使用，能够促进动物体内残留药物尽快消除，缩短休药期，确保食品质量安全，具有一定的经济效益。

参考文献（略）

韩现芹，李健. 中国水产科学研究院黄海水产研究所　山东青岛　266071

第八节　药物在鲈鱼体内的残留和消除

一、氯霉素

氯霉素曾经在水产养殖中广泛应用，具有较好的抗菌效果。但是，由于其对人体的不良反应较严重，许多国家于 20 世纪 80～90 年代已在医学上停止使用。近年来，我国参考欧盟（96/23/EF）和美国联邦（EFR530.41）法规，结合我国农业部农牧发［1997］3 号文规定，在各种食品动物的可食性组织中，氯霉素被规定为不得检出药物（即零残留）；并且自 2002 年起，氯霉素已被列为水产品中的禁用药物。通过本文的研究，阐明了氯霉素在鲈鱼体内组织中的残留消除规律，为水产用药及公共卫生检测提供理论依据。

1. 材料与方法

1.1　药品和试剂

氯霉素标准品(纯度 99.9%),中国兽药监察所提供;氯霉素原粉(纯度 85%),东北制药总厂生产。甲醇(色谱纯)、乙酸乙酯(分析纯)。高效液相色谱仪(配紫外检测器)、组织匀浆机等。

1.2　实验动物

健康鲈鱼,平均体重 0.25kg,试验前检测表明鱼的血液和组织中无氯霉素及其他药物残留,将鱼饲养于黄海水产研究所小麦岛实验基地,实验前暂养于洁净、充气和循环海水的水池内,水温控制在 24℃,每日投喂新鲜不含任何药物的杂鱼。

1.3　给药及采样

实验前将鲈鱼随机分为 10 组(8 尾/组,其中 1 组为空白对照),分别编号,称重记录。用注射器或导管灌胃给药,残留组按 40 mg/kg(体重)的剂量连续 5 d 给药,记录给药时间,两组分别在给药后 1,2,4,8,12,16,22,30,35 d 采样。将鲈鱼断尾,收集血液于 5 mL 离心管中(分离出血清),取血后快速解剖,取肝脏、肾脏、肌肉组织,置 −20℃冰箱保存。

1.4　样品处理与分析

(1)样品预处理。

准确量取 1 mL 血清或称取 1 g 组织(肌肉、肝脏、肾脏),加入少许无水硫酸钠,加入 2 mL 乙酸乙酯,16000 r/min 匀浆 10 s,再用 3 mL 乙酸乙酯清洗刀头,合并提取液,于旋涡振荡器振荡 1 min,50000 r/min 离心 10 min,吸取全部上清液于 10 mL 玻璃离心管中;再向残渣中加入 3 mL 乙酸乙酯,充分摇匀,离心后,合并上清液;在 45℃恒温水浴下用氮气吹干。残渣用 1 mL 流动相溶解,并加入正己烷去脂肪,充分混合后静置。

(2)色谱条件。

柱子:C_{18}ODS 柱、柱温:25℃、流动相:甲醇:水=45:55(V/V)流速:1.0 mL/min、进样量:20 μL、波长:280 nm。

(3)标准曲线。

空白组织中加入标准液使其药物浓度范围为 0.01~14 μg/mL,按样品处理方法处理,作 HPLC 分析,以测得的各平均峰面积 Ai 为横坐标,相应浓度 Ci 为纵坐标做标准曲线,并求出回归方程和相关系数。用空白组织制成低浓度药物含量的含药组织,经预处理后测定,将引起两倍基线噪音的药物浓度定义为最低检测限。

(4)方法确证。

空白组织中加入氯霉素标准液,放置 2 h,使药物充分渗入组织,按样品处理方法处理后测定,所得峰面积平均值与将标准液直接进样测得的峰面积平均值之比值,即为药物回收率。将上面制得的不同浓度样品于 1 d 内分别重复进样 5 次和分 5 d 测定,计算几个浓度水平响应值峰面积的变异系数$(C·V·\%)$和总平均变异系数$(\Sigma C·V·\%)$。

2. 实验结果

2.1　检测方法

样品中氯霉素的浓度在 0.01~10 μg/mL 范围内,具有良好的线性关系,相关系数为

0.9983～0.9998,该方法的最低检测限为 0.01 μg/mL。测得氯霉素在各组织中的平均回收率如下:血液 93.95%±3.14%,肌肉 91.84%±2.51%、肝脏 90.43±2.19%,肾脏 90.40%±1.99%.采用外标法定量,测定样品的日内差和日间差,结果各组织中日内平均变异系数为 2.16%～3.05%,日间平均变异系数为 2.94%～3.83%。表明此方法的重现性好,精密度高。

2.2 消除残留特征

以 40 mg/kg(体重)的剂量,连续 5 d 口服给药后,氯霉素在鲈鱼血液及组织中的浓度随时间的变化规律见表 1。经非线性最小二乘法处理后,血液及组织中药物浓度与时间关系的消除曲线方程可用以下数学表达式描述:$C_{血液}=3.40e^{-0.403t}$,$C_{肌肉}=4.342e^{-0.458t}$,$C_{肝脏}=2.152e^{-0.239t}$。$C_{肾脏}=64.155e^{-1.443t}$。消除曲线的消除速率常数、消除半衰期及组织达到某一浓度的理论残留时间见表 1。

表 1 多剂量口服给药后鲈鱼体内氯霉素的药物浓度(40 mg/kg)

时间 time(d)	血液 Blood(μg/mL)	肌肉 Muscle(μg/g)	肝脏 Liver(μg/g)	肾脏 Kidney(μg/g)
1	10.763±3.649	15.492±4.239	5.426±2.619	18.205±2.020
2	1.353±0.955	1.509±0.432	1.836±0.680	2.720±1.448
4	0.108±0.060	0.094±0.084	0.316±0.029	0.219±0.583
8	0.098±0.062	0.075±0.003	0.286±0.041	ND
12	0.55±0.026	0.040±0.026	0.177±0.032	ND
16	ND	ND	ND	ND
22	ND	ND	ND	ND
30	ND	ND	ND	ND
35	ND	ND	ND	ND

注:ND 表示药物浓度低于检测限

表 2 多剂量口服给药后药物在组织中的消除(40 mg/kg)

组织	消除速率常数(d⁻¹)	消除半衰期(d)	理论残留时间(d)		
			0.05	0.03	0.01(μg/mL)
血液	0.403	1.720	10.471	11.738	14.164
肌肉	0.458	1.513	9.474	10.862	13.261
肝脏	0.239	2.900	15.742	17.879	22.476
肾脏	1.443	0.480	4.96	5.313	6.075

3. 讨论

药物进入机体后,随血液循环分布在各种组织器官中,对大多数药物而言,它在各个组织器官中的动态变化过程都与该组织的血流量有关。然而,血药动力学只能抽象地反映药物在机体内分布和变化的总规律。而组织动力学,则以具体的组织器官为研究对象,它能够比较客观地反映药物在不同组织中的变化规律,因而,对组织动力学的研究可以提供比较准确的反映药物在组织中的处置动力学的有关信息,为临床合理用药提供更全面的理论依据。

以 40 mg/kg(体重)的剂量,多剂量口服给药后,血液、肌肉、肝脏、肾脏中的消除速率常数分别为 0.403、0.458、0.239、1.443 d,消除半衰期分别为 1.720、1.513、2.900、0.480 d。这表明,多剂量内服药物后,氯霉素在鲈鱼组织内消除较快,最后 1 次给药后第 2 天血液及组织中的药物浓度均低于氯霉素对大多数菌的最小抑菌浓度 5 $\mu g/mL$(Orr,1951;黄文芳,1994;高汉娇,1995;刘金屏,1995;Malikova 1976;喻运珍,1999)。

Anadon(1994)报道,氯霉素在鸡体内的次级代谢产物为脱氢-氯霉素(DH-CAP)、亚硝基丙胺-氯霉素(NPAP)和亚硝基-氯霉素(NO-CAP),它们的消除都比较慢,给药 12 d 后氯霉素和它的代谢产物 DH-CAP 浓度降为 0.005 $\mu g/mL$ 以下,如果在 12 d 时屠杀动物,NPAP 和 NO-CAP 却仍可在组织中检测到。Gassner 等(1994)报道,DH-CAP 是由体内细菌转化产生,与氯霉素相比,DH-CAP 造成人的再生不良性贫血的后果更明显。因此,检测氯霉素残留的同时,DH-CAP 的残留亦不容忽视。

CAP 是很强的蛋白质合成抑制剂,主要通过抑制细菌 70S 核糖体与 50S 亚基的结合,干扰细菌蛋白质合成。哺乳动物如人和兔的骨髓细胞等组织的线粒体核糖体与细菌的相同,均为 70S,对 CAP 敏感。已经发现 CAP 能引起多种动物(包括人)出现可逆的剂量依赖性的骨髓抑制。CAP 最严重的毒性反应在于可以引起人的再生障碍性贫血,这种毒性反应常常是致死的,而且由于与剂量无关,动物性食品中的微量残留也可能引起这种致死的毒性。因此鉴于 CAP 的毒性及在动物体内残留的严重性,FDA 和世界卫生组织不允许氯霉素应用在食品动物上,目前研究的重点是监测氯霉素在食品中的残留和提高氯霉素的检测方法的灵敏度,以促进水产业可持续发展,保证人类的食用健康与安全。

参考文献(略)

唐雪莲.东北农业大学　辽宁哈尔滨　150030
王群,李健.中国水产科学研究院黄海水产研究所　山东青岛　266071

二、复方新诺明

磺胺类药物属广谱抗菌药,在其发现之初曾是治疗全身性感染的特效药。近些年来由于其品种多、性质稳定、价格便宜被广泛应用于畜牧及水产养殖动物的疾病防治领域(艾晓辉等,2001)。但在使用过程中,磺胺类药物的毒副作用被逐渐发现,加上人们食品安全意识的不断加强,因此其药物残留问题已引起国内外的普遍重视。到目前为止国外相关研究较为深入,已报道了磺胺二甲基嘧啶(sulfamethazine SM$_2$)、磺胺-2,6-二甲氧嘧啶(sulfadimethoxine,SDM)、磺胺间甲氧嘧啶(sulfamonomethoxine,SMM)等磺胺类药物在养殖鱼类如斑点叉尾鮰(*Ictalurus punctatus*)、虹鳟(*Oncorhynchus mykiss*)、大西洋鲑(*Salmo salar*)、鳗鲡(*Anguilla japonica*)体内的残留情况(Kleinow *et al*,1992;Ryuji,1988;Calvin *et al*,1994;Samuelsen *et al*,1997;Kazuaki *et al*,1997),以及 SM$_2$ 的毒性如致癌性的报道等(Joel *et al*,1988);国内只有艾晓辉等(2001)报道了 SM$_2$ 在银鲫血液中的代谢情况;朱秋华等(2001)报道了磺胺嘧啶(Sulfadiazine,SD)在甲鱼体内的残留情况。本文研究的复方新诺明(Sulfamethoxazole SMZ/Trimethon TMP＝5/1)是中效磺胺类药物与磺胺增效剂的复方制剂,抗菌谱广,抗菌效果好,广泛地应用在国内水产上,国内外文献均较少涉及国内,仅王群(2001)研究了其在花鲈体内的代谢情况,而有关残留方面的研究未见报道。本实验研究复方新诺明在不同温度下的残留、消除特点,确定合理的休药期,为加强渔药的残留监控等提供依据。

1. 材料与方法

1.1 药品和试剂

复方新诺明标准品,纯度≥99.5%,中国兽药监察所生产;复方新诺明药片,0.48 克/片,山东新华制药股份公司生产,批号:000802。二氯甲烷,分析纯,中国亨达精细化学品有限公司,批号20000611;正己烷,分析纯,莱阳化工研究所,批号20010712;磷酸,分析纯,浓度为75%,莱阳化工试验厂;乙酸铵,分析纯,莱阳化工试验厂;乙腈(HPLC)甲醇(HPLC)德国 Merck 公司。

1.2 实验动物

健康花鲈(*Lateolabrax japonicus*),体质量约200 g,饲养于中国水产科学研究院黄海水产研究所麦岛实验基地。实验期间水温分别为22℃±3℃和16℃±2℃,充气,流水,每日投喂新鲜杂鱼。

1.3 给药及采样

将实验用花鲈随机分成9组,其中8组为实验组,1组空白,每组8尾。给药剂量为150 mg/kg(SMZ/TMP=5/1),连续5 d口服给药(将药物配成悬浊液,口灌)。并于给药后的1,2,4,8,12,18,24,32 d取样(肌肉、血液、肝脏和肾脏),每一时间点取一组鱼。

1.4 样品处理与分析

(1)样品预处理。

准确称取1 g组织(肌肉、肝脏和肾脏)或吸取1 mL血液,加入少许无水硫酸钠,再加入4 mL二氯甲烷,16000 r/min匀浆10 s,再用4 mL二氯甲烷清洗刀头,合并两次提取液,振荡1 min,5000 r/min离心10 min,吸取全部上清液,在40℃恒温水浴下氮气吹干,残渣用1 mL流动相溶解,加入1 mL正己烷去脂肪,下层液过0.22 μm的微孔滤膜,过滤后的液体可进高效液相色谱测定。

(2)色谱条件。

色谱条件:0.004%的乙酸铵/乙腈=2/8,紫外检测器,波长272 nm。

(3)标准曲线。

准确称取0.01 g磺胺甲噁唑(SMZ)和0.01 g甲氧苄啶(TMP)标准品溶于100 mL流动相中,配成100 μg/mL的母液,再依次稀释成20.00,10.00,5.00,1.00,0.50,0.20,0.10,0.05,0.02,0.01 μg/mL的标准溶液,将配制的标准品溶液分别加入4种空白组织中,按样品处理方法处理后进行HPLC测定,以峰面积为纵坐标,浓度为横坐标做标准曲线,分别求出回归方程和相关系数。

(4)方法确证。

实验分两组,一组往空白组织中(肌肉、血液、肝脏和肾脏)按5个浓度梯度(0.05,0.10,1.00,10.00,50.00 μg/mL)加入标准液,然后按样品处理方法处理;另一组将未加入标准液的空白组织亦经相同处理,然后再加入标准液。按照公式进行计算:回收率(%)=(处理前加入标准液样品的测定值/处理后加入标准液样品的测定值)×100%。

取不同浓度(0.05,0.10,1.00,10.00,50.00 μg/mL)SMZ 和 TMP 标准液,加入空白组织中,按样品处理方法处理,制得的各浓度样品于 1 d 内分别重复进样 5 次和分 5 d 测定,计算各浓度水平响应值峰面积的总平均变异系数($\sum C \cdot V \cdot \%$),以此衡量定量方法的精密度。

2. 实验结果

2.1 检测方法

向四种空白组织中加入 0.01～20 μg/mL 浓度范围内 SMZ 和 TMP 标准溶液,按照制样方法处理后,进样检测。结果表明,0.01～20 μg/mL 浓度范围内,SMZ 和 TMP 在鲈鱼的四种组织中线性关系良好,标准曲线图见图 1～8,标准曲线方程及相关系数 r 见表 1和表 2。复方新诺明以 0.05～50 μg/mL 5 个水平,分别测其在肌肉、血液、肝脏、肾脏中的回收率,结果见表 5、6。以引起三倍基线噪音的药量为最低检测限,本法最低检测限为0.01 μg/mL。精密度是反映样品从保存到检测各个环节总的误差水平,是衡量方法准确度的标准之一。本实验中肌肉、血液、肝脏、肾脏四种组织中的日内变异系数和日间变异系数见表 3、4。

表 1 SMZ 在各组织中的标准曲线方程

组织	回归方程	相关系数(r)
肌肉	$C=1.61\times10-2A+0.479301$	0.9991
血液	$C=1.51\times10-2A+0.256312$	0.9982
肝脏	$C=1.58\times10-2A+0.693375$	0.9981
肾脏	$C=1.59\times10-2A+1.328569$	0.9986

表 2 TMP 在各组织中的标准曲线方程

组织	回归方程	相关系数(r)
肌肉	$C=4.03\times10-2A+1.328569$	0.9993
血液	$C=4.12\times10-2A+0.256312$	0.9992
肝脏	$C=3.98\times10-2A+0.693375$	0.9973
肾脏	$C=3.91\times10-2A+1.328569$	0.9968

表 3 四种组织中 SMZ 的变异系数

总平均变异系数 $C \cdot V \cdot \%$	肌肉	血液	肝脏	肾脏
日内变异系数	3.05±1.47	2.16±1.27	2.31±1.08	2.32±1.24
日间变异系数	3.87±1.38	2.94±1.71	3.83±1.55	3.35±1.28

表 4　四种组织中 TMP 的变异系数

总平均变异系数 $C \cdot V \cdot \%$	肌肉	血液	肝脏	肾脏
日内变异系数	3.22±2.07	2.09±1.11	2.41±1.22	2.36±1.89
日间变异系数	4.31±2.44	3.16±2.03	4.32±2.88	3.76±2.08

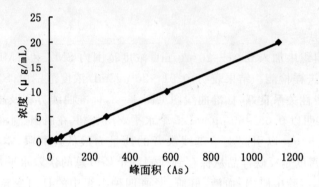

图 1　SMZ 在肌肉中的标准曲线

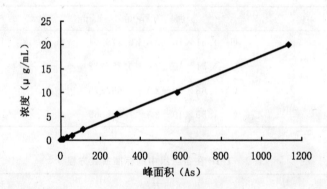

图 2　SMZ 在血液中的标准曲线

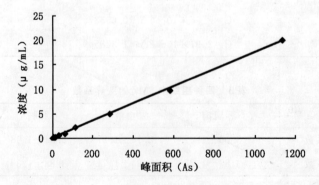

图 3　SMZ 在肝脏中的标准曲线

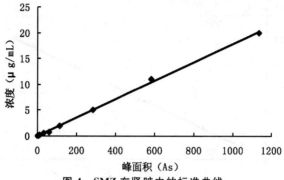

图 4　SMZ 在肾脏中的标准曲线

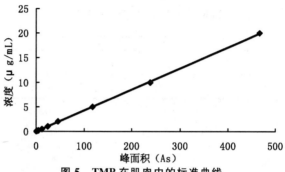

图 5　TMP 在肌肉中的标准曲线

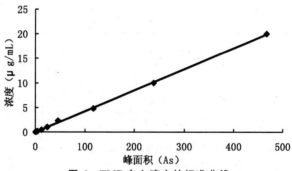

图 6　TMP 在血液中的标准曲线

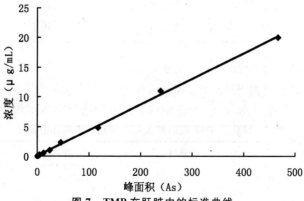

图 7　TMP 在肝脏中的标准曲线

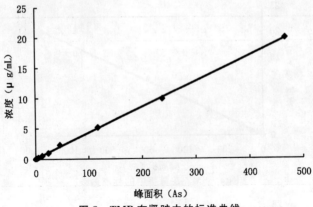

图 8　TMP 在肾脏中的标准曲线

表 5　SMZ 在 4 种组织中的回收率

浓度（μg/mL）	SMZ 的回收率（%）			
	肌肉	血液	肝脏	肾脏
0.05	89.86	88.35	88.35	87.91
0.1	92.23	94.70	90.46	89.32
1	89.35	92.17	87.68	88.12
10	83.39	90.16	85.83	85.52
50	79.69	84.99	77.12	80.83

表 6　TMP 在 4 种组织中的回收率

浓度（μg/mL）	TMP 的回收率（%）			
	肌肉	血液	肝脏	肾脏
0.05	91.25	92.30	90.67	89.65
0.1	97.85	98.65	95.82	95.72
1	94.87	96.98	90.11	92.61
10	91.15	90.76	86.84	87.93
50	82.02	85.03	81.07	83.56

2.2　复方新诺明在花鲈组织中的残留量

　　将高效液相色谱测得的 SMZ 和 TMP 的峰面积代入标准曲线的回归方程,可求得药物在各组织中的含量。表 7、8、9、10 为花鲈口服复方新诺明后各组织中药物的残留量。

表 7　22℃下 SMZ 在四种组织中的残留浓度(μg/mL)

时间(d)	肌肉	血液	肝脏	肾脏
1	9.41±3.60	0.82±0.12	2.30±0.67	3.14±1.80
2	0.31±0.63	0.07±0.02	0.29±0.12	0.21±0.06

（续表）

时间(d)	肌肉	血液	肝脏	肾脏
4	0.03±0.02	0.01±0.01	0.10±0.04	0.04±0.02
8	0.02±0.01	ND	0.05±0.01	0.06±0.02
12	0.02±0.02	ND	0.05±0.03	0.07±0.02
18	0.02±0.01	ND	0.05±0.02	0.07±0.02
24	0.02±0.01	ND	0.05±0.02	0.04±0.01
32	0.01±0.01	ND	0.04±0.01	0.03±0.01

表 8　16℃ SMZ 在四种组织中的残留浓度(μg/mL)

时间(d)	肌肉	血液	肝脏	肾脏
1	15.91±2.9	13.2±1.6	3.6±0.43	2.3±0.8
2	5.48±1.56	6.0±1.6	2.32±0.45	1.2±0.5
4	1.0±0.32	1.5±0.5	1.05±0.23	0.3±0.15
8	0.03±0.02	0.08±0.02	0.20±0.08	0.03±0.01
12	0.02±0.02	ND	0.05±0.02	0.06±0.02
18	0.02±0.01	ND	0.04±0.03	0.05±0.01
24	0.02±0.01	ND	0.04±0.01	0.06±0.01
32	0.01±0.01	ND	0.03±0.01	0.03±0.01

表 9　22℃ TMP 在四种组织中的残留浓度(μg/mL)

时间(d)	肌肉	血液	肝脏	肾脏
1	30.13±5.68	8.47±1.61	15.89±6.22	100.99±9.84
2	26.77±6.72	6.05±1.00	12.50±0.91	91.06±12.07
4	11.24±4.51	3.24±0.70	11.29±2.30	57.85±11.71
8	4.30±1.67	1.56±0.32	1.41±1.05	44.76±9.50
12	0.61±0.31	0.17±0.06	0.11±0.06	19.32±8.31
18	0.39±0.13	0.12±0.11	0.04±0.01	13.65±3.97
24	0.05±0.034	0.08±0.01	0.01±0.01	5.11±1.36
32	0.02±0.01	0.023±0.02	0.02±0.01	2.54±0.60

表 10　16℃ TMP 在四种组织中的残留浓度(μg/mL)

时间(d)	肌肉	血液	肝脏	肾脏
1	9.11±1.53	5.57±1.36	8.27±2.03	23.2±3.21

（续表）

时间(d)	肌肉	血液	肝脏	肾脏
2	7.06±1.32	3.10±0.53	6.12±1.32	21.2±2.35
4	5.13±0.65	2.23±0.22	3.52±0.43	17.71±1.65
8	2.44±0.32	0.82±0.12	1.40±0.12	12.4±1.12
12	0.67±0.0.3	0.26±0.04	0.72±0.04	8.63±1.23
18	0.11±0.01	0.10±0.01	0.11±0.01	5.02±1.02
24	0.07±0.01	0.07±0.01	0.05±0.01	2.92±0.56
32	0.03±0.01	0.02±0.01	0.02±0.01	1.43±0.32

（ND 表示检测浓度低于检测限）

2.3　复方新诺明在花鲈组织中的残留的药时曲线

图 9、10、11、12 为复方新诺明在花鲈各组织内残留量的药—时曲线。

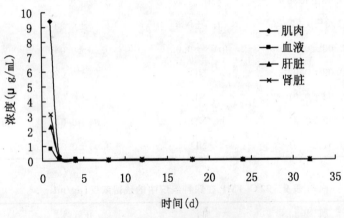

图 9　22℃ SMZ 的药—时曲线

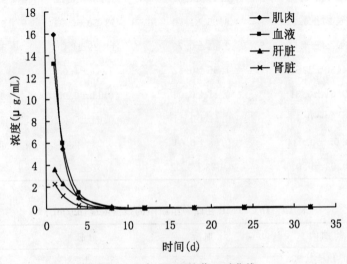

图 10　16℃ SMZ 的药—时曲线

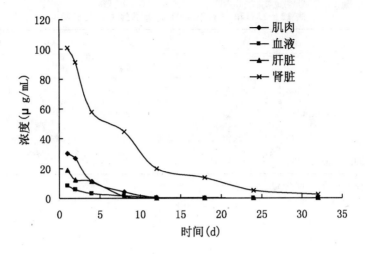

图 11　22℃ TMP 的药—时曲线

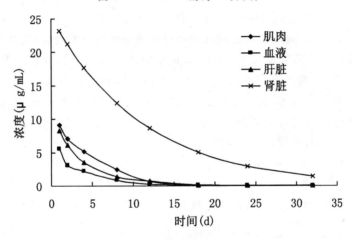

图 12　16℃ TMP 的药—时曲线

2.4　复方新诺明在花鲈组织中消除曲线方程及参数

　　复方新诺明在鲈鱼体内的消除规律由药时曲线关系来体现,本实验中,药物随时间变化的规律经 excel 程序分析,可拟合成一项指数方程,方程式、消除半衰期、相关系数见表11、12。

表 11　22℃ 和 16℃ 下 SMZ 消除曲线方程及参数

组织	消除曲线方程		消除半衰期 $t_{1/2\beta}$(d)		相关系数 R^2	
	22℃	16℃	22℃	16℃	22℃	16℃
肌肉	$C=32.563e-1.8717t$	$C=27.97e-0.9595t$	0.37	0.72	0.967	0.947
血液	$C=2.3664e-1.4707t$	$C=22.35e-0.7241t$	0.46	0.95	0.953	0.929
肝脏	$C=4.5421e-0.9931t$	$C=3.7066e-0.3604t$	0.71	1.91	0.936	0.956
肾脏	$C=7.1035e-1.4341t$	$C=4.0538e-0.6196t$	0.48	1.12	0.978	0.973

表 12　22℃ 和 16℃ 下 TMP 消除曲线方程及参数

组织	消除曲线方程		消除半衰期 $t_{1/2\beta}$(d)		相关系数 R^2	
	22℃	16℃	22℃	16℃	22℃	16℃
肌肉	$C=49.29e-0.3498t$	$C=9.0424e-0.1987t$	1.98	3.48	0.976	0.978
血液	$C=12.715e-0.3332t$	$C=3.987e-0.1769t$	2.10	3.92	0.965	0.963
肝脏	$C=29.583e-0.4385t$	$C=7.6965e-0.2023t$	1.60	3.43	0.982	0.986
肾脏	$C=109.25e-0.1254t$	$C=25.4e-0.09t$	5.53	7.80	0.997	0.994

C:浓度($\mu g/mL$)　　t:时间(d).

3. 讨论

3.1 复方新诺明在花鲈体内的残留特点

在 22℃±3℃ 水温条件下,以 150 mg/kg 的剂量连续 5 d 口灌给药,停药 1 d 后 SMZ 和 TMP 在肌肉、血液、肝脏、肾脏四种组织中的浓度分别为 9.4,0.8,2.3,3.14 $\mu g/mL$ 和 30.1,8.47,18.8,100.9 $\mu g/mL$。比较两种药物残留浓度可以发现,除血液外 SMZ 在其他 3 种组织中的残留浓度都明显低于 TMP,而最初口灌时的浓度前者是后者的 5 倍。造成这种结果的原因是:磺胺类药物在组织中有一个较为特殊的代谢过程,称为乙酰化(即磺胺类药物与乙酰辅酶 A 结合生成无活性的代谢产物乙酰化磺胺),磺胺类药物通经这一途径的代谢速度很快,本实验结果显示,可能 SMZ 在花鲈体内乙酰化率较高。Samuelsen (1997) 等报道了 SDM,SMZ,SM$_2$,磺胺胍(sulphaguanidine,SGD) 4 种磺胺类药物在大西洋鳒鲽(*Hippoglossus hippoglossus L*) 肌肉内的乙酰化率分别为 93%,89%,11%,9%;以 200 mg/kg 浓度水浴 72 h 后测得以上 4 种药以及 TMP 在肌肉内的最高浓度分别为 2.1,6.1,24.4,32.6,99 $\mu g/mL$。说明乙酰化率的高低与药物在组织中的浓度大小有很大关系。

SMZ 在肝脏和和肾脏中浓度较低,该结果与王群等(2001)的研究结果一致。Zheng 等(1994)研究另一种磺胺药 SDM 在大鳞大马哈鱼体内代谢时,发现其乙酰化代谢物 N$_2$-Ac-SDM 在肝脏中的浓度比在其他组织中明显要高,认为肝脏是 SDM 乙酰化的主要场所;黄宗辉(2001)也指出肝脏是 SDM 乙酰化的主要场所;Samuelsen(1997)研究了 SDM 在大西洋鲑体内的代谢情况,结果显示 SDM 在血液,肌肉,肝脏,肾脏四种组织中浓度分别为 14.3,17.7,7.4 和 6.8 $\mu g/mL$,与本实验结果相似。他认为乙酰化是 SDM 在大西洋鲑体内代谢的主要途径,而肝脏是主要代谢器官。因此,SMZ 在肝脏和肾脏中浓度较低的原因亦可能与 SDM 相似。22℃±3℃ 水温下 SMZ 在血液中浓度较低,主要原因可能为: SMZ 的组织渗透性较好,导致血液中的药物浓度低于组织中,国内外学者已发现喹诺酮类药物具该特点。再加上较高温度下,SMZ 在血液中消除较快,导致浓度下降较快。另外,从本实验结果看,SMZ 在组织中代谢至一定浓度后,会长期保持在一个较低的浓度(小于 0.05 $\mu g/mL$)水平不易消除,该现象在除血液外的其他三种组织中均较明显。Zheng 等 (1994)发现 SDM 亦有该特点。

TMP 在肾脏中的浓度远高于其他 3 种组织,这可能与其主要通过肾脏排泄有关。Samuelsen 等报道,目前国外常使用的一种磺胺增效剂为 TMP 的类似物——甲藜嘧胺

(ormethoprim，OMP)，在 10℃±0.5℃水温条件下以 5 mg/kg 的剂量连续 5 d 口服给药，测得 OMP 在大西洋鲑血液和肾脏中的最高浓度之比分别为 1：92，说明该类药物易在肾组织中与 TMP 残留规律相似。

16℃±2℃水温下，停药 1 d 后 SMZ 和 TMP 在四种组织中的浓度分别为 15.9，13.2，3.6，2.3 μg/mL 和 9.9，5.6，8.27，23.2 μg/mL。与 22℃±1℃时相比，SMZ 的残留浓度稍高，主要是因为 SMZ 在较高温度下消除速度较快；TMP 在组织中的浓度较低，在肾脏中浓度差距尤为明显，原因可能是低温条件下 TMP 的吸收率较低。Harry 等(1990)也曾指出土霉素(Oxytetracycline，OTC)低温下的吸收率较低。

口服药物的主要吸收部位是肠，药物在小肠内有两种吸收方式：①被动扩散，主要指药物从高浓度向低浓度的小肠细胞内扩散透过，再进一步由高浓度的小肠细胞内扩散入血。②主动转运则是一个需要消耗能量的过程。某些化合物，如小肽类化合物，在小肠内可以通过载体自低浓度向高浓度区转运。胡一桥等(1994)研究了两组药物的肠转运速度与体系温度之间的关系。一组为被动转运化合物，如阿司匹林，另一组为主动转运化合物，如头孢菌素。实验中分别测定了这两组化合物在 37℃及 4℃时的肠转运速度。结果表明：化合物的肠转运速度随温度的下降而下降，两组化合物的转运速度受温度影响程度没有明显差异。说明温度对口服的吸收确有较大影响。

3.2 不同温度下复方新诺明在花鲈体内的消除规律

实验结果显示，22℃±3℃水温条件下，SMZ 和 TMP 在肌肉、血液、肝脏、肾脏四种组织中的 $t_{1/2\beta}$ 分别为 0.37，0.46，0.71，0.48 d 和 1.98，2.10，1.60，5.53 d；16℃±2℃下的分别为 0.72，0.95，1.91，1.12 d 和 3.48，3.92，3.43，7.8 d。对比两种药物在不同温度下的 $t_{1/2\beta}$，可看出：①SMZ 和 TMP 在组织中的消除情况差异明显，无论在较高温度还是在较低温度下，SMZ 的消除速度都远快于 TMP，尤其是在肾组织中差距最为明显。这与大部分关于磺胺药与其增效剂在鱼体内的代谢特点的研究结果相一致。例如：Samuelsen(1997)的研究显示 SDD 和 TMP 在大西洋鳙鲽的肌肉和肝脏中的 $t_{1/2\beta}$ 分别为 1.4d，2.0 d 和 4.2 d，4.7 d；他在 1997 年的另一项研究结果为：SDM 和 TMP 的类似物 OMP 在大西洋鲑血液、肌肉、肝脏、肾脏四种组织中的 $t_{1/2\beta}$ 分别为 0.63 d，0.62 d，2.6 d，2.0 和 2.6 d，6.9 d，3.9 d，17 d。对比两组数据可以发现，SDD 和 SDM 的消除速度均比其增效剂 TMP 或 OMP 快，说明磺胺药比其增效剂更易消除。②SMZ 和 TMP 在组织中的消除速度受温度影响明显，较高温度下消除速度明显快于低温下。而且，温度对 SMZ 的影响较大，因为 16℃±2℃下 SMZ 在四种组织中的 $t_{1/2\beta}$ 比 22℃±3℃下平均延长了 100% 以上，而 TMP 则平均延长了 80% 左右。Harry 等(1990)也报道了在 5℃，10℃，16℃水温条件下，以 75 mg/kg 剂量单次口服给药，测得土霉素在虹鳟肌肉和血液中的 $t_{1/2\beta}$ 分别为 8.9，6.1，4.8 d 和 8.8，5.9，5.1 d；并推断水温每上升 1℃，药物消除速率可增加 10%。说明了药物在鱼体内的消除速度受环境温度影响较大。

3.3 复方新诺明休药期的确定

根据中华人民共和国农业行业标准(NY5070—2002)，SMZ 在水产品中最高残留限量为 0.1 μg/mL。花鲈肌肉作为可食性组织，若以 0.1 μg/mL 为残留标准，则 SMZ 的休药期应为 6 d(22℃±3℃)和 8 d(16℃±2℃)。我国对 TMP 的残留标准并无明确规定，而其他国家对其残留量则有较严格的限制：欧盟规定 TMP 的最大残留标准为 0.05 μg/mL

(*Samuelsen et al*, 1997)。根据试验结果，TMP 在花鲈肌肉组织中浓度降至 0.05 μg/mL 所需时间分别为 30.2 d(22℃±3℃)和 26.1 d(16℃±2℃)。综合两种药的残留情况，建议花鲈在 22℃和16℃水温条件下口服复方新诺明的休药期应为 32 d 和 26 d。从结果来看，两种温度所对应的休药期似乎与温度越高药物消除速度越快的结论相悖。但事实上，温度升高不光能加快药物的消除速率，同时也会增大鱼体对药物的吸收率。在本实验中，TMP 的消除情况决定了休药期的长短，而试验结果表明，TMP 吸收率受温度的影响比其消除速率所受的影响更大，导致了较高温度下休药期较长。

近年来，各国对磺胺类药物残留限制越来越严格，美国 FDA 已规定磺胺嘧啶(SD)在动物可食性组织中不得检出(Ryuji,1988)，磺胺二甲嘧啶的最高残留量必须小于 0.01 μg/mL(Joseph,1993)。由于大部分磺胺药或复方制剂的休药期较长，本实验得出花鲈在 22℃和16℃水温条件下口服复方新诺明的休药期应为 32 d 和 26 d；Samuelsen 等(1997)报道10℃水温下，大西洋鲑口服 Romet[30](SDM/OMP＝5/1)后的休药期为 54 d；挪威官方规定 12℃以上大西洋鲑口服 Tribrissen(SD/TMP＝5/1)的休药期为 40 d(*Samuelsen et al.*,1997)。另外，还有一些磺胺药有较大毒性，Joel 报道了 SM$_2$ 可导致人类的甲状腺癌(Joel *et al.*,1988)。因此与其他抗菌药相比，磺胺类药物的使用将越来越受到限制。建议严格限制磺胺类药物的使用，由其他相对容易消除的药物如喹诺酮类等取代或使用中草药制剂等。

参考文献(略)

方星星，李健，王群，刘秀红. 中国水产科学研究院黄海水产研究所　山东青岛　266071

第九节　药物在虾体内的残留和消除

一、米诺沙星

喹诺酮类药物是近二十年来逐步开发使用的一类新型合成抗菌药物，抗菌谱广、高效、不易产生耐药性，能穿越细胞膜，抑杀细菌。米诺沙星(Miloxacin,MLX)又名米洛沙星，甲氧噁喹酸或二噁喹酮酸(Ueno *et al.*,1996)，化学名称为：5,8-二氢-5-甲氧基-8-氧-1,3-二噁茂-[4,5-g]喹啉-7-羧酸，分子式为 $C_{12}H_9NO_6$，属第二代喹诺酮类抗菌药物，在结构上与噁喹酸(Oxolinic acid,OA)相似，对革兰氏阴性菌和支原体有广谱的抗菌效力，用于多种水生生物，如鳗鲡、黄尾鱼(Yellow tail)等的细菌性病害防治，目前在国内外水产养殖业中大量使用，国外有关于米诺沙星在水产动物鳗鲡体内的药物代谢动力学等的报道(Ueno *et al.*,2001)，国内尚没有相关报道。本试验研究米诺沙星在中国对虾(*Penaeus chinensis*)体内的药代动力学及其在对虾养殖环境中的分布和消除，以期为米诺沙星在中国对虾养殖中的合理应用及环境安全提供理论依据。

1. 材料与方法

1.1 药品与试剂

米诺沙星标准品(德国 WITEGA,含量≥98%),米诺沙星原药(纯度≥95%),乙腈和甲醇为色谱纯;磷酸、三乙胺、二氯甲烷、正己烷、柠檬酸、磷酸氢二钠等均为分析纯。

1.2 实验动物

健康中国对虾,体重 13.79 ± 1.97 g,购于卓越养殖公司,试验前暂养 2 周,水温为 21~22℃,溶解氧(DO)浓度为 16 mg/L,盐度为 32,连续充氧。

1.3 给药与取样

米诺沙星以 2‰的比例与对虾粉料混合自制成粒径适合对虾摄食的颗粒饵料,日投喂量按虾体重的 1.5%投喂,即 30 mg/kg·d 的剂量连续投喂 5 d,每天投喂 4 次,然后投喂无米诺沙星药物的饵料。在投喂药饵前采集空白、血、淋巴、肌肉和肝胰腺,并分别在最后一次给药后的 0.083,0.5,1,2,4,8,12 h 和 1,1.5,2,3,4,5,6,8,12,16,20,24 d 采样点采集三种组织样品,每个采样点采集 10 尾对虾,其中用 1 mL 注射器采集对虾血淋巴 1 mL,同时取对虾的肝胰腺、肌肉组织,装入封口袋于−20℃保存备用。底泥样品的采集:在养殖对虾前采空白样品,在对虾养殖结束后,采集表面底泥、10 cm 处底泥及其混合全泥。设有 4 个平行。

水样的采集:在投药饵前采空白水样,于最后一次投药饵后第 0,1,3,6,9,12,24 d 采集水样,分距离表层水面 10 cm 处水样和距离底泥表面 10 cm 处水样。设有 4 个平行。

1.4 样品预处理与分析

(1)样品处理。

血淋巴处理:称取 0.50 g 血淋巴样品,加入 5 mL 的柠檬酸缓冲液,再加入 2.5 mL 的二氯甲烷提取液,漩涡混合仪剧烈混合 2 min,于 5000 rpm 离心 10 min,取下层溶液,40℃恒温水浴条件下 N_2 吹干,用 1 mL 流动相溶解,0.22 μm 滤膜过滤,滤液用于 HPLC 分析。

肌肉、肝胰腺组织样品的处理:准确称取 2.00 g 对虾肌肉或肝胰腺组织样品置 30 mL 塑料离心管中,加入 5 mL 的柠檬酸缓冲液(pH=3.0),再加入 10 mL 的二氯甲烷,12 000 rpm 匀浆 10 s,用 10 mL 二氯甲烷清洗刀头,合并提取液后振荡 2~3 min,静止 15 min后,5 000 rpm 离心 20 min,取下层液体,待用。残渣再重新提取一次,合并两次下层液体,然后在 40℃恒温水浴条件下 N_2 吹干,残留物用 1 mL 流动相溶解,1 mL 正己烷去脂肪,0.22 μm 滤膜过滤,滤液用于 HPLC 分析。记录峰面积,根据标准曲线计算得各组织中的米诺沙星含量。

水样的处理:取 10 mL 水样,12000 rpm 离心 10 min,0.22 μm 滤膜过滤,使 C_{18} 小柱浓缩,6 mL 甲醇和 8 mL 二氯甲烷活化,10 mL 溶液过柱后,用 10 mL 甲醇洗脱,然后在40℃恒温水浴条件下 N_2 吹干,残留物用 1 mL 流动相超声溶解,0.22 μm 滤膜过滤,滤液用于 HPLC 分析。

底泥的处理:称取 2 g 的底泥样品,加入 5 mL 提取液二氯甲烷,充分研磨搅拌,然后振荡 30 s,超声波超声 3 min,3000 rpm 离心 5 min,取出上层溶液后,剩余物再重复一遍,合并两次上层溶液,12000 rpm 离心 10 min,过 0.45 μm 滤膜后,使 C_{18} 小柱净化,6 mL 甲醇和 8 mL 二氯甲烷活化,上层溶液过柱后,用 10 mL 甲醇洗脱,然后在 40℃恒温水浴条件下 N_2 吹干,残留物用 1 mL 流动相超声溶解,0.22 μm 滤膜过滤,滤液用于 HPLC 分析。

(2)色谱条件。

色谱柱 Agilent TC-C_{18},4.6 mm×250 mm(i. d.),5 μm;流动相:0.01 mol/L 的磷酸溶液(三乙胺调 pH=3.0):乙腈=80:20(V/V);流速 1.0 mL/min;荧光检测器:激发波长 280 nm,发射波长 450 nm;柱温 30℃;进样量为 20 μL。

(3)标准曲线。

将配制的浓度为 5.00,2.00,1.00,0.50,0.20,0.10,0.05,0.02,0.01 μg/mL 米诺沙星的标准溶液,依次从低浓度到高浓度进行 HPLC 测定。以药物的峰面积为纵坐标,浓度为横坐标做标准曲线,进行回归分析,求出回归方程和相关系数及曲线估计标准误。

(4)回收率与方法精密度的测定。

回收率:一组取 0.01、0.1、1 μg/mL 三个水平的米诺沙星标准液浓度各 1 mL,加入 1 g 肌肉、肝胰脏和 1 mL 血淋巴三种空白组织中,每个浓度有两个平行,处理样品后进行 HPLC 测定;另一组为标准溶液经处理后进行 HPLC 测定。按照下列公式计算回收率:回收率=(处理前加入标准液样品的测定值/标准溶液的测定值)×100%。

精密度:取 0.01、0.1、1 μg/mL 三种不同浓度米诺沙星标准液,加入肌肉组织中,经处理后,制得的各浓度样品于 1 天内分别重复进样 3 次和连续 3 d 进样测定,计算各浓度水平响应值峰面积的变异系数($C \cdot V \cdot \%$)。

2. 实验结果

2.1 米诺沙星的色谱行为

在上述 HPLC 条件下检测了标准溶液中的含量。图 1 为米诺沙星在标准溶液中的分离色谱图。色谱图显示了米诺沙星药物及杂质能较好地分离,基线平稳,特异性强,重现性好,保留时间不超过 8 min。

2.2 米诺沙星的标准曲线及最低检测限

本试验建立了米诺沙星在浓度范围为 0.01~5.00 μg/mL 之间的标准曲线。回归方程为:$y=679.898x-7.055$,$R^2 \approx 1.000$。最低检测限为 0.01 μg/mL。

2.3 回收率及精密度

0.01、0.10、1.00 μg/mL 不同浓度米诺沙星标准液在肌肉、肝胰腺和血淋巴组织的回收率见表 1。平均回收率依次为肝胰腺>血淋巴>肌肉。

0.01、0.10、1.00 μg/mL 不同浓度米诺沙星标准液在肌肉组织中的日内精密度分别为 0.88%、0.78%、0.22%,平均日内精密度为 0.63±0.36%;日间精密度分别为 1.54%、4.10%、3.85%,平均日间精密度为 3.16±1.41%。

表 1　米诺沙星在各组织中的回收率

组织	回收率(%)	平均回收率(%)
肌肉	71.08	73.69
	73.89	
	76.10	
肝胰腺	78.43	81.67
	81.29	
	85.28	
血淋巴	78.12	78.66
	78.36	
	80.51	

注:上 0.01 $\mu g/mL$;中 0.10 $\mu g/mL$;下 1.00 $\mu g/mL$

2.4　米诺沙星在中国对虾体内的药物代谢动力学

米诺沙星在中国对虾不同组织中的代谢动力学结果见表 2。米诺沙星在肌肉和血淋巴中的浓度比较接近,而且较低,在 0.083 h 的采样点浓度分别为 1.718 $\mu g/g$ 和 1.437 $\mu g/g$,在肝胰脏中的浓度最高,约为肌肉和血淋巴中的 15~20 倍,随着时间的推移,药物在对虾组织中的浓度逐渐降低,肌肉组织在 4 d 时低于检测限,肝胰腺在 6 d 时低于检测限,血淋巴在 6 d 时的浓度仅为 0.011。将药物浓度—时间数据经 3P87 药代动力学软件处理所得参数如表 3 所示。根据最小 AiC 准则,以 30 mg/kg·d 的剂量连续投喂米诺沙星药饵,其在中国对虾体内的数据符合开放性权重一级吸收二室模型。米诺沙星在各组织中残留非房室模型的统计矩分析,见表 4。体内平均驻留时间(MRT)和平均驻留时间方差(VRT)依次为血淋巴>肌肉>肝胰腺。

表 2　米诺沙星各组织中的浓度残留　　　　　　　　　　　(单位:$\mu g/g$)

时间/h	肌肉	肝胰腺	血淋巴
0.083	1.718	27.568	1.437
0.5	0.997	16.927	1.241
1	0.886	16.573	1.156
2	0.739	15.588	0.700
4	0.624	12.756	0.541
8	0.467	8.134	0.293
12	0.505	5.566	0.251
24	0.199	2.946	0.128
36	0.059	1.532	0.051
48	0.013	0.479	0.028
72	0.013	0.283	0.016

（续表）

时间/h	肌肉	肝胰腺	血淋巴
96	0.007	0.051	0.022
120	ND	0.011	0.014
144	ND	0.006	0.011
192	ND	ND	ND

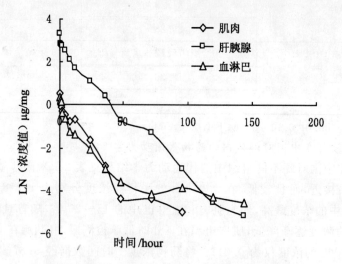

图1 米诺沙星在组织中的 LN(浓度值)—时间曲线

△:血淋巴；◇:肌肉；□:肝胰腺

表3 米诺沙星在各组织中的药代动力学参数

参数	单位	肌肉	肝胰腺	血淋巴
A	μg/g	1.400	22.000	1.084
α	1/h	3.442	0.182	0.552
B	μg/g	0.831	1.059	0.475
β	1/h	0.059	0.006	0.057
Ka	1/h	78.827	29.455	30.617
Lag time	h	−0.047	−0.006	0.006
$V/F(c)$	(mg/kg)/(μg/g)	138.259	13.097	195.016
$t_{1/2\alpha}$	h	0.201	3.804	1.256
$t_{1/2\beta}$	h	11.678	111.262	12.255
$t_{1/2}Ka$	h	0.009	0.026	0.023
$K21$	1/h	1.354	0.014	0.209
$K10$	1/h	0.151	0.079	0.149

（续表）

参数	单位	肌肉	肝胰腺	血淋巴
$K12$	1/h	1.997	0.095	0.250
AUC	(μg/g)*h	14.380	289.848	10.314
$CL(s)$	mg/kg/h/(μg/g)	20.863	1.035	29.088
$t(peak)$	h	0.042	0.197	0.148
$C(max)$	μg/g	1.965	22,157	1.453

表4　米诺沙星在各组织中残留非房室模型的统计矩分析

参数	单位	肌肉	肝胰腺	血淋巴
AUC(S0)	(μg/g)*h	14.333	256.220	12.467
AUMC(S1)		218.739	3788.907	426.483
MRT	h	15.261	14.788	34.210
VRT	h*h	358.058	275.545	3318.460

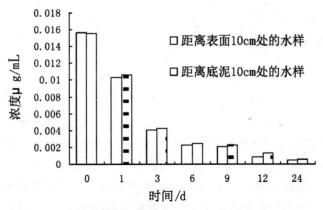

图2　米诺沙星在水体中的变化趋势

表5　米诺沙星在不同水层的含量

时间 d	距离表层水面 10 cm 处	距离底泥表面 10 cm 处
0.083	0.0156±0.0212	0.0155±0.0198
1	0.0103±0.0171	0.0106±0.0129
3	0.0041±0.0129	0.0043±0.0154
6	0.0023±0.0021	0.0025±0.0025
9	0.0021±0.0007	0.0023±0.0028
12	0.0009±0.0018	0.0013±0.0028
24	0.0005±0.0006	0.0005±0.0004

2.5　米诺沙星在水体中的残留

水样样品经前处理后进行 HPLC 分析,得出数据如表 5 所示。距离表层水面 10 cm 处和距离底泥表面 10 cm 处的水样样品中的米诺沙星含量随着时间的推移都逐渐下降。同一时期,距离表层水面 10 cm 处和距离底泥表面 10 cm 处的水样品中米诺沙星含量存在差别,但差异不明显。不同水层水样中米诺沙星含量与时间作曲线回归分析,相同的回归方程为:$Y=-0.0029 \cdot Ln(X)+0.0086$,$R^2$ 上层为 0.9613,底层为 0.9625(其中 X 为时间,Y 为浓度)。米诺沙星在水体中呈一定规律进行消除。米诺沙星在水体中的含量逐渐衰减,在停药 0.083 h 时,距离表层水面 10 cm 处和距离底泥表面 10 cm 处的药物浓度分别为 0.0156 $\mu g/mL$、0.0155 $\mu g/mL$;停药 1 d 时浓度分别为 0.0103 $\mu g/mL$、0.0106 $\mu g/mL$,衰减了 33.97%、31.61%;3、6、9、12 和 24 d 分别衰减了 60.19%、59.43%;43.90%、41.86%;8.69%、8.00%;57.14%、43.47% 和 44.44%、61.54%。除了 24 d 时表层水面的衰减率都大于底泥表面。在 3 d 时衰减率快于 1 d 时,3~9 d 衰减逐渐减慢,到 12 d 时,衰减率再一次加快。可能水中米诺沙星含量是相同的,但在水的上表面中的药物可见光加速其分解,消除速率比距池底 10 cm 处的水样快。

2.6　米诺沙星在底泥中的残留

最后采集的底泥经处理测定所得数据,表层底泥、10 cm 处和其混合的全泥中米诺沙星的含量分别为 0.0032±0.0005、0.0053±0.0027 和 0.0045±0.0015 $\mu g/g$。空白底泥样品中检测不到米诺沙星。底泥中的米诺沙星含量是水体中含量的 6~10 倍。从测定结果得出底泥对米诺沙星有吸附作用,米诺沙星有向底泥方向转移的趋势。

3.　讨论

3.1　米诺沙星在中国对虾养殖中的应用

喹诺酮类药物是近二十年来逐步开发使用的新型合成抗菌药物,具有抗菌谱广、高效、不易产生耐药性,能穿越细胞膜,抑杀细菌,毒副作用小,残留低,排泄快,对机体几乎无损害等特点。虾类病原菌多为革兰氏阴性菌,喹诺酮类药物对革兰氏阴性菌有很强的抑杀作用,故此类药物适用于绝大多数细菌性虾类疾病。米诺沙星属第二代喹诺酮类药物,在体内抗大肠杆菌(*Escherichia coli*)、肺炎杆菌(*Klebsiella pneumoniae*)、变形杆菌(*Proteus mirabilis* 和 *Proteus vulgaris*)、沙雷氏菌(*Serratia marcescens*)的活性与噁喹酸相当,是萘啶酸的 2~4 倍;在体外,米诺沙星的抗菌活性与噁喹酸相当,是萘啶酸的 8~16 倍。在本试验中,米诺沙星直到第 24 h 时还保持在最小抑菌浓度(对于 *Edward siellatarda*,0.1 $\mu g/mL$;Ito,1978)以上。在国外已经应用到水产动物细菌性疾病的防治中,如养殖鳗鲡,目前米诺沙星尚未在中国对虾养殖中应用。本试验通过米诺沙星在中国对虾体内的药动学特征参数的研究,以 30 mg/kg 的剂量药饵投喂,米诺沙星在中国对虾体内吸收迅速,体内分布广泛,在各组织中的药物浓度较高,其中,肌肉中药物浓度稍低,药物浓度峰值为 1.400 $\mu g/g$,但仍能保持在最小抑菌浓度之上,血淋巴中药物浓度最低,峰值为 1.084 $\mu g/g$,第 24 h 内血药浓度保持在最小抑菌浓度以上。结合药效学和药动学结果可以预测,以 30 mg/kg 的口服投喂药饵,米诺沙星对中国对虾细菌抗感染的防治效果应是比较好的。按传统方法来确定给药方案,则应保证多剂量给药后最低稳态浓度在最小抑菌浓度之上。根据本试验参数,中国对虾口服米诺沙星药饵合适的给药方案应为每天 30

mg/kg 虾体重的剂量,连续服用 5 天,每天给药 4 次。本试验避免盲目用药,提高疗效,不仅可以节约治疗成本,而且可以减少药物残留,避免水体、底泥和对虾体内的细菌产生耐药性,保护环境,合理用药,为水产养殖健康发展提供理论依据。

3.2 米诺沙星在对虾养殖环境中的转移

米诺沙星通过药饵的形式进入养殖环境中,对虾摄食了绝大部分的米诺沙星药物,其余一小部分,随没有被摄食的饵料及对虾代谢排出的原型及活性代谢产物暴露在对虾养殖环境中。米诺沙星残留在水体中和底泥中的药物量是非常痕量的,在第 24 时平均分别为 0.0005 μg/mL、0.0045 μg/g。养殖场水样中和底泥中的诺氟沙星残留浓度分别 6.06 μg/L、2615.96 mg/kg;污水处理厂氧氟沙星的残留浓度为 0.205~0.305 μg/L。在环境药物动力学(Enviro-pharmacokinetics)的研究指出大部分喹诺酮类抗菌剂的主要部分没经过变化就被排泄到了环境中,如有 83.7% 的环丙沙星被排到尿液中。4-喹诺酮类抗菌剂在环境中的归宿还没有被广泛研究,少数的研究表明常用的 4-喹诺酮类,如氟甲喹、噁喹酸、诺氟沙星、环丙沙星、恩诺沙星和沙拉沙星在环境中相当稳定。

抗菌剂本身的性质决定了它对微生物群落结构的影响不可忽视。抗菌剂在药物设计时主要是针对人体和动物体内的病原性致病菌,这就使其必然也对人体和环境中其他有机体产生潜在健康威胁。水产养殖业中抗生素的大量使用,是抗生素进入水环境的一个重要途径。喹诺酮类抗菌剂在水产养殖中被广泛使用,常用的给药途径包括饵料口服或药浴浸泡。在抗菌剂使用过程中未被水产养殖生物吸收的以及随粪便排泄的抗生素最终汇入水体或随悬浮物沉降汇集于沉积物底部。近年来公布的数据表明,水产养殖业使用的抗生素仅有 20%~30% 被鱼类吸收,70%~80% 进入水环境中。绝大多数抗生素属水溶性,90% 通过尿液排出体外,75% 随粪便排泄。因此,抗菌素对水环境的污染首当其冲。然而,直到 20 世纪 90 年代末,才开始比较系统地调查、研究水环境中抗菌素的残留和污染问题。

喹诺酮类抗菌剂作为水产养殖中重要的抗菌性药物具有不可替代的作用,本试验研究了第二代喹诺酮药物米诺沙星在中国对虾水环境和底泥中的分布和转移,为防止或延缓其耐药性的产生,在实际生产中科学合理用药,减少环境中药物残留,提供了科学依据。

参考文献(略)

李娜.上海水产大学生命科学与技术学院 上海 200090

李娜,李健,王群.中国水产科学研究院黄海水产研究所 山东青岛 266071

二、诺氟沙星

诺氟沙星(Norfloxacin,NFLX)是氟喹诺酮类药物之一,具有抗菌谱广,抗菌力强,无交叉耐药性等特点(郭惠元,1989;Vancutsem *et al*.,1990)。在水产上主要应用于鱼、虾、蟹、鳖等水产养殖动物的弧菌、嗜水气单孢菌、柱状杆菌、爱德华氏菌等引起的出血、烂鳃、肠炎、腹水、败血等细菌疾病(杨先乐等,2004)。何平等(2008)研究了诺氟沙星在淡水青虾体内的药代动力学特征;陈文银等(1997)研究了诺氟沙星在中华鳖体内的药代动力学;张雅斌等(2000)研究了诺氟沙星不同给药方式下的在鲤鱼中的药代特征;房文红等(2003)研究了诺氟沙星在斑节对虾血淋巴中的药代特征及两种给药方式下诺氟沙星在凡纳滨对虾体内的转运和消除规律（房文红等，2004）。诺氟沙星在人类疾病防治上也被临床广泛应用，成为治疗感染性疾病的重要药物。但此类药物在食品动物中的残留会引起人类病原菌对其产生耐药性，它产生的毒副作用还会对人体产生直接的危害，如对肝代谢有干扰作用，而且还破坏和减少体内红细胞、白细胞的数目，因而其在可食性动物组织中的残留问题已经日益引起人们的关注。目前，有关 NFLX 在中国对虾（*Fenneropenaeus chinensis*）体内的残留研究国内外尚未见报道，并且同一种药物在不同给药方式下其残留特征也有所差别。本实验模拟实际养殖条件，研究了药浴给药和药饵给药两种方式下 NFLX 在中国对虾组织中的残留及消除状况，为制定合理的休药期以及临床用药提供了理论依据。

1. 材料与方法

1.1 药品与试剂

诺氟沙星标准品（99.5%）；诺氟沙星原粉（纯度为 94.78%）；乙腈和甲醇，色谱纯；磷酸，三乙胺，正己烷，均为分析纯。

1.2 实验动物

健康中国对虾，平均体重 17.34±1.00 g，平均体长 11.81±0.60 cm，购于胶州宝荣水产科技有限公司。试验前暂养 2 周，投喂不含任何药物的配合饲料，海水取自宝荣水产科技有限公司养殖用水，水温 28±1℃，盐度为 18，连续充氧。

1.3 给药与取样

健康中国对虾 360 尾，随机分在 36 个 200 L 的桶里，药浴和药饵各 18 桶，每桶 10 尾，连续充气，暂养 2 周后用于实验。药饵给药：30 mg/kg·bw 药饵连续投喂 5 d，每天投喂 4 次；5 d 后投喂空白饵料；药浴给药：10 mg/L 药浴 5 d。给药期间不换水，分别在 0.5、2、4、6、9、12、24、48、96、144、216、288、384 h 取血、肌肉、肝胰腺、鳃组织，每一个时间点随机取 6 尾虾用于药物分析。另取未给药的中国对虾作空白对照。全部样品－20℃冷冻保存，用于药物分析。

1.4 样品预处理与分析

（1）样品处理。

准确称取 1 g 组织，置于 50 mL 离心管中，加入 2 mL 乙腈，用高速分散器匀散，再用 2 mL 乙腈清洗刀头，合并两次提取液，于振荡器上振荡 30 s，静置 2 h，然后 5000 r/min 离心 10 min，吸取全部上清液；在 40℃恒温水浴下氮气吹干，残留物用 1 mL 流动相溶解，加入 2 mL 正己烷去脂肪，下层过 0.22 μm 滤膜，过滤后的液体进行高效液相色谱测定。

（2）色谱条件。

Agilent TC-C_{18}（5 μm，250 mm×4.6 mm，I.D）；流动相：乙腈：0.01 mol/L 的磷酸溶液（三乙胺调节至 pH 3.42）＝16：84（V/V）；流速，1.0 mL/min；荧光检测器，激发波长 280 nm，发射波长 450 nm；柱温，30℃；手动进样量，20 μL。

（3）标准曲线。

将配置的浓度为 0.01、0.02、0.05、0.1、0.2、0.5、1、2、5 μg/mL 诺氟沙星标准溶液，依次从低浓度到高浓度进行 HPLC 测定。用荧光检测器检测，记录其峰面积。以诺氟沙星浓度为横坐标（x），峰面积为纵坐标（y）制作标准曲线，进行回归分析，并求出回归方程和相关系数及曲线估计标准误差。

（4）回收率及精密度。

回收率：一组取 0.1、0.5、1、5 μg/mL 四个水平的诺氟沙星标准液浓度各 1 mL，分别加入 1 g 肌肉、肝胰脏、鳃和 1 mL 血淋巴四种空白组织中，每个浓度有 3 个平行，处理样品后进行 HPLC 测定；另一组为标准溶液经处理后进行 HPLC 测定。按照公式计算回收率。回收率＝（处理前加入标准液样品的测定值/标准溶液的测定值）×100％。

精密度：取 0.1、0.5、1、5 μg/mL 不同浓度诺氟沙星标准液，分别加入 4 种组织中，经处理后，制得的各浓度样品于 1 d 内分别重复进样 5 次和连续进样 5 d 测定，计算各浓度水平响应值峰面积的变异系数 C・V。

2. 实验结果

2.1　检测方法

标准溶液在 0.01～5 μg/mL 浓度范围内具有良好的相关性，线性回归方程 $y=908.26x+15.67, R^2=0.9999$。本方法的最低检测限为 0.01 μg/mL。回收率如表 1 所示，按照精密度测定方法操作，测得 4 种组织中 0.01 μg・mL^{-1}，0.05 μg・mL^{-1}，1 μg・mL^{-1}，5 μg・mL^{-1} 4 个浓度水平的日内精密度为 2.37±1.21％～3.78±1.25％，日间精密度为 3.46±1.51％～4.08±1.63％。

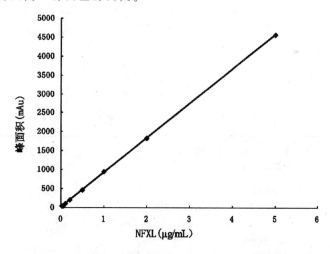

图 1　荧光检测器所检测的峰面积与 NFLX 浓度的关系

表 1　诺氟沙星在肝胰腺、肌肉、血淋巴、鳃 4 种组织中的回收率

浓度（μg・mL^{-1}）	回收率（$\overline{X}$±SD）％			
	肝胰腺	肌肉	血淋巴	鳃
0.01	99.64±1.08	89.74±2.74	91.3±3.55	92.37±3.35
0.05	99.96±3.66	98.79±4.73	99.95±5.42	99.65±2.56
1	77.46±3.84	72.54±1.22	90.32±1.79	82.04±3.12
5	82.35±3.91	72.82±4.54	88.31±3.26	79.26±3.26

2.2 两种给药方式下诺氟沙星在组织中的分布及残留

两种给药方式下,药物在血淋巴和各组织中的分布如图 2 所示,可以看出药物在血淋巴和肝脏、肌肉、鳃组织中的分布较广泛,但在同时间点里,肝脏中的药物浓度显著高于其他组织。给药后 48 h 除肝脏外,其他组织检出微量残留或未检出残留,给药 144 h 后各组织均未检测到药物。

图 2b 中可以看出,药浴给药方式下,鳃中药物浓度在 4 h 达到药峰 0.129 $\mu g \cdot g^{-1}$,6 h 后开始下降,在 48 h 消除到 0;给药 384 h 后各组织均未检测到药物;而药饵给药方式下,鳃中药物浓度在 2 h 达到高峰 0.028 $\mu g \cdot g^{-1}$,随后开始下降,12 h 后几乎检测不出。

图 2c 中可以看出,药浴给药方式下,血淋巴中诺氟沙星表现为 2 个药峰,分别在 4 h 和 24 h,药物浓度分别为 0.21 $\mu g \cdot mL^{-1}$ 和 0.075 $\mu g \cdot mL^{-1}$;而药饵给药方式下,血淋巴中诺氟沙星也分别在 4 h 和 24 h 表现出 2 个药峰,药物浓度分别为 0.11 $\mu g \cdot mL^{-1}$ 和 0.06 $\mu g \cdot mL^{-1}$。从给药后血药浓度—时间变化曲线来看,在 2 种给药方式下,中国对虾血药浓度的变化趋势基本一致。但是,诺氟沙星药浴给药比药饵给药吸收程度好。

图 2 d 可以看出,药浴给药下,肝胰腺中药物浓度在 9 h 到达药峰,浓度为 1.361 $\mu g \cdot g^{-1}$,12 h 后迅速下降;而药饵给药下,肝胰腺药物浓度首先呈上升趋势,4 h 就到达药峰为 0.744 $\mu g \cdot g^{-1}$,在随后几个小时肝胰腺中浓度相差不大,24 h 开始下降。

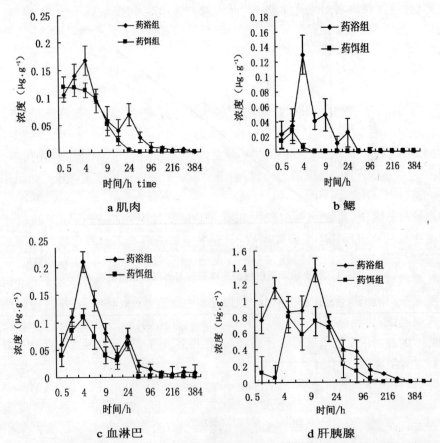

图 2 中国对虾药饵给药(30 mg·kg⁻¹)和药浴给药(10 mg·L⁻¹)诺氟沙星后各组织的浓度-时间关系曲线

2.3　两种给药方式下诺氟沙星在中国对虾体内的消除

给药 9 h 后,药浴给药肌肉中诺氟沙星浓度高于药饵给药,但随后各采样点肌肉中诺氟沙星浓度均低于水产品诺氟沙星的残留限量 50 μg·kg^{-1}。但肝胰腺和鳃中诺氟沙星在不同给药方式下相差较大。药浴给药下,鳃和肝胰腺中药物浓度明显高于药饵给药下鳃和肝胰腺中药物浓度,且药浴给药下肝胰腺中药物浓度达峰时间滞后 5 h。

中国对虾经两种给药方式给药后,数据经回归处理得到血淋巴和肝胰腺、肌肉中药物浓度(C)与时间(t)的关系的消除曲线方程、相关指数(R^2)及消除半衰期($t_{1/2}$)见表 2。

表 2　中国对虾药浴给药和药饵给药后 3 种组织中诺氟沙星消除方程及消除参数

	药浴给药组			药饵给药组		
	消除方程	消除半衰期	相关系数	消除方程	消除半衰期	相关系数
肝胰腺	$C=2.432e^{-0.5569t}$	29.87 h	$R^2=0.9748$	$C=2.2282e^{-0.5077t}$	32.75 h	$R^2=0.7839$
肌肉	$C=0.2449e^{-0.4138t}$	40.19 h	$R^2=0.9172$	$C=0.4066e^{-0.5364t}$	31.01 h	$R^2=0.7555$
血淋巴	$C=0.2466e^{-0.7166t}$	23.21 h	$R^2=0.8383$	$C=0.1995e^{-0.7648t}$	21.74 h	$R^2=0.9738$

3. 讨论

3.1　两种给药方式下诺氟沙星在中国对虾体内的转运途径

药饵给药方式下,对虾肝胰脏中的药物浓度在 4 h 时较高可能是诺氟沙星在中国对虾体内的"首过效应",房文红等(2004)和刘玉林等(2007)对此也有相关的报道。对高等动物而言,口服给药时药物主要先通过胃肠黏膜及毛细血管,然后首先进入肝门静脉,通过肝脏后才能进入血液循环(林志彬等,1998)。4 h 达到最高浓度后,药物浓度开始下降,到 9 h 又达到一个峰值,即肝脏中出现了药物重吸收现象,出现这种原因可能是"肝胆循环"所致。与本实验中药饵给药肝胰脏中药物浓度高的相关报道有美洲龙虾血窦内注射(Barron *et al.*,1988;James *et al.*,1988),美洲龙虾(James *et al.*,1988)和凡纳滨对虾口服ormetoprim(OMP)(Park *et al.*,1995),均表现出肝胰脏中药物浓度高出其他组织的几十倍甚至上百倍。

药浴给药方式下,检测到各组织中都有大量诺氟沙星存在,推测诺氟沙星可经鳃吸收。鳃是中国对虾进行气体交换的场所,具有丰富的毛细血管。当药物经鳃进入对虾体内后,随着血液循环进入其他组织和器官。对于鳃对物质的吸收现象,其他文献也有报道。刘长发等(2000;2001)研究报道了金鱼鳃对铅和镉的吸收过程,研究结果表明当铅或镉颗粒随水流经过鳃表面时,部分水铝矿颗粒吸附在鳃丝表面黏液上,铅或镉以载体转运方式进入鳃组织,再转移到血液。药物经鳃进入对虾体内,经过血液循环进入肝胰腺,对虾肝胰脏中的药物浓度在 9 h 时才达高峰,因此药浴给药方式下肝胰腺中药物达峰时间比药饵给药方式下滞后。

3.2　诺氟沙星在中国对虾组织中的残留及消除规律

诺氟沙星在中国对虾体内经药浴给药和药饵给药后,组织中的药物浓度显著高于血液中的浓度。而肝胰腺不仅是水产动物的解毒器官又是排泄器官,所以成为水生生物体内渔药残留的主要部位(李美同等,1997;朱秋华等,2001)。药浴给药方式下,肝脏与血液中的药物浓度比最高值为 10.45∶1;药饵给药方式下,肝脏与血液中的药物浓度比最高值为 7.2 : 1,说明该药物在体内的穿透力极强,广泛分布于各组织中。组织中的药物浓度较高,可用于全身及深部组织感染的治疗。水产动物的种属(杨先乐等,2003;方星星等,2003)、性别(Ho *et al*.,1999)、水温(Martinsen *et al*.,1994)、给药方式(张雅斌等,2000)、给药剂量(Ho *et al*.,1999;Martinsen *et al*.,1994)都会影响氟喹诺酮类药物的消除。给药途径不同主要影响生物利用度和药效出现的快慢。研究表明,药物的吸收速度受到给药途径的影响,一般由快到慢依次为:静脉注射、肌肉注射、皮下注射、口服、药浴。郭锦朱和廖一久(1996)比较了不同给药方式下带点石斑鱼(*Epinephelis*)对氟甲喹的吸收、分布和消除发现,药饵方式给药生物利用度比药浴方式高得多,分别为 44% 和 9%。Malwisi等对鲤诺氟沙星药动学比较研究也指出,诺氟沙星口灌比肌注和混饲吸收程度都要好,混饲给药吸收速度较慢且生物利用也低。本文研究发现,诺氟沙星药浴给药与药饵给药相比,在体内残留量大,消除时间长。这种现象可能与对虾对药饵没有完全摄入有关或者药饵一部分溶于水体,也可能与连续药浴时鳃的吸收作用有关;再者就是药浴给药剂量是推荐剂量的 2.5 倍,而药饵给药剂量按照推荐剂量给药,两种给药方式给药剂量与推荐剂量相比,药浴给药剂量更大。

3.3 两种给药方式下血药浓度出现"双峰"现象

本研究在两种给药方式下,中国对虾的血药—浓度关系曲线出现两个药物浓度峰,称为"双峰"现象。该现象与南美白对虾(房文红等,2006)、凡纳滨对虾(房文红等,2004)血淋巴的研究结果一致。关于药物吸收出现双峰或多峰现象及其机制的研究在兔、鼠等其他动物已有报道(周怀梧等,1992;陈淑娟,2001),这可能与肝肠循环、胃肠循环、吸收速率等有关(顾培德,1996)。药物药—时曲线第二峰的出现,相当于一次"自体给药"的过程,势必影响药物作用强度及消除过程(林武等,1991),但对于产生机理的探讨有待继续研究。在制订临床给药方案时,应注意"双峰现象"的影响。

3.4 休药期的制定

目前,欧盟、美国禁止诺氟沙星用于食品动物,我国尚未见禁止 NFLX 在食品动物中使用的报道。欧盟对氟喹诺酮类药物(恩诺沙星、环丙沙星、单诺沙星)在食品动物中最高残留限量(MRL)的规定:在肌肉组织中为 $100\ \mu g \cdot kg^{-1}$,在肝脏和肾脏组织中为 $200\ \mu g \cdot kg^{-1}$,在有关家禽及猪组织中 NFLX 的 MRL 为: $50\ \mu g \cdot kg^{-1}$,NFLX 在水产品中的MRL 尚未确定,因此本实验中 NFLX 的 MRL 暂以 $50\ \mu g \cdot kg^{-1}$ 为标准。在温度 $28 \pm 1\ ℃$条件下,中国对虾经药饵给药 $30\ mg \cdot kg^{-1}$ 和药浴给药 $10\ mg \cdot L^{-1}$ 后,要想降到 $50\ \mu g \cdot kg^{-1}$ 的残留限量,NFLX 在对虾肌肉中的休药期分别不得低于 3.90 d 和 3.84 d。由于温度对药物残留的影响非常大,随着温度的升高,药物在水产动物体内的代谢速度加快,药物残留量低。Ellis 等研究表明,温度升高 $1\ ℃$,药物代谢速度增加 10%。由于药物在动物体内的消除受许多因素的影响,因此关于休药期的制定应多方面考虑。本实验条件下所制定的休药期适应于本实验的条件,当条件有所区别时,本休药期仅作参考。

参考文献(略)

孙铭,王静凤.中国海洋大学食品科学与工程学院　　山东青岛　　266003

孙铭,李健,张喆.中国水产科学研究院黄海水产研究所　　山东青岛　　266071

三、诺氟沙星

诺氟沙星又名力醇罗、氟哌酸、淋克星,是氟喹诺酮类药物代表之一,因为分子的基本结构中引入疏水性的氟原子及亲水性的吡嗪环,使其抗菌活性得到增强,与早期喹诺酮类药物相比,细菌耐药性也降低了。诺氟沙星抗菌活性在于它可作用于细菌的 DNA 旋转酶,干扰 DNA 复制等。由于该药抗菌谱广、抗菌力强、体内分布广、安全性高、价格低廉,已被广泛应用于人医、兽医临床,而且在防治水产养殖动物细菌性感染症中也已有应用。

脊尾白虾(*Exopalamon carincauda Holthuis*)又称白虾、迎春虾,属于甲壳纲、十足目、游泳亚目、真虾族、长臂虾科、长臂虾属、白虾亚属,栖息于泥沙底之近岸浅海或河口附近,我国沿海均有分布,北方以黄海、渤海产量最高。具有繁殖能力强、生长速度快、生长季节长和环境适应性广等优点。本试验将以诺氟沙星为试验药物,比较药浴与拌饵投喂两种给药方式情况下,诺氟沙星在脊尾白虾体内的消除和残留规律,以期指导生产实践中的合理用药。

1. 材料与方法

1.1 药品和试剂

诺氟沙星(Norfloxacin,NFLX)标准品,购自 Sigma 公司(批号:70458-96-7,含量≥98%);诺氟沙星原粉由武汉刚正生物科技有限公司提供(含量 94.78%);磷酸(AR),浓度 75%,莱阳化工试验厂;正己烷(AR),莱阳化工研究所;三乙胺(AR),莱阳化工研究所;乙腈(HPLC),德国 Merck 公司;甲醇(HPLC),德国 Merck 公司;

1.2 实验动物

健康脊尾白虾,体重 4.8±0.5 g,饲养于中国水产科学研究院黄海水产研究所仓库内。水温 20±0.6℃,盐度 30,pH 8.0,充气培养、日换水 1/2,试验前检测无药物残留,暂养 1 周,投喂对虾专用配合饲料。

1.3 给药及采样

(1) 药浴给药。

试验在 4 个容积为 200 L 的桶内进行(桶内实装水 150 L),3 个桶为试验桶,一个为空白对照。试验组以 20 mg/L 的浓度药浴 10 天,在药浴结束后的 0.5,2,5,8;12,24,60,120,192,288 h 取样。每次 5 只脊尾白虾,处理后将肌肉和肝胰腺置于−20℃冰箱保存待用。

(2) 拌饵投喂。

试验在 4 个容积为 200 L 的桶内进行,3 个桶为试验桶,一个为空白对照。试验组投喂事先做好的含量为 50 mg/g 的人工配合饵料,每天早晚各投喂一次,每天投喂量为每桶按照脊尾白虾每千克体质量摄食量 20 克计算来配制诺氟沙星药饵,投喂 10 天,在投喂结束后的 0.5,2,5,8,12,24,60,120,192,288 h 取样。每次 5 只脊尾白虾,处理后将肌肉和肝胰腺置于−20℃冰箱保存待用。

药饵组成含有鱼粉、柔鱼粉和 α-淀粉等,添加诺氟沙星以达到药物含量为 50 g/kg(诺氟沙星/饵料)。所有成分混合后,加入 12%青蛤匀浆和 5%的水,搅拌至手捏成团,于电动搅肉机挤压成型。90℃下烘干 2 h,密封保存待用。

1.4 样品处理与分析

（1）样品预处理。

将事先取好的样品置于室温自然解冻后准确称取 1 g 组织，置于 50 mL 离心管中，加入 2 mL 乙腈，用组织匀浆机匀浆 30 s，再用 2 mL 乙腈清洗刀头，合并两次提取液，震荡 30 s 后静置 2 h。以 5000 r/min 的转速离心 10 min，吸取上清液，在氮吹仪内 40℃恒温水浴条件下氮气吹干，用 1 mL 流动相溶解掉残留物，加入 2 mL 正己烷去脂肪，下层液体通过 0.22 μm 滤膜，过滤后的液体即可进行 HPLC 测定。

（2）色谱条件。

柱子：Agilent TC-C18(5 μm，250 mm×4.6 mm，ID)；流动相：乙腈：0.01 mol/L 磷酸溶液＝16：84；流速 1.0 mL/min；荧光检测器激发波长为 280 nm，发射波长为 450 nm；柱温 30℃。手动进样量为 20 μL。

（3）标准曲线。

配置 0.01、0.05、0.1、0.5、1、2、10、20 μg/mL 的诺氟沙星标准溶液，从低浓度到高浓度进行 HPLC 测定。记录其峰面积，以诺氟沙星浓度为横坐标(x)峰面积为纵坐标(y)制作标准曲线。进行回归分析，求出回归方程和相关系数。最低检测限参照刘玉林等(2007)的方法确定。

（4）方法确证。

回收率：取浓度为 0.01、0.05、0.1、0.5、1、2、10、20 μg/mL 的标准溶液加入到 1 g 空白组织或 1 mL 空白血浆中，然后按"样品前期处理"的方法处理后测定，每个浓度设 3 个重复，测得各样品峰面积按标准曲线方程计算浓度，然后与理论浓度相比较。

$$回收率=\frac{样品实测药物浓度}{样品理论药物浓度}\times100\%$$

精密度：取 0.05、0.1、1、10、20 μg/mL 不同浓度诺氟沙星标准液加入空白组织内，按照样品处理方法处理。制得的各浓度样品于 1 d 内分别重复进样 5 次和连续进样 5 d 测定，计算各浓度水平响应值峰面积的变异系数，以此衡量定量方法的精密度。

2. 实验结果

2.1 检测方法

标准溶液在 0.05 至 50 μg/mL 浓度范围内具有良好的相关性，线性回归方程为 $y=1040.6x+24.69$，$R^2=0.9999$。本方法最低检测限为 0.005 μg/mL。本试验条件下，在 0.05～20.00 μg/mL 浓度范围内，诺氟沙星在肌肉和肝胰腺中的回收率为分别 80.21%～91.58%和 81.96%～93.88%，如表 1 所示；日内变异系数为 2.46%～4.24%，日间变异系数为 3.35%～5.21%。

回收率和变异系数是决定测定方法准确性和可靠性的重要依据，回收率不应低于 70%，日内和日间变异系数应控制在 10%以内。本试验回收率高，变异系数小，符合生物测定方法要求。

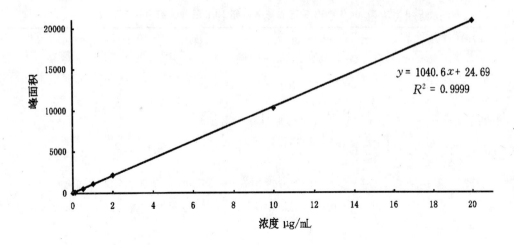

图 1 诺氟沙星标准曲线

表 1 恩诺沙星在肌肉和肝胰腺中的回收率

浓度（µg/mL）	回收率（%）	
	肌肉	肝胰腺
0.01	86.41±1.35	90.67±3.21
0.05	83.01±2.80	85.31±3.42
0.1	81.91±1.10	82.25±1.29
0.5	88.05±3.53	91.78±1.66
1	87.33±2.85	84.48±3.20
2	85.48±1.88	87.53±2.68
10	87.08±1.03	90.04±1.88
20	86.49±2.83	89.93±2.16

表 2 肌肉和肝胰腺中诺氟沙星的变异系数

变异系数 $C \cdot V \cdot \%$	肌肉	肝胰脏
日内变异系数	3.57±0.67	3.29±0.83
日间变异系数	4.35±0.86	4.26±0.91

2.2 两种给药模式下诺氟沙星在脊尾白虾体内的消除

脊尾白虾在药浴和口服给药情况后,其药物消除浓度见表 3 和表 4,消除曲线方程及参数见表 5 和表 6。消除曲线见图 2 和 3。

表 3　以 20 mg/L NFLX 药浴脊尾白虾 10 d 后各组织中药物浓度

时间(h)	肌肉(μg/g)	肝胰腺(μg/g)
0.5	4.234±0.286	6.883±0.275
2	3.583±0.247	6.029±0.174
5	2.967±0.301	4.943±0.173
8	2.017±0.242	3.916±0.125
12	1.402±0.250	2.489±0.137
24	0.545±0.265	1.502±0.154
60	0.116±0.057	0.981±0.011
120	0.075±0.017	0.452±0.012
192	0.022±0.009	0.121±0.003
288	ND	ND

ND 为未检出。

表 4　以 50 mg/g NFLX 口服脊尾白虾 10 d 后各组织中药物浓度

时间(h)	肌肉(μg/g)	肝胰腺(μg/g)
0.5	4.855±0.245	7.329±0.374
2	3.834±0.236	6.383±0.286
5	2.867±0.261	4.943±0.273
8	2.017±0.432	3.006±0.215
12	1.652±0.350	1.839±0.167
24	0.681±0.295	0.927±0.187
48	0.236±0.047	0.301±0.031
72	0.093±0.021	0.113±0.028
120	0.019±0.005	0.025±0.004
288	ND	ND

表 5　药浴模式下诺氟沙星在脊尾白虾体内的消除曲线方程及参数

组织	消除曲线方程	$t_{1/2\beta}$(h)
肌肉	$C=2.2055e^{-0.027t}$	25.67
肝胰腺	$C=4.4017e^{-0.0195t}$	35.54

表6 口服模式下诺氟沙星在脊尾白虾体内的消除曲线方程及参数

组织	消除曲线方程	$t_{1/2\beta}$(h)
肌肉	$C=2.6102e^{-0.0274t}$	25.29
肝胰腺	$C=4.7585e^{-0.0192t}$	36.10

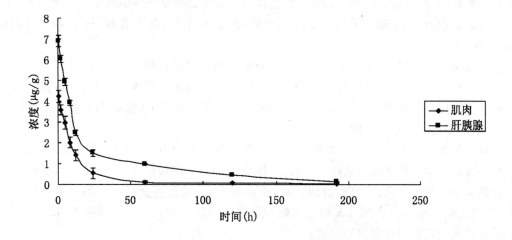

图2 药浴给药模式下诺氟沙星在脊尾白虾体内的消除

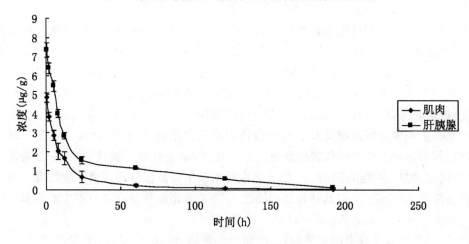

图3 口服给药模式下诺氟沙星在脊尾白虾体内的消除

3. 讨论

诺氟沙星在脊尾白虾体内的消除速率要慢于大部分的禽畜类,而和水生生物速率较为接近,消除较慢。之所以会产生这样的现象主要有两个原因,首先水生生物所处的环境温度较低,而有研究表明,温度变化1℃,药物代谢速度变化10%,在这样的环境下,药物代谢和消除的时间都会有所增加。第二则是因为喹诺酮类药物与骨中的二价离子和皮肤中的黑色素有亲和性(Steffenak *et al.*,1991),这两种组织可作为生物体内残留药物的储存组织,并在停药后很长一段时间内慢慢释放到其他组织中(Martinsen *et al.*,1994),关于这一点已在大西洋鲑、虹鳟(沙拉沙星)(Martinsen et al.,1994),及海鲷(氟甲喹)(Malwisi et al.,1997)等得到类似结果。

不同组织间的 $t_{1/2\beta}$ 差异较大。诺氟沙星在药浴时肌肉和肝胰腺的 $t_{1/2\beta}$ 分别是 25.67 和 35.54 h,口服给药则是 25.29 和 36.10 h,相差在 10 h 左右,而且对比药物浓度也可看出,肝胰腺内的含量显著高于肌肉中,因此可以推断出肝胰腺为诺氟沙星在脊尾白虾体内的一个贮藏器官。这点在中国对虾类似,恩诺沙星在中国对虾成体肌肉中 $t_{1/2\beta}$(约 19.7 h)短于肝胰脏中 $t_{1/2\beta}$(约 52.7 h)。因此不同的物种、个体以及药物本身都会对药物半衰期有所影响。

对比两种给药模式,不论是消除半衰期和消除曲线都没有很大的区别,说明在本试验条件下,两种给药模式对诺氟沙星在脊尾白虾体内的消除没有很大的影响,分析原因为两种模式下脊尾白虾在试验期间摄入的药物含量都接近饱和,因此在后期消除条件相同的情况下,消除速度是很接近的。

休药期是根据药物允许残留量及药物在食用组织中的消除速度来确定的,NFLX 即是按一级动力学过程从体内消除的,由此可推算消除至一定残留水平所需时间,对确定临床休药期具有重要意义。中华人民共和国农业部发布《无公害食品水产品中渔药残留限量》规定无公害水产品中 NFLX 的最高残留限量(MRL)为 50 $\mu g/kg$,根据 NFLX 在菲律宾蛤仔体内的指数消除规律和公式:

$$t = \frac{\ln(C_0/\text{MRL})}{K}$$

计算得药浴给药和口服给药两种模式下 NFLX 在脊尾白虾的肌肉、肝胰腺中残留降至 50 $\mu g/kg$ 水平所需时间分别为 4.82 d、5.19 d、4.49 d 和 5.10 d。初步建议在本试验条件下,NFLX 在带头脊尾白虾的临床休药期为 6 d,去头脊尾白虾的临床休药期为 5 d。

喹诺酮类药物在进入生物体后,会产生许多代谢产物,而其产生的代谢产物同样具有抑菌性(曾振灵等,1994),因此在计算残留物时应注意原形药及其主要代谢物,临床休药期则应根据组织中原形药物及其活性代谢物的总残留浓度来确定,以最大程度上减轻甚至消除残留药物对人体产生危害的隐患。在鸡体内,诺氟沙星主要代谢为 N-乙基诺氟沙星、氧合诺氟沙星,多次给药停药后 12 d 各取样组织中诺氟沙星的残留浓度均低于要求的最低残留限量 0.05 $\mu g/g$,但其活性代谢物之一— N-乙基诺氟沙星在各组织中的残留浓度除肌肉外均大于 0.05 $\mu g/g$(Anadon et al.,1992)。

此外,药物消除受许多因素影响,水产动物的种属、性别、水温、给药方式、给药剂量等因素都会影响喹诺酮类药物的消除,所以临床休药期还要根据具体养殖种类、实际养殖环境分别进行研究确定。本试验数据仅供参考。临床休药期还要综合考虑各个因素,分别进行研究,以确定最合适的休药期。

参考文献(略)

孔祥科,李健.中国水产科学研究院黄海水产研究所　山东青岛　266071

第十节　药物在贝类体内的残留和消除

一、恩诺沙星

氟喹诺酮类药物(Fluoroquinolones,FQs)属于第三代喹诺酮类化合物,是一族人工合成的新型杀菌性抗菌药。氟喹诺酮类药物具有口服及肌注后吸收迅速、完全、消除半衰期较长、体内分布广泛、表观分布容积大等药动学特征(仲兆金,2001;曾振灵等,1994),且以抗菌谱广、抗菌活性强、与其他抗菌药物无交叉耐药性、毒副作用小、有较长的抗菌后效应(PAE)等特点而广泛用于动物和人类多种感染性疾病的治疗(邓国东等,2000),在水产动物细菌性疾病防治上也成为重点研究对象。与此同时,此类药物在食品动物中的残留已经开始导致人类病原菌对其产生耐药性(Sherri *et al.*,1998),且其毒副作用还会对人体产生直接危害,因此其残留问题目益引起关注。恩诺沙星是FQs衍生物的一种,主要通过抑制DNA回旋酶的活性,影响DNA的解链、切割和重封合过程,呈现抑菌和杀菌作用。目前对该药的药代动力学研究主要集中在虾类(方星星 2003)和冷水性鱼类 *Colossom-abrachypomum*(Lewbart *et al.*,1997)、大西洋鲑(Stoffregen *et al.*,1997;Martinsen *et al.*,1995)、虹鳟(Bowser *et al.*,1992)、鲈鱼(Intorre *et al.*,2000)上,有关恩诺沙星在贝类体内的研究报道较少。由于近年来养殖贝类频发细菌性疾病,为了有效、迅速地进行防治并避免药物残留问题,进行抗菌药物的药代动力学研究是十分必要的。通过研究,可以建立药物在贝类体内的吸收、分布、消除及生物利用度等药代动力学资料,据此制订合理的给药方案,确立休药期,为应用恩诺沙星防治养殖贝类细菌性疾病提供理论依据。

1. 材料与方法

1.1　实验动物

菲律宾蛤仔(*Ruditapes philippinarum*),购自青岛市南山市场,壳长3.2~4.5 cm,体重8~15 g。暂养5 d后用以实验。暂养期间连续充气,每日换水1/2,按时投喂等鞭金藻(Isochrysisgalbana Parke)OA-3011。水温22℃±1℃,盐度31。

1.2　药品和试剂

恩诺沙星(Enrofloxacin,EF)标准品,纯度≥99.5%,中国兽药监察所生产;恩诺沙星原料药,河南省大明实业有限公司动物药品厂生产;二氯甲烷、正己烷、四丁基溴化铵、磷酸、乙腈(HPLC)、甲醇(HPLC)等。

1.3　给药及采样

以5 μg/mL恩诺沙星浸浴菲律宾蛤仔24 h后,冲洗干净,移入天然海水中正常饲养,分别于停药后的第0.17,0.5,1,2,4,8,12,16,20,24,48 h时取样。每一时间点取8只蛤仔。从闭壳肌抽取血液,迅速解剖取其内脏团、鳃、足、闭壳肌。另取空白组织作对照。全部样品-20℃冷冻保存。

1.4　样品处理与分析

(1)样品预处理。

称取 1 g 组织或吸取 1 mL 血液,先加入 1 mL pH 为 7.5 的缓冲盐溶液,再加入 4 mL 二氯甲烷,16000 rpm 匀浆 10 s,再用 4 mL 二氯甲烷清洗刀头,合并两次提取液,振荡 2~3 min,静置 15 min,然后 5000 rpm 离心 10 min,吸取全部下清液,在 40℃ 恒温水浴下氮气吹干,残渣用 1 mL 流动相溶解,加入 1 mL 正己烷去脂肪,下层液过 0.22 μm 微孔滤膜,过滤后的液体可进行高效液相色谱测定。

(2) 色谱条件。

流动相:0.017 mol/L 的四丁基溴化铵:乙腈＝88:12;流速 0.9 mL/min;进样量 20 μL;荧光检测器的激发波长 278 nm,发射波长 440 nm;柱温为室温;色谱柱为 ODS 柱(25 cm×4.6 mm)。

(3) 标准曲线。

准确称取 0.01 g 恩诺沙星标准品,溶于 100 mL 浓度为 0.03 mol/L 的 NaOH,配成 100 μg/mL 的母液,再依次用流动相稀释成 20,10,5,1,0.5,0.2,0.1,0.05,0.02,0.01 μg/mL 的标准溶液,进行 HPLC 测定。以峰面积为纵坐标,浓度为横坐标做标准曲线,分别求出回归方程和相关系数。

(4) 方法确证。

实验分两组,一组在空白组织(内脏团、鳃、足、闭壳肌、血液)中按 5 个浓度梯度(0.05,0.1,1,10,50 μg/mL)加入标准液,然后按样品处理方法处理;另一组将未加入标准液的空白组织亦经相同处理,然后再加入标准液。按照公式进行计算:回收率(%)＝(处理前加入标准液样品的测定值/处理后加入标准液样品的测定值)×100%。取不同浓度(0.05,0.10,1,10,50 μg/mL)恩诺沙星标准液,加入空白组织中,按样品处理方法处理,制得的各浓度样品于 1 d 内分别重复进样 5 次和分 5 d 测定,计算各浓度水平响应值峰面积的变异系数($C \cdot V \cdot \%$)和总平均变异系数($\sum C \cdot V \cdot \%$),以此衡量定量方法的精密度。

2. 实验结果

2.1 检测方法

以测得的恩诺沙星平均峰面积 Ai 对每个浓度 Ci 作回归,在 0.05~50 μg/mL 的浓度范围内标准曲线方程及相关系数分别为:$Ci=0.0007Ai-0.0427$,$R^2=0.999$。采用荧光检测器,本实验条件下,最低检测限为 0.005 μg/mL。

恩诺沙星以 0.05~50 μg/mL 5 个水平,测得回收率为 82.7%~94.8%,测得日内精密度为 2.85%,日间精密度为 3.51%。

2.2 菲律宾蛤仔体内的药物消除

不同取样时间菲律宾蛤仔各组织中恩诺沙星浓度如表 1 所示,恩诺沙星在菲律宾蛤仔体内的消除曲线见图 1,对所得的药物浓度—时间数据进行非线性最小二乘回归分析法处理得到 5 种组织中药物浓度(C)与时间(t)关系的消除曲线方程及相关参数见表 2。

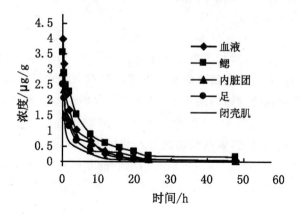

图1　以 5 μg/mL 恩诺沙星浸浴 24 h 后各组织内的消除曲线

表1　以 5 μg/mL 恩诺沙星浸浴菲律宾蛤仔 24 h 后各组织中药物浓度($\overline{X}\pm SD$)

时间(h)	血液(μg/mL)	鳃(μg/g)	内脏团(μg/g)	足(μg/g)	闭壳肌(μg/g)
0.17	3.957±0.206	3.525±0.445	2.875±0.332	2.483±0.247	1.629±0.174
0.5	3.154±0.604	2.850±0.392	2.321±0.315	2.034±0.286	1.483±0.275
1	2.125±0.342	2.457±0.525	1.510±0.235	1.367±1.201	0.943±0.173
2	1.650±0.422	2.249±0.679	1.296±0.532	1.117±0.242	0.616±0.125
4	1.008±0.210	1.507±0.599	0.785±0.279	0.652±0.250	0.439±0.137
8	0.648±0.447	0.855±0.459	0.582±0.267	0.345±0.265	0.227±0.154
12	0.235±0.030	0.584±0.107	0.328±0.143	0.286±0.057	0.081±0.011
16	0.118±0.013	0.429±0.081	0.268±0.195	0.155±0.017	0.047±0.012
20	0.074±0.018	0.313±0.098	0.157±0.023	0.079±0.009	0.035±0.008
24	0.056±0.006	0.172±0.039	0.068±0.016	0.048±0.007	0.015±0.009
48	0.028±0.012	0.126±0.024	0.022±0.013	0.017±0.005	ND

注:ND 为未检出

表2　以 5 μg/mL 恩诺沙星浸浴 24 h 后各组织内的药物消除曲线方程及参数

组织	消除曲线方程	R^2	$\beta(h^{-1})$	$t_{1/2\beta}$(h)
血液	$C=1.674e^{-0.1103t}$	0.823	0.1103	6.284
鳃	$C=2.796e^{-0.1177t}$	0.980	0.1177	5.889
内脏团	$C=1.539e^{-0.1013t}$	0.924	0.1013	6.843
足	$C=1.702e^{-0.1535t}$	0.969	0.1535	4.516
闭壳肌	$C=1.154e^{-0.1884t}$	0.973	0.1884	3.679

3. 讨论

3.1 恩诺沙星在菲律宾蛤仔体内的消除规律

本实验首次采用高效液相色谱法研究了恩诺沙星在菲律宾蛤仔体内的消除情况。通过前期恩诺沙星在菲律宾蛤仔体内的累积实验发现,以恩诺沙星浸浴菲律宾蛤仔,各组织中药物含量随时间的延长而增大,累积速率逐渐减小,24 h 左右达到最高,此后组织中的药物浓度维持一定时间的稳定,表明药物的摄入和排除达到动态平衡,因此在消除实验中确定药浴时间为 24 h。本实验发现在将给药结束后的菲律宾蛤仔移入干净海水中 1 h 内各组织中药物浓度很快降低,此时其双壳仍处在闭合状态,由此表明各组织吸收的药物通过代谢途径减少。

从图 1 可以看到,菲律宾蛤仔体内的药物消除速度较快,恩诺沙星在 5 种组织中的消除速率常数为 0.0695～0.1414 h^{-1},内脏团和鳃中药物消除相对较慢,根据各组织中药物浓度和下降趋势可知:闭壳肌组织不是药物在菲律宾蛤仔体内的主要富集组织(器官)。

血药浓度迅速下降,尤其是在 1 h 内,这说明血淋巴内的药物迅速向体内的其他组织分布或消除,1 h 后下降速度明显减缓。出现这种现象,也许是因为药物对菲律宾蛤仔来说,是一种外来的刺激物,进入血淋巴循环后,由于机体的保护性机能,通过鳃等排泄器官将其排出体外或通过肾脏等器官将其降解,以减轻对机体的刺激,所以在第 1 h 内血液浓度下降较快;随着时间的推移,一方面机体对其产生适应性,另一方面药物处于分布与消除过程,消除与降解速度减缓,因而血药浓度的下降速度减缓。

消除相半衰期($t_{1/2\beta}$)反映了药物在机体内的消除速度,是药动学的一个重要参数。本实验中恩诺沙星在菲律宾蛤仔血液中的消除半衰期 $t_{1/2\beta}$ 为 6.284 h,恩诺沙星在中国对虾血液中的消除半衰期 $t_{1/2\beta}$ 为 7.03 h(方星星,2003),在鲈鱼(*Dicentrarchus labrax*)中为 25.02 h(Intorre *et al*.,2000),在大西洋鲑血液中为 34.2 h(Martinsen *et al*.,1995)。恩诺沙星在鱼、虾体内消除较慢一方面可能是与它们所处的较低的环境温度有关,另一方面可能是因为喹诺酮类药物与骨中的二价离子和皮肤中的黑色素有亲和性(Steffenak *et al*.,1991),这两种组织可作为鱼体内残留药物的储存组织,并在停药后很长一段时间内慢慢释放到其他组织中(Martinsen *et al*.,1994),关于这一点已在大西洋鲑(*Salmo salar*)(Martinsen *et al*.,1994)、虹鳟(*Oncorhynchus mykiss*)(Martinsen *et al*.,1994),及海鲷(*Sparus aurata*)(Malwisi *et al*.,1997)等鱼体内得到类似结果。Martinsen 等(1995)在比较了噁喹酸、氟甲喹、沙拉沙星、恩诺沙星四种喹诺酮类药物在大西洋鲑体内的药物代谢情况,结果前三种药的消除半衰期均在 24 h 之内,其中噁喹酸最易消除,$t_{1/2\beta}$ 在 18 h 左右,说明与同类药物相比,恩诺沙星消除较慢。

不同组织间的 $t_{1/2\beta}$ 差异较大。恩诺沙星在菲律宾蛤仔鳃中的 $t_{1/2\beta}$(9.973 h)要明显长于闭壳肌中的 $t_{1/2\beta}$(4.902),而在中国对虾成体肌肉中 $t_{1/2\beta}$(约 19.7 h)短于肝胰脏中 $t_{1/2\beta}$(约 52.7 h),血液中 $t_{1/2\beta}$ 则更短(7.03 h)(方星星,2003)。在温度条件基本一致的条件下,诺氟沙星在斑节对虾体内消除速度则要快得多,血淋巴中 $t_{1/2\beta}$ 为 0.612 h(王勇强等,1995)。中华鳖(*Trionyx sinensis*)口灌诺氟沙星后,血浆中的 $t_{1/2\beta}$ 为 4.24 h(陈文银等,1997)。可见,动物个体、种属、组织以及药物的差异,均会影响药物的半衰期。

3.2　临床休药期确定

休药期是根据药物允许残留量及药物在食用组织中的消除速度来确定的(邱银生等，1994)，绝大多数药物的体内吸收、分布和消除符合或近似一级动力学过程，即消除曲线可拟合成指数方程式：$Ct = Cie^{-\beta}$。恩诺沙星即是按一级动力学过程从体内消除的，由此可推算消除至一定残留水平所需时间，对确定临床休药期具有重要意义。中华人民共和国农业部发布《无公害食品水产品中渔药残留限量》规定无公害水产品中恩诺沙星的最高残留限量(MRL)为 50 $\mu g/kg$，根据恩诺沙星在菲律宾蛤仔体内的指数消除规律和公式 $T = Ti + 1/\beta tnCi/Cf$(Ti、Ci 分别为初始时间及浓度，Cf 为允许残留量)，计算得到恩诺沙星在血液、鳃、内脏团、足、闭壳肌中残留降至 50 $\mu g/kg$ 水平所需时间分别为 1.66、1.51、1.67、1.07、0.78 d。初步建议在 22℃左右的水温下，以 5 mg/kg 剂量连续药浴 24 h，恩诺沙星在菲律宾蛤仔体内的临床休药期小于 2 d。

因为 FQs 药物的主要代谢产物大多数具抗菌活性(曾振灵等，1994)，故其标示残留物应为原形药及其主要代谢物，临床休药期则应根据组织中原形药物及其活性代谢物的总残留浓度来确定，以最大程度上减轻甚至消除残留药物对人体产生危害的隐患。例如，恩诺沙星的代谢比较复杂，主要经肾脏被代谢成环丙沙星，其他途径有恩诺沙星的 N-去烃、哌嗪环对位氮与葡萄糖醛酸结合，或哌嗪环打开等，鸡静注及内服恩诺沙星后环丙沙星的消除较原药慢(胡功政等，1999)，奶山羊乳中环丙沙星浓度高于恩诺沙星浓度并维持更长的时间(刘涤洁等，2003)；在鸡体内，诺氟沙星主要代谢为 N-乙基诺氟沙星、氧合诺氟沙星，多次给药停药后 12 d 各取样组织中诺氟沙星的残留浓度均低于要求的最低残留限量 0.05 $\mu g/g$，但其活性代谢物之一 N-乙基诺氟沙星在各组织中的残留浓度除肌肉外均大于 0.05 $\mu g/g$(Anadon *et al*.，1992)。因此应关注药物活性代谢物的残留消除动态，这对于严格药物残留监控是必要的。

此外，药物消除受许多因素影响，其中水温影响是最大的，研究表明：温度变化 1℃，药物代谢速度变化 10%(Ingebrigtsen，1991)，而且给药剂量、给药方式、种属等因素不同都会产生一定影响，所以临床休药期还要据具体养殖种类、实际养殖环境分别进行研究确定。

参考文献(略)

高爱欣，战文斌. 中国海洋大学水产学院　山东青岛　266003

高爱欣，李健，王群. 中国水产科学研究院黄海水产研究所　山东青岛　266071

二、诺氟沙星

诺氟沙星(Norfloxacin，NFLX)，又名力醇罗、氟哌酸、淋克星，是第三代氟喹诺酮类药物，目前已被广泛应用于水产动物细菌类疾病防治(仲兆金，2001)。它的主要作用部位在细菌的 DNA 促旋酶，使细菌 DNA 螺旋开裂，迅速抑制细菌的生长和繁殖，杀灭细菌，且对细胞壁有很强的渗透作用，因而杀菌能力很强(Monique，2003)。和前两代喹诺酮类药物相比，在喹诺酮类结构中加入氟原子后增强了药物对细胞、组织的穿透力。使口服制剂的生物利用度提高，吸收后也在体内广泛分布。因此具有抗菌谱广、抗菌力强、吸收好、分布广、作用迅速、无交叉耐药性等特点(陈志宝等，2004)。但长期使用 NFLX 会使细菌产生耐药性,并由于富集作用而随着养殖生物进入人体内,直接威胁到人类自身的健康,现在已知对未成年人的骨骼发育和肝肾等器官有不良影响(Sherri et al.,1998)。由于以上种种原因,NFLX已经成为近年来的研究热点,好多学者也进行了大量的工作,如曲晓荣等(2007)研究了NFLX在大菱鲆体内的药代动力学及残留消除规律、郭海燕等(2007)研究了NFLX在水产动物体内的药物动力学及残留规律、房文红等(2003)研究了NFLX在斑节对虾血淋巴中的药代动力学等等。目前,NFLX的药代动力学主要集中在虾类和冷水性鱼类上,有关NFLX在贝类体内的研究报道较少,并且多为单体试验。因此本试验对NFLX在菲律宾蛤仔和海湾扇贝单体体内的消除规律进行研究之外,还进行了生态混养情况下在两种贝类体内的消除规律研究,为指导科学用药、确立休药期提供了理论依据。

1. 材料与方法

1.1 药品和试剂

诺氟沙星标准品(纯度≥99.5%),诺氟沙星原粉(纯度为94.78%),磷酸、三乙胺、正己烷为分析纯,乙腈、甲醇为色谱纯。实验仪器包括 Agilent 1100 型高效液相色谱仪、电子天平、漩涡混合器、高速台式离心机、氮吹仪、组织匀浆机等。

1.2 实验动物

菲律宾蛤仔和海湾扇贝均采自青岛即墨市水产局。菲律宾蛤仔:壳长 2.9～3.3 cm,壳高 0.8～1.1 cm,体重 6.7～8.2 g;海湾扇贝:壳长 4.8～6.2 cm,壳高 1.2～1.5 cm,体重 8.3～10.2 g。试验前暂养一个星期,投喂螺旋藻粉液,暂养期间连续充气、日换水 1/3,水温 20±1℃。

1.3 给药及采样

试验共在 9 个桶内进行,8 个投喂加入诺氟沙星的螺旋藻液,一个为空白对照。在藻液中加入配置好的浓度为 50 mg/L 诺氟沙星溶液一起泼洒至桶中,每天早晚各投饵一次,每次每桶投喂 4 L 藻液,共投喂 10 天。在给药结束后的 0.5、2、5、8、12、24、60、120、192、288 h 取样。每次菲律宾蛤仔取 3 只,海湾扇贝取 2 只,取闭壳肌、鳃、内脏团置于-20℃冰箱保存待用。

1.4 样品处理与分析

(1)样品预处理。

准确称取 1 g 组织,置于 50 mL 离心管中,加入 2 mL 乙腈,用组织匀浆机匀浆 30 s,再用 2 mL 乙腈清洗刀头,合并两次提取液,震荡 30 s 后静置 2 h。以 5000 r/min 的转速离心 10 min,吸取上清液,在氮吹仪内 40℃恒温水浴条件下氮气吹干,用 1 mL 流动相溶解掉残留物,加入 2 mL 正己烷去脂肪,下层液体通过 0.22 μm 滤膜,过滤后的液体即可进行 HPLC 测定。

(2)色谱条件。

柱子为 Agilent TC-C_{18}(5 μm,250 mm×4.6 mm,ID);流动相:乙腈:0.01 mol/L 磷酸溶液=16:84;流速 1.0 mL/min;荧光检测器激发波长为 280 nm,发射波长为 450 nm;柱温:30℃。手动进样量为 20 μL。

(3)标准曲线。

配置 0.01、0.05、0.1、0.5、1、2、10、20 μg/mL 的诺氟沙星标准溶液,从低浓度到高浓度进行 HPLC 测定。记录其峰面积,以诺氟沙星浓度为横坐标(x)峰面积为纵坐标(y)制作标准曲线。进行回归分析,求出回归方程和相关系数。

(4)方法确证。

回收率:实验分 2 组,一组往空白组织(内脏团、鳃、闭壳肌)中按 5 个浓度梯度(0.05、0.1、1、10、20 μg/mL)加入标准液,然后按照样品处理方法处理;另一组为加入标准液的空白组织亦经相同处理,然后加入标准液。按照公式进行计算:回收率(%)=(处理前加入标准液样品的测定值)/(处理后加入标准液样品的测定值)×100%。精密度:取 0.05、0.1、1、10、20 μg/mL 不同浓度诺氟沙星标准液加入空白组织内,按照样品处理方法处理。制得的各浓度样品于 1 d 内分别重复进样 5 次和连续进样 5 d 测定,计算各浓度水平响应值峰面积的变异系数,以此衡量定量方法的精密度。

(5)数据处理。

将浓度—时间的数据通过计算机算出消除速率常数和消除曲线方程,用公式 $t_{1/2} = 0.693/\beta$ 计算半衰期,根据消除曲线方程计算理论休药期。

2. 实验结果

2.1 检测方法

标准溶液在 0.05 至 50 μg/mL 浓度范围内具有良好的相关性,线性回归方程为 $y = 1040.6x + 24.69$,$R^2 = 0.9999$。本方法最低检测限为 0.005 μg/mL。

NFLX 以 0.05~20 μg/mL 5 个水平,测得回收率为 80.3%~96.8%,测得日内精密度为 2.85%~3.11%,日间精密度为 3.51%~3.88%。

2.2 菲律宾蛤仔体内的药物消除

投喂诺氟沙星浓度为 50 mg/L 的菲律宾蛤仔在不同时间点取样后测得的 NFLX 浓度为表 1,对所得的药物浓度—时间数据进行非线性最小二乘回归分析法处理得到 5 种组织中药物浓度(C)与时间(t)关系的消除曲线方程及相关参数见表 2。

表 1 菲律宾蛤仔各组织中诺氟沙星浓度($\overline{X} \pm SD$)

时间(h)	鳃(μg/g)	内脏团(μg/g)	闭壳肌(μg/g)
0.5	5.673±0.345	5.235±0.212	5.039±0.474
2	4.842±0.388	4.121±0.134	3.873±0.278
5	4.107±0.430	3.510±0.338	3.143±0.203
8	2.944±0.433	2.406±0.442	2.087±0.225
12	2.277±0.299	1.985±0.321	1.539±0.107
24	1.382±0.409	1.082±0.267	0.786±0.154
60	0.938±0.088	0.688±0.033	0.281±0.023
120	0.238±0.021	0.158±0.015	0.044±0.010
192	0.040±0.008	0.011±0.003	ND
288	ND	ND	ND

注:ND 为未检出

表 2 菲律宾蛤仔各组织中诺氟沙星消除方程及消除参数($\bar{X}\pm SD$)

组织	消除曲线方程	R^2	$t_{1/2\beta}$(h)
鳃	$C=3.9853e^{-0.0241t}$	0.975	28.75
内脏团	$C=3.4759e^{-0.0269t}$	0.934	25.76
闭壳肌	$C=3.6461e^{-0.0293t}$	0.973	23.65

2.3 海湾扇贝体内的药物消除

投喂诺氟沙星浓度为 50 mg/L 的海湾扇贝在不同时间点取样后测得的 NFLX 浓度为表 4,对所得的药物浓度—时间数据进行非线性最小二乘回归分析法处理得到 5 种组织中药物浓度(C)与时间(t)关系的消除曲线方程及相关参数见表 4。

表 3 海湾扇贝各组织中诺氟沙星浓度($\bar{X}\pm SD$)

时间(h)	鳃($\mu g/g$)	内脏团($\mu g/g$)	闭壳肌($\mu g/g$)
0.5	6.073±0.395	5.735±0.412	5.339±0.474
2	4.642±0.388	4.281±0.334	3.673±0.278
5	2.507±0.230	2.010±0.338	1.843±0.203
8	1.184±0.333	0.886±0.242	0.887±0.225
12	0.587±0.199	0.385±0.121	0.239±0.107
24	0.242±0.109	0.132±0.037	0.106±0.054
60	0.085±0.028	0.038±0.013	0.031±0.013
120	0.018±0.005	0.010±0.005	0.010±0.005
192	ND	ND	ND
288	ND	ND	ND

注:ND 为未检出

表 4 海湾扇贝各组织中诺氟沙星消除方程及消除参数

组织	消除曲线方程	R^2	$t_{1/2\beta}$(h)
鳃	$C=2.2393e^{-0.045t}$	0.8429	15.4
内脏团	$C=1.7217e^{-0.0484t}$	0.8122	14.31
闭壳肌	$C=1.4415e^{-0.0493t}$	0.7751	14.06

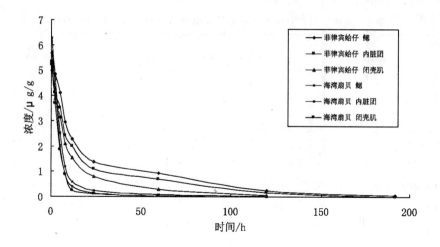

图 1 以 50 μg/mL 诺氟沙星投喂 10 d 后各组织内的消除曲线

3. 讨论

3.1 NFLX 在菲律宾蛤仔和海湾扇贝体内的消除规律

前期试验里对菲律宾蛤仔和海湾扇贝进行了单体的药物测定,并结合前期试验的结果以及生产单位实际的用药剂量设计了本混养试验。

消除相半衰期($t_{1/2\beta}$)反映了药物在机体内的消除速度,是药动学的一个重要参数。文献资料显示,恩诺沙星在菲律宾蛤仔血液中的消除半衰期 $t_{1/2\beta}$ 为 6.284 h,恩诺沙星在中国对虾血液中的消除半衰期 $t_{1/2\beta}$ 为 7.03 h(方星星,2003),在鲈鱼(*Dicentrarchus labrax*)中为 25.02 h(Martinsen *et al*.,1995),在大西洋鲑血液中为 34.2 h(Intorre *et al*.,2000)。喹诺酮类药物在鱼、虾体内消除较慢一方面可能是与它们所处的较低的环境温度有关,另一方面可能是因为喹诺酮类药物与骨中的二价离子和皮肤中的黑色素有亲和性(Steffenak *et al*.,1991),这两种组织可作为鱼体内残留药物的储存组织,并在停药后很长一段时间内慢慢释放到其他组织中(Martinsen *et al*.,1994),关于这一点已在大西洋鲑(*Salmo salar*)(Martinsen *et al*.,1994)、虹鳟(*Oncorhynchus mykiss*)(Martinsen *et al*.,1994)及海鲷(*Sparus aurata*)(Malwisi *et al*.,1994)等鱼体内得到类似结果。而贝类相对来说消除的速度明显要快一些,这也是其不同的生活习性与生理构造决定的。

在本试验中,菲律宾蛤仔生存于底泥中,而海湾扇贝则生存于水中悬挂的扇贝笼里,在停止投喂药饵后,由于换水等原因,水体里的 NFLX 的量是不断减少的,而前 10 天积攒于底泥里的 NFLX 则会渐渐的释放到水体中去,在这段时间底泥里的 NFLX 浓度是要高于水体里的浓度,因此菲律宾蛤仔体内的 NFLX 消除的速度相对于海湾扇贝要慢一些,而且在对比恩诺沙星在菲律宾蛤仔体内的消除规律也可发现本试验的消除半衰期要长很多(高爱欣等,2005),这也从另一个角度证明了底泥对 NFLX 的富集作用和长时间向水体施放药物的能力。而在这两种贝类中,NFLX 在各个器官中含量由高到低的顺序都为鳃>内脏团>闭壳肌。在参阅其他相关文献资料后可以判断,鳃和内脏团是 NFLX 残留的靶组织,而鳃中的含量最高。分析原因可能是与贝类自身的摄食方式有关,贝类是滤食性动物,在摄食时食物也会通过鳃进入胃,因此鳃就会有更多的残留。刘长发研究报道了金鱼鳃对铅的吸收过程,研究表明当铅颗粒随水流经过鳃表面时,部分颗粒黏附到了鳃丝表面的黏液上,以载体转运的方式进入鳃组织内,再转移到血液中(刘长发等,2000),这也与本试验结论相同。药物进入贝类体内后在闭壳肌内的残留较少,$t_{1/2\beta}$也是最短的,说明闭壳肌并不是主要的药物积累器官,在对贝类深加工时,若有意识地选择加工部位,则可大大减少药物残留量,对保证食用者的健康具有重要意义。

3.2 临床休药期确定

休药期是根据药物允许残留量及药物在食用组织中消除速度来确定的(刘秀红等,2003),NFLX即是按一级动力学过程从体内消除的,由此可推算消除至一定残留水平所需时间,对确定临床休药期具有重要意义。中华人民共和国农业部发布《无公害食品水产品中渔药残留限量》规定无公害水产品中NFLX的最高残留限量(MRL)为50 $\mu g/kg$,根据NFLX在菲律宾蛤仔体内的指数消除规律和公式,

$$t = \frac{\ln(C_0/MRL)}{K}$$

计算得NFLX在菲律宾蛤仔和海湾扇贝的鳃、内脏团、闭壳肌中残留降至50 $\mu g/kg$水平所需时间分别为4.38、3.71、3.04 d和3.00、2.88、2.50 d。初步建议在20℃左右的水温下,以50 mg/L的剂量投喂10天的情况下,NFLX在菲律宾蛤仔体内的临床休药期为5 d,海湾扇贝的临床休药期为3 d。此外,药物消除受许多因素影响,水产动物的种属(杨先乐等,2003)、性别(Ho et al.,1999)、水温(Ingebrigtsen,1991)、给药方式(张雅斌等,2000)、给药剂量(Matinsen et al.,1994)等因素都会影响喹诺酮类药物的消除,其中水温影响是最大的,研究表明:温度变化1℃,药物代谢速度变化10%,而且给药剂量、给药方式、种属等因素不同都会产生一定影响,所以临床休药期还要据具体养殖种类、实际养殖环境分别进行研究确定。

参考文献(略)

孔祥科.大连海洋大学生命科学与技术学院　辽宁大连　116023

孔祥科,李健,常志强,韩毅颖.中国水产科学研究院黄海水产研究所　山东青岛　266071

第十一节　海水养殖动物药物代谢酶的研究

一、牙鲆 CYP3A 酶的探针药物评价法

细胞色素P450(CYP450)为肝脏微粒体混合功能氧化酶系的主要成分,是一组由许多同工酶组成的超基因大家族,对许多内源、外源性化合物在体内的I相生物转化有重要作用,在药理学研究和药物代谢中有重要意义。CYP450酶系统组成复杂,呈现基因多样性,CYP450的遗传多态性是引起其个体和种族间对同一底物代谢能力不同的原因之一,涉及大多数药物代谢的CYP450酶系主要有CYP1、CYP2、CYP3三个家族(Hakkola et al.,1998),近来研究较多的CYP2E1和CYP3A的活性可以通过一些特异性敏感底物来测定。CYP3A酶常用的探针药物有氨苯砜、红霉素、咪达唑仑等(Thummelke et al.,1994)。扈

金萍等(2002)曾用反相高效液相色谱内标法检测了大鼠血浆中咖啡因、氯唑沙宗、氨苯砜3种探针药物的含量。目前,关于氨苯砜作为牙鲆CYP3A酶探针药物的研究还未见报道。本研究建立了牙鲆血浆中氨苯砜的HPLC测定方法,并研究了牙鲆腹腔注射这种探针药物的药代动力学特征。

1. 材料与方法

1.1 药品和试剂

氨苯砜原粉及标准品(美国Sigma公司产品,20060608,纯度≥99％),乙腈和甲醇(德国默克公司产品,色谱级),其他试剂均为国产分析纯。

1.2 实验动物

健康牙鲆(*Paralichthys olivaceus*),平均体重200±20.1 g,平均体长24.5±3.2 cm,饲养于中国水产科学研究院黄海水产研究所麦岛实验基地。试验期间水温为16±2℃,盐度30.4±0.2,pH 7.6±0.1,充气,流水,每日投喂不含药物的配合饲料(金海力海水鱼配合饲料),试验前1 d及试验期间停止喂食。

1.3 给药及采样

给健康牙鲆1次性腹腔注射探针药物氨苯砜(5 mg/kg·bw),分别于注射后0.083、0.167、0.25、0.5、0.75、1、1.5、2、3、4、6、8、12 h采集血样。将鱼群看作1个整体,每个时间点随机取5尾,每尾鱼从尾静脉1次性无菌采血1 mL分别置于预先涂有肝素钠的塑料离心管中,3000 r/min离心5 min,分离出血浆,保存于−20℃冰箱中待测。

1.4 样品处理与分析

(1)样品预处理。

将冷冻保存的血浆自然解冻,摇匀后吸取0.2 mL于尖底具塞离心管中,加入乙腈0.3 mL,置漩涡混合器上充分混合,12000 r/min离心10 min,取上清液20 μL进行HPLC分析。

(2)色谱条件。

色谱柱(固定相)为Agilent Tc-C 18(250 mm×4.6 mm,5 μm),流动相为乙腈—磷酸盐缓冲体系(含0.2 mol/L磷酸二氢钾和0.2 mol/L三乙胺,磷酸调pH值为3.5)(40：60,V/V),流速为1.0 mL/min,柱温为30℃,紫外检测器,检测波长为280 nm,上样体积:20 μL。

(3)标准曲线。

准确称取氨苯砜标准品10.0 mg,氨苯砜用色谱纯甲醇溶解后,再缓慢加入双蒸水,定容在10 mL容量瓶中,摇匀,配成质量浓度均为1.0 mg/mL的母液,将上述标准液稀释100倍,配成10 μg/mL的工作液,于4℃冰箱中避光保存。用时用甲醇稀释至所需浓度,即为氨苯砜标准液。取空白血浆0.25 mL,分别加入不同浓度的氨苯砜标准液,配制氨苯砜含量分别为0.01,0.02,0.05,0.1,0.2,0.5,1,5,10 μg/mL的血样。每个浓度制备5份,HPLC上样分析,以氨苯砜峰面积之比为纵坐标(A),血浆中氨苯砜的浓度为横坐标(C),绘制标准曲线并进行线性回归。

(4)回收率和精密度。

取牙鲆空白血浆,分别加入氨苯砜标准溶液,制成含氨苯砜0.5、2.5、10 μg/mL的血样,每个浓度制备 5 份,HPLC 上样分析后获得各样品的峰面积,根据血浆标准曲线回归方程计算氨苯砜的浓度值,并与其加入量进行比较,计算回收率。另外,每个浓度日内测 5 次,日间测 5 次,计算日内和日间精密度。

2. 实验结果

2.1 检测方法

在设定的色谱条件下,峰形较好,基线平稳,氨苯砜的保留时间 10.10 min,药物与血浆中的杂质分离较好,无干扰峰出现。氨苯砜回归方程:$A = 1006.735C - 18.121 (n = 5, R^2 = 0.9999)$。氨苯砜在 $0.01 \sim 10\ \mu g/mL$ 浓度范围内与峰面积呈良好的线性关系。以信噪比($S/N > 3$)测得血浆中氨苯砜的最低检测限均为 $0.01\ \mu g/mL$。探针药物的回收率均在 $94.00\% \sim 99.48\%$,日内变异和日间变异系数均小于 4%,,符合生物样品测定要求。

2.2 代谢动力学特征

取血浆按上述方法检测药物浓度,测定峰面积,根据标准曲线计算各时间点的血药浓度,采用 DAS2.1.1 软件自动拟合药—时曲线,计算药动学参数,氨苯砜的药—时曲线符合二室模型。结果见表 1、2。

表 1 血浆样品中氨苯砜的回收率($n = 5$)

添加值 $\mu g/mL$	测定值 $\mu g/mL$	回收率%	RSD %
0.5	0.47 ± 0.01	94.00 ± 2.13	3.40
2.5	2.38 ± 0.03	94.73 ± 2.10	1.26
10.0	9.72 ± 0.22	97.20 ± 2.20	2.26

表 2 氨苯砜在血浆样品中测定的精密度($n = 5$)

添加值	日内变异		日间变异	
	实测浓度 $\mu g/mL$	RSD %	实测浓度 $\mu g/mL$	RSD %
0.5	0.43 ± 0.012	2.86	0.44 ± 0.020	4.59
2.5	2.22 ± 0.062	2.81	2.25 ± 0.094	4.20
10.0	9.67 ± 0.210	2.17	9.43 ± 0.0330	3.50

表 3 牙鲆单次腹腔注射氯唑沙宗(10 mg/kg)和氨苯砜(5 mg/kg)后主要药动力学参数($n = 5$)

参数	单位	氯唑沙宗	氨苯砜
$t_{1/2\beta}$	h	5.43 ± 0.54	13.30 ± 1.12
V/F	L/kg	5.606 ± 0.52	1.17 ± 0.46
CL/F	L/h/kg	0.721 ± 0.10	0.14 ± 0.01
AUC	Mg/L·h	14.09 ± 1.99	17.58 ± 1.13

3. 讨论

氨苯砜的极性较小,在流动相的水相中加入三乙胺可以较好的改善峰形,防止脱尾,经过反复试验,三乙胺的加入量以 0.2 mol/L 为最好。在所选择流动相条件下,保留时间适当,峰形良好,且与相邻峰具有较好的分离度。

在血浆样品预处理方法的选择上,对有机溶剂萃取法"加氯仿—离心—取有机相—氮气吹干—流动相溶解—进样"和"加乙腈—取上清—进样"进行比较,结果发现,单纯用乙腈时对血浆蛋白的清除更彻底,能获得非常清澈的无蛋白上清液。由于减少了氮气吹干浓缩、复溶等多个步骤,该方法不仅极大地降低了工作强度,而且操作步骤少,可直接应用外标法进行分析,减轻了使用内标法定量分析对分辨率的要求。

流动相 pH 值和乙腈浓度对 2 种探针药物的分离均有一定影响,为此进行了优化试验。对上述 2 因素各取 5 水平流动相 pH 值:3.5,4,4.5,5,5.5;乙腈含量:45%,40%,35%,30%,25%进行研究,结果表明,影响峰形的是流动相 pH 值,在 pH 值 3.5 时出的峰比较尖锐,无拖尾或前延现象。影响出峰时间主要是乙腈浓度,在 25%～45%范围内,乙腈比例提高 5%,其保留时间可缩短 0.826 min 左右。因考虑到前 5 min 内有杂峰出现,尽量保证在 5 min 后出峰,因此选用最佳组合流动相 pH 值 3.5,乙腈比例 40%作为色谱条件。结果在 11 min 内使 2 种探针药物得到较好的分离,比胡屹屹等(2006)分离 2 种探针药物的时间(27 min)缩短了 16 min。与闫淑莲等(2003)测定方法相比不需要内标,节省了成本,操作简便。

牙鲆单次腹腔注射氨苯砜(5 mg/kg)后,体内药动学试验结果表明,牙鲆经腹腔注射氨苯砜后药代动力学模型为二室模型,权重为 1/C/C。氨苯砜在牙鲆体内的 $t_{1/2\beta}$ 为13.301 h,而文献报道氨苯砜在大鼠和猪体内的 $t_{1/2\beta}$ 分别为 1.17 h 和 4.205 h(胡屹屹等,2006),也表明了哺乳动物大鼠和猪的 $t_{1/2\beta}$ 与鱼的差异很大,说明同种药物在不同物种中体内的药动学特征存在着显著差异。鱼类和哺乳动物由于在生理基础、生长条件等方面具有明显的差异,因此在药物代谢途径和能力等诸多方面存在差异性是必然的。

综上所述,此色谱方法可以同时对 2 种探针药物氨苯砜和氯唑沙宗进行分离定量,并且采血量少、灵敏度高、操作简便、分析周期短。且专属性、回收率、精密度、线性范围等研究结果能满足分析方法要求,为探针药物在动物药代动力学方面的研究提供了指导。

参考文献(略)

韩现芹,李健.中国水产科学研究院黄海水产研究所　青岛　266071

二、牙鲆 CYP2E1 酶的探针药物评价法

细胞色素 P450(CYP450)为肝脏微粒体混合功能氧化酶系的主要成分,是一组由许多同工酶组成的超基因大家族,对许多内、外源性化合物在体内的 I 相生物转化有重要作用,在药理学研究和药物代谢中有重要意义。CYP450 酶系统组成复杂,呈现基因多样性,CYP450 的遗传多态性是引起其个体和种族间对同一底物代谢能力不同的原因之一,涉及大多数药物代谢的 CYP450 酶系主要有 CYP1、CYP2、CYP3 三个家族(Hakkolaj *et al.*,1998),近来研究较多的 CYP2E1 和 CYP3A 的活性可以通过一些特异性敏感底物来测定。

CYP2E1 的特异性底物氯唑沙宗(Chlorzoxazone,CZX)是一种中枢性骨胳肌松弛剂,在体内主要被 CYP2E1 代谢生成 6-羟基氯唑沙宗(6-hydroxychlorzoxazone),结合氯唑沙宗的体内药代动力学原理,可测定 CYP2E1 的活性(Reginaldef *et al.*,1996)。陈大健等(2008)曾用氯唑沙宗为底物探针的药动学方法研究氟苯尼考和乙醇对鲫鱼 CYP2E1 活性的影响。为探讨探针药物氯唑沙宗在生物体内的代谢过程,笔者建立了牙鲆血浆中氯唑沙宗的 HPLC 测定方法,并研究了牙鲆腹腔注射这种探针药物的药代动力学特征。

1. 材料与方法

1.1 药品和试剂

氯唑沙宗原粉及标准品(美国 Sigma 公司产品,20060608,纯度≥99%),乙腈和甲醇(德国默克公司产品,色谱级),其他试剂均为国产分析纯。

1.2 实验动物

健康牙鲆(*Paralichthys olivaceus*),平均体重 200±20.1 g,平均体长 24.5±3.2 cm,饲养于中国水产科学研究院黄海水产研究所麦岛实验基地。试验期间水温为 16±2℃,盐度 30.4±0.2,pH 值 7.6±0.1,充气,流水,每日投喂不含药物的配合饲料(金海力海水鱼配合饲料),试验前 1 d 及试验期间停止喂食。

1.3 给药及采样

给健康牙鲆 1 次性腹腔注射探针药物氯唑沙宗(10 mg/kg·bw),分别于注射后 0.083、0.167、0.25、0.5、0.75、1、1.5、2、3、4、6、8、12 h 采集血样。将鱼群看作 1 个整体,每个时间点随机取 5 尾,每尾鱼从尾静脉 1 次性无菌采血 1 mL 分别置于预先涂有肝素钠的塑料离心管中,3000 r/min 离心 5 min,分离出血浆,保存于 -20℃冰箱中待测。

1.4 样品处理与分析

(1)样品预处理。

将冷冻保存的血浆自然解冻,摇匀后吸取 0.2 mL 于尖底具塞离心管中,加入乙腈 0.3 mL,置漩涡混合器上充分混合,12000 r/min 离心 10 min,取上清液 20 μL 进行 HPLC 分析。

(2)色谱条件。

色谱柱(固定相)为 Agilent Tc-C18(250 mm×4.6 mm,5 μm),流动相为乙腈—磷酸盐缓冲体系(含 0.2 mol/L 磷酸二氢钾和 0.2 mol/L 三乙胺,磷酸调 pH 值为 3.5)(40:60,V/V),流速为 1.0 mL/min,柱温为 30℃,紫外检测器,检测波长为 280 nm,上样体积:20 μL。

(3)标准曲线。

准确称取氯唑沙宗标准品各 10.0 mg,氯唑沙宗用色谱纯甲醇溶解后,再分别缓慢加入双蒸水,定容在 10 mL 容量瓶中,摇匀,配成质量浓度均为 1.0 mg/mL 的母液,将上述标准液稀释 100 倍,配成 10 μg/mL 的工作液,于 4℃冰箱中避光保存。用时用甲醇稀释至所需浓度,即为氯唑沙宗标准液。取空白血浆 0.25 mL,分别加入不同浓度的氯唑沙宗标准液 0.25 mL,使其终浓度分别为 0.01、0.02、0.1、0.5、1、5、10、20 μg/mL。每个浓度制备 5 份,HPLC 上样分析后,以氯唑沙宗面积为纵坐标(A),血浆中氯唑沙宗的浓度为横坐标(C),绘制标准曲线并进行线性回归。

（4）回收率和精密度。

取牙鲆空白血浆,加入氯唑沙宗标准溶液,制成含氯唑沙宗 0.25、10、20 μg/mL 的血样,每个浓度制备 5 份,HPLC 上样分析获得各样品的峰面积,根据血浆标准曲线回归方程计算氯唑沙宗的浓度值,并与其加入量进行比较,计算回收率。每个浓度日内测 5 次,日间测 5 次,计算日内和日间变化。

2. 实验结果

2.1 检测方法

在设定的色谱条件下,峰形较好,基线平稳,氯唑沙宗(CZX)的保留时间为 6.745 min,氨苯砜的保留时间 10.10 min,药物与血浆中的杂质分离较好,无干扰峰出现。氯唑沙宗的回归方程为:$A = 473.585\,C - 15.705(n = 5, R^2 = 0.9999)$。氯唑沙宗在 $0.01 \sim 20$ μg/mL 浓度范围内与峰面积之间的相关性较好,以信噪比(S/N>3)测得血浆中氯唑沙宗和氨苯砜的最低检测限均为 0.01 μg/mL。回收率在 94.00%～99.48%,日内变异和日间变异系数均小于 4%,符合生物样品测定要求。

2.2 代谢动力学特征

取血浆进行 HPLC 检测分析后获得峰面积,根据标准曲线计算各时间点的血药浓度,采用 DAS2.1.1 软件自动拟合药—时曲线,计算药动学参数,氯唑沙宗的药—时曲线符合二室模型。结果见图 2 及表 3。

表 1　血浆样品中氯唑沙宗的回收率($n = 5$)

添加值 μg/mL	测定值 μg/mL	回收率%	RSD %
0.25	0.23±0.01	95.41±4.35	5.23
10.0	9.90±0.13	99.48±1.31	1.31
20.00	19.41±0.47	97.05±2.35	2.42

表 2　氯唑沙宗在血浆样品中测定的精密度($n = 5$)

添加值 μg/mL	日内变异		日间变异	
	实测浓度 μg/mL	RSD %	实测浓度 μg/mL	RSD %
0.25	0.26±0.01	3.63	0.23±0.004	1.96
10.0	10.09±0.30	2.94	9.92±0.260	2.70
20.00	19.37±0.43	2.22	19.92±0.530	2.76

表 3　牙鲆单次腹腔注射氯唑沙宗(10 mg/kg)和氨苯砜(5 mg/kg)后主要药动力学参数($n = 5$)

参数	单位	氯唑沙宗	氨苯砜
$t_{1/2\beta}$	h	5.43±0.54	13.30±1.12
V/F	L/kg	5.606±0.52	1.17±0.46
CL/F	L/h/kg	0.721±0.10	0.14±0.01
AUC	mg/L·h	14.09±1.99	17.58±1.13

3. 讨论

氯唑沙宗的极性较小,在流动相的水相中加入三乙胺可以较好的改善峰形,防止拖尾,经过反复试验,三乙胺的加入量以 0.2 mol/L 为最好在所选择流动相条件下,保留时间适当,峰形良好,且与相邻峰具有较好的分离度。

在血浆样品预处理方法的选择上,对有机溶剂萃取法"加氯仿—离心—取有机相—氮气吹干—流动相溶解—进样"和"加乙腈—取上清—进样"进行比较,结果发现,单纯用乙腈时对血浆蛋白的清除更彻底,能获得非常清澈的无蛋白上清液。由于减少了氮气吹干浓缩、复溶等多个步骤,该方法不仅极大地降低了工作强度,而且操作步骤少,可直接应用外标法进行分析,减轻了使用内标法定量分析对分辨率的要求。

流动相 pH 值和乙腈浓度对 2 种探针药物的分离均有一定影响,为此进行了优化试验。对上述 2 因素各取 5 水平流动相 pH 值:3.5,4,4.5,5,5.5;乙腈含量:45%,40%,35%,30%,25%进行研究,结果表明,影响峰形的是流动相 pH 值,在 pH 值 3.5 时出的峰比较尖锐,无拖尾或前延现象。影响出峰时间主要是乙腈浓度,在 25%~45%范围内,乙腈比例提高 5%,其保留时间可缩短 0.826 min 左右。因考虑到前 5 min 内有杂峰出现,尽量保证在 5 min 后出峰,因此选用最佳组合流动相 pH 值 3.5,乙腈比例 40%作为色谱条件。结果在 11 min 内使 2 种探针药物得到较好的分离,比胡屹屹等(2006)分离 2 种探针药物的时间(27 min)缩短了 16 min。与闫淑莲(2003)测定方法相比不需要内标,节省了成本,操作简便。

牙鲆单次腹腔注射氯唑沙宗(10 mg/kg)后的体内药动学试验结果表明,牙鲆腹腔注射氯唑沙宗后,药代动力学模型为二室模型,该结论与陈大健报道的氯唑沙宗在鲫鱼体内二室吸收模型结果相符。该试验牙鲆氯唑沙宗的 $t_{1/2\beta}$ 为 5.434 h,而文献报道氯唑沙宗在鲫鱼、大鼠和猪体内的 $t_{1/2\beta}$ 为 6.81 h、1.487 h 和 1.104 h(胡屹屹等,2006);可以看出哺乳动物大鼠和猪氯唑沙宗的 $t_{1/2\beta}$ 比较接近,牙鲆与鲫鱼的 $t_{1/2\beta}$ 比较接近,鱼和哺乳动物的 $t_{1/2\beta}$ 差异较大。说明同种药物在同一物种体内的药动学特征比较相似,在不同物种间存在较大差异。据 Wall 报道氯唑沙宗于相同条件下在美洲拟鲽肝微粒体中的代谢速率分别为 65~148 和 400~800pmol/min/mg,低于哺乳动物。由此可见,氯唑沙宗在鱼类和哺乳动物肝微粒体体外代谢速率的差异与上述 $t_{1/2\beta}$ 的差异是一致的,均反映了 CYP2E1 在鱼类的代谢水平较低。已有文献(Mirandacl et al.,1998)证明与哺乳动物相比,一些经典的抑制剂和底物对鱼 P450 s 的特异性比较低。

综上所述,此色谱方法可以同时对 2 种探针药物氨苯砜和氯唑沙宗进行分离定量,并且采血量少、灵敏度高、操作简便、分析周期短。且专属性、回收率、精密度、线性范围等研究结果能满足分析方法要求,为探针药物在动物药代动力学方面的研究提供了指导。

参考文献(略)

韩现芹,李健.中国水产科学研究院黄海水产研究所　　山东青岛　266071

三、黄芩苷对牙鲆肝 CYP1A 酶活性的影响

细胞色素 P450 酶(CYP450)是混合功能氧化酶系中最重要的一族,参与众多药物在

动物体内的生物转化,CYP1A 是其中主要的一个亚族,可催化多种药物的代谢,与许多前致癌物和前毒物的代谢活化有关(胡云珍等,2003),其活性高低可直接影响药物的治疗效果和毒性效应,同时,药物、环境污染物等诸多外界因素也可对其活性产生诱导或抑制作用,影响其活性大小。鱼类也具有 P450 酶,水产养殖中所用到的药物在鱼体内的生物转化同样也是通过该酶起作用的,其中 CYP1A 普遍存在于所检测的鱼类中(Simon et al.,1999),也是鱼类中研究最多的一个家族,其活性主要用作生物标志物,即通过以环境污染物作为外源物质来观察对其活性的影响,来指示环境污染(Malmstrm et al.,2004),应用于环境毒理学研究中,但是针对于与水产药物直接相关的药理学研究却很少。

黄芩苷(Baicalin)是从唇形科植物黄芩(Scutellaria baicalensis Georigi)的干燥根中提取的一种黄酮类化合物,是黄芩中的有效成分之一,具有保肝、利胆、抗菌消炎等多种药理作用(文敏等,2002)。由于其具有低毒、低污染和不易产生耐药性等优点,已逐渐应用于水产养殖业中,常用于鱼类细菌性疾病的防治。近年来,国内外对于黄芩苷在水产养殖中的研究,有见其对鱼类肝功能及免疫机能方面影响的免疫学研究(喻运珍等,2006),但是对鱼类药物代谢酶 CYP450 的影响及药物相互作用的研究还属空白,鉴于此,本文选取了牙鲆为试验动物,来研究黄芩苷在不同药物剂量及药物作用时间下对 CYP1A 酶活性及基因表达的影响,旨在探讨黄芩苷对 CYP1A 的影响及作用机制,以指导水产临床配伍用药,通过合理及有目的地给药,以减少因药物相互作用而导致的药物不良反应,发挥药物的最大疗效。

1. 材料与方法

1.1　药品和试剂

黄芩苷药粉购自青岛胶南市科奥植物制品有限公司,含量≥85%。1-苯基-2-硫脲(PTU)(98%)、7-羟基-3-异吩噁唑酮(Resorufin,RF)、7-乙氧基-3-异吩唑噁酮(Ethoxyresorufin,ERF)购于 Sigma 公司;乙二胺四乙酸二钠(EDTANa$_2$)、α-苯甲磺酰氟(PMSF)(99%)、考马斯亮兰均为 Amresco 产品;1,4-二硫苏糖醇(DTT)(99.5%)为 Merck 产品,还原型辅酶(NADPHNa$_4$)(≥99.9%)、牛血清白蛋白均为 Roche 产品;其他化学试剂均为国产分析纯。

1.2　实验动物

健康牙鲆(Paralichthys olivaceus)购自青岛茂余水产养殖有限公司,平均体重 106±6.5 g,饲养于中国水产科学院黄海水产研究所鳌山卫实验基地,水温 24±1℃,充气。实验前暂养 2 周,每日投喂不含药物的配合饲料,实验前 1 天及实验期间停止投喂。

1.3　实验方法

(1)实验设计。

将 88 尾体质量 106±6.5 g 的禁食过夜的暂养牙鲆随机分为 4 组,分别为对照组、低剂量组(黄芩苷 50 mg/kg)、中剂量组(黄芩苷 100 mg/kg)、高剂量组(黄芩苷 200 mg/kg),每日口灌给药 1 次,每次 1 mL。对照组则以等体积 0.9%生理盐水口灌。连续给药,并于给药 3 d、6 d、9 d 后将鱼处死,迅速取出肝脏分成两部分,用于肝 S$_9$(肝匀浆液的去线粒体上清液)的制备,以测定酶活,并立即放入液氮中保存备用。

(2)肝 S$_9$ 制备。

采用沈钧等(1999)的方法并加以改进,肝组织用 4℃的 PBS(pH=7.4)缓冲液反复冲洗,尽可能彻底除去血细胞,用滤纸吸去多余液体称重,并按 1：5(W/V)的比例加入冰冷的匀浆缓冲液(0.1 mol/L pH7.4 PBS,含 1 mmol/L EDTANa$_2$,1 mmol/L PMSF,1 mmol/L PTU,0.1 mmol/L DTT,15％甘油),将肝脏剪成细小碎块,转入预冷的手动玻璃匀浆器制成匀浆,然后用一层已被 PBS 缓冲液湿润过的纱布过滤后,将肝匀浆在 4℃下用 10000 g 离心 30 min,上清液用两层已被 PBS 缓冲液湿润过的纱布过滤,将漂浮的脂类物质除去,即制成 S$_9$,分装于冻存管中,置于液氮中保存备用。

(3) 蛋白含量的测定。

参照文献(汪家政等,2000)的方法稍加改进后进行测定,以系列浓度的牛血清白蛋白为横坐标,OD 值为纵坐标,进行线性回归,制备牛血清白蛋白标准曲线并求得牛血清白蛋白线性回归方程。将待测样本稀释 20 倍,取稀释后样本 0.1 mL,其余同标准曲线制备步骤,依据线性回归方程计算待测样本中蛋白含量。

(4) 7-乙氧基异吩唑酮-脱乙基酶(EROD)活性测定。

7-羟基-3-异吩噁唑酮(RF)标准曲线的制备用改进的文献方法(Kennedy *et al*.,1994)测定,反应在黑色 96 孔酶标板中进行,在板中依次加入 0、0.15、0.3、0.9、3、6 μL 的 RF 标准液,并用甲醇补充至 6 μL,使其终浓度分别为 0.0125、0.025、0.075、0.25、0.5 μmol/L,再加入 90 μL 的 25％-PBS 甘油缓冲液、30 μL 的 ER(终浓度为 50 mmol/L)、15 μL 的 NADPH(终浓度为 1 mmol/L),22℃培养箱温孵 10 min 后,加入 60 μL 的乙腈,并静置 15 min 后用荧光酶标仪进行荧光强度的测定,激发和发射波长分别为 535 nm 和 580 nm,每个样本均为 8 个复孔。以系列浓度的 RF 为横坐标,荧光强度为纵坐标,绘制 RF 标准曲线。

(5) EROD 活性测定。

用改进的文献方法(Kennedy *et al*.,1994),反应体系为:25％-PBS 甘油缓冲液(样品板中 90 μL,空白样板中为 105 μL)、S96 μL、ERF30 μL、NADPH15 μL(空白样板不加),22℃培养箱温孵 10 min 后,加入 60 μL 的乙腈,并静置 15 min 后用荧光酶标仪进行荧光强度的测定,每个样本均为 8 个复孔。根据标准曲线计算 RF 浓度,计算 EROD 活性(pmol/min/mg),以 1 mg 蛋白在 1 min 内的 RF 生成量表示。

1.4 统计分析

实验数据通过 SPESS13.0 软件的 ANOVA 方法进行显著性分析,结果以均数±标准差(mean±SD)形式表示。

2. 实验结果

2.1 标准曲线

以系列浓度的牛血清白蛋白为横坐标,OD$_{595}$值为纵坐标,得标准曲线的线性回归方程为 $Y=0.6088X-0.0022, R^2=0.9983$。以荧光强度为纵坐标,RF 浓度为横坐标绘制标准曲线,其线性回归方程为 $Y=12715X+268.31, R^2=0.9967$。

2.2 不同剂量及作用时间的黄芩苷对牙鲆 EROD 酶活性的影响

从图 1 中可知,各药物处理组对 EROD 酶活性的影响与药物作用时间有关,其中,低剂量组的 EROD 活性随着药物作用时间的延长而缓慢增加,在给药 9 天显著高于空白组

（$P<0.05$），中、高剂量组的 EROD 活性则持续稳定上升，其中，中剂量组在给药 6 天的 EROD 活性显著增加（$P<0.05$），9 天的则极显著增加（$P<0.01$），高剂量组在给药 6 天和 9 天的 EROD 活性均极显著增加（$P<0.01$）。对于同一测定时间，3 个黄芩苷给药组的 EROD 活性均呈现高剂量组＞中剂量组＞低剂量组，给药 6 天，高剂量组、中剂量组、低剂量组活性分别增加了 23.57%、65.54%、76.80%，给药 9 天，高、中、低剂量组活性则分别增加了 45.42%、70.59%、89.99%，，此结果说明，黄芩苷对牙鲆 EROD 酶具有诱导作用，且这种诱导作用与黄芩苷的剂量及作用时间有关，呈现剂量—效应和时间—效应关系。

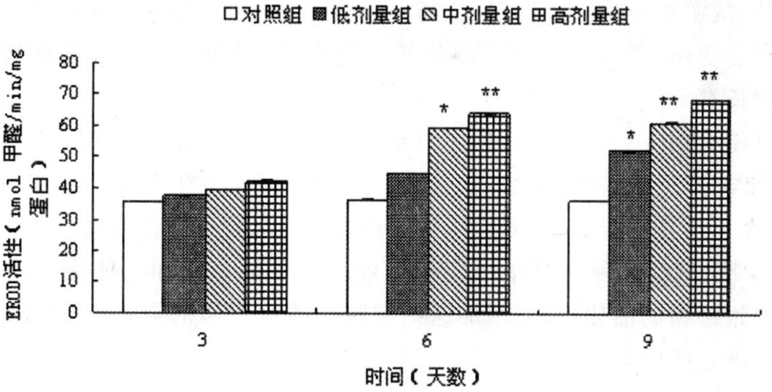

图 1 黄芩苷对牙鲆 EROD 酶活性的影响

注：与对照组相比，＊表示差异显著（$P<0.05$），＊＊表示差异极显著（$P<0.01$）

3. 讨论

3.1 中药对 CYP1A 酶活性的作用

CYP1A 是重要的 CYP450 酶之一，可催化多种药物的代谢。当今中草药在世界范围推广的同时，越来越多的临床和药理研究表明，许多中草药（包括其单体成分、代谢物、复方等）可对 CYP1A 产生诱导或抑制的作用，从而引起自身和其他药物的动力学的变化。如刺五加（*Acanthopanax senticosus*）、黄芩的黄酮成分汉黄芩素分别对大鼠、小鼠肝微粒体 CYP1A1 和 CYP1A2 的活性具有抑制作用（苗丽娟等，1998），葛根（*Puerarialob*）中分离出的葛根素却诱导 CYP1A1 和 CYP1A2 的活性，大蒜抑制 CYP1A2 的作用，降低 CYP1A2 底物的口服清除率，贯叶连翘提取物可诱导 CYP1A2，从而加速人体茶碱等药物的代谢，降低了常规剂量的治疗效果（Ernst *et al.*，1999），本实验研究发现，黄芩苷对牙鲆肝 CYP1A 具有诱导作用，这与侯艳宁等在小鼠中的研究结果是基本相符的（侯艳宁等，2000）。

3.2 黄芩苷对牙鲆 CYP1A 酶活性的影响

中药对 CYP450 的作用与剂量密切相关（王丹等，2008）。施畅等（2003）分别用 125 mg·kg^{-1}·d^{-1}、750 mg·kg^{-1}·d^{-1}、4500 mg·kg^{-1}·d^{-1} 复方丹参滴丸连续灌胃处理大鼠 5 天后，发现在 4500 mg·kg^{-1}·d^{-1} 的剂量时，对大鼠肝脏 CYP2B1/2 有轻度诱导作用，而在 125 mg·kg^{-1}·d^{-1}、750 mg·kg^{-1}·d^{-1} 时则无诱导作用；姜蕾等（2006）按 10 mg·kg^{-1}·d^{-1}、25 mg·kg^{-1}·d^{-1}、40 mg·kg^{-1}·d^{-1} 的剂量连续给鲤鱼注射五倍子提取液后发现，五倍子对 CYP3A 的抑制作用与药物剂量有关，药物剂量越高，抑制作用越

大,呈现出明显的剂量—效应关系。本实验在研究黄芩苷对牙鲆 CYP1A 影响时也发现了这种剂量影响作用的现象,牙鲆连续用药 6 天后,黄芩苷对 CYP1A 的诱导作用由高到低依次为:高剂量组、中剂量组、低剂量组。

有研究表明,中药的给药次数,也能够显著影响中药对 CYP450 的诱导或抑制作用,如唐江芳等(2007)观察了五倍子提取液给药 3 天、7 天和 10 天后对鲫鱼肝微粒体 CYP3A 的影响,发现其对 CYP3A 的抑制作用可随给药次数的延长而增强,具有时间—效应关系,本试验也发现,黄芩苷对给药 3 天、6 天和 9 天后的牙鲆的 CYP1A 的诱导作用也有这种效应关系。另外,从实验中我们也发现,给药 3 天,各剂量组的黄芩苷对牙鲆的各 CYP1A 酶的活性没有明显变化,这可能是由于黄芩苷作为中药,机体对其吸收代谢较慢,发挥药效所需的时间较长有关。

黄芩苷可使 CYP1A 的标志酶 EROD 活性升高,说明它们对 CYP1A 有诱导作用,揭示了当黄芩苷与 CYP1A 酶的底物药物合用时,很可能会发生药物的相互作用,应适当调整用量,避免发生不良反应,由于 CYP1A 主要参与许多前致癌物和前毒物的代谢活化,而黄芩苷对 CYP1A 酶的这种诱导作用在一定程度上可能会增加水体中的由 CYP1A 活化的前毒物和前致癌物的活化,从而增加这些有害物质对鱼体的损害,所以对鱼类使用黄芩苷时应予以考虑这些因素。

参考文献(略)

韩华.上海海洋大学水产与生命学院　上海　201306

韩华,李健,李吉涛,张喆.中国水产科学研究院黄海水产研究所　山东青岛　266071

四、喹诺酮类药物对牙鲆肝药物代谢酶活性的影响

药物在动物体内的代谢,不论以哪一种方式进行,都需要酶的参与。与药物代谢最密切相关的药酶是细胞色素 P450(Cytochrome P450,CYP 或 P450)酶系,它是一族重要的混合功能氧化酶,在肝脏中的含量最丰富(Slaµghter et al.,1995)。其所催化的 I 相反应是药物在体内代谢的关键一步,并且这一步反应常常又是药物从体内消除的限速步骤,因此 P450 酶的活性决定了药物的代谢速率,与药物的清除率有直接的关系(李国昌等,2004)。 P450 酶与药物之间的这种作用是相互的,许多药物又可以作用于该酶系从而对其活性产生诱导或抑制作用,当与其他需经 P450 酶代谢的药物联合应用时,会影响这类药物的代谢,产生药物的相互作用(Iyer et al.,1999)。因此,了解药物对 P450 酶的诱导或抑制作用对指导临床合理用药及评价新药安全性方面有着重要的理论价值和现实意义,因而也成为药理学研究中的一个热点。

鱼类也具有 P450 酶,水产养殖中所用到的药物在鱼体内的生物转化同样也是通过该酶起作用的,据估计 60%普通处方药都是通过 P450 酶系进行生物转化的(Venkatakrishnan et al.,2001)。喹诺酮(Qunolones)抗菌药是人工合成的含有 4-喹酮母核的一类抗菌药物,由于其具有独特的作用机制、抗菌谱广以及与其他抗菌药之间无交叉耐药性等特点,在国内外被广泛应用于水产养殖动物细菌感染的预防和治疗,鉴于其在治疗疾病中的良好疗效,研究该类药物对 P450 酶的影响及其药物之间的相互作用将具有较高的实际意义。近年来,喹诺酮类药物对 P450 酶影响的研究甚为活跃,但这些研究主要局限于对大

鼠(Davis *et al.*,1995)、狗(Regmi *et al.*,2005)、人(周义文等,2003)等的影响,而对鱼类 P450 酶活性影响的研究则相对较少,并且研究人员关注更多的则是该类药物对水产动物药代动力学影响的研究(张雅斌等,2004),鉴于此,本文观察了水产常用喹诺酮类药物中的氟甲喹(Flumequine)、恩诺沙星(Enrofloxacin)和诺氟沙星(Norfloxacin)对牙鲆肝 P450 酶活性的影响及差异,以了解该类药物与 P450 之间的相互作用(诱导或者抑制),为该类药物在水产上的合理及联合用药提供技术支持和帮助。

1. 材料与方法

1.1 实验材料

恩诺沙星购自浙江国邦兽药有限公司,纯度高于 98.5%;诺氟沙星、氟甲喹由武汉刚正生物科技有限公司提供,纯度均高于 99%;氨基比林、1-苯基-2-硫脲(PTU)(98%)、7-羟基-3-异吩噁唑酮(Resorufin,RF)、7-乙氧基-3-异吩唑噁酮(Ethoxyresorufin,ERF)购于 Sigma 公司;乙二胺四乙酸二钠(EDTANa$_2$)、α-苯甲磺酰氟(PMSF)(99%)、考马斯亮兰、红霉素(ERM)(97.2%)均为 Amresco 产品;1,4-二硫苏糖醇(DTT)(99.5%)为 Merck 产品,还原型辅酶(NADPHNa$_4$)(≥99.9%)、牛血清白蛋白均为 Roche 产品;其他试剂均为国产分析纯。

1.2 实验动物

实验用健康牙鲆(*Paralichthys olivaceus*)购自青岛茂余水产养殖有限公司,平均质量 100.4 g±3.9 g,饲养于中国水产科学院黄海水产研究所鳌山卫实验基地。实验期间水温为 24±1℃,盐度 29,pH8.2 左右,充气,流水,实验前暂养 2 周,每日投喂不含药物的配合饲料,实验前 1 天及实验期间停止投喂。

1.3 实验方法

(1)动物处理。

将 40 尾禁食过夜的暂养牙鲆随机分为 4 组,分别为对照组、氟甲喹组、恩诺沙星组、诺氟沙星组。对照组以 0.9%生理盐水口灌,各药物组以 0.9%生理盐水为溶剂,将氟甲喹、恩诺沙星、诺氟沙星分别配成混悬液,制成所需浓度(每日新配),并以 50 mg/kg 剂量口服灌胃给药。各处理组每天给药一次,连续口灌 5 天,并在末次给药后 24 h 将动物处死,迅速取出肝脏并立即放入液氮中保存备用。

(2)S$_9$ 制备。

采用改进的沈钧等(1999)方法进行,肝组织用 4℃的 PBS(pH=7.4)缓冲液反复冲洗,尽可能彻底除去血细胞,用滤纸吸去多余液体称重,并按 1∶5(*W/V*)的比例加入冰冷的匀浆缓冲液(0.1 mol/L pH7.4 PBS,含 1 mmol/L EDTANa$_2$,1 mmol/L PMSF,1 mmol/L PTU,0.1 mmol/L DTT,15%甘油),将肝脏剪成细小碎块,转入预冷的手动玻璃匀浆器制成匀浆,然后用一层已被 PBS 缓冲液湿润过的纱布过滤后,将肝匀浆在 4℃下用 10000 g 离心 30 min,上清液用两层已被 PBS 缓冲液湿润过的纱布过滤,将漂浮的脂类物质除去,即制成 S$_9$ 部分,分装于冻存管中,置于液氮中保存备用。

(3)蛋白含量的测定。

1)牛血清白蛋白标准曲线的制备。

在试管中分别加入 0、0.1、0.2、0.4、0.6、0.8、1.0 mL BSA 母液(1 g/L),补充双蒸水至 1 mL,参照文献(汪家政等,2000)方法稍加改进后测定蛋白含量,以系列浓度的牛血清白蛋白为横坐标,OD 值为纵坐标,进行线性回归,求得牛血清白蛋白线性回归方程。

2)S$_9$ 样品中蛋白浓度测定。

将待测样本稀释 20 倍,取稀释后样本 0.1 mL,其余同标准曲线制备步骤,依据线性回归方程计算待测样本中蛋白含量。

(4)氨基比林-N-脱甲基酶(APND)活性测定。

1)甲醛标准曲线制备。

在各试管中分别加入 0、0.1、0.2、0.4、0.6、0.8 和 1.0 mL 的甲醛标准工作液(0.1 mmol/L),并分别再用双蒸水补充至 2.0 mL,加入 Nash 试剂 2.0 mL,60℃水浴 10 min,自来水冷却,以空白管调零,420 nm 处测定各管的吸光度,以 OD 值为纵坐标,甲醛浓度为横坐标,绘制甲醛标准曲线。

2)APND 活性测定。

参照有关文献,经适当修改,取 25%-PBS 甘油缓冲液 1.7 mL,加 S$_9$ 0.1 mL,24 mg/mL 氨基比林 0.1 mL,22℃水浴温孵 2 min 后,测定管加 10 mmol/L NADPH0.1 mL,空白管加蒸馏水 0.1 mL,22℃水浴温孵 30 min。各管均加 15% ZnSO$_4$ 0.35 mL,混匀,冰浴 5 min,加饱和 Ba(OH)$_2$ 0.35 mL,混匀,室温放置 5 min 后 1 000 rpm 离心 10 分钟,取上清液 2 mL,加 Nash 试剂 2 mL,以后操作同甲醛标准曲线。根据 OD$_{420}$ 和甲醛标准曲线计算酶活性,以甲醛的产生速度表示 APND 的活性,以 $nmol$ 甲醛/min/mg 蛋白表示。

(5)ERND 活性测定。

反应体系中,除底物用浓度为 4 mmol/L 的红霉素外,其余步骤同氨基比林-N-脱甲基酶活性测定。

(6)EROD 活性测定。

用改进的文献方法(Kennedy *et al.*,1994)测定,反应在 96 孔酶标板(黑色)中进行,反应温度为 22℃,于荧光酶标仪中测定 S$_9$ 中 RF 的荧光强度,激发和发射波长分别为 535 nm 和 580 nm。每个样本均为 8 个复孔。根据标准曲线计算 RF 浓度,计算 EROD 活性(pmol/min/mg),以单位蛋白在单位时间内的 RF 生成量表示。

(7)统计方法。

采用 SPSS13.0 统计软件进行统计分析,结果以均数±标准差(mean±SD)形式表示。

2. 实验结果

2.1 标准曲线

(1)牛血清白蛋白标准曲线。

以系列浓度的牛血清白蛋白为横坐标,OD595 值为纵坐标的标准曲线见图 1,此标准曲线的线性回归方程为 $Y=0.6173X-0.0019$,$R^2=0.9990$。该方法的检测范围为 0.1~1 mg/mL,最低检测限为 0.1 mg/mL。(图 1)

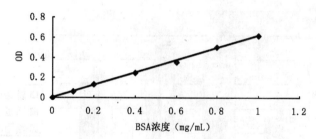

图 1 牛血清白蛋白标准曲线

（2）甲醛标准曲线。

以 OD 值为纵坐标，甲醛系列浓度为横坐标绘制标准曲线，线性回归方程为 $Y = 2.2882X - 0.002$，$R^2 = 0.9998$。该方法的检测范围为 $0.005 \sim 0.1 \ \mu mol/mL$，最低检测限为 $0.005 \ \mu mol/mL$。（图 2）

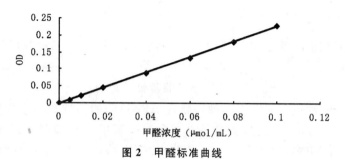

图 2 甲醛标准曲线

（3）RF 标准曲线。

以荧光强度为纵坐标，RF 浓度为横坐标绘制标准曲线，其线性回归方程为 $Y = 12676X + 267.5$，$R^2 = 0.9970$。该方法的检测范围为 $0.0125 \sim 0.5 \ \mu mol/L$，最低检测限为 $0.0125 \ \mu mol/L$。（图 3）

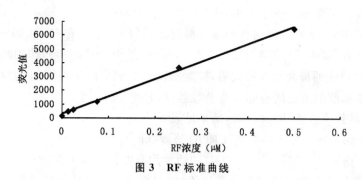

图 3 RF 标准曲线

2.2 喹诺酮类药物对牙鲆肝 S_9 药物代谢酶活性的影响

喹诺酮类药物（恩诺沙星、诺氟沙星和氟甲喹）对 3 种肝药酶活性均有不同程度的抑制作用，各药物处理组对 APND、ERND 和 EROD 这 3 种酶的抑制率见图 4。

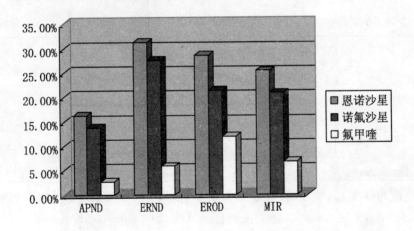

图 4

注:图中横坐标表示酶的类别,纵坐标表示药物对酶活性的抑制率

抑制率=(对照组酶活-药物组酶活)/对照组酶活;MIR 则表示各药物处理组对这 3 种酶的平均抑制率,

2.3 喹诺酮类药物对牙鲆肝 S_9 APND 酶活性的影响

恩诺沙星、诺氟沙星和氟甲喹 3 种药物对 APND 酶的活性有一定程度的抑制作用。恩诺沙星的抑制作用相对较强,抑制率为 16.3%,氟甲喹的抑制率最小,抑制率仅为 2.8%,3 种药物对 APND 酶的平均抑制率为 11.0%,结果见图 4。药物组与对照组间比较,恩诺沙星和诺氟沙星对 APND 活性的抑制作用较强($P<0.01$),氟甲喹的抑制作用则相对较弱($P<0.05$),结果见表 1。药物组之间比较,恩诺沙星组和氟甲喹组之间、诺氟沙星组和氟甲喹组之间有非常明显的显著性差异($P<0.01$);恩诺沙星组和诺氟沙星组之间有明显的显著性差异($P<0.05$),结果见表 2。

2.4 喹诺酮类药物对牙鲆肝 S_9 ERND 酶活性的影响

3 种药物对 ERND 酶活性均有明显的抑制作用($P<0.05$ 或 $P<0.01$),结果见表 1。3 种药物对 ERND 酶的平均抑制率为 21.6%,其中,恩诺沙星的抑制作用相对较强,抑制率为 31.2%,氟甲喹的抑制作用则较弱,抑制率仅为 5.9%,结果见图 4。氟甲喹组分别与恩诺沙星组、诺氟沙星组之间有非常显著性差异($P<0.01$),而恩诺沙星组与诺氟沙星组之间比较则有显著性差异($P<0.05$),结果见表 2。

2.5 喹诺酮类药物对牙鲆肝 S_9 EROD 酶活性的影响

恩诺沙星、诺氟沙星和氟甲喹 EROD 的活性均有非常显著的抑制作用($P<0.01$),结果见表 1。各药物组之间比较均有非常显著性差异($P<0.01$),结果见表 2。3 种药物对 EROD 酶的平均抑制率为 20.7%,各种药物对 EROD 酶的抑制率大小为恩诺沙星>诺氟沙星>氟甲喹,结果见图 4。

表 1　喹诺酮类药物对牙鲆肝 S_9 中 APND、ERND 和 EROD 酶活性的影响（($\overline{X}\pm s, n=6$)

组别	APND （$nmol$ 甲醛/min/mg 蛋白）	ERND （$nmol$ 甲醛/min/mg 蛋白）	EROD （$pmol$RF/min/mg 蛋白）
对照组	1.980 ± 0.020	1.245 ± 0.029	33.200 ± 0.057
恩诺沙星组	$1.658\pm0.025^{**}$	$0.857\pm0.053^{**}$	$23.706\pm0.046^{**}$
诺氟沙星组	$1.707\pm0.020^{**}$	$0.929\pm0.023^{**}$	$26.090\pm0.075^{**}$
氟甲喹组	$1.924\pm0.014^{*}$	$1.171\pm0.036^{*}$	$29.550\pm0.168^{**}$

注：* 表示与对照组比较差异显著（$P<0.05$）；** 表示与对照组比较差异极显著（$P<0.01$）。

表 2　给药组之间的配对 t 检验统计分析结果

组配对	APND	ERND	EROD
恩诺沙星组-诺氟沙星组	<0.05	<0.05	<0.01
恩诺沙星组-氟甲喹组	<0.01	<0.01	<0.01
诺氟沙星组-氟甲喹组	<0.01	<0.01	<0.01

3. 讨论

3.1　禁食实验条件的选取

较哺乳动物而言，由于具有特有的生理结构和生活环境，鱼类可以耐受更长时间的饥饿，所以其代谢状况的改变不会像哺乳动物那样因饥饿而迅速变化，可以延长很多，另外，Andersson 等（1992）研究了饥饿对虹鳟肝 CYP450 酶的影响，证实了在前 6 周内，CYP450 酶的活性没有发生明显变化，饥饿 12 周后，该酶活性才有不同程度的变化，与此同时，也有文献报道，饲料中的各种营养素如蛋白质、碳水化合物、维生素等成分对 CYP450 酶活性也会产生影响（金念组等，1995），并且药物经口灌给药进入鱼肠后反而在一定程度上可以使饥饿状况得到缓解，因此，鉴于本实验的给药方式为口灌，且实验周期仅为 5 天，时间较短的情况下，再综合考虑上述各种因素，我们在实验中采取了在实验期间停止投喂饲料的方法，以便使研究结果更加准确些。

3.2　喹诺酮类药物对牙鲆肝药物代谢酶活性的影响

CYP450 的诱导或抑制可改变药物代谢和血药浓度，并引起药物间的相互作用，从而影响药效和毒性，是导致药物不良反应的重要原因。近年来，该类药物对 CYP450 酶影响的研究甚为活跃（Davis $et\ al.$，1995），研究发现，喹诺酮类中的多种药物如环丙沙星、恩诺沙星、氧氟沙星和诺氟沙星等对 CYP450 酶具有抑制作用，本文以重要的近海养殖经济鱼类的牙鲆为研究对象，选取了喹诺酮类药物中的恩诺沙星、诺氟沙星和氟甲喹，以拟临床给药途径，按渔药手册推荐用量给药，研究它们对 CYP450 酶的影响，结果发现，这 3 种药物对牙鲆 CYP450 酶也具有抑制作用，与文献中所报道的结果是基本一致的。

在细胞色素 P450 酶系中，承担大量的肝脏药物代谢功能的主要是 CYP1、CYP2 和

CYP3 这 3 个家族,本实验中测定的氨基比林-N-脱甲基酶(APND)、红霉素-N-脱甲基酶(ERND)和 7-乙氧基异吩唑酮-脱乙基酶(EROD)则分别是反应 CYP2B(Novi et al., 1998)、CYP3A(Kullman et al., 2000)和 CYP1A(Vaccaro et al., 2003)活性的标志酶,即通过测定 CYP2B(APND)催化氨基比林和 CYP3A(ERND)催化红霉素生成甲醛的速度,及 CYP1A(EROD)催化 7-乙氧基-3-异吩唑噁酮生成 7-羟基-3-异吩唑噁酮的速度,就可以获悉 CYP450 酶系 CYP2B、CYP3A 和 CYP1A 的活性。实验中用紫外分光光度法测定 APND 和 ERND 酶活性,荧光分光光度法测定了 EROD 酶的活性,方法学考察表明,该方法灵敏可靠,重复性较好。

CYP1A 是重要的 CYP450 酶之一,催化多种药物的代谢,与许多前致癌物和前毒物的代谢活化有关(胡云珍等,2003),普遍存在于所检测的鱼类中(Simon et al.,1999),也是鱼类中研究最多的一个家族,其活性主要用作生物标志物,即通过以环境污染物作为外源物质来观察对其活性的影响,来指示环境污染(Malmström et al.,2004),本文则以喹诺酮类药物作为外源物质,结果表明恩诺沙星、诺氟沙星和氟甲喹这 3 种药物对该酶的活性都具有抑制作用,且恩诺沙星的抑制率最大,氟甲喹则最小。此结果与先前报道恩诺沙星在舌齿鲈(Dicentrachus labrax)(Vaccaro et al.,2003)、以及恩诺沙星和诺氟沙星在人(Mclellan et al.,1996)、鼠(Vancutsem et al.,1996)、狗(Regmi et al.,2005)中的研究结果是一致的。另外,本实验结果亦揭示了当该 3 种喹诺酮类药物与 CYP1A 酶的底物药物合用时,很可能会发生药物间的相互作用,应适当减少后者的用量,避免蓄积中毒,并且,这种抑制作用在一定程度上能够使水体中的由 CYP1A 活化的前毒物和前致癌物不能减少活化为有毒物和致癌物,从而减少这些有害物质对鱼体的损害。

CYP2B 具有催化底物,使其形成非活性的且易于排泄的代谢产物,而起到解毒的作用,某些药物也可经 CYP2B 代谢活化(严敏芬等,2006)。本实验研究表明,恩诺沙星、诺氟沙星和氟甲喹对牙鲆肝 CYP2B 酶活性具有抑制作用,其中,恩诺沙星的抑制作用最强,诺氟沙星次之,氟甲喹最弱,提示使用这些药物时要予以考虑它们对该酶的抑制作用,尤其是与该酶代谢底物的药物合用时,避免发生药物间的相互作用。

CYP3A 是最重要的 CYP450 酶,参与近 60% 临床药物的生物转化,与口服药物的首过效应有关,在药物代谢过程中起重要作用。在鱼类中,CYP3A 是代谢大部分亲脂性有机化合物的主要酶(Andrew et al.,2003),其活性受到药物、环境因子等诸多因素的影响,很多药物都是它的诱导剂或抑制剂,已有文献报道(Vaccaro et al.,2003),喹诺酮类中的多种药物诸如恩诺沙星、环丙沙星、沙拉沙星和氧氟沙星等对它的活性具有广泛的抑制作用,本实验结果亦证实了喹诺酮类药物中的恩诺沙星、诺氟沙星和氟甲喹对牙鲆肝 CYP3A 酶活性具有抑制作用,且这种抑制作用以恩诺沙星最强,氟甲喹最弱,此外,这个结果也提示了这 3 种药物可能导致一些经 CYP3A 代谢的药物在肝脏中首过效应降低,生物利用度增加,从而有可能引起药物间的相互作用,使用时要予以充分考虑。

有研究显示,喹诺酮类中的多种药物如环丙沙星(Valero et al.,1991)、诺美沙星(黄仁刚等,1999)、左氧氟沙星(张沂等,2003)、恩诺沙星(Vaccaro et al.,2003)等对 CYP450 酶的抑制作用具有选择性,本实验显示,3 种药物对 CYP450 酶的抑制作用也表现出选择性,其中恩诺沙星对 ERND 的抑制作用最强,其次为 EROD,对 APND 的抑制作用则相对较弱,这与 Vaccaro 等(2003)研究恩诺沙星对舌齿鲈 CYP450 酶的选择性抑制作用的结果是一致的,诺氟沙星的选择性抑制作用则与恩诺沙星相似,氟甲喹的选择性抑制作用则不同,其对 EROD 的抑制作用是最强的。

3.3 喹诺酮类药物对牙鲆肝药物代谢酶的抑制机制

有关喹诺酮类药物抑制 P450 酶的机制,现有几种假说(黄仁刚,1997；Sakar *et al.*,2004):一种认为,其抑制作用是和喹诺酮类药物自身的分子组成及空间构象有关；一种认为喹诺酮类药物的分子结构中第八位上的氮原子是影响 CYP450 酶活性的主要因素；还有一种则认为喹诺酮类药物对肝药酶的抑制作用依赖于它们在体内的代谢程度和 4-氧代谢物的生成量,但以上假说还有待于进一步验证。另有,Fuhr 等(1993)认为喹诺酮类药物分子中 8 位上没有取代基(即萘啶环或奎啉环 C8 与一个氢相连)或者 7 位哌嗪基 3′ 和 4′ 无甲基等取代基,则其抑制作用强。而本实验中,诺氟沙星的嗪啉环 8 位上没有取代基,7 位哌嗪基上也无取代基,因而其抑制作用较强。氟甲喹则由于都不具备上述特定,所以抑制作用较弱,对于恩诺沙星而言,虽然其哌嗪环上 7 位哌嗪基的 4′ 位有一乙基取代基,但由于其在体内部分被 P450 酶代谢脱去乙基生成环丙沙星,而环丙沙星对 P450 有很强的抑制作用,因此恩诺沙星仍表现出较强的抑制 CYP450 的能力。

参考文献(略)

韩华,韩现芹.上海海洋大学水产与生命学院　上海　201306
韩华,李健,李吉涛,韩现芹,陈萍.中国水产科学研究院黄海水产研究所　山东青岛　266071

五、诺氟沙星对中国对虾药物代谢酶活性的影响

药物在生物体内的转化主要是通过药物代谢酶起作用的,细胞色素 P450 酶(CYP450)和谷胱甘肽巯基转移酶(GST)是药物转化过程中两个重要代谢酶系。CYP450 是广泛存在于生物体的一种含血红素的膜蛋白,参与药物代谢 I 相反应中大多数内源性与外源性物质的代谢；GST 是药物 II 相代谢中一类重要的药物代谢转移酶,可催化许多化学物质的代谢,具有机体解毒功能和抗氧化功能(陈颖,2007)。

在水产动物药物代谢酶活性方面,国外的研究主要集中于污染物对酶活性的影响,如 Ishizuka 等(1996)的研究发现 PAHs 污染能诱导日本绒螯蟹(*Eriocheir japonicus*)肝胰腺中 ECOD 酶等 P450 酶的活性,Taysse 等(1998)研究表明鲤鱼免疫器官(脾和头肾)中的 II 相代谢酶 GST 和 UDP-葡醛酸转移酶可以被 3-MC 所诱导。有关渔药对药物代谢酶活性的影响的报道较少且主要为鱼类,例如 Moutou 等(1998)研究了噁喹酸和氟甲喹等口服给药对虹鳟(*Salmo gairdneri*)微粒体 P450 单加氧酶活性的影响,酶活性大大提高；国内的研究大多集中于鱼类 P450 酶系中的敏感指标 EROD 酶及 GST 酶,将其应用于生态毒理学领域(霍传林 等,2002；尹晓晖 等,2005；陈颖,2007)；陈大健(2006)报道了几种常用药物对鲫鱼 CYP450 酶活性具有选择性的诱导或抑制作用,而甲壳动物未见报道。

中国对虾是黄渤海重要的经济种类,也是重要的出口创汇产品,随着水产养殖产量的不断提高,对虾的疾病问题不断困扰着对虾养殖业,而药物仍然是水产养殖中病害防治的主要手段。本章研究了第三代喹诺酮类药物诺氟沙星对中国对虾 I 相酶(APND、ECOD)及 II 相酶(GST)活性的影响。

1. 材料与方法

1.1 试剂

诺氟沙星原粉购自武汉刚正生物科技有限公司(含量 94.78%);氨基比林(aminopyrine)、1-苯基-2-硫脲(PTU)(98%),7-羟基香豆素(7-hydroxycoumarin)(99.5%)和7-乙氧基香豆素(7-Ethoxycoumarin)(≥99%)均购自 Sigma 公司;乙二胺四乙酸二钠(EDTANa₂)、α-苯甲磺酰氟(PMSF)(99%)、考马斯亮兰(Coomassie Brilliant Blue)均为 Amresco 产品;1,4-二硫苏糖醇(DTT)(99.5%)为 Merck 产品;还原型辅酶(NADPHNa₄)(含量≥99.9%)、牛血清白蛋白(Bovine Serum Albumin)均为 Roche 产品;谷光甘肽-S-转移酶(GST)测试盒,南京建成生物技术公司。

1.2 仪器设备

UNIC2100 型分光光度计、Eppendorf 5804R 型高速冷冻离心机、梅特勒 XS204 型电子天平、恒温水浴锅、玻璃匀浆器等。

1.3 实验材料

(1) 实验动物。

实验用中国对虾"黄海1号"购自山东青岛胶州宝荣水产有限公司,平均体重5.8(±0.4)g,平均体长8.2(±0.6)cm,实验前于200 L PVC桶中暂养10天,期间每天换水1次(换水量约90%),连续充气,水温22(±1)℃,盐度25(±1),每天早晚各投喂对虾配合饲料一次,每次投喂量为对虾体重的2%(对虾配合饲料购自青岛长生中科水产饲料有限公司)。

(2) 药饵配制。

基础饲料中添加2%的玉米油,使用2%褐藻酸钠作为黏合剂,成形后喷2%氯化钙溶液钙化。诺氟沙星药粉分别按照60 mg/kg(高剂量组)、30 mg/kg(中剂量组)和15 mg/kg(低剂量组)添加。

1.4 方法

(1) 实验设计。

选择健康、规格整齐的中国对虾,设1个对照组和3个诺氟沙星实验组(高、中、低剂量组),每组对虾100尾。实验前1天停止投喂配合饲料,试验组分别投喂含不同浓度诺氟沙星的基础饲料,对照组投喂不含诺氟沙星药粉的基础饲料,每天早晚各投喂两次,连续投喂7 d。分别于最后一次投喂饲料后的1、2、4、6、8、12、24、48 h取中国对虾肝胰腺、血液、肌肉和鳃组织样品,每个时间点随机取对虾8尾,样品保存于−70℃冰箱直至分析。

(2) 样品处理。

血淋巴抽取及处理:使用2 mL一次性注射器,先抽取1 mL抗凝剂后,于对虾围心腔取血样1 mL,置于无菌2 mL离心管中,−80℃保存备用。酶活测定前将血液样品化冻,5000 rpm离心10 min分离血清,取上清稀释10倍后用于酶活性的测定。

肝胰腺、肌肉及鳃组织采样及处理:分别取肝胰腺、肌肉及鳃组织样品,于−80℃保存备用。

S₉制备:肝胰腺、鳃与肌肉S9的制备参照沈钧等(1997)改进的方法进行,用预冷的缓冲液反复冲洗,尽可能除去血细胞,用滤纸吸干称重,并按1∶5(W/V)的比例加入预冷的匀浆缓冲液（0.1 mol/L pH7.5 PBS，含 1 mmol/L EDTANa$_2$，1 mmol/L PMSF，1 mmol/L PTU，0.1 mmol/L DTT，15%甘油），将肝胰腺和鳃转入手动匀浆器匀浆，将匀浆液离心（4℃，13500 g，25 min），上清液用两层已被 PBS 缓冲液润湿过的纱布过滤，将漂浮的脂类物质除去，即制成 S$_9$ 部分，分装于离心管中，置于液氮中保存备用。

（3）总蛋白含量及细胞色素 P450 酶活的测定。

1）蛋白含量的测定。

在试管中分别加入 0、0.1、0.2、0.4、0.6、0.8、1.0 mL BSA 母液（1 mg/mL），补充双蒸水至 1 mL，参照 Bradford 测定蛋白含量，以系列浓度的牛血清白蛋白为横坐标，OD 值为纵坐标，绘制标准曲线。待测样本经稀释 20 倍后，取 0.1 mL 进行反应，测定 OD 值，利用标准曲线计算待测样本中蛋白含量。

2）氨基比林-N-脱甲基酶（APND）活性测定。

参照 Nash 比色法（Nash，1953）绘制甲醛标准曲线。参照文献 Schenkman 等（1967）方法并适当修改，取 0.1 mol/L PBS（pH＝7.5）1.7 mL，加 S$_9$ 部分 0.1 mL，氨基比林（24 g/L）0.1 mL，25℃水浴 2 min 后，测定管加 10 mmol/L NADPH 0.1 mL，空白管加双蒸水 0.1 mL，25℃水浴 30 min。各管加 ZnSO$_4$ 0.35 mL，混匀，冰浴 5 min，加饱和 Ba(OH)$_2$ 0.35 mL，混匀，室温放置 5 min 后 5000 rpm 离心 10 min。取上清液 2 mL，加 Nash 试剂 2 mL，以后操作同甲醛标准曲线的制备。根据 OD420 值和甲醛标准曲线计算酶活性，以 nmol/min/mg 蛋白表示。

3）ECOD 酶活性的测定。

7-羟基香豆素标准曲线用改进的文献方法测定，反应在 96 孔酶标板（黑色）中进行，在板中依次加入 0、0.15、0.3、0.9、3、6 μL 的 7-羟基香豆素标准液，并用甲醇补充至 6 μL，使其终浓度分别为 0.0125、0.025、0.075、0.25、0.5 μmol/L，再加入 90 μL 的 25%-PBS 甘油缓冲液、30 μL 的 ER（终浓度为 50 mmol/L）、15 μL 的 NADPH（终浓度为 1 mmol/L），22℃培养箱温孵 10 min 后，加入 60 μL 的乙腈，并静置 15 min 后用荧光酶标仪进行荧光强度的测定，激发和发射波长分别为 390 nm 和 440 nm，每个样本均为 8 个复孔。以系列浓度为横坐标，荧光强度为纵坐标，绘制标准曲线。实验样品的反应过程如下：取 0.1 mol/L PBS 匀浆缓冲液（含 2 mmol/L 7-乙氧基香豆素）140 μL，加入 S$_9$ 部分 10 μL，在 27℃条件下孵育 5 min，测定管加 10 mmol/L NADPH 10 μL，空白管加缓冲液，立即进行荧光测定。反应在动力学条件下进行 24 个循环，每 56 s 一个循环。

4）GST 酶活性的测定。

按照南京建成生物工程研究所谷胱甘肽-S 转移酶测定试剂盒的说明进行活性测定。

2. 实验结果

2.1 诺氟沙星对中国对虾谷胱甘肽-S-转移酶（GST）活性的影响

投喂含不同浓度诺氟沙星的饲料后，中国对虾各组织的 GST 活性表现出一定的组织特异性，由图 1 可以看出，不同浓度诺氟沙星对中国对虾肝胰腺 GST 活性整体呈现先促进后抑制的作用。高浓度组肝胰腺 GST 活力在各时间点（4 h 除外）显著高于对照组（$P<0.05$），其中在 2 h 达到最高，为 118.43 U/mg prot，是空白对照的 6.23 倍。低浓度诺氟沙星对中国对虾肌肉 GST 活力有显著的抑制作用，中、高浓度的诺氟沙星组肌肉 GST 活力

显著高于对照组（$P<0.05$），中浓度组 2 h 达到最高的 61.72 U/mg prot，是空白组的 2.20 倍，而高浓度组 1 h 达到 73.19 U/mg prot，是空白对照的 4.35 倍。而对于鳃和血清 GST 活力，三个浓度诺氟沙星整体呈现抑制作用。

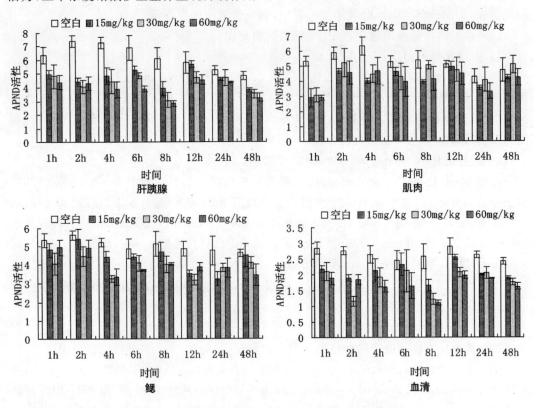

图 1　诺氟沙星对中国对虾不同组织 GST 活性的影响

2.2　不同浓度诺氟沙星对中国对虾氨基比林-N-脱甲基酶（APND）活性的影响

由图 2 可以看出，诺氟沙星对中国对虾肝胰腺 APND 活性存在显著的剂量效应，三个浓度组 APND 活性均显著低于对照组（$P < 0.05$），且酶活均呈现先下降后上升的趋势，随着诺氟沙星浓度的增加，APND 活性显著降低，整体呈现高浓度组 < 中浓度组 < 低浓度组的趋势。而不同浓度诺氟沙星对中国对虾肌肉 APND 活性影响并不相同。低浓度组 APND 活性呈现先升高后下降的趋势，在整个取样阶段均显著低于对照组（$P < 0.05$）；中浓度组 APND 活性在 1～24 h 显著低于对照组，48 h 时则显著高于对照组（$P < 0.05$）；高浓度组与低浓度组相似，取样的各个时间点 APND 活性均低于对照组（$P < 0.05$），且呈现出先上升后下降的趋势。诺氟沙星对中国对虾鳃 APND 活性呈现限制作用。与肝胰腺相似，诺氟沙星对中国对虾血清 APND 活性整体呈现显著抑制作用（$P < 0.05$），且具有显著的浓度效应。随着诺氟沙星浓度增加，APND 活性受到的抑制作用越明显。

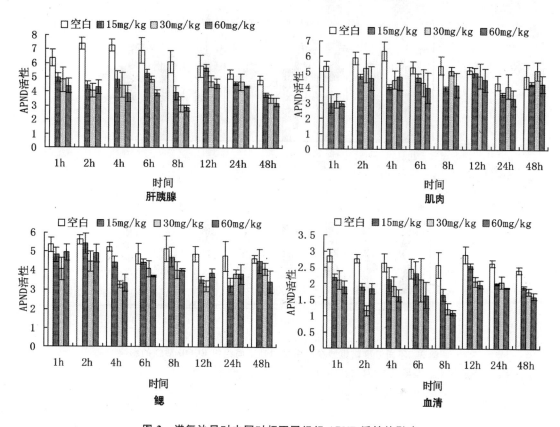

图 2 诺氟沙星对中国对虾不同组织 APND 活性的影响

2.3 不同浓度诺氟沙星对中国对虾 7-乙氧基香豆素-O-脱乙基酶(ECOD)活性的影响

由图 3 中可以看出各浓度诺氟沙星对中国对虾鳃 ECOD 活力整体呈现抑制作用。其中低浓度组在取样的 1~8 h ECOD 活力显著低于对照组($P < 0.05$);中浓度组变化趋势与低浓度组相似,1~12 小时显著低于对照组,24 h 和 48 h 则与对照组没有显著差异,且 ECOD 活力随时间推移呈现逐渐上升的趋势;高浓度组 ECOD 活力在 1~24 h 均显著低于对照组($P < 0.05$),其中 8 h 达到最低,酶活呈现先下降后上升的趋势。由图 3 可以看出,低浓度诺氟沙星在 2~8 h 对中国对虾血清 ECOD 活力呈现显著抑制作用($P < 0.05$),其后与对照没有显著差异($P > 0.05$),且酶活呈现先下降后上升的趋势;中浓度组 ECOD 活力在 1~12 h 均显著低于对照组($P < 0.05$),其后与对照组差异不明显($P > 0.05$);高浓度组在取样各时间点均对 ECOD 活力呈现显著的抑制作用($P < 0.05$),且 ECOD 活力呈现出逐渐下降的趋势。

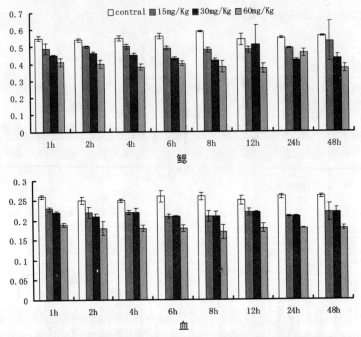

图3 不同浓度诺氟沙星对中国对虾不同组织 ECOD 活性的影响

注：* 表示与空白差异显著（$P < 0.05$）

3. 讨论

CYP450 的诱导或抑制可改变药物代谢和血药浓度,并引起药物间的相互作用,从而影响药效和毒性,是导致药物不良反应的重要原因。近年来,喹诺酮(Qunolones)抗菌药物对 CYP450 酶的影响的研究甚为活跃,研究发现,喹诺酮类中的多种药物如环丙沙星、恩诺沙星、氧氟沙星和诺氟沙星等对 CYP450 酶具有抑制作用,但这主要集中于人、鼠、狗等实验动物上,针对于该类药物对水产动物 CYP450 酶影响的报道则较少。

3.1 不同浓度诺氟沙星对中国对虾 GST 活性的影响

GST 是药物代谢二相反应中一类重要的药物代谢转移酶,其以同工酶的形式广泛存在于动植物体中,可催化谷胱甘肽(GSH)与亲电中间代谢物的结合,减少这些化合物与细胞内生物大分子如 DNA 等结合的可能性,还可清除脂类过氧化物,从而去除内源性或外源性毒物的毒性,在解毒系统中起重要作用(Ben et al.,2002；任加云等,2008),是生物体内对有毒化学物质代谢的主要途径之一(Geogre,1994)。GST 活性作为指标常被用于水环境有毒物质的作用诊断,其对不同污染物暴露的响应规律有所不同,其中大多研究集中在鱼贝类方面(Wiegand et al.,2000；Schmidt et al.,2005；Donham et al.,2007；Wu et al.,2007；Carletti et al.,2008；Chang et al.,2008；Gallagher et al.,2008；Pesce et al.,2008；Ballesteros et al.,2009；Salaberria et al.,2009)。Wiegand 等(2001)研究结果表明,莠去津在 0.1～10 mg/L 时可以诱导斑马鱼胚胎 GST 活性的升高,这与董晓丽等(2009)的结果一致；Wang 等(2004)发现梭鱼暴露于苯并芘 7 d 后肝脏 GST 活性被诱导,而在暴露于两者的混合物 15 d 后,GST 活性被显著抑制。任加云等(2008)将栉孔扇贝暴露于不同浓度多氯联苯,发现低浓度多氯联苯对扇贝消化盲囊和鳃丝 GST 活性具有诱导作用,高浓度 GST 活性则表现出先上升后下降的趋势,且鳃丝 GST 活力变化幅度较为明显。然而,也有与上述研究结果不同的发现。有研究表明,成年斑马鱼暴露于环磷酰胺,鲫鱼暴露于甲草胺以及水蚤(*Chironomus tentans*)暴露于莠去津后,GST 活性并没有发生明显的变化(Rakotondravelo *et al*.,2006;Grisolia *et al*.,2009; Mikula *et al*.,2009)。James 等(1988)与 Collier 等(1991)研究显示,PAHs 或 PCBs 的暴露也没有诱导供试鱼体 GST 活性的显著增加。

有关药物对生物 GST 活力的影响也进行了大量的研究。张旭东等(2008)以 17、40 和 80 mg/kg 口灌达氟沙星,发现鲤鱼 GST 活力没有显著变化,认为可能是 GST 对该类药物不敏感或者是实验剂量尚未达到诱导或抑制剂量。聂湘平等(2008)研究了环丙沙星对异育银鲫 GST 活力的影响,发现在采用饲料暴露、水体暴露和混合暴露三种给药方式下,异育银鲫 GST 活力均被诱导,且表现出滞后响应;在研究抗生素对剑尾鱼(*Xiphophorus helleri*)毒性效应时发现,不同浓度恩诺沙星对剑尾鱼 GST 活性有显著的诱导作用(聂湘平等,2007)。姚欣等(2003)研究发现氟喹诺酮类药物环丙沙星、妥苏沙星、司帕沙星对大鼠肺、脑、肾、小肠的 GST 活性具有抑制作用。

本研究结果与上述结果并不完全一致。研究发现不同浓度诺氟沙星对中国对虾 GST 活力影响效果不同,且各组织 GST 活力变化趋势不同。高浓度组肝胰腺和肌肉 GST 活力显著高于对照组,说明中国对虾能够提高组织中的 GST 活力以强化 GSH 与药物的结合能力。同一浓度诺氟沙星对中国对虾四种组织 GST 活力影响并不相同,这可能是由于药物在中国对虾各组织分布情况不同,导致组织药物含量有差异,致使酶活产生差异所致。本实验肝胰腺的 GST 活性远大于其他三种组织,药物组诱导程度较高,说明中国对虾 GST 解毒途径可能主要经肝胰腺进行,反映了肝胰腺在药物解毒过程中的重要地位,而鳃为对虾的呼吸器官,通过体内代谢吸收及体外直接接触,鳃中 GST 对药物进行解毒诱导其活性升高。Boon 等(1992)研究发现雌欧鲽注射多氯联苯 10 d 后 EROD 活性已被诱导,而 GST 活性直到 16 d 才被诱导;Andersson(1992)等也观察到鱼类 GST 活性迟于 EROD 活性被诱导的现象,他认为这种诱导时间上的差别可能表明在鱼类中这两种酶是独立地进行调节,不像哺乳动物那样位于同一个基因组。本实验结果与上述研究并不一致,在诺氟沙星作用下,细胞色素 P450 酶整体被抑制,而 GST 活性则在各组织表现并不一样。有人发现高浓度污染物刺激下 GST 活力会降低(Akcha *et al*.,2000),本实验即发现诺氟沙星作用下中国对虾血液 GST 活力较空白组下降,与上述研究结果相一致。诺氟沙星在体内的残留会引起许多危害,而它对中国对虾肝 GST 酶活性的影响也可能参与了它毒性作用的过程,GST 酶活性受到抑制后,一方面可影响需经其代谢的外来物,另一方面也可影响机体的解毒功能,可使机体的解毒功能降低(姚欣,2003)。

3.2 不同浓度诺氟沙星对中国对虾 APND 活性的影响

氨基比林、红霉素和苯胺分别是 CYP1A2、CYP3A4 和 CYP2E 的特异性底物,通过测定 AND 催化氨基比林和 ERND 催化红霉素生成甲醛的速度,以及 AH 催化苯胺生成 4-氨基酚的速度,可以间接测定肝细胞色素 P450 酶系 CYP1A2、CYP3A4 和 CYP2E 的活性。

在脊椎动物中,APND 主要反映 CYP2 家族中能进行脱甲基化反应的同工酶的活性(Leng,2001)。然而在甲壳动物中,特定底物反应的酶活性并不一定能反映特定的 P450

亚家族的活性(James *et al*.,1998),因此,APND活性变化规律只是可能反映了CYP2家族酶活性的变化规律。生物体APND活性受到多种因素的影响。有研究结果表明,六须鲶鱼和银鲫短期暴露于不同Cu^{2+}处理后,其处理组APND活性均呈上升趋势且与对照相比差异显著。Li等(2008)试验研究结果显示,草鱼(*Ctenopharyngodon idellus*)和黑鲈鱼(*Micropterus salmoides*)对照组APND活性分别为1.143 ± 0.237 nmol/min/mg蛋白和1.093 ± 0.231 nmol/min/mg蛋白,经过生物体内连续注射3 d 50 mg/kg和80 mg/kg的利福平后,其肝微粒体APND活性都呈逐渐升高趋势;对草鱼和黑鲈鱼肝脏进行生物体外注射利福平($10\sim100$ μmol/L)和地塞米松($10\sim150$ μmol/L)处理后,其APND和ERND活性都随着浓度的升高呈现先升高后降低的趋势,且所有处理组的活性都在对照水平之上。Londono等(2004)研究了阿拉津对摇蚊(*Chironomus tentans*)MROD(7-methoxyresorufin O-demethylation)活性的影响,发现低浓度阿拉津对摇蚊MROD活性没有显著影响,而高浓度则可显著诱导MROD活性。

有报道称,恩诺沙星(EF)的主要代谢产物环丙沙星对大鼠肝微粒体细胞色素b5、APND等均具有抑制作用;也有研究表明,EF对鸡APND和ERND活性具有一定的抑制作用,但这些研究都是在连续多次给药的情况下观察到的变化;姚新等(2006)研究了氟喹诺酮类药物对大鼠肝外药酶的影响,发现AMND和ERND活性都受到抑制;Vaccaro等(2007)研究发现恩诺沙星对海鲈CYP3A家族酶具有显著的抑制作用。本研究结果显示,不同诺氟沙星浓度作用下中国对虾各组织APND酶活性均低于对照组,与上述研究结果一致,这可能与药物时间较长,药物在中国对虾体内的残留时间较长有关。本试验肝胰腺对照组APND活性(不加入还原酶)与美洲龙虾(加入还原酶)相比相对较高(James,1990),与克氏原螯虾(不加入还原酶)相比也较高(Jewel *et al*.,1989),反映了中国对虾CYP2类似的亚家族在药物代谢过程中可能起到的作用。

3.3 不同浓度诺氟沙星对中国对虾ECOD活性的影响

CYP1A常被作为环境毒理学中的生物标志物来进行研究,在哺乳动物中代表CYP1A的EROD常被用来鉴定环境污染状况,而甲壳动物中EROD活性较低(James,1984),因此研究较多的是同样代表CYP1A亚家族的ECOD活性(Zapata-Perez *et al*.,2005)。研究表明,高剂量氯霉素可以抑制小鼠体内CYP1A1家族标志酶EROD的活性,细胞色素P450活性在氯霉素代谢过程中,产生的自由基可以导致细胞色素P450酶的失活(Farombi *et al*.,2002),有人认为其对生物体的毒性机制是活性氧含量增加与抗氧化防御下降相结合的结果(Gomirato *et al*.,1996)。

本研究发现不同浓度诺氟沙星对中国对虾肝胰腺、肌肉、鳃及血清ECOD活性均呈现显著的抑制作用,且该抑制作用随着诺氟沙星浓度的增加愈加明显。此结果与先前报道恩诺沙星在舌齿鲈(*Dicentrachus labrax*)(Vaccaro *et al*.,2003)以及恩诺沙星和诺氟沙星在人(Mclellan *et al*.,1996)、鼠(Vancutsem *et al*.,1996)、狗(Regmi *et al*.,2005)及鱼(韩华等,2009)中的研究结果是一致的。

在鱼体内,P450酶主要分布在肝脏(Stegeman,1989;Smolowitz *et al*.,1992;Monod *et al*.,1994;Buhler *et al*.,1998)。有证据表明,几乎所有在鱼体内积累的外源物质都是通过鳃进入体内的,然而Kashiwada等(2007)发现青鳉肝EROD活性较之鳃对外源物质更为敏感,认为肝在解毒过程中可能起到了更重要的作用。本研究结果与上述结果并不相同,本研究发现较之鳃而言,中国对虾 ECOD 活性较低,与日本的一种淡水蟹的酶活性相似(Ishizuka et al.,1996),但低于其他一些虾的活力:如美国东南部的草虾在不同发育阶段肝胰腺 ECOD 活力变化较大,但均高于中国对虾(Schenkman et al.,1967);在墨西哥湾,美洲大西洋岸的桃红美对虾和太平洋岸的白滨对虾在不同季节的 ECOD 活力也高于中国对虾(Zapata-Perez et al.,2005)。中国对虾 ECOD 活性较低,可能对虾的发育阶段正处于 ECOD 活性的低谷期,或者中国对虾体内 CYP1A 类似的亚家族的酶含量较低所致,加之地理环境、种属差异导致酶活性存在较大差距。虽然甲壳动物肝胰腺被公认为 P450 依赖的转化外源物的主要器官,但是其他组织:鳃、胃、肠和触角腺均被证明具有 P450 活力,在代谢一些外来物和生理上重要的内源物的过程中也有举足轻重的地位(James et al.,1998)。

有关喹诺酮类药物抑制 P450 酶的机制,现有几种假说(黄仁刚等,1997;Sakar et al.,2004):一种认为,其抑制作用是和喹诺酮类药物自身的分子组成及空间构象有关;一种认为喹诺酮类药物的分子结构中第八位上的氮原子是影响 CYP450 酶活性的主要因素;还有一种则认为喹诺酮类药物对肝药酶的抑制作用依赖于它们在体内的代谢程度和 4-氧代谢物的生成量,但以上假说还有待于进一步验证。Fuhr 等(1993)认为喹诺酮类药物分子中 8 位上没有取代基(即萘啶环或奎啉环 C8 与一个氢相连)或者 7 位哌嗪基 3′ 和 4′ 无甲基等取代基,则其抑制作用强。

参考文献(略)

张喆,李健.中国水产科学研究院黄海水产研究所　山东青岛　266071

六、甘草和连翘对牙鲆 CYP3A 活性影响的研究

细胞色素 P450(CYP450)是肝脏混合功能氧化酶系(Mixed function oxidase system,简称 MFOS)的主要成分,主要参与内源性和外源性化合物代谢,它也可被许多物质,如治疗药物(如抗生素)、环境化合物及一些天然产物诱导或抑制(Slaµghter et al.,1995),已成为近年来药理学、毒理学研究的热点之一。CYP3A 是 CYP450 超家族的主要成员,现已发现其参与 50% 以上临床常用药物的代谢(Rendic et al.,1997),与之相关的药物相互作用亦十分多见。该酶活性可以通过一些特异敏感底物来测定,其中氨苯砜在体内主要经 CYP3A 代谢,故可用其消除速率来反映 CYP3A 活性。红霉素-N-脱甲基酶(Erythromy-cin-N-demethylase,简称 ERND)是 CYP3A 标志性酶,也可以通过测定肝微粒体中 ERND 的多少,获悉肝微粒体中 CYP3A 酶的活性的大小。目前水产用药物几乎都是从兽药或人用药物直接移而来,临床用药很少考虑 CYP450 活性对药物代谢的影响,因而导致药效的下降、中毒和残留的现象,进而影响了动物性食品安全。甘草(Glycyrrhiza uralensis)和连翘(Forsythia suspensa)是具有保肝护肝、清热解毒等功效的传统中药,已广泛添加到水产饲料中,起到了提高水产动物免疫力、降低饲料系数的作用(王文博等,2007),但对鱼类 CYP450 活性的影响尚未报道。本试验通过研究氨苯砜及 ERND 在牙鲆体内含量的变化,探讨甘草和连翘对 CYP3A 酶活性影响的规律,从而可为其合理用药提出理论指导。

1. 材料与方法

1.1 实验材料

生甘草、连翘购于青岛同仁堂药店。氨苯砜原粉及标准品批号:美国 Sigma 公司产品,20060608,纯度≥99%;乙腈和甲醇:德国默克公司产品,色谱级;牛血清白蛋白纯度＞99.8%,Amresco,批号 1105502;红霉素:含量 85%;其他试剂均为国产分析纯试剂。Agilent1100 型高效液相色谱仪(配紫外吸收检测器);96 孔酶标板。中草药提取液的制备:取生甘草 100 g 加水 500 mL,用水浸泡 0.5～1 h,加热至沸腾,煮沸后用文火煎 0.5 h,4 层纱布过滤,残渣加少于第一次的水煎煮,合并两次滤液并浓缩,使其质量浓度相当于原药 0.29 g/mL。连翘提取液制备方法同上,浓缩后所得质量浓度为 0.24 g/mL。

1.2 实验动物

牙鲆($Paralichthys\ olivaceus$),平均体质量 200±20.1 g,平均体长 24.5±3.2 cm,4～5 尾/立方水体,饲养于中国水产科学研究院黄海水产研究所麦岛实验基地。实验期间水温 16±2℃,盐度 30.4±0.2,充气,流水,试验前暂养 2 周,每日投喂不含药物的配合饲料(金海力海水鱼配合饲料),实验前 1 d 停止投饵。为防饲料对实验结果的影响,实验期间不投饵。

1.3 试验方法

(1)给药及样品采集。

将健康牙鲆随机分为 3 组,分别为:①正常对照组(0.9%生理盐水);②甘草组 30 mg/kg;③连翘组 100 mg/kg。口灌每天 1 次,无回吐者保留试验连续 6 d,于第 7 天,从 3 组中各取 10 尾鱼,迅速解剖取出肝脏,保存于液氮中。然后对 3 组剩余牙鲆进行腹腔注射 5 mg/kg 探针药物氨苯砜,分别于注射给药后 0.083,0.167,0.25,0.5,0.75,1,1.5,2,3,4,6,8,12 h 共 13 个时间点静脉取血。每个时间点每组随机取 5 尾从尾静脉一次性无菌采血 1 mL,分别置于预先涂有肝素钠的离心管中,4000 r/min 离心 5 min,分离出血浆,保存于-20℃冰箱中待测。

(2)血浆中氨苯砜的测定。

1)血浆样品的预处理。

将血浆自然解冻,摇匀,吸取 0.2 mL 于 1.5 mL 具塞离心管中,加入乙腈 0.3 mL,置漩涡混合器上充分混合,12000 r/min 离心 10 min,取上清液 20 μL 进行 HPLC 分析(胡屹屹等,2006)。

2)色谱条件。

色谱柱为 Agilent Tc-C$_{18}$(250 mm×4.6 mm,5 μm),柱温 30℃,流动相为乙腈—磷酸二氢钾缓冲液(pH=3.55)(40:60,V/V)流速为 1.0 mL/min,检测波长为 260 nm,一次进样量 20 μL。

(3)方法学试验。

1)标准曲线的制备。

取空白血浆 0.25 mL 置于 1.5 mL 离心管中,加入不同浓度的氨苯砜标准溶液 0.25 mL,使其终质量浓度分别为 0.01,0.02,0.05,0.1,0.2,0.5,1,5,10 mg/L,然后按样品处理方法操作,每个样品重复测定 5 次。以平均峰面积为纵坐标,质量浓度为横坐标做氨苯砜浓度的标准曲线,求出回归方程和相关系数。

2)回收率的测定。

取空白血浆,分别加入氨苯砜标准溶液,制成含氨苯砜 0.25,2.5,10 mg/L 3 个质量浓度的血样,按样品方法处理后进行测定,每一浓度设 5 个重复。获得各样品的峰面积,再按血浆标准曲线回归方程计算得氨苯砜的浓度值,并与原来加入量比较,计算方法回收率。即:

$$回收率=\frac{样品实测药物浓度}{样品加入药物浓度}\times100\%$$

3)方法精密度测定。

将上述 0.25,2.5,10 mg/L 氨苯砜血样,按样品处理方法处理后进行测定,每一浓度设 5 个重复。每个浓度日内测定 5 次,日间测定 5 次,计算日内变异和日间变异。

(4)ERND 活性测定。

1)肝微粒体悬液的制备。

取出肝脏,除去脂肪和结缔组织,用冰凉的 0.9% 生理盐水漂洗 3 次,洗净血污,滤纸吸干、称质量,将肝转入小烧杯,用剪刀剪碎肝脏,转入预冷的手动玻璃匀浆器。按 1∶5(W/V)的比例加入冰冷的匀浆缓冲液,置冰浴中制成匀浆。先加入 3 mL/g 匀浆缓冲液,上、下 8 次,制成肝匀浆,转移到离心管中,再用 2 mL 匀浆缓冲液倒入匀浆器中冲洗,合并两次溶液,混匀。所有操作均在 4℃ 下进行。匀浆液先以 10000×g,2℃ 离心 30 min,弃去沉淀,取上清液,即得肝微粒体(MS),即 S_9 部分(徐叔云等,1991),分装于离心管中,−80℃ 保存备用。

2)肝微粒体蛋白浓度测定(BCA 法)。

用牛血清蛋白作标准曲线:BCA 试剂分 A、B 两部分,使用前按 A∶B=50∶1 的比例配制成 BCA 试剂工作液。各取质量浓度为 0.5 g/L 的牛血清蛋白标准液 0,2,4,8,16,20,24,32,40 μL,补充标准品稀释液至 40 μL。加 200 μL BCA 试剂工作液;混匀后 37℃放置 30 min,以不含蛋白的试剂为空白对照,562 nm 处比色。以系列浓度的牛血清蛋白为横坐标,OD 值为纵坐标绘制标准曲线,进行线性回归,求得牛血清蛋白浓度线性回归方程。

微粒体样品蛋白浓度测定:将微粒体蛋白样品稀释 10 倍,取 40 μL 稀释液加 200 μL BCA 试剂工作液,其余步骤同标准曲线制作,测定各样品的 OD 值,根据标准曲线及稀释倍数计算样品蛋白浓度,并换算成每克肝中所含的微粒体蛋白含量。

3)甲醛标准曲线的制备。

先取甲醛溶液 0,0.1,0.2,0.4,0.6,0.8 mL,根据情况设定,用蒸馏水补足至 2 mL(此时各试管甲醛终量浓度为:0,0.1,0.2,0.4,0.6,0.8 nmol/mL。再加 Nash 试剂 2 mL,60℃水浴 10 min,取出后自来水冷却 5 min。以空白管调零,在 420 nm 处测 OD 值。以甲醛终浓度为纵坐标,OD 值为横坐标制作甲醛标准曲线。

取 0.1 mol/L PBS(pH7.4)1.7 mL,加微粒体蛋白悬液 0.1 mL,红霉素 0.1 mL,25℃水浴温孵 2 min 后,测定管加 10 mmol/L 还原型辅酶Ⅱ(nicotinamide adenine dinucleotide2'-phosphate,简称 NADPH)0.1 mL,空白管加蒸馏水 0.1 mL,25℃水浴 30 min。各管均加 $ZnSO_4$ 0.35 mL,混匀,冰浴 5 min,加饱和 $Ba(OH)_2$ 0.35 mL,混匀,室温放置 5 min

后,11 000 r/min,离心 10 min,取上清液 2 mL,加 Nash 试剂 2 mL,60℃水浴 10 min,拿出后再冷却 5 min,测酶活。

（5）酶活计算。

以每毫克蛋白质每分钟使甲醛增加的量表示酶活性。计算公式：甲醛（HCHO）$nmol/(mg \cdot min)$＝（OD 酶管－OD 非酶管）×K×4/10 min（K 为从标准曲线上求得 OD,相当于 HCHO$nmol/L$ 数）。

（6）数据分析与处理。

实验数据以均值±标准差（Mean±SD）表示,将所得的药物浓度—时间数据采用药代动力学专用软件 DAS2.1.1 软件处理,分别按一、二和三室模型拟合药动学参数,选择最佳房室模型,计算药代动力学参数,通过 SPSS13.0 软件进行显著性检验。

2. 实验结果

2.1 探针药物氨苯砜的 HPLC 分析

（1）色谱分析。

在上述的色谱条件下,基线平稳,药峰与杂峰分离良好,氨苯砜的保留时间稳定,出峰时间在 10.105 min,无干扰峰出现。图 1 分别是空白血浆、空白血浆加入氨苯砜和体内注射氨苯砜后的色谱行为。

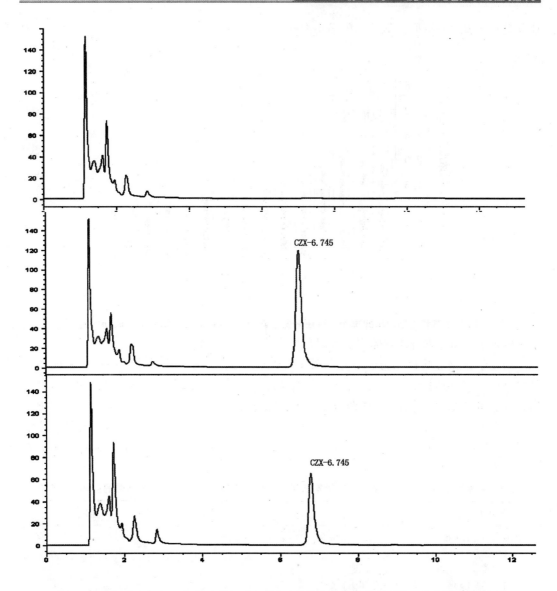

图1 空白血浆(A)、加入氨苯砜的标准血浆(B)和体内注射氨苯砜后的样品血浆(C)的色谱

(2) 标准曲线、回收率与精密度。

在本试验液相色谱条件下,将空白血浆加入相应的标准溶液,预处理后进行 HPLC 分析,计算氨苯砜峰面积(A)对氨苯砜的浓度(C)进行线性回归,氨苯砜回归方程为 $A = 1006.735C - 18.121 (n=5, R^2=0.9999)$。结果表明:血浆中的氨苯砜在 $0.01 \sim 10$ mg/L 质量浓度范围内与峰面积之间的相关性好,血浆中氨苯砜的最低检测限为 0.01 mg/L,信噪比(Signal/Noise,简称 S/N)>3。氨苯砜低、中、高($0.25, 2.5, 10$ mg/L)3 种质量浓度的血浆样品的回收率在 94.0%~99.2%,日内变异和日间变异系数均<5%,符合生物样品测定要求。

2.2 甘草和连翘对氨苯砜血药浓度的影响

对照组、甘草组和连翘组的牙鲆腹腔注射探针药物后,测得的血浆浓度如图 2 所示,甘草组和连翘组各时间点氨苯砜的平均血药浓度均低于对照组。

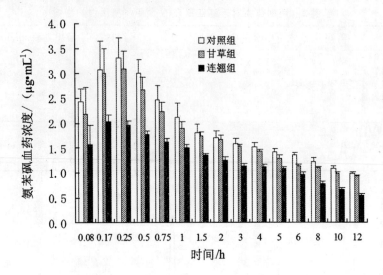

图2　甘草和连翘对牙鲆单次腹腔注射氨苯砜(5 mg/kg)后血药浓度的影响($n=5$)

(1)甘草和连翘对牙鲆体内氨苯砜药代动力学参数的影响。

药动学数据经药代动力学专用软件 DAS2.1.1 处理,分别用单室、双室、三室模型进行拟合后,氨苯砜同二室模型相吻合,其主要药代动力学参数见表1。和对照组相比,甘草组和连翘组氨苯砜的消除半衰期($t_{1/2}$)分别降低了 4.51%($P>0.05$)和 36.8%($P<0.01$);药时曲线下面积(Area under the concentration time curve,简称 AUC)分别减小了8.28%($P>0.05$)和32.3%($P<0.01$),总清除率(the total body clearance,简称 CL)分别增加了5.63%($P>0.05$)和99.3%($P<0.01$)。

表1　甘草和连翘对牙鲆单次腹腔注射氨苯砜(10 mg/kg)后主要药代动力学参数的影响($n=5$)

参数	对照组	甘草组	连翘组
AUC/(mg/L·h)	0.142±0.001	0.150±0.014	0.283±0.015**
$t_{1/2\beta}$(h)	13.301±1.115	12.701±0.580	8.401±0.202**
CL(L/h kg)	17.576±1.130	16.121±0.690	11.900±0.526**

(2)红霉素-N-脱甲基酶活性。

牛血清白蛋白标准曲线:BCA 法测定肝微粒体蛋白质含量。以系列浓度牛血清白蛋白为横坐标,相应的 Y 值(OD 值)为纵坐标,得线性回归方程为 $Y=1.5806X+0.1488$,相关系数 $r=0.995$。该方法的检测范围为 0.01～0.05 mg/L,最低检测限为 0.01 mg/L。

甲醛标准曲线:以系列浓度的甲醛为横坐标,相应的 OD 值为纵坐标,得线性回归方程为 $y=3.0191x+0.0195$,相关系数 $r=0.9996$。该方法中甲醛为 0.10～0.80 μmol/L 质量浓度范围内与 OD 值有良好的线性关系,最低检测限为 0.10 μmol/L。

2.3　甘草和连翘对牙鲆肝微粒体蛋白浓度和 ERND 活性的影响

试验数据采用 Microsoft Excel 2003 软件进行统计分析,结果以均数±标准差(mean±SD)形式表示,用 t 检验(Student's-test)进行平均数间的差异显著性分析。牙鲆经甘草和连翘处理后，其蛋白浓度和 ERND 活性测定结果见表 2。

表 2　两种药物对牙鲆红霉素-N-脱甲基酶活性的影响

组别	肝微粒体蛋白含量（mg/g 肝质量）	红霉素-N-脱甲基酶 $nmol/(mg \cdot min)$
对照组	7.076 ± 0.479	0.0567 ± 0.0038
甘草组	$7.157 \pm 0.441^*$	$0.141 \pm 0.0087^{**}$
连翘组	6.935 ± 0.225	$0.333 \pm 0.0108^{**}$

3. 讨论

3.1　氨苯砜色谱条件的优化

三乙胺可以较好地改善峰形，防止拖尾，经过反复实验，三乙胺的加入量以 0.2 mol/L 为最好。在所选择流动相条件下，保留时间适当，峰形良好，且与杂峰具有较好的分离度。在血浆样品预处理方法的选择上，对有机溶剂萃取法"加氯仿—离心—取有机相—氮气吹干-流动相溶解-进样"和"加乙腈—取上清—进样"进行比较。结果发现，单纯用乙腈时对血浆蛋白的清除更为彻底，能获得非常清澈的无蛋白上清液。由于减少了氮气吹干浓缩、复溶等多个步骤，该方法不仅极大地降低了工作强度，而且操作步骤少，可直接应用外标法进行分析，减轻了使用内标法定量分析对分辨率的要求。流动相 pH 和乙腈浓度对氨苯砜的分离均有一定影响，为此进行了优化试验。对上述 2 因素各取 5 水平流动相 pH 值 3.5，4，4.5，5，5.5；乙腈含量：45%，40%，35%，30%，25% 进行研究。结果表明，影响峰形的是流动相 pH，在 pH3.5 时出的峰比较尖锐，无拖尾或前延现象。影响出峰时间主要是乙腈浓度，在 25%～45% 乙腈浓度范围内，乙腈比例提高 5%，其保留时间可缩短 0.826 min 左右。因考虑到前 5 min 内有杂峰出现，尽量保证在 5 min 后出峰，因此选用最佳组合流动相 pH3.5，乙腈比例 40% 作为色谱条件。

3.2　甘草和连翘对牙鲆肝微粒体中 ERND 活性的影响

目前，国内外相关研究主要集中在环境污染物对鱼类 CYP450 的影响，关于鱼类 CYP450 在药理学中的研究仅见于氟苯尼考、恶喹酸和氟甲喹等渔药口服给药后对鱼类 CYP450 活性的影响（陈大健等，2008）；（Moutou *et al.*，1998），但关于中药对鱼类 CYP450 的研究在国内外尚属空白。近年来在人和鼠实验动物上有关中草药对 CYP450 影响的报道逐渐增多，如葛根（*Pueraria lobata*）、栀子（*Gardenia jasminoides*）、甘草（*Glycyrrhiza uralensis*）、人参（*Panaxnoto ginseng*）、黄芩（*Scutellaria baicalensis*）等及其单体化合物黄芩苷、栀子苷、甘草甜素等都对 P450 酶有调控作用。

CYP3A 是肝脏混合功能氧化酶系的主要成分，在内源性和外源性化合物的生物转化中起重要作用。鱼类的 CYP450 主要位于肝内质网膜，也少量存在于鳃、肾、心等肝外组织（Goksoyr *et al.*，1992），相关研究已证实了鱼类 CYP3A 基因的存在（Celander *et al.*，1997），红霉素 N-脱甲基酶是反映 CYP3A 活性的标志酶。

本实验测得对照组的肝微粒体蛋白含量为 7.076 ± 0.47 mg/g 肝质量，与陈大健报道的鲫鱼肝微粒体蛋白含量 5.238 mg/g$\pm$0.397 mg/g 肝质量基本相吻合。本实验检测到牙鲆的红霉素-N-脱甲基酶活性为 0.0567 nmol/mg/min$\pm$0.0038 nmol/mg/min，和 Vaccaro 等（2007）在用作对照的未作任何处理的舌齿鲈（*Dicentrarchus labrax*）上测得的活性

1.162 nmol/mg/min±0.200 nmol/mg/min 相比稍低,但和哺乳动物的该酶活性相比都相对较低,可能与哺乳动物 CYP3A 占 P450 总量的比例最高相关。很多研究表明,CYP3A 也是鱼类消化道和呼吸道表达的主要 CYP450 组分。而实际水产养殖中,鱼类的用药方式亦几乎都是通过消化道途径。因此,可以推测 CYP3A 也可能在鱼类口服药物的首过消除中起着主要作用。由表 2 可以看出,和对照组相比,甘草组和连翘组 ERND 活性明显升高,分别提高了 1.79 倍、4.87 倍,差异极显著,说明甘草和连翘对 CYP3A 的活性有极显著的诱导作用。与谭毓治等(1986)报道的甘草主要活性成分甘草酸能诱导小鼠肝微粒体 P450 水平使其含量及活性增加的结果相符合。

3.3 探针药物法间接评价甘草和连翘对牙鲆 CYP3A 活性的影响

本实验特点是通过探针药物氨苯砜的代谢速率间接反映了受试药物对 CYP3A 活性的影响,国内外均没有利用探针药物研究鱼类 CYP3A 活性的文献报道。目前哺乳动物上用于测定体内 CYP3A 活性的常用探针药物有:氨苯砜(Thummel et al.,1994)、咪达唑仑(程泽能等,2002)和红霉素(陈景衡等,2002)。因红霉素与可的松的实验条件比较苛刻,需避光操作,所以选择氨苯砜作为检测 CYP3A 酶活性的探针药物。

研究结果表明:对照组牙鲆氨苯砜的 $t_{1/2\beta}$ 为 13.301 h,而胡屹屹等报道的在猪体内氨苯砜的 $t_{1/2\beta}$ 为 4.205 h,可见鱼和哺乳动物的 $t_{1/2\beta}$ 差异很大,说明同种药物在不同物种中的消除时间存在较大差异。在哺乳动物内 CYP3A 占 P450 总量的比例最高,是参与口服药物首过效应的主要酶系,在肝微粒体水平上实验结果也表明 CYP3A 标志性酶 ERND 活性比哺乳动物低得多,所以哺乳动物代谢氨苯砜的速率相对来说比较快。

口灌甘草 6 d 后,氨苯砜的 $t_{1/2\beta}$、CL 和 AUC 分别为 12.701 h、0.150kg/(L·h)和16.121 mg/(L·h),与对照组比较,$t_{1/2\beta}$ 减小了 4.51%,CL 增加了 5.63%,AUC 减小了8.28%,与对照组比较差异不显著,说明对牙鲆血浆中氨苯砜的代谢率没有显著影响,这可能意味着甘草对 CYP3A 的诱导作用不强。而文献报道(谭毓治等,1986)的高剂量甘草(490 mg/kg)对小鼠肝药酶有显著诱导作用,说明诱导作用强弱可能与剂量有关。高同银等(1994)认为甘草甜素及水解后生成的葡萄糖醛酸具有保肝解毒和诱导药酶加工处理毒物之功能。据报道(何益军等,2007),甘草还明显表现出对 CYP1A2 的诱导作用。说明同种药物可以影响多个 CYP450 亚酶活性,提示其在与 CYP 酶代谢有关的药物合用时,应充分考虑其对酶影响的差异,以避免可能的毒性或不良反应。

连翘组氨苯砜的 $t_{1/2\beta}$、CL 和 AUC 分别为 8.401 h、0.283kg/(L·h)和 11.900 mg/(L·h),与对照组比较,$t_{1/2\beta}$ 减小了 36.8%;CL 增加了 99.3%;AUC 减小了 32.3%,牙鲆的代谢和排泄加快,表明连翘对牙鲆 CYP3A 活性具有显著的诱导作用。与闫淑莲等(2003)报道的用连翘对大鼠 CYP3A 有诱导作用的结论相符。据报道(Bray et al.,2002)给予连翘提取物可使大鼠 CYP3A 的活性增加 1 倍,人体内也有相似的结果(Wang et al.,2004)。这与在肝微体水平上,甘草和连翘对牙鲆 CYP3A 有诱导作用的结果基本是一致的。孕烷受体(pregnane X receptor,简称 PXR)是 CYP3A 基因表达的转录活化因子,调节 CYP3A 和其他酶及转运体的表达,CYP3A 诱导作用与 PXR 结合有关(Masuyama et al.,2001)。CYP3A 的种属差异与 PXR 分子结构的不同有关,在哺乳动物中,CYP3A 的诱导机制由亲脂性的化学物包括激素等激活 PXR 参与的(Kliewer et al.,2002)。

为了增强治疗效果,临床上中药常与抗菌药结合使用,一些中药和西药之间的相互作用逐渐引起人们的关注。甘草是肝药酶诱导剂,据张锦楠等(2002)报道,服用甘草的大鼠肝微粒体 P450 水平显著升高,使丙咪嗪、氨茶碱、安替比林(徐君辉等,2007)合用时,使后者代谢加速,半衰期缩短、药效减弱。还有诸多文献报道大剂量甘草及其制剂与四环素、红霉素、氯霉素等抗生素联用,可降低这些药物的吸收率(来庆霞等,1998)。其诱导机制可能是多方面的,确切机制尚需做大量甘草单体成分等研究工作。近年来,抗生素、杀虫剂、激素等非营养性药物添加剂在配合饲料中长期使用,导致养殖产品药物残留增加,进而危害动物和人体的健康。中草药饲料添加剂药源丰富,在动物体内毒副作用低,集营养保健、预防疾病和促进生长于一体。中药就其物质基础而言是大量单体化合物的混合物,起药理作用的是其主要的活性成分,因而同样面临着肝 CYP 对它的氧化代谢作用。由于甘草和连翘作为添加剂无形中和药物联合使用越来越普遍,研究中草药对 CYP450 酶活动影响,特别是代谢大多数药物的 CYP3A 家族的影响研究,不但可以为合理使用中药提供理论依据,还可为中药与中药间的相互作用及中西药物的合理配伍应用,提供具体指导原则。

参考文献(略)

韩现芹,李健,李吉涛. 中国水产科学研究院黄海水产研究所　山东青岛　266071

七、磺胺甲基异噁唑、甘草和连翘对牙鲆 CYP2E1 活性的影响

细胞色素 P450 是一族相对非特异性酶,广泛存在于机体内,但主要存在于肝细胞内质网上,负责外来物及某些体内代谢物质的生物转化。此酶可被某些化合物诱导或抑制(Adedoyin et al.,1998)(Slaμghter et al.,1995),已发现许多药物会诱导或抑制特定的细胞色素 P450 亚族的相应底物代谢(夏薇等,2000),因而影响了化合物在体内的代谢速度。CYP2E1 是 CYP450 中的重要成分,存在于动物的肝脏等组织器官中,主要参与许多低分子有机化合物及药物在体内的代谢。CYP2E1 的活性可以通过其特异性敏感底物来测定,其中 CZX 是 1 种中枢性骨胳肌松弛剂,在体内主要(90%)被 CYP2E1 代谢生成 6-羟基氯唑沙宗(6-hydroxychlorzoxazone),结合 CZX 的体内药代动力学原理,可以用来反映 CYP2E1 的活性,Reginald 等(1996)已经成功地用该方法测定了体内的 CYP2E1 的活性。

甘草是具有清热解毒的传统中药,同时也是良好的渔用抗菌剂,日本北海道水生动物研究所采用甘草酸作抗菌剂,在水产养殖病害防治中取得了良好的效果。连翘有清热解毒,消肿散结功效。甘草和连翘常作为添加剂添加到水产饲料中,起到了提高水产动物免疫力,保肝护肝,健胃消食,降低饲料系数的作用。磺胺甲基异噁唑(Sulfamethoxazole,SMZ)具有抗菌作用强、抗菌谱广、细菌产生耐药性慢等特点,对细菌性疾病有良好的防治效果,是水产养殖生产上广泛应用的抗微生物药。本试验以牙鲆为研究对象,采用体内探针药物动力学方法研究了 SMZ、甘草和连翘对 CYP2E1 活性的影响,为药物之间的相互作用及其安全性进行全面的评估,为其临床合理用药提出理论指导。

1. 材料与方法

1.1　实验材料

磺胺甲基异噁唑原粉,淄川制药厂生产,HPLC 检测纯度为 96％;生甘草、连翘购于青岛同仁堂药店。氯唑沙宗原粉及标准品批号(美国 Sigma 公司产品,20060608,纯度 99％),乙腈和甲醇(德国默克公司产品,色谱级),其他试剂均为国产分析纯试剂。Agilent 1 100 型高效液相色谱仪,配紫外吸收检测器。

中草药提取液的制备:取生甘草 100 g 加水 500 mL,用水浸泡 0.5～1 h,加热至沸腾,煮沸后用文火煎 0.5 h,4 层纱布过滤,残渣加少于第一次的水煎煮,合并两次滤液并浓缩,使其质量浓度相当于原药 0.29 g/mL(渔药手册,2005)。连翘提取液制备方法同上,浓缩后所得质量浓度为 0.24 g/mL。

1.2　实验动物

健康牙鲆(*Paralichthys olivaceus*),平均体重 200±20.1 g,平均体长 24.5±3.2 cm,饲养于中国水产科学研究院黄海水产研究所麦岛实验基地。实验期间水温 16±2℃,盐度 30.4±0.2,pH 值 7.6±0.1,充气,流水,试验前检测发现牙鲆体内无 SMZ 残留,暂养 2 周,每日投喂不含药物的配合饲料(金海力海水鱼配合饲料),试验前 1 d 及试验期间停止喂食。

1.3　试验方法

(1)给药及血样采集。

将健康牙鲆随机分为 4 组(每组 65 尾),即对照组、SMZ 组、甘草组和连翘组。每天 1 次,连续 6 d 分别口灌 SMZ(150 mg/kg·bw),甘草(30 mg/kg·bw)和连翘提取液(100 mg/kg·bw),对照组口灌同体积的 0.9％生理盐水。于第 7 d 时,给 4 组牙鲆腹腔注射 10 mg/kg 探针药 CZX(张宾等,2007)。分别于注射给药后 0.083、0.167、0.25、0.5、0.75、1、1.5、2、3、4、6、8、12 h 共 13 个时间点采血(陈大健等,2008)。每个时间点每组随机取 5 尾鱼采样,每尾鱼从尾静脉一次性无菌采血 1 mL,分别置于预先涂有肝素钠的离心管中,4000 r/min 离心 5 min,分离出血浆,保存于−20℃冰箱中待测。

(2)血浆中 CZX 的测定。

1)血浆样品的预处理。

将血浆自然解冻,摇匀,吸取 0.2 mL 于 1.5 mL 具塞离心管中,加入乙腈 0.3 mL,置漩涡混合器上充分混合,12000 r/min 离心 10 min,取上清液 20 μL 进行 HPLC 分析。

2)色谱条件。

色谱柱为 Agilent Tc-C$_{18}$(250 mm×4.6 mm,5 μm),柱温 30℃,流动相为乙腈—磷酸二氢钾缓冲液(pH＝3.55)(40∶60,V/V)流速为 1.0 mL/min,检测波长为 280 nm,进样量为 20 μL。

3)方法学试验 。

标准曲线的制备。

取空白血浆 0.25 mL 置于 1.5 mL 离心管中,加入不同浓度的 CZX 标准溶液 0.25 mL,使其终浓度分别为 0.01、0.02、0.1、0.5、1、5、10、20 μg/mL。每个样品重复测定 5 次。

以测得的各峰面积的均数为纵坐标,质量浓度为横坐标作 CZX 的标准曲线,求出回归方程和相关系数。

回收率的测定。

取空白血浆,分别加入 CZX 标准溶液,制成含 CZX 0.25、2.5、20 $\mu g/mL$ 3 个浓度的血样,按"1.4.1"项方法处理后进行测定,每一浓度做 5 个样品。获得各样品的峰面积,再按血浆标准曲线回归方程计算得 CZX 的浓度值,并与原来加入量比较计算方法回收率。即:

回收率=(样品实测药物浓度/样品实际药物浓度)×100%

方法精密度测定。

将上述 0.25、2.5、20 $\mu g/mL$ CZX 血样,每一浓度做 5 个样品。按"1.4.1"项下方法处理后进行测定,每个浓度日内测定 5 次,日间测定 5 次,计算日内变异和日间变异。

(3)数据分析与处理。

实验数据以均值±标准差(Mean±SD)表示,将所得的药物浓度—时间数据采用药代动力学专用软件 DAS2.1.1 处理,分别按一、二和三室模型拟合药动学参数,选择最佳房室模型,计算药代动力学参数。药代动力学参数的差异用 SPSS13.0 for Windows 统计分析系统软件进行数据分析,显著性检验采用配对 t 检验。

2. 实验结果

2.1 CZX 的色谱行为

图 1 分别是空白血浆、空白血浆加入 CZX 和体内注射 CZX 后的色谱行为。在设定的色谱条件下,峰形较好,基线平稳,CZX 的保留时间在 6.745 min,药物与血浆中的杂质分离良好,无干扰峰出现。

在本试验的液相色谱条件下,将空白血浆加入相应的标准溶液,预处理后进行 HPLC 分析,计算 CZX 峰面积(A)对 CZX 的浓度(C)进行线性回归,CZX 回归方程为 $A = 473.585\ C - 15.705(n=5, r=0.9999)$。结果表明:血浆中的 CZX 在 $0.01 \sim 20\ \mu g/mL$ 浓度范围内与峰面积之间的相关性好,血浆中 CZX 的最低检测限为 $0.01\ \mu g/mL(S/N>3)$。CZX 低、中、高(0.25、2.5、20 $\mu g/mL$)3 种浓度的血浆样品的回收率在 95.41%~99.48%,日内变异和日间变异系数均<4%,符合生物样品测定要求。

2.2 SMZ、甘草及连翘对 CZX 血药浓度的影响

对照组和 SMZ 组、甘草组、连翘组的牙鲆腹腔注射探针药物后,血浆浓度结果见图 1。由图可知,甘草组和连翘组各时间点 CZX 的平均血药浓度均明显高于对照组,SMZ 组 CZX 的血药浓度。

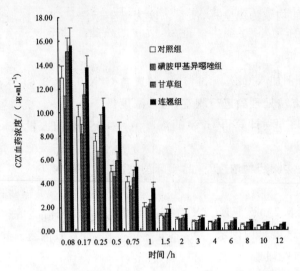

图 1　SMZ、甘草和连翘对牙鲆单次腹腔注射 CZX(10 mg/kg)后血药浓度的影响(n=5)

2.3　SMZ、甘草和连翘对牙鲆体内 CZX 药代动力学参数的影响

血药浓度数据经药代动力学专用软件 DAS2.1.1 软件处理,分别用单室、双室、三室模型进行拟合后,CZX 同二室模型相吻合,权重为 1/C,其主要药代动力学参数见表 2-1。结果表明,和对照组相比,甘草组和连翘组 CZX 的 $t_{1/2}$ 分别增加了 31.1%($P<0.05$)和 79.9%($P<0.01$);SMZ 组减少了 20.1%。SMZ 组的 AUC 与对照组比较减少了 27.7%($P<0.05$),甘草组和连翘组分别增加了 28.6%($P<0.05$)和 86.5%($P<0.01$)。甘草组和连翘组的 CL 分别减少了 21.22%($P<0.05$)和 46.88%($P<0.01$);SMZ 组增加了 38.83%($P<0.01$)。

表 1　SMZ、甘草和连翘对牙鲆单次腹腔注射 CZX(10 mg/kg)后主要药代动力学参数的影响(n=5)

参数	对照组	磺胺甲基异噁唑组	甘草组	连翘组
AUC/(mg/L·h)	14.094±1.999	10.185±1.586*	18.131±3.403*	26.285±2.262**
$t_{1/2\beta}$(h)	5.434±0.542	4.345±0.639	7.122±0.941*	9.775±2.493**
CL(L/h kg)	0.721±0.101	1.001±0.155**	0.568±0.108*	0.383±0.033**

注:* 表示与对照组比较差异显著($P<0.05$); * * 表示与对照组比较差异极显著($P<0.01$)

3. 讨论

药物在生物体内的生物转化通常是通过酶介导或酶促反应进行的,因此研究鱼类药物代谢酶(简称药酶),对了解药物在水产动物体内的作用机理与消除规律,指导临床合理用药及药物残留监控有着重大意义。目前欧美各国已经把 CYP450 及其同工酶测定用于新药的筛选及代谢研究,并把它列为新药申报必须进行的一项试验。而我国在该领域的研究还处于探索阶段,该研究的重要性和意义已逐渐被人们了解。

SMZ 属易吸收的中效磺胺药,由于其具有疗效好,使用方便、性质稳定、价格低廉等优点,在水产养殖中得到广泛应用。目前 SMZ 在水生动物体内的药代动力学已有诸多报道(Kim *et al*.,1997),而有关其对鱼类肝药酶影响的研究国内外尚属空白。甘草是著名的传统中药,在书中有"众药之王"记载,其含有的甘草酸、甘草甜素有较明显的解毒作用。而连翘除清热解毒作用外,还能广谱抗菌,所含的连翘酚是主要抑菌成分,在体外试验对许多细菌有抑制作用。

近年来有关中药对 CYP450 影响的研究日益增多,其中关于 CYP2E1 活性报道主要集中在人和鼠等实验动物,研究表明红参皂苷混合物(Kim et al.,1997),葛根素(杨秀芬等,2002)均抑制大鼠 CYP2E1 的活性;人服用银杏提取物后 CYP2C19、CYP2E1 活性均有下降(Sun et al.,2002)等。用某些特定化合物作为探针来研究 CYP450 酶活性和寻找活性部位是常用的方法。通过和对照组比较 $t_{1/2\beta}$、CL 和 AUC 等主要药动学参数指标,可间接反映肝脏对药物的代谢情况。CYP2E1 的探针药物有 3 种:对位硝基酚、N-亚硝基双甲胺和 CZX,其中前两种对人体有害,只用于体外研究。CZX 是目前唯一的对人体无损害的 CYP2E1 的体内探针药,主要(90%)的 CZX 在肝脏经 6-羟化代谢生成 6-羟氯唑沙宗。1998 年,Wall 等(1998)以 CZX 为特异性敏感底物,首次提出硬骨鱼美洲拟鲽(Pseudopleuronectes americanus)肝脏存在 CYP2E1 酶,随后关于鱼类肝脏中存在 CYP2E1 活性得到进一步的证实(Crivello et al.,1995)。

目前国内关于鱼类 CYP450 在药理学中的研究仅见于氟苯尼考和乙醇对鲫 CYP2E1 活性的影响,国外相关研究主要集中在环境污染物对鱼类 CYP450 的影响。本试验选用广泛分布于我国近海的底栖海水鱼牙鲆作为实验动物,选择 CZX 为探针底物,通过测定牙鲆血浆中 CZX 的体内代谢变化情况,间接评价 SMZ、甘草和连翘对牙鲆 CYP2E1 活性的影响,为其他药物与其合用提供理论基础。

试验结果表明,4 组牙鲆腹腔注射 CZX 后,药代动力学模型为二室模型,该结论与陈大健(KaplanL et al.,1999)报道的 CZX 在鲫鱼体内二室吸收模型结果相符合。本试验对照组牙鲆 CZX 的 $t_{1/2\beta}$ 为 5.434 h,而文献报道 CZX 在鲫鱼、大鼠和猪体内的 $t_{1/2\beta}$ 为 6.81 h (Wen et al.,2002)、1.487 h(Mizuno et al.,2000)和 1.104 h(Wen et al.,2002),可以看出哺乳动物大鼠和猪 CZX 的 $t_{1/2\beta}$ 比较接近,牙鲆与鲫鱼的 $t_{1/2\beta}$ 比较接近,鱼和哺乳动物的 $t_{1/2\beta}$ 差异很大。说明同种药物在不同物种的药动学特征存在较大差异。据 Wall 报道 CZX 于相同条件下在美洲拟鲽肝微粒体测得的代谢速率分别为 65~148 和 400~800pmol/min/mg,低于哺乳动物。由此可见,CZX 在鱼类和哺乳动物肝微粒体的体外代谢速率的差异与上述 $t_{1/2\alpha}$ 的差异是一致的,均反应了 CYP2E1 在鱼类的代谢水平较低。已有文献(Miranda et al.,1998)证明与哺乳动物相比,一些经典的抑制剂和底物对鱼 P450 s 的特异性比较低。

SMZ 组 CZX 的 $t_{1/2\beta}$、CL 和 AUC 分别为 4.345 h、1.001 L/h/kg 和 10.185 mg/L·h,与对照组比较,$t_{1/2\beta}$ 减少了 20.1%,CL 增加了 38.83%,AUC 减少了 27.7%,代谢和排泄加快,表明 SMZ 对牙鲆 CYP2E1 活性具有有较强的诱导作用。提示其与作为 CYP2E1 底物的药物合用时,可能会使后者代谢加速,导致药效减弱,影响药效,建议适当增加后者用量以期达到治疗浓度,取得满意疗效。据 Wen 等(2002)报道,在人体内试验中甲氧苄氨嘧啶(TMP)和 SMZ 分别选择性的抑制 CYP2C8 和 CYP2C9。说明在不同种属体内 SMZ 可以影响不同 CYP 亚酶的活性,是否对其他 CYP 亚酶还存在诱导或抑制作用需要进一步探讨。

甘草组 CZX 的 $t_{1/2\beta}$、CL 和 AUC 分别为 7.122 h、0.568 L/h/kg 和 18.131 mg/L·h,与对照组比较,$t_{1/2\alpha}$ 增加了 31.1%,CL 减少了 21.22%,AUC 增加了 28.6%,代谢和排泄

减慢，表明甘草对牙鲆CYP2E1活性具有较强的抑制作用。该结论与杨静（Yang et al.，2001）等报道的经不同浓度8α-甘草酸（glycyrhizicacid，GL）预处理的培养基中肝细胞中CYP2E1（苯胺羟化酶ANH）的活性分别减少了1.2％，40.0％和57.7％的结论相符。

连翘组CZX的 $t_{1/2\beta}$、CL和AUC分别为9.775 h、0.383 L/h/kg和26.285 mg/L·h，与对照组比较，$t_{1/2\alpha}$增加了79.9％，CL减少了46.88％，AUC增加了86.5％，代谢和排泄减慢，表明连翘对牙鲆CYP2E1活性具有很强的抑制作用。闫淑莲等（2003）的研究表明连翘对大鼠CYP1A2有抑制作用，对大鼠CYP3A4有诱导作用，对大鼠CYP2E1的影响不显著。连翘对牙鲆和大鼠CYP2E1活性的影响不同可能跟鱼和哺乳动物的种属差异有关，本试验的结果提示当甘草和连翘与同CYP2E1底物的药物合用时，很可能会发生药物间的相互作用，应适当减少后者的用药量，避免蓄积中毒。

参考文献（略）

韩现芹，李健．中国水产科学研究院黄海水产研究所　山东青岛　266071

八、癸甲溴铵对褐牙鲆组织中 Na⁺-K⁺-ATPase 和 SOD 活性的影响

癸甲溴铵（Deciquam）是一种新型阳离子表面活性剂类消毒剂，化学成分为十烷基二甲基溴化铵，20世纪80年代由美国首次开发应用，1990年首次引入我国，目前广泛应用于我国医药等行业（薛广波，2002）。癸甲溴铵等表面活性剂类由于具有性能稳定，杀灭病原微生物广谱快速（薛广波，1993），易降解，无残留危害（Schoberl et al.，1989；Gerike et al.，1986），有一定的环境修复作用（Jacqueline et al.，1989；Gao et al.，1999）等突出优点，目前在消毒领域应用较广（张文福，2004）。癸甲溴铵已在水产养殖上试用作水体消毒药物，并取得了良好的效果，但对于有效剂量和鱼类的安全性等问题尚未弄清楚，因而往往在使用时感到用量难以掌握。癸甲溴铵在水产养殖上的研究报道较少，仅见汪开毓关于癸甲溴铵对鲤鱼、鲫鱼的急性毒性和抑菌作用的研究报道（汪开毓等，2000）。有研究报道，癸甲溴铵在偏碱性条件下，杀菌效果较好（Merianos，1991），因此，癸甲溴铵特别适合于在海水养殖中使用，为此，我们以一种海水养殖品种褐牙鲆为研究对象，研究其对褐牙鲆组织中 Na⁺-K⁺-ATPase 和 SOD 活性的影响。

1. 材料与方法

1.1 实验材料

癸甲溴铵由广州精博生物技术有限公司生产并提供，批号20050820，含溴化二甲基烃铵50％。

1.2 实验方法

（1）试验设计。

试验分成3个消毒剂处理组和一个不加消毒剂的对照组，每组褐牙鲆30尾，试验期24天，分别在第1、3、6、12、24天取样，每次取样每组各取3尾褐牙鲆，解剖取鳃、肝脏、肾脏。试验的癸甲溴铵浓度参照急性毒性试验结果来设定，最后设定为：0、0.5、1.0、2.0 mg/L。试验前褐牙鲆暂养半个月用于试验，正式试验采用静水药浴，每天投饵两次（9:00，16:00），每次投饵量为鱼体重的4％（W/W），每天换水换药两次。

（2）样品的采集与处理。

取出牙鲆剖杀后，迅速取出鳃、肝脏和肾脏，用预冷的生理盐水冲洗干净，滤纸吸干后装入 Eppendorf 管中，置−20℃冰箱中保存备用。处理样品时，组织样品在 4℃下解冻，分别取牙鲆的鳃、肝脏和肾脏，经预冷生理盐水润洗，滤纸吸干并称重，取各组织块 0.2～0.3 g，按 1∶9 重量体积比（W/V）加入预冷生理盐水（含 0.75％氯化钠和 0.03％氯化钾），然后冰浴匀浆（10000 r/min，3 min），匀浆液于 4℃条件下离心（8000 r/min，10 min），取上清液待测。

（3）Na^+-K^+-ATPase 活性测定方法。

取鳃组织，用以上方法匀浆、离心，得到 10％的鳃组织匀浆液，该匀浆液再以 8000 r/min 离心 10 min，取上清液按 20％的体积比（V/V）用生理盐水稀释成 2％的鳃组织匀浆液。然后按试剂盒步骤测定匀浆液中 Na^+-K^+-ATPase 酶活性，具体步骤如下：取 5 mL 离心管，置于冰水中，依次加入酶促反应试剂，然后加入 2％的鳃组织匀浆液 200 μL，旋涡混合均匀后，离心管转入水浴锅中，在 30℃下保温 10 min（准确计时），立即取出离心管，放回冰水中，加试剂终止反应。旋涡混合均匀后，以 9000 r/min 离心 10 min。取上清液 200 μL，加入到 10 mL 试管中，按余下酶试剂盒的操作步骤，依次加入定磷试剂，定磷，旋涡混合均匀后，定磷液在 45℃下水浴 20 min，取出试管，冷却至室温，上分光光度计，用蒸馏水调零，在 660 nm 处，测定吸光值。

Na^+-K^+-ATPase 酶活性定义为：每小时每毫克组织蛋白的 ATP 酶分解 ATP 产生 1 μmol 无机磷的量为 1 个 ATP 酶活力单位。上清液蛋白含量采用 Bradford 方法测定。ATP 酶试剂盒从南京建成生物工程研究所购买。

（4）SOD 活性测定方法。

SOD 的活性测定，采用南京建成生物公司提供的检测试剂盒，相应操作参照说明书进行。SOD 活力按黄嘌呤氧化酶法，活力单位定义为每毫克组织蛋白在 1 mL 反应液中 SOD 抑制率达 50％时所对应的 SOD 量为一个 SOD 活力单位（U）。

1.3　数据处理

试验数据以三个平行组数据的平均值表示，用 SPSS 软件进行处理。

2. 实验结果

2.1　癸甲溴铵对褐牙鲆鳃组织中 Na^+-K^+-ATPase 活性的影响

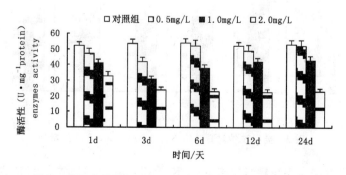

图 1　癸甲溴铵对鳃组织中 Na^+-K^+-ATPase 活性的影响

图 1 为癸甲溴铵对褐牙鲆鳃组织 Na^+-K^+-ATPase 活性影响的实验结果。结果表明，各浓度组(从低剂量 0.5 mg/L 到高剂量 2.0 mg/L)癸甲溴铵处理均能引起鳃组织中 Na^+-K^+-ATPase 的活性降低，并显示随着处理浓度的增加 Na^+-K^+-ATPase 的活性显著降低($P<0.01$)。在实验的第 3 天，各浓度组中鳃组织 Na^+-K^+-ATPase 的活性均降到最低，与对照组差异极显著($P<0.01$)，随着实验时间的延长，0.5 mg/L、1.0 mg/L 浓度组中 Na^+-K^+-ATPase 活性又有所提高，到实验结束时 0.5 mg/L 浓度组 Na^+-K^+-ATPase 活性与对照组无明显差异($P>0.05$)，2.0 mg/L 浓度组中 Na^+-K^+-ATPase 活性降到最低后则趋于稳定。在实验过程中，1.0 mg/L、2.0 mg/L 浓度组从试验的第 3 天开始出现死亡，到实验结束，1.0 mg/L 浓度组累计死亡率达到 11%，2.0 mg/L 浓度组累计死亡率达到 48%。

2.2 癸甲溴铵对褐牙鲆肝脏中 Na^+-K^+-ATPase 活性的影响

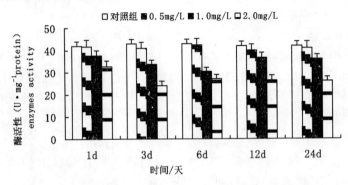

图 2　癸甲溴铵对肝脏中 Na^+-K^+-ATPase 活性的影响

图 2 为癸甲溴铵对褐牙鲆肝组织 Na^+-K^+-ATPase 活性影响的实验结果。结果表明，0.5 mg/L 浓度组 Na^+-K^+-ATPase 活性略有降低，但和对照组差异不显著($P>0.05$)；1.0 mg/L 浓度组肝组织中 Na^+-K^+-ATPase 活性在试验的第 6 天降到最低($P<0.01$)，随着试验的进行，Na^+-K^+-ATPase 活性有所提高；2.0 mg/L 浓度组 Na^+-K^+-ATPase 活性在试验的第 3 天降到最低($P<0.01$)，到试验的第 6 天活性略有提高，然后趋于稳定。

2.3 癸甲溴铵对褐牙鲆肾脏中 Na^+-K^+-ATPase 活性的影响

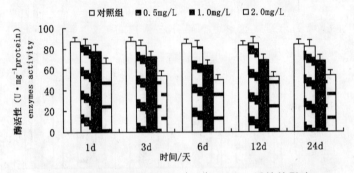

图 3　癸甲溴铵对肾脏中 Na^+-K^+-ATPase 活性的影响

图 3 为癸甲溴铵对褐牙鲆肾组织 Na^+-K^+-ATPase 活性影响的实验结果。结果表明，0.5 mg/L 浓度组并没有引起 Na^+-K^+-ATPase 活性明显下降($P>0.05$)；1.0 mg/L、2.0

mg/L 浓度组 Na^+-K^+-ATPase 活性在试验的第 6 天降到最低（$P<0.01$），随着试验的进行 Na^+-K^+-ATPase 活性有所提高，到实验结束时仍显著低于对照组（$P<0.01$）。

2.4 癸甲溴铵对褐牙鲆鳃组织 SOD 活性的影响

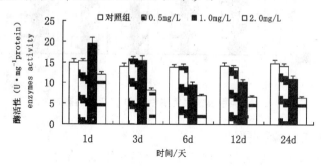

图 4 癸甲溴铵对鳃组织中 SOD 酶活性的影响

图 4 为癸甲溴铵对褐牙鲆鳃组织 SOD 活性影响的实验结果。结果表明，低剂量（0.5 mg/L）癸甲溴铵处理，在实验第 3 天鳃组织中 SOD 活性有所提高（$P<0.05$）；1.0 mg/L 浓度组在短时间内（1 d），SOD 活性提高极显著（$P<0.01$），但随着处理时间的延长开始下降，到实验的第 6 天已显著低于对照组，随后 SOD 活性趋于稳定并有所回升；高剂量（2.0 mg/L）癸甲溴铵处理组，从试验第 1 天 SOD 活性就显著下降（$P<0.01$），并随着时间的延长而呈下降趋势。1.0 mg/L、2.0 mg/L 处理组从试验的第 3 天开始出现死亡。

2.5 癸甲溴铵对褐牙鲆肝组织 SOD 活性的影响

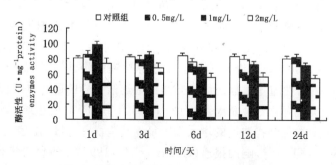

图 5 癸甲溴铵对肝脏中 SOD 酶活性的影响

图 5 为癸甲溴铵对褐牙鲆肝组织 SOD 活性影响的实验结果。结果表明，0.5 mg/L 癸甲溴铵处理，没有引起肝组织 SOD 活性明显的变化（$P>0.05$）；1.0 mg/L 浓度组，短时间内（1 d）肝脏的 SOD 活性提高极显著（$P<0.01$），但随着处理时间的延长开始下降，到实验的第 6 天已显著低于对照组，然后趋于稳定；高剂量（2.0 mg/L）癸甲溴铵处理组，从试验第 1 天 SOD 活性就显著下降，并随着时间的延长而呈下降趋势。由此可见，肝脏中的 SOD 活性受癸甲溴铵影响的变化趋势大致类似于鳃组织中的变化趋势，但低剂量组（0.5 mg/L）在实验的第 1 天能使鳃组织中的 SOD 活性显著提高（$P<0.05$），却不能引起肝脏中 SOD 活性的明显变化。

2.6 癸甲溴铵对褐牙鲆肾组织 SOD 活性的影响

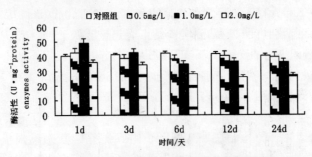

图 6 癸甲溴铵对肾脏中 SOD 酶活性的影响

图 6 为癸甲溴铵对褐牙鲆肾组织 SOD 活性影响的实验结果。结果表明,肾组织中的 SOD 活性受癸甲溴铵影响的变化趋势类似于鳃组织中的变化趋势。低剂量(0.5 mg/L)癸甲溴铵没有引起肾脏 SOD 活性明显的变化;1.0 mg/L 浓度组短时间内(1 d)刺激肾脏中 SOD 活性提高,随后在试验的第 3 天又迅速下降,到第 6 天降到最低;高剂量(2.0 mg/L)处理,在实验过程中 SOD 活性一直呈下降趋势。

3. 讨论

3.1 癸甲溴铵对褐牙鲆组织中 Na^+-K^+-ATPase 活性的影响

Na^+-K^+-ATPase 是重要的功能膜蛋白,能维持细胞内外的离子梯度和膜电位,这对于细胞的渗透调节、物质吸收(葡萄糖、氨基酸等)和跨细胞离子运动都至关重要,在整个机体离子调节方面起到核心作用。目前关于鱼类鳃丝中 Na^+-K^+-ATPase 的研究报道很多。马广智等研究了臭氧对草鱼鱼种 Na^+-K^+-ATPase 活性的影响发现,72 h 内,低剂量(0.14 mg/L)和高剂量(0.27 mg/L 和 0.45 mg/L)均对 Na^+-K^+-ATPase 活性有明显的抑制作用(马广智等,2003)。叶继丹等做了喹乙醇对鲤的慢性试验,60 d 后,发现鳃组织中 Na^+-K^+-ATPase 活性随喹乙醇剂量的升高而呈逐渐下降的趋势(叶继丹等,2005)。聂晶磊等研究了氯酚类化合物对金鱼鳃组织中 Na^+-K^+-ATPase 的影响(聂晶磊等,2001),发现酶活性随着氯酚类化合物浓度的增大而降低。还有关于 pH、盐度、重金属、温度及有机磷等对 Na^+-K^+-ATPase 影响的报道(KμLtz et al.,1995)。潘鲁青等研究了盐度对褐牙鲆鳃丝 Na^+-K^+-ATPase 活力的影响发现,盐度变化后,各试验组 ATPase 活力均呈现出不同程度的下降趋势(潘鲁青等,2006)。唐贤明等研究了温度、pH 对褐牙鲆鳃丝 Na^+-K^+-ATPase 活力的影响发现,Na^+-K^+-ATPase 的最适反应温度为 30~35℃,最适 pH 为 7.5~8.0 之间(唐贤明等,2004)。但未见关于癸甲溴铵等季铵盐类消毒剂对鱼体组织中 Na^+-K^+-ATPase 活性影响的报道。

本试验得出,随着癸甲溴铵浓度的增加和暴露时间的延长,Na^+-K^+-ATPase 活性总体上呈下降趋势,这和马广智、叶继丹等得出的结论类似。低浓度(0.5 mg/L)癸甲溴铵处理,短时间(1 d)内对鳃组织 Na^+-K^+-ATPase 活性有显著性降低作用($P<0.05$),但对肝和肾组织 Na^+-K^+-ATPase 活性没有明显影响;但较高浓度(1.0 mg/L、2.0 mg/L)癸甲溴铵暴露则对鳃、肝、肾组织 Na^+-K^+-ATPase 活性均有显著的抑制作用;随着暴露时间的延长,Na^+-K^+-ATPase 活性受抑制的程度会加剧,但在实验后期,尤其是在 0.5 mg/L、1.0 mg/L 浓度组,Na^+-K^+-ATPase 活性又有所提高。在实验过程中,1.0 mg/L、2.0 mg/L

浓度组从试验的第 3 天开始出现死亡,到实验结束,1.0 mg/L 浓度组累计死亡率达到 11%,2.0 mg/L 浓度组累计死亡率达到 48%。

癸甲溴铵对鳃组织 Na^+-K^+-ATPase 活性影响的作用机理推测如下。癸甲溴铵在水体中带正电荷,能与鳃丝细胞膜上磷脂等成分结合,必然导致膜结构和功能的改变,Na^+-K^+-ATPase 是细胞膜脂质双层上的四聚体的镶嵌蛋白,其构象的维持依赖于膜上的磷脂 (Banks et al.,1991),因此癸甲溴铵离子与磷脂的结合必然引起 Na^+-K^+-ATPase 构象的改变,使酶蛋白在转运离子的过程中两种构象不能相互转换,使酶失去转运离子或作为离子通道的功能,导致 Na^+-K^+-ATPase 活性下降。癸甲溴铵还具有表面活性作用和亲脂性,在水中能迅速渗透到鳃丝细胞膜脂质层及蛋白质层,改变膜的通透性,甚至能破坏膜的通透性屏障,使其破裂,进而影响膜内酶系统,能抑制调控 Na^+-K^+-ATPase 活性的蛋白激酶 (Cornelius et al.,2003) 活性,从而抑制 Na^+-K^+-ATPase 的活性。此外,还有研究报道 (Xie et al.,1999),Na^+-K^+-ATPase 活性的抑制,与癸甲溴铵在胞内产生的过量的自由基有关,当组织酶 SOD 活性被癸甲溴铵抑制后,癸甲溴铵产生的过量自由基不能被及时清除,细胞膜上的磷脂及膜内的酶系统就会被自由基氧化,进而影响 Na^+-K^+-ATPase 的活性。

低浓度 (0.5 mg/L) 癸甲溴铵处理,短时间 (1 d) 内对鳃组织 Na^+-K^+-ATPase 活性有显著性降低作用,但对肝和肾组织 Na^+-K^+-ATPase 活性没有明显影响,这说明相对于肝和肾组织,鳃对癸甲溴铵更敏感一些。在实验后期,0.5 mg/L、1.0 mg/L 浓度组 Na^+-K^+-ATPase 活性又出现明显回升的现象,分析原因应该是,在癸甲溴铵对褐牙鲆组织损害较轻的情况下,鱼体可以通过自身调节,主要是增加鱼鳃氯细胞的密度 (Pisam et al.,1990) 和增强蛋白激酶的调控来提高 Na^+-K^+-ATPase 活性,从而尽量维持鱼体内的离子平衡。但随着在药液中暴露时间的延长或药物浓度的增大,癸甲溴铵对鱼体的组织损伤加剧,细胞膜受损严重,蛋白激酶失活,鱼体会逐渐失去自身调节的能力,因此在高浓度组 (2.0 mg/L) Na^+-K^+-ATPase 活性回升现象不明显,甚至一直处于活性下降的趋势。

3.2 癸甲溴铵对褐牙鲆组织中 SOD 活性的影响

超氧化物歧化酶 SOD 是机体内抗氧化酶系的关键酶之一 (方允中等,1994),它的主要功能是清除体内产生的超氧阴离子自由基,使自由基的产生与消除处于一个动态平衡中,从而免除自由基对生物分子的损伤。大量研究表明,毒性物质所致的动植物组织细胞功能的改变与细胞中自由基的代谢失衡而引发的连锁反应的结果有着密切的关系 (Livingstone et al.,1990),机体内 SOD 活性的高低反映了器官组织抗氧化保护能力的大小 (方允中等,1994)(孟凡伦等,1999)。此外,SOD 活性与生物体的免疫水平密切相关,对于增强巨噬细胞的防御能力和整个机体的免疫功能有重要作用 (丁美丽等,1997)(牟海津等,1999)。

本实验结果表明,低剂量 (0.5 mg/L) 癸甲溴铵处理,短时间 (3 d) 内对鳃组织 SOD 活性有明显增强作用,1 mg/L 癸甲溴铵暴露,短时间 (1 d) 内能引起鳃、肝、肾组织 SOD 活性提高极显著,随着处理时间的延长活性开始下降。表明癸甲溴铵对褐牙鲆鳃、肝、肾组织中 SOD 的作用经历了从诱导到抑制的过程。在外源毒物的刺激初期,SOD 的活性显著提高,Stebbing 将这种现象称之为"毒物兴奋效应"(Stebbing,1982)。在正常情况下,在鱼体内自由基产生和抗氧化系统的酶促反应及非酶反应对自由基清除之间存在良好的动态平衡,体内的活性氧自由基被维持在一个较低的水平而不致引起细胞毒素反应。但在癸甲溴铵的刺激下,机体组织中自由基生成量会大量增加,从而诱导抗氧化酶(如 SOD 酶)的合成,SOD 酶的活性增强,因此,在试验初期,SOD 酶的活性会有所提高,这种应激补偿效应在动植物中普遍存在(Tang et al.,2000)。

组织中 SOD 活性增强,从而加速了自由基的清除,有效地阻止了自由基在体内过多地积累,阻抑了膜脂过氧化,保护了膜系统及相关酶系统。但随着褐牙鲆在癸甲溴铵(1.0 mg/L)中暴露时间延长,SOD 活性又出现明显下降,到实验第 6 天时,降到明显低于对照组($P < 0.01$),推测原因可能是,在癸甲溴铵长时间的胁迫下,鱼体组织细胞中不能被及时清除的自由基会逐渐累积,当自由基在体内过量积累到一定程度时,能引起类脂质的过氧化反应,导致蛋白质交联,破坏细胞的正常代谢功能(Kim et al.,1997),对组织细胞的多种功能膜和酶系统产生破坏,导致如 ATPase 和消化酶等一些酶活性的降低,使鱼体生命活动代谢失调,致使组织 SOD 活性下降。随着癸甲溴铵浓度的增大,组织中自由基累积的速度会更快,组织受损伤程度会更严重,因此高浓度组(2.0 mg/L)处理,各组织中 SOD 活性从试验第 1 天就显著下降。

低剂量(0.5 mg/L)癸甲溴铵处理,短时间(1 d)内对鳃组织 SOD 活性有明显增强作用,但对肝和肾组织 SOD 活性没有明显影响。这说明,相对于肝脏、肾脏,鳃组织对癸甲溴铵更敏感。比较鳃、肝脏、肾脏中的 SOD 活性可以看出,肝脏中单位质量蛋白质的 SOD 活性明显高于鳃和肾脏中的酶活性($P < 0.01$),可能是因为肝脏中脂类含量丰富,积累的大量脂肪酸带有较多的自由基,需要较强的抗氧化酶系统,以维持肝脏的正常代谢(方允中等,1994;艾春香等,2002;艾春香等,2003)。

3.3 不同组织对癸甲溴铵的敏感性

实验的结果表明,不同组织的 Na^+-K^+-ATPase 和 SOD 活性对癸甲溴铵暴露的敏感性表现出一定的差异。低浓度(0.5 mg/L)癸甲溴铵处理,短时间(1 d)内对鳃组织中 Na^+-K^+-ATPase、SOD 活性分别有显著性降低、增强作用,但对肝和肾组织 Na^+-K^+-ATPase、SOD 活性没有明显影响。这说明,相对于肝脏、肾脏,鳃组织对癸甲溴铵更敏感。根据前面的实验结果,按照公式:抑制率=(对照组酶活性-实验组酶活性)/对照组酶活性×100%,可计算出癸甲溴铵对褐牙鲆组织中 Na^+-K^+-ATPase 和 SOD 活性的抑制率。结果表明,褐牙鲆鳃组织 Na^+-K^+-ATPase 活性对癸甲溴铵最敏感,特别是在低浓度癸甲溴铵(0.5 mg/L)处理中,短时间(1 d)对 Na^+-K^+-ATPase 活性的抑制率已达到 10%。癸甲溴铵对 SOD 活性的影响在鳃、肝脏和肾脏组织中都表现出从诱导到抑制的过程,但在鳃组织中这种波动最大。

从这两种酶活性的变化来看,褐牙鲆鳃组织最先或最易受到癸甲溴铵的伤害。水产动物的鳃丝具有重要的生理功能如呼吸、渗透调节和排泄等,而且与水环境直接接触,是养殖水环境中毒性污染物的主要靶组织(Mallatt et al.,1985)。癸甲溴铵进入鱼体的主要途径是鳃,通过鳃小片进入血液中,即鳃小片是直接与水中的癸甲溴铵相接触的。由于癸甲溴铵具有表面吸附能力,容易吸附于鳃小片上皮细胞表面,阻碍细胞膜的通透性,使细胞膜破裂,癸甲溴铵产生的自由基会进一步攻击鳃小片上皮细胞,使鳃小片严重受损。因此,褐牙鲆鳃组织最先或最易受到癸甲溴铵的损害。癸甲溴铵通过鳃小片进入血液后,经血液循环才能到达肝和肾,这一过程就使得癸甲溴铵的毒性在受到机体内酶性抗氧化系统(如 SOD、CAT 等)和非酶性抗氧化系统(如 GSH、维生素 E 等)(Peters,1996)的作用后有所降低,因而对肝脏、肾脏中 Na^+-K^+-ATPase、SOD 活性的影响相对小些。因此,鳃组织中酶活性可作为衡量癸甲溴铵对褐牙鲆毒性比较理想的指标。

3.4　癸甲溴铵对褐牙鲆毒性指示酶的确定

在受污染的水环境中,需对各种有害物质进行毒理学分析,仅使用化学分析方法难以评估这些化合物的潜在毒性。以往在毒理学领域里,利用生物体进行的测试主要集中于对急性毒性的分析,可以得出污染物对生物体的致死浓度。然而,像鱼类、贝类大量死亡的这种急性效应情况,其发生的频率远远不及亚致死效应(例如生殖能力下降,对压力更敏感等),为了评估污染物质的亚致死效应,就需要发展一种用于水生生物亚致死效应的指示物来更为准确、快速的评估和预测外来化合物对水生生物的危害情况。在毒物的刺激下,生物体为了维持正常代谢状态产生的压力可以表明其在生化水平上的亚致死效应,对毒物引起生化参数变化的研究有助于阐明其作用的分子机制。较早的生物化学指示物有胆碱酯酶,来反映有机磷农药的污染,随后又发展了许多其他的指标,如脱氢酶活力、ATP 酶等生化参数。近 20 年来,国内外关于毒物对 ATPase 的影响方面做了许多工作,研究发现,Na^+-K^+-ATPase 对多种类型污染物敏感,并成为分子生态毒理学中评价污染压力的重要生物标志物(聂晶磊等,2001)。

Na^+-K^+-ATPase 在低等、高等水生生物体内普遍存在,具有广泛的生态意义,在机体中起到至关重要的作用,并且是多种毒物攻击的靶点。此外,由于 Na^+-K^+-ATPase 是膜的组成成分,如癸甲溴铵等以膜上其他蛋白、磷脂等成分为作用靶点的毒物,也会间接影响 Na^+-K^+-ATPase 的活性。许多实验证明,Na^+-K^+-ATPase 对环境中存在的多种有毒物质敏感,并且已有研究表明毒物对 Na^+-K^+-ATPase 抑制的浓度、时间依赖性。Na^+-K^+-ATPase 作为环境污染亚致死效应指示物具有巨大潜力,可以用于评价外来化合物的潜在危害,监测早期污染,并有可能发展为评估特定水质标准的工具。

本研究证实,褐牙鲆鳃组织 Na^+-K^+-ATPase 活性对癸甲溴铵最敏感,特别是在低浓度癸甲溴铵(0.5 mg/L)处理中,短时间(1 d)对 Na^+-K^+-ATPase 活性的抑制率已达到 10%,0.5 mg/L 癸甲溴铵在第 3 天才对鳃组织中的 SOD 活性有所影响。随着癸甲溴铵浓度的增大和作用时间的延长,Na^+-K^+-ATPase 活性受抑制的程度越严重。因此,Na^+-K^+-ATPase 可以作为癸甲溴铵对褐牙鲆毒性的标志酶,用来评价癸甲溴铵对褐牙鲆的潜在危害。

参考文献(略)

王斌,李健. 中国水产科学研究院黄海水产研究所　山东青岛　266071

九、黄芩苷对牙鲆肝 CYP1A 基因表达的影响

细胞色素 P450 酶(CYP450)是混合功能氧化酶系中最重要的一族,参与众多药物在动物体内的生物转化,CYP1A 是其中主要的一个亚族,可催化多种药物的代谢,与许多前致癌物和前毒物的代谢活化有关(胡云珍等,2003),其活性高低可直接影响药物的治疗效果和毒性效应,同时,药物、环境污染物等诸多外界因素也可对其活性产生诱导或抑制作用,影响其活性大小。鱼类也具有 P450 酶,水产养殖中所用到的药物在鱼体内的生物转

化同样也是通过该酶起作用的,其中 CYP1A 普遍存在于所检测的鱼类中(Simon *et al.*,1999),也是鱼类中研究最多的一族,其活性主要用作生物标志物,即通过以环境污染物作为外源物质来观察对其活性的影响,来指示环境污染(顾海峰等,2002;Malmstrm *et al.*,2004),应用于环境毒理学研究中,但是针对与水产药物直接相关的药理学研究却很少。

黄芩苷(bAicalin)是从唇形科植物黄芩(*Scutellaria bAicalensis Georigi*)的干燥根中提取的一种黄酮类化合物,是黄芩中的有效成分之一,具有保肝、利胆、抗菌消炎等多种药理作用(文敏等,2008)。由于其具有低毒、低污染和不易产生耐药性等优点,已逐渐应用于水产养殖业中,常用于鱼类细菌性疾病的防治。近年来,国内外对于黄芩苷在水产养殖中的研究,有对鱼类肝功能及免疫机能方面影响的免疫学研究(喻运珍,2006),但是对鱼类药物代谢酶 CYP450 的影响及药物相互作用的研究还属空白,鉴于此,本文选取了牙鲆为试验动物,来研究黄芩苷在不同药物剂量及药物作用时间下对 CYP1A 酶活性及基因表达的影响,旨在探讨黄芩苷对 CYP1A 的影响及作用机制,以指导水产临床配伍用药,通过合理及有目的的给药,以减少因药物相互作用而导致的药物不良反应,发挥药物的最大疗效。

1. 材料与方法

1.1 药品和试剂

(1)引物。

根据已有牙鲆 CYP1A cDNA 序列,以 Primer Premier5.0 软件设计特异性扩增引物,用于扩增牙鲆 β—actin 基因(作为内参照基因)的一对引物则参照文献(Chen *et al.*,2006)(表1)。引物合成和 cDNA 序列测定均委托上海生工公司完成。

表1 牙鲆 CYP1A 以及内参 β-actin 基因 cDNA 的扩增引物

cDNA	Forward primer	Reverse primer	预期产物大小(bp)
β-actin F0:TGGCATCACACCTTCTACAAC		R0:CTGCATCTCCTGCTCAAAGTC	429
CYP1A F1:GCTACGACCACGACGAT		R1:CTCTGGGTAAGCCACAAG	398

(2)药品和试剂。

黄芩苷药粉购自青岛胶南市科奥植物制品有限公司,含量≥85%。Trizol 试剂为 Invitrogen 公司产品;dNTPs 和 DNA Marker DL2000 为 TaKaRa 公司产品;TaqDNA 聚合酶为博日公司产品;oligo—(dT)$_{18}$ 和 DEPC 购自上海生工生物工程公司;RNasin、First Strand cDNA Synthesis Kit(M-MLV)和琼脂糖为 Promega 公司产品;其他化学试剂均为国产分析纯。

1.2 实验动物

健康牙鲆(*Paralichthys olivaceus*)购自青岛茂余水产养殖有限公司,平均体重 106±6.5 g,饲养于中国水产科学院黄海水产研究所鳌山卫实验基地,水温 24±1℃,充气。实验前暂养 2 周,每日投喂不含药物的配合饲料,实验前 1 天及实验期间停止投喂。

1.3 试验方法

(1)实验设计。

将 88 尾体质量 106 ± 6.5 g 的禁食过夜的暂养牙鲆随机分为 4 组,分别为对照组、低剂量组(黄芩苷 50 mg/kg 体质量)、中剂量组(黄芩苷 100 mg/kg 体质量)、高剂量组(黄芩苷 200 mg/kg 体质量),每日口灌给药 1 次,每次 1 mL。对照组则以等体积 0.9% 生理盐水口灌。连续给药,并于给药 3 d、6 d、9 d 后将鱼处死,迅速取出肝脏用于提取 RNA,并立即放入液氮中保存备用。

(2) RNA 的提取和 cDNA 第一链的合成。

称取 50 mg 肝组织样品放入研钵,加液氮研磨成粉,趁液氮尚未挥发光时,将粉末迅速转至 1.5 mL 的已加入 1 mL Trizol 液的离心管中,并按 Trizol 试剂说明书提取总 RNA,RNA 沉淀用 DEPC 水溶解,用核酸定量仪测定 260 nm 和 280 nm 处的吸收值,检测 RNA 的产量和纯度,以 $1 \times$ MOPS 作为电泳缓冲液,用 1% 琼脂糖凝胶进行 RNA 非变性电泳检测 RNA 的完整性。取等量(2 μg)的 RNA,按照 M-MLV 说明书反转录肝组织的总 RNA,合成 cDNA 第一链。

(3) PCR 扩增。

以上述合成的 cDNA 为模板,PCR 扩增反应总体积为 20 μL,反应体系为 $10 \times$ PCR Buffer(含 15 mmol/L MgCl$_2$)2.0 μL,dNTPs(2.5 mmol/L)1.0 μL,Forward primer(10 μmol/L)1.0 μL,Reverse primer(10 μmol/L)1.0 μL,cDNA(50ng/μL)1.0 μL,ddH$_2$O 13.8 μL,Taq DNA polymerase(5U/μL)0.2 μL。

将样品放入 Eppendorf PCR 仪中进行 PCR 扩增,反应程序为:94℃ 预变性 5 min;循环条件为 94℃ 30 s、59.8℃(扩增 β-actin 为 53.1℃)30 s 和 72℃ 40 s,共 28 个循环;最后在 72℃ 延伸 10 min。扩增完成后,在 2.0% 的琼脂糖凝胶上以 120V 恒定电压进行电泳,采用凝胶成像系统对电泳产物进行拍照。

(4) 扩增产物电泳条带的定量分析。

通过 Quantity One 4.5 软件对扩增产物电泳条带进行定量分析。

(5) 统计分析。

实验数据通过 SPESS13.0 软件的 ANOVA 方法进行显著性分析,结果以均数±标准差(mean±SD)形式表示。

2. 实验结果

由图 1 可以看出,取等量肝脏组织 RNA 进行 RT-PCR 半定量后,各实验组均有 CYP1A mRNA 的表达,光密度分析表明,给药 3、6、9 天时低、中、高剂量的 CYP1A/Actin 的比值分别增加了 3.13%、6.25% 与 12.5%;11.43%、60% 与 71.43%;44.44%、69.44% 与 91.76%,可知黄芩苷各实验组的 CYP1A 表达随用药时间和剂量的增加而加强,这与前面黄芩苷影响 CYP1A 酶(EROD 酶)的结果基本一致。

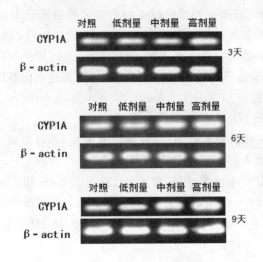

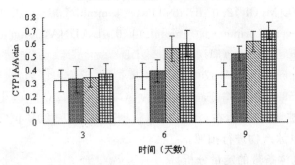

图 1   黄芩苷对牙鲆 CYP1A mRNA 表达的影响

3. 讨论

研究表明,许多化合物诱导 CYP450 的机制是以某种方式激活结构基因,在细胞核内通过 DNA 的转录而诱导 1 种特异 mRNA,mRNA 通过翻译在细胞浆内诱导各种酶蛋白掺入内质网和核膜内,使得新生的 CYP450 催化底物活性比原来的 CYP450 强,从而加速对进入体内药物的代谢作用,改变其药理活性,形成水溶性高的代谢产物排出体外(陈曙霞等,2004)。

目前,关于中草药对 CYP1A mRNA 表达的影响在哺乳动物中有些报道,如吴宁(吴宁等,2007)等研究了漏芦对大鼠 CYP1A1 酶活性及其 mRNA 水平的影响,指出漏芦抑制 CYP1A1 酶活性的机理可能是通过抑制 CYP1A1 基因表达水平,减少酶蛋白合成,从而降低酶活性,刘树民等(2006)研究黄药子与当归配伍对大鼠肝脏 CYP1A2 基因 mRNA 表达的影响,指出黄药子和当归在 CYP1A2 基因的转录水平发挥作用,提示黄药子可能通过诱导 P450 酶系的 CYP1A2 的基因表达,导致肝中毒。关于中草药对鱼类的 CYP1A 的表达影响国内外还未见到相关报道,现有研究主要是关于环境污染物对其表达的诱导方面的研究,应用于环境毒理学领域,如林茂等(2005)研究指出,β-萘黄酮可能通过刺激 CYP1A

的表达,增加细胞中的 CYP1A 蛋白含量,从而在转录以及转录后水平上影响 CYP1A 依赖的 EROD 酶活。本文则从药理学出发,研究了不同剂量及作用时间的黄芩苷对 CYP1A 表达的调控,发现该药物对牙鲆 CYP1A 的表达可随剂量及作用时间的增加而增强,呈现出剂量—效应和时间—效应关系,这与前述的 CYP1A 酶活性的变化趋势是基本一致的,推测黄芩苷对牙鲆 CYP1A 的诱导机制可能也是由于其诱导 CYP1A 基因 mRNA 表达水平,再由 mRNA 翻译成蛋白质,从而增加蛋白合成升高酶活性的缘故。

参考文献(略)

韩华.上海海洋大学水产与生命学院　上海　201306

韩华,李健,李吉涛,张喆.中国水产科学研究院黄海水产研究所　山东青岛　266071

十、三种喹诺酮类药物对牙鲆 CYP1A 基因表达的影响

细胞色素 P450 酶系是催化药物在动物体内代谢的主要酶系,决定了药物的代谢速率,与药物的清除率有直接的关系(李国昌等,2004)。鱼类也具有 CYP450,水产养殖中所用到的药物在鱼体内的生物转化同样也是通过该酶催化,对鱼类 P450 酶的研究将有助于阐明水产动物体内药物代谢的规律和机制(Cravedi et al.,1998),对水产药物相互作用的预测和水产品安全的保障具有重要意义,与环境安全及人类的健康密切相关,所以,我们应进行包括水产上各种常用药物对 CYP450 的影响在内的一些有关鱼类 CYP450 在药物代谢方向上的基础研究。但是,目前 CYP450 在药理学中的研究主要集中在人、鼠等实验动物上,针对与药物直接相关的水产动物 CYP450 的研究,国内外报道得较少,仅见少数相关报道(Moutou et al.,1998;Vaccaron et al.,2003;陈大健等,2008),具有广阔的研究空间,因此,在水产上进行该领域的研究不仅具有很高的学术价值,还具有重要的生产实践意义和随之带来的经济价值。鉴于此,本试验选取了水产上常用于治疗鱼类细菌性疾病的喹诺酮类药物作为外源物质,来研究其对牙鲆肝 CYP450 活性的影响,以了解该类药物与 CYP450 之间的相互作用,为该药物在水产上的合理及联合用药提供一定的技术支持和帮助。

与此同时,随着现代分子生物技术的不断发展和药理学研究的深入开展,在分子水平上阐述药物与 CYP450 的相互作用机制及其规律已成为分子药理学研究的前沿课题之一。CYP450 作为主要的药物代谢酶系,其酶活性和基因的表达水平亦受到生物体内外的多种因素的调控,诸如年龄、发育、药物、环境污染物等。其中,研究药物对 CYP450 基因表达的调控及相关的分子机制将有利于进一步揭示药物对该酶的调控规律,目前,有关人、鼠的 CYP450 的活性、基因表达及药物对它们的影响等已有较多报道(Lehmann et al.,1998;Dey et al.,2005;马玉忠等,2008),而在水产药理学研究中还很少,鉴于此,本文利用牙鲆 CYP1A 基因序列(GeneBank 登录号 EF451958),研究喹诺酮类药物对 CYP1A 酶活性影响的同时,也从基因表达水平上考察了该类药物对 CYP1A 的影响,从而观察酶的活性和表达水平的相关性,较全面的分析药物与酶的相互作用,为进一步研究药物相互作用机理及可能产生的药物相互作用提供相关的试验数据。

1. 材料与方法

1.1 药品与试剂

（1）引物。

根据已有牙鲆 CYP1AcDNA 序列，以 Primer Premier5.0 软件设计特异性扩增引物，用于扩增牙鲆 β-actin 基因（作为内参照基因）的一对引物则参照文献（Chen *et al*.，2006）设计（表 1）。引物合成和 cDNA 序列测定均委托上海生工公司完成。

表 1 牙鲆 CYP1A 以及内参 β-actin 基因 cDNA 的扩增引物

cDNA	Forward primer	Reverse primer	预期产物大小（bp）
β-actin	F0：TGGCATCACACCTTCTACAAC	R0：CTGCATCTCCTGCTCAAAGTC	429
CYP1A	F1：GCTACGACCACGACGAT	R1：CTCTGGGTAAGCCACAAG	398

（2）药品及试剂。

恩诺沙星购自浙江国邦兽药有限公司，纯度高于 98.5%，诺氟沙星、氟甲喹由武汉刚正生物科技有限公司提供，纯度均高于 99%。氨基比林、1-苯基-2-硫脲（PTU）（98%）、7-羟基-3-异吩噁唑酮（Resorufin，RF）、7-乙氧基-3-异吩唑噁酮（Ethoxyresorufin，ERF）购于 Sigma 公司；乙二胺四乙酸二钠（EDTANa$_2$）、α-苯甲磺酰氟（PMSF）（99%）、考马斯亮兰、红霉素（ERM）（97.2%）均为 Amresco 产品；1,4-二硫苏糖醇（DTT）（99.5%）为 Merck 产品，还原型辅酶（NADPHNa$_4$）（$\geqslant$99.9%）、牛血清白蛋白均为 Roche 产品。

Trizol 试剂为 Invitrogen 公司产品；dNTPs 和 DNA Marker DL 2000 为 TaKaRa 公司产品；TaqDNA 聚合酶为博日公司产品；oligo-(dT)$_{18}$ 和 DEPC 购自上海生工生物工程公司；RNasin、First Strand cDNA Synthesis Kit（M-MLV）和琼脂糖为 Promega 公司产品。

其他化学试剂均为国产分析纯。

1.2 实验动物

实验用健康牙鲆（*Paralichthys olivaceus*）购自青岛茂余水产养殖有限公司，平均体重 100.4±3.9 g，饲养于中国水产科学院黄海水产研究所鳌山卫实验基地。实验期间水温为 24±1℃，盐度 29，pH8.2 左右，充气，流水，实验前暂养 2 周，每日投喂不含药物的配合饲料，实验前 1 天及实验期间停止投喂。

1.3 试验方法

（1）实验设计。

将 40 尾禁食过夜的暂养牙鲆随机分为 4 组，分别为对照组、氟甲喹组、恩诺沙星组、诺氟沙星组。以 0.9% 生理盐水为溶剂，将氟甲喹、恩诺沙星、诺氟沙星分别配成混悬液，制成所需浓度（每日新配），并以 50 mg/kg 剂量口灌给药，对照组以 0.9% 生理盐水口灌，各处理组每天给药一次，连续口灌 5 天，并在末次给药后 24 h 将动物处死，迅速取出肝脏分成两部分，一部分用于酶活测定，一部分用于提取 RNA，并立即放入液氮中保存备用。

（2）CYP1A mRNA 表达量的检测。

RNA 的提取采用 Trizol 法，用核酸定量仪测定 260 nm 和 280 nm 处的吸收值，检测

RNA 的产量和纯度,以 1×MOPS 溶液作为电泳缓冲液,用 1‰琼脂糖凝胶进行 RNA 非变性电泳检测 RNA 的完整性。进行 cDNA 第一链的合成对扩增产物电泳条带的定量分析。

1.4　统计分析

实验数据通过 SPESS13.0 软件的 ANOVA 及配对 t 检验的方法进行显著性分析,结果以均数±标准差(mean±SD)形式表示。

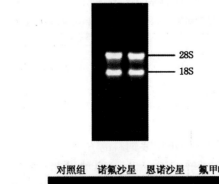

图 1　肝脏中提取的总 RNA

2. 实验结果

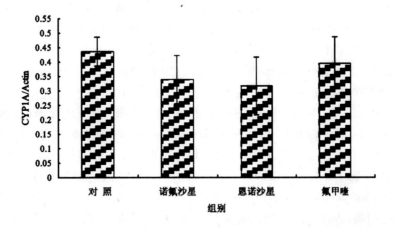

图 2　黄芩苷对牙鲆 CYP1AmRNA 表达的影响

取 3 μL 总 RNA 提取液进行 1‰琼脂糖凝胶电泳,同时用紫外分光光度计测定总 RNA 在 260 nm 和 280 nm 的 OD 值,且 A_{260}/A_{280} 比值在 1.8～2.0,可观察到 18S 和 28S RNA 两条明亮的带,如图 1 所示,说明提取的总 RNA 的纯度较高,无酚和蛋白污染,符合要求。

取等量肝脏组织 RNA 进行半定量 RT-PCR,结果显示,在正常的牙鲆肝脏中有 CYP1A 的表达(图 2),用 3 种不同的喹诺酮类药物处理后,CYP1A mRNA 表达量都有下降,下降程度依次为恩诺沙星＞诺氟沙星＞氟甲喹,光密度分析表明,恩诺沙星组的肝脏 CYP1A 表达量最低,其次是诺氟沙星组、氟甲喹组,分别为对照组的 0.73 倍、0.78 倍和 0.90 倍。

3. 讨论

3.1 禁食实验条件的选取

较哺乳动物而言,由于具有特有的生理结构和生活环境,鱼类可以耐受更长时间的饥饿,所以其代谢状况不会像哺乳动物那样因饥饿而迅速变化,Andersson 等(1998)的研究表明,在饥饿前 6 周内,虹鳟(Salmo gAirdneri)肝 CYP450 活性没有明显变化,饥饿 12 周后,该酶活性才有不同程度的变化;与此同时,也有文献报道,饲料中的各种营养素如蛋白质、碳水化合物、维生素等成分对 CYP450 活性也会产生影响(金念祖等,2001),同时,药物经口灌给药进入鱼肠后反而在一定程度上可以使饥饿状况得到缓解,因此,鉴于本实验的给药方式为口灌,且实验周期仅为 5 天,时间较短的情况下,再综合考虑上述各种因素,我们在实验中采取了在实验期间停止投喂饲料的方法,以使研究结果更加准确。

3.2 喹诺酮类药物对牙鲆肝 CYP1A mRNA 表达的影响

目前常用于研究 CYP450 的方法有酶活性的测定、mRNA 以及蛋白调控的测定,其中测定酶活性是在药物代谢水平上研究 CYP450 最常用的方法,有关本实验中的 3 种喹诺酮类药物对 CYP1A 酶活性影响的测定已经进行了研究,但是考虑到酶活性与 mRNA 表达水平存在变化趋势不一定一致的现象,并且从分子水平上来研究药物对 CYP450 的调控机制,能够更全面的了解并分析药物与 CYP450 之间的相互作用,所以我们在牙鲆 CYP1A 基因已克隆出的基础上,进一步研究了这 3 种药物对其 mRNA 表达的影响。

鱼类中第一条 CYP1A 基因是在虹鳟中被克隆出的,此后,包括牙鲆(GeneBank 登录号 EF451958)在内的多种鱼类的 CYP1A 基因被相继克隆出(Kim *et al*.,2007;Mitsuo, 1999)。检测 CYP1A mRNA 表达的方法主要有 dotblot、Northernblot、slotblot、nuclear-run-on assays、原位杂交和定量 PCR,其中定量 PCR 检测方法直接以 mRNA 为模板,操作简单方便而且非常灵敏,已被大量运用于鲑鳟鱼类的 CYP1A 诱导研究中(Sadar *et al*., 1996;Courtenay *et al*.,1999;Rees *et al*.,2003),并有研究显示,检测 mRNA 诱导比 EROD 灵敏 10 倍,比放射性免疫和 Northernblot 或 slotblot 方面灵敏 100 倍(Rees *et al*.,2003)。定量 PCR 分为外标法和内标法,内标法包括竞争性和非竞争性 PCR 等,其中非竞争性 PCR 也称为半定量 PCR,它是通过目的与内参基因的 PCR 产物的相对比值来定量的(Rees *et al*.,2003)。常用内参有 GAPDH、Actin 和 18 S rRNA 等,其中 Actin 是一种高度保守的蛋白,在不同物种之间的变异很小,在多数器官组织中其 mRNA 表达水平稳定,即使在刺激因子作用下表达仍然相对稳定,所以 Actin 是作为检测基因表达时的一种较好的内参(林玲,1999),本文也因此选用了它作为内参,并通过半定量 PCR 技术研究了喹诺酮类药物对牙鲆 CYP1A 表达情况的影响,实验结果也显示了,在 3 种不同喹诺酮类药物刺激的情况下,Actin 基因在牙鲆肝脏中的表达较为恒定,适用于牙鲆 CYP1A 基因表达水平的研究。同时,我们也发现由于提取的总 RNA 采取测 OD 值定量,可能存在一定的误差而导致初始模板量不一,所以我们可以通过电泳结果分析内参 PCR 产物,来调整模板的使用量,以保证不同组别的内参 PCR 产物的一致,来确保不同组别间初始模板量的一致。

目前,有关外原物对 CYP1A 基因表达调控作用研究的报道多见于哺乳动物中。Moorthy(2000)研究发现 3-甲基胆蒽对大鼠肝 CYP1A 在酶活性、mRNA 和蛋白表达三种不同水平上都表现出了强诱导作用。Breckdorff 等(2000)发现耐他莫西芬药对人乳腺癌细胞株中 CYP1A1 表达具有诱导作用,但其酶活性并没有表现出这种增加的现象。秦国华等(2006)研究发现 SO_2 对大鼠细胞色素 CYP1A 的 mRNA 表达和酶活性这两种不同水平表现出了一致的抑制趋势。在鱼类中关于 CYP1A 基因表达的报道,则主要集中于诱导方面的研究,应用于环境毒理学中,如暴露于四氯双酚的大西洋鲑(Salmo salar)体内的 CYP1A 酶活性、mRNA 和蛋白表达水平均表现出了诱导趋势(Arukwe et al.,2001),本文通过对牙鲆肝 CYP1A 研究则发现:恩诺沙星、诺氟沙星和氟甲喹对 CYP1A 酶活性和mRNA 水平表现出了一致的抑制作用。

抑制剂对 CYP450 活性的抑制作用可通过多种环节来实现,诸如抑制酶蛋白合成,通过药物代谢产物与 CYP450 形成稳定的共价结合物使 CYP450 失活或影响药物氧化过程中的电子传递,或减低 CYP450 或 b5 含量,以及影响辅酶合成等(Lesca et al.,1976)。王翔玲(2008)研究恩诺沙星对草鱼肝细胞 CYP2E1 的影响时,指出恩诺沙星可能是通过抑制 CYP2E1 转录降低了 mRNA 水平,继而抑制蛋白翻译,导致 CYP2E1 蛋白含量和酶的活性下降。本试验发现,不同喹诺酮类药物对 CYP1A 酶的活性和 mRNA 表达这两种不同水平的影响具有基本一致的结果,推测喹诺酮类药物对 CYP1A 酶的抑制机制可能也是通过此机制起作用的,即抑制 CYP1A mRNA 转录水平,从而影响蛋白质的翻译,使得酶蛋白的合成减少,降低了酶的蛋白含量和活性。

参考文献(略)

韩华,李健.中国水产科学研究院黄海水产研究所 山东青岛 266071